普通高等学校土木工程专业系列教材

建筑与土木工程 AutoCAD

主　编　高恒聚

副主编　裴继红　张聚昆

宋　杨　李少丽

西安电子科技大学出版社

内 容 简 介

本书主要以 AutoCAD 中文版的经典界面为操作对象，介绍 AutoCAD 在建筑与土木工程设计中的主要功能及其应用。

全书以图解的方式，通过基础知识和实例训练相结合的方法循序渐进地介绍 AutoCAD 功能在建筑和土木工程设计各个过程中的应用。首先介绍基本知识，接着通过实例加深读者对各知识点的理解，然后通过典型实例介绍 AutoCAD 各知识点的综合应用，最后通过综合实例进一步向读者介绍建筑和土木工程图纸绘制的完整流程、操作方法及技巧。

本书具有较强的实用性，结合编者多年的 CAD 教学经验，解决 AutoCAD 使用过程中的实际问题，注重培养读者的实践能力。本书适合作为普通高等院校和高职高专院校土木建筑类专业计算机绘图课程的教材，同时可供建筑和土木工程专业的工程人员参考。

图书在版编目(CIP)数据

建筑与土木工程 AutoCAD/高恒聚主编.
—西安：西安电子科技大学出版社，2016.7(2021.1 重印)
ISBN 978-7-5606-4128-7

Ⅰ. ① 建…　Ⅱ. ① 高…　Ⅲ. ① 土木工程—建筑制图—计算机制图—AutoCAD 软件—高等学校—教材　Ⅳ. ① TU204-39

中国版本图书馆 CIP 数据核字(2016)第 120878 号

策　　划　云立实
责任编辑　云立实　孙美菊
出版发行　西安电子科技大学出版社(西安市太白南路 2 号)
电　　话　(029)88242885　88201467　　邮　　编　710071
网　　址　www.xduph.com　　电子邮箱　xdupfxb001@163.com
经　　销　新华书店
印刷单位　陕西天意印务有限责任公司
版　　次　2016 年 6 月第 1 版　2021 年 1 月第 3 次印刷
开　　本　787 毫米×1092 毫米　1/16　印　张　22
字　　数　520 千字
印　　数　5001～7000 册
定　　价　48.00 元
ISBN 978-7-5606-4128-7/TU

XDUP 4420001-3

前　　言

AutoCAD 是美国 Autodesk 公司开发研制的计算机辅助设计软件，它在工程设计行业的使用相当广泛，如在建筑、机械、电子、服装、气象、地理等领域都被广泛使用。1982 年推出第一个版本，以后不断推陈出新，其功能逐渐变得强大而丰富，越来越容易与各个行业的实际情况相适应。AutoCAD 是我国建筑设计领域接受最早、应用最广泛的 CAD 软件，它几乎成了建筑绘图的默认软件，在国内拥有广大的用户群体。AutoCAD 是高校建筑专业的重要教学内容。

本书主要以 AutoCAD 中文版的经典界面为操作对象，介绍 AutoCAD 在土木工程设计中的主要功能及应用。全书共 16 章，分别为 AutoCAD 2012 基础知识与基本操作、建筑与土木工程图形的绘制、绘图环境的设置、建筑与土木工程图形的编辑、文字与表格的应用、尺寸标注、图块、土木工程图的绘制方法、建筑施工图的绘制、结构施工图的绘制、给水排水施工图的绘制、道路工程图的绘制、桥涵及隧道工程图、三维建模基础、土木工程三维模型、天正建筑软件的基本应用等，每章末还给出了精心设计的上机实训，以便于读者进一步理解和巩固所讲内容。

本书特色如下：

(1) 围绕工作和就业，把职业能力培养作为目标，由浅入深、循序渐进，以提高学生学习兴趣为突破口，整合课程内容。所选专业图样绝大部分来自施工一线，使教学内容的可行性与前瞻性有机结合，进而提高了学生的学习兴趣。

(2) AutoCAD 教学强调学生的专业实践能力，学生在校期间必须完成上岗前的实践训练。本书致力于加强对学生专业图绘制能力的培养，提高学生技术应用能力和综合运用所学理论知识解决实际问题的能力。为方便教学及扩大知识面，每章后面均有上机实训。

(3) 本书的编写人员都有着多年从事 AutoCAD 绘图软件的教学与实践经验，能够准确地把握学生的学习心理和绘制工程图的实际需要，精心策划了本书的结构和编写内容及实例，并把多年来教授 AutoCAD 的经验与体会融入到该书中。

在编写本书的过程中，我们始终抱着求实的作风、严谨的态度和探索的精神，对书中的每一个实例、细节进行精心设计，力争做到准确、通俗和实用，将本书以尽量完美的形式奉献给读者。

本书由石家庄铁道大学四方学院高恒聚主编并统稿，石家庄铁道大学四方学院裴继红、张聚昆、李少丽和河北工程技术高等专科学校宋杨任副主编。参加本书编写的还有石家庄铁道大学四方学院张丽娟、魏子明，石家庄工程职业学院刘艳平、王文娟、张军龙、韩江立、高达，中铁建设集团华东分公司冯永涛，中铁建设集团有限公司铁路工程总指挥部王雷，河北中兴招标咨询有限公司张晓丽，北京高能时代环境技术股份有限公司高会娟，北京佳莲时代投资有限公司翟丽萍，中铁建设集团有限公司张志伟、王国华，沧州新华建筑安装工程有限公司时书全，中铁十一局集团第六工程有限公司张昆。本书中大量图片的整理工作由杨志兵完成。本书的出版得到了西安电子科技大学出版社云立实编辑的帮助，在此表示衷心的感谢。

由于编者水平有限，书中还有许多需要完善之处，我们将以虚心和诚恳的态度听取广大读者和同行的批评指正。

编　者

2016 年 4 月

目　　录

第 1 章　AutoCAD 2012 基础知识与基本操作

建筑与土木工程制图是一项创造性很强的工作，它的最终成果是以图纸的形式形象和直观地表达出来的。AutoCAD 技术与建筑设计的结合是计算机应用技术，特别是计算机图形图像技术发展的必然结果。使用该软件不仅能够将设计方案用规范、美观的建筑施工图表达出来，而且能有效地帮助设计人员提高设计水平及工作效率，这都是手工绘图无法比拟的。换言之，掌握了 AutoCAD 就等于拥有了先进、标准的建筑设计语言工具。

1.1　AutoCAD 与建筑及土木工程制图

AutoCAD 中的 CAD 是 Computer Aided Design 的缩写，意思是计算机辅助设计。目前，AutoCAD 已成为全球领先的、使用极为广泛的计算机绘图软件，主要用于绘制二维和三维图形，应用领域包括机械、建筑、电子、航天、化工、纺织、冶金等。随着 AutoCAD 功能的不断增强和演化，它在地理、气象、航海和广告等方面也得到了大规模的应用。从 1982 年推出至今，其版本由最初的 AutoCAD 1.0 经历了十几次升级，使用越来越方便。AutoCAD 与传统的人工设计绘图相比有很大的优势，为了帮助读者对 AutoCAD 有一个清晰全面的认识，本书将以 AutoCAD 2012 经典模式为基础讲解它在建筑和土木工程方面的应用。

1.1.1　AutoCAD 在建筑与土木工程设计中的突出特点

AutoCAD 软件经过不断的版本更新，在建筑与土木工程设计等领域的应用也将更为广泛，其突出特点如下：

(1) 缩短了设计周期，提高了图纸质量和设计效益。AutoCAD 软硬件系统不仅提高了图纸质量和出图效率，同时也降低了设计费用，这样能较好地适应市场瞬息多变的需求。

(2) 可产生直观生动的建筑空间效果。AutoCAD 在建筑与土木工程设计上最出风头的就是三维模型、渲染图、建筑动画和虚拟现实等视觉模拟工具。

(3) 促进了新型设计模式的产生。虽然在设计工作中，人依然是最主要的因素，但 AutoCAD 技术的出现和发展势必会影响人的设计思维和方法。这方面的工作虽然还不是很成熟，但许多建筑师已开始运用 AutoCAD 技术进行这方面的尝试工作了。

1.1.2　AutoCAD 在建筑与土木工程设计中的应用

1. 在建筑方面的应用

AutoCAD 在建筑方面的应用非常广泛，使用它可以更方便地绘制所需的平面图、立面图和剖面图。目前，市面上出现了许多以 AutoCAD 作为平台的建筑专业设计软件，如天正、ABD、建筑之星、圆方、华远和容创达等。要熟练运用这些专业软件，首先必须熟悉和掌握 AutoCAD。图 1-1 所示为使用 AutoCAD 绘制的建筑二维施工图，图 1-2 所示为使用

AutoCAD 绘制的建筑三维模型图。

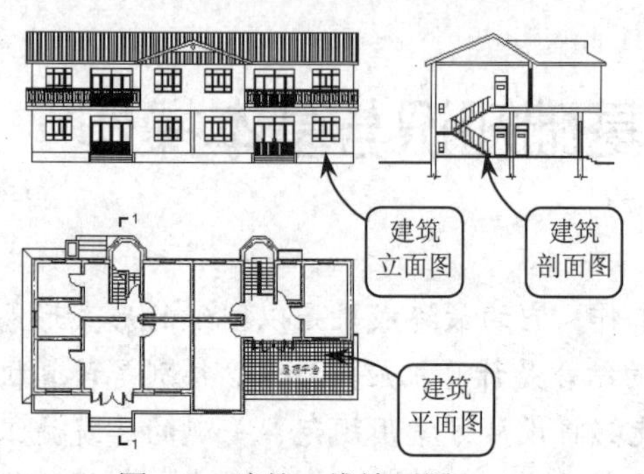

图 1-1　建筑二维施工图

图 1-2　建筑三维模型图

2. 在土木工程方面的应用

AutoCAD 在土木工程方面的应用也相当普遍。使用它不仅可以快速绘制二维施工图，还可以进行三维建模等工作。在工程未完工之前就看到它的“真面目”，对现场施工人员尽快熟悉设计图纸，更快、更好地完成施工任务有很大的帮助。随着 CAD 绘图在工程中的作用越来越大，其在土木工程方面的应用也越来越广泛。

另外，AutoCAD 提供的许多辅助功能，如尺寸查询和图块使用等，使设计者完全摆脱了图板式设计的传统设计理念，提高了设计速度，从而有更多的时间考虑施工的可行性。只要按照 1∶1 的比例绘制图形，设计者就可以检查工程物体任意位置的尺寸，避免施工过程中产生干涉现象。图 1-3 所示为使用 AutoCAD 绘制的二维施工图，图 1-4 所示为使用 AutoCAD 绘制的三维模型图。

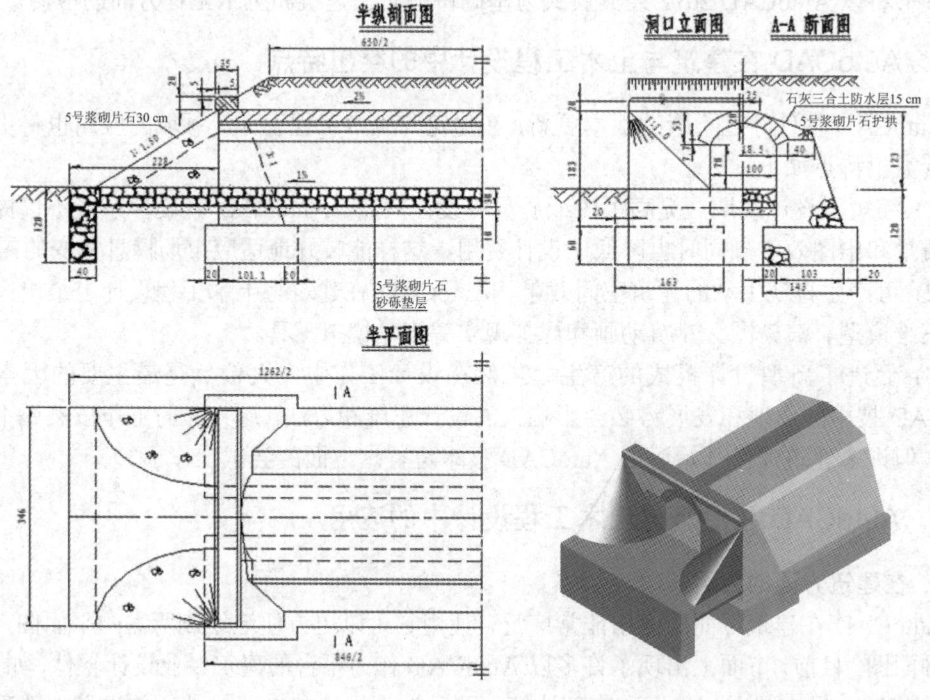

图 1-3　二维施工图

图 1-4　三维模型图

1.2　AutoCAD 经典工作空间

AutoCAD 2012 中文版为用户提供了“AutoCAD 经典”“二维草图与注释”“三维基础”和“三维建模”4 种工作空间模式，并可根据需要初始设置任何一个工作空间。每个工作空间都是由标题栏、菜单栏、工具栏、绘图窗口、文本窗口与命令行、状态栏等元素组成的。

AutoCAD 2012 中文版窗口中大部分元素的用法和功能与其他 Windows 软件一样，而其余部分则是它所特有的。对于常用用户来说，习惯以往版本的界面，单击状态栏中的切换工作空间按钮，在打开的快捷菜单中选择“AutoCAD 经典”命令，将切换到如图 1-5 所示的 AutoCAD 经典工作界面。AutoCAD 经典工作界面主要包括标题栏、菜单栏、工具栏、绘图窗口、光标、命令窗口、状态栏和滚动条等。

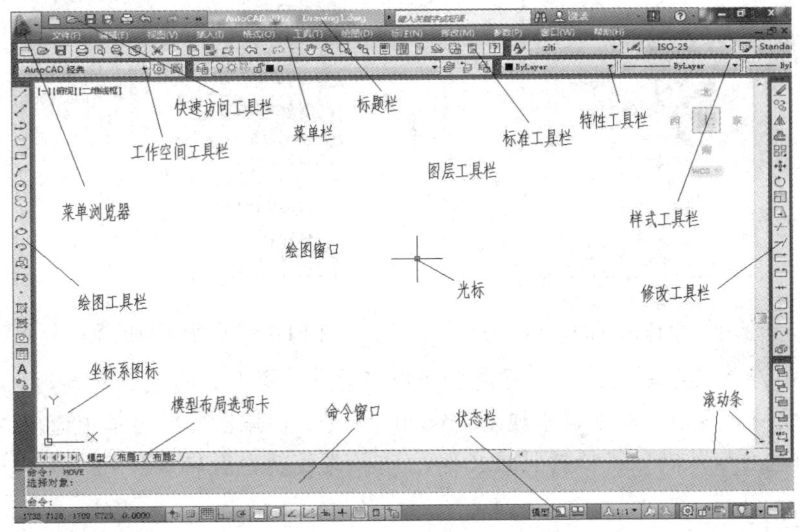

图 1-5　AutoCAD 经典工作界面

1.2.1　标题栏

AutoCAD 窗口同 Windows 窗口一样，都有标题栏，标题栏的功能是显示软件的名称、版本以及当前绘制图形文件的文件名。在标题栏的右边为 AutoCAD 的程序窗口按钮，实现窗口的最小化、最大化或还原以及关闭。运行 AutoCAD，在没有打开任何图形文件的情况下，标题栏显示的是“AutoCAD-[Drawing1.dwg]”，其中“Drawing1.dwg”是系统缺省的文件名。

1.2.2　菜单栏

在 AutoCAD 中下拉菜单包括了“文件”“编辑”“视图”“插入”“格式”“工具”“绘图”“标注”“修改”“参数”“窗口”“帮助”共 12 个菜单项。用户只要单击其中的任何一个选项，便可以得到它的子菜单。如果要使用某个命令，可以直接使用鼠标单击菜单中的相应命令,这是最简单的方式,如图 1-6 所示。也可以通过选项中的相应热键使用命令,AutoCAD 为常用的命令设置了相应热键，这样可以提高工作效率。

下拉菜单中右侧有小三角的菜单项表示它还有子菜单，如图 1-7 所示，显示出了“缩放”子菜单。右侧有 3 个小点的菜单项表示单击该菜单项后要显示出一个对话框；右侧没有内容的菜单项，单击它后会执行对应的 AutoCAD 命令。

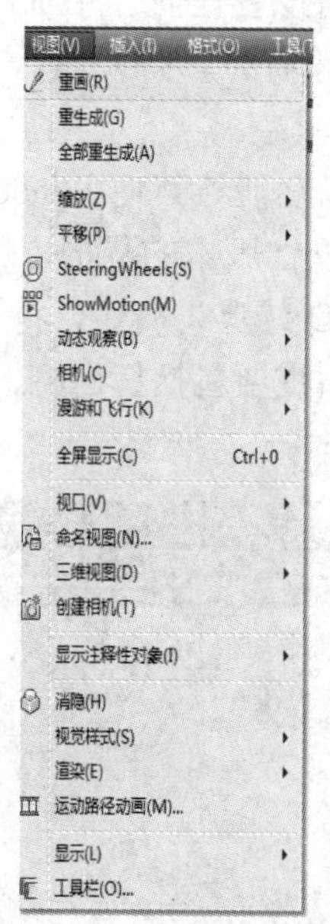

图 1-6　直接执行的菜单命令

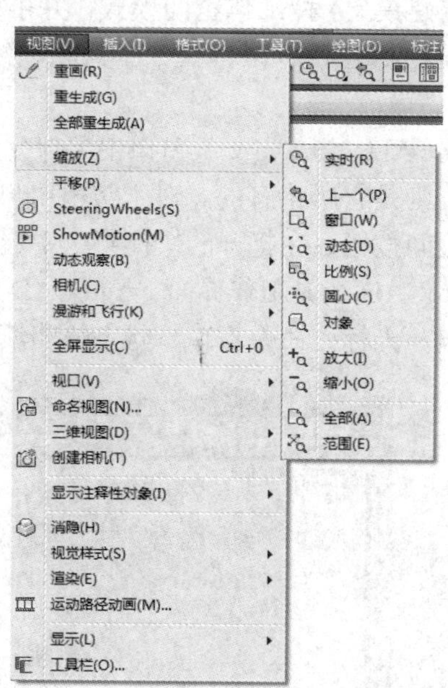

图 1-7　带有子菜单的菜单命令

提示：用户使用菜单文件时，可能引起当前的菜单混乱，遇到这种情况，只需重新加载菜单文件便可恢复。在命令行中输入“meun”命令，在弹出的对话框中选择 ACAD.MNC 文件并打开(也可以从其他机器拷贝该文件)，这样系统就重新转入默认的菜单文件了。

1.2.3　工具栏

工具栏包含代替命令的简便工具，使用它们可以完成绝大部分的绘图工作。在 AutoCAD 2012 中，系统共提供了 40 多个已命名的工具栏。

在“二维草图与注释”工作空间下,“标准注释”和“工作空间”工具栏处于打开状态。如果要显示其他工具栏，可在任一打开的工具栏中单击鼠标右键，这时将打开一个工具栏快捷菜单，利用它可以选择需要打开的工具栏。

工具栏有两种状态：一种是固定状态，此时工具栏位于屏幕绘图区的左侧、右侧或上方；另一种是浮动状态，此时可将工具栏移至任意位置。当工具栏处于浮动状态时，用户还可通过单击其边界并且拖动来改变其形状。

1.2.4　面板

面板是一种特殊的选项板，用来显示与工作空间关联的按钮和控件。默认情况下，当使用“二维草图与注释”工作空间或“三维基础”、“三维建模”工作空间时，面板将自动打开，如图 1-8、图 1-9、图 1-10 所示。

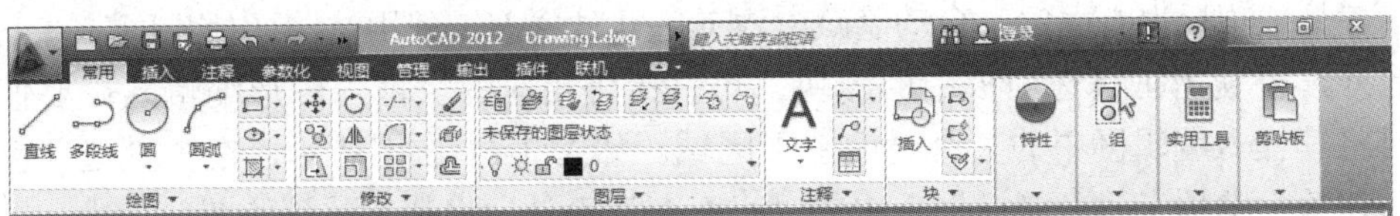

图 1-8　“二维草图与注释”工作空间的面板

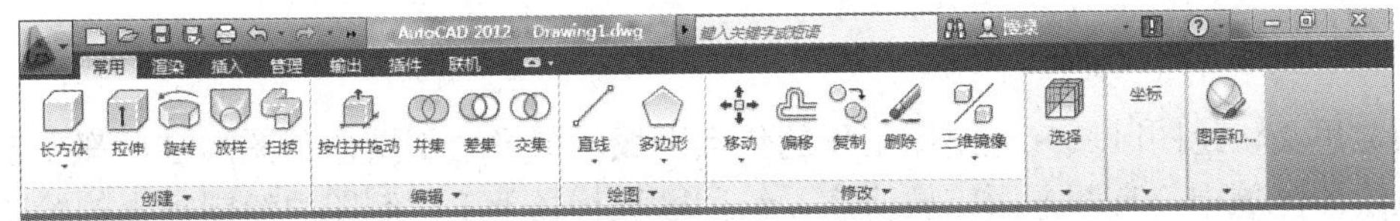

图 1-9　“三维基础”工作空间的面板

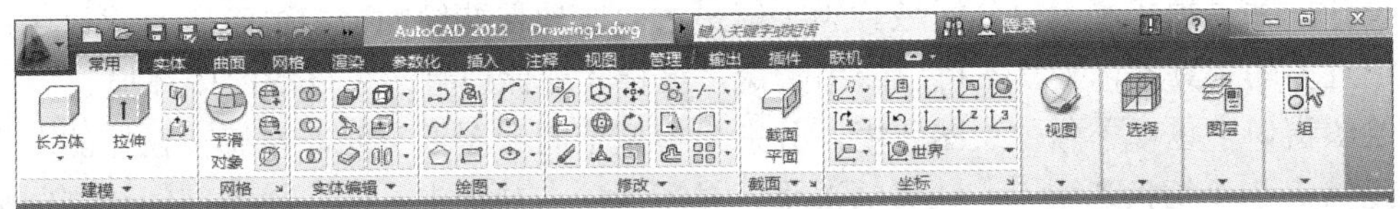

图 1-10　“三维建模”工作空间的面板

1.2.5　工具选项板

工具选项板中保存了一组标准图块、图案和命令工具，如图 1-11 所示。要打开工具选项板，可按 Ctrl+3 组合键，或者单击标准注释工具栏中的“工具选项板”按钮。要改变“工具选项板”内容，可单击“工具选项板”右侧控制条下方的图标，然后从弹出的快捷菜单中选择相应的菜单项，如图 1-11 左图所示。

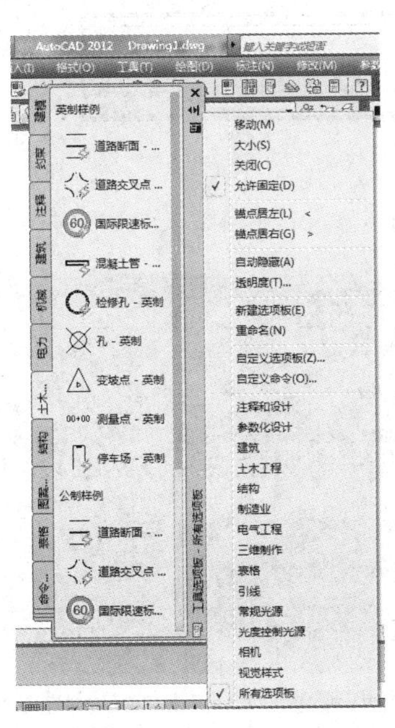

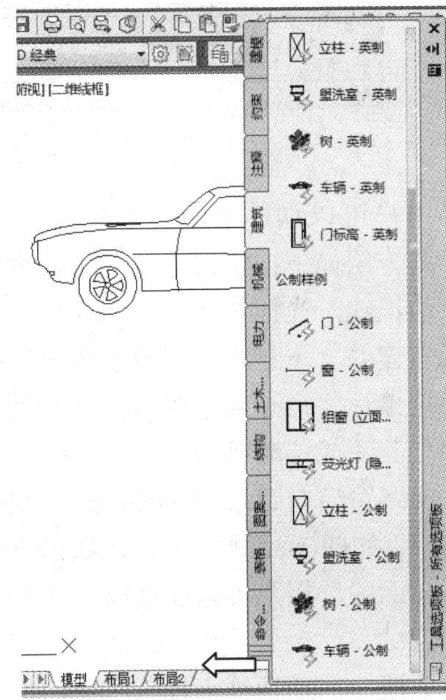

图 1-11　工具选项板

如果暂时不使用工具选项板的话，可单击其右上角的❌按钮关闭它，需要时再打开。同样，工具选项板也有固定、自动隐藏、浮动等几种状态，其用法与面板相同。

此外，要使用工具选项板中的图块，可直接将相应图块拖入图形编辑区；要使用图案，可将其拖入编辑区中的某个封闭图形区域。如图 1-11 右图所示，在工具选项板中，选取“建筑”选项卡“公制样例”中的“小汽车”工具，将其拖放到绘图窗口内，即可绘制出小汽车。

1.2.6 绘图区域

顾名思义，绘图区域就是绘图工作的焦点区域，图形绘制操作和图形显示都在该区域内。在绘图区域中，有两方面需要注意，绘图区域相当于工程制图中绘图板上的绘图纸，用户绘制的图形可显示于该窗口。绘图窗口是用户的工作区域，因此位于整个工作界面的中心位置，并占据了绝大部分区域。为了能最大限度地保持绘图窗口的范围，建议用户不要调出过多的工具条，工具条可以随用随调，这样才能保证有一个好的绘图环境。

绘图窗口中包含了两种绘图环境，分别为模型空间和图纸空间，系统在窗口的左下角为其提供了 3 个切换选项卡，缺省情况下，模型选项卡被选中，即在模型空间绘制图形；若单击布局 1 或布局 2 选项卡，即可切换到图纸空间，即在图纸空间输出图形。

1.2.7 命令提示窗口

命令窗口用来手动输入命令，命令可以通过文本窗口显示出来。

命令提示窗口是用户与 AutoCAD 对话的窗口，一方面，用户所要表达的一切信息都要从这里传递给计算机，另一方面，系统提供的信息也将在这里显示。命令提示窗口位于绘图窗口的下方，是一个水平方向的较长的小窗口，如图 1-12 所示。

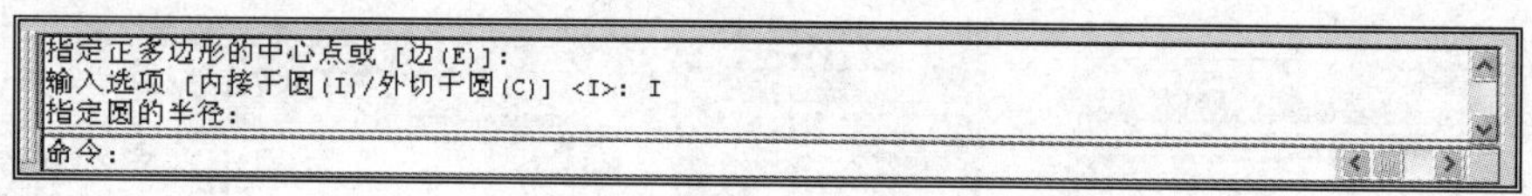

图 1-12　命令提示窗口

用户可以调整命令提示窗口的大小与位置，其方法如下：将鼠标放置于命令提示窗口的上边框线，光标将变为双向箭头，此时按住鼠标左键并上下移动即可调整该窗口的大小；另外用鼠标将命令提示窗口拖动到其他位置，就会使其变成浮动状态。

文本窗口是记录 AutoCAD 历史命令的独立窗口，如图 1-13 所示。默认状态下文本窗口是不显示的，用户可以通过以下 3 种方法显示文本窗口。

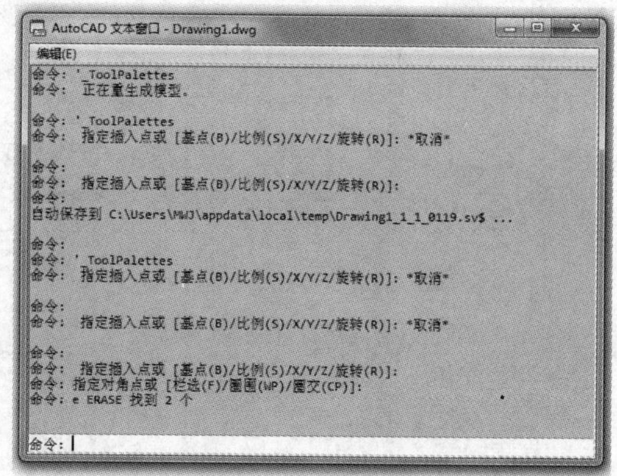

图 1-13　文本窗口

方法一：切换“主视图”选项卡，在“窗口”面板中选中“用户界面”选项下的“文本窗口”复选框。

方法二：在命令行输入“textscr”，按 Enter 键。

方法三：按 F2 键。

1.2.8　滚动条

在绘图窗口的下面和右侧有两个滚动条，可利用这两个滚动条上下左右移动来观察图形。

1.2.9　状态栏

状态栏位于绘图窗口最底部，主要用来显示当前的工作状态与相关信息。当光标出现在绘图窗口时，状态栏左边的坐标显示区将显示当前光标所在位置的坐标值。状态栏如图 1-14 所示，最左侧显示当前十字光标的坐标，然后是推断约束、捕捉模式、栅格显示、正交模式、极轴追踪、对象捕捉、三维对象捕捉、对象捕捉追踪、允许/禁止动态 UCS、动态输入、显示/隐藏线宽和显示/隐藏透明度、快捷特性、选择循环、注释监视器、模型或图纸空间、快速查看布局、快速查看图形、注释比例、注释可见性、注释比例更改的自动将比例添加至注释对象、切换工作空间、工具栏窗口位置未锁定、硬件加速开、隔离对象、全屏显示等绘图辅助功能的控制按钮。

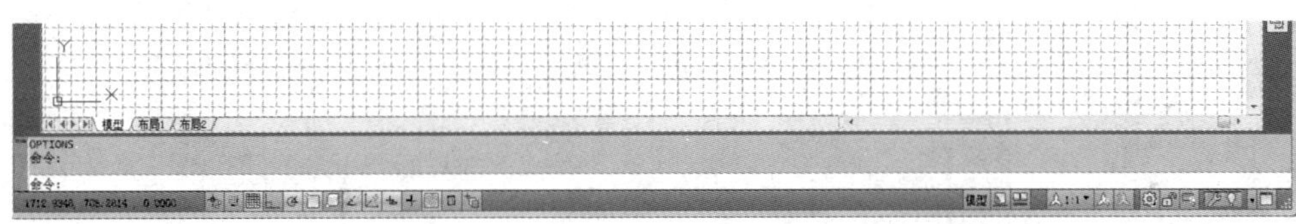

图 1-14　状态栏

这些按钮有两种工作状态，分别为凸起与凹下。当按钮处于凹下状态时，表示相应的设置处于工作状态；当按钮处于凸起状态时，表示相应的设置处于关闭状态。

1.2.10　工作空间

在 AutoCAD 中，为了快速适应用户不同工作环境的需要，系统提供了工作空间这一概念。选择某个工作空间时，系统只会显示与某个任务类型相关的菜单、工具栏和选项板。

在 AutoCAD 中，系统定义了 4 个工作空间，其特点如下：

(1) 二维草图与注释。启动 AutoCAD，系统将自动进入“二维草图与注释”工作空间，如图 1-8 所示。此时在绘图区上方显示了“工作空间”和“标准注释”工具栏，在绘图区右侧显示了“面板”。

(2) 三维基础。在绘图区上方显示了“工作空间”、“标准”和“图层”工具栏，显示了三维基础操作的常用工具。

(3) 三维建模：在绘图区上方显示了“工作空间”、“标准”和“图层”工具栏，在绘图区右侧显示了“三维操作面板”和“工具选项板”。

(4) AutoCAD 经典。AutoCAD 经典界面，在绘图区上方显示了“标准”、“样式”、“工作空间”、“图层”和“特性”工具栏，在绘图区左侧显示了“绘图”工具栏，在绘图区右侧显示了“工具选项板”和“修改”工具栏。

1.2.11　AutoCAD 系统配置

AutoCAD 允许用户通过系统配置来创造个性化的绘图环境，以提高工作效率。安装完 AutoCAD 后，系统将自动完成默认的初始系统配置。在绘图过程中，用户可以通过以下四种方法进行系统配置。

方法一：在菜单栏中选择“工具”→“选项”命令。

方法二：在命令行输入“options”，按 Enter 键。

方法三：在绘图区域右击，从弹出的快捷菜单中选择“选项”命令。

方法四：在状态栏中右击“栅格显示”、“正交模式”、“极轴追踪”、“对象捕捉”、“对象捕捉追踪”按钮之一，从弹出的快捷菜单中选择“设置”命令，打开“草图设置”对话框，单击“选项”按钮。

执行以上操作后，系统将打开如图 1-15 所示的“选项”对话框，用户可在该对话框中进行相应设置，定制需要的系统配置。

图 1-15　“选项”对话框

(1) “文件”选项卡。单击“文件”标签切换至“文件”选项卡，如图 1-15 所示。在该选项卡中，用户可以设置 AutoCAD 支持文件、菜单文件、文本编辑器程序和打印机支持文件路径等。

(2) “显示”选项卡。单击“显示”标签切换至“显示”选项卡，如图 1-16 所示。在该选项卡中，用户可以设置“窗口元素”、“布局元素”、“显示精度”、“显示性能”、“十字光标大小”、“淡入度控制”等显示性能。

(3) “打开和保存”选项卡。单击“打开和保存”标签切换至“打开和保存”选项卡，如图 1-17 所示。在该选项卡中，用户可以进行“文件保存”、“文件打开”、“文件安全措施”、

"应用程序菜单"、"外部参照"、"ObjectARX 应用程序"等方面的设置。

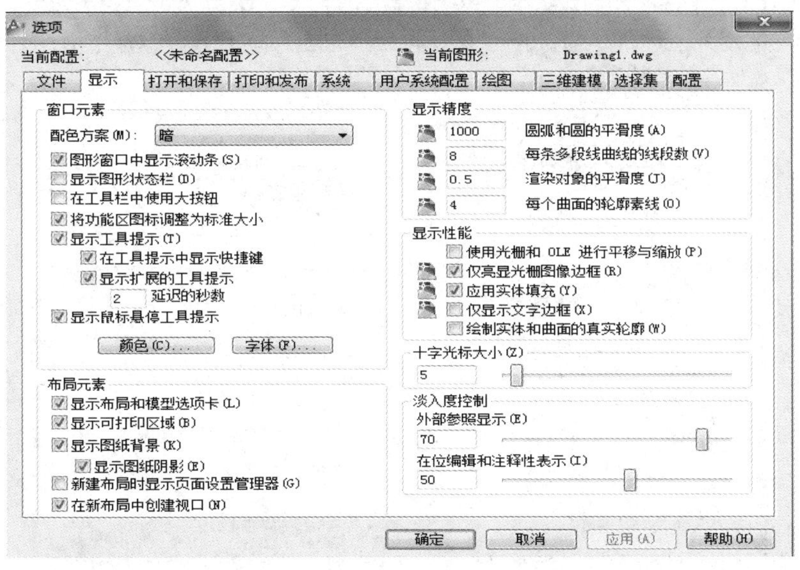

图 1-16　"显示"选项卡

图 1-17　"打开和保存"选项卡

(4) "打印和发布"选项卡。单击"打印和发布"标签切换至"打印和发布"选项卡，如图 1-18 所示。在该选项卡中，用户可以设置打印机和打印样式参数，包括出图设备的配置和选项。

(5) "系统"选项卡。单击"系统"标签切换至"系统"选项卡，如图 1-19 所示。在该选项卡中，用户可以对"三维性能"、"当前定点设备"、"布局重生成选项"、"数据库连接选项"、"常规选项"等进行设置，并通过设置"Live Enabler 选项"和"Autodesk Exchange"来获取网络帮助。

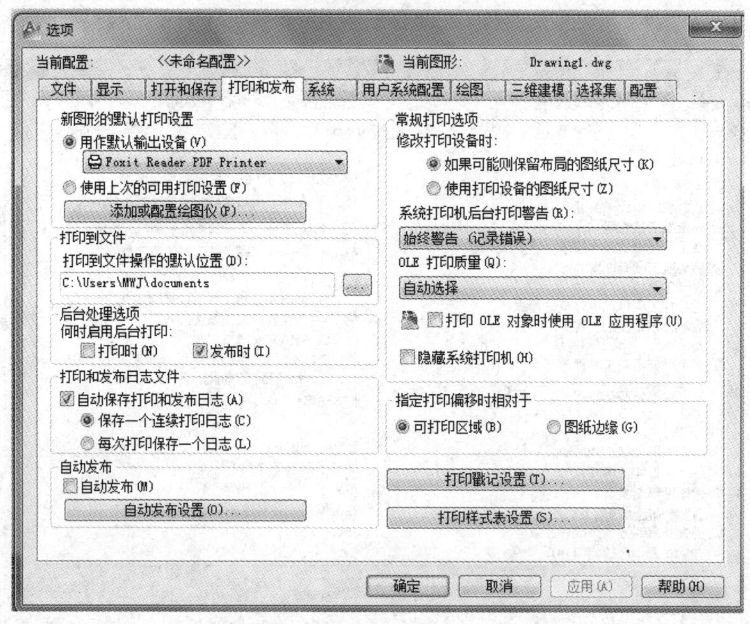

图 1-18　“打印和发布”选项卡

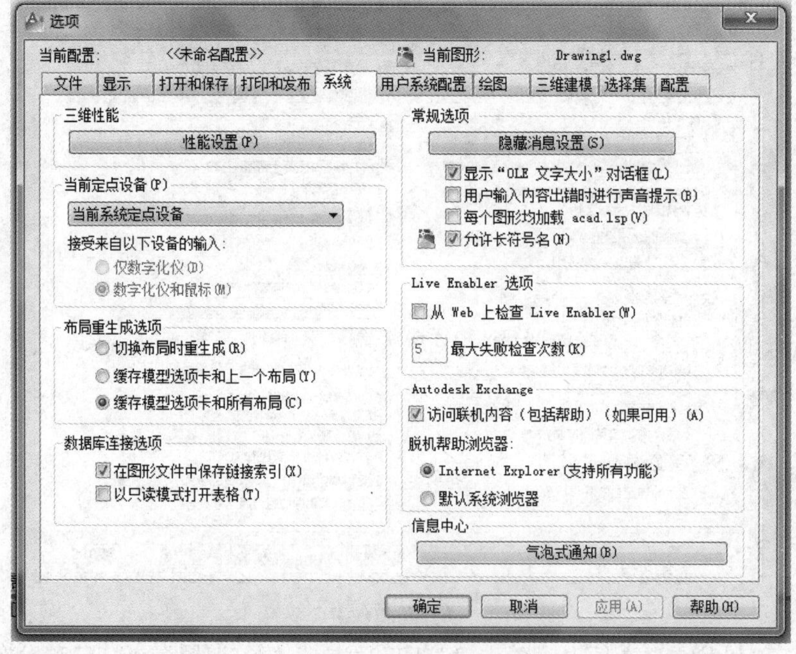

图 1-19　“系统”选项卡

(6) “用户系统配置”选项卡。单击“用户系统配置”标签，切换至“用户系统配置”选项卡，如图 1-20 所示。在该选项卡中，用户可在“Windows 标准操作”选项组中设置在当前图形文件中是否采用 Windows 标准的键盘快捷键；在“插入比例”选项组中设置当前图形文件中绘制的实体的长度单位；在“超链接”选项组中设置是否显示超链接的光标及快捷菜单。单击“线宽设置”按钮可以打开“线宽设置”对话框，用户可以在该对话框中设置线宽。

图 1-20　“用户系统配置”选项卡

(7) “绘图”选项卡。单击“绘图”标签切换至“绘图”选项卡，如图 1-21 所示。在该选项卡中，用户可以在“自动捕捉设置”和“AutoTrack 设置”选项组中设置自动捕捉和自动追踪的相关内容，还可以设置“自动捕捉标记大小”和“靶框大小”等。

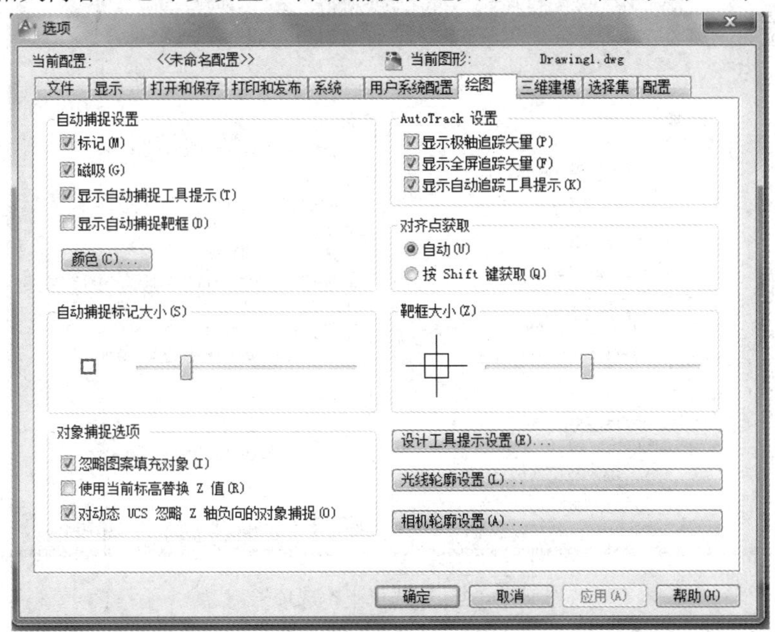

图 1-21　“绘图”选项卡

(8) “三维建模”选项卡。单击“三维建模”标签切换至“三维建模”选项卡，如图 1-22 所示。在该选项卡中，用户可以对三维建模的相关内容进行设置。

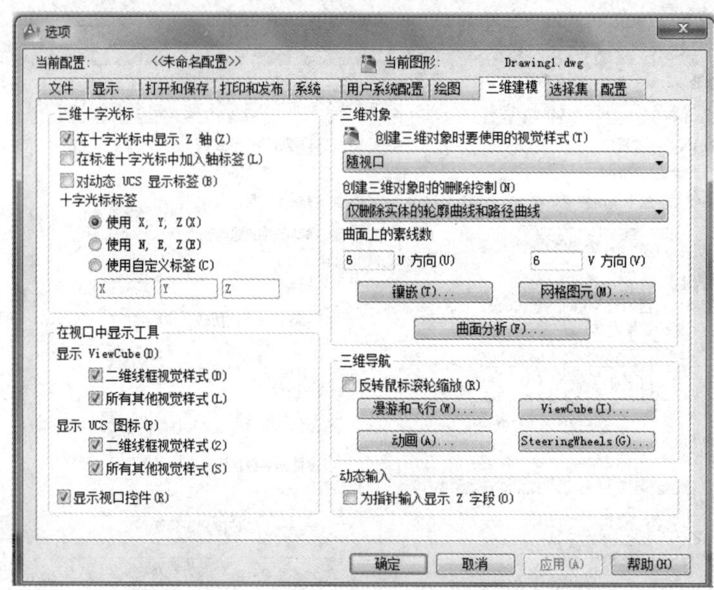

图 1-22　“三维建模”选项卡

(9) “选择集”选项卡。单击“选择集”标签切换至“选择集”选项卡，如图 1-23 所示。在该选项卡中，用户可以设置“拾取框大小”、“选择集模式”、“夹点尺寸”和“夹点”的相关内容。

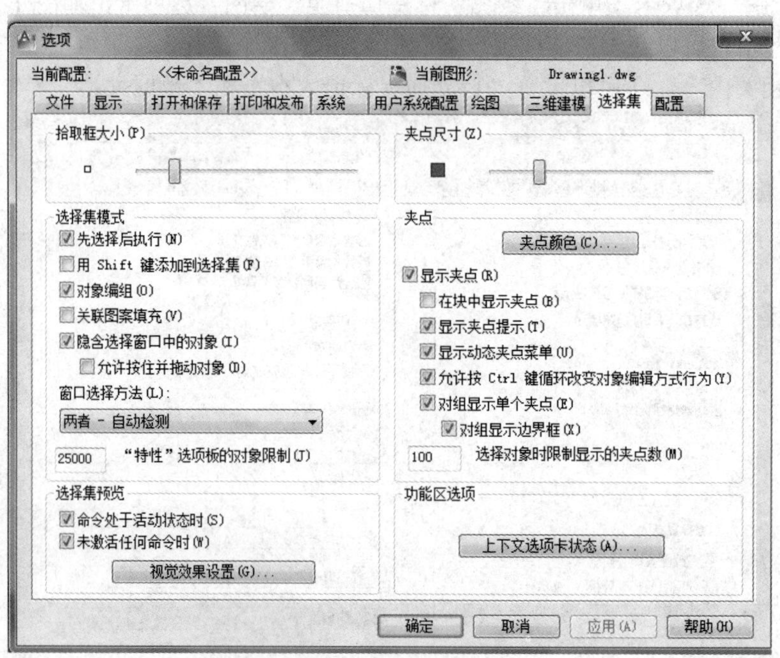

图 1-23　“选择集”选项卡

(10) “配置”选项卡。如果用户针对不同的需求在“选项”对话框中进行了设置，则可通过“配置”选项卡将其保存为不同的设置文件，如图 1-24 所示，以后要进行相同的设置时，只要调用该配置文件就可以了。

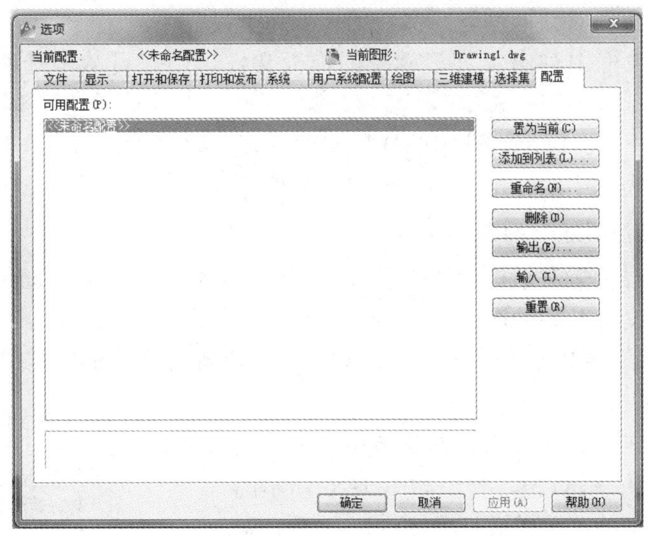

图 1-24　“配置”选项卡

1.3　图形文件的管理

文件的管理一般包括创建新文件，打开已有的图形文件，输入、保存文件及输出、关闭文件等。在运用 AutoCAD 进行设计和绘图时，必须熟练运用这些操作，这样才能管理好图形文件，明确文件的位置，方便查找、修改及统计。

1.3.1　创建新的图形文件

在应用 AutoCAD 进行绘图时，首先应该做的工作就是创建一个图形文件。

1) *启用命令的方法*

启用“新建”命令有三种方法：选择“新建”菜单命令；单击“标准”工具栏中的“新建”按钮；在命令行输入命令“new”。通过以上任一种方法启用“新建”命令后，系统将弹出如图 1-25 所示的“选择样板”对话框。

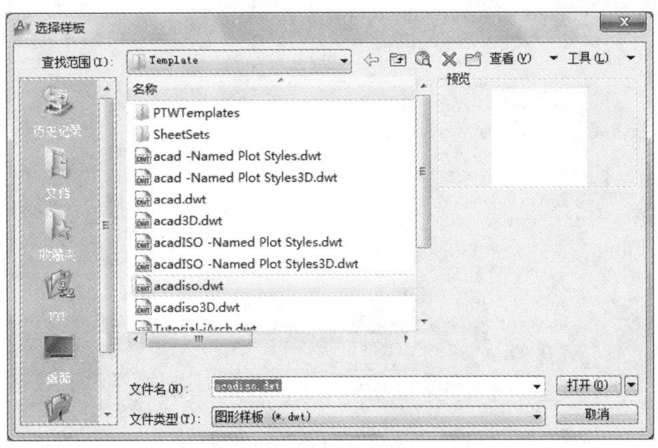

图 1-25　“选择样板”对话框

利用“选择样板”对话框创建新文件的步骤如下：

(1) 系统在列表框中列出了许多标准的样板文件，用户可从中选取一种合适的样板文件。

(2) 单击“打开”按钮，将选中的样板文件打开，此时用户即可在该样板文件上创建图形；直接双击列表框中的样板文件也可将该文件打开。

2) 利用空白文件创建新的图形文件

系统在“选择样板”对话框中还提供了两个空白文件，分别是“acad”与“acadiso”。当用户需要从空白文件开始绘图时，就可以按此种方式进行。

提示：“acad”为英制，其绘图界限为 12 英寸 × 9 英寸；“acadiso”为公制，其绘图界限为 420 毫米 × 297 毫米。

用户还可以单击“选择样板”对话框中右下端的“打开”按钮右侧的 ▼ 按钮，弹出如图 1-26 所示的下拉菜单，选取其中的“无样板打开-公制”选项，即可创建空白文件。

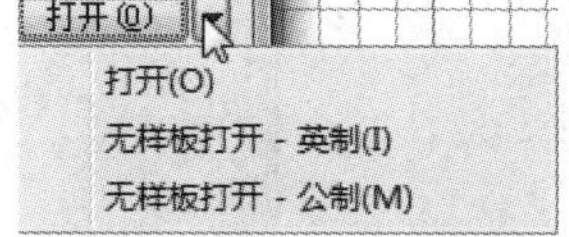

图 1-26　创建空白文件

提示：启动运行 AutoCAD 中文版后，系统直接进入 AutoCAD 绘图工作界面，在 AutoCAD 中，系统没有提供符合我国标准要求的样板，因此，我们必须自己来绘制图框和标题栏。另外，通过后面的学习，用户也可以创建自己的样板文件，从而提高绘图的效率。

1.3.2　打开图形文件

当用户要对原有文件进行修改或是进行打印输出时，就要利用“打开”命令将其打开，从而进行浏览或编辑。

启用“打开”图形文件命令有三种方法：选择“文件”→“打开”命令；单击“标准”工具栏中的“打开”按钮；在命令行输入命令“open”。使用以上任意一种方法，系统将弹出如图 1-27 所示的“选择文件”对话框。打开图形的方法有两种：一种方法是用鼠标在要打开的图形文件上双击；另一种方法是先选中图形文件，然后再单击对话框右下角的 打开(O) 按钮。

图 1-27　“选择文件”对话框

1.3.3　保存图形文件

在创建和编辑图形后，可将当前图形保存到指定的文件夹，或者将图形输出为其他格式的图形，实现资源共享，以下简要介绍保存图形文件的方法和技巧。

AutoCAD 的图形文件的扩展名为“dwg”，保存图形文件有两种方式。

1) *以当前文件名保存图形*

启用“保存”图形文件命令有三种方法：选择“文件”→“保存”命令；单击“标准”工具栏中的“保存”按钮；在命令行输入命令“qsave”。

利用以上任意一种方法保存图形文件，系统将把当前图形文件以原文件名直接保存到原来的位置，即原文件被覆盖。

提示：如果是第一次保存图形文件，AutoCAD 将弹出如图 1-28 所示的“图形另存为”对话框，从中可以输入文件名称，并指定其保存的位置和文件类型。

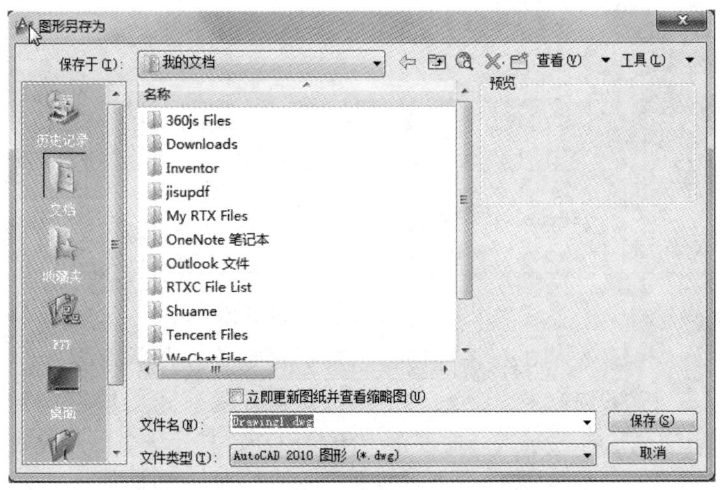

图 1-28　“图形另存为”对话框

2) *指定新的文件名保存图形*

在 AutoCAD 中，利用“另存为”命令可以指定新的文件名保存图形。

启用“另存为”命令有两种方法：选择“文件”→“另存为”→“保存”菜单命令；在命令行输入命令“saveas”。启用“另存为”命令后，系统将弹出如图 1-28 所示的“图形另存为”对话框，此时用户可以在“文件名”栏输入文件的新名称，并可指定该文件保存的位置和文件类型。

在使用计算机时，往往因为断电或其他意外的机器事故而造成文件的丢失，给我们的工作带来很多不必要的麻烦，所以在使用计算机时应养成经常存盘的好习惯。与使用其他 Windows 应用程序相同，AutoCAD 2012 也需要保存图形文件以便日后使用。AutoCAD 还提供自动保存、备份文件和其他保存等功能。

提示：如果要创建图形的新版本而不影响原图形，可以用一个新名称保存它。AutoCAD 图形文件的扩展名是 dwg，除非更改保存图形文件的默认文件格式，否则将以最新图形文件的格式保存。此格式可用于文件压缩和在网络上使用。

1.3.4　输出图形文件

如果要将 AutoCAD 文件以其他不同的文件格式保存，必须应用“图形输出”命令。AutoCAD 可以输出多种格式的图形文件，其方法为：选择“菜单”→“文件”→“输出”命令；或在命令行输入命令“export”。

利用以上任意一种方法启用“图形输出”命令后，系统将弹出如图 1-29 所示的“输出数据”对话框，在对话框中的“文件类型”下拉列表中可以选择输出图形文件的格式。

图 1-29　“输出数据”对话框

提示：用户在绘制复杂的工程图样时，不用每次都进行文字样式、绘图单位、尺寸样式、标注样式等参数的设定。样板图的运用给绘制图样带来很大方便。样板图可以从两种方法获得。第一种方法，将已绘制好的图形作为样板图：打开一个已经设定好的图形文件，将文件中的实体删除，选择文件中的“另存为”命令，将图形文件保存为“.dwt”格式的样板文件。这样图形文件中的绘图环境就保存下来了，这个文件就是样板文件，在以后绘图时可以重复调用此文件，直接使用它的各种环境设置，从而大大节省绘图时间。第二种方法：设定新的样板文件。如果是第一次使用 AutoCAD 绘制专业图样，需要对图形进行各种环境设置，为了能在下次绘图时还使用这种环境设置，应将此设置保存为“.dwt”格式的样板文件。

1.4　命令的执行方式

在 AutoCAD 中，命令是系统的核心，用户执行的每一个操作都需要启用相应的命令。因此，用户在学习本软件之前首先应该了解命令的类型与启用方法。

1.4.1　命令的类型

AutoCAD 中的命令可分为两类，一类是普通命令，另一类是透明命令。普通命令只能单独作用，AutoCAD 中的大部分命令均为普通命令。透明命令是指在运行其他命令的过程中也可以输入执行的命令，即系统在收到透明命令后，将自动终止当前正在执行的命令而先去执行该透明命令，其执行方式是在当前命令提示上输入“ '”+透明命令。

提示：在命令行中，系统在透明命令的提示信息前用两个大于号(“>>”)表示正处于透明命令执行状态，当透明命令执行完毕之后，系统会自动恢复被终止的命令。

1.4.2　命令的启用方式

通常情况下，在 AutoCAD 工作界面中，用户选择菜单中的某个命令或单击工具栏中的某个按钮，其实质就是在启用某一个命令，从而达到进行某一个操作的目的。在 AutoCAD 工作界面中，启用命令有以下 4 种方法。

(1) 菜单命令方式：在菜单栏中选择菜单中的选项命令。

(2) 工具按钮方式：直接单击工具栏中的工具按钮。

(3) 命令提示窗口的命令行方式：在命令行提示窗口中输入某一命令的名称，然后按 Enter 键。

(4) 光标菜单中的选项方式：有时用户在绘图窗口中右击，此时系统将弹出相应的快捷菜单，从中选择合适的命令即可。

提示：前 3 种方式是启用命令时经常采用的方式。为了减少单击鼠标的次数，减少用户的工作量，在执行某一命令时最好采用工具按钮来启用命令。用命令行方式时常用命令可以输入缩写名称，这样可以提高工作效率。例如：要进行直线操作的命令名称为“line”，可输入其缩写名称“L”。

1.4.3　撤销、重复与放弃命令

在 AutoCAD 中，当用户想终止某一个命令时，可以随时按键盘上的 Esc 键撤销当前正在执行的命令。当用户需要重复执行某个命令时，可以直接按 Enter 键或空格键，也可以在绘图区域内右击，在弹出的光标菜单中选择“重复”选项，这为用户提供了快捷的操作方式。

在 AutoCAD 绘图过程中，当用户想取消一些错误的命令时，需要取消前面执行的一个或多个操作，此时用户可以使用“取消”命令。启用“取消”命令有三种方法：选择“编辑”→“放弃”菜单命令；单击“标准”工具栏中的“取消”按钮 ；在命令行输入命令“undo”。

提示：在 AutoCAD 中，可以无限进行取消操作。这样用户可以观察自己的整个绘图过程。当用户取消一个或多个操作后，又想重做这些操作，将图形恢复为原来的效果时，可以使用标准工具栏中的“重做”按钮 ，这样用户可以回到想要的界面中。

1.5　图形对象的选择

在对图形进行编辑操作时首先要确定编辑的对象，即在图形中选择若干图形对象构成选择集。输入一个图形编辑命令后，命令行出现“选择对象”提示，这时可根据需要反复多次地进行选择，直至按 Enter 键结束选择，转入下一步操作。为了提高选择的速度和准

确性，AutoCAD 提供了多种不同形式的选择对象方式，常用的选择方式有以下几种。

(1) 直接选择对象。这是默认的选择对象方式，在这种方式下光标变为一个小方框(拾取框)，将拾取框移至待选图形对象上后单击鼠标左键，则该对象被选中。重复上述操作，可依次选取多个对象。被选中的图形对象以虚线高亮显示，以区别于其他图形。利用该方式每次只能选取一个对象，且在图形密集的地方选取对象时往往容易选错或多选。

(2) 窗口方式。键入“W”，选择窗口方式。通过光标给定一个矩形窗口，所有部分均位于这个矩形窗口内的图形对象都将被选中。

在直接选择对象时，首先确定窗口的左侧角点，再向右拖动定义窗口的右侧角点，则定义的窗口为选择窗口，此时只有完全包含在选择窗口中的对象才被选中。

(3) 多边形窗口方式。键入“WP”，用多边形窗口方式选择对象，完全包含在窗口中的图形被选中。

(4) 交叉窗口方式。键入“C”，选择交叉窗口方式。该方式与用“W”、“WP”窗口方式选择对象的操作方法类似，不同点在于，在交叉窗口方式下，所有位于矩形(或多边形)窗口之内或者与窗口边界相交的对象都将被选中。

在直接选择对象时，如果首先确定窗口的右侧角点，再向左拖动定义窗口的左侧角点，则定义的窗口为交叉窗口。这种方法是选择对象的常用方法。

(5) 全部方式。键入“ALL”，选取屏幕上的全部图形对象。

(6) 删除与添加方式。键入“R”进入删除方式。在删除方式下可以从当前选择集中移出已选取的对象。在删除方式提示下，输入“A”则可继续向选择集中添加图形对象。

(7) 上一个方式。键入“P”，将最近的一个选择集设置为当前选择集。

(8) 放弃方式。键入“U”，取消最后的选择对象操作。

以上只是常用的几种选择对象方式，如要了解所有选择对象方式，可在“选择对象”提示下输入“？”，系统将显示如下提示信息：

窗口(W)/上一个(L)/窗交(C)/框(BOX)/全部(ALL)/栏选(F)/圈围(WP)/圈交(CP)/编组(G)/类(CL)/添加(A)/删除(R)/多个(M)/上一个(P)/放弃(U)/自动(AU)/单个(SI)

根据提示，用户可选取相应的选择对象方式。

1.6 坐 标 系 统

要精确绘制工程图，必须以某个坐标系作为参照，本节将主要介绍 AutoCAD 的坐标系统和点的坐标表示方法。

1.6.1 世界坐标系与用户坐标系

世界坐标系(World Coordinate System，WCS)又称通用坐标系。AutoCAD 默认的世界坐标系 X 轴正向水平向右，Y 轴正向垂直向上，Z 轴与屏幕垂直，正向由屏幕向外。

用户坐标系(User Coordinate System，UCS)是一种相对坐标系。与世界坐标系不同，用户坐标系可选取任意一点为坐标原点，也可以任意方向为 X 轴正方向。用户可以根据绘图的需要建立和调用用户坐标系。关于用户坐标系将在三维绘图中详细介绍。

在绘图过程中，AutoCAD 通过坐标系图标显示当前坐标系统，如图 1-30 所示。

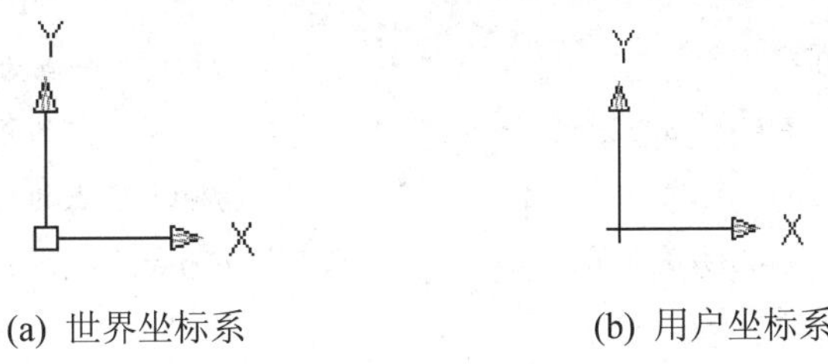

(a) 世界坐标系　　(b) 用户坐标系

图 1-30　AutoCAD 坐标系图标

1.6.2　坐标的表示方法

在 AutoCAD 中，点的坐标可以使用绝对直角坐标、绝对极坐标、相对直角坐标和相对极坐标四种方法表示。在二维绘图中，可暂不考虑点的 Z 坐标。

(1) 绝对直角坐标。绝对直角坐标指当前点相对坐标原点的坐标值。如图 1-31 所示，A 点的绝对坐标为“17.2, 24.6”。

(2) 绝对极坐标。绝对极坐标用“距离<角度”表示。其中距离为当前点相对坐标原点的距离，角度为当前点和坐标原点连线与 X 轴正向的夹角。如图 1-31 所示，A 点的绝对极坐标可表示为“30.0<55”。

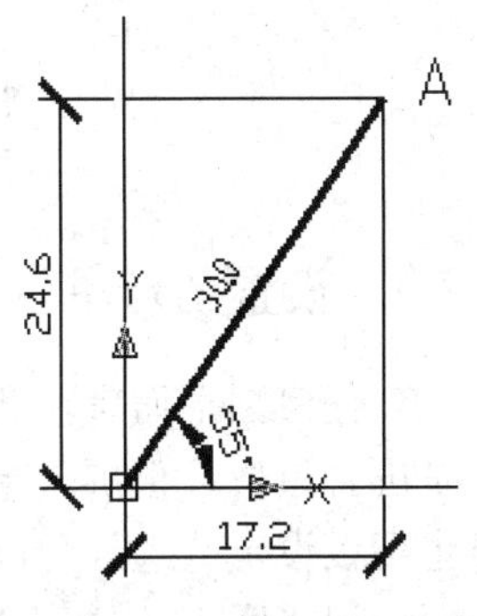

图 1-31　点的坐标

(3) 相对直角坐标。相对直角坐标指当前点相对于某一点的坐标的增量。相对直角坐标前加一个“@”符号。例如，A 点的绝对直角坐标为“10, 15”，B 点相对 A 点的相对直角坐标为“@5, −2”，则 B 点的绝对直角坐标为“15, 13”。

(4) 相对极坐标。相对极坐标用“@距离<角度”表示。例如，“@4.5<30”表示当前点到上一点的距离为 4.5，当前点与上一点的连线与 X 轴正向夹角为 30°。

1.6.3　综合举例说明

使用上述 4 种坐标表示法创建如图 1-32 所示的三角形 ABC。

方法 1：使用绝对直角坐标。

```
命令：line
指定第一点：0,0↙            //指定第一点为坐标原点
指定下一点或[放弃(U)]：20,35↙ //输入 B 点的绝对直角坐标
指定下一点或[放弃(U)]：40,25↙ //输入 C 点的绝对直角坐标
指定下一点或[闭合(C)/放弃(U)]：c↙   //闭合三角形
```

方法 2：使用绝对极坐标。

```
命令：line
指定第一点：0,0↙            //指定第一点为坐标原点
指定下一点或[放弃(U)]：40.3<60↙ //输入 B 点的绝对极坐标
指定下一点或[放弃(U)]：47.2<32↙ //输入 C 点的绝对极坐标
指定下一点或[闭合(C)/放弃(U)]：c↙        //闭合三角形
```

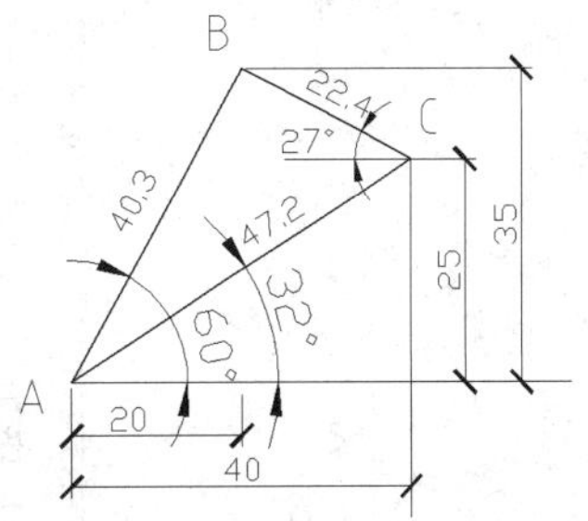

图 1-32　用四种坐标表示法绘制三角形

方法 3：使用相对直角坐标。

命令：line

指定第一点：0,0↙　　//指定第一点为坐标原点

指定下一点或[放弃(U)]：@20,35↙　　//输入 B 点的相对直角坐标

指定下一点或[放弃(U)]：@20,-10↙　　//输入 C 点的相对直角坐标

指定下一点或[闭合(C)/放弃(U)]：c↙　　//闭合三角形

方法 4：使用相对极坐标。

命令：line

指定第一点：0,0↙　　//指定第一点为坐标原点

指定下一点或[放弃(U)]：@40.3<60↙　　//输入 B 点的相对极坐标

指定下一点或[放弃(U)]：@22.4<-27↙　　//输入 C 点的相对极坐标

指定下一点或[闭合(C)/放弃(U)]：c↙　　//闭合三角形

1.7　设置绘图单位及绘图区域

1.7.1　设置图形单位

对任何图形而言，都有其大小、精度以及采用的单位。AutoCAD 中，在屏幕上显示的只是屏幕单位，但屏幕单位应该对应一个真实的单位。不同单位的显示格式是不同的。同样也可以设定或选择角度类型、精度和方向。

启用“图形单位”命令有两种方法：选择“格式”→“单位”菜单命令；在命令行输入命令“units”。

启用“图形单位”命令后，弹出图 1-33 所示“图形单位”对话框。在“图形单位”对话框中包含“长度”、“角度”、“插入时的缩放单位”和“输出样例”四个区，另外还有 4 个按钮。

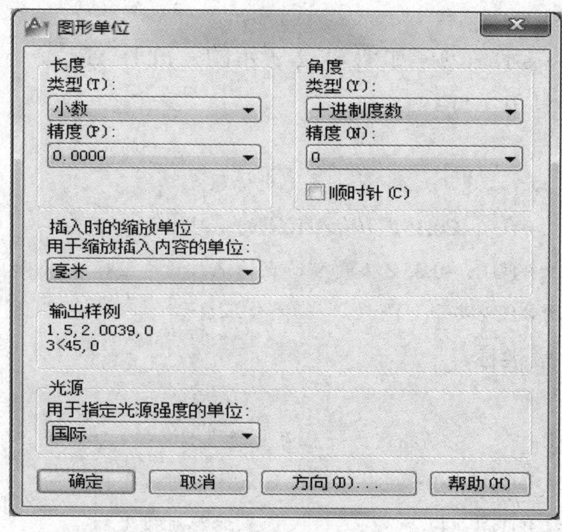

图 1-33　“图形单位”对话框

各选项组的意义如下：

(1) 在“长度”选项组中，设定长度的单位类型及精度。

“类型”：通过下拉列表框，可以选择长度单位类型。

“精度”：通过下拉列表框，可以选择长度精度，也可以直接键入。

(2) 在“角度”选项组中，设定角度单位类型和精度。

“类型”：通过下拉列表框，可以选择角度单位类型。

“精度”：通过下拉列表框，可以选择角度精度，也可以直接键入。

“顺时针”：控制角度方向的正负。选中该复选框时，顺时针为正，否则逆时针为正。

(3) 在“插入时的缩放单位”选项组中，设置缩放插入内容的单位。

(4) 在“输出样例”选项组中，示意了以上设置后的长度和角度单位格式。

单击“方向”按钮，系统弹出“方向控制”对话框，从中可以设置基准角度，如图 1-34 所示，单击“确定”按钮返回“图形单位”对话框。

以上所有项目设置完成后单击“确定”按钮，确认文件的单位设置。

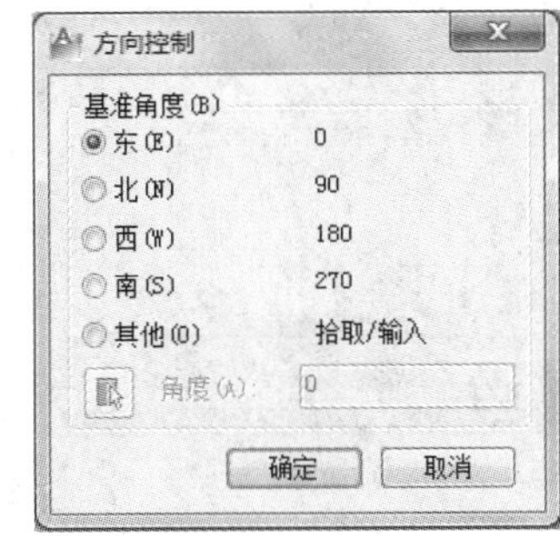

图 1-34　方向控制

1.7.2　图形界限

图形界限是绘图的范围，相当于手工绘图时图纸的大小。设定合适的绘图界限有利于确定图形绘制的大小、比例以及图形之间的距离，有利于检查图形是否超出图框。在 AutoCAD 2012 中，设置图形界限主要是为图形确定一个图纸的边界。

工程图样一般采用五种比较固定的图纸规格，需要设定的图纸区有 A0(1189 × 841)、A1(841 × 594)、A2(594 × 420)、A3(420 × 297)、A4(297 × 210)。利用 AutoCAD 2012 绘制工程图形时，通常是按照 1:1 的比例进行绘图的，所以用户需要参照物体的实际尺寸来设置图形的界限。

启用设置“图形界限”命令有两种方法：选择“格式”→“图形界限”菜单命令；在命令行输入命令“limits”。

【例】 设置绘图界限为宽 594，高 420，并通过栅格显示该界限。

命令:'_limits　　//启用“图形界限”命令

重新设置模型空间界限:

指定左下角点或 [开(ON)/关(OFF)]<0.0000,0.0000>:　　//按“Enter”键

指定右上角点<420.0000,297.0000>:594,420　　//输入新的图形界限

单击绘图窗口内“缩放”工具栏上的“全部缩放”按钮，使整个图形界限显示在屏幕上。

单击状态栏中的“栅格”按钮，栅格显示所设置的绘图区域，如图 1-35 所示。

提示： 绘制工程图样时，首先要根据图形尺寸确定图形的总长、总宽。设置图形界限一定要略大于图形的总体尺寸，要给插入标题栏、标注尺寸、技术要求等留有空间。实际绘图时一定是按 1∶1 的比例绘制。

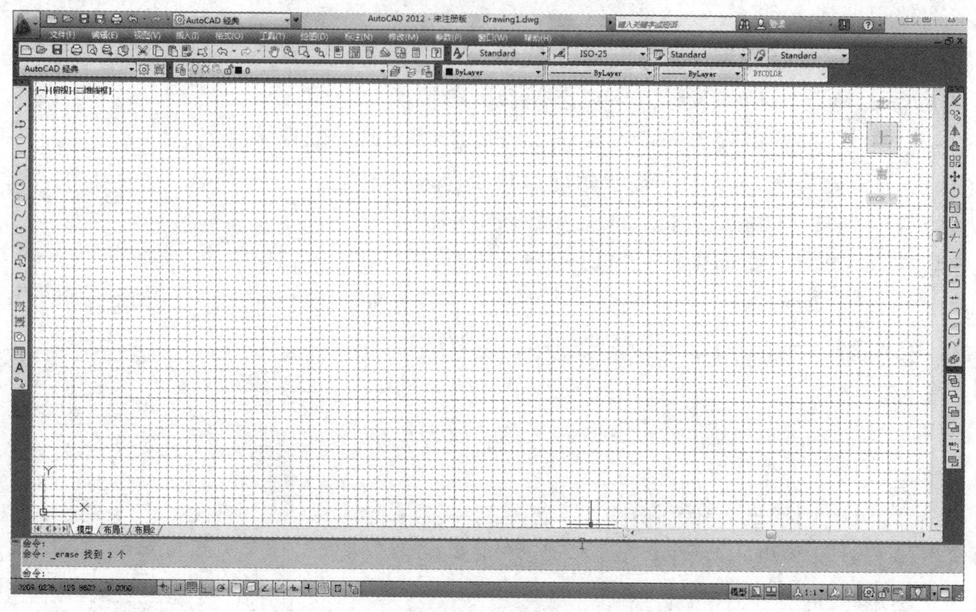

图 1-35　绘图界限

1.8　上机实训

实训 1　熟悉 AutoCAD 2012 操作界面。

实训内容：

AutoCAD 2012 的操作界面是绘制图形的平台，熟悉它有助于用户方便、快速地绘制图形。本实训要求读者了解操作界面各部分的功能，能够熟练地打开、关闭和移动工具栏。

操作提示：

(1) 启动 AutoCAD 2012，进入操作界面。

(2) 将“标注”工具栏打开并移动，最后关闭。

(3) 尝试使用“直线”命令，分别使用命令行、下拉菜单、工具栏方式绘制一条直线。

实训 2　设置个性化绘图界面。

实训内容：

熟悉操作界面，新建文件，并将绘图窗口的背景色设置为白色，将圆弧和圆的平滑度设置为 20 000，将文件的保存方式设置为每隔 5 min 自动保存一次。

操作提示：

(1) 启动 AutoCAD 2012，进入操作界面。

(2) 选择“工具”→“选项”命令，打开“选项”对话框，切换至“显示”选项卡，在“窗口元素”选项组中单击“颜色”按钮，在弹出的“图形窗口颜色”对话框中设置绘图窗口的背景色为白色；在“显示精度”选项组中设置圆弧和圆的平滑度为 20 000；然后切换至“打开和保存”选项卡，在“文件安全措施”选项组中选中“自动保存”复选框，并设置保存间隔为 5 min。

第 2 章　建筑与土木工程图形的绘制

本章是 AutoCAD 绘图的基础部分，是这门课程的重点之一。绘制和编辑图形是 AutoCAD 软件的两大基本功能。要想灵活、准确、高效地绘制图形，必须熟练掌握绘制和编辑图形的方法和技巧。本章主要介绍在 AutoCAD 中绘制建筑与土木工程图形的方法。

在建筑与土木工程中，无论多么复杂的图形，都是由基本图形构成的，其中使用得较多的图元有直线、圆和圆弧等，有时也会含有少量的椭圆、椭圆弧、样条曲线等，它们在建筑工程制图中都起着重要的作用。在 AutoCAD 中，为用户提供了丰富的各类图形元素，这些元素被称为对象，同时 AutoCAD 又提供了多种方法创建每个对象。这些绘图命令中，有一些是二维基本绘图命令，它们是进行二维高级绘图和三维绘图的基础，利用这些命令可以绘制出各种基本图形对象。

2.1　绘制直线、矩形

在建筑与土木工程图形中直线是构成图形最简单的几何元素。在绘制建筑与土木工程外轮廓线时矩形命令使用较多，也是最基本最重要的操作。

2.1.1　“直线”、“矩形”命令

1. “直线”命令

直线是各种图形中最基本的图形元素，是 AutoCAD 中最常见的图素之一。在 AutoCAD 中，可以用鼠标点绘制直线，可以通过输入点的坐标绘制直线，可以使用相对坐标确定点的位置来绘制直线，还可以使用动态输入功能画直线。用户可根据实际情况选择绘制方法。

启用“直线”命令有以下三种方法：

(1) 选择“绘图”→“直线”菜单命令。

(2) 单击“标准”工具栏中的“直线”按钮 。

(3) 在命令行输入命令“line”。

利用以上任意一种方法启用“直线”命令都可以绘制直线。

2. “矩形”命令

矩形在建筑工程图形中使用较多。矩形可通过定义两个对角点来绘制，同时也可以设定其宽度、圆角和倒角等。

启用“矩形”命令有以下三种方法：

(1) 选择“绘图”→“矩形”菜单命令。

(2) 单击“标准”工具栏中的“矩形”按钮 。

(3) 在命令行输入命令“rectang”。

命令行提示如下：

指定第一个角点或[倒角(C)/标高(E)/圆角(F)/厚度(T)/宽度(W)]：

指定另一个角点

根据命令行提示，绘制矩形，如图 2-1 所示。

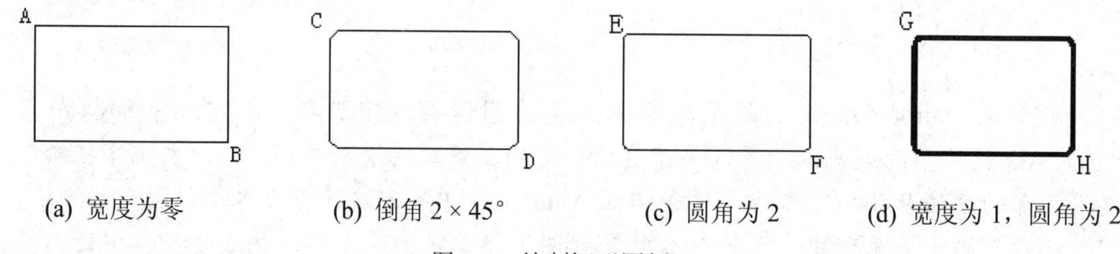

图 2-1　绘制矩形图例

2.1.2　绘制圆端形桥墩正面图

下面以绘制圆端形桥墩正面图中的墩身和托盘、基础为例来说明直线、矩形的绘制方法。

桥墩是桥梁的中间支承，它由基础、墩身和墩顶(包括托盘和墩帽)三部分组成。

无论绘制什么图，绘制前分析绘图方法是很重要的环节，方法不一样，绘图速度和时间也就不一样。绘图顺序是非常灵活的，但在很大程度上也影响着绘图效率，应该根据图形中各部分的相对位置和已知的尺寸来确定。为了定位方便，一般应按照先大后小、先整体后局部的原则安排绘图顺序。

绘制工程图是有一定的步骤的，在本例中我们主要介绍绘图方法和技巧。

绘制圆端形桥墩正面图有许多方法，我们在这里用“直线”、“矩形”命令绘图。圆端形桥墩正面图可以分解成几个基本图形，如图 2-2 所示。我们分别绘出几个基本图形，然后用“移动”命令把它们放置在一起。注意移动的基点用图形中线的中点。

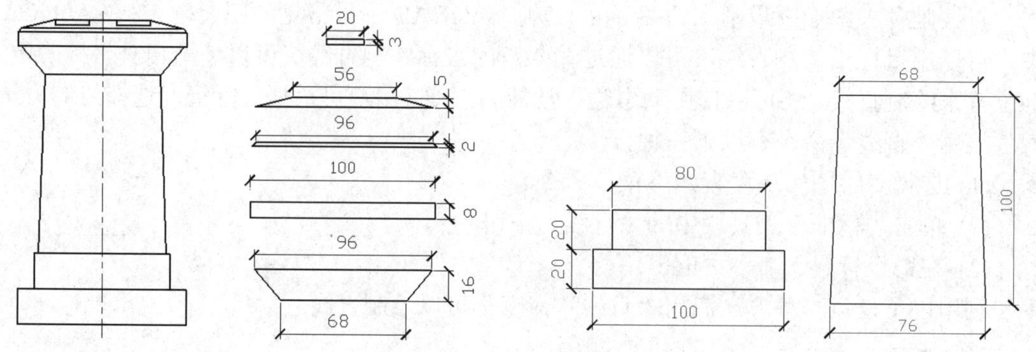

图 2-2　圆端形桥墩正面图分解成几个基本图形

1．绘制桥墩的托盘(见图 2-3、图 2-4)

操作步骤：

命令：_line 指定第一点：在屏幕上拾取点 A　　绘制直线指定第一点

指定下一点或 [放弃(U)]：<正交 开> 68　　打开正交输入长度

指定下一点或 [放弃(U)]：回车	回车结束
命令：_line 指定第一点：	绘制直线指定第一点
指定第一点： <对象捕捉 开>　在屏幕上拾取中点 E	设置对象捕捉中的中点
指定下一点或 [放弃(U)]：16	指明方向输入长度
指定下一点或 [放弃(U)]：回车	回车结束
命令：_line 指定第一点：在屏幕上拾取点 C	绘制直线指定第一点
指定下一点或 [放弃(U)]：96	指明方向输入长度
指定下一点或 [放弃(U)]：回车	回车结束
命令：_move	执行移动操作
选择对象：找到 1 个选择 CD	选择对象
选择对象：回车	回车结束选择
指定基点或位移：指定位移的第二点或<用第一点作位移>：	长 16 线段的上端点 F
命令：_line 指定第一点：在屏幕上拾取点 A	绘制直线指定第一点
指定下一点或 [放弃(U)]：在屏幕上拾取点 C	指定第二点
指定下一点或 [放弃(U)]：回车	回车结束
命令：_line 指定第一点：在屏幕上拾取点 B	绘制直线指定第一点
指定下一点或 [放弃(U)]：在屏幕上拾取点 D	指定第二点
指定下一点或 [放弃(U)]：回车	回车结束
命令：_erase	执行删除操作
选择对象：找到 1 个选择线段 EF	选择对象
选择对象：回车	回车结束命令

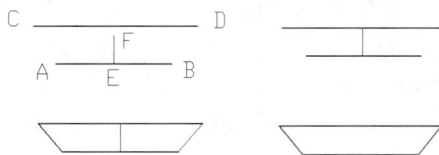

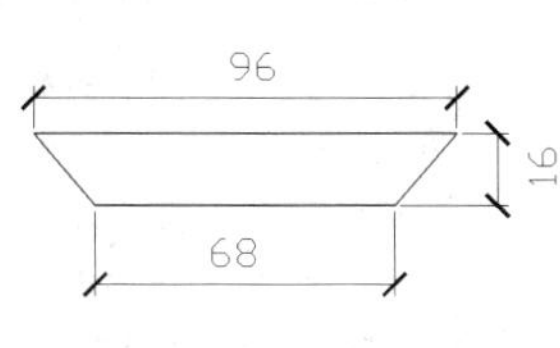

图 2-3　托盘

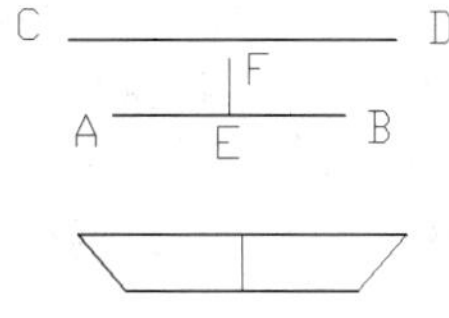

图 2-4　托盘绘图过程

2．绘制桥墩的墩身(见图 2-5)

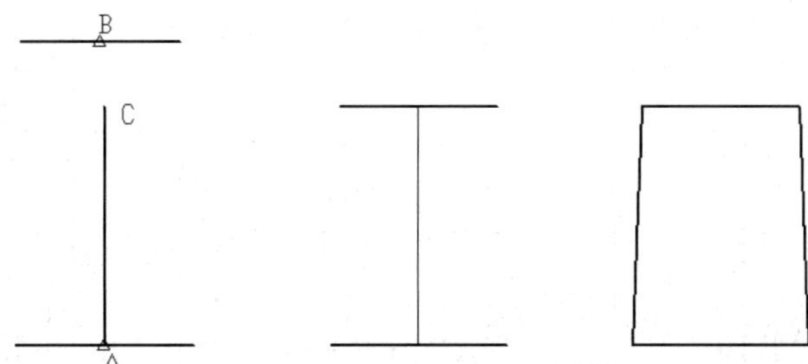

图 2-5　桥墩墩身绘图过程

绘制桥墩的墩身的操作步骤同托盘是一样的，这里不再重复。

3．绘制桥墩的基础(见图 2-6)

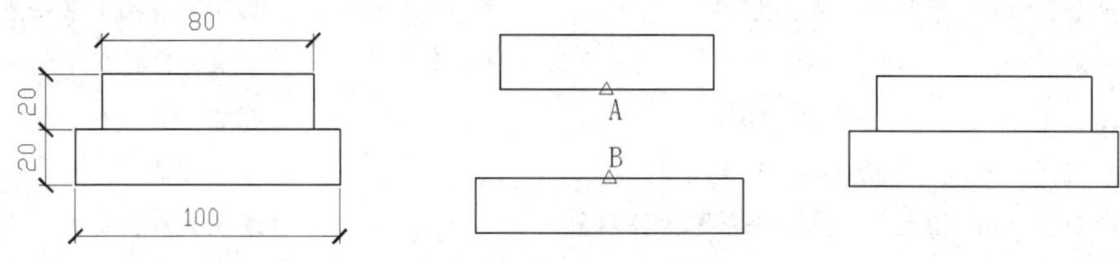

图 2-6　桥墩基础绘图过程

操作步骤：

命令：_rectang	执行矩形操作
指定第一个角点或 [倒角(C)/标高(E)/圆角(F)/厚度(T)/宽度(W)]：	在屏幕上拾取点
指定另一个角点或 [尺寸(D)]：@100，20	指定下一点相对坐标
命令：回车	回车结束
命令：_rectang	执行矩形操作
指定第一个角点或 [倒角(C)/标高(E)/圆角(F)/厚度(T)/宽度(W)]：	在屏幕上拾取点
指定另一个角点或 [尺寸(D)]：@80，20	指定下一点相对坐标
命令：回车	回车结束
命令：_move	执行移动操作
选择对象：找到 1 个	选择小矩形
选择对象：回车	回车结束选择
指定基点或位移：指定位移的第二点或 <用第一点作位移>：	指定基点 A 移到点 B

经验之谈：

(1) 使用正交功能绘制水平与垂直线。“正交”命令是用来绘制水平与垂直线的一种辅助工具，是 AutoCAD 中最为常用的工具。如果用户绘制水平与垂直线时打开状态栏中的“正交”按钮 正交，这时光标只能按水平与垂直方向移动。只要移动光标来指示线段的方向，并输入线段的长度值，不用输入坐标值就能绘制出水平与垂直方向的线段。

(2) 作辅助线。本图有多种画法，但对于初学者，作辅助线绘制托盘和墩身简单易懂。在 AutoCAD 中作辅助线绘图是常用技巧。

(3) 绘制的矩形是一个整体，编辑时必须通过分解命令使之分解成单个的线段，同时矩形也失去线宽性质。

(4) 在建筑和土木工程图形中矩形较多，如图 2-7 所示房屋立面图和图 2-8 所示门窗图。

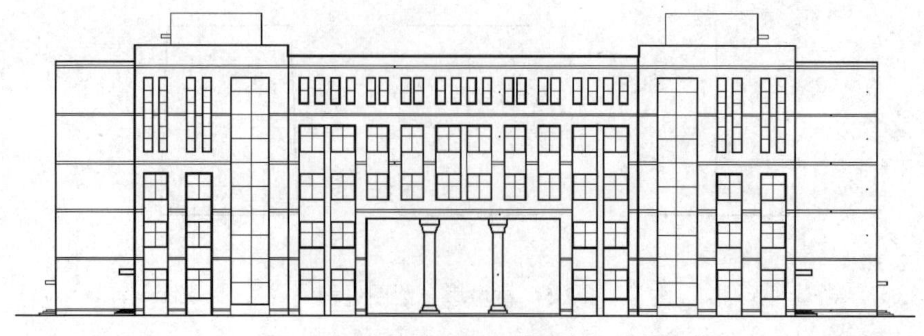

图 2-7　房屋立面图

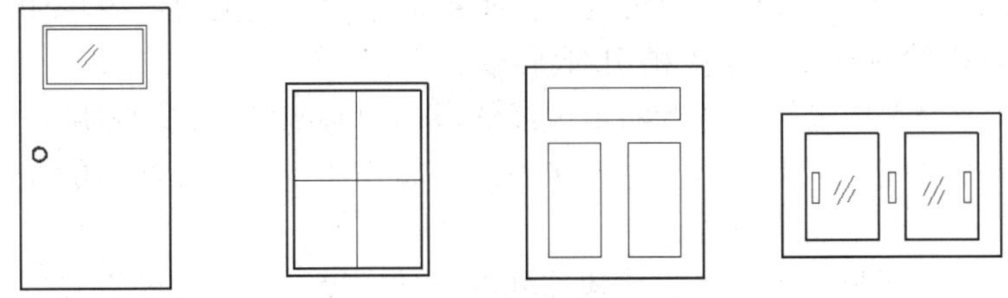

图 2-8　门窗图

2.2　绘制多段线

在 AutoCAD 中，创建图形对象的方法有多种。如利用点、直线等创建，也可以利用由基本元素组合而成的图形来创建，如多段线和矩形创建出的各种不同的图形。但使用不同的命令绘图速度是不一样的，尤其是直线和弧相连的线段使用多段线较方便，可以提高绘图速度。

2.2.1　“多段线”命令

用“多段线”命令可以绘制由若干直线和圆弧连接而成的不同宽度的曲线或折线，并且无论该多段线中含有多少条直线或圆弧，它们都是一个实体，可以用“多段线编辑”命令对其进行编辑。在绘制过程中，用户可以随意设置线宽。

启用“多段线”命令有三种方法：

(1) 选择“绘图”→“多段线”菜单命令。

(2) 单击标准工具栏中的“多段线”按钮 。

(3) 在命令行输入命令“pline”。

启用“多段线”命令后，命令行提示如下：

命令：_pline

指定起点：

当前线宽为 0.0000

指定下一个点或[圆弧(A)/半宽(H)/长度(L)/放弃(U)/宽度(W)]:

其中：

“指定下一个点”：该选项为默认选项。指定多段线的下一点，生成一段直线。命令行提示：

指定下一点或 [圆弧(A)/闭合(C)/半宽(H)/长度(L)/放弃(U)/宽度(W)]:

可以继续输入下一点，连续不断地重复操作，直至回车，结束命令。

“圆弧(A)”：用于绘制圆弧并添加到多段线中。绘制的圆弧与上一线段相切。命令行提示：

指定下一个点或[圆弧(A)/半宽(H)/长度(L)/放弃(U)/宽度(W)]:

指定圆弧的端点或[角度(A)/圆心(CE)/方向(D)/半宽(H)/直线(L)/半径(R)/第二个点(S)/放弃(U)/宽度(W)]:

“长度(L)”：在与前一段相同的角度方向上绘制指定长度的直线段。如果前一线段为圆弧，AutoCAD 将绘制与该弧线段相切的新线段。

“半宽(H)”：用于指定从有宽度的多段线线段的中心到其一边的宽度，起点半宽将成为默认的端点半宽。端点半宽在再次修改半宽之前将作为所有后续线段的统一半宽。宽线线段的起点和端点位于宽线的中心。

“宽度(W)”：用于指定下一条直线段或弧线段的宽度。与半宽的设置方法相同，可以分别指定起始点与终止点的宽度，可以绘制箭头图形或者其他变化宽度的多段线。

“闭合(C)”：从当前位置到多段线的起始点绘制一条直线段用以闭合多段线。

“角度(A)”：指定圆弧线段从起始点开始的包含角。输入正值将按逆时针方向创建弧线段；输入负值将按顺时针方向创建弧线段。

“方向(D)”：用于指定弧线段的起始方向。绘制过程中可以用鼠标单击来确定圆弧的弦方向。

“直线(L)”：用于退出绘制圆弧选项，返回绘制直线的初始提示。

“半径(R)”：用于指定弧线段的半径。

“第二点选项”：用于指定三点圆弧的第二点和端点。

“放弃(U)”：删除最近一次添加到多段线上的弧线段或直线段。

2.2.2 绘制窗

绘制图 2-9 所示的窗

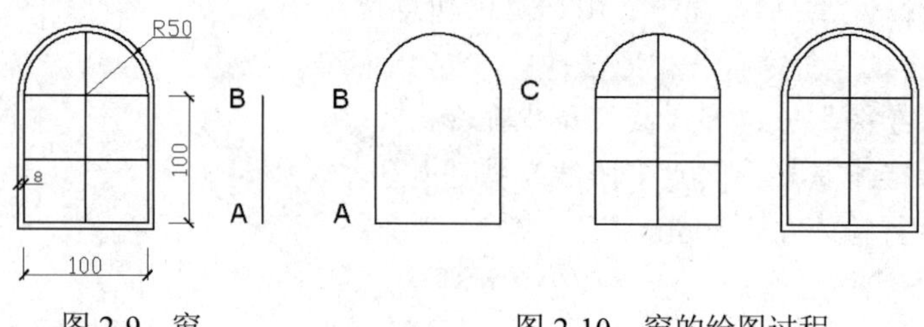

图 2-9　窗　　　　图 2-10　窗的绘图过程

命令行提示：

命令：_pline	执行绘制线段操作
指定起点：在屏幕下部拾取图 2-10 所示点 A	指定第一点
指定下一个点或[圆弧(A)/半宽(H)/长度(L)/放弃(U)/宽度(W)]：100	指明方向输入长度
指定下一点或[圆弧(A)/闭合(C)/半宽(H)/长度(L)/放弃(U)/宽度(W)]：a	绘制圆弧
指定圆弧的端点或[角度(A)/圆心(CE)/闭合(CL)/方向(D)/半宽(H)/直线(L)/半径(R)/第二个点(S)/放弃(U)/宽度(W)]：100	指明方向输入长度
指定圆弧的端点或[角度(A)/圆心(CE)/闭合(CL)/方向(D)/半宽(H)/直线(L)/半径(R)/第二个点(S)/放弃(U)/宽度(W)]：1	绘制直线
指定下一点或[圆弧(A)/闭合(C)/半宽(H)/长度(L)/放弃(U)/宽度(W)]：100	指明方向输入长度
指定下一点或 [圆弧(A)/闭合(C)/半宽(H)/长度(L)/放弃(U)/宽度(W)]：	捕捉点 A
指定下一点或 [圆弧(A)/闭合(C)/半宽(H)/长度(L)/放弃(U)/宽度(W)]：回车	
命令：回车	执行上一次命令

命令：_pline　　执行绘制线段操作

指定起点：在屏幕下部拾取点 B　　指定第一点

指定下一个点或 [圆弧(A)/半宽(H)/长度(L)/放弃(U)/宽度(W)]：拾点 C　　指定端点

指定下一点或 [圆弧(A)/闭合(C)/半宽(H)/长度(L)/放弃(U)/宽度(W)]：回车

命令：回车　　执行上一次命令

命令：_pline　　执行绘制线段操作

指定起点：拾取 AB 中点　　指定第一点

指定下一个点或 [圆弧(A)/半宽(H)/长度(L)/放弃(U)/宽度(W)]：　　指定端点

指定下一点或 [圆弧(A)/闭合(C)/半宽(H)/长度(L)/放弃(U)/宽度(W)]：回车

命令：回车　　执行上一次命令

命令：_pline　　执行绘制线段操作

指定起点：拾取 AB 弧中点　　指定第一点

指定下一个点或 [圆弧(A)/半宽(H)/长度(L)/放弃(U)/宽度(W)]：　　指定端点

指定下一点或 [圆弧(A)/闭合(C)/半宽(H)/长度(L)/放弃(U)/宽度(W)]：回车　　结束命令

命令：_offset　　执行绘制偏移操作

指定偏移距离或 [通过(T)] <8.0000>：8　　输入偏移距离

选择要偏移的对象或 <退出>：选择整个线段　　选择要偏移的对象

指定点以确定偏移所在一侧：在整个线段外指定点　　确定偏移所在一侧

选择要偏移的对象或 <退出>　回车　　回车结束命令

经验之谈：

(1) 绘制本图最好用多段线，如果用“直线”或“矩形”命令，配合“圆”命令绘图时再用“偏移”命令，还要用“修剪”和其他命令进行加工才能完成图形，如图 2-11 所示。

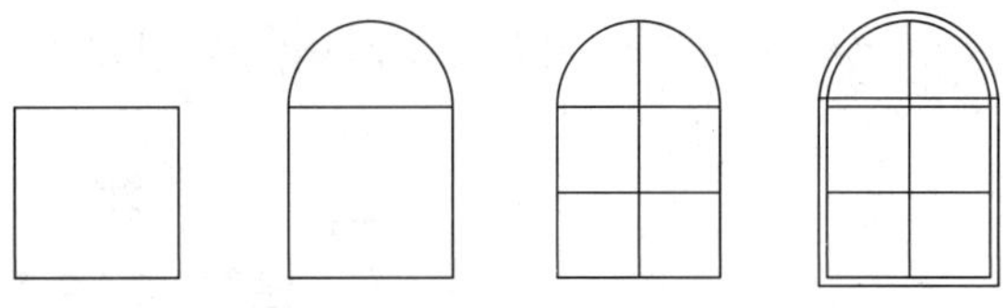

图 2-11　窗的绘图过程

(2) 绘制线段是最基本的操作，但也是最重要、用得最多的操作，在使用时一定要注意配合使用“捕捉”、“修剪”、“延长”、“缩放”等辅助工具。

(3) 用“分解”命令可将多段线分解为一段一段的直线和圆弧，如果分解带有一定宽度的多段线，则分解后其宽度信息将会消失。“多段线编辑”命令可把相连在一起的直线转化为多段线，从而可以改变其宽度。

(4) 当系统变量 FILLMODE=0 或“FILL”命令关闭时，绘制具有一定宽度的多段线将不会填充，结果如图 2-12 所示。

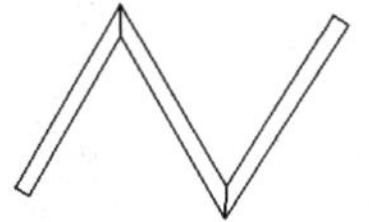

图 2-12　多段线的显示

(5) 在土木工程图形中多段线使用较多，尤其是直线和弧相连的线段使用多段线较方便，如图 2-13 中钢筋的弯钩、浴缸、伞的图标，粗细变化的线段如图中所示树枝、箭头等。

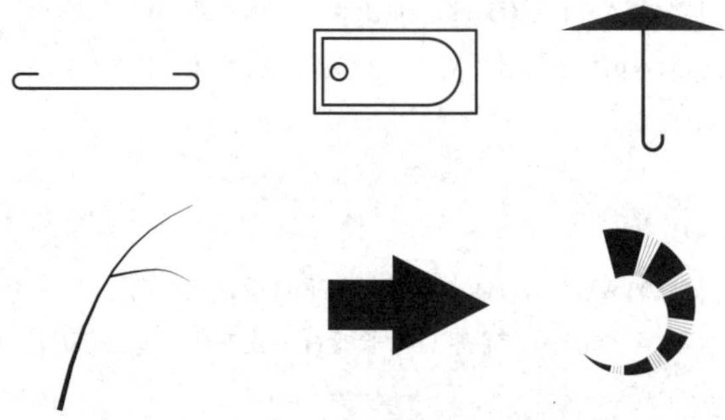

图 2-13　使用多段线绘制的图例

2.3　绘制圆与圆弧

在绘制土木工程图形时，不仅包括直线、矩形这些规则的线性对象，还包括圆、圆弧和样条曲线这些不规则的曲线对象。这些曲线对象经常用来绘制门窗的装饰图案或者一些小的建筑构件。

2.3.1　“圆”、“圆弧”命令

圆与圆弧是工程图样中常见的曲线元素，在 AutoCAD 中提供了多种绘制圆与圆弧的方法。启用“圆”命令后，命令行提示：

命令：_circle 指定圆的圆心或[三点(3P)/两点(2P)/相切、相切、半径(T)]：

根据图形所给出的实际尺寸来选择绘制方法。常用的绘制方法如图 2-14 所示。

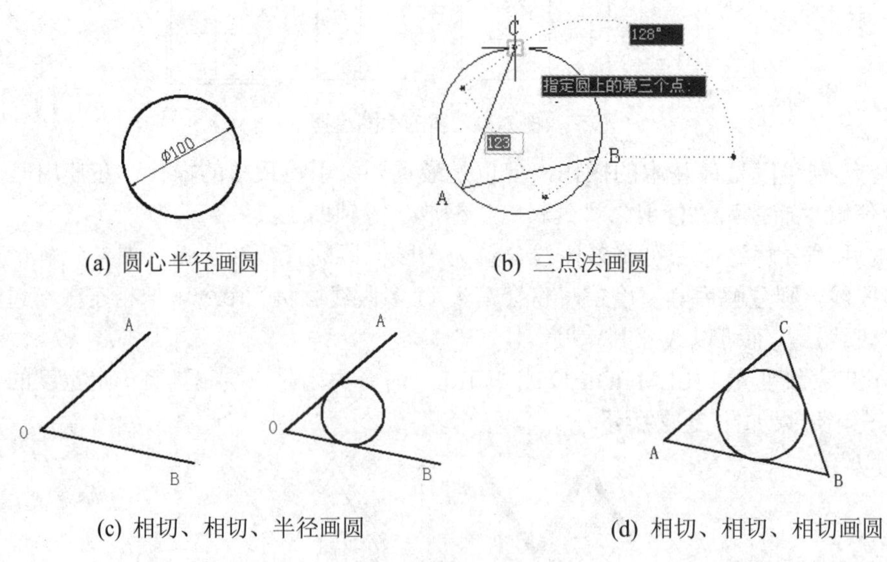

(a) 圆心半径画圆　　(b) 三点法画圆

(c) 相切、相切、半径画圆　　(d) 相切、相切、相切画圆

图 2-14　常用圆的画法

在 AutoCAD 中绘制圆弧共有 10 种方法，其中缺省状态下是通过确定三点来绘制圆弧。绘制圆弧时，可以通过设置起点、方向、中点、角度、终点、弦长等参数来进行绘制。在绘图过程中用户可以采用不同的办法进行绘制。选择“绘图”→“圆弧”菜单命令后，系统将弹出如图 2-15 所示的“圆弧”下拉菜单，在子菜单中提供了 10 种绘制圆弧的方法，用户可根据自己的需要，选择相应的选项来进行圆弧的绘制。

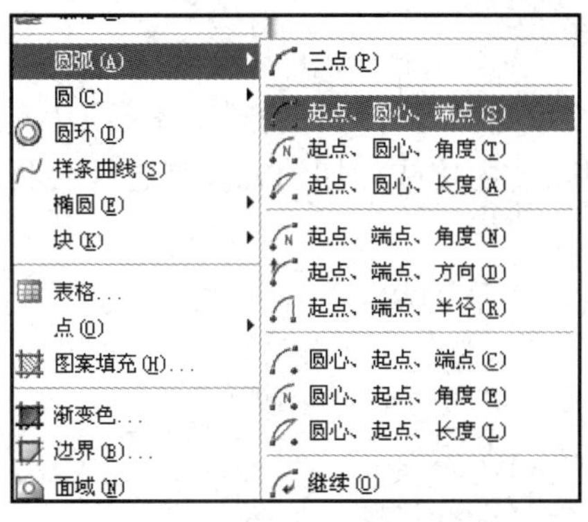

图 2-15　“圆弧”下拉菜单

2.3.2　绘制平面图形

绘制如图 2-16 所示的平面图形。

操作提示：

(1) 绘制水平线段。

(2) 极轴为打开状态，并设置极轴角的增量角为 30°，绘制斜线，或用相对极坐标绘制斜线。

(3) 用“相切、相切、半径(T)”方式绘制ϕ100 的圆。

(4) 用下拉菜单中“相切、相切、相切(A)”方式绘制小圆。

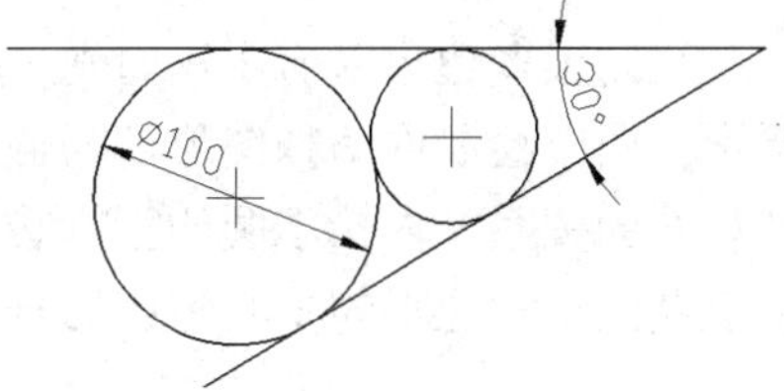

图 2-16　绘制平面图形

经验之谈：

(1) 绘制圆弧需要输入圆弧的角度时，若角度为正值，则按逆时针方向画圆弧；若角度为负值，则按顺时针方向画圆弧。若输入的弦长和半径为正值，则绘制 180°范围内的圆弧；若输入的弦长和半径为负值，则绘制大于 180°的圆弧。

(2) 在土木工程图形中圆弧使用较少，隧道洞门的衬砌、房屋平面图中的门等要用“圆弧”命令，如图 2-17 所示。

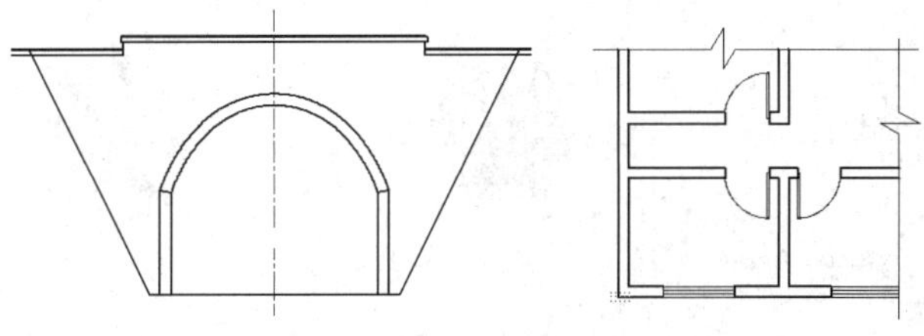

图 2-17　圆弧的使用

2.4　绘制正多边形

在建筑工程图形中正多边形使用较少，一些艺术装饰图案通常用正多边形命令画图。

2.4.1　“正多边形”命令

在 AutoCAD 中，正多边形是具有等边长的封闭图形，其边数为 3～1024。绘制正多边形时，用户可以通过与假想圆的内接或外切的方法来进行绘制，也可以指定正多边形某边的端点来绘制。

启用“正多边形”命令有三种方法：

(1) 选择“绘图”→“正多边形”菜单命令。

(2) 单击标准工具栏中的“正多边形”按钮 。

(3) 在命令行输入命令“polygon”。

启用“正多边形”命令后，命令行提示如下：

指定正多边形的中心点或[边(E)]:

输入选项[内接于圆(I)/外切于圆(C)]<I>:

2.4.2　利用正多边形绘制艺术图案

绘制正多边形以前，我们先来认识一下“内接于圆(I)”和“外切于圆(C)”。如图 2-18 所示，图中绘制的两种图形都与假想圆的半径有关系，用户绘制正多边形时要弄清正多边形与圆的关系。内接于圆的正六边形从六边形中心到两边交点的连线等于圆的半径，而外切于圆的正六边形的中心到边的垂直距离等于圆的半径。

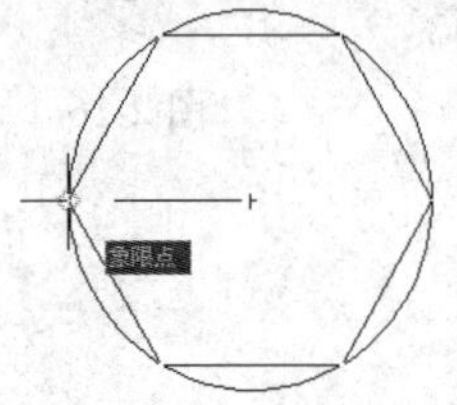

(a) 内接于圆的正六边形

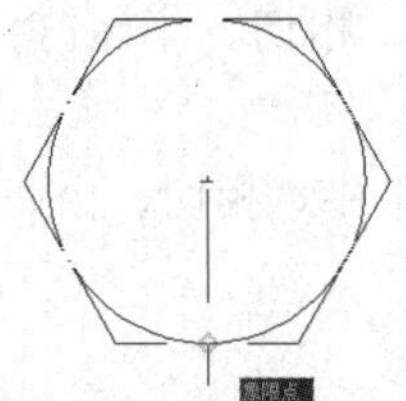

(b) 外切于圆的正六边形

图 2-18　正多边形与圆的关系

经验之谈：在建筑工程图形中正多边形使用较少，一些艺术图案通常用到正多边形画图，如青蛙用正三角形画轮廓，然后用“圆角”命令加工，如图 2-19 所示。

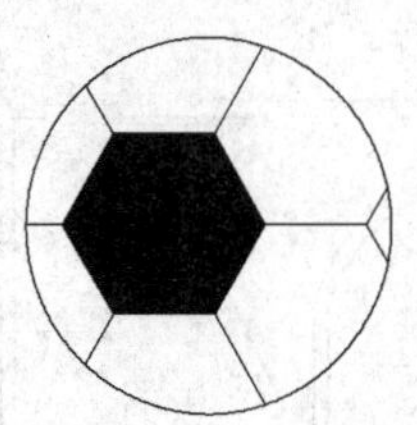

图 2-19　正多边形的使用

2.4.3　绘制五角星

本例所绘五角星形的外接正五边形边长为 15，见图 2-20(a)。图 2-20(b)、(c)、(d)为不同颜色填充的效果。

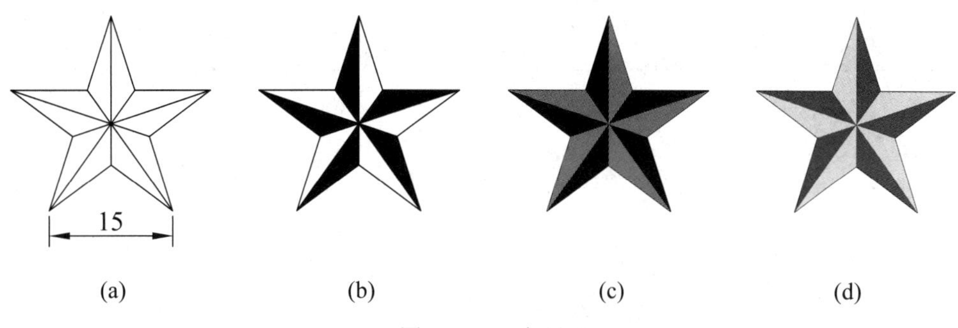

图 2-20　五角星形

1. 分析组成

五角星形外接正五边形边长为 15；正五边形的顶点是五角星形的角点。

2. 绘制顺序

先绘制一边长为 15 的正五边形，见图 2-21(a)；对正五边形顶点间隔依次执行“直线”命令，见图 2-21(b)；删除正五边形并修剪，结果见图 2-21(c)；对五角星各角点与腰点依次执行“直线”命令，见图 2.21(d)选择有对比度的颜色间隔进行图案填充，结果见图 2-20(b)。图示绘制步骤见图 2-21。

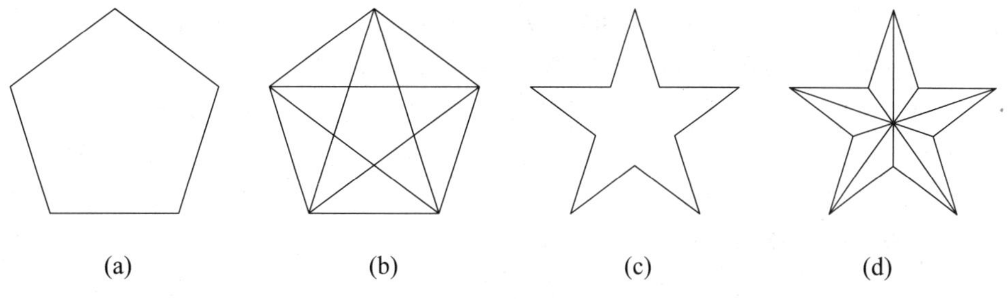

图 2-21　五角星形绘制步骤一

3. 绘制

(1) 新建一文件并命名为五角星形。

(2) 绘制边长为 15 的正五边形。

命令: polygon↲	执行正多边形命令
输入边的数目 <4>:5↲	输入多边形边数目
指定正多边形的中心点或 [边(E)]: e↲	选边(E)项
指定边的第一个端点: 0,0↲	指定起始点
指定边的第二个端点: 15,0↲	指定另一点

绘制结果见图 2-21(a)。

(3) 依次间隔连接正五边形各交点。

命令: line↵ 执行直线命令

指定第一点: <对象捕捉 开>↙ 指定 A 点

依次指定 B、C、D、E、A 点，绘制结果见图 2-22(a)。

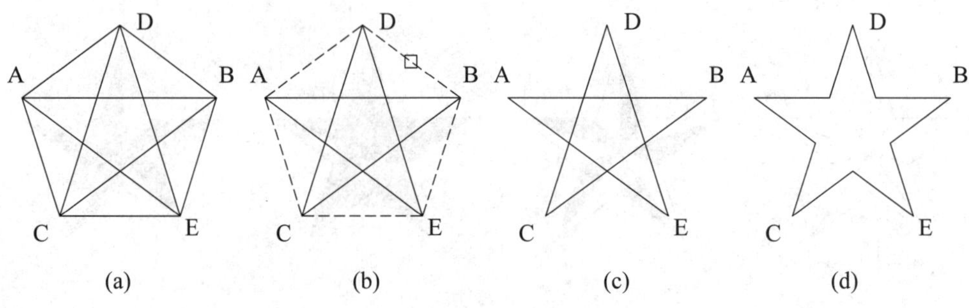

图 2-22 五角星形绘制步骤二

(4) 删除正五边形，删除结果见图 2-22(c)。

命令: erase↵ 执行删除命令

选择对象: 找到 1 个↵ 拾取正五边形，见图 2-22(b)

选择对象: ↵ 回车结束命令

(5) 修剪对象。

命令: trim↵ 执行修剪命令

当前设置:投影=UCS，边=无

选择剪切边...

选择对象: ↵ 有天然边界，直接回车

依次选择直线 AB、BC、CD、DE、EA 的中间部分，修剪结果见图 2-22(d)。

(6) 连线，依次连接 CH、DI、EJ、BG 和 AF，结果见图 2-23(a)。

命令: line↵ 执行直线命令

line 指定第一点: ↙ 指定 A 点

指定下一点或 [放弃(U)]: ↙ 指定 F 点

指定下一点或 [放弃(U)]: ↙ 回车结束绘线

命令: ↵ 回车重复绘线命令

line 指定第一点: ↙ 指定 B 点

指定下一点或 [放弃(U)]: ↙ 指定 G 点

指定下一点或 [放弃(U)]: ↵ 回车结束命令

(7) 图案填充。

命令: hatch↵ 执行图案填充命令

选择内部点:

正在分析内部孤岛... 选择 Solid 图案

选择内部点: ↙ 拾取图 2-23(b)区域

正在分析内部孤岛... ↵ 回车确定

填充结果见图 2-23(c)。

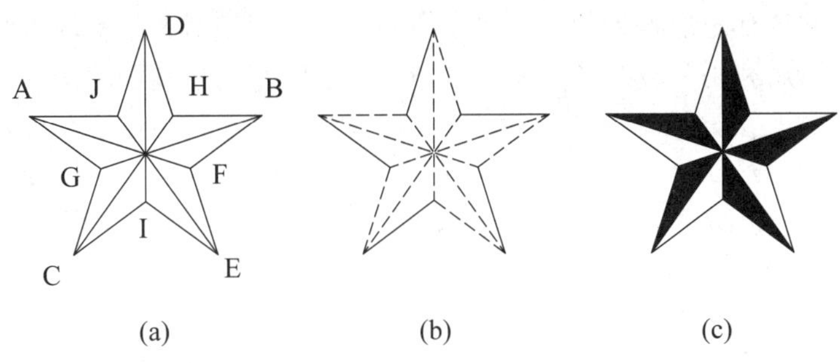

图 2-23　五角星形绘制步骤三

4. 说明

(1) 绘制之前应先建立新文件并保存。在绘制过程中要实时存盘。

(2) 绘制的正五边形的底边应水平。

(3) 结合对象捕捉灵活掌握“直线”命令。

(4) 绘制完毕后用“范围”“缩放”命令检查对象，删除不需要的对象。

2.5　绘制点、样条曲线、圆环

使用 AutoCAD 绘图时，经常需要先指定对象的端点或中心点，以此作为绘图的辅助点或参照点。样条曲线通常用于建筑图中地形地貌的绘制，在局部剖面图中使用也较多。钢筋的断面用小黑圆点表示，使用圆环命令绘制最简单。

2.5.1　点、样条曲线、圆环

(1) 设置点样式。点是图样中最基本的元素，在 AutoCAD 中，可以绘制单独的点对象作为绘图的参考点。用户在绘制点时要知道绘制什么样的点和点的大小，因此需要设置点的样式。选择“格式”→“点样式”菜单命令，系统弹出“点样式”对话框，用户可在该对话框中进行设置。

(2) 绘制定数等分点。在 AutoCAD 绘图中，经常需要对直线或一个对象进行定数等分，这个任务就要用点的定数等分来完成。选择“绘图”→“点”→“定数等分”菜单命令，在所选择的对象上绘制等分点。

(3) 样条曲线是由多条线段光滑过渡而形成的曲线，其形状是由数据点、拟合点及控制点来控制的。其中数据点是在绘制样条曲线时由用户确定的；拟合点及控制点由系统自动产生，用来编辑样条曲线。选择“绘图”→“样条曲线”菜单命令或单击标准工具栏中的“样条曲线”按钮，绘制样条曲线。

(4) 圆环是一种可以填充的同心圆，其内径可以是 0，也可以和外径相等。在绘图过程中用户需要指定圆环的内径、外径以及中心点。选择“绘图”→“圆环”菜单命令绘制圆环。

2.5.2　绘制道路横断面图

本例将用“点”、“样条曲线”和“阵列”等命令精讲道路横断面图的绘制。

通过绘制点并进行矩形阵列使之生成坐标网格，利用绝对的坐标输入法输入样条曲线各点的坐标值，然后利用多段线及“镜像”命令绘制路基的横断面轮廓线，最终效果如图 2-24 所示。

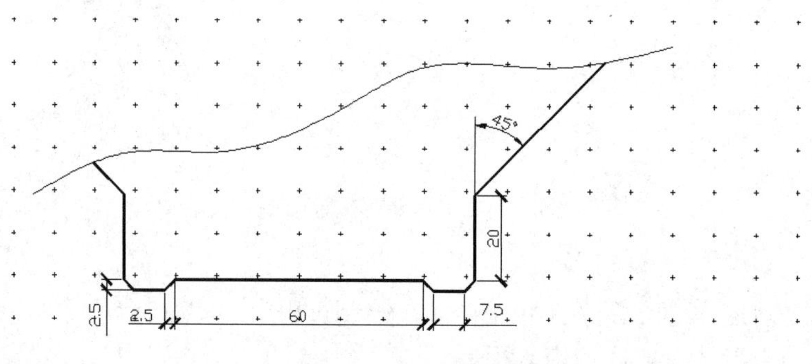

图 2-24　道路横断面图

绘图步骤：

(1) 单击“文件”→“新建”命令，新建一个文件，然后单击“文件”→“保存”命令，将文件命名为“道路横断面图”并保存。

(2) 单击“格式”→“点样式”命令，在弹出的“点样式”对话框中选择“+”样式作为点样式，并将“点大小”设置为 5%，如图 2-25 所示。

(3) 单击“绘图”→“点”→“单点”命令，在坐标原点处绘制一点。

(4) 单击“修改”→“阵列”命令，按照图 2-26 所示设置各项值，将上一步绘制的点编制为矩形阵列，编制好的阵列图形如图 2-27 所示。

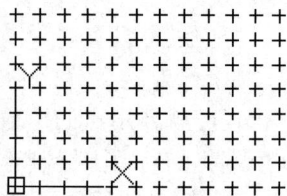

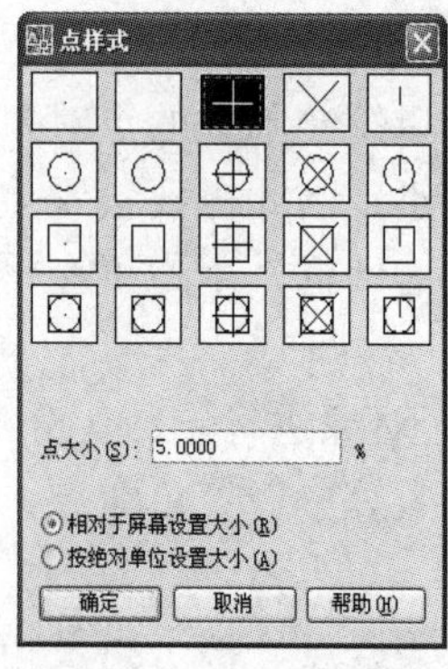

图 2-25　“点样式”对话框

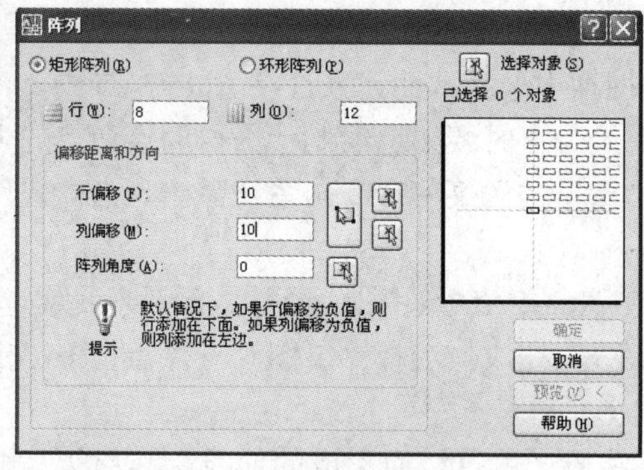

图 2-26　“阵列”对话框

图 2-27　阵列图

(5) 单击“绘图”→“样条曲线”命令，命令行提示：

命令：_spline

指定第一个点或 [对象(O)]：5，30

指定下一点：30，40

指定下一点或 [闭合(C)/拟合公差(F)] <起点切向>：50，40

指定下一点或 [闭合(C)/拟合公差(F)] <起点切向>：80，50

指定下一点或 [闭合(C)/拟合公差(F)] <起点切向>：100，60

指定下一点或 [闭合(C)/拟合公差(F)] <起点切向>：130，60

指定下一点或 [闭合(C)/拟合公差(F)] <起点切向>：160，65

指定下一点或 [闭合(C)/拟合公差(F)] <起点切向>：

指定起点切向：(指定合适的切向)

指定端点切向：(指定合适的切向)

结果如图 2-28 所示。

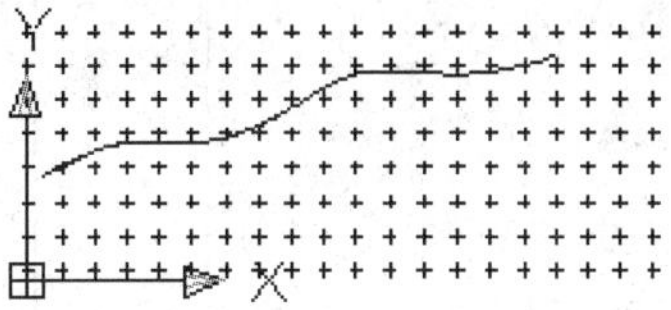

图 2-28　绘图样条曲线

(6) 单击“绘图”→“多段线”命令，命令行提示：

命令：_pline

指定起点：(捕捉任意一点)

当前线宽为 0.0000

指定下一个点或 [圆弧(A)/半宽(H)/长度(L)/放弃(U)/宽度(W)]：@30，0

指定下一点或 [圆弧(A)/闭合(C)/半宽(H)/长度(L)/放弃(U)/宽度(W)]：@2.5，-2.5

指定下一点或 [圆弧(A)/闭合(C)/半宽(H)/长度(L)/放弃(U)/宽度(W)]：@7.5，0

指定下一点或 [圆弧(A)/闭合(C)/半宽(H)/长度(L)/放弃(U)/宽度(W)]：@2.5，2.5

指定下一点或 [圆弧(A)/闭合(C)/半宽(H)/长度(L)/放弃(U)/宽度(W)]：@0，20

指定下一点或 [圆弧(A)/闭合(C)/半宽(H)/长度(L)/放弃(U)/宽度(W)]：@50<45

指定下一点或 [圆弧(A)/闭合(C)/半宽(H)/长度(L)/放弃(U)/宽度(W)]：回车

(7) 选择上一步绘制的多段线，在“对象特性”工具栏的“线宽”下拉列表框中选择线宽为 0.3 毫米，结果如图 2-29 所示。

(8) 单击“修改”→“镜像”命令，将多段线以通过该多段线左侧端点 A 的垂直线为镜像轴向左进行镜像，结果如图 2-30 所示。

(9) 单击“修改”→“移动”命令，将上一步镜像的多段线以 A 点为基点移至点(70，10)处，然后执行“修剪”命令，将多余部分剪除，结果如图 2-31 所示。

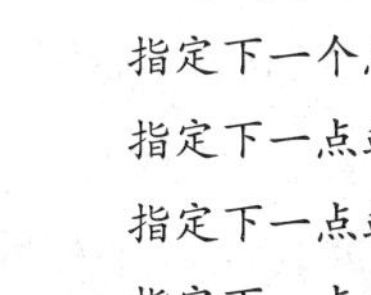

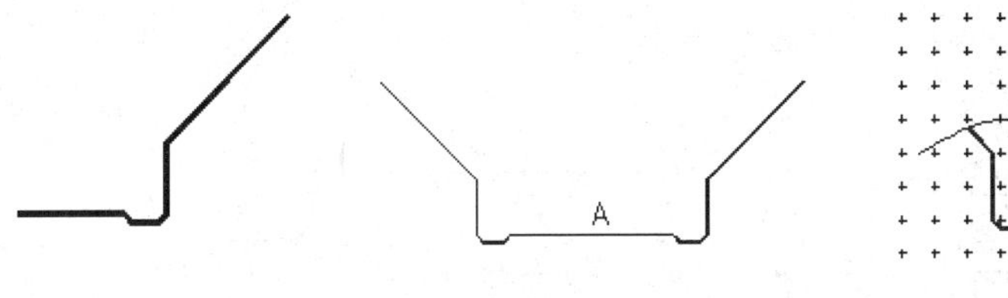

图 2-29　绘制多段线 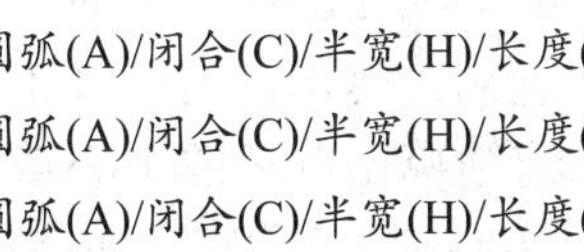　　图 2-30　镜像多段线

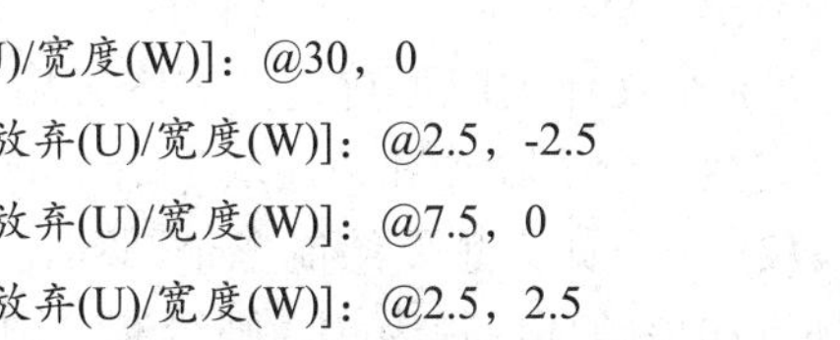

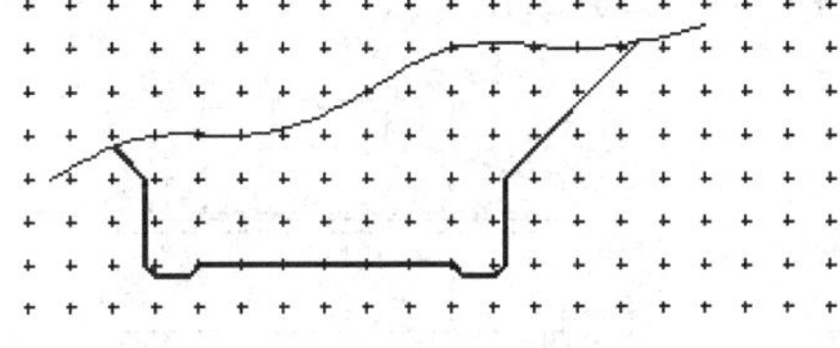

图 2-31　移动并修剪多段线

(10) 单击“标注”→“线性”命令，对需要标注长度的线段捕捉起点与终点进行标注，然后单击“标注”→“角度”命令，单击需要标注角度的多段线进行标注。标注完毕后，即完成了道路横断面图的绘制。

2.5.3　绘制钢筋断面图

在钢筋布置图中，为了突出表示构件中的钢筋布置，规定将构件的外形轮廓线用细实线画出，钢筋用粗实线画出，钢筋的断面用小黑圆点表示。设圆环内径为 0，则绘制的圆环为实心圆，可用来表示钢筋的断面，如图 2-32 所示。现浇水泥圆柱也可用小黑圆点表示，如图 2-33 所示。如果用画圆再填充的方法绘制，一般情况下还要用“复制”命令才能完成绘图。

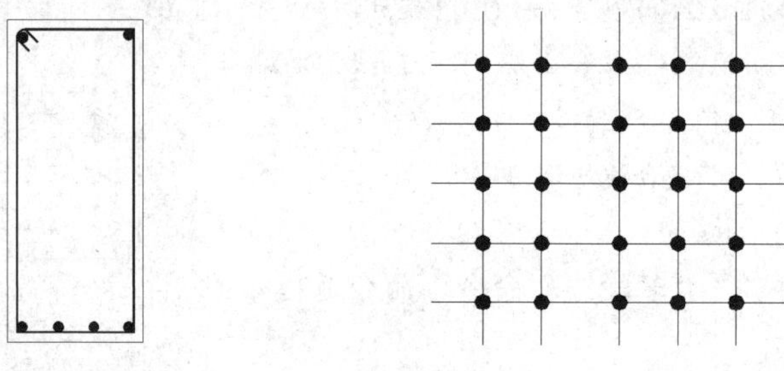

图 2-32　钢筋的断面图　　　　图 2-33　现浇水泥圆柱图

经验之谈：

(1) 有规律的图形首先考虑图案填充，图案填充解决不了的可考虑点的“定距等分”或“定数等分”命令和“图块”命令的综合使用，这部分内容将在以后章节中详细讲解。

(2) 用户如果想要绘制多个圆环，可以连续单击圆环的中心点，就能绘制多个相同的圆环。如果圆环内径为 0，则绘制的圆环为实心圆，如果圆环内径等于外径，则绘制的圆环为一个圆。如图 2-34 所示为三种不同情况。

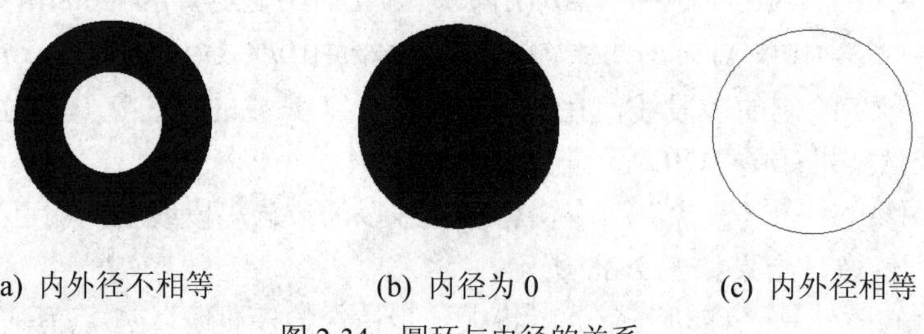

(a) 内外径不相等　　(b) 内径为 0　　(c) 内外径相等

图 2-34　圆环与内径的关系

(3) 在土木工程图形中样条曲线使用较少，在局部剖面图中使用较多，如图 2-35 所示为样条曲线的应用。

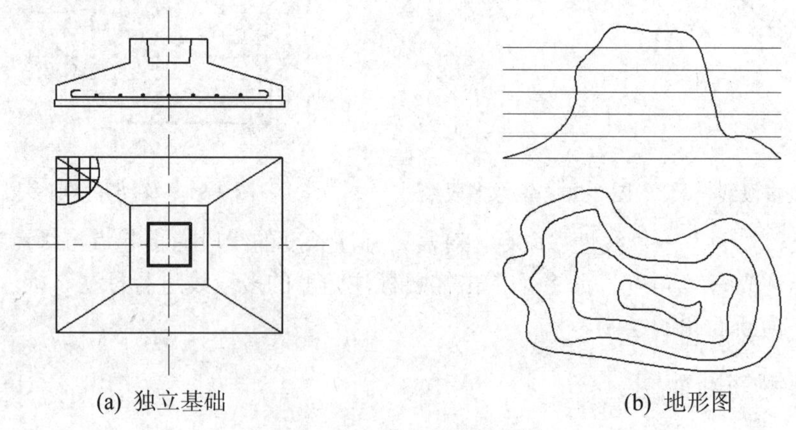

(a) 独立基础　　(b) 地形图

图 2-35　样条曲线的应用

2.6　绘制构造线、射线

在建筑设计中，构造线与射线主要用于绘制辅助参考线，从而方便绘图。如在绘制房屋三视图中要求“长对正，高平齐，宽相等”。

2.6.1 构造线、射线

(1) 射线是一条只有起点、通过另一点或指定某方向无限延伸的直线，一般用作辅助线。选择“绘图”→“射线”菜单命令，按命令行所指定的步骤进行绘制。

(2) 构造线是指通过某两点并向两个确定的方向无限延伸的直线，一般用作辅助线。选择“绘图”→“构造线”菜单命令，按命令行所指定的步骤进行绘制。

2.6.2 用构造线绘制作图辅助线

为保证物体三视图之间“长对正、宽相等、高平齐”的对应关系，应选用“构造线”和“射线”命令绘出若干条辅助线，并放在某一图层上，然后再用“修剪”命令剪截掉多余的部分。

(1) 构造线通常作为辅助作图线使用。在绘制机械或建筑的三面视图中，常用该命令绘制长对正、宽相等和高平齐的辅助作图线，如图 2-36 和图 2-37 所示。

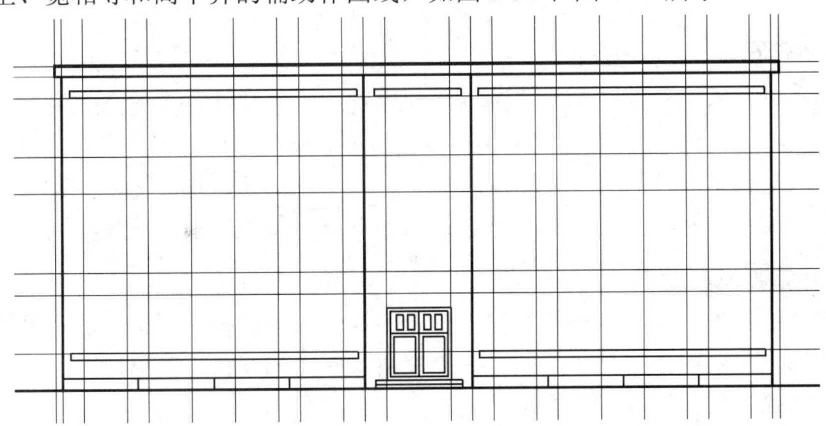

图 2-36 作辅助线确定窗的位置

图 2-37 插入窗图块

(2) 构造线仅用作绘图辅助线时，图形绘制完成后，应记住将其删除或将该图层关闭，以免影响图形的效果，同时也不会输出到图纸上，如图 2-38 所示。

(3) 使用“构造线”命令所绘的辅助线可以用“修剪”等编辑命令进行编辑。

(4) 用构造线可以绘制角平分线，如图 2-39 所示。

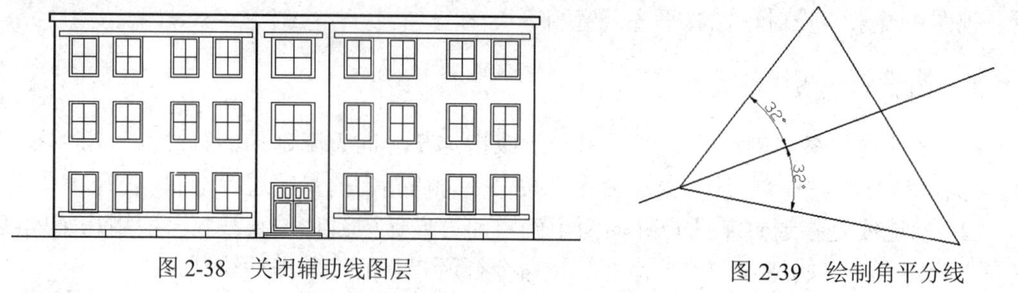

图 2-38　关闭辅助线图层　　　　图 2-39　绘制角平分线

2.7　绘制椭圆、椭圆弧

椭圆与椭圆弧在土木工程图样中是很少见的曲线，在 AutoCAD 中绘制椭圆与椭圆弧比较简单，和正多边形一样，系统会自动计算数据。

2.7.1　椭圆与椭圆弧

1．绘制椭圆

椭圆是一种非常重要的图形，椭圆与圆的差别在于椭圆圆周上的点到中心的距离是变化的。在 AutoCAD 绘图中，椭圆的形状主要用中心、长轴和短轴三个参数来描述。绘制椭圆的缺省方法是指定椭圆的第一根轴线的两个端点及另一半轴的长度。选择“绘图”→“椭圆”菜单命令或单击标准工具栏中的“椭圆”按钮，根据命令行提示绘制椭圆。

2．绘制椭圆弧

绘制椭圆弧的方法与绘制椭圆相似，首先确定椭圆的长轴和短轴，然后再输入椭圆弧的起始角和终止角即可。选择“绘图”→“椭圆”→“椭圆弧”菜单命令或单击标准工具栏中的“椭圆弧”按钮，根据命令行提示绘制椭圆弧。

2.7.2　绘制门立面图

本例将用“矩形”和“椭圆”命令精讲门立面图的绘制。

首先添加“中心线”层，然后利用“矩形”命令绘制门框架，利用“椭圆”命令绘制门造型，最终效果如图 2-40 所示。

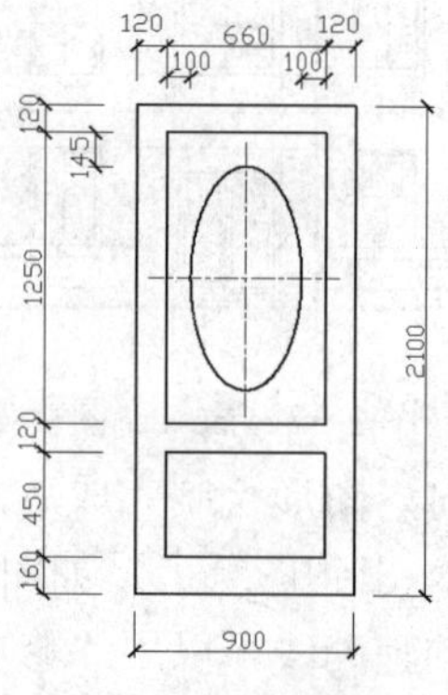

图 2-40　门立面图

绘图步骤：

(1) 单击“文件”→“新建”命令，新建一个文件，然后单击“文件”→“保存”命令，将文件命名为“门立面图”并保存。

(2) 单击“格式”→“图层”命令，在弹出的“图层特性管理器”对话框中单击“新建”按钮，新建“图层 1”，将其更名为“中心线”，然后单击“中心线”图层中的“Continuous”图标，在弹出的“选择线型”对话框中单击“加载”按钮，在弹出的“加载或重载线型”对话框中选择“CENTER”线型，如图 2-41 所示。

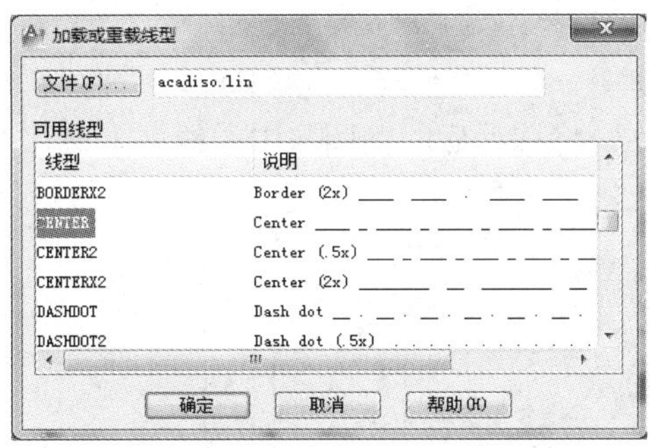

图 2-41　“加载或重载线型”对话框

提示：对于每一个图层都应当指定一种线型，绘制在该图层上的所有图形都使用该线型。如果不设置新图层的线型、颜色、线宽，AutoCAD 将按缺省方式设置。

(3) 单击“确定”按钮，返回“选择线型”对话框。此时“CENTER”线型即添加到当前的线型库中，如图 2-42 所示。在该对话框中选择“CENTER”线型，单击“确定”按钮返回“图层特性管理器”对话框。此时“中心线”图层的线型就变成“CENTER”，单击“置为当前”按钮将“中心线”图层设置为当前图层，如图 2-43 所示。

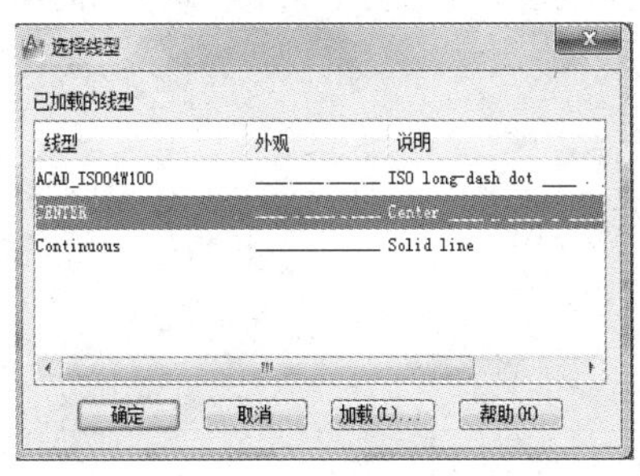

图 2-42　“选择线型”对话框　　　　图 2-43　“图层特性管理器”对话框

(4) 单击“工具”→“草图设置”命令，设置捕捉类型为“中点”、“端点”、“交点”。

(5) 单击“绘图”→“直线”命令，在适当位置绘制两条互相垂直的中心线。

(6) 将图层 0 设置为当前图层。

(7) 单击“绘图”→“椭圆”→“中心点”命令，命令行提示如下：

命令：-ellipse

指定椭圆的轴端点或[圆弧(A)/中心点(C)]：C↙

指定椭圆的中心点：(捕捉两条中心线的交点)

指定轴的端点：480↙

指定另一条半轴长度或[旋转(R)]：230↙

结果如图 2-44 所示。

(8) 单击“绘图”→“矩形”命令，按照图 2-45 所示绘制三个矩形。

(9) 单击“修改”→“移动”命令，命令行提示如下：

命令：-move

选择对象：(选择图 2-44 中的椭圆与中心线)

选择对象：↙

指定基点或[位移(D)]<位移>：(捕捉中心线的交点)

指定第二个点或<使用第一个点作为位移>：(捕捉图 2-45 中矩形下部中点)

重复执行“移动”命令，将移动后的椭圆与中心线向上追踪 625，结果如图 2-46 所示。

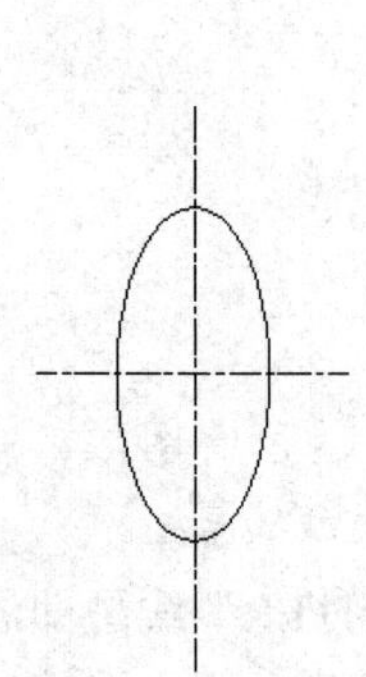

图 2-44　绘制中心线及椭圆

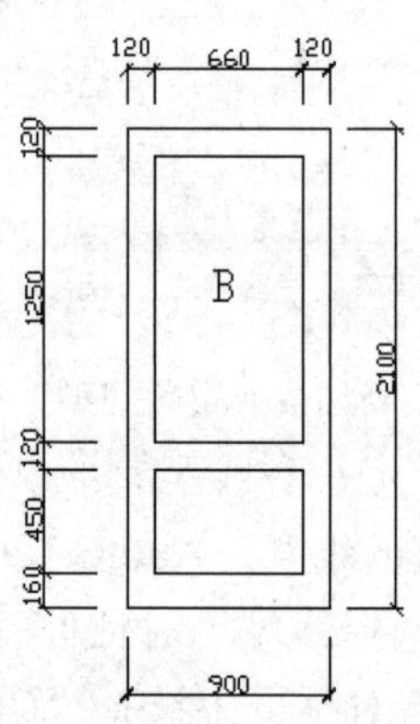

图 2-45　绘制矩形

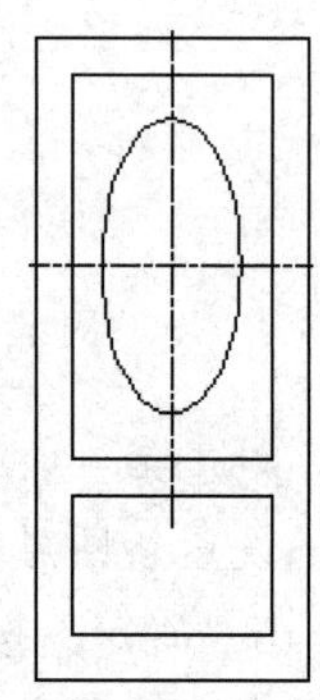

图 2-46　移动椭圆与中心线

(10) 单击“标注”→“线性”命令，对需要标注长度的线段捕捉起点与终点进行标注。标注完毕后，即完成了门立面图的绘制。

2.7.3　绘制涵洞出口图

需绘制的涵洞出口如图 2-47 所示。

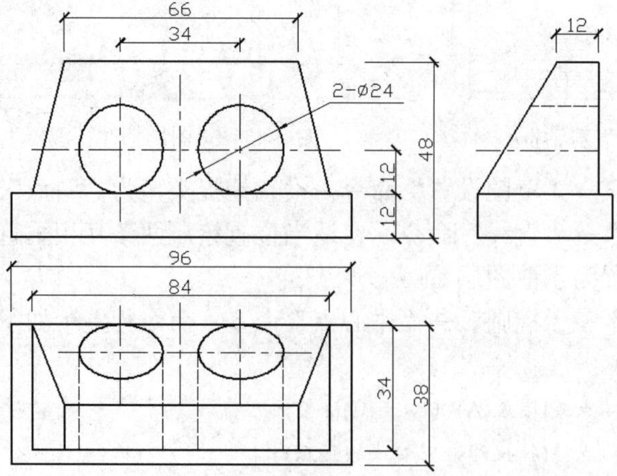

图 2-47　涵洞出口三面投影图

操作提示：

(1) 在粗实线图层用“矩形”命令绘制涵洞出口的基础，在中心线图层用“直线”命令绘制圆的中心线，如图 2-48 所示。

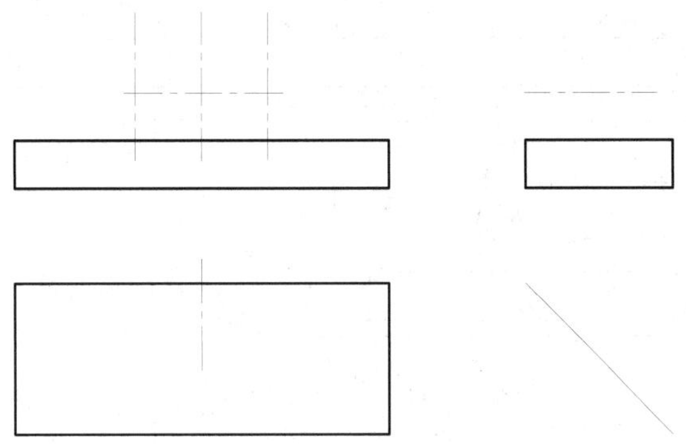

图 2-48　绘制涵洞出口基础

(2) 在粗实线图层用“直线”和“圆”命令绘制涵洞出口基础以上部分，在虚线图层绘制圆的侧面投影图，如图 2-49 所示。

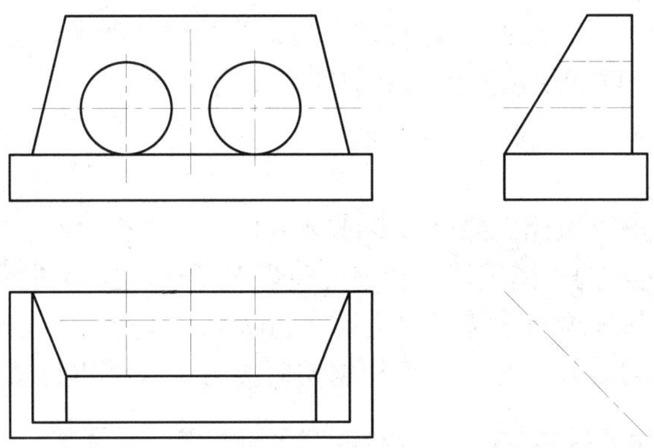

图 2-49　涵洞出口平面图

(3) 在粗实线图层用“椭圆”命令分别点选 A 点和 B 点，绘制涵洞出口平面图的椭圆，如图 2-50 所示。

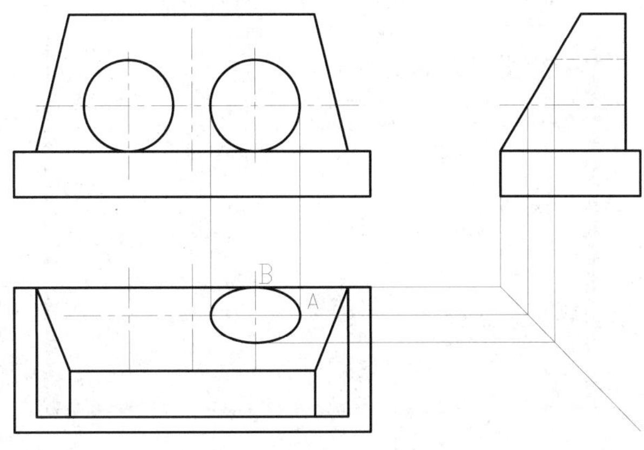

图 2-50　涵洞出口平面图

(4) 在虚线图层绘制涵洞出口平面图中的虚线，如图 2-51 所示。

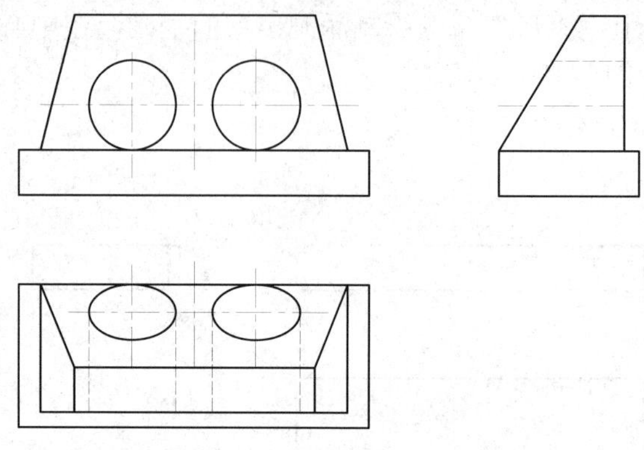

图 2-51 涵洞出口三面投影图

2.8 图案填充与编辑

图案填充就是用某种图案充满图形中的指定封闭区域。在大量的建筑与土木工程图样上，需要在剖面图、断面图上绘制填充图案。在其他的设计图上，也常需要将某一区域填充某种图案。用 AutoCAD 实现填充图案是非常方便而灵活的。

2.8.1 图案填充

选择“绘图”→“图案填充”菜单命令或单击绘图工具栏上的“图案填充”按钮，系统将弹出如图 2-52 所示的“图案填充和渐变色”对话框。在“图案填充和渐变色”对话框中，右侧排列的按钮与选项用于选择图案填充的区域。这些按钮与选项的位置是固定的，无论选择哪个选项卡都可以发生作用，可根据实际图形选择并进行填充。

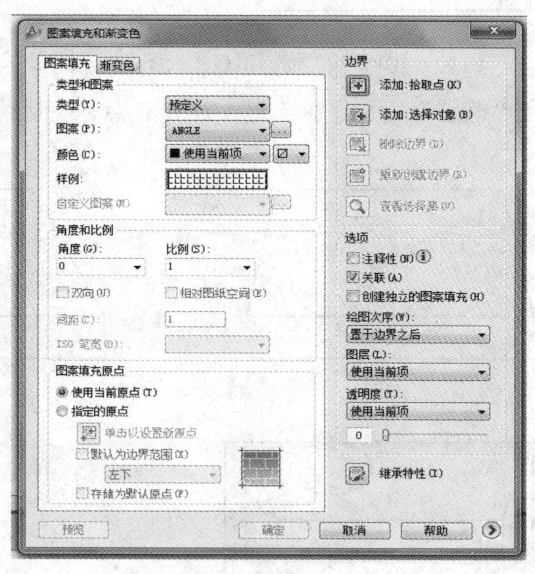

图 2-52 “图案填充和渐变色”对话框

2.8.2　选择图案样式

在“图案填充”选项卡中，使用“类型和图案”选项组可以选择图案填充的样式。“图案”下拉列表用于选择图案的样式，如图 2-53 所示，所选择的样式将在其下的“样例”显示框中显示出来。用户需要时可以通过滚动条来选取自己所需要的样式。

单击“图案”下拉列表框右侧的按钮[...]或单击“样例”显示框，将会弹出“填充图案选项板”对话框，如图 2-54 所示，其中列出了所有预定义图案的预览图像。

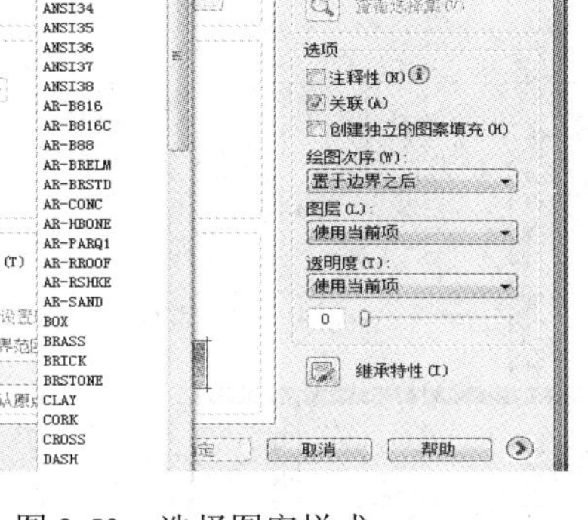

图 2-53　选择图案样式

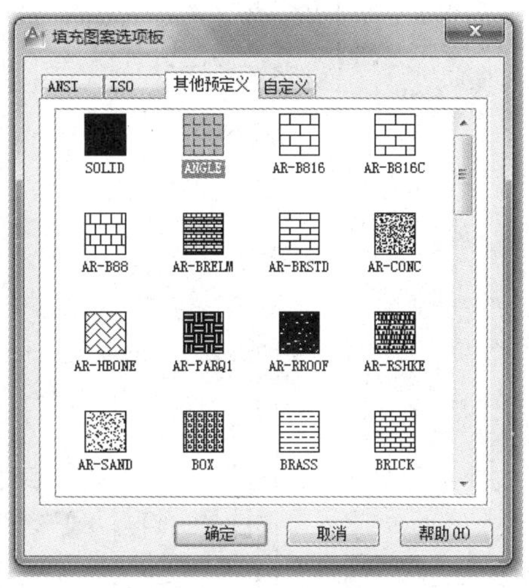

图 2-53　“填充图案选项板”对话框

2.8.3　孤岛的控制

在“图案填充和渐变色”对话框中，单击“更多”选项按钮[>]展开其他选项，可以控制“孤岛”的样式，此时对话框如图 2-55 所示。

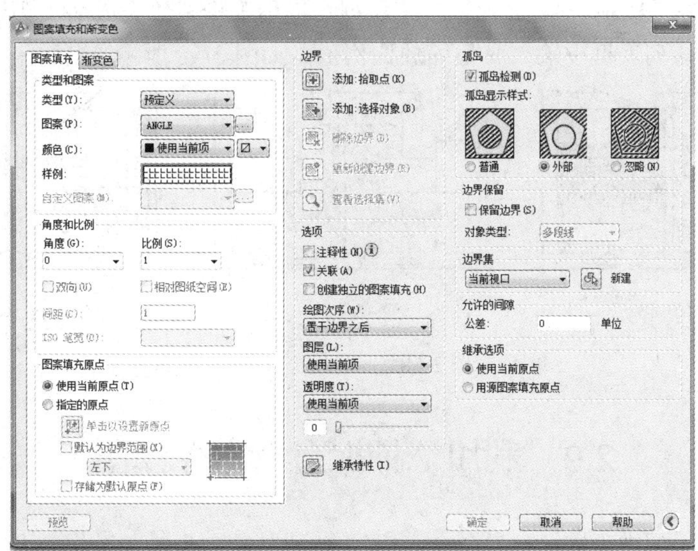

图 2-55　“孤岛样式”对话框

2.8.4　选择图案的角度与比例

在“图案填充”选项卡中，“角度和比例”选项组可以定义图案填充角度和比例。“角度”下拉列表框用于选择预定义填充图案的角度，用户也可在该列表框中输入其他角度值，如图 2-56 和图 2-57 所示。

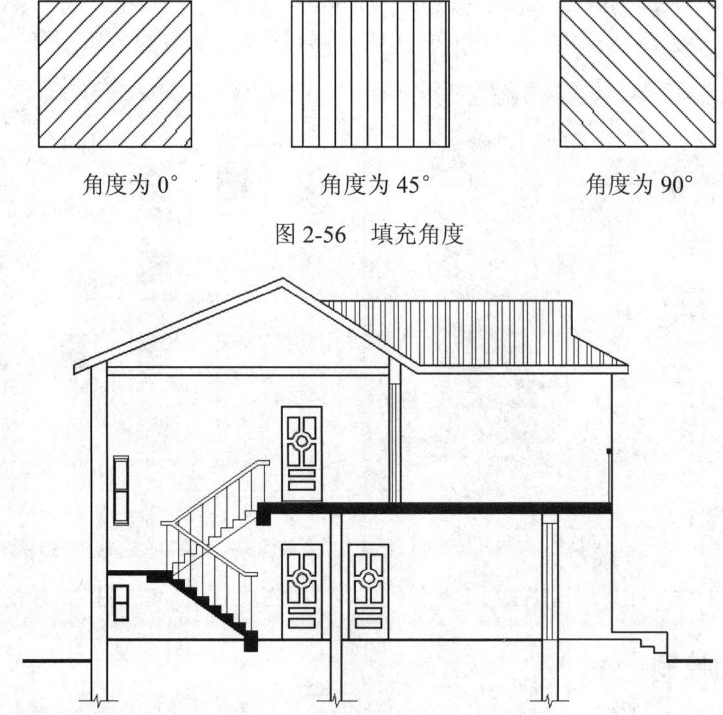

图 2-56　填充角度

图 2-57　图案填充角度设置图例(屋顶填充角度为 45°)

在“图案填充”选项卡中，“比例”下拉列表框用于指定放大或缩小预定义或自定义图案，用户也可在该列表框中输入其他缩放比例值，如图 2-58 所示。

图 2-58　预览填充结果

2.9　利用“捕捉自”命令作图

在土木工程绘图中“捕捉自”命令应用较多，“捕捉自”是一个很重要的命令，我们应该熟练掌握它的使用方法。

2.9.1　“捕捉自”命令

用鼠标右键单击窗口内的工具栏，在弹出的光标菜单中选择“对象捕捉”命令，弹出“对象捕捉”工具栏，如图 2-59 所示。

图 2-59　“对象捕捉”工具栏

“捕捉自  ”是选择一点，以所选的点为基准点，再输入需要点对于此点的相对坐标值来确定另一点的捕捉方法。使用临时对象捕捉方式还可以利用光标菜单来完成。按住键盘上的 Ctrl 或者 Shift 键，在绘图窗口中单击鼠标右键，在弹出的“光标菜单”中列出捕捉方式的命令，选择相应的捕捉命令即可完成捕捉操作。

在土木工程绘图中“捕捉自”命令应用较多，使用前要对图形的尺寸标注进行分析。投影图只能表达物体的形状，它的大小和各部分的相对位置须由标注的尺寸来确定，根据形体分析，任何工程物体的尺寸标注可以分成两大类：定形尺寸，定位尺寸。

(1) 定形尺寸：确定物体各组成部分形状大小的尺寸。任何物体都有长、宽、高三个方向的大小，确定基本几何体的定形尺寸应按这三个方向来标注。

(2) 定位尺寸：确定各基本形体之间的相对位置的尺寸。如图 2-60 中 9 和 6，图 2-61 中 15 和 10 分别确定长方体和圆柱的左右和前后方向的定位。在绘图过程中所有的定位尺寸都可以用“捕捉自”命令作图，非常方便。“捕捉自”是一个很重要的命令，我们应该熟练掌握它的使用方法。

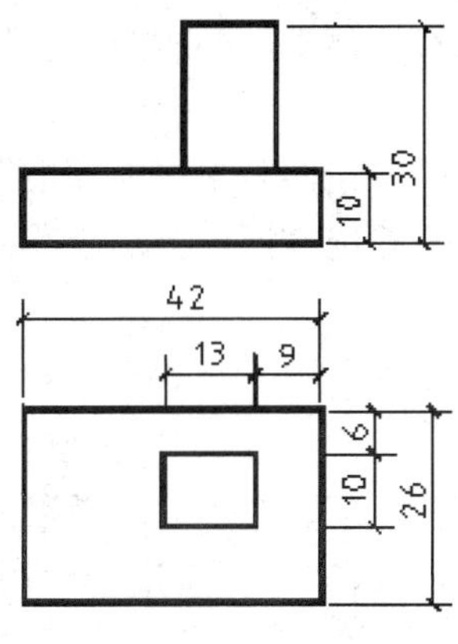

图 2-60　长方体的定位

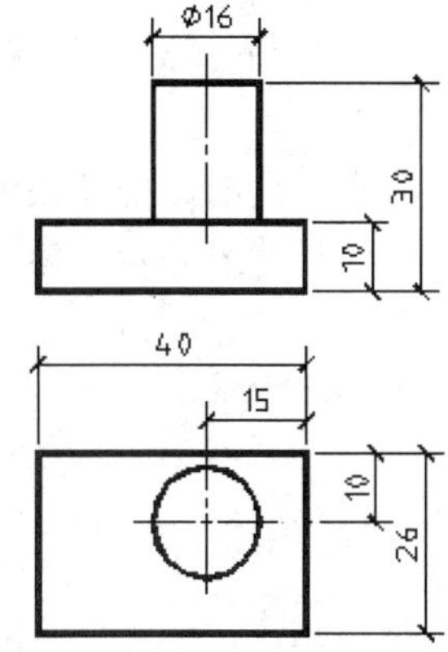

图 2-61　圆柱体的定位

2.9.2　绘制基础详图

需绘制的基础详图如图 2-62 所示。

房屋主要是由基础、墙、柱、梁、楼板和屋面板(屋盖)等组成。基础是房屋的地下承重部分，常见的形式有条形基础和独立基础。

无论绘制什么图，绘制前都应该先设置好图层颜色、线宽等属性。图 2-62 所示的基础详图设置了粗实线、点画线、文本标注、尺寸标注 4 层。图 2-62 所示的基础详图，因为其外轮廓线是对称的，所以可以先画一边的轮廓线，然后用镜像工具绘出另一边。

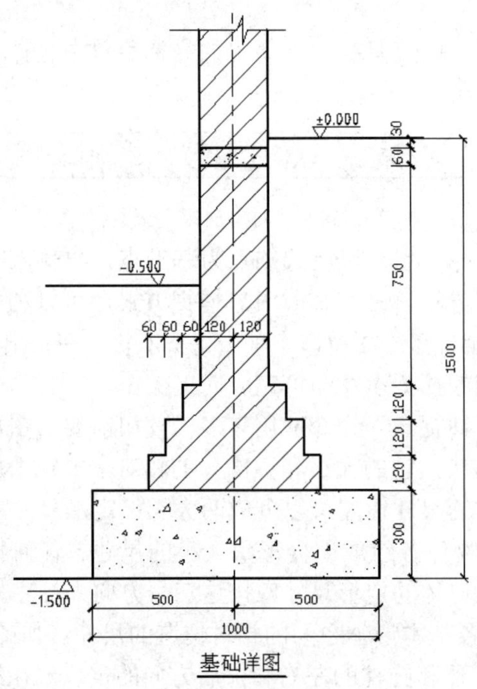

图 2-62　基础详图

绘制时，可以先绘制下方的矩形，再绘中心线，然后绘左边的轮廓线。绘好后镜像出右边的轮廓线。之后绘制上部夹层，接着绘制标高线、最上面的折断线。最后进行填充和标注。

绘图顺序是非常灵活的，但在很大程度上也影响着绘图效率，应该根据图形中各部分的相对位置和已知的尺寸来确定。为了定位方便，一般应按照先大后小、先整体后局部的原则安排绘图顺序。

按照图 2-63 所示设置图层。为了方便起见，先以 1∶10 的比例绘制，绘好后再根据需要改变比例。

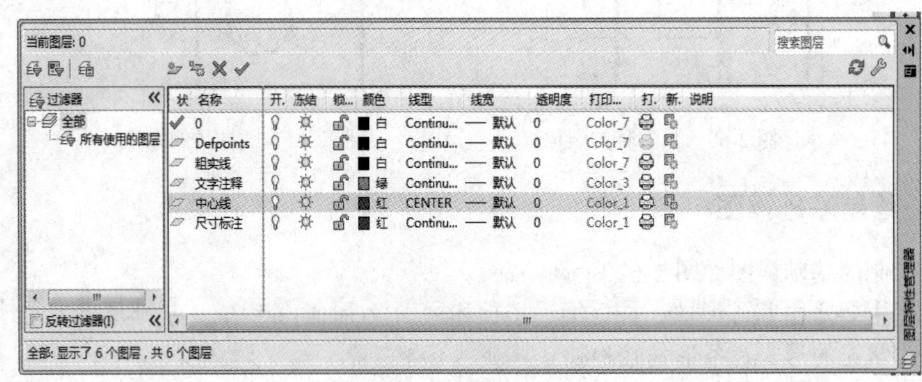

图 2-63　图层设置

绘图步骤：

(1) 单击“文件”→“新建”命令，新建一个文件，然后单击“文件”→“保存”命令，将文件命名为“基础详图”并保存。

(2) 单击“格式”→“图层”命令，在弹出的“图层特性管理器”对话框中单击“新建”按钮，新建“图层 1”，将其更名为“中心线”。然后单击“中心线”图层中的“Continuous”图标，在弹出的“选择线型”对话框中单击“加载”按钮，在弹出的“加载或重载线型”对话框中选择“CENTER”线型，如图 2-64 所示。

图 2-64　选择线型

(3) 单击“确定”按钮，返回“选择线型”对话框，此时“CENTER”线型即添加到当前的线型库中，如图 2-65 所示。在该对话框中选择“CENTER”线型，单击“确定”按钮返回“图层特性管理器”对话框，此时“中心线”图层的线型就变成“CENTER”，单击“置为当前”按钮，将“中心线”图层设置为当前图层，如图 2-65 所示。

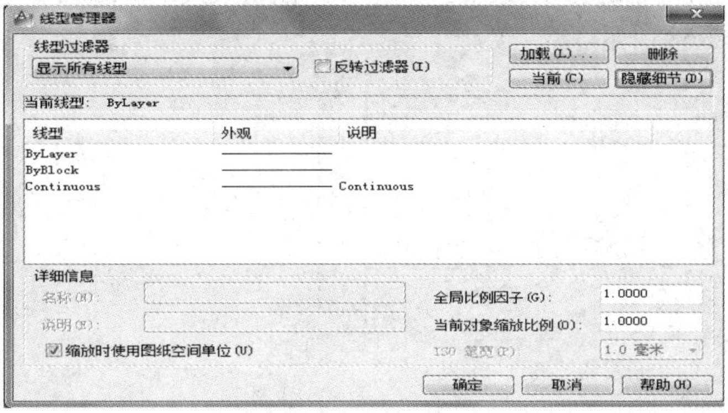

图 2-65　修改线型比例

提示：建筑工程上的中心线是点画线，它是由长线段和短线段组成，而不是由长线段和点组成。如果绘图时显示不出点画线的效果，是因为其线型比例(Line Scale)不合适，可在图层设置的“线型”选项卡中单击“显示细节”按钮进行修改，如图 2-65 所示。

(4) 选择“粗实线”图层，用“矩形”命令绘制长 1000、宽 300 的矩形，然后选择“中心线”图层，在矩形中点下方适当位置找到起点，向上绘制中心线，用“捕捉自”命令确定 A 点，用“直线”命令绘制左半部分，绘图过程如图 2-66 所示。镜像后得到右半部分，以 B 点为参考点用“捕捉自”命令绘制线段 CD，然后偏移 500，再镜像得 FE，绘图过程如图 2-67 所示。

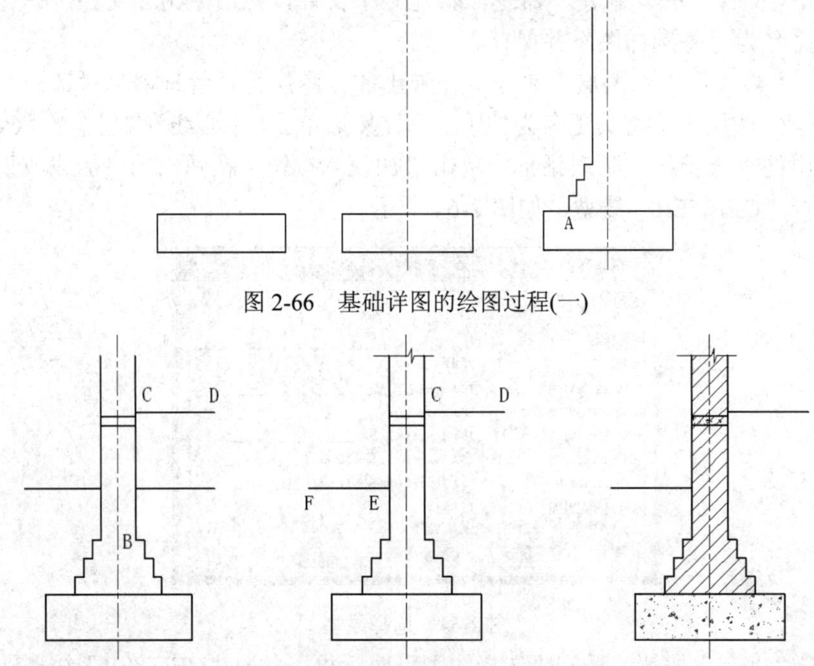

图 2-66　基础详图的绘图过程(一)

图 2-67　基础详图的绘图过程(二)

(5) 选择“细实线”图层，绘制折断线。新建“图案填充”图层或在“细实线”图层填充图例，填充分别选用两种图案。比例设置非常重要，过大看不到填充效果，过小也不好，应反复试用，直到合适为止。此处使用的比例分别是 ANSI31 为 15 和 20，AR-CONC 为 1 和 0.5，如图 2-68 所示。

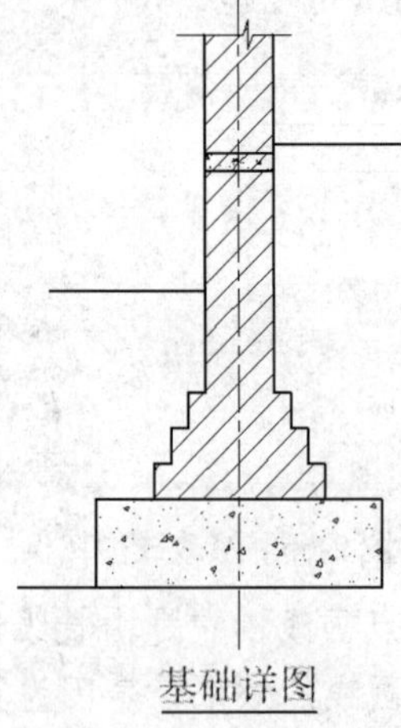

基础详图

图 2-68　填充图例

(6) 选择“文字注释”图层和“尺寸标注”图层分别书写文字和标注尺寸。

完成绘图这部分内容将在以后的章节讲解。

2.9.3　绘制平面图形

绘制如图 2-69 所示的平面图形，绘制过程如图 2-70 所示。

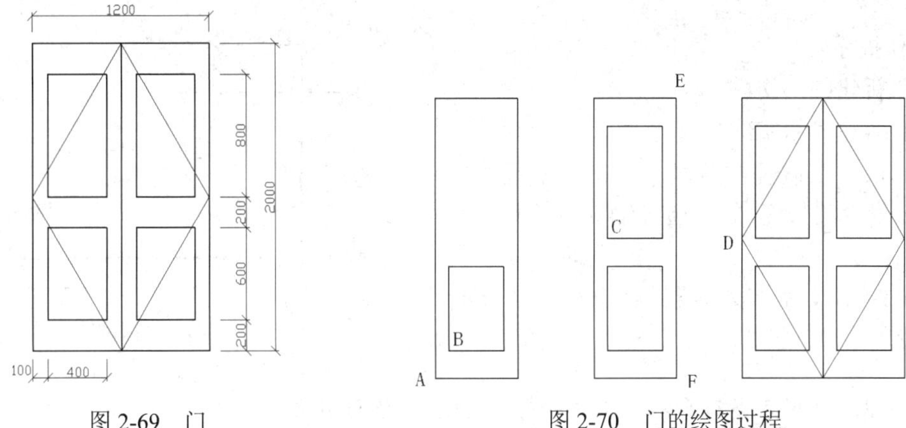

图 2-69　门　　　　图 2-70　门的绘图过程

命令行提示：

命令：_rectang　　执行绘制矩形操作
指定第一个角点或 [倒角(C)/标高(E)/圆角(F)/厚度(T)/宽度(W)]：　　在屏幕上拾取点 A
指定另一个角点或 [尺寸(D)]：@600，2000　　输入相对坐标
命令：_rectang　　执行绘制矩形操作
指定第一个角点或 [倒角(C)/标高(E)/圆角(F)/厚度(T)
/宽度(W)]：_from 基点：<偏移>：@100，200　执行“捕捉自”命令，输入相对坐标确定点 B
指定另一个角点或 [尺寸(D)]：@400，600　　输入相对坐标
命令：_rectang　　执行绘制矩形操作
指定第一个角点或 [倒角(C)/标高(E)/圆角(F)/厚度(T)
/宽度(W)]：_from 基点：<偏移>：@100，1000　执行“捕捉自”命令，输入相对坐标确定点 C
指定另一个角点或 [尺寸(D)]：@400，800：　　输入相对坐标
命令：_line 指定第一点：　　在屏幕上拾取点 E
指定下一点或 [放弃(U)]：　　屏幕上拾取中点 D
指定下一点或 [闭合(C)/放弃(U)]：　　在屏幕上拾取点 F
命令：_mirror　　执行绘制镜像操作
选择对象：指定对角点：找到 5 个　　选择整个图形
选择对象：　　结束选择
指定镜像线的第一点：指定镜像线的第二点：　　在屏幕上拾取点 EF
是否删除源对象？[是(Y)/否(N)] <N>：　　回车结束命令

2.10　上机实训

实训 1　绘制图 2-71 所示的平面图形，不标注尺寸。

目的要求：

本实训设计的图形主要用到“直线”命令。通过本实训，要求熟练掌握“直线”命令，灵活掌握在正交状态和非正交状态下用点的相对坐标和直接输入直线的长度等方法绘制平面图形。

操作提示：

(1) 新建图形文件。

(2) 新建“粗实线”层。

(3) 依次绘制各段直线。水平和垂直线段直接输入线段的长度，斜线通过输入点的相对坐标来绘制。

(4) 绘制最后一段直线。可输入“c”闭合平面图形。

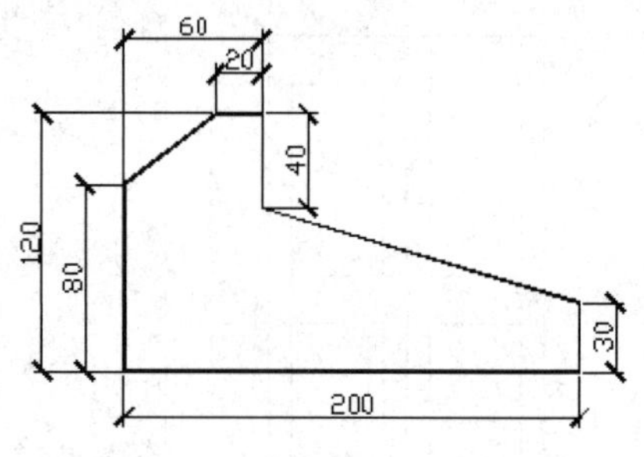

图 2-71　实训 1 用示例图形

实训 2　利用正多边形和定数等分等命令绘制平面图形。

目的要求：

绘制图 2-72 所示的平面图形，不标注尺寸，本实训设计的图形主要用到“正多边形”、“圆弧”和“定数等分”等命令。通过本实训，要求灵活使用各种“圆弧”和“正多边形”命令绘制平面图形。

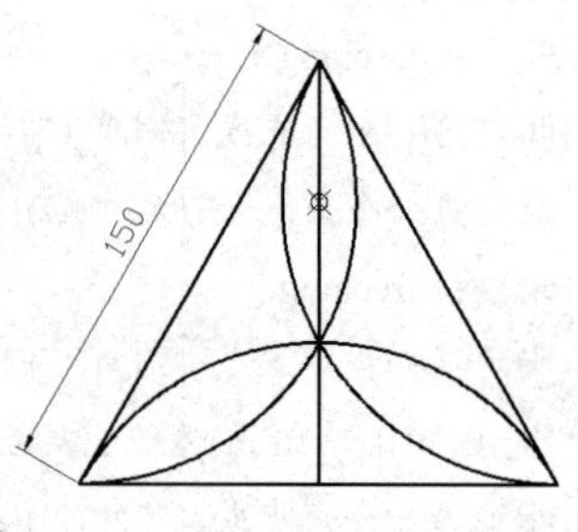

图 2-72　平面图形

操作提示：

(1) 新建图形文件。

(2) 新建“粗实线”层和“细实线”层。

(3) 用“正多边形”命令绘制三角形。

(4) 过三角形顶点做辅助线。

(5) 用“定数等分”命令将辅助直线三等分。

(6) 用“圆弧”命令中的“三点(3P)”方式画三个圆弧。

实训 3　图框设置与绘制。

目的要求：

绘制图 2-73 所示的图框线，不标注尺寸，本实训设计的图形主要练习“捕捉自”命令，在绘图过程中所有的定位尺寸都可以用“捕捉自”命令作图，非常方便。“捕捉自”命令是一个很重要的命令，我们应该熟练掌握它的使用方法。

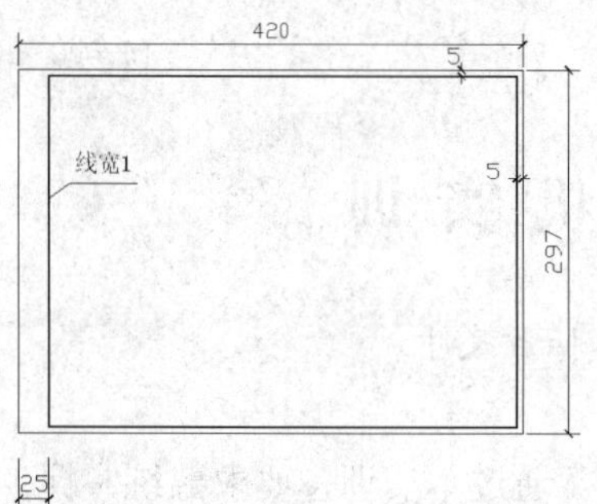

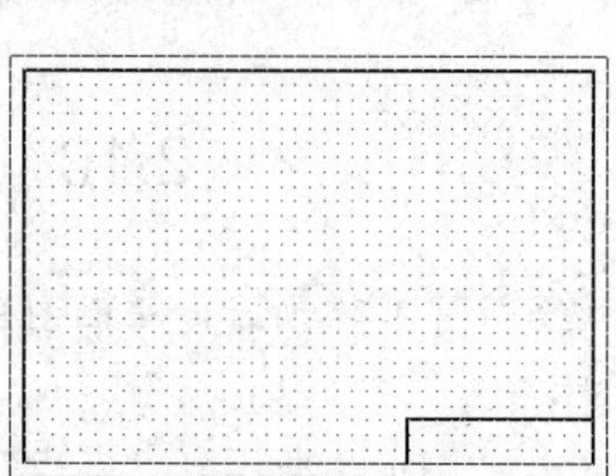

图 2-73　图框线

操作提示：

(1) 新建图形文件。

(2) 新建“粗实线”层和“细实线”层。

(3) 用绘图工具栏的矩形命令绘制边框，在粗实线层上画图框线，在细实线层上画图幅线。

(4) 对 A3 图幅，采用不留装订边格式时，其边框与图框线的距离为 10 mm。

实训 4　绘制房屋立面图。

目的要求：

绘制图 2-74 所示的房屋立面图，练习图案填充的绘制与编辑。

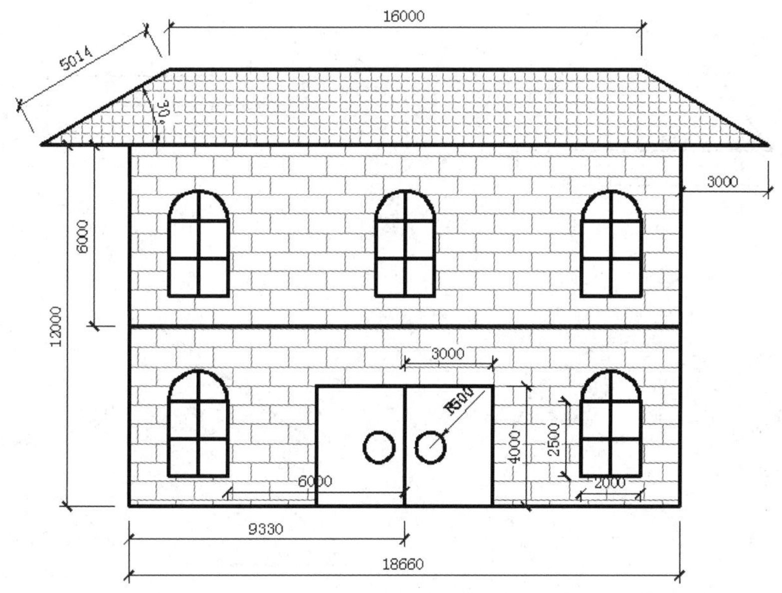

图 2-74　房屋立面图

操作提示：

(1) 新建图形文件。

(2) 新建“粗实线”层和“细实线”层。

(3) 用绘图工具栏的“矩形”和“多段线”命令绘制窗和房屋立面轮廓，用图案填充命令填充墙砖。提示：窗台到地面的距离为 1000。

实训 5　二维几何图形的绘制和编辑。

目的要求：

绘制图 2-75 所示的几何图形，不标注尺寸。通过本实训，要求熟练掌握基本图形的绘制和编辑，并在此基础上进一步提高绘图速度。

操作提示：

使用“相对极坐标”可以绘制任意长度和任意角度的线段，该命令是一个很重要的命令，我们应该熟练掌握它的使用方法。

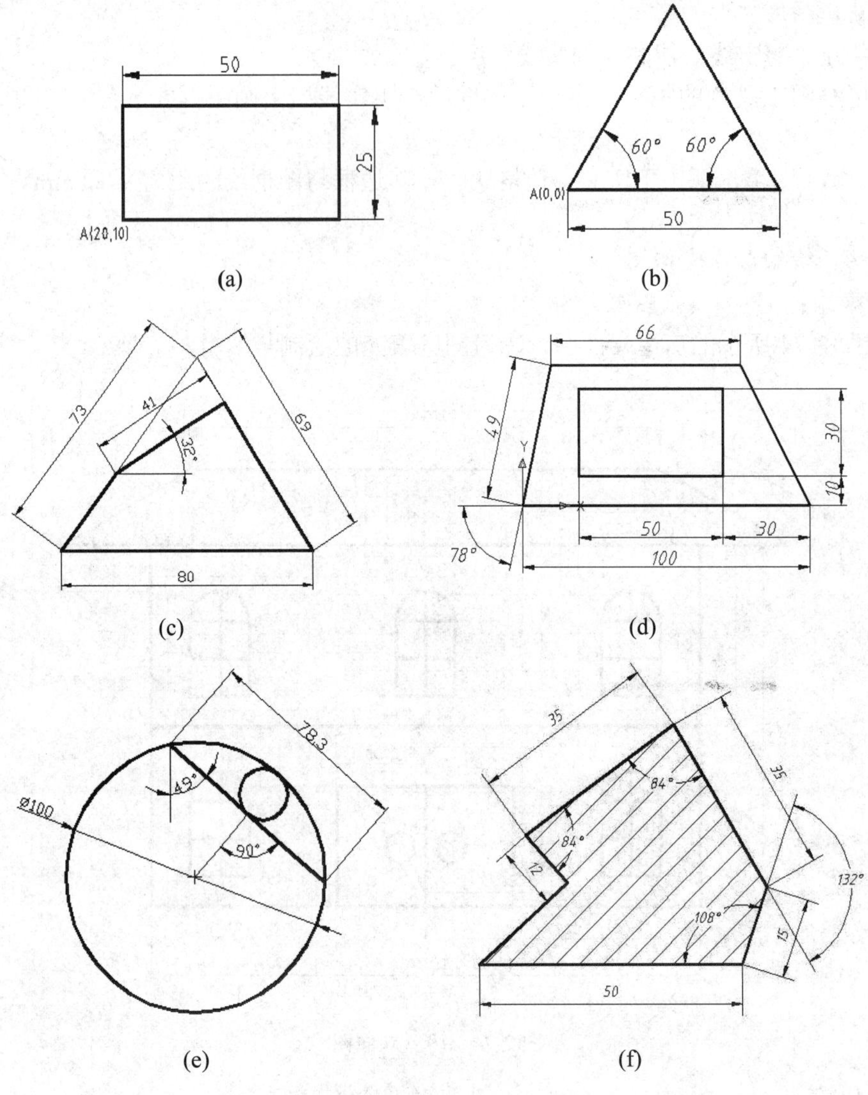

图 2-75　几何图形

第 3 章　绘图环境的设置

本章是 AutoCAD 的重要组成部分。与手工画图相比，使用 AutoCAD 2012 画图的最大优点是效率高，这就不能不提 AutoCAD 2012 提供的诸多画图辅助手段了，我们称之为绘图环境，借助坐标、捕捉、极轴追踪、对象捕捉和对象捕捉追踪可以轻松定位点，借助图层可将各种图形元素分类管理，借助各种视图调整命令可以方便地缩放和平移图形。设置了合适的绘图环境，不仅可以简化大量的调整、修改工作，而且有利于统一格式，便于图形的管理和使用。本章介绍图形环境设置方面的知识，其中包括绘图界限、单位、图层、颜色、线型、线宽、草图设置、选项设置等。

3.1　图层创建与设置

图层是 AutoCAD 中的一个重要概念，特别对于绘制复杂图形，它有着非常重要的实际作用。充分有效地使用图层功能能够大大降低图形绘制工作中编辑操作的难度，同时也能很好地提高绘图的准确性。本节将重点介绍图层的概念及其设置。

图层是 AutoCAD 中用来组织图形的重要工具之一，图层可以想象为没有厚度又完全对齐的若干张透明图纸叠加起来。它们具有相同的坐标、图形界限及显示时的缩放倍数，但每一个图层都具有其自身的属性和状态。所谓图层属性，通常是指该图层所特有的线型、颜色、线宽等。而图层的状态则是指其开/关、冻结/解冻、锁定/解锁状态等。同一图层上的图形元素具有相同的图层属性和状态。创建和设置图层主要是设置图层的属性和状态，以便更好地组织不同的图形信息。例如，将工程图样中各种不同的线型设置在不同的图层中，赋予不同的颜色，以增加图形的清晰性；将图形绘制与尺寸标注及文字注释分层进行，并利用图层状态控制各种图形信息的可否显示、修改与输出等，给图形的编辑带来很大的方便。

创建和设置图层包括如下内容：创建新图层、设置图层颜色、设置图层线型及线宽、设置图层状态等。

3.1.1　创建新图层

默认情况下，AutoCAD 自动创建一个图层名为“0”的图层。要新建图层，有以下三种方法：

(1) 单击“图层”工具栏的 按钮。

(2) 在下拉菜单中选择“格式”→“图层”命令。

(3) 在命令行输入命令“layer”。

发出该命令则打开“图层特性管理器”对话框。单击“新建”按钮，这时在图层列表中将出现一个名称为“图层 1”的新图层。用户可以为其输入新的图层名(如中心线层)，以表示将要绘制的图形元素的特征，如图 3-1 所示。

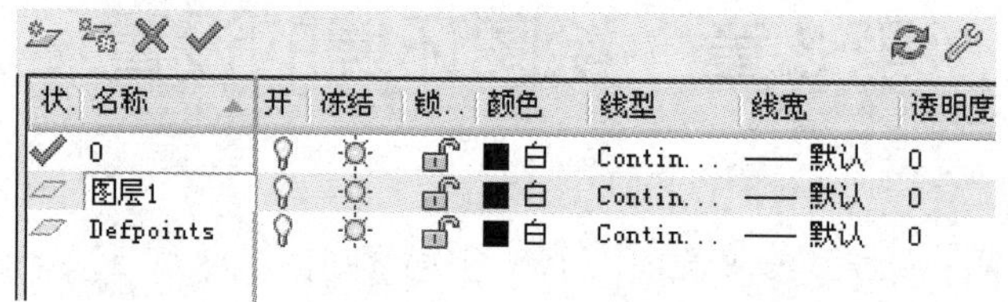

图 3-1　创建新图层

3.1.2　设置图层颜色

为便于区分图形中的元素，要为新建图层设置颜色。为此，可直接在“图层特性管理器”对话框中单击图层列表中该图层所在行的颜色块，此时系统将打开“选择颜色”对话框，如图 3-2 所示。单击所要选择的颜色(如红色)，再单击“确定”按钮即可。

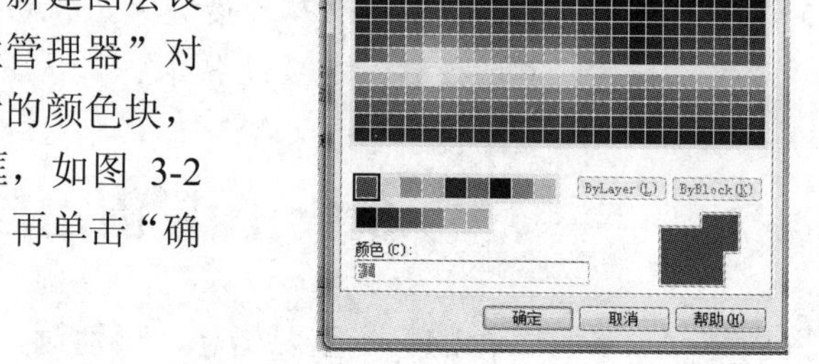

图 3-2　选择颜色

3.1.3　设置图层线型

线型也用于区分图形中不同元素，例如点画线、虚线等。默认情况下，图层的线型为 Continuous(连续线型)。

要改变线型，可在图层列表中单击相应的线型名(如“Continuous”)，在弹出的“选择线型”对话框中选中要选择的线型，如图 3-3 所示。

如果“已加载的线型”列表中没有满意的线型，可单击“加载”按钮，打开“加载或重载线型”对话框，从当前线型库中选择需要加载的线型，如图 3-4 所示。单击“确定”按钮，该线型即被加载到“选择线型”对话框中，然后再进行选择。

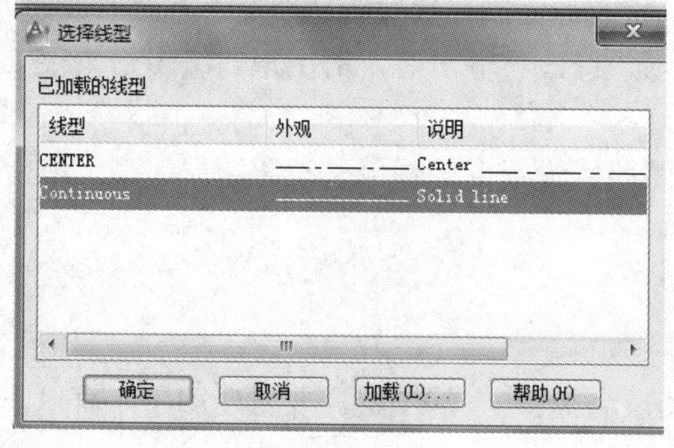

图 3-3　选择线型

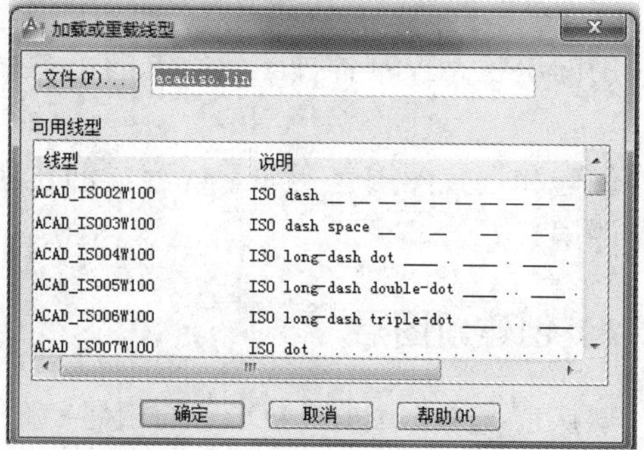

图 3-4　加载或重载线型

3.1.4　设置图层线宽

在工程图样中，不同的线型其宽度是不一样的，以此提高图形的表达能力和可识别性。设置线宽时，可在图层“详细信息”设置区的“线宽”下拉列表框中选择某一线宽值，或在图层列表中单击“— 默认”，打开“线宽”对话框，如图 3-5 所示，在“线宽”列表中进行选择。此外，选择下拉菜单中的“格式”→“线宽”命令，可打开“线宽设置”对话框。如果选中“显示线宽”复选框，设置“默认”线宽为 0.50 毫米，则系统将在屏幕上显示线宽设置效果。而调节“调整显示比例”滑块，还可以调整线宽显示效果，如图 3-6 所示。

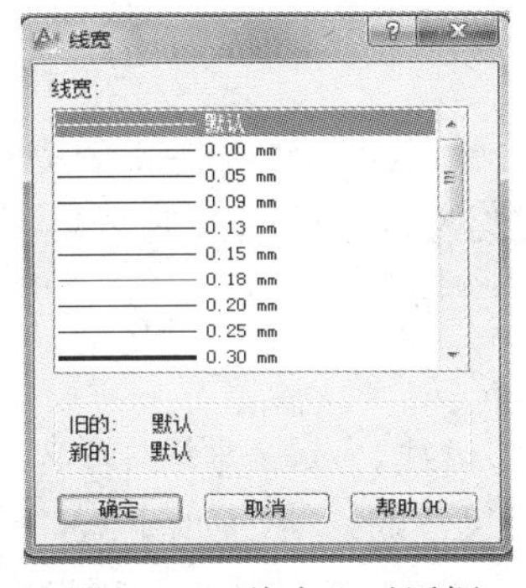

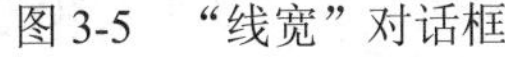

图 3-5　“线宽”对话框

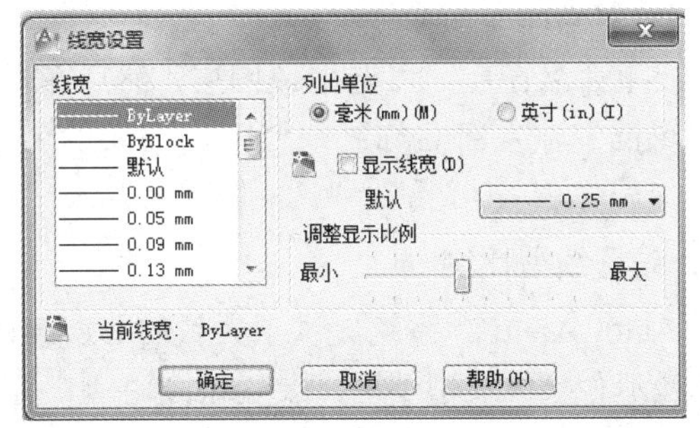

图 3-6　设置线宽

另外，单击用户界面状态行中的“线宽”按钮，也可以打开或关闭线宽的显示。

3.1.5　设置图层状态

在“图层特性管理器”对话框中单击特征图标，如打开/关闭、冻结/解冻、锁定/解锁等可控制图层的状态。如图 3-7 所示，图层 1 为打开、解冻、解锁状态。

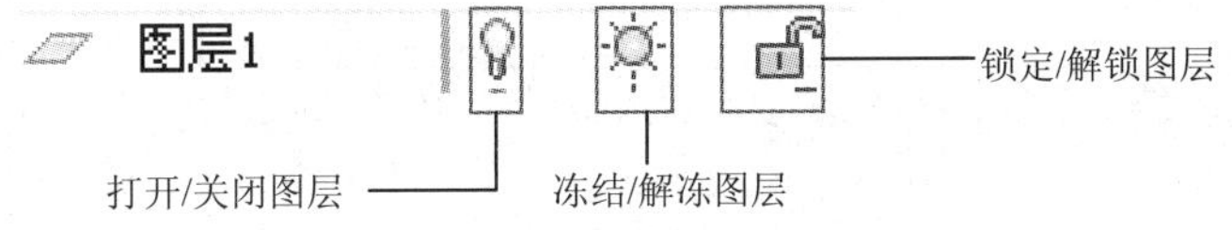

图 3-7　显示图层状态

(1) 打开/关闭：图层打开时，可显示和编辑图层上的内容；图层关闭时，图层上的内容全部隐藏，且不可被编辑或打印。

(2) 冻结/解冻：冻结图层时，图层上的内容全部隐藏，且不可被编辑或打印，从而减少复杂图形的重生成时间。

(3) 加锁/解锁：锁定图层时，图层上的内容仍然可见，并且能够捕捉或添加新对象，但不能被编辑。默认情况下，图层是解锁的。

(4) 当前层可以被关闭和锁定，但不能被冻结。

3.1.6　管理图层

使用“图层特性管理器”对话框，还可以对图层进行更多设置与管理，如图层的切换、重命名与删除等。

1. 切换当前层

在“图层特性管理器”对话框的图层列表中选择某一图层后，单击“当前”按钮，即可将该层设置为当前层。

在实际绘图时，我们主要是通过“对象特性”工具栏中的“图层控制”下拉列表框来实现图层切换，这时只需选择要将其设置为当前层的图层名称即可。

2．删除图层

选中要删除的图层后，单击“图层特性管理器”对话框中的“删除”按钮，或按下键盘上的 Delete 键，可删除该层。但是，当前层、0 层、定义点层(对图形标注尺寸时，系统自动生成的层)、参照层和包含图形对象的层不能被删除。

3．重命名图层

若要重命名图层，可选中该图层，然后在“图层特性管理器”对话框中设置区的“名称”编辑框中输入新名称；或慢双击图层的名称，使其变为待修改状态时再重新输入新名称。

4．设置线型比例

在 AutoCAD 中，系统提供了大量的非连续性线型，如虚线、点画线等。通常，非连续线型的显示和实线线型不同，要受绘图时所设置图形界限尺寸的影响。如图 3-8 所示，其中(a)图为虚线圆在按 A4 图幅设置的图形界限时的效果，(b)图则是按 A2 图幅设置时的效果。如果设置更大尺寸的图形界限，则会由于间距太小而变成了连续线。为此，可对图形设置线型比例，以改变非连续线型的外观。

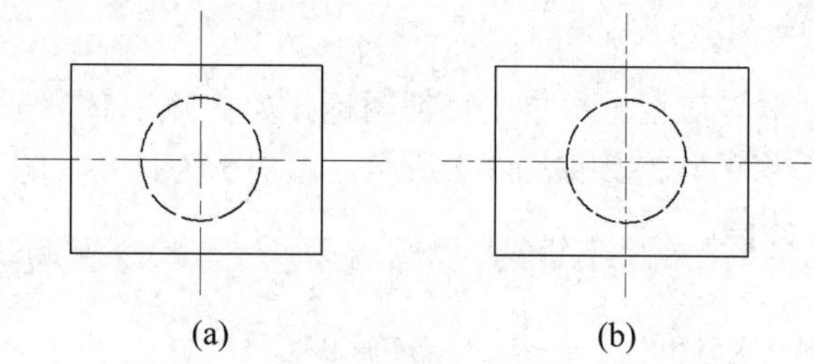

图 3-8　非连续线型受图形界限尺寸的影响

设置线型比例的方法如下：

打开“线型管理器”对话框，如图 3-9 所示。单击“详细信息”按钮，在线型列表中选择某一线型，然后利用“详细信息”设置区中的“全局比例因子”编辑框选择适当的比例系数，即可设置图形中所有非连续线型的外观。

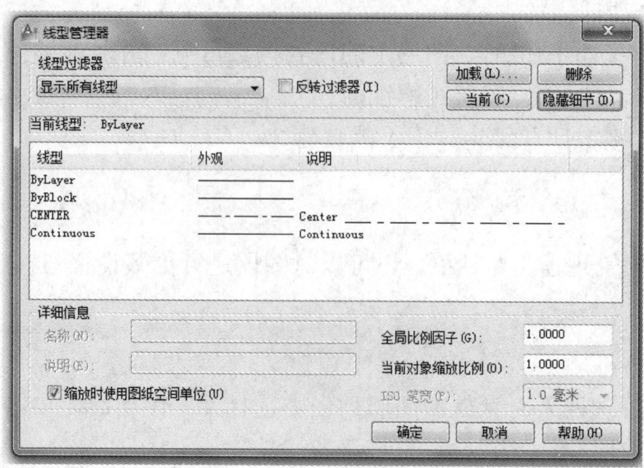

图 3-9　“线型管理器”对话框

利用“当前对象缩放比例”编辑框，可以设置将要绘制的非连续线型的外观，而原来绘制的非连续线型的外观并不受影响。

另外，在 AutoCAD 中，也可以使用“ltscale”命令来设置全局线型比例，使用“celtscale”命令来设置当前对象的线型比例。

技巧：

(1) 使用“特性修改”工具栏也可以设置颜色和线型。在此设置的颜色和线型是统管全局的，不受图层的限制。因此，可在修改少量图形元素的特性时使用。而在使用图层组织图形时，应在“特性修改”工具栏的“颜色控制”和“线型控制”下拉列标框中将颜色和线型设置成“ByLayer”(随层)，否则将使图层设置的颜色、线型失去作用。

(2) 利用“特性修改”命令也可以修改图形实体的颜色、线型、线型比例和图层等特性。如若要将图 3-10 左图中的原本是粗实线的圆改变为虚线圆，具体操作为：

① 选中要修改的粗实线圆。

② 输入修改特性命令：单击“标准”工具栏的 [按钮图标] 按钮，或在下拉菜单中选择“修改”→“特性”命令，或在命令行输入命令“Change”。在弹出的“特性”对话框(如图 3-11 所示)中双击“图层”项中的图层名称“0”，在随后弹出的列表框中选择“虚线层”，线型为“ByLayer”(此为缺省设置)。

③ 关闭“特性”对话框，按 Esc 键结束。

另外，利用特性匹配功能也可以实现特性修改。若将图 3-10 中的虚线圆的特性匹配给正六边形，可单击下拉菜单中的“修改”→“特性匹配”命令，按照下面的命令行提示操作：

```
选择源对象：　单击虚线圆                          //选择虚线圆作为源对象
选择目标对象或[设置(S)]：选择正六边形             //用格式刷选中正六边形为目标对象
```

至此，完成了正六边形由实线至虚线的改变。

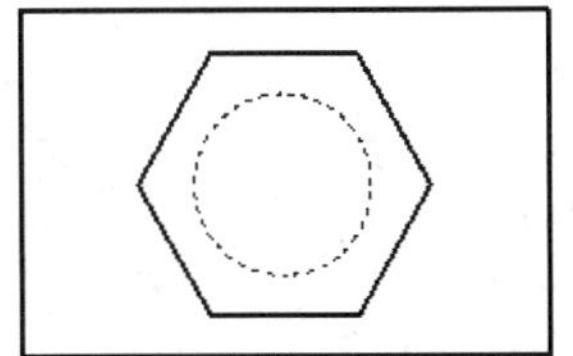

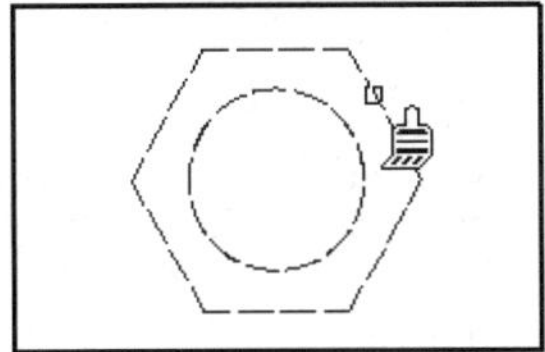

图 3-10　特性匹配

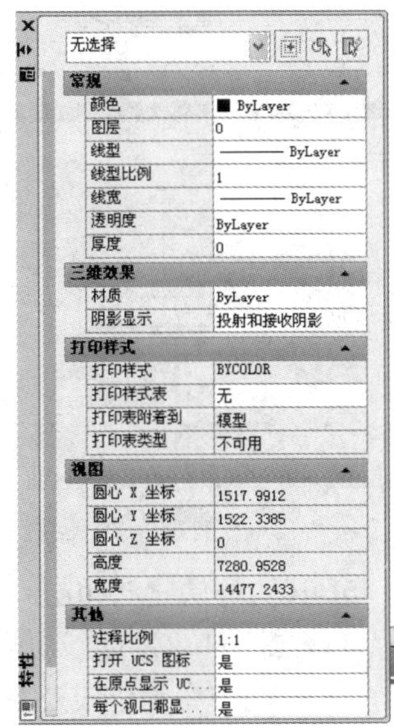

图 3-11　“特性”对话框

3.1.7　图层应用举例

绘制如图 3-12 所示的平面图形。

目的：通过绘制此图形，掌握图层、线型、线宽、颜色的设置方法。

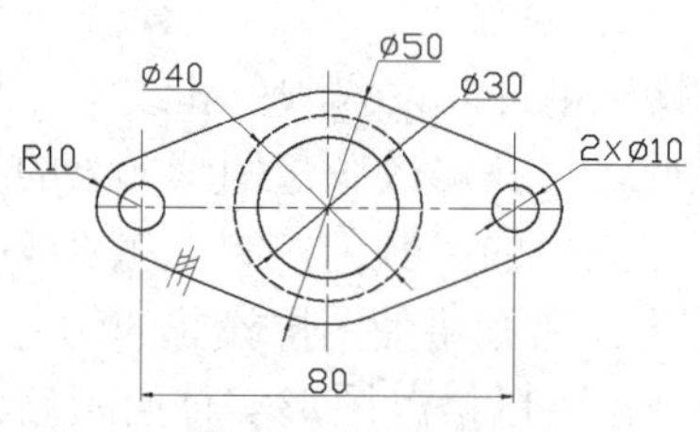

图 3-12　实例

绘图步骤：

(1) 单击下拉菜单中的“格式”→“图形界限”命令，设置图形界限为左下角(0，0)，右上角(210，297)。

(2) 创建图层。

① 单击下拉菜单中的“格式”→“图层”，打开“图层特性管理器”对话框，如图 3-13 所示。

② 单击“新建”按钮，将“图层 1”改为“中心线层”。单击该层中对应颜色的“白色”位置，在“选择颜色”对话框中选择其中的“红色”作为中心线的颜色。

③ 单击“中心线层”对应的“线型”，会出现“选择线型”对话框。单击“加载”按钮，在“加载或重载线型”对话框中选中“Center”线型，并单击“确定”。

④ 单击“粗实线层”对应的“线宽”，在“线宽”对话框中选择线宽为“0.5 毫米”，如图 3-14 所示。

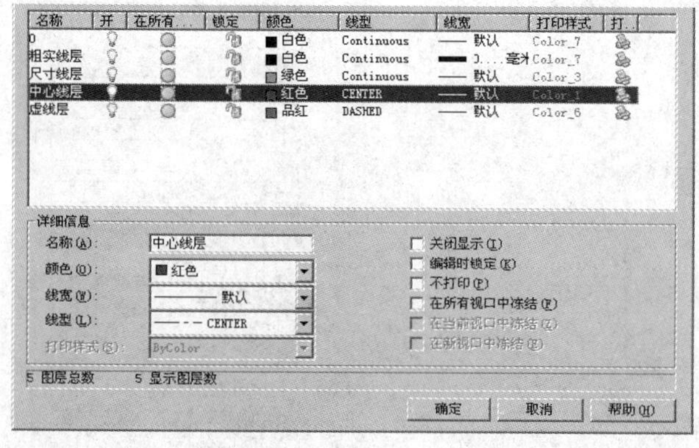

图 3-13　创建图层

图 3-14　设置线宽

⑤ 其他各层建法相同。分别建立“粗实线层”、“中心线层”、“虚线层”、“细实线层”、“尺寸线层”和“剖面线层”。

(3) 绘制中心定位线及各圆。

① 选择“中心线层”作为当前层，绘制中心定位线，如图 3-15 所示。

② 在状态栏中单击“捕捉”按钮，将其打开；选择“粗实线层”作当前层，以给定的

直径或半径作各圆及圆弧，如图 3-16 所示。

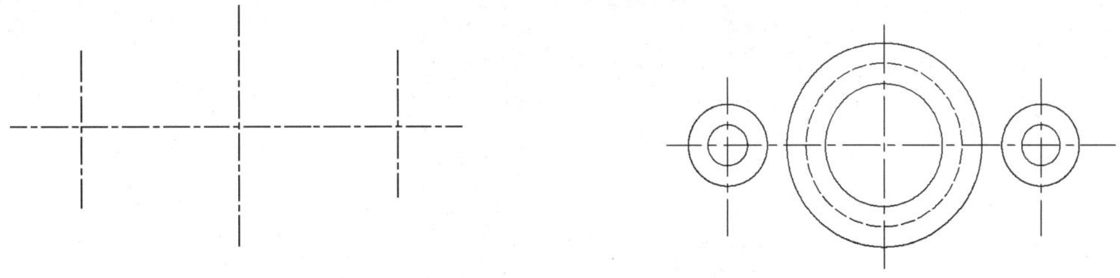

图 3-15　绘制中心定位线　　　　图 3-16　绘制各圆及圆弧

(4) 利用捕捉切点绘制各段切线(直线)，并利用“修剪”命令进行修剪。

(5) 单击“图层”工具栏将“剖面线层”置为当前层，绘制断面的剖面线，如图 3-17 所示，完成全部作图。

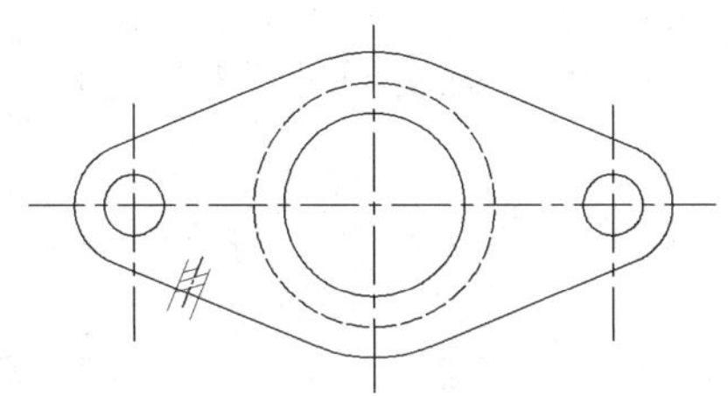

图 3-17　填充完成全图

3.2　精确绘图辅助工具

在绘制图形时，尽管可以通过移动光标来指定点的位置，但这样确定点的位置往往不够精确，要想精确定位必须使用坐标或捕捉功能。本节主要介绍如何使用系统提供的栅格、捕捉、正交、追踪等功能。

3.2.1　栅格和栅格捕捉

栅格是在屏幕上显示的一片规则排列的点阵。在显示栅格的屏幕上绘图，就如同在坐标纸上绘图一样，有助于作图的参考定位。栅格只能在用“limits”命令设置的有效绘图区域内显示，而且栅格只是辅助工具，不是图形的一部分，所以栅格不会被打印输出。

栅格捕捉用于设定鼠标光标移动的固定步长，从而使光标在绘图区域内沿 X 轴或 Y 轴方向上以固定步长的整数倍移动。当栅格捕捉功能打开时，移动光标呈跳跃式移动。当栅格捕捉的步长与栅格间距相同时，光标总是准确地落在栅格点上。

在 AutoCAD 中使用栅格和栅格捕捉功能可以提高绘图效率。

利用“草图设置”对话框中的“捕捉和栅格”选项卡可进行栅格捕捉与栅格显示方面的设置。选择“工具”→“草图设置”命令，AutoCAD 弹出“草图设置”对话框，对话框中的“捕捉和栅格”选项卡用于栅格捕捉、栅格显示方面的设置(在状态栏上的“捕捉”或“栅格”按钮上右击，从快捷菜单中选择“设置”命令，也可以打开“草图设置”对话框)，如图 3-18 所示。

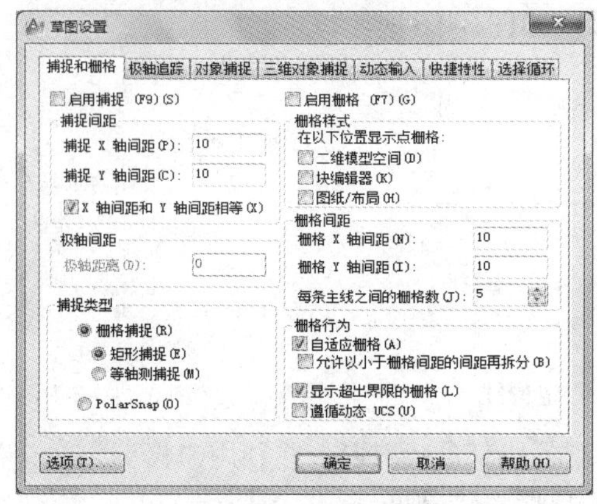

图 3-18　草图设置

对话框中的“启用捕捉”、“启用栅格”复选框分别用于启用捕捉和栅格功能。“捕捉间距”、“栅格间距”选项组分别用于设置捕捉间距和栅格间距。用户也可通过此对话框进行其他设置。

3.2.2　正交功能

利用正交功能，用户可以方便地绘制与当前坐标系统的 X 轴或 Y 轴平行的线段(对于二维绘图而言，就是水平线或垂直线)。

单击状态栏上的“正交”按钮可快速实现正交功能启用与否的切换。

3.2.3　对象捕捉

对象捕捉实际上是 AutoCAD 为用户提供的一个用于拾取图形几何点的过滤器，它使光标能精确地定位在对象的一个几何特征点上，如圆心、端点、中点、切点、交点、垂足等。利用“对象捕捉”命令，可以帮助用户将十字光标快速、准确地定位在特殊或特定位置上，以便提高绘图效率。

根据对象捕捉方式，可以分为临时对象捕捉和自动对象捕捉两种捕捉样式。临时对象捕捉方式的设置，只能对当前进行的绘制步骤起作用；而自动对象捕捉在设置对象捕捉方式后，可以一直保持这种目标捕捉状态，如需取消这种捕捉方式，要在设置对象捕捉时取消选择这种捕捉方式。

用鼠标右键单击窗口内的工具栏，在弹出的光标菜单中选择“临时对象捕捉”命令，弹出“临时对象捕捉”工具栏，如图 3-19 所示。

图 3-19　“临时对象捕捉”工具栏

在“临时对象捕捉”工具栏中，各个选项的意义如下：

“临时追踪点 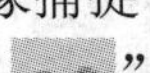 ”：用于设置临时追踪点，使系统按照正交或者极轴的方式进行追踪。

“捕捉自  ”：选择一点，以所选的点为基准点，再输入需要点对于此点的相对坐标值来确定另一点的捕捉方法。

“捕捉到端点 ”：用于捕捉线段、矩形、圆弧等线段图形对象的端点，光标显示“ □ ”形状。

“捕捉到中点 ”：用于捕捉线段、弧线、矩形的边线等图形对象的线段中点，光标显示“△”形状。

“捕捉到交点 ”：用于捕捉图形对象间相交或延伸相交的点，光标显示“×”形状。

“捕捉到外观交点 ”：在二维空间中，与捕捉到交点工具 的功能相同，可以捕捉到两个对象的视图交点。该捕捉方式还可以在三维空间中捕捉两个对象的视图交点，此时光标显示“ ⊠ ”形状。

“捕捉到延长线 ”：使光标从图形的端点处开始移动，沿图形一边以虚线来表示此边的延长线，光标旁边显示对于捕捉点的相对坐标值，光标显示“----”形状。

“捕捉到圆心 ”：用于捕捉圆形、椭圆形等图形的圆心位置，光标显示“ ⊙ ”形状。

“捕捉到象限点 ”：用于捕捉圆形、椭圆形等图形上象限点的位置，如 0°、90°、180°、270°位置处的点，光标显示“◇”形状。

“捕捉到切点 ”：用于捕捉圆形、圆弧、椭圆图形与其他图形相切的切点位置，光标显示“ ○ ”形状。

“捕捉到垂足 ”：用于绘制垂线，即捕捉图形的垂足，光标显示“ ⊾”形状。

“捕捉到平行线 ”：以一条线段为参照，绘制另一条与之平行的直线。在指定直线起始点后，单击“捕捉直线”按钮，移动光标到参照线段上，出现平行符号“ // ”表示参照线段被选中。移动光标，与参照线平行的方向会出现一条虚线表示轴线，输入线段的长度值即可绘制出与参照线平行的一条直线段。

“捕捉到插入点 ”：用于捕捉属性、块或文字的插入点，光标显示“ ⊡”形状。

“捕捉到节点 ”：用于捕捉使用“点”命令创建的点的对象，光标显示“⊗”形状。

“无捕捉 ”：用于取消当前所选的临时捕捉方式。

“对象捕捉设置 ”：单击此按钮，弹出“草图设置”对话框，可以启用自动捕捉方式并对捕捉方式进行设置。

3.2.4　自动追踪

在 AutoCAD 中，用户可以指定按某一角度或利用点与其他实体对象特定的关系来确定所要创建点的方向，称为自动追踪。自动追踪分为极轴追踪和对象捕捉追踪。极轴追踪是利用指定角度的方式设置点的追踪方向，对象捕捉追踪是利用点与其他实体对象之间特定的关系来确定追踪方向。

1. 极轴追踪

所谓极轴追踪，是指当 AutoCAD 提示用户指定点的位置时(如指定直线的另一端点)拖动光标，使光标接近预先设定的方向(即极轴追踪方向)，AutoCAD 会自动将橡皮筋线吸附到该方向，同时沿该方向显示出极轴追踪矢量，并浮出一小标签，说明当前光标位置相对于前一点的极坐标，如图 3-20 所示。

可以看出，当前光标位置相对于前一点的极坐标为 33.3<135°，即两点之间的距离为 33.3，极轴追踪矢量与 X 轴正方向的夹角为 135°。此时单击拾取键，AutoCAD 会将该点作

为绘图所需点；如果直接输入一个数值(如输入 50)，AutoCAD 则沿极轴追踪矢量方向按此长度值确定出点的位置；如果沿极轴追踪矢量方向拖动鼠标，AutoCAD 会通过浮出的小标签动态显示与光标位置对应的极轴追踪矢量的值(即显示“距离<角度”)。

用户可以设置是否启用极轴追踪功能以及极轴追踪方向等性能参数，设置过程为：选择“工具”→“草图设置”命令，AutoCAD 弹出“草图设置”对话框，打开对话框中的“极轴追踪”选项卡，如图 3-21 所示(在状态栏上的“极轴”按钮上右击，从快捷菜单选择“设置”命令，也可以打开对应的对话框)，用户根据需要设置即可。

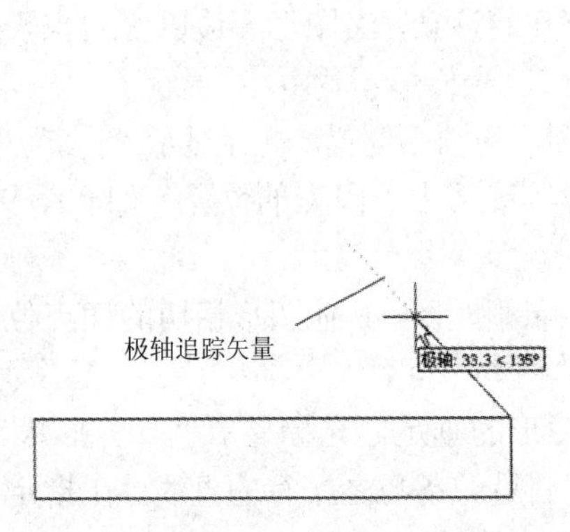

图 3-20　极轴追踪

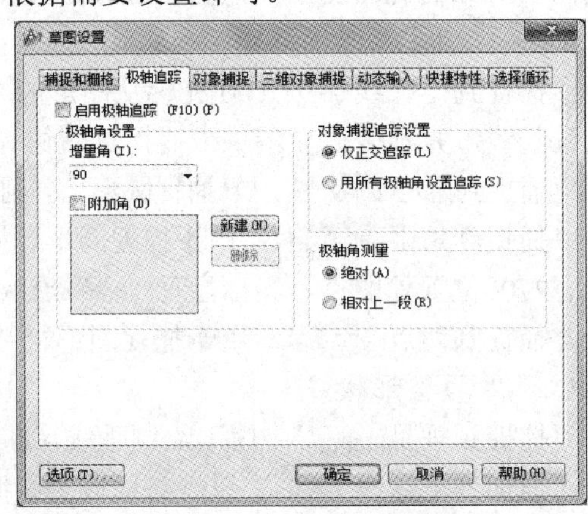

图 3-21　极轴角的设置

2. 对象捕捉追踪

对象捕捉追踪是对象捕捉与极轴追踪的综合应用。例如，已知图 3-22 中有一个圆和一条直线，当执行“line”命令确定直线的起始点时，利用对象捕捉追踪可以找到一些特殊点，如图 3-23 和图 3-24 所示。

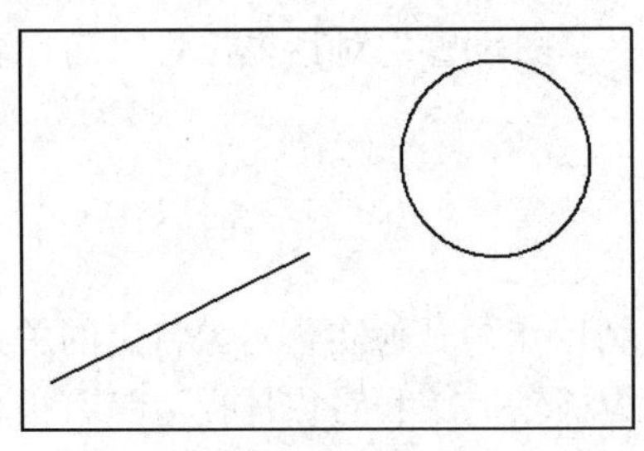

图 3-22　对象捕捉追踪(一)

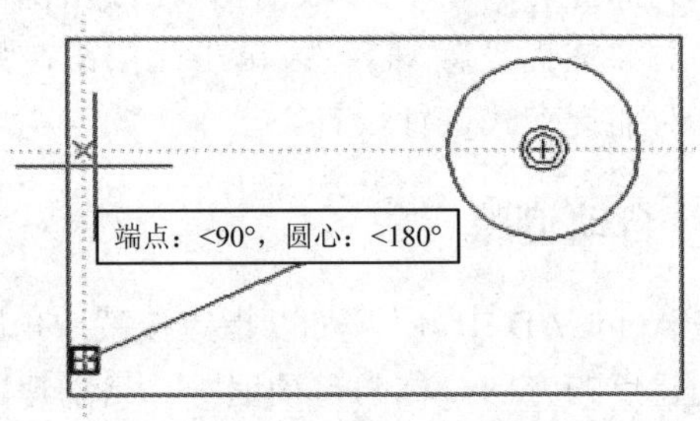

图 3-23　对象捕捉追踪(二)

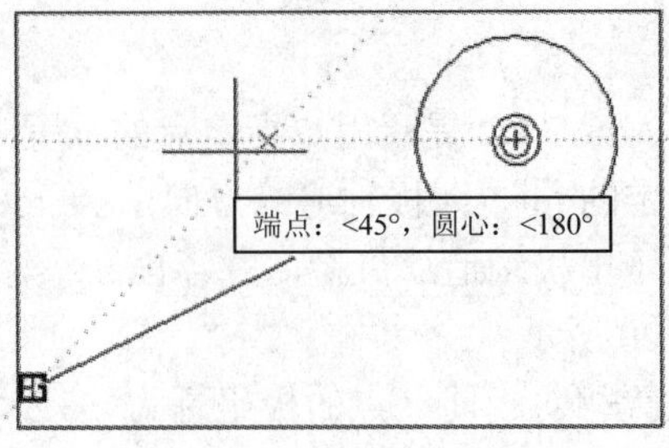

图 3-24　对象捕捉追踪(三)

图 3-23 中捕捉到的点的 X、Y 坐标分别与已有直线端点的 X 坐标和圆心的 Y 坐标相同。图 3-24 中捕捉到的点的 Y 坐标与圆心的 Y 坐标相同，且位于相对于已有直线端点的 45°方向。如果单击拾取键，就会得到对应的点。

3.2.5　使用动态输入

动态输入是 AutoCAD 的重要功能之一，它可以在指针位置显示标注输入和命令提示等信息，从而极大地方便了绘图。

1. 启用指针输入

在“草图设置”对话框的“动态输入”选项卡中，选中“启用指针输入”复选框可以启用指针输入功能，如图 3-25 所示。单击“指针输入”选项组中的“设置”按钮，弹出“指针输入设置”对话框，设置指针的格式和可见性，如图 3-26 所示。

图 3-25　“动态输入”选项卡

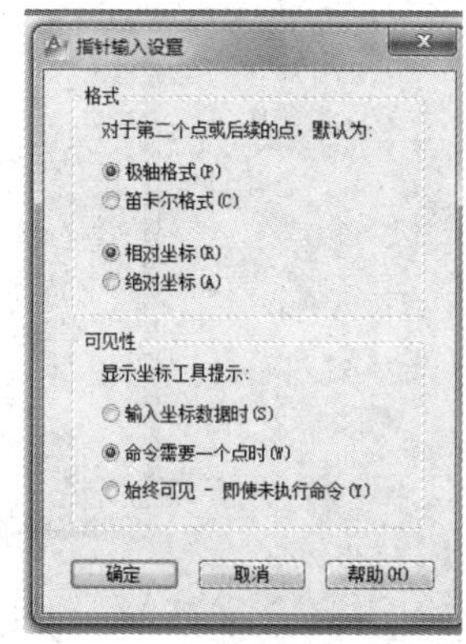

图 3-26　“指针输入设置”对话框

2. 启用标注输入

在“草图设置”对话框的“动态输入”选项卡中，选中“启用标注输入”复选框可以启用标注输入功能，如图 3-25 所示。单击“标注输入”选项组中的“设置”按钮，弹出“标注输入的设置”对话框，设置标注的可见性，如图 3-27 所示。

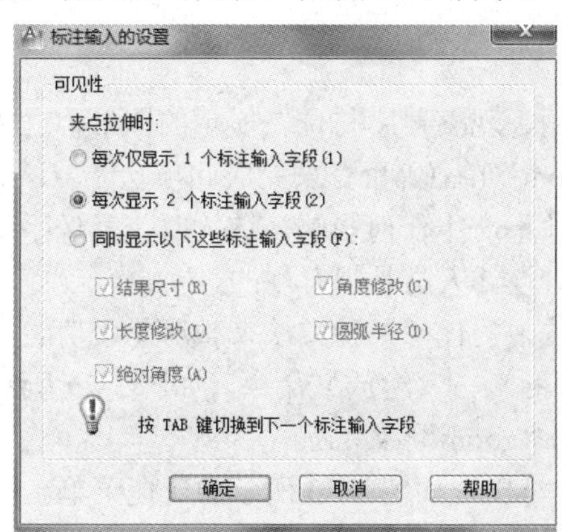

图 3-27　“标注输入的设置”对话框

3．显示动态提示

在“草图设置”对话框的“动态输入”选项卡中，选中“动态提示”选项组中的“在十字光标附近显示命令提示和命令输入”复选框，或者在光标附近显示命令提示。

4．设置工具栏提示外观

在“草图设置”对话框的“动态输入”选项卡中，单击“绘图工具提示外观”按钮，打开“工具提示外观”对话框，可以设置工具栏提示的颜色、大小、透明度以及应用，如图 3-28 所示。

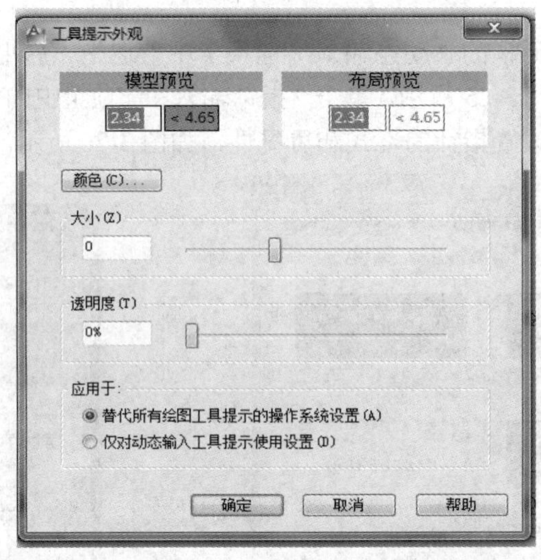

图 3-28　“工具提示外观”对话框

3.3　图形显示控制

用户在绘图的时候，因为受到屏幕大小的限制以及绘图区域大小的影响，需要频繁地移动绘图区域。在 AutoCAD 中，这个问题可以通过图形显示控制来解决。

3.3.1　视图缩放

我们把按照一定的比例、观察角度与位置显示的图形称之为视图。作为专业的绘图软件，AutoCAD 提供了“zoom”(缩放)命令来完成此项功能。该命令可以对视图进行放大或缩小，而对图形的实际尺寸不产生任何影响。放大时，就像手里拿着放大镜；缩小时，就像站在高处俯视。该命令对设计人员是很有用的。

我们可以使用以下方法中的任何一种方法来激活此项功能：

(1) 选择菜单中的“视图”→“缩放”命令，如图 3-29 所示。

(2) 在命令窗口中输入“zoom”或“Z”。

(3) 绘图时右击鼠标，将出现如图 3-30 所示的快捷菜单。

单击“标准”工具栏中的“窗口缩放”按钮并按住鼠标左键不放，弹出“缩放”工具栏，如图 3-31 所示，从中进行选择。

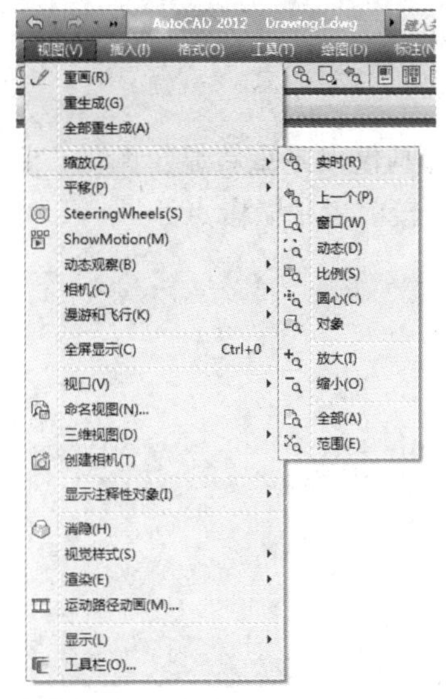

图 3-29　“缩放”菜单

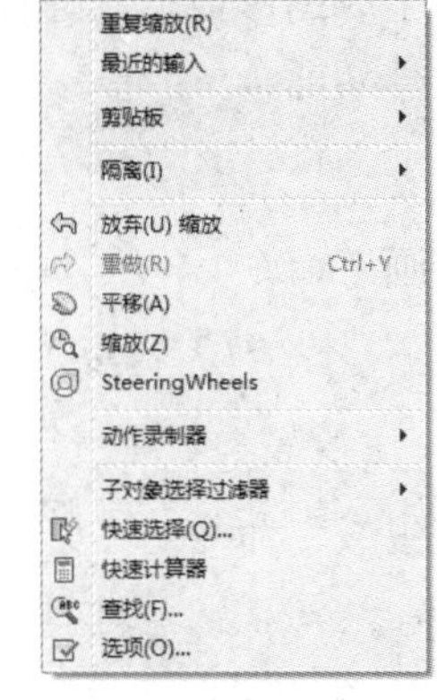

图 3-30　快捷菜单

图 3-31　“缩放”工具栏

3.3.2　平移

此命令用于移动视图，而不对视图进行缩放。我们可以使用以下方法中的任何一种方法来激活此项功能。

(1) 在“标准”工具栏的下拉菜单中选择“视图”→“平移”命令，如图 3-32 所示。

(2) 在命令行输入命令“pan”。

(3) 使用快捷菜单：绘图时右击鼠标，将出现如图 3-33 所示的快捷菜单。

平移分为两种：实时平移与定点平移。实时平移指光标变成手型时按住鼠标左键实现的移动；定点平移指用户输入两个点，视图按照两点的直线方向进行的移动。

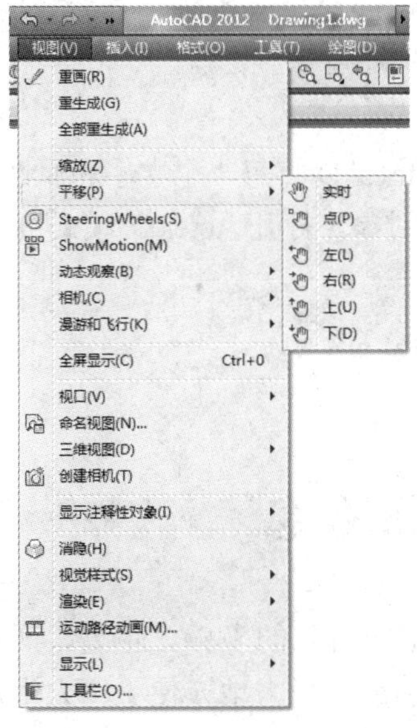

图 3-32　下拉菜单

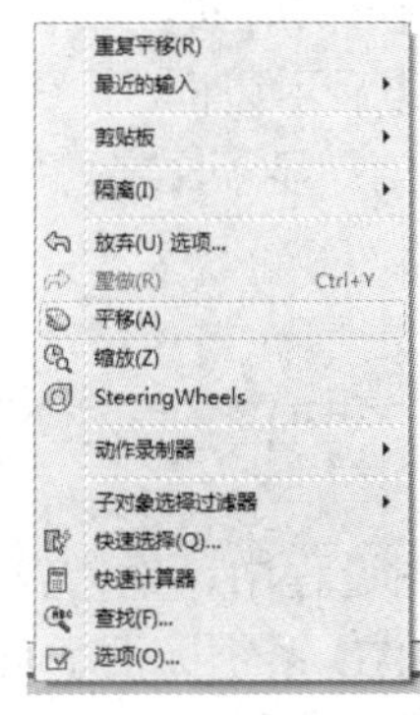

图 3-33　快捷菜单

3.3.3 重画与重生成

重画与重生成都是重新显示图形，但两者的本质不同。重画仅仅是重新显示图形，而重生成不但重新显示图形，而且将重新生成图形数据，速度上较前者稍微慢点。

我们可以使用以下方法来激活这两种功能。

1. 重画

在下拉菜单中选择“视图”→“重画”命令。

在命令行输入命令“redraw”。

2. 重生成

在下拉菜单中选择“视图”→“重生成”命令。

在命令行输入命令“regen”。

3.3.4 显示控制参数

1. 多线、多段线、实体填充：fill[on|off]

(1) 开(on)：打开“填充”模式。

(2) 关闭(off)：关闭“填充”模式。仅显示并打印对象的轮廓。重生成图形后，修改“填充”模式将影响现有对象。“填充”模式设置不影响线宽的显示。

2. 线宽：lwdisplay[on|off]

可以通过单击状态栏上的线宽按钮来控制是否显示线宽。设置随每个选项卡保存在图形中。

(1) 开(on)：显示线宽。

(2) 关闭(off)：不显示线宽。

3. 文字快速显示：qtext[on|off]

如果打开了“qtext”(“快速文字”)，则 AutoCAD 将每一个文字和属性对象都显示为文字对象周围的边框。如果图形包含有大量文字对象，打开“qtext”模式可减少 AutoCAD 重画和重生成图形的时间。

(1) 开(on)：显示边框。

(2) 关闭(off)：显示文字。

3.4 查询图形信息

用户在绘图过程中，经常需要对图形中的某一对象的坐标、距离、面积、属性等进行了解。AutoCAD 系统提供了查询图形信息的功能，极大地方便了广大用户，如图 3-34 所示。

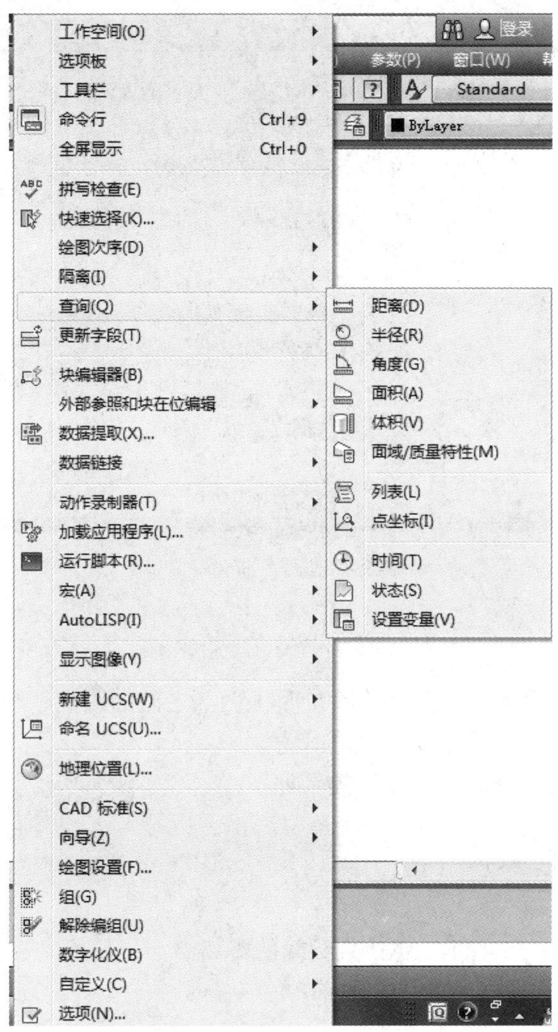

图 3-34　查询图形信息

3.4.1　时间查询

使用“时间”命令可以提示当前时间、该图形的编辑时间、最后一次修改时间等信息。

启用“时间查询”命令后，弹出如图 3-35 所示的文本框，在文本窗口中显示当前时间、图形编辑次数、创建时间、上次更新时间、累计编辑时间、经过计时器时间、下次自动保存时间等信息，并出现以下提示：

输入选项[显示(D)/开(ON)/关(OFF)/重置(R)]:

其中：

“显示(D)”：显示以上信息。

“开(ON)”：打开计时器。

“关(OFF)”：关闭计时器。

“重置(R)”：将计时器重置为零。

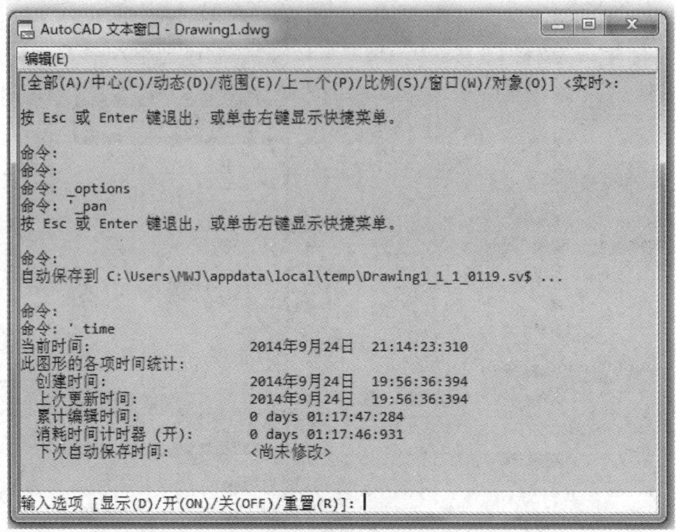

图 3-35　时间查询文本窗口

3.4.2　距离查询

通过“距离查询”命令可以直接查询屏幕上两点之间的距离、与 XY 平面的夹角、在 XY 平面中的倾角以及 X、Y、Z 方向上的增量。

启用“距离查询”命令后，命令行提示如下：

命令：'_dist

指定第一点：

指定第二点：

【例】　查询如图 3-36 所示的 AB 直线间的距离。

命令：'_dist　　//选择“查询距离”命令

指定第一点：　　//单击 A 点

指定第二点：　　//单击 B 点，查询信息如下：

距离=147.1306，XY 平面中的倾角=345，与 XY 平面的夹角=0

X 增量=142.1980，Y 增量=–37.7777，Z 增量=0.0000

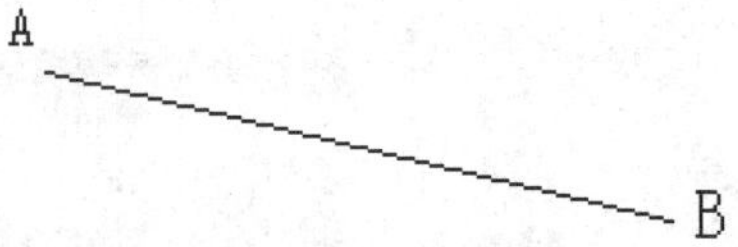

A

B

图 3-36　查询距离图例

3.4.3　坐标查询

屏幕上某一点的坐标可以通过“坐标查询”命令来进行查询。启用“坐标查询”命令后，根据命令行提示直接单击鼠标就可以查询该点的坐标值。

3.4.4　面积查询

通过面积查询可以查询测量对象及所定义区域的面积和周长。启用“面积查询”命令后，命令行提示如下：

命令：_area

指定第一个角点或[对象(O)/加(A)/减(S)]:

其中：

“第一个角点”：指定欲计算面积的一个角点，随后要指定其他角点，回车后结束角点输入，自动封闭指定的角点，并计算面积和周长。

“对象(O)”：选择一个对象来计算它的面积和周长，该对象应该是封闭的。

“加(A)”：选择两个以上的对象，将面积相加。

“减(S)”：选择两个以上的对象，将其面积相减。

【例】　计算如图 3-37 所示的矩形和圆的总面积。

```
命令：_area                                  //选择查询面积命令
指定第一个角点或[对象(O)/加(A)/减(S)]：A       //输入字母“A”，选择“加”选项
指定第一个角点或[对象(O)/减(S)]：O             //输入字母“O”，选择“对象”选项
(“加”模式)选择对象：                          //鼠标单击圆，查询圆的信息如下：
        面积=5515.9850，周长=311.5723 总面积=5515.9850
(“加”模式)选择对象：                          //鼠标单击四边形，查询信息如下：
        面积=5006.1922，周长=250.8180 总面积=10522.1772
```

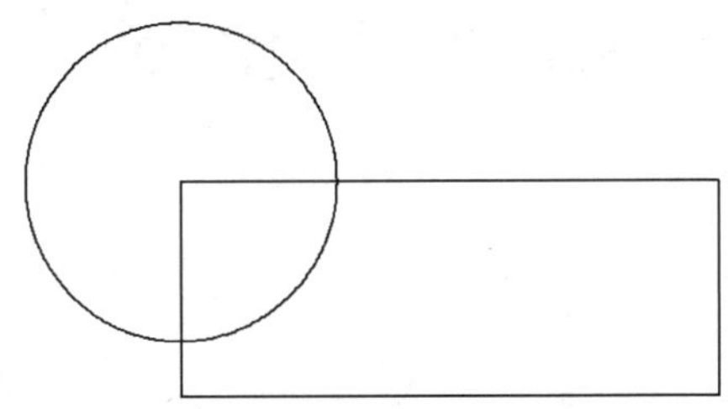

图 3-37　查询面积图例

3.4.5　质量特性查询

通过“质量特性查询”命令可以查询某实体或面域的质量特性。

启用“质量特性查询”命令后，命令行提示如下：

```
命令：_massprop
选择对象：
```

随即显示选择对象(实体或面域)的质量特性，包括面积、周长、质心、惯性矩、惯性积、旋转半径等信息，并询问是否将分析结果写入文件。

【例】　计算如图 3-38 所示图形的质量特性。

首先通过“面域”命令将矩形和圆改成面域，然后执行下面的命令。

```
命令：_massprop                              //选择查询质量特性命令
选择对象：找到 1 个                           //单击圆
选择对象：找到 1 个，总计 2 个                 //单击矩形
选择对象：                                    //按 Enter 键，查询结果如下：
    ----------------面域----------------
    面积：                  11256.9854
    周长：                  607.9920
```

边界框：　X：47.1839--219.0783
　　　　　Y：88.4197--176.2886
质心：　　X：124.6112
　　　　　Y：123.2715
惯性矩：　X：175798143.7097
　　　　　Y：198376168.4723
惯性积：　XY：168437779.4850
旋转半径：X：124.9672
　　　　　Y：132.7497
主力矩与质心的 X-Y 方向：
　　　　　I：3727095.3594 沿[0.9755-0.2202]
　　　　　J：24589788.0670 沿[0.2202-0.9755]
是否将分析结果写入文件？[是(Y)/否(N)]<否>：按 Enter 键

3.5 上机实训

实训 1　设置图层。

目的要求：

按表 3-1 要求设置图层。

表 3-1　图层设置

图层名	颜色	线　型	线宽
粗实线	白色	Continous	0.7 mm
中实线	白色	Continous	0.35 mm
细实线	白色	Continous	默认
虚线	红色	ACAD-ISO02W100	默认
点画线	蓝色	ACAD-ISO04W100	默认
文字	绿色	Continous	默认
标注	红色	Continous	默认

设置好图层后，进行以下练习：

(1) 在不同的图层上画好图形，图形自选。

(2) 把某一图层上的图形转化到另一图层上。

(3) 调整线型比例，观察虚线、点画线的变化。

(4) 选择某一图层，将其状态设置为“关闭”或“锁定”或“冻结”，然后对其上的图形编辑绘图，观察命令的执行情况。

操作提示：

(1) 使用“图层特性管理器”设置表 3-1 所示的图层。

(2) 利用绘图命令在不同的图层上绘制图形。

(3) 利用命令“ltscale”和“celtscale”或“特性”对话框调整非连续线型的比例。

实训 2　缩放和平移练习。

目的要求：

AutoCAD 提供了很多示例图形(位于 AutoCAD 安装目录的 sample 子目录下)，试分别打开这些图形，利用显示缩放和显示移动功能浏览这些图形。

操作提示：

利用“zoom”和“pan”命令练习缩放和平移图形。

实训 3　绘制图 3-38 所示的图形。

目的要求：

利用极轴追踪功能绘制图 3-38 所示的图形。

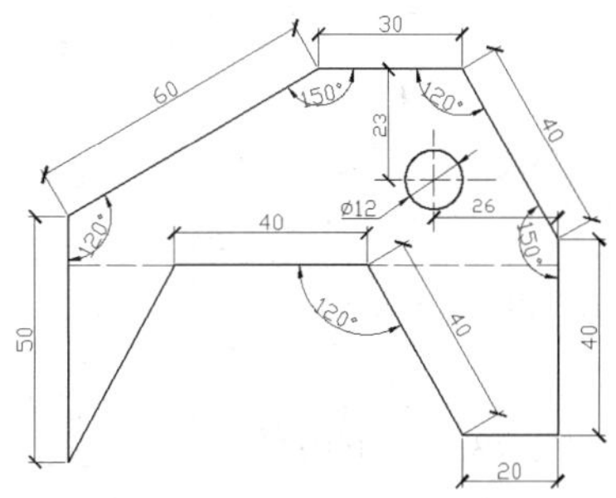

图 3-38　实训 3 绘图练习

操作提示：

(1) 启用极轴追踪。

(2) 设置角增量为 30°。

(3) 利用“line”命令绘图。

实训 4　绘图选择题。

(1) 将长度和角度精度设置为小数点后三位，绘制图 3-39 所示的图形，AB 的长度为(　　)。

A．178.119　　B．182.119　　C．158.119　　D．147.119

(2) 将长度和角度精度设置为小数点后三位，绘制图 3-40 所示的图形，图形的面积为(　　)。

A．28038.302　　B．28937.302　　C．27032.302　　D．29034.302

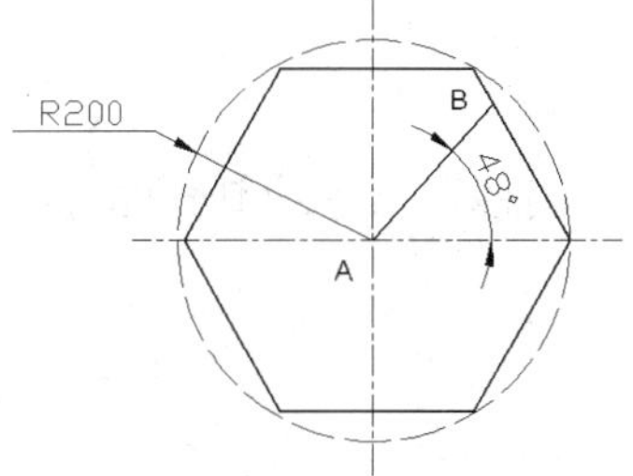

图 3-39　实训 4 绘图练习(1)

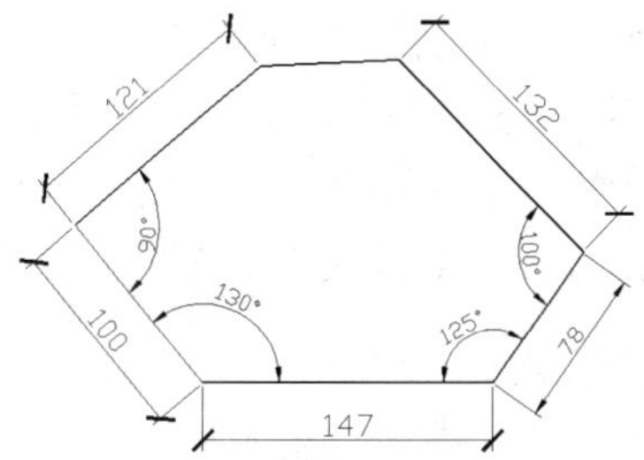

图 3-40　实训 4 绘图练习(2)

(3) 将长度和角度精度设置为小数点后三位，绘制图 3-41 所示的图形，阴影部分的面积为(　　)。

A．644.791　　B．763.479　　C．667.256　　D．663.791

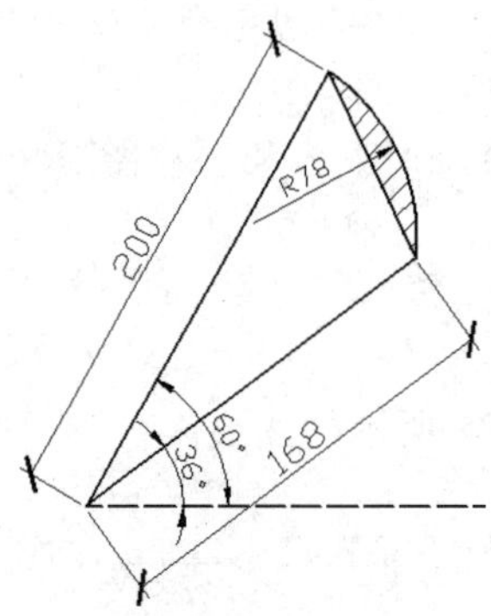

图 3-41　实训 4 绘图练习(3)

实训 5　绘制隧道施工方案简图。

目的要求：

自定义尺寸绘制图 3-42、图 3-43 所示的隧道施工方案图，不用标注文字，通过本实训，要求熟练掌握基本图形的绘制和编辑，并在此基础上进一步提高绘图速度。

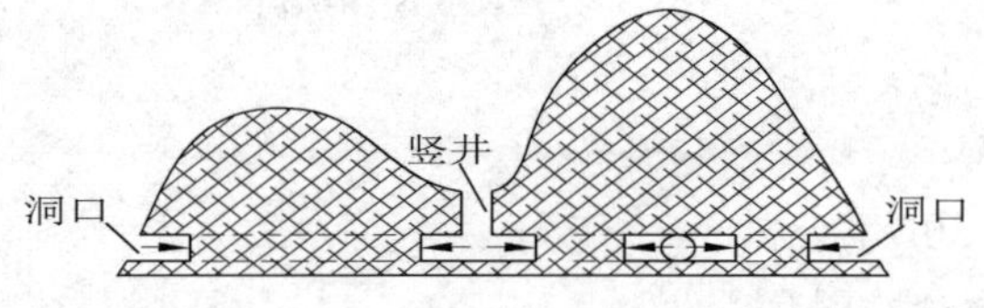

图 3-42　隧道施工剖面图

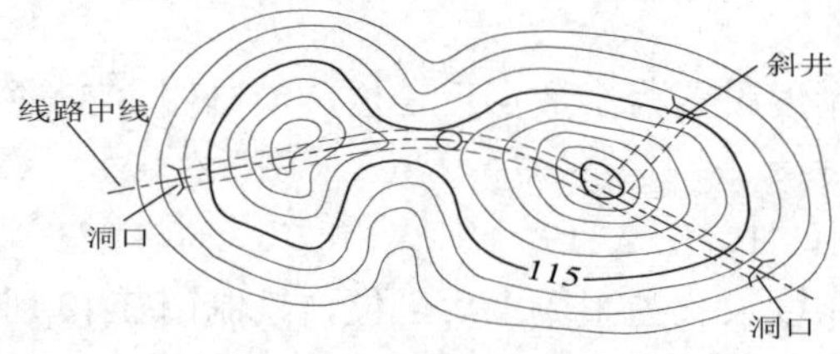

图 3-43　隧道施工平面图

操作提示：

(1) 使用“图层特性管理器”设置相关图层。

(2) 利用绘图命令在不同的图层上绘制不同线型。

(3) 使用“样条曲线”命令绘制等高线后可用“偏移”命令绘制其他等高线，然后编辑等高线，可用“多段线”命令绘制箭头。

第 4 章　建筑与土木工程图形的编辑

在 AutoCAD 2012 中，单纯地使用绘图命令或绘图工具只能绘制一些基本的图形对象。为了绘制复杂图形，很多情况下都必须借助于图形编辑命令。AutoCAD 2012 提供了强大的图形编辑工具，便于用户灵活快捷地修改、编辑图形。在建筑与土木工程中，也需要使用 AutoCAD 2012 的编辑工具，其中使用较多的有“移动”、“旋转”、“复制”、“镜像”和“偏移”及“缩放”、“拉伸”、“拉长”和“延伸”等命令，读者应熟练掌握，这对提高绘图效率，提升绘图效果非常有用。

4.1　复制对象

在 AutoCAD 2012 中，使用“复制”、“阵列”、“偏移”、“镜像”命令，可以复制对象，创建与原对象相同或相似的图形。在绘制建筑与土木工程图形时，经常会遇到图形相似或相同的对象，如对称的楼体、相同的门和窗户。此时就可以利用复制对象功能一次绘制出与原对象相同或相似的图形，从而简化绘制重复性或近似性图形的步骤，起到事半功倍的效果。

4.1.1　复制

该命令可以对已有的对象复制出副本并放置到指定的位置。它与移动对象的区别是：在移动对象的同时，原对象还能保留。通过该工具不需要重复绘制相同图形，可极大提高绘图效率。单击“复制”按钮，选取复制对象后先指定基点，然后指定第二点为复制的目标点，系统将按两点确定的位移矢量复制对象。该位移矢量决定了副本相对于源对象的距离和方向。如图 4-1 所示，图中有大量的山体和树木，绘图时可以选取绘制的一组山体和树木作为复制的源对象。

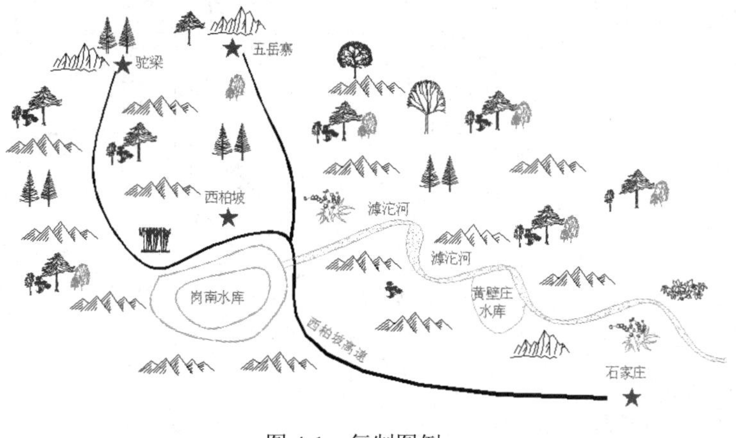

图 4-1　复制图例

提示：执行复制操作时，系统默认的复制模式是多次复制。此时根据命令行提示输入 0，即可将复制模式设置为单个。

4.1.2　镜像

利用镜像工具可将所选对象按指定的镜像轴创建轴对称图形。在绘制门窗和联排别墅等这些具有对称性质的图形时，可只绘制一半，利用该工具镜像得到另一半。

单击“镜像”按钮，选取要镜像的对象后，指定镜像中心线的两个端点，按回车键即可完成镜像操作。

如以基础对称线端点 A 和 B 为镜像中心对右侧部分使用镜像命令，效果如图 4-2 所示。

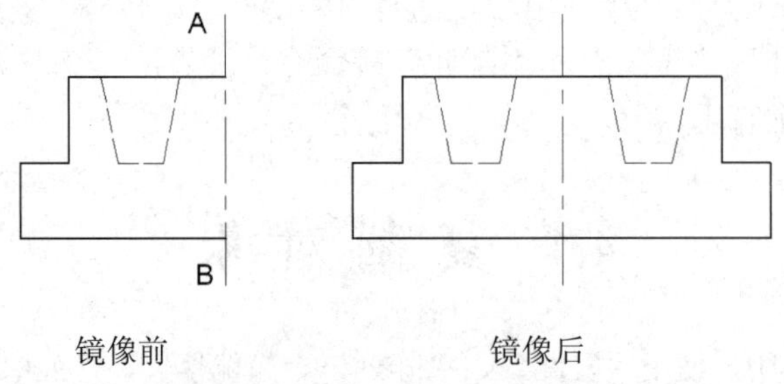

图 4-2　镜像基础

在默认情况下，对图形进行镜像操作后，系统仍然保留原对象。如果要镜像后删除原对象，可在选取原对象和镜像中心线后，在命令行中输入 Y 即可在复制对象的同时将原对象删除，此时相当于移动对象操作。

提示：该命令一般用于对称的图形，可以只绘制其中的一半甚至是四分之一，然后采用“镜像”命令产生对称的部分。而对于文字的镜像，要通过 mirrtext 变量来控制是否使文字和其他的对象一样被镜像。如果为 0，则文字不作镜像处理；如果为 1(缺省设置)，文字和其他的对象一样被镜像。在编辑图形时，要灵活运用命令。图 4-3 中多处使用了“镜像”命令。

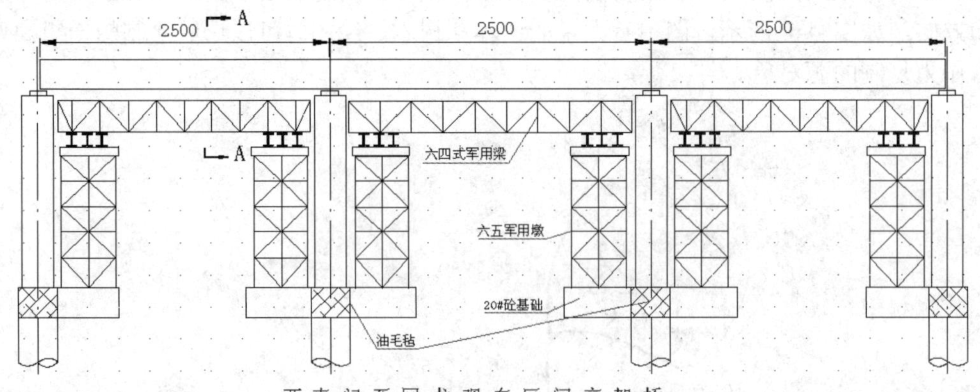

图 4-3　镜像图例

4.1.3　偏移

偏移是创建一个与选定对象类似的新对象，并把它放置在离原对象一定距离的位置，同时保留原对象。

单击“偏移”按钮，便可以通过指定偏移距离或指定偏移通过的点来偏移所选取的对象。这两种偏移的方法分别介绍如下。

1. 指定偏移距离偏移对象

该方法是根据指定的偏移距离来复制对象。通过输入距离值或指定两个点，系统将以这两个点之间的距离作为偏移距离，鼠标单击哪一侧，偏移创建的新对象将偏向哪一侧。

选择“偏移”工具后，输入偏移距离并选取要偏移的对象，在偏移的一侧单击，即可完成偏移操作。

如图 4-4 所示输入偏移距离为 5，并选取要偏移的对象，然后在虚线的外侧单击，即可在该窗的轮廓线右侧获得新对象。

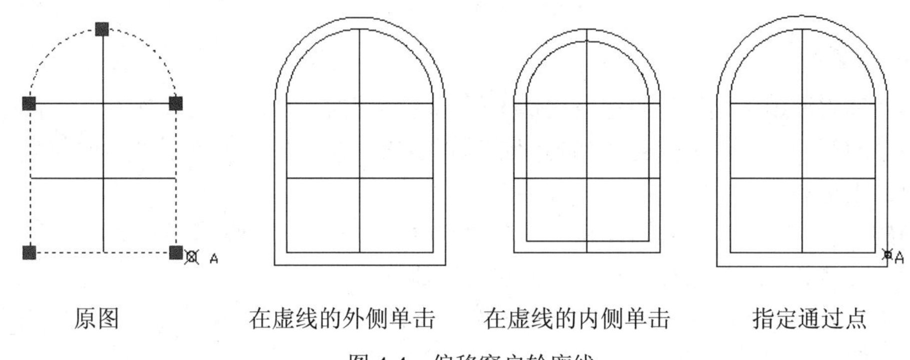

原图　　在虚线的外侧单击　　在虚线的内侧单击　　指定通过点

图 4-4　偏移窗户轮廓线

提示：“偏移”命令是一个单对象的命令，在使用过程中，只能以直接选取的方式选择图形对象。另外以给定偏移距离的方式偏移对象时，距离值必须大于零。

2. 指定通过点偏移对象

该方法是根据指定通过点来偏移对象。其中通过点可以是现有的端点、圆心等现有点，也可以通过输入相对坐标来确定通过点。这在一些偏移距离未知的情况下是很方便的方法。

选择“偏移”工具后，在命令行中输入“T”，然后选取要偏移的对象，并指定偏移通过点，即可完成偏移操作。如图 4-4 所示的指定点 A 为通过点，将轮廓线偏移至该点。

提示：对不同的对象执行“偏移”命令会有不同的效果。如对圆弧进行偏移后，新旧圆弧同心且具有同样的包含角，但新圆弧的长度将发生改变；对圆或椭圆做偏移后，圆心不变，但新圆的半径或新椭圆的轴长将发生改变；对直线、射线和构造线进行偏移，相当于平行复制。

4.1.4　阵列

使用前面介绍的几种复制图形的方法复制有规则分布的图形时就显得比较繁琐，此时利用“阵列”工具可以快速复制按照一定排列顺序分布的相同对象。如在绘制办公楼或居民楼立面图中整齐排列的各个窗户时就经常使用该工具。

单击“阵列”按钮，打开“阵列”对话框，如图 4-5 所示。在该对话框中可以设置矩形阵列和环形阵列来复制对象。

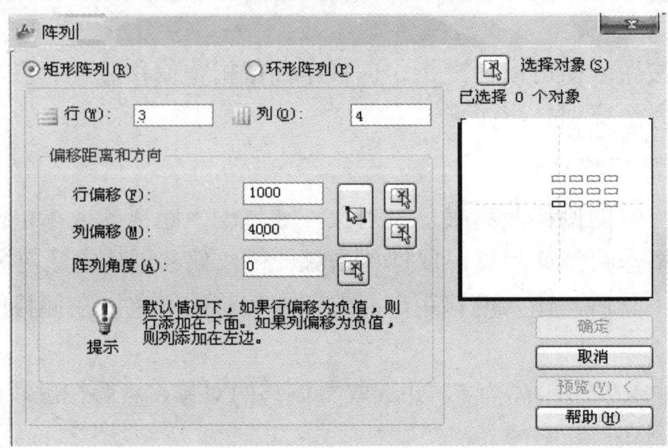

图 4-5　“阵列”对话框

1. 矩形阵列

矩形阵列主要用于创建沿指定方向均匀排列的相同对象。通过该阵列方式可将选定的对象按指定的行数、行间距、列数和列间距进行多重复制。如果设置了“阵列角度”则可创建倾斜的矩形列阵。

要创建矩形列阵，首先在对话框中单击“选择对象”按钮，选取要阵列的对象，然后设置阵列的行数和列数以及行偏移和列偏移的数值即可。

如图 4-6 所示，选取窗户图形为阵列对象，设置行数为 3，列数为 4，行偏移为 1000，列偏移为 4000，创建矩形阵列。

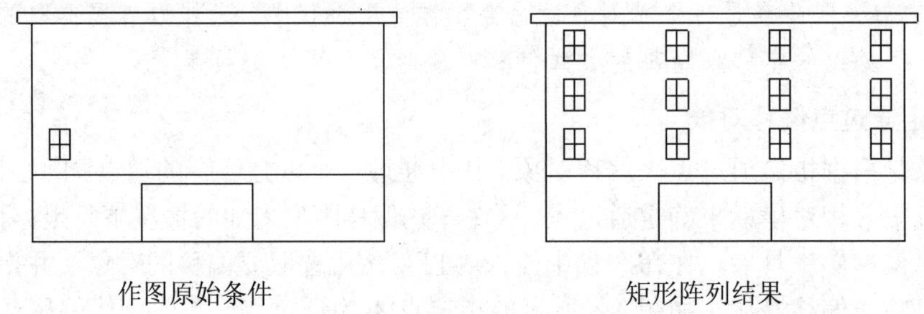

作图原始条件　　　　矩形阵列结果

图 4-6　矩形阵列示例

提示：偏移行距、列距和阵列角度值的正负性将影响将来阵列的方向。正值将使阵列沿 X 轴或 Y 轴正方向列阵；阵列角度为正值时沿逆时针方向列阵，负值则相反。

2. 环形阵列

环形列阵主要应用于创建沿指定点圆周均匀分布的对象。该列阵方式在绘制餐桌椅等具有圆周分布特征的图形时经常使用。

在“阵列”对话框中选择“环形阵列”单选按钮，可将该对话框切换至环形阵列模式下，如图 4-7 所示。在该对话框中可设置复制的数目和角度，如果启用“复制时旋转项目”复选框，则阵列时会将复制出的对象旋转。

创建环形列阵特征时，可单击“选择对象”按钮选取要阵列的对象，然后单击“拾取中心点”按钮指定阵列的中心点，接着输入项目总数和填充角度数值即可。

如图 4-8 所示，指定圆心为阵列中心点，设置“项目总数”为 6，“填充角度”为 360°，对餐桌椅进行环形阵列。

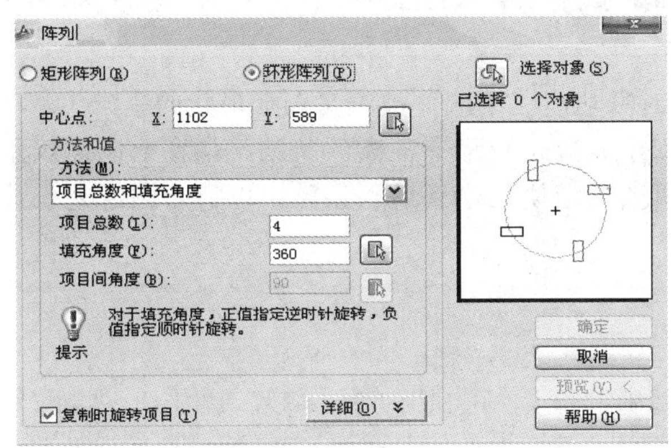

图 4-7　环形阵列选项

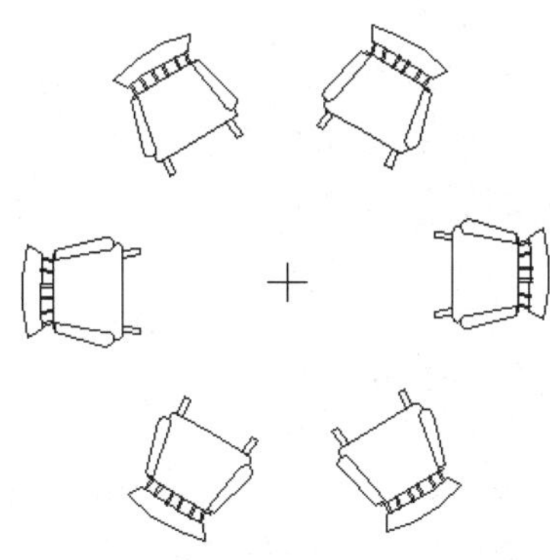

图 4-8　环形阵列示例

经验之谈：在绘制建筑与土木工程图形中，许多有规律的图形使用阵列较多，但是要充分利用阵列命令提高作图效率，需要对“阵列”命令多思考和使用才能运用自如。如图 4-9 所示，绘制楼梯时应注意沿倾斜方向进行阵列才能绘制楼梯。如图 4-10 所示，在绘制扇形窗时用环形列阵，填充角度为 180°。在绘制图 4-11 所示的房屋立面图时，可以用矩形阵列命令阵列窗，然后删除多余的窗。

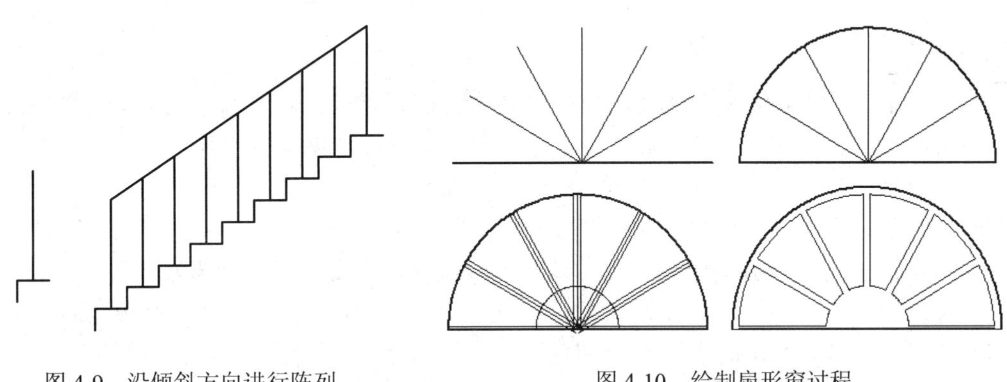

图 4-9　沿倾斜方向进行阵列　　　　图 4-10　绘制扇形窗过程

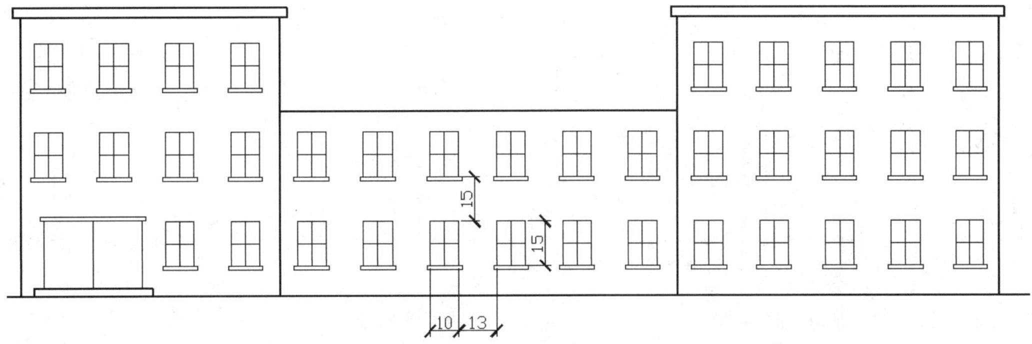

图 4-11　房屋立面图

4.2 移动对象

在 AutoCAD 2012 中，可使用移动对象功能在不改变被编辑图形形状的基础上，对图形的位置和角度进行调整。这对精确绘制建筑图形有很大的帮助，如在绘制建筑平面图或立面图的过程中，可方便地对所插入图块的位置进行调整，以符合图纸的设计要求。

4.2.1 移动

在绘制图形时，如果图形的位置不能满足要求，可利用“移动”工具将图形对象移动到合适的位置。移动对象仅仅是位置的平移，而不改变对象的大小和方向。要精确地移动对象，可以使用“对象捕捉”功能辅助移动操作。

单击“移动”按钮，选取要移动的对象并指定基点。然后选取目标点或输入相对坐标确定目标点，即可完成移动操作。

经验之谈：移动和复制需要进行的操作基本相同，但结果不同。复制在原位置保留了原对象，而移动在原位置并不保留原对象。绘图过程中，应该充分采用对象捕捉等辅助绘图手段进行精确移动对象。

4.2.2 旋转

利用该工具可将指定的对象绕指定的中心点旋转。除了将对象调整一定角度之外，该工具还可以在旋转得到新对象的同时保留源对象，可以说是集旋转和复制操作于一体。

单击“旋转”按钮，选取要旋转的对象并指定基点。然后输入指定的角度值，所选对象将绕指定基点进行旋转，并且该旋转方式不保留源对象。

如图 4-12 所示，在斜角墙上绘制窗，首先复制窗，将窗的下中点选为基点，复制目标的基点选斜墙的中点 A，然后旋转窗即可。如果知道旋转角度则输入旋转角度，否则可用参照命令(r)在指定新角度时点选 B 点即可旋转，如图 4-12 所示。

提示：当输入的旋转角度为正时逆时针旋转，为负时顺时针旋转。

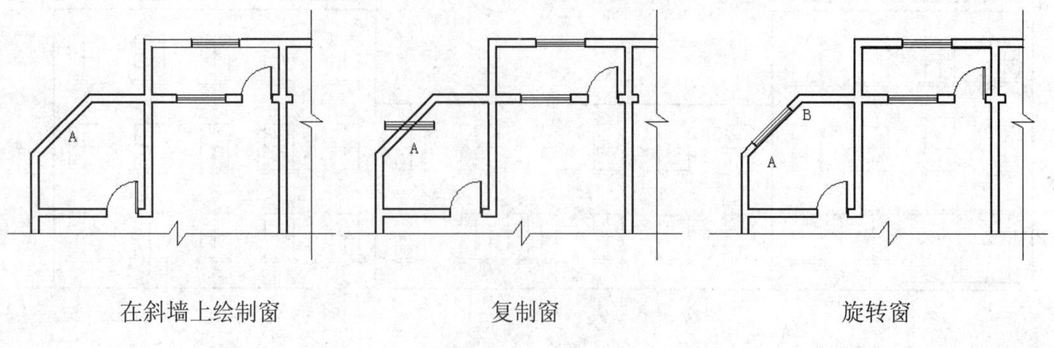

图 4-12　复制和旋转图例

4.3 编辑对象

除了使用上面所介绍的移动对象功能对图形的位置进行调整外，有时还需要对图形的形状和大小进行改变。其中包括按比例缩放调整图形大小，通过修剪、延伸和倒角等编辑工具改变图形的形状，以及直接拖动图形的夹点对图形进行调整。

4.3.1 缩放

利用该工具可将选定的对象以指定的基点为中心，按指定的比例放大或缩小，以创建出与原对象成一定比例且形状相同的新图形对象，如图 4-13 所示。在 AutoCAD 中，比例缩放可分为以下两种缩放类型。

图 4-13　放大或缩小

1. 指定比例因子缩放对象

该方式是直接输入比例因子，系统将根据该比例因子相对于基点将对象放大或缩小。当输入的比例因子大于 1 时将放大对象；比例因子介于 0 和 1 之间时将缩小对象。

单击“缩放”按钮，选取缩放对象后指定缩放基点，此时拖动光标图形将按移动光标的幅度放大或缩小。然后在命令行中输入比例因子，按回车键确认缩放操作。如图 4-14 所示，指定人物下端中点为基点，输入比例因子为 2.2，将人物进行放大。

图 4-14　输入比例因子缩放对象

2. 指定参照方式缩放对象

该方式是依次指定参照长度的值与新长度的值，系统将以新长度与参照长度的比值作为比例因子来缩放对象。当参照长度大于新长度时，图形将被缩小；反之将对图形执行放大操作。

指定基点后在命令行中输入 r 并按回车键。然后依次指定参照长度和新长度，即可完成参照缩放操作。如图 4-15 所示依次选取点 A 和点 B，这两点间的长度即为参照长度，然后输入新长度 1600，按 Enter 键确认缩放操作。

图 4-15　指定参照长度缩放对象

经验之谈：比例缩放是真正改变了原来图形的大小，和视图显示中的“zoom”命令缩放有本质区别，“zoom”命令仅仅改变图形在屏幕上的显示大小，但图形本身尺寸无任何大小变化。

4.3.2　修剪

绘图过程中经常需要修剪图形，将超出的部分删除，以便于使图形精确相交。“修剪”命令是比较常用的编辑工具，用户在绘图过程中通常是先粗略绘制一些线段，然后使用“修剪”命令将多余的线段修剪掉。利用该工具可以以指定对象为修剪边界，将超出修剪边界的部分删除。修剪边可以同时作为被修剪边执行修剪操作。执行修剪操作的前提条件是修剪对象必须与修剪边界相交。

单击“修剪”按钮，选取修剪的边界并单击右键。然后选取要删除的多余图元，即可将多余的对象删除。如图 4-16 所示的门以椭圆为修剪边界，对门内装饰线进行修剪。

图 4-16　修剪图例

4.3.3　延伸

利用该工具可将指定的对象延伸到选定的边界，被延伸的对象包括圆、椭圆弧、直线、开放的二维多段线、三维多段线和射线。

单击“延伸”按钮，选取延伸边界后单击右键。然后选取需要延伸的对象，系统将自动将该对象延伸至所指定的边界上。

“延伸”命令的使用步骤：

(1) 执行“延伸”命令并选择延伸边界，见图 4-17(a)。

(2) 选择需要延伸的对象，见图 4-17(b)。延伸结果见图 4-17(c)。

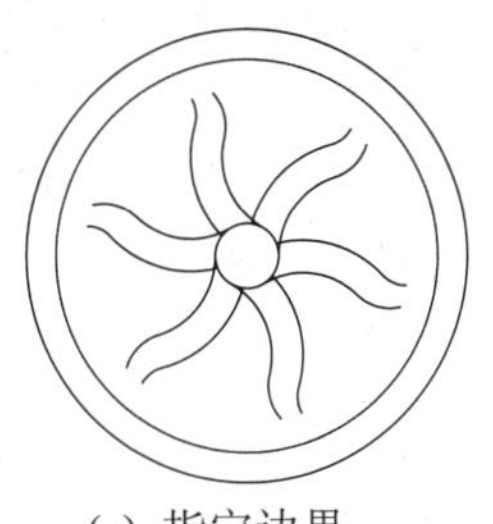

(a) 指定边界

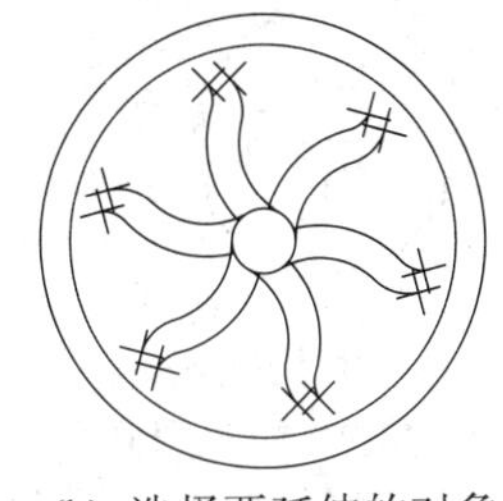

(b) 选择要延伸的对象

(c) 延伸结果

图 4-17　延伸图例

同“修剪”命令一样，掌握该命令的关键在于对边界的认识。执行“延伸”命令之后，第一次出现的“选择对象”指的也是选择作为延伸边界的对象。

4.3.4　拉伸

使用“拉伸”命令可以在一个方向上按用户所指定的尺寸拉伸、缩短对象。拉伸命令是通过改变端点位置来拉伸或缩短图形对象的，编辑过程中除被伸长、缩短的对象外，其他图形对象间的几何关系将保持不变。可进行拉伸的对象有圆弧、椭圆弧、直线、多段线、二维实体、射线和样条曲线等。选择“修改”→“拉伸”菜单命令或单击标准工具栏上的“拉伸”按钮，进行对象拉伸操作，如图 4-18 所示。

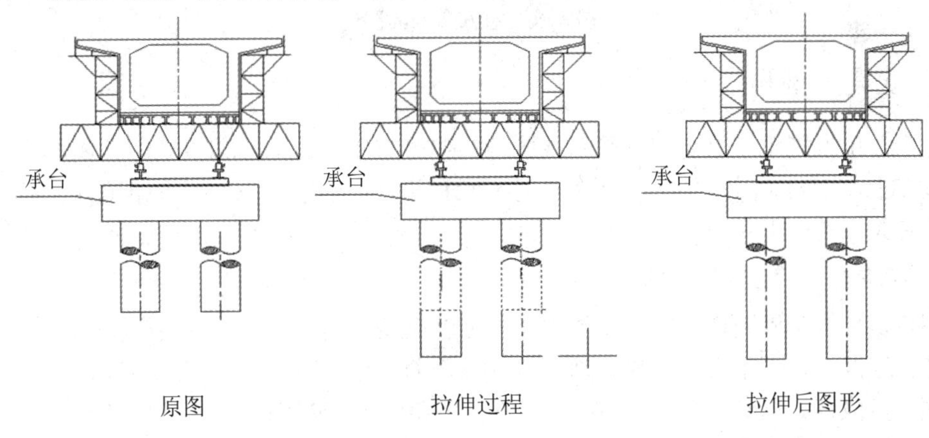

图 4-18　拉伸图例

经验之谈：拉伸一般只能采用交叉窗口或多边形窗口的方式来选择对象，可以采用 Remove 方式取消不需拉伸的对象。其中比较重要的是必须选择好端点是否应该包含在被选择的窗口中。如果端点被包含在窗口中，则该点会同时被移动，否则该端点不会被移动。

4.3.5　拉长

使用“拉长”命令，可以延伸或缩短非闭合直线、圆弧、非闭合多段线、椭圆弧、非闭合样条曲线等图形对象，也可以改变圆弧的角度，如图 4-19 所示。启用“拉长”命令后，命令行提示如下：选择对象或 [增量(DE)/百分数(P)/全部(T)/动态(DY)]:输入 DY 后分别指定点即可。

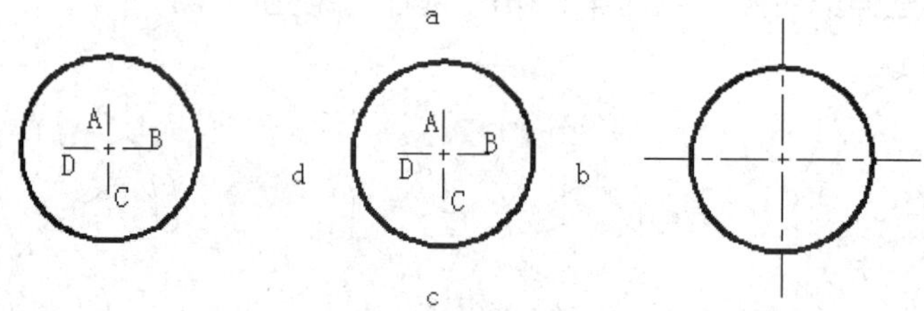

图 4-19　拉长图例

4.3.6　打断

打断命令可将某一对象一分为二或去掉其中一段减少其长度。AutoCAD 提供了两种用于打断的命令："打断"和"打断于点"命令。可以进行打断操作的对象包括直线、圆、圆弧、多段线、椭圆、样条曲线等。选择"修改"→"打断"菜单命令或单击标准工具栏上的"打断"按钮，进行打断对象操作。如图 4-20 所示，启用"打断"命令后，点选两点即可。

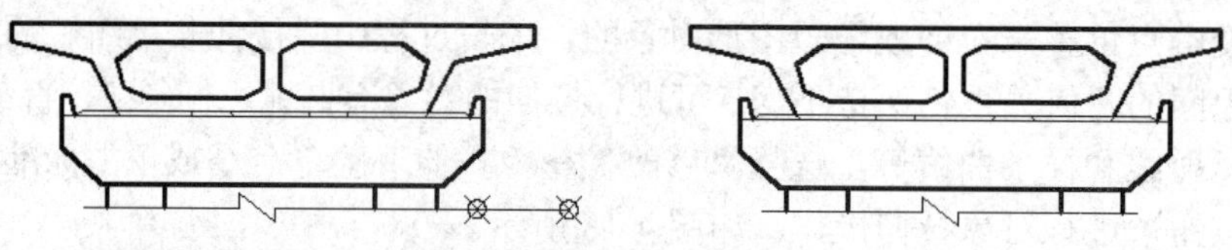

图 4-20　打断折断线图例

4.3.7　倒角、圆角

利用倒角或圆角工具能够以直角或圆角的连接方式修改图形相接处的具体形状。其不同之处在于，倒角工具只能应用在图形对象间有相交性的情况下，而圆角工具可以应用于任何位置关系的图形对象之间。

1．倒角

倒角是土木工程图样中常见的结构，它可以通过"倒角"命令直接产生。

它将连接两个不平行的对象，通过延伸或修剪使这些对象相交或用斜线连接。它可以为直线、多段线、射线和构造线(参照线)进行倒角。在创建倒角时，可以指定距离以确定每一条直线应该被修剪或延伸的总量，或指定倒角的长度以及它与第一条直线形成的角度。选择"修改"→"倒角"菜单命令或单击标准工具栏上的"倒角"按钮，进行倒角操作，如图 4-21 所示。

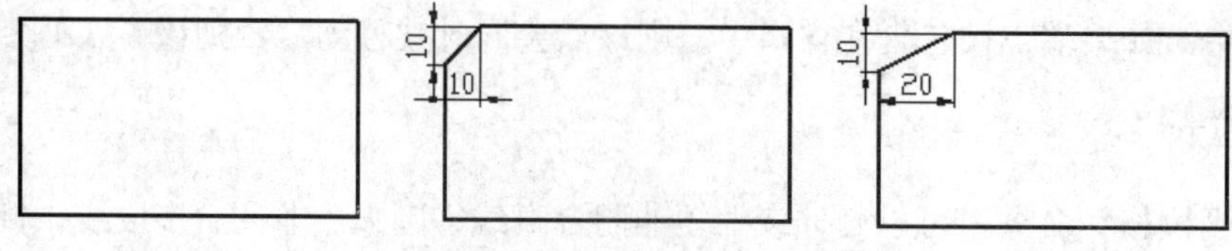

图 4-21　倒角图例

2. 圆角

“圆角”命令是用一个指定半径的圆弧与两个对象相切。它可以对成对的直线、多段线的直线段、圆、圆弧、射线或构造线进行圆角，也可以对互相平行的直线、构造线和射线进行圆角。“圆角”命令更擅长处理多段线，它不仅可以处理一条多段线的两个相交线段，还可以处理整条多段线。修剪模式有“修剪”和“不修剪”两种。选择“修改”→“圆角”菜单命令或单击标准工具栏上的“圆角”按钮，进行圆角操作，如图 4-22 所示。

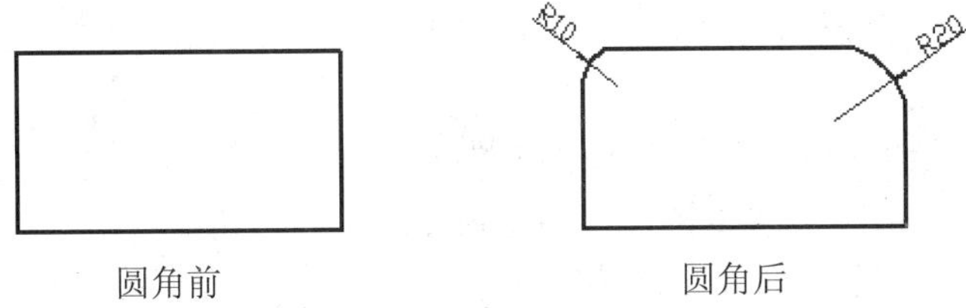

图 4-22　圆角

在桥涵工程图中，墩帽、涵洞和隧道都有帽石，帽石的抹角用“倒角”命令画图效率较高，如图 4-23 所示。

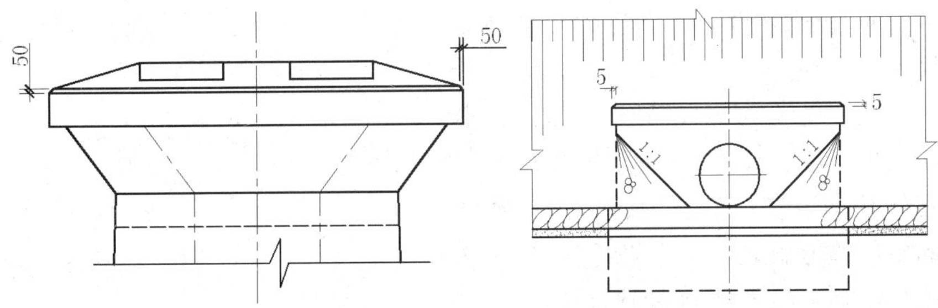

图 4-23　倒角应用图例

道路的平面线形是由直线和曲线构成的，在绘制平曲线中的圆曲线时，有许多方法，效率最高的方法是用“圆角”命令。具体的做法是先根据路线导线的交点坐标绘制路线导线，然后根据各交点的圆曲线半径选择两条导线，从而得到圆曲线，如图 4-24、图 4-25 所示。注意：修剪模式选择不修剪。

图 4-24　圆角前的路线平面

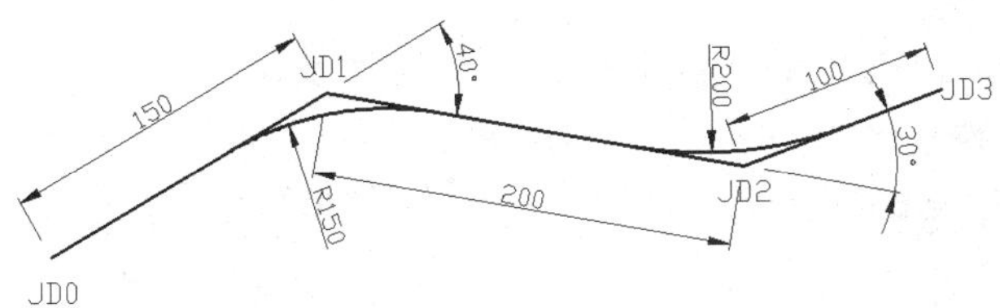

图 4-25　路线平面图中圆角应用

4.3.8　合并、分解

1. 合并

合并就是将直线、圆弧、椭圆弧、样条曲线、螺旋线等独立的图元合并为一个对象。

将相似的对象和与之合并的对象称为源对象。要合并的对象必须位于相同的平面上。直线对象必须共线(位于同一无限长的直线上)，但是它们之间可以有间隙。合并两条或多条圆弧(或椭圆弧)时，系统将从源对象开始沿逆时针方向合并圆弧(或椭圆弧)。

单击“合并”按钮，按命令行提示选取源对象，此时选取对象的另一部分按回车键即可将这两部分合并。如果在命令行中输入“1”，系统将创建完整的对象。图 4-26 所示为将椭圆弧合并为完整的椭圆。

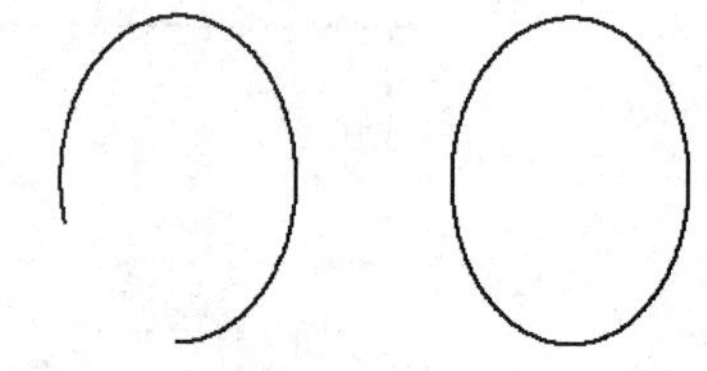

图 4-26　将椭圆弧合并为椭圆

2. 分解

分解就是将一个图元分成若干个单独体。当图形被分解后，原图形中的每一个实体都可以被单独编辑，图块不复存在。

使用“分解”命令可以将三维实体、三维多段线、剖面线、平行线、尺寸标注线、多段线、矩形、多边形和三维曲面等实体分解为若干个单独体。有一定宽度的多段线分解之后，其宽度变为 0。图 4-27 所示将箱梁分解后，各条边将单独存在。

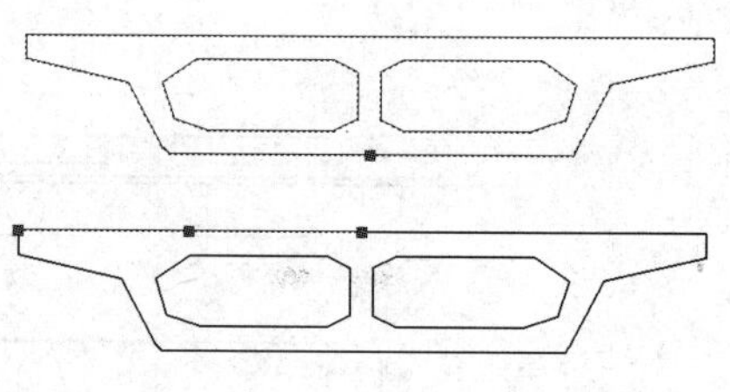

图 4-27　箱梁分解

4.3.9　编辑多段线

在第 2 章我们已经介绍了多段线的画法。如果想改变多段线的颜色、线宽等特征，可以通过“编辑多段线”命令对其进行修改。如果是直线、多边形、圆弧等非多段线的图形对象，可以通过“编辑多段线”命令将图形转化为多段线。

启用“编辑多段线”命令有三种方法：

(1) 选择“修改”→“对象”→“多段线”菜单命令。

(2) 直接单击标准工具栏上的“编辑多段线”按钮 (可以从标准工具栏上右击，调出修改Ⅱ工具条)。

(3) 在命令行输入命令“pedit”。

启用“编辑多段线”命令后光标会变成拾取状态，单击需要编辑的多段线，AutoCAD 系统将给出如下提示：

命令：_pedit 选择多段线或[多条(M)]：

选定的对象不是多段线

是否将其转换为多段线?<Y>

输入选项

[闭合(C)/合并(J)/宽度(W)/编辑顶点(E)/拟合(F)/样条曲线(S)/非曲线化(D)/线型生成(L)/放弃(U)]：

其中：

“闭合(C)”：选择闭合则将多段线首尾相连，形成一条封闭的多段线。

“合并(J)”：用于合并线条，可以将选定的多个多段线合并成一条多段线，也可以将不相接的多段线进行合并。如果所选择的线段对象不是多段线图形，可将图形进行转化再进行合并。

“宽度(W)”：设置该多段线的全程宽度。对于其中某一条线段的宽度，可以通过顶点编辑来修改。

“编辑顶点(E)”：对多段线的各个顶点进行单独的编辑。

“拟合(F)”：创建连接每一对顶点的平滑圆弧曲线，曲线经过多段线的所有顶点并使用任何指定的切线方向。

“样条曲线(S)”：将选定多段线的顶点用作样条曲线拟合多段线的控制点或边框。除非原始多段线闭合，否则曲线经过第一个和最后一个控制点。

“非曲线化(D)”：取消拟合或样条曲线，回到直线状态。

“线型生成(L)”：控制多段线在顶点处的线型。

“放弃(U)”：取消最后的编辑。

【例】 将如图 4-28 所示的封闭三角形图线改成线宽为 3 的多段线，再将编辑后的图形编辑成一条封闭的样条曲线。

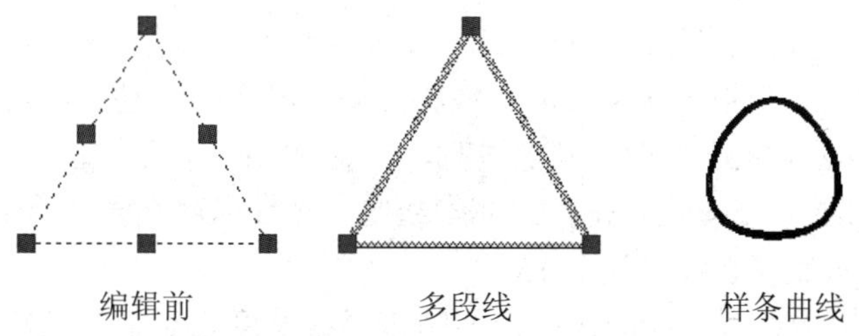

图 4-28　编辑多段线和样条曲线

```
命令：_pedit 选择多段线或 [多条(M)]:        // 启用编辑多段线命令
选定的对象不是多段线                         // 选择三角形的一个边
是否将其转换为多段线? <Y>                    // 将其转换为多段线，按 Enter 键
输入选项
[闭合(C)/合并(J)/宽度(W)/编辑顶点(E)/拟合(F)/样条曲线(S)/非曲线化(D)/线型生成(L)/放弃(U)]:W
                                             // 输入字母“W”，选择宽度选项
指定所有线段的新宽度：3                      // 输入宽度值
输入选项
[闭合(C)/合并(J)/宽度(W)/编辑顶点(E)/拟合(F)/样条曲线(S)/非曲线化(D)/线型生成(L)/放弃(U)]:J
                                             // 输入字母“J”，选择合并选项
选择对象：指定对角点：找到 2 个              // 选择其他两边，按 Enter 键，如图 4-28 所示
                                               输入选项
[打开(O)/合并(J)/宽度(W)/编辑顶点(E)/拟合(F)/样条曲线(S)/非曲线化(D)/线型生成(L)/放弃(U)]:S
                                             // 输入字母“S”选择样条曲线，
                                               按 Enter 键，如图 4-28 所示
```

4.3.10　多线与编辑

使用“绘图”菜单中的命令不仅可以绘制点、直线、圆、圆弧和多边形等简单的二维图形对象，还可以绘制多线等复杂的二维图形对象。

多线是指多条相互平行的直线。在绘图过程中用户可以调整和编辑平行直线间的距离、直线的数量、线条的颜色、线型等属性。如建筑平面图上用来表示墙体的双线就可以用多线来绘制。

1．绘制多线

启用“多线”命令有两种方法：

(1) 选择“绘图”→“多线”菜单命令。

(2) 在命令行输入命令“mline”。

启用“多线”命令后，命令行提示如下：

命令：_mline

当前设置：对正 =上，比例=20.00，样式=STANDARD

指定起点或 [对正(J)/比例(S)/样式(ST)]:

其中：

“当前设置”：显示当前多线的设置属性。

“对正(J)”：用于设置多线的对正方式。多线的对正方式有三种：上对正、无对正、下对正。其中“上对正”是指多线顶端的直线将随着光标进行移动，其对正点位于多线最顶端直线的端点上；“无对正”是指绘制多线时，多线中间的直线将随着光标进行移动，其对正点位于多线的中间；“下对正”是指绘制多线时，多线最底端直线将随着光标进行移动，其对正点位于多线最底端直线的端点上。

“比例(S)”：用于设置多线的比例，即指定多线宽度相对于定义宽度的比例因子。该比例不影响线型的外观。

“样式(J)”：用于选择和定义多线的样式。系统缺省的样式为 STANDARD。

2．设置多线样式

多线样式决定多线中线条的数量、线条的颜色和线型、直线间的距离等，还能确定多线封口的形式。

启用“多线样式”命令有两种方法：

(1) 选择“格式”→“多线样式”菜单命令。

(2) 在命令行输入命令“mlstyle”。

启用“多线样式”命令后，系统将显示如图 4-29 所示的“多线样式”对话框，通过该对话框可以设置多线样式。

“新建(N)”按钮用于新建多线样式。单击该按钮，系统将弹出如图 4-30 所示的“创建新的多线样式”对话框，通过该对话框可以新建多线样式。在新样式名中输入所要创建的新的多线样式的名称，

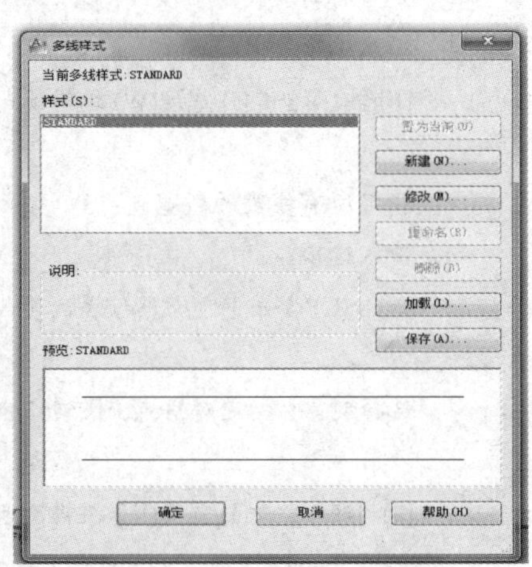

图 4-29　“多线样式”对话框

系统将弹出如图 4-31 所示的“新建多线样式”对话框。

图 4-30　“创建新的多线样式”对话框

图 4-31　“新建多线样式”对话框

3．编辑多线

用户可以对已经绘制的多线进行编辑，以便修改其形状。使用“编辑多线”命令可以控制多线之间相交时的连接方式，增加或删除多线的顶点，控制多线的打断和结合。

启用“编辑多线”命令有两种方法：

(1) 选择“修改”→“对象”→“多线”菜单命令。

(2) 在命令行输入命令“mledit”。

利用上述方法启用“编辑多线”命令后，系统将弹出如图 4-32 所示的“多线编辑工具”对话框。

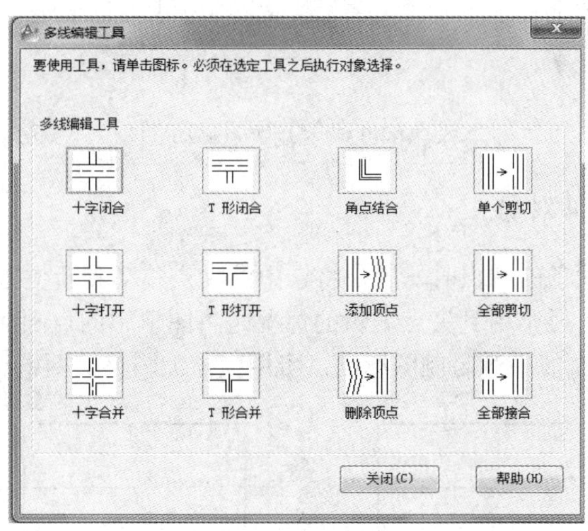

图 4-32　“多线编辑工具”对话框

在“多线编辑工具”对话框中，多线编辑以四列显示样例图像：第一列处理十字交叉的多线；第二列处理 T 形相交的多线；第三列处理角点连接和顶点；第四列处理多线的剪切和接合。

经验之谈：在绘制多线过程中，两线的实际宽度为多线比例与多线偏移量的乘积，而不是多线的偏移量。

4.4　使用夹点编辑对象

夹点即图形对象上可以控制对象位置、大小的关键点。就直线而言，其中心点可以控制位置，而两个端点可以控制其长度和位置，所以直线有三个夹点。使用夹点编辑图形时，要先选择作为基点的夹点，这个选定的夹点叫基夹点。选择夹点后可以进行移动、拉伸、旋转等编辑。

4.4.1　利用夹点移动或复制对象

利用夹点移动对象，只需要选中移动夹点，所选对象便会和光标一起移动，在目标点处按下鼠标左键即可，如图 4-33 所示 2 号吊梁车左下角深色点为夹角。

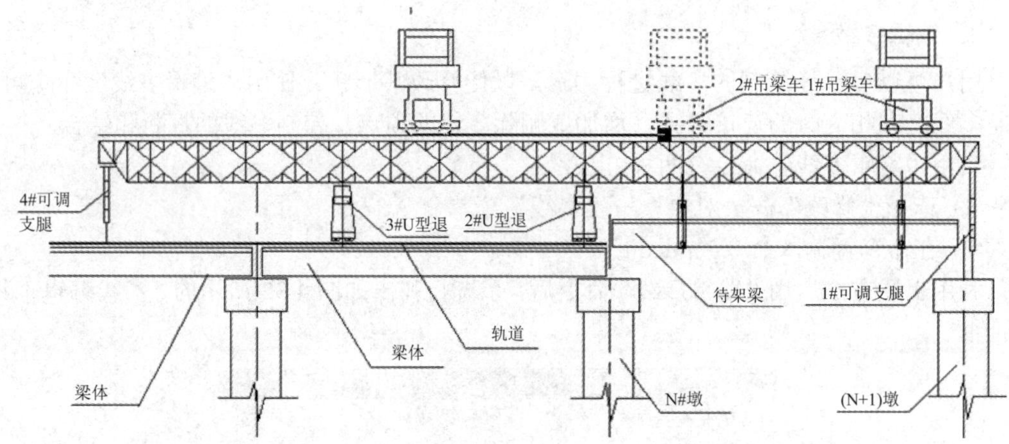

图 4-33　利用夹点移动

4.4.2　利用夹点拉伸对象

当选中的夹点是线条的端点时，用户将选中的夹点移动到新位置即可拉伸对象。

在绘制工程图中，经常用到夹点编辑的情况是将图形中的点画线进行拉伸或缩短。如图 4-34 所示，图中点画线不满足制图标准，可用夹点编辑将其两端进行拉长。

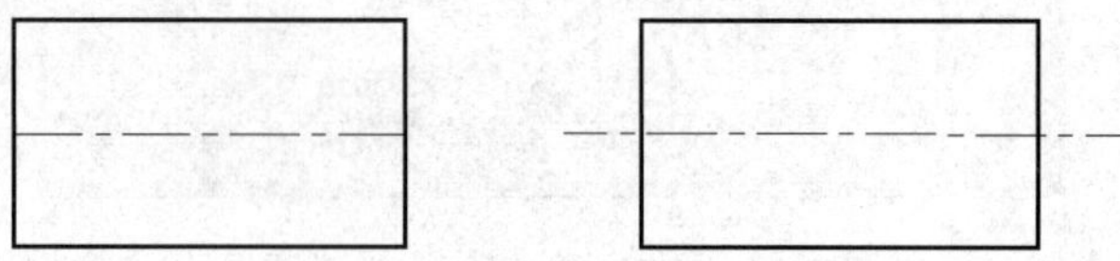

图 4-34　拉伸的应用(一)

提示：

(1) 执行拉伸操作的结果与所选夹点有关。比如对于直线，选择端点可以拉伸，选择中点将会移动，如图 4-35 所示；对于圆，选择圆心将会移动，选择圆周夹点将会缩放。

(2) 要取消实体的夹点状态，可以连续按下 Esc 键，直到夹点消失。

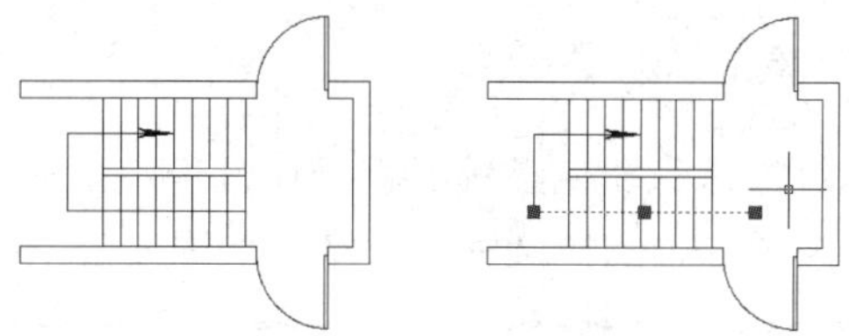

图 4-35　拉伸的应用(二)

4.4.3　利用夹点旋转对象

利用夹点可将选定的对象进行旋转。在操作过程中用户选中的夹点就是对象的旋转中心，用户也可以指定其他点作为旋转中心。利用夹点旋转如图 4-36 所示的小门，以 A 点为基点顺时针旋转 30°。

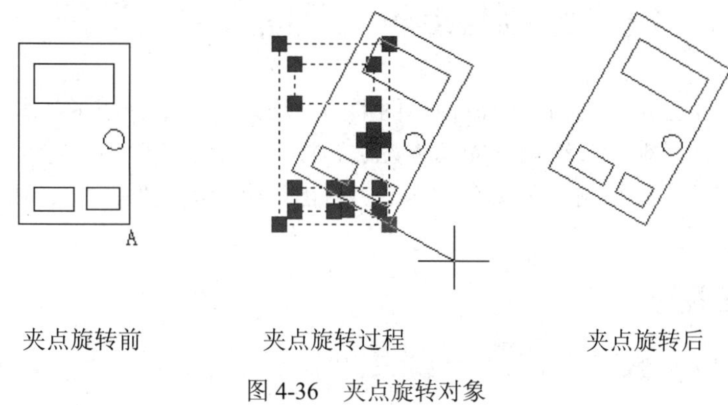

夹点旋转前　　夹点旋转过程　　夹点旋转后

图 4-36　夹点旋转对象

4.4.4　利用夹点镜像对象

利用夹点可将选定的对象进行镜像。在操作过程中，用户选中的夹点是镜像线的第一点，在选取第二点后即可形成一条镜像线。利用夹点镜像如图 4-37 所示的图形。

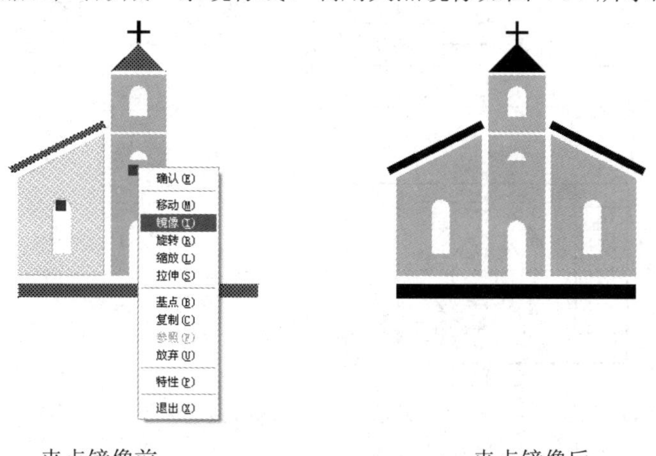

夹点镜像前　　夹点镜像后

图 4-37　利用夹点镜像对象

4.4.5 利用夹点缩放对象

利用夹点可将选定的对象进行比例缩放。在操作过程中用户选中的夹点是缩放对象的基点。利用夹点缩放把原来图形中的椭圆缩小一半，如图 4-38 所示。

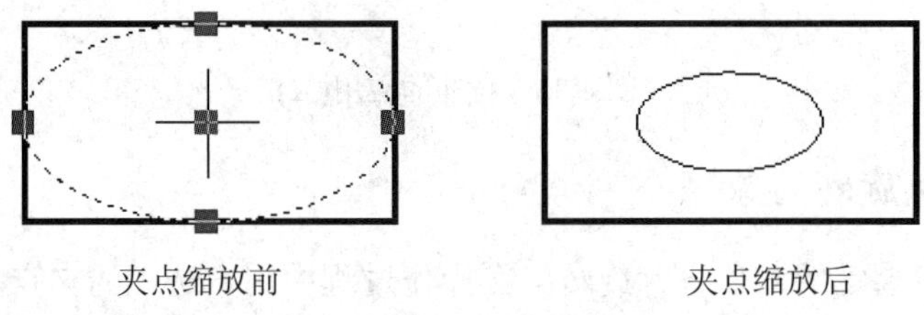

夹点缩放前　　夹点缩放后

图 4-38 利用夹点缩放对象

4.5 绘制与编辑二维图形综合举例

第 2 章介绍了使用绘图命令绘制简单图形的方法，第 3 章介绍了基本绘图工具的使用方法，本章又介绍了编辑二维图形的基本方法和技巧。为了使学习者综合运用绘图与编辑命令以及绘图辅助工具绘制复杂图形，本节将给出几个绘图实例，使学习者熟悉复杂图形的绘制方法和步骤。

4.5.1 绘制三视图

如图 4-39 所示，按照所给尺寸绘制出三视图。

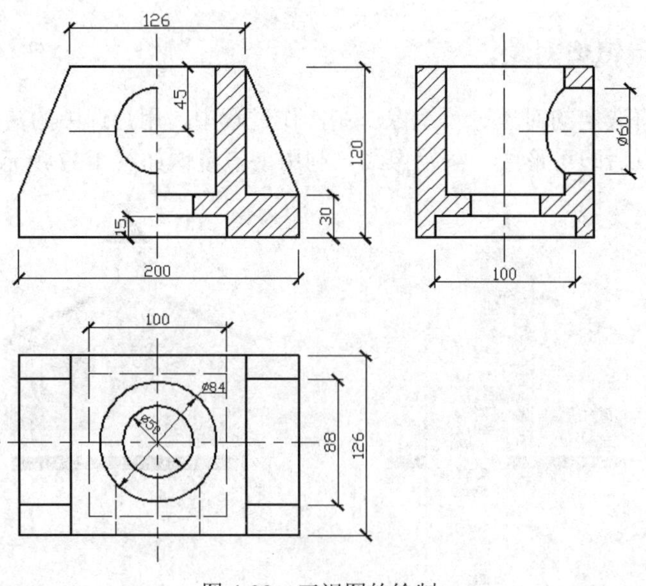

图 4-39 三视图的绘制

绘制三视图的基本方法与步骤如下：

(1) 新建图形文件。

(2) 单击“图层”工具栏按钮，在弹出的“图层管理器”对话框中新建“粗实线”层、“中心轴”层和“虚线”层。

(3) 绘制平面图。

① 将“中心线”层置为当前层，绘制中心线。

② 将 USC 原点设置在中心线的交点处，以此作为绘图的基准点。

③ 分别使用“矩形”、“圆”、“直线”、“偏移”和“镜像”等命令在相应图层上绘制矩形、圆、直线。

(4) 绘制正面图。使用“极轴”和“对象追踪”(以保证“长对正”)工具和“直线”、“圆”、“填充”等命令在相应图层上绘制相应对象。

(5) 绘制侧面图。首先在平面图的正右方的适当位置画–45°线，并将有关定宽点水平引至 45°线上。再使用“极轴”和“对象追踪”(以保证“高平齐”和“宽相等”)工具和“直线”、“圆弧”、“填充”等命令在相应图层上绘制相应对象。

4.5.2 风玫瑰

风玫瑰是由专门部门绘制的。如果已经有了测量数据，自己绘制也非常快捷，有以下两种方法：用极角追踪画周边直线，用端点捕捉画径向直线；阵列生成径向直线，用延伸捕捉输入点，然后画周边直线，修剪完成作图。

绘制风玫瑰的基本方法与步骤如下：

(1) 使“细实线”层为当前层，画一条长度超过 4000 的水平线，阵列直线，结果如图 4-40 中(a)所示。

(2) 设置运行中的对象捕捉为端点和延伸捕捉，画多段线如图 4-40 中(b)所示。图中标注了多段线对应点的极半径，将直线改为多段线以便以后选择修剪边界。

(3) 使“虚线”层为当前层，画多段线，如图 4-40 中(c)所示。图中标注了多段线对应点的极半径。

(4) 修剪图线，完成作图，如图 4-40 中(d)所示。

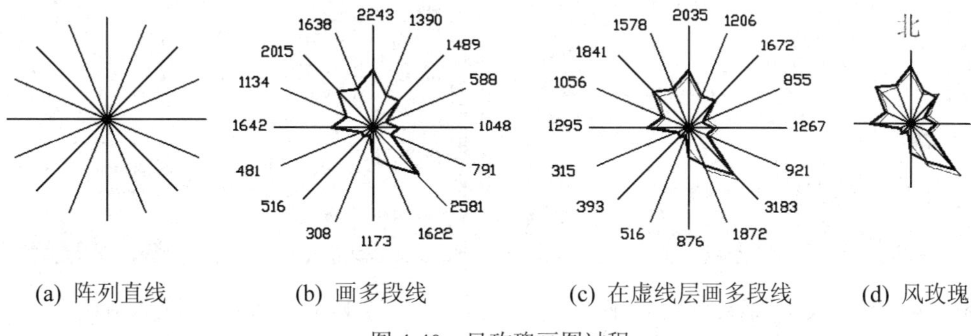

(a) 阵列直线　(b) 画多段线　(c) 在虚线层画多段线　(d) 风玫瑰

图 4-40　风玫瑰画图过程

4.5.3 轴网图的绘制

以轴网图为例，讲解“复制”、“偏移”和“镜像”命令的使用方法。本实例还用到“直线”和“矩形”命令、线型比例设置等知识，绘制结果如图 4-41 所示。

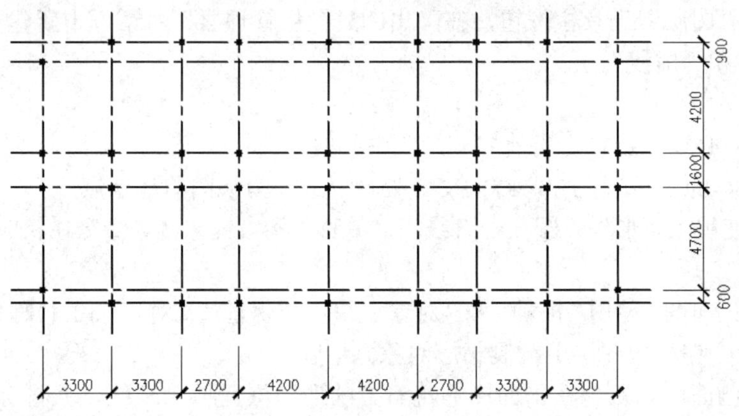

图 4-41　轴网图的绘制

绘制轴网图的基本方法与步骤如下：

(1) 设置绘图界限。

单击菜单栏中的“格式”→“图形界限”命令，根据命令行提示指定左下角点为原点，右上角点为“33000,33000”。在命令行中输入“zoom”命令，回车后选择“全部(A)”选项，显示图形界限。

(2) 加载点画线 CENTER2 线型。

① 单击菜单栏中的“格式”→“线型”命令，弹出“线型管理器”对话框。

② 单击“加载”按钮，弹出“加载或重载线型”对话框，如图 4-42 所示。从“可用线型”列表框中选择“CENTER2”线型，单击“确定”按钮，返回“线型管理器”对话框，从该对话框的列表中选择“CENTER2”线型，并单击“当前”按钮，即可将当前线型设置为“CENTER2”线型。将“全局比例因子”的值改为 100。“线型管理器”对话框如图 4-43 所示。

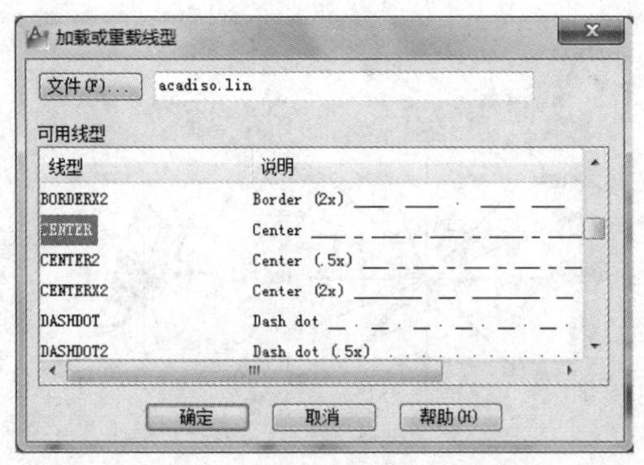

图 4-42　“加载或重载线型”对话框

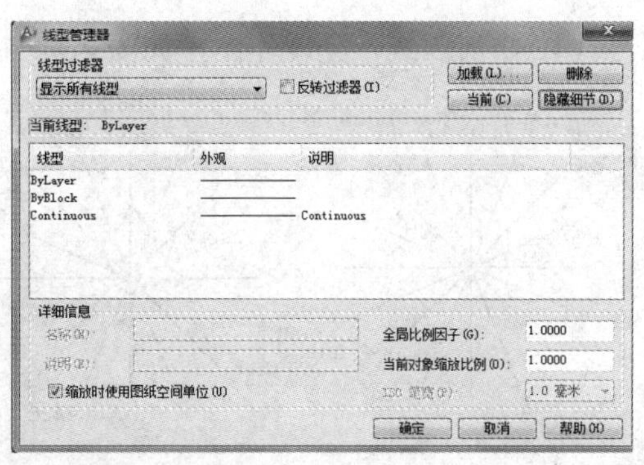

图 4-43　“线型管理器”对话框

注意： 单击“隐藏细节”按钮，该按钮将转变为“显示细节”按钮，同时“详细信息”选项区域被隐藏。单击“显示细节”按钮，该按钮将转变为“隐藏细节”按钮，同时显示“详细信息”选项区域。

(3) 绘制横轴。

① 单击“绘图”工具栏中的“直线”命令按钮，命令行提示如下：

命令：_line 指定第一点：　　　　//在绘图区之内任意一点单击
指定下一点或 [放弃(U)]: 30000　　　　//沿水平向右的极轴方向输入轴线长度 30000
指定下一点或 [放弃(U)]:　　　　//回车，结束命令

② 运用“偏移”命令复制其他的横轴。

单击“修改”工具栏中的“偏移”命令按钮，根据命令行提示复制其他的横轴，其间距依次为 600、4700、1600、4200、900。绘图结果如图 4-44 所示。

(4) 绘制纵轴。

① 运用“直线”命令绘制第一条纵轴。

命令：_line 指定第一点：　　　　//在适当位置单击确定纵轴的一个端点
指定下一点或 [放弃(U)]:　　　　//在适当位置单击确定纵轴的另一个端点
指定下一点或 [放弃(U)]:　　　　//回车，结束命令

② 运用“偏移”命令绘制其他的纵轴。

单击“修改”工具栏中的“偏移”命令按钮，根据命令行提示复制其他的纵轴，其间距依次为 3300、3300、2700、4200、4200、2700、3300、3300。绘图结果如图 4-45 所示。

图 4-44　绘制横轴　　　　图 4-45　绘制纵轴

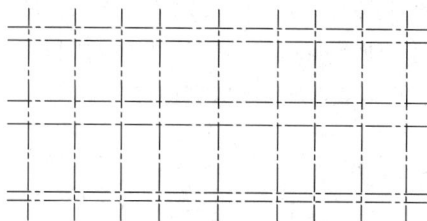

(5) 绘制柱子。

利用“矩形”和“填充”命令绘制柱子。在复制柱子时，可以先复制一组柱子，再把这组柱子复制到其他轴线上。比如，先把第二条纵轴上的四个柱子的位置找好，再整体复制这四个柱子。绘图结果如图 4-41 所示。

4.5.4　公路立体交叉平面图

按图 4-46 指定的尺寸，用 1∶1 的比例画出该图所示的公路立体交叉平面图，但不标注尺寸。

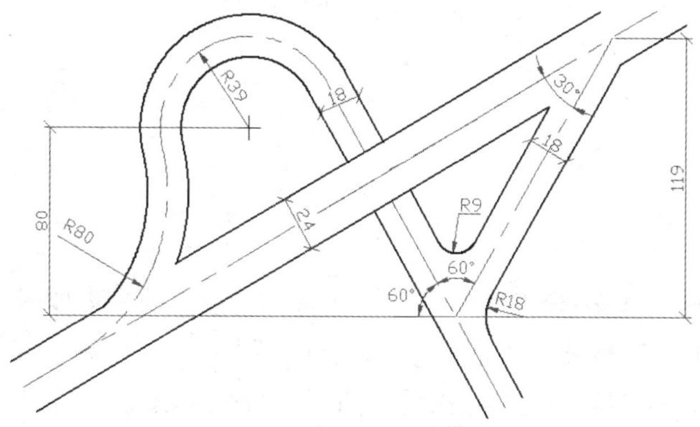

图 4-46　公路立体交叉平面图

分析：该图多处要遇到几何作图问题；画平行直线，作圆弧与直线相切等。作图过程中要用到多种捕捉类型，如交点(INT)、端点(END)、垂足(PER)、圆心(CEN)、切点(TAN)等，还要用到许多编辑手段，如偏移(offset)、修剪和断开(trim、break)、旋转(rotate)、圆角(fillet)、延伸(extend)、修改属性等。绘制该图有多种方法，基本方法和步骤如下：

(1) 创建图形文件。

进入 AutoCAD 后，用创建新图形或样板文件创建一个新的文件，将此文件命名为“公路立体交叉平面图”进行保存。选择“文件”→“另存为”菜单命令，保存到用户自己指定的位置。

(2) 设置图形界限。

根据图形的大小和 1∶1 作图原则，设置图形界限为 300 × 200 横放比较合适，使用“zoom all”显示全图范围。

最简捷的方法就是单击“缩放”工具栏中的“全部缩放”按钮。

(3) 创建图层，并设置其颜色、线型、线宽。

根据图 4-46 中的线型要求，在“图层管理器”中设置粗实线、细实线、尺寸标注、中心线四个线型，如图 4-47 所示。

(4) 使“细实线”图层为当前图层，将主干道置于水平位置，画出道路中线的基本框架，如图 4-48 所示。根据原图标注的尺寸及几何关系，2 号点相距 1 号点的距离应为 119。

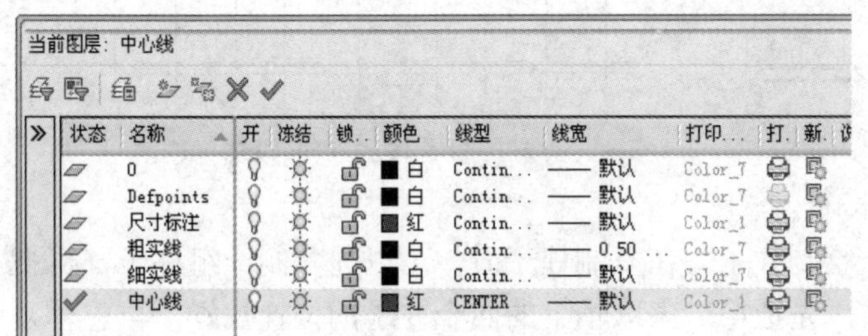

图 4-47　创建图层

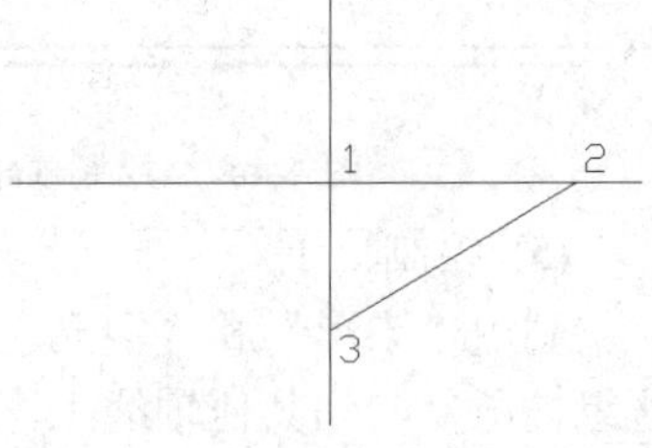

图 4-48　绘制道路中线

(5) 用“旋转”(rotate)命令将图形转动 30°，即得图 4-49 的样子，使用“偏移”(offset)命令画出直线道路的宽度轮廓，如图 4-50 所示。

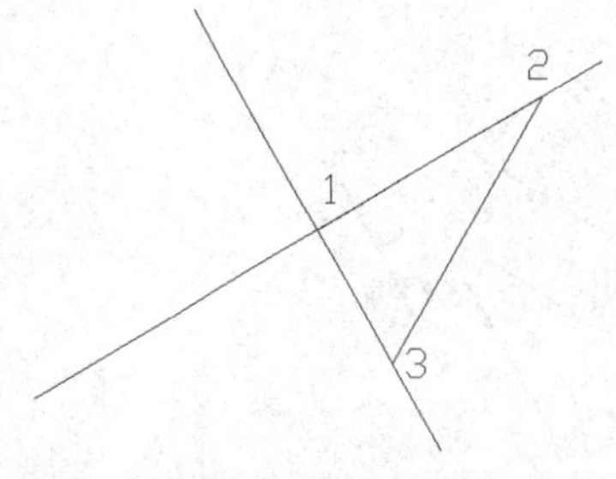

图 4-49　旋转道路中线

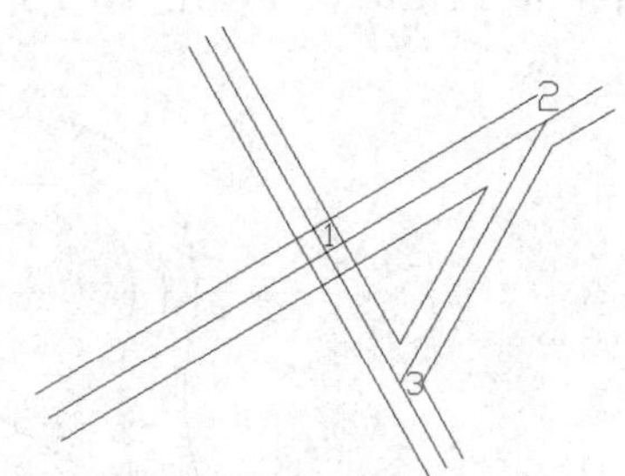

图 4-50　偏移主干道

(6) 作辅助线求弯道圆弧的圆心 4 号点，过 4 号点作直线道 31 的垂线，如图 4-51 所示，以点 4 为圆心，分别以 3 个垂足为起点用“圆弧”命令(arc)画 3 条适当长度的圆弧。

(7) 使用“倒角”(filet)命令作出半径为 9、18、80 的 3 个圆弧，如图 4-52 所示。

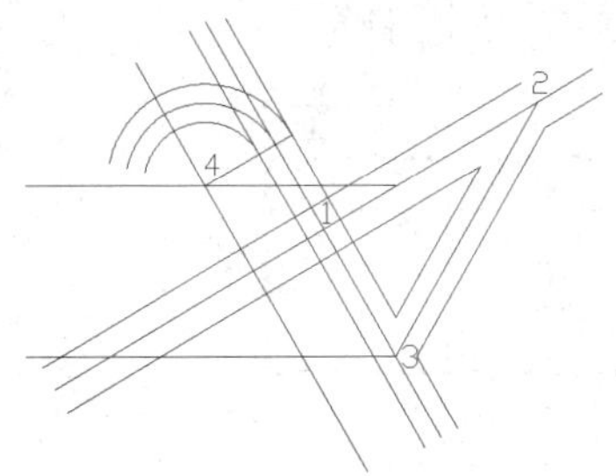

图 4-51　绘制弯道

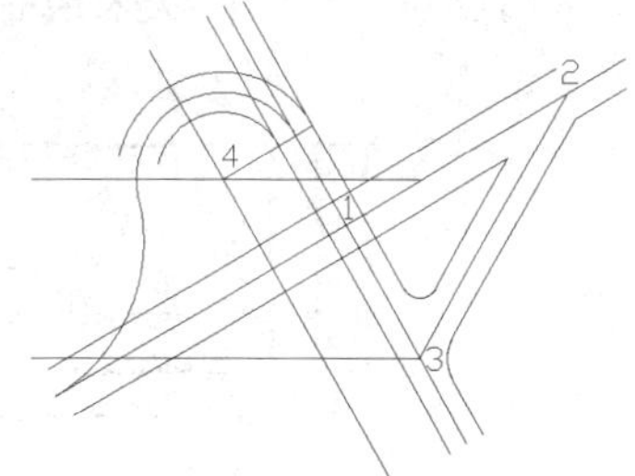

图 4-52　绘制圆弧

(8) 捕捉到 *R*80 的圆心 5，用直线命令画出连心线 45。用“延伸”(extend)命令延长弯道圆弧至连心线。以 5 点为圆心，以 5 点至弯道尾部端点的长为半径分别画出两个辅助圆，如图 4-53 所示。

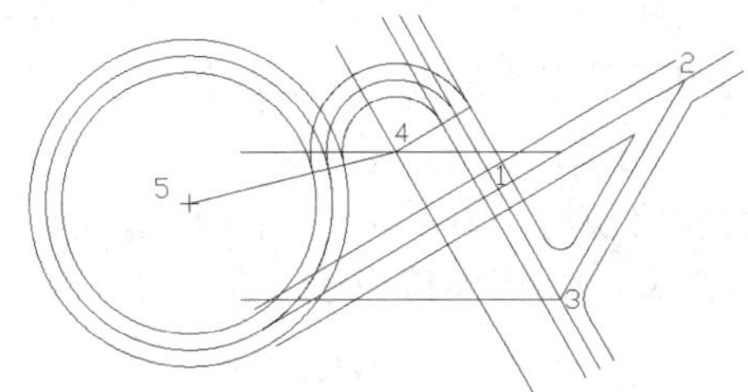

图 4-53　绘制弯道

(9) 用“修剪”和“断开”命令擦掉多出的线段、弧段，用“延伸”命令修补不够长的线段，如图 4-54 所示。选择所有的道路中线改为中心线，并调整线型比例，其余图线置于粗实线图层，经过修饰得图 4-55。

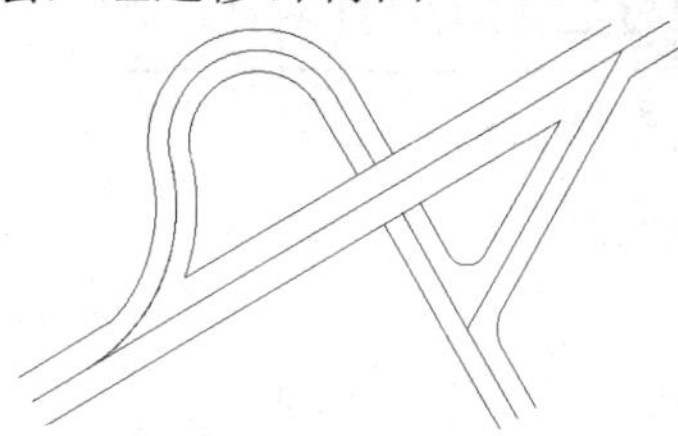

图 4-54　整理图形(一)

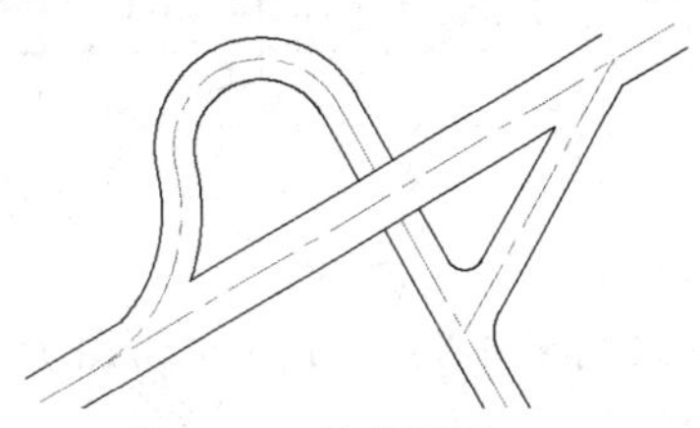

图 4-55　整理图形(二)

该公路立体交叉平面图中也可以使用追踪和对象捕捉的方法直接画斜线、截量距离和画平行线。

4.6　上 机 实 训

实训 1　绘制图 4-56 所示的图框标题栏。

目的要求：

通过本实训练习基本的绘图命令和编辑命令。要求灵活掌握绘图的基本技巧，巧妙地应用一些编辑命令来快速准确地完成绘图。

操作提示：

本实训的绘制方法有多种，主要是练习“偏移”和“修剪”命令，注意绘图的编辑技巧。本图也可用创建表格的方法来绘制，这将在以后章节中讲解。

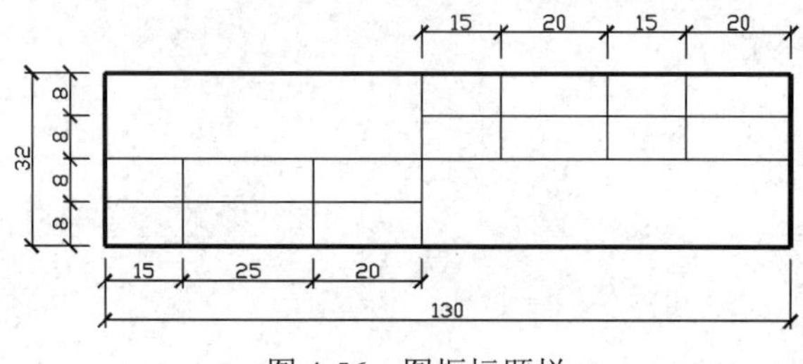

图 4-56　图框标题栏

实训 2　绘制图 4-57 所示的房屋立面图。

目的要求：

通过本实训练习基本的绘图命令和编辑命令。要求灵活掌握绘图的基本技巧，巧妙地应用一些编辑命令和辅助绘图工具来快速准确地完成绘图。

操作提示：

本图主要是练习阵列的使用技巧，如图 4-57 所示，选取窗户图形为阵列对象，并设置行数为 3，列数为 15，行偏移为 30，列偏移为 23，创建矩形阵列。注意绘图过程中使用辅助线来提高绘图速度。

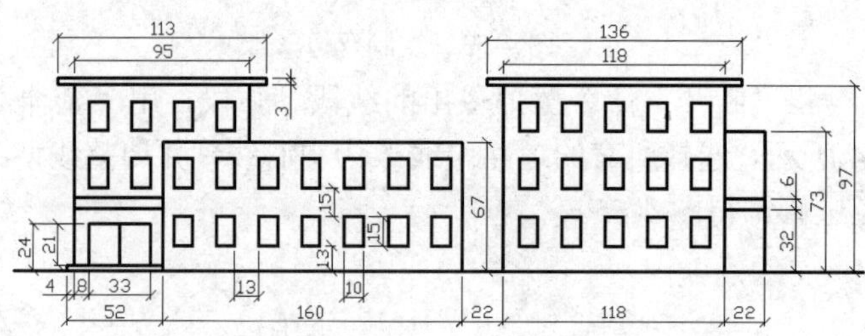

图 4-57　房屋立面图

实训 3　绘制图 4-58 所示的平面图形。

目的要求：

通过本实训练习基本的绘图命令和编辑命令。要求灵活掌握绘图的基本技巧，巧妙地应用一些编辑命令来快速准确地完成绘图。

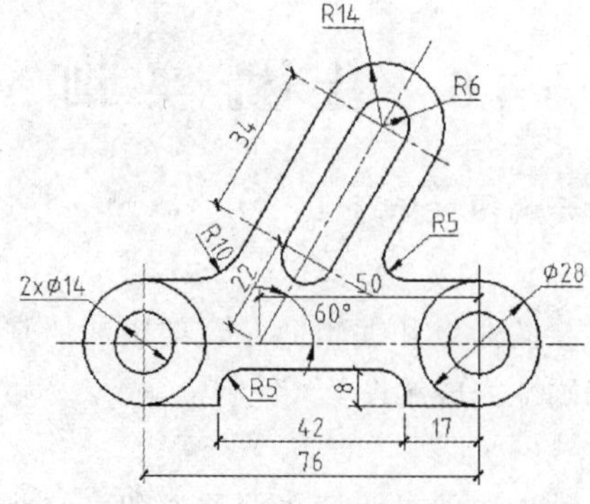

图 4-58　平面图形的绘制

操作提示：

本实训绘制方法有多种，主要是练习“圆角”和“修剪”命令，注意绘图的编辑技巧。

实训 4　绘制图 4-59 所示的建筑平面图。

目的要求：

通过本实训练习基本的绘图命令和编辑命令。要求灵活掌握绘图的基本技巧，巧妙地应用一些编辑命令来快速准确地完成绘图。

操作提示：

本实训主要是练习“多线”命令的绘制和编辑。

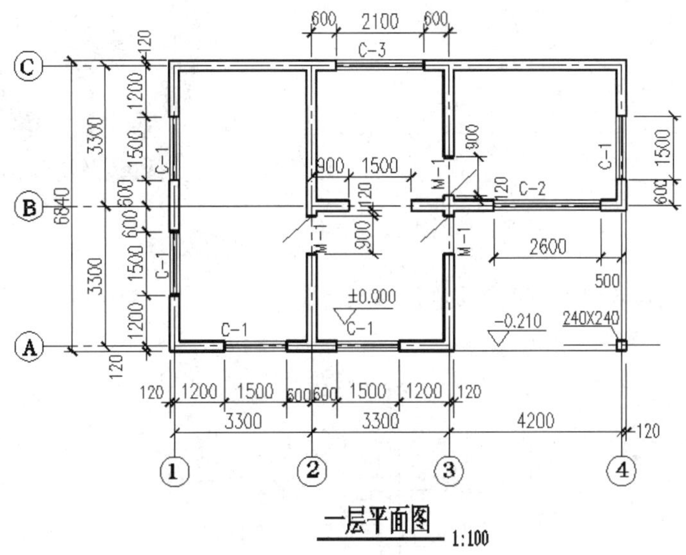

图 4-59　平面图的绘制

实训 5　绘制图 4-60 所示的标准层楼梯平面图(提示：墙体厚 240，踏步宽 250)。

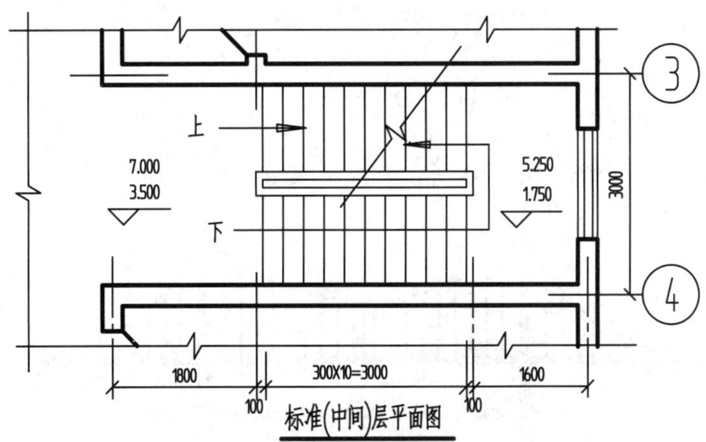

图 4-60　标准层楼梯平面图

实训 6　绘制图 4-61 所示的铁路标志。

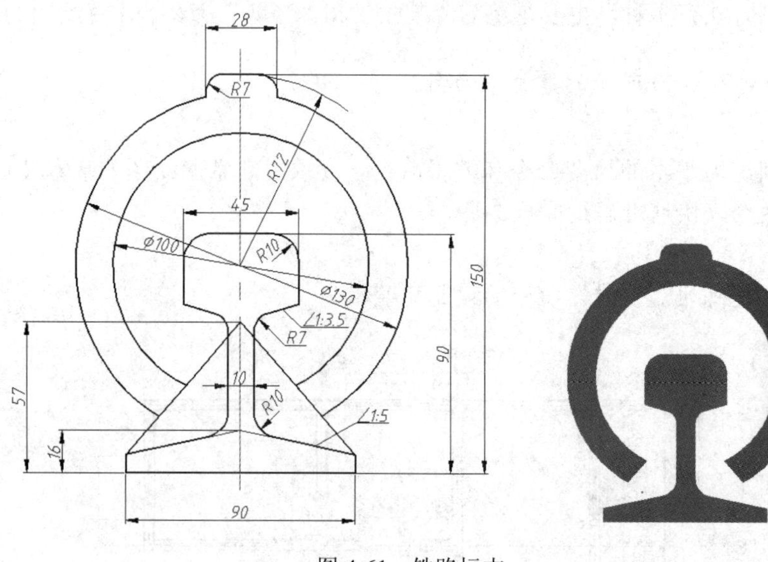

图 4-61　铁路标志

实训 7　绘制图 4-62 所示的某教学楼卫生间。

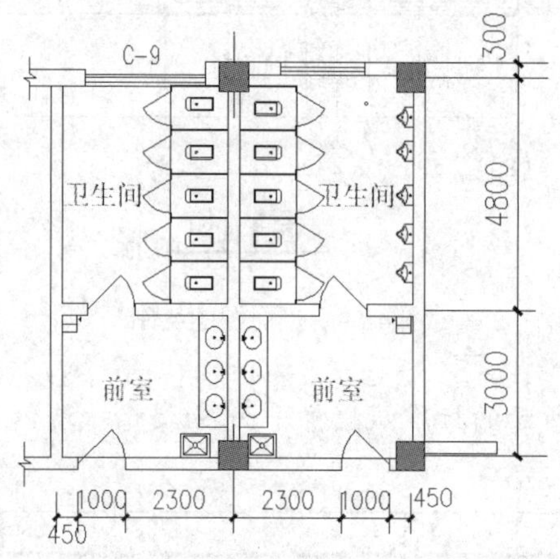

图 4-62　教学楼卫生间平面图

实训 8　自定义尺寸绘制图 4-63 所示的桥梁模型。

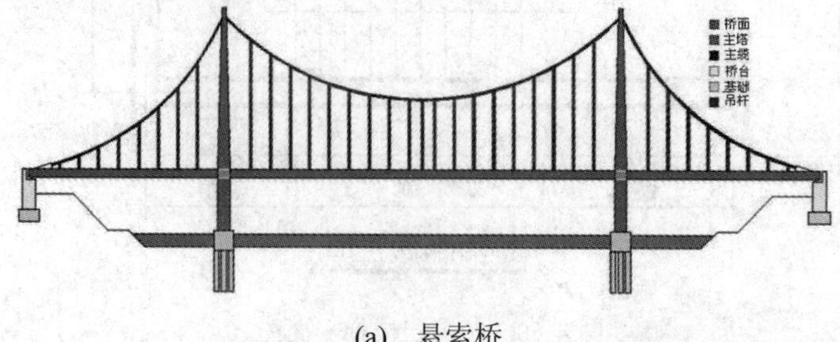

(a)　悬索桥

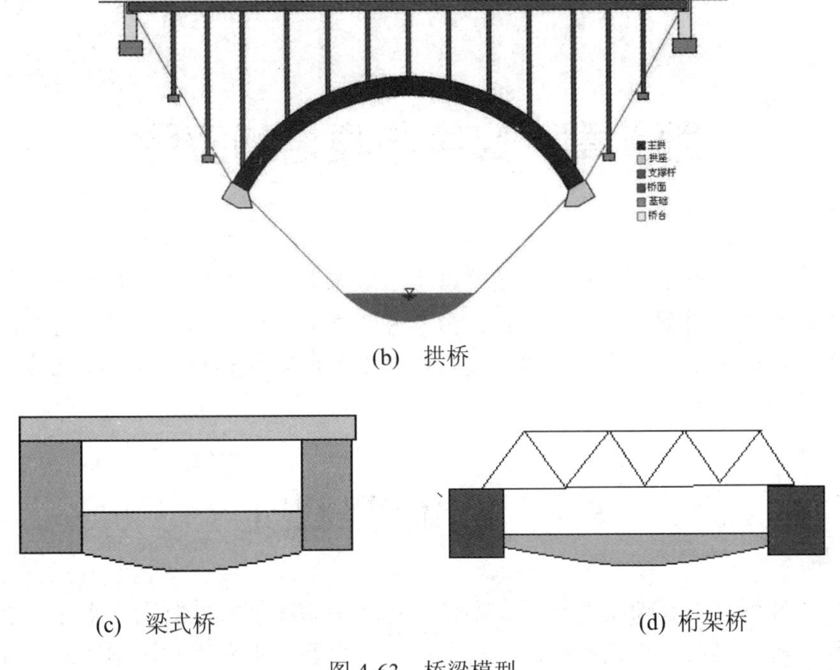

(b)　拱桥

(c)　梁式桥

(d) 桁架桥

图 4-63　桥梁模型

第 5 章　文字与表格的应用

在绘制图形的过程当中，总有一些难以用图形来表达的内容，这就需要加上必要的文字注释，由此来增加图形的可读性，使图形本身不易表达的内容与图形信息变得准确和容易理解。表格在制图中最常见的用法是建筑制图中的门窗表和标题栏，以及其他一些关于材料、面积等的统计表格。

5.1　文字标注的规定

文字标注在图形中起辅助性作用，不论是建筑制图还是机械制图，都必须遵循清楚、明了以及详细的原则对图形进行标注。文字标注很重要，不允许有错别字的出现，因此在对图形进行文字标注时一定要细心。

建筑制图中的文字标注一般用在制作材料以及一些图纸说明的内容上，如图 5-1 所示，标题栏一般位于图纸的右下角。

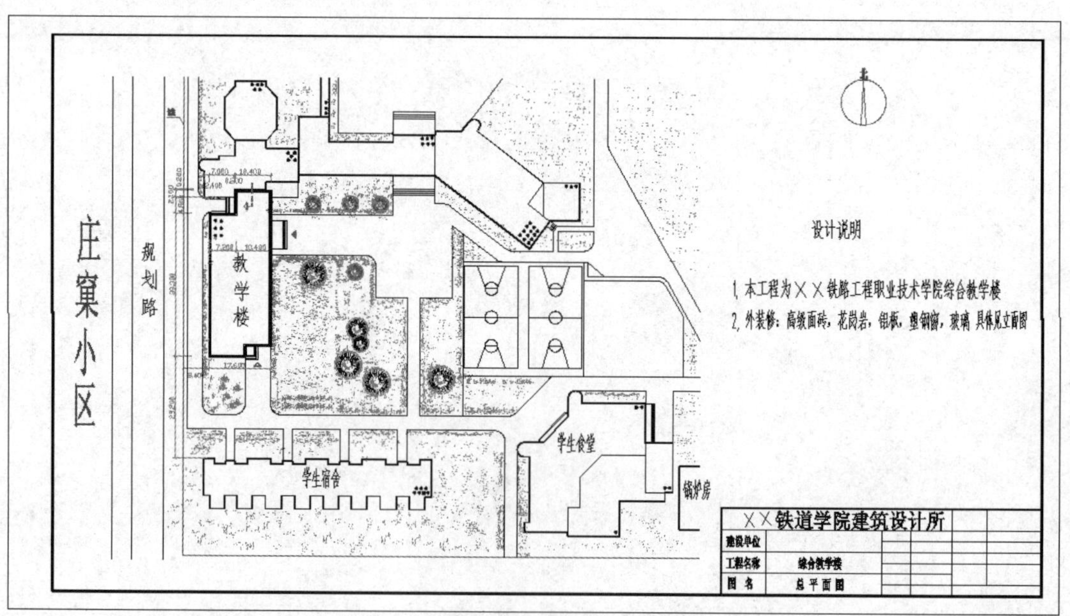

图 5-1　建筑制图中的文字标注

在 AutoCAD 中经常使用两种类型的文字，分别是 AutoCAD 专用的形(SHX)字体和 Windows 自带的 TrueType 字体。

5.1.1　形(SHX)字体

形字体的特点是字形简单、占用计算机资源低。形字体文件的后缀是“SHX”。AutoCAD 中提供了中国用户专用的符合国标要求的中西文工程形字体，其中有两种西文字体和一种中文长仿宋体工程字。两种西文字体的字体名分别是“gbenor.shx”和“gbeitc.shx”，前者是正体，后者是斜体；中文长仿宋体工程字的字体名是“gbcbig.shx”，如图 5-2(a)所示。

5.1.2　TrueType 字体

在 Windows 操作环境下，几乎所有的 Windows 应用程序都可以直接使用由 Windows 操作系统提供的 TrueType 字体，包括宋体、楷体、黑体、仿宋体等，AutoCAD 也不例外。TrueType 字体的特点是字形美观，但是占用计算机资源较多，对于计算机的硬件配置比较低的用户不宜使用，且用 TrueType 字体不完全符合国标对工程图的要求，所以一般不推荐大家使用 TrueType 字体。TrueType 字体的字形如图 5-2(b)所示。

123456abcABC
123456abcABC
桥梁工程图涵洞工程图

(a) 中西文工程形字体

桥梁工程图涵洞工程图123abcABC
桥梁工程图涵洞工程图123abcABC

(b)　TrueType 字体

图 5-2　字体

5.2　文字样式

设置文字样式是进行文字和尺寸标注的首要任务。在 AutoCAD 中，文字样式用于控制图形中所使用文字的字体、高度和宽度等。在一幅图中可定义多种文字样式，以适合不同对象的需要。

文字样式是文字所用字体文件、文字的大小、宽度比例、倾斜角度、方向、书写效果的综合。AutoCAD 有系统默认的文字样式(Standard)，在注写文字时，我们可以使用系统默认的文字样式，也可以通过文字样式来改变字体及其他文字特征。

5.2.1　创建文字样式

激活“文字样式”命令的方法有三种：

(1) 单击“样式”工具栏的按钮。

(2) 在下拉菜单中选择“格式”→“文字样式”命令。

(3) 在命令行输入命令“style”。

激活“文字样式”命令后，弹出如图 5-3 所示的“文字样式”对话框。该对话框包括四部分内容：“样式”选项区、“字体”选项区、“效果” 选项区和“预览”选项区。

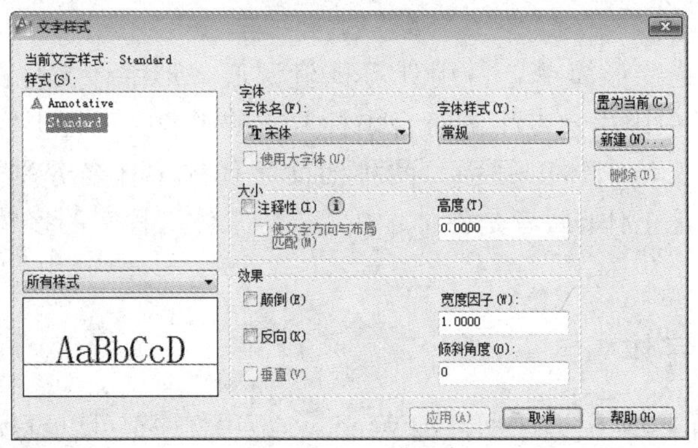

图 5-3　“文字样式”对话框

1.“样式”选项区

(1) “样式”下拉列表框。在该列表框内列有已定义样式的样式名。一张新图默认的文字样式名为“Standard”。“Standard”样式设置了西文字体“txt.shx”和中文大字体“gbcbig.shx”。如果想要使用其他西文字体，可以直接修改当前“Standard”文字样式的设置。但这样做会使原先用“Standard”样式标注的一些文字随着“Standard”文字样式的改变而改变。也可以为需要使用的每一种字体特征或文字特征创建一个文字样式，这样就可以在同一个图形文件中使用多种文字。

(2) “新建”按钮。按“新建”按钮，弹出“新建文字样式”对话框(见图 5-4)，在该对话框中可为新建文字样式定义“样式名”。

图 5-4　“新建文字样式”对话框

2.“字体”选项区

(1) “字体名”下拉列表框。在该列表框内列有可供选用的字体文件。字体文件包括所有注册的 TrueType 字体和 AutoCAD Fonts 文件夹下 AutoCAD 已编译的所有形(SHX)字体(包括某些专为亚洲国家设计的“大字体”文件名)的字体名。

“SHX 字体”下拉列表设定的是西文及数字的字体，其中的“gbenor.shx”和“gbeitc.shx”是符合国标要求的工程字体，前者是正体，后者是斜体；“大字体”下拉列表框设定的是中文等大字符集字体，国标长仿宋体工程字的字体名为“gbcbig.shx”。

(2) “使用大字体”复选框。此复选框用于创建大字体样式。只有 SHX 类型的文件才能使用该复选框，也只有选中该复选框才能设置大字体。

(3) “高度”文本框。此文本框用于设置字体的高度。它的默认值为 0。

注：若在此文本框内设置字体的高度不为 0 时，在进行单行文字标注和尺寸标注的操作过程中，系统将以此高度进行标注而不再要求输入字体的高度。这会给文字和尺寸的标

注带来不便，一般情况下最好不要改变它的默认值 0。

3．“效果”选项区

该区用来设置修改字体的有关特性。

“倒置”复选框：用于将文字旋转 180° 后书写。

“反向”复选框：用于将文字作水平镜像书写。

“垂直”复选框：用于将文字按垂直方式书写。

“倾斜角度”编辑框：用于指定文字的倾斜角。

“宽度因子”编辑框：用于指定文字宽度和高度的比值。如图样上长仿宋体的宽高比例约为 0.7，但对于大字体“gbcbig.shx”，因为它的字形本身就是长仿宋体，所以这个设置保持默认值 1 就可以了。

对文字的各种设置效果样例见图 5-5。

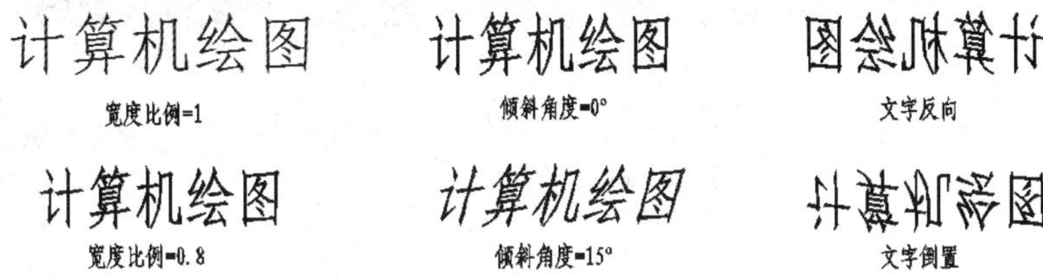

图 5-5　对文字的各种设置效果样例

4．“预览”选项区

该区用来预览文字样例，动态体现更改文字的效果。在字符预览图像框下方的方框中输入字符可改变样例使用的文字。

注：只有在选定字体支持双向时，“垂直”选项才可用，TrueType 字体不可使用“垂直”选项；在“倾斜角”编辑框内设置文字的倾斜角，允许的输入值范围是−85°到 85°之间的值。

5.2.2　文字样式操作举例

定义字样，字体为仿宋体，样式名为 fsz，字样宽度比例为 0.7，文字倾斜角度为 15°。操作步骤如下：

(1) 点击菜单中的“格式”→“文字样式”命令，打开“文字样式”对话框。

(2) 在“文字样式”对话框中，单击“新建”按钮，弹出“新建文字样式”对话框，在“样式名”文本框中输入“fsz”，并单击“确定”按钮。

(3) 确保不要选中“使用大字体”复选框，然后在“字体名”下拉列表框中选择“T 仿宋 GB2312”字体文件。

(4) 在“倾斜角度”编辑框内输入 15°，在“宽度因子”编辑框内输入 0.7。

(5) 单击“应用”按钮，完成字体样式的设置，关闭“文字样式”对话框，退出字样设置操作。

文字样式定义结束后，便可进行文字标注了。图 5-6 所示为该样式的范例。

图 5-6　文字样式

5.2.3 工程图样上的文字样式

工程图样上所注文字样式应符合国家有关制图标准的规定。在 AutoCAD 中，要使标注符合国家标准规定的工程字，只需将默认的文字样式“Standard”中的西文字体“txt.shx”改成“gbenor.shx”，中文字体采用默认的大字体“gbcbig.shx”即可。方法如下：

(1) 点击菜单中的“格式”→“文字样式”命令，弹出“文字样式”对话框。

(2) 在“文字样式”对话框的“SHX 字体”下拉列表中选择“gbenor.shx”，确保勾选“大字体”复选框，然后在“大字体”下拉列表中选择“gbcbig.shx”，再单击“新建”按钮，弹出“新建文字样式”对话框，在“样式名”文字框中输入“工程字”，单击“确定”按钮。确保“宽度因子”为 1，定义工作完成，此时对话框如图 5-7 所示。单击“关闭”按钮关闭对话框回到图形窗口。

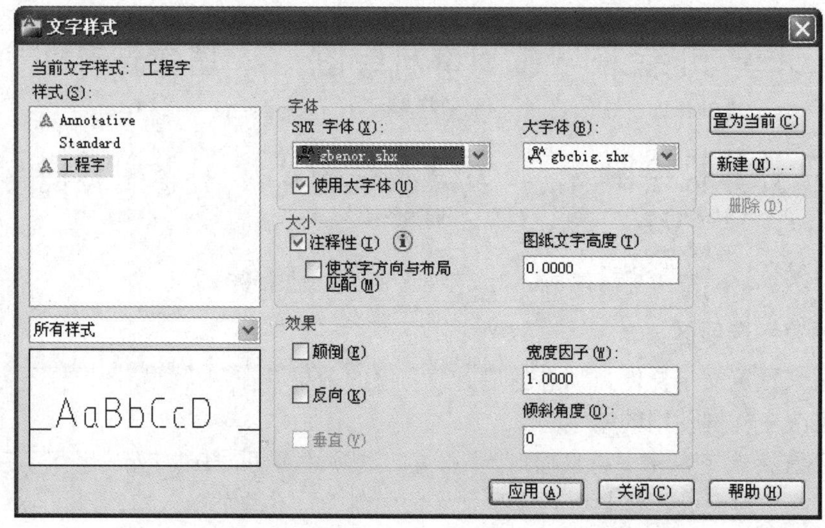

图 5-7　定义工程图样上的文字样式

注：此样式能够同时满足国家制图标准对工程图样上书写汉字和尺寸的要求。但对技术要求中出现的其他特殊符号和字母的标注，还需特殊的标注方法，这些将在下节中介绍。

5.3 标 注 文 字

AutoCAD 提供了两种标注文字的工具，这两种工具分别是多行文字(mtext)和单行文字(dtext)。对简单文字可以使用单行文字，对于较长文字或带有内部格式的文字则使用多行文字比较合适。

多行文字与单行文字的使用区别在于：“单行文字”命令是在图形区的指定位置标注文字，使用一次“单行文字”命令，可标注出单行(一行)文字或通过换行操作标注出多个单行文字。这些单行文字都是独立的实体，可对它们分别进行编辑操作。“多行文字”命令是在图形的指定区域标注段落性(包括多个文本行)文字。使用“多行文字”命令标注的多行文字实际是一个实体，对这个实体可做整体的编辑、修改操作。为此，我们把使用“单行文字”命令(dtext)标注的文字称为单行文字，把使用“多行文字”命令(mtext)标注的文字称为多行文字。下面我们分别对“单行文字”与“多行文字”命令的使用和操作进行一一介绍。

5.3.1　多行文字

对于较长的文字或带有内部格式的文字，可以使用多行文字工具输入。多行文字实际上是一个类似于 Word 软件的编辑器。它是由任意数目的文本行或段落组成的，布满指定的宽度，并且可以沿垂直方向无限延伸。多行文字的编辑选项比单行文字多，例如，可以对下划线、字体、颜色和高度的修改应用到段落中的任意字符或短语，用户可以通过控制文字框来控制文字的行长和段落的位置。

1．激活标注多行文字的方法

激活“多行文字”命令的方法有三种：

(1) 单击“绘图”工具栏的 A 按钮。

(2) 在下拉菜单中选择“绘图”→“文字”→“多行文字”命令。

(3) 在命令行输入命令“mtext”。

使用“多行文字”命令注写文字，系统首先要求在绘图区指定注写文字的区域，即文字框。文字框是通过指定其两个对角顶点来确定的。定义文字框的操作如下：

激活“多行文字”命令后，在命令行中显示：

命令：_mtext

当前文字样式：〈默认值〉文字高度：〈默认值〉

指定第一角点：(用鼠标在要写字的地方指定一点作为文字框的第一角点，然后移动鼠标，系统显示出一个矩形框(我们称为文字框)以表示多行文字的位置和书写范围，矩形框内的箭头指示出文字的段落方向(如图 5-8 所示))

指定对角点或[高度(H)/对正(J)/行距(L)/旋转(R)/样式(S)/宽度(W)]：(在适当的位置给出另一点作为文字框的对角顶点)

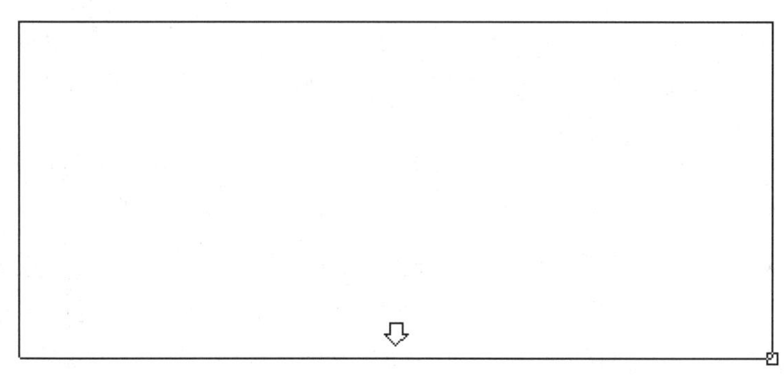

图 5-8　文字框

2．写入文字

当给出文字框的对角顶点后，系统将弹出“文字格式”编辑器，如图 5-9 所示。“文字格式”编辑器的文本编辑窗口就是指定的文字框，窗口上方有一标尺，可以通过拉动标尺右边的箭头来改变文字框的长度。现在可以在“文字格式”编辑器中输入和编辑所需的文字，完毕后单击“确定”按钮即可。假设我们已经输入了某图纸的附注说明，文字高度为15，如图 5-10 所示，单击“确定”按钮后结果如图 5-11 所示。

图 5-9　“文字格式”编辑器

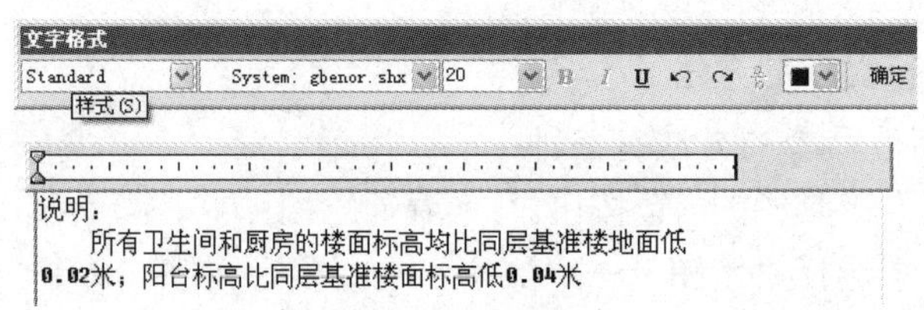

图 5-10　输入的文字

说明：

所有卫生间和厨房的楼面标高均比同层基准楼地面低
0.02米；阳台标高比同层基准楼面标高低0,04米

图 5-11　“多行文字”命令操作的结果

“文字格式”编辑器具有很强的编辑功能，下面介绍其上的各个设置的使用方法。

“文字样式”下拉列表(第一行左边第一项)：可以通过“文字样式”下拉列表选择定义好的样式，将其应用到多行文字的全部文字上，无法应用于部分文字。

“字体”下拉列表(第一行左边第二项)：通过“字体”下拉列表可以修改选中文字的字体。

“字高”下拉列表(第一行左边第三项)：通过“字高”下拉列表可以修改选中文字的字高。“字高”下拉列表中只列出了已经设置过的文字高度，如果要将字高设置成下拉列表中没有的值，可以直接在列表框中输入。

加粗“B”按钮、斜体“*I*”按钮、下划线“U”按钮、放弃“↶”按钮、重做“↷”按钮等的作用与 Word 字处理软件中的相应按钮相同。

“堆叠”按钮 $\frac{a}{b}$ 用于打开或关闭堆叠格式(堆叠是一种垂直对齐的文字或分数)。使用时，需要分别输入分子和分母，其间使用“^”、“/”或“#”分隔，然后选中这一部分，单击 $\frac{a}{b}$ 即可。例如，要创建 $\phi 100^{+0.02}_{-0.06}$，可先输入 ϕ 100+0.02^-0.06，然后选中“+0.02^-0.03”并单击 $\frac{a}{b}$ 按钮。

除了从键盘向文本编辑区输入文字外，还可以直接将其他软件录入好的大段文字的文本文件输入进来。AutoCAD 可以接受的文本格式有纯文本文件(文件后缀为“txt”)和 RTF 格式的文本文件(后缀名为“rtf”)。具体输入方法为：在文本编辑窗口中单击鼠标右键，弹出一个右键菜单，选择其中的“输入文字”菜单项(也可以从“选项”菜单中选择“输入文字”菜单项)，AutoCAD 会弹出“选择文件”对话框。确保文件类型下拉列表的选项与要打开的文件类型一致，然后找到要打开的文件，单击“确定”按钮，完成文字的输入。

注：除上述方法之外，使用 Windows 系统中的“复制+粘贴”操作，也可以将预先录入好的大段文字粘贴到多行文字编辑器中。

5.3.2　单行文字

单行文字常用于标注文字、标题块文字等内容。激活“单行文字”命令的方法有两种：

(1) 在下拉菜单中选择“绘图”→“文字”→“单行文字”命令。

(2) 在命令行输入命令“dtext(dt)”。

激活“单行文字”命令后，AutoCAD 提示：

当前文字样式：Standard　文字高度：2.5

指定文字的起点或[对正(J)/样式(S)]：单击一点　//在绘图区域中确定文字的起点

指定高度：输入字高数值　//输入文字高度

指定文字的旋转角度：输入角度值　//输入文字旋转的角度

输入文字：输入文字　//输入文字内容

按↙键换行，如果希望结束文字输入，可再次按↙键。

设置单行文字的对齐方式如下：

在创建单行文字时，AutoCAD 将提示：

指定文字的起点或[对正(J)/样式(S)]：

其中，输入“J”选择“对正”选项可以设置文字对齐方式；输入“S”选择“样式”选项可以设置文字使用的样式。

输入“J”，AutoCAD 将提示：

输入选项[对齐(A)/调整(F)/中心(C)/中间(M)/右(R)/左上(TL)/中上(TC)/右上(TR)/左中(ML)/正中(MC)/右中(MR)/左下(BL)/中下(BC)/右下(BR)]：TL　//键入选项关键字 TL，选择左上对齐方式

AutoCAD 提示：

指定文字左上点：单击一点　//指定一点作为文字行顶线的起点

依前述再依次输入字高、旋转角度以及相应文字内容即可。

图 5-12 所示为几种常用的对齐方式。

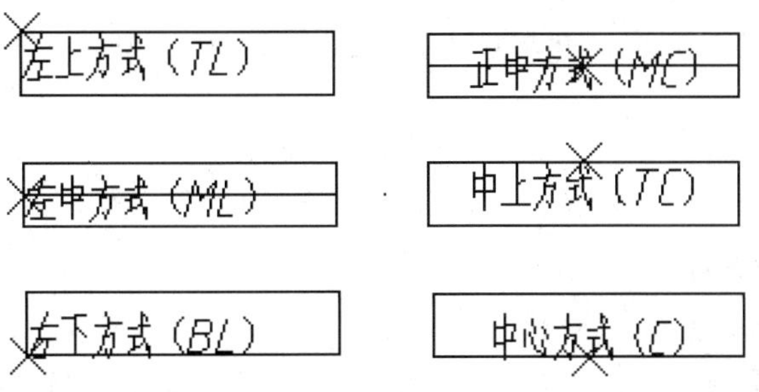

图 5-12　文字对齐方式

注意：设置文字及其对齐方式时，可参照下面的提示进行操作。

对齐(A)：选择该选项后，AutoCAD 将提示用户确定文字行的起点和终点。输入结束后，系统将自动调整各行文字高度以使文字适于放在两点之间。

调整(F)：确定文字行的起点、终点。在不改变高度的情况下，系统将调整宽度系数以使文字适于放在两点之间。

左上(TL)：文字对齐在第一个字符文字单元的左上角。

左中(ML)：文字对齐在第一个文字单元左侧的垂直中点。

左下(BL)：文字对齐在第一个文字单元的左下角点。

正中(MC)：文字对齐在文字行的垂直中点和水平中点。

中上(TC)：文字的起点在文字行顶线的中间，文字向中间对齐。

中心(C)：文字的起点在文字行基准底线的中点，文字向中间对齐。

另外，文字注写默认的选项是“左上方式”。其余各选项的释义留给读者，不再详述。

【例】 用上节中定义的工程字字样和默认的左对正样式，书写如图 5-13 所示的标题栏中的“制图”、“审核”，文字高度为 5。

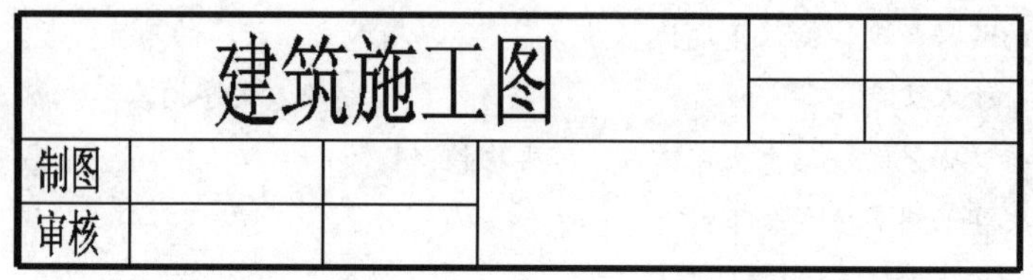

图 5-13　文字书写举例

操作步骤如下：

命令：dtext↙

当前文字样式：Standard　　文字高度：2.500

指定文字的起点或[对正(J)/样式(S)]：s↙

输入样式名或[?]　<standard> ：工程字↙

当前文字样式：工程字　当前文字高度：2.500

指定文字的起点或 [对正(J)/样式(S)]：(在要写字的表格内高度的四分之一且靠左边线适当位置处拾取一点作为文字输入的左下角基点)

指定高度<2.5000> ：5↙

指定文字的旋转角度<0>：↙(回车)

此时命令行为空白，光标在文字基点处闪烁，等待输入文字。在当前光标处输入下面文字内容：

制图 ↙

审核 ↙

↙ (回车，光标换行)

↙ (回车，结束操作)

注：第一次按回车响应“输入文字:”，实现换行操作；第二次按回车响应“输入文字:”，结束标注文字操作。

5.4　标注特殊字符

输入多行文字时，可以通过“文字格式”编辑器中的“符号”菜单输入特殊字符，而对于单行文字，用户可以在文字中输入特殊字符，例如直径符号 φ、百分号%、正负公差符号±、文字的上画线、下画线等，但是这些特殊符号一般不能由标注键盘直接输入，为此系统提供了专用的代码。每个代码是由%%与一个字符组成，如%%C、%%D、%%P 等。表 5-1 为用户提供了特殊字符的代码。

表 5-1　特殊字符的代码

输入代码	对应字符	输入效果
%%O	上画线“——”	文字说明
%%U	下画线“____”	文字说明
%%D	度数符号“°”	90°
%%P	公差符号“±”	±100
%%C	圆直径标注符号“ φ”	Φ80
%%%	百分号“%”	98%
\U+2220	角度符号“∠”	∠A
\U+2248	几乎相等号“≈”	X≈A
\U+2260	不相等号“≠”	A≠B
\U+00B2	上标 2	X^2
\U+2082	下标 2	X_2

【例】　利用“dtext”命令标注图 5-14 所示的文字符号。

命令行提示及相应操作如下：

命令：dtext↙

当前文字样式：standard　文字高度：2.5000

指定文字的起点或[对正(J)/样式(S)]：s

输入样式名或 [?] 〈工程字〉工程字↙(先前定义的含有“gbenor.shx”和“bicbig.shx”的文字样式)

当前文字样式：　工程字　当前文字高度：2.5000

指定文字的起点或[对正(J)/样式(S)]：(图形窗口拾取一点)

指定高度<2.5000>：　25　↙(文字高度为 25)

指定文字的旋转角度<0>　：↙(水平书写)

输入文字：%%u%%48%%p0.02 (控制码表示的字符)

输入文字：↙(回车换行)

输入文字：↙(回车操作结束)

结果如图 5-14 所示。

Ø48±0.02

图 5-14　用控制码标注的特殊字

5.5 文 字 编 辑

文字输入的内容和样式不可能一次就达到用户要求，有时需要进行反复的调整与修改，此时就需要在原有文字的基础上对文字对象进行编辑处理。

5.5.1 编辑单行文字

对单行文字的编辑主要包括两个方面：修改文字特性和修改文字内容。要修改文字内容，可直接双击文字，打开如图 5-15 所示的“编辑文字”对话框，此时可对要修改的文字内容进行修改。要修改文字的特性，可通过修改文字样式来获得文字的颠倒、反向和垂直等效果。

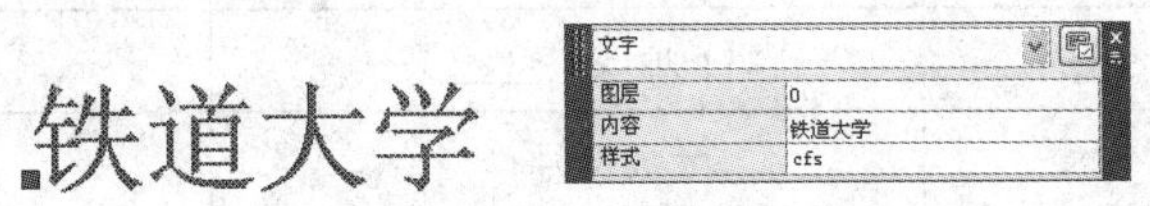

图 5-15　“编辑文字”对话框

5.5.2 编辑多行文字

编辑多行文字的方法比较简单，可双击在图样中已输入的多行文字，也可以选中在图样中已输入的多行文字右击鼠标，从弹出的快捷菜单中选择“编辑多行文字”，打开“文字格式”编辑器对话框，然后编辑文字。

值得注意的是：如果修改文字样式的垂直、宽度比例与倾斜角度设置，这些修改将影响到图形中已有的用同一种文字样式注写的多行文字，这与单行文字是不同的。因此，对用同一种文字样式注写的多行文字中的某些文字的修改，可以重建一个新的文字样式来实现。

若要改变多行文字的对正方式可通过下拉菜单“修改”→“对象”→“文字”→“对正”，或者利用右键单击快捷菜单进行操作。

5.6 AutoCAD 与 Word 之间交换数据

5.6.1 在 Word 文档中插入 AutoCAD 图形

Word 软件有出色的图文并排功能，可以把各种图形插入到所编辑的文档中，这样不但能使文档的版面丰富，而且能使所传递的信息更准确。但是，Word 本身绘制图形的能力有限，难以绘制正式的工程图，特别是对复杂的图形，该缺点更加明显。AutoCAD 是专业绘图软件，功能强大，很适合绘制比较复杂的精确图形。用 AutoCAD 绘制好图形，然后插入 Word 制作复合文档是解决问题的好办法。

如图 5-16 所示，在 AutoCAD 中单击“标准”工具栏上的“复制”按钮然后框选图形，或先选取图形后用“Ctrl”+“C”将图形复制到剪贴板中；进入 Word 中，用“Ctrl”+“V”或选择“编辑”下的“粘贴”选项，图形则粘贴在 Word 文档中，如图 5-17 所示。

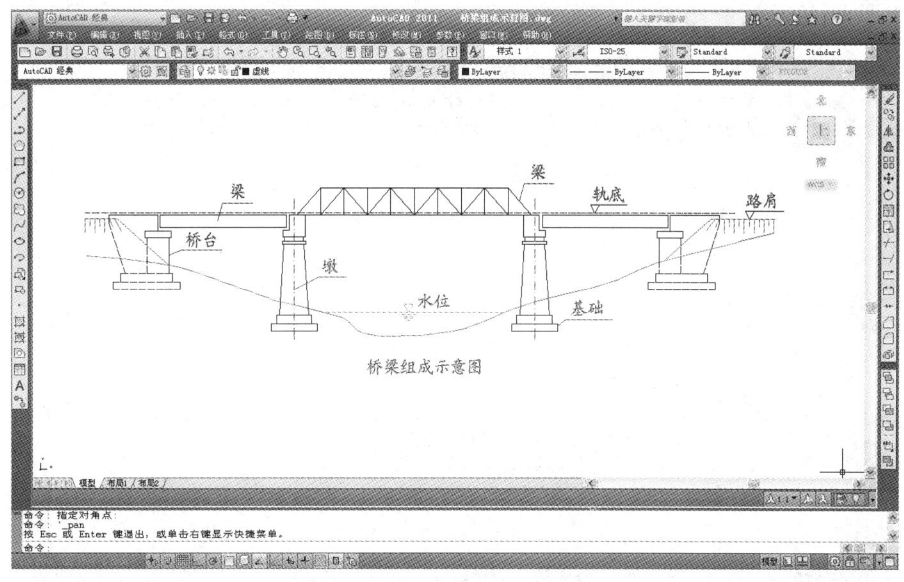

图 5-16　在 AutoCAD 中的图

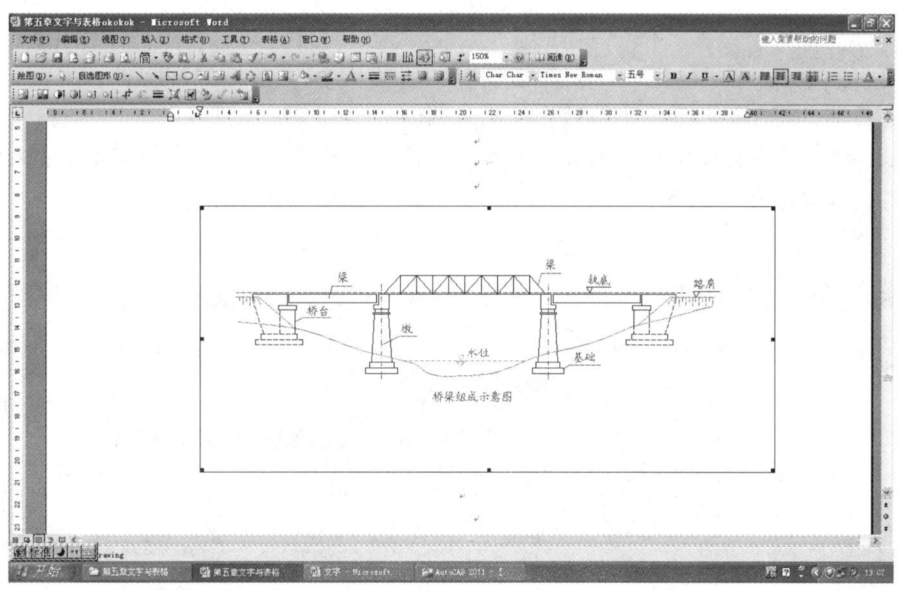

图 5-17　在 Word 中的图

显然，图 5-17 中插入 Word 文档中的图空边过大，效果不理想，可利用 Word“图片”工具栏上的裁剪功能进行修整。单击图形，在图形上下左右出现八个四方形黑点。单击鼠标右键在出现快捷菜单条的同时，屏幕上将弹出如图 5-18 所示的“图片”工具栏。

图 5-18　“图片”工具条

单击“图片”工具条上的 [图标] 按钮。将鼠标移至黑点处，按住鼠标左键，出现拖动符号后即可拖动鼠标对图形中的空边区域进行修改(如果操作时同时按下 Alt 键，可以微调空边区域大小)。修整后的图如图 5-19 所示。

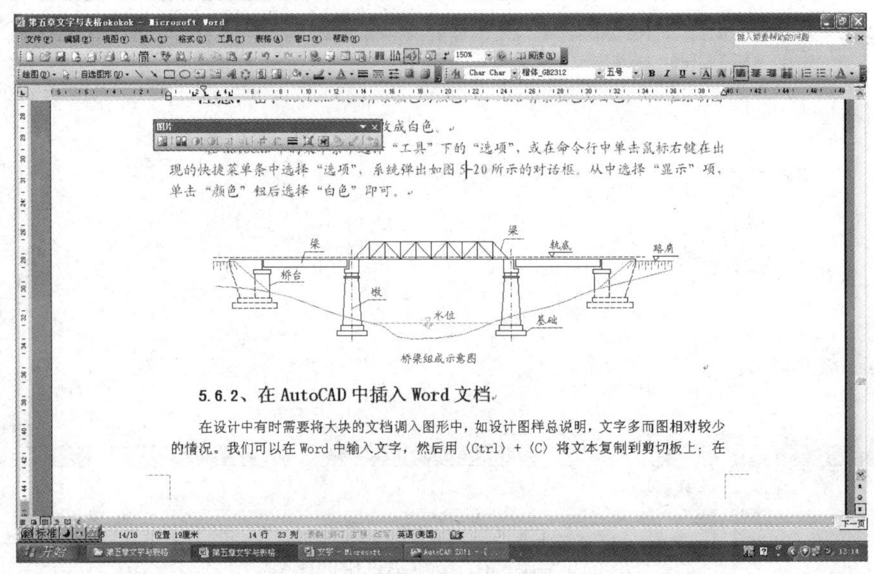

图 5-19　修整空边后的图

注意：由于 AutoCAD 默认背景颜色为黑色，而 Word 背景颜色为白色，所以在绘制图形时，应将 AutoCAD 的图形背景颜色改成白色。

在 AutoCAD 中的菜单条中选择“工具”下的“选项”，或在命令行中单击鼠标右键，在出现的快捷菜单条中选择“选项”，系统弹出如图 5-20 所示的对话框。从中选择“显示”项，单击“颜色”按钮后选择白色即可。

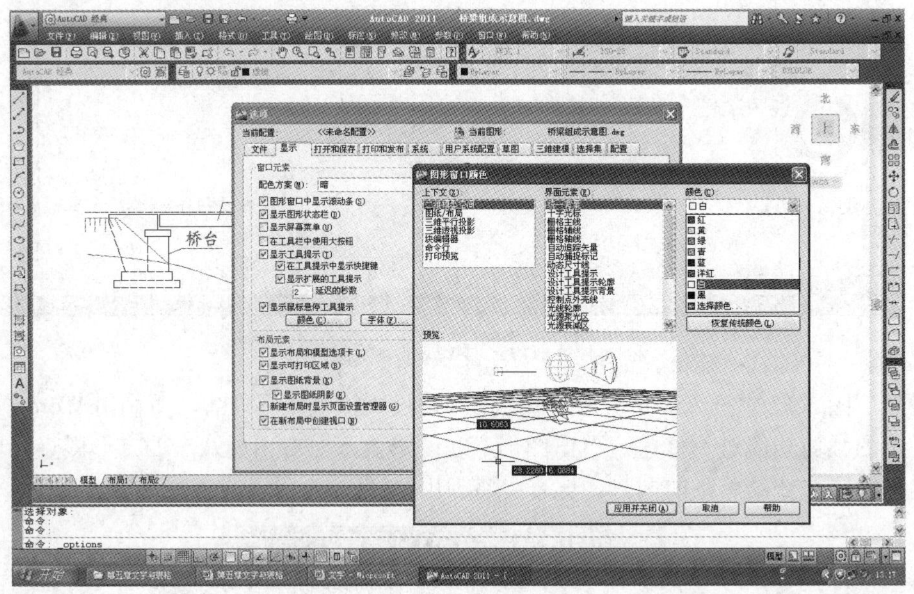

图 5-20　“选项”对话框

5.6.2　在 AutoCAD 中插入 Word 文档

在设计中有时需要将大块的文档调入图形中，如设计图样总说明，文字多而图相对较少的情况。我们可以在 Word 中输入文字，然后用“Ctrl”+“C”将文本复制到剪贴板上；在 AutoCAD 中，启动多行文字“MTEXT”命令，再用“Ctrl”+“V”复制到文字输入框中。

随着各类应用软件及操作系统版本的不断提高，各软件间数据的交换也逐渐方便。AutoCAD 从原来的 DOS 版本发展至今已有二十多年的历史，期间与文字编排或数字处理等软件的交换方法也一直在发生着变化。例如，本节中所讲述的 Word 与 AutoCAD 的处理方法会随着用户所用的 AutoCAD 版本、Word 版本及操作系统的不同而有所差别。这种差别较多地表现在所绘图形的线型、颜色以及字体上。由此相应的出现了专门用于 AutoCAD 图形在 Word 中插入的辅助软件。本节中只介绍了其中的一种方法，也是作者认为比较简捷的一种操作方法。如果用户需要将所绘图形以“图片”格式运用，可以用 AutoCAD 提供的“输出”菜单选项，先将 AutoCAD 图形以 BMP 或 WMF 等格式输出，然后以来自文件的方式插入 Word 文档即可。

5.7　创 建 表 格

在工程图中经常需要使用表格，如标题栏、明细表、门窗表等都属于表格的应用。AutoCAD 从 2005 版开始，增加了表格工具。用户可以利用 AutoCAD 提供的表格工具设置所需要的表格样式，然后在图形窗口插入设置好样式的空表格，并且可以像 Word 中的表格一样很方便地向表格的单元格中填写数据(或文字)。

5.7.1　创建表格样式

在绘制表格之前，用户需要启用“表格样式”命令来设置表格的样式。表格样式用于控制表格单元的填充颜色、内容对齐方式、数据格式，表格文本的文字样式、高度、颜色，以及表格边框等。选择“格式”→“表格样式”菜单命令，系统会弹出如图 5-21 所示的对话框。

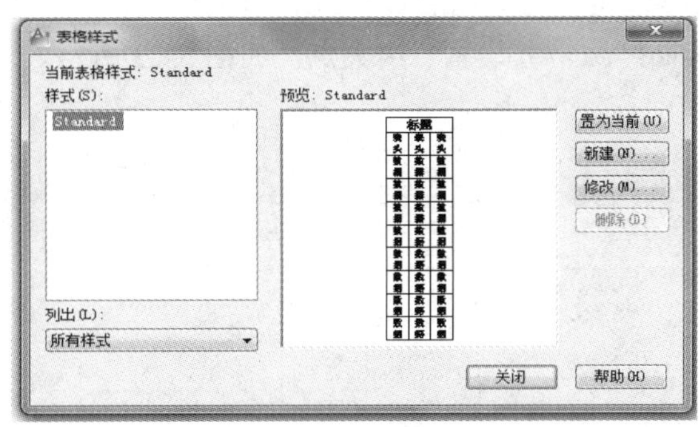

图 5-21　“表格样式”对话框

提示：表格中，单元类型被分为三类，它们分别是标题(表格第一行)、表头(表格第二行)和数据，通过表格预览区可看到这一点。默认情况下，我们在“单元样式”设置区中设置的是数据单元的格式。要设置标题、表头单元的格式，可打开“单元样式”设置区中上方的单元类型下拉列表，然后选择“表头”和“标题”。

5.7.2　插入表格

创建表格时，可设置表格的表格样式，表格列数、列宽、行数、行高等。创建结束后系统自动进入表格内容编辑状态。单击“绘图”工具栏中的“表格”工具或选择“绘图”→“表格”菜单命令，可打开“插入表格”对话框，如图 5-22 所示。

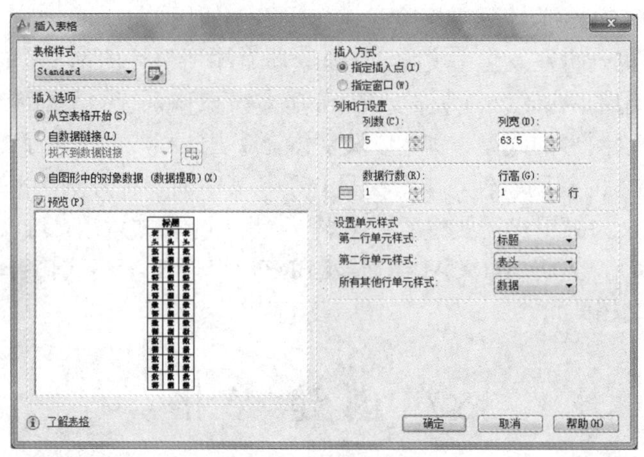

图 5-22　设置表格参数

5.7.3　编辑表格

在 AutoCAD 中，用户可以方便地编辑表格内容、合并表单元以及调整表单元的行高与列宽等。

1. 选择表格与表单元

要调整表格的外观，例如，合并表单元、插入或删除行或列，应首先掌握如何选择表格或表单元。具体方法如下：

(1) 要选择整个表格，可直接单击表线，或利用选择窗口选择整个表格。表格被选中后，表格框线将显示为断续线，并显示一组夹点，如图 5-23 所示。

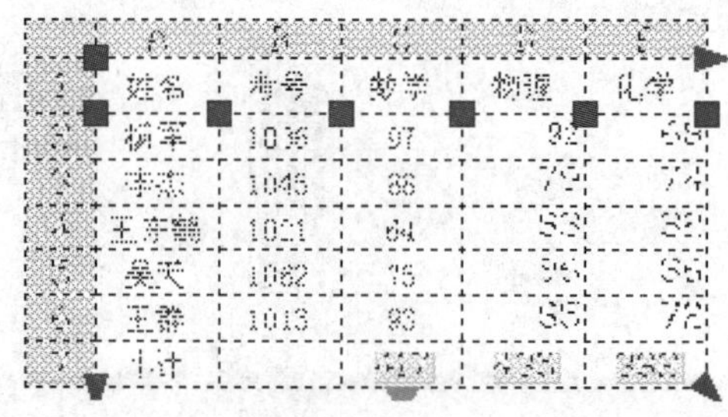

图 5-23　选择表格

(2) 要选择一个表单元，可直接在该表单元中单击，此时将在所选表单元四周显示夹点，如图 5-24 所示。

表格

口无　　按行/列

	A	B	C	D	E
1	姓名	考号	数学	物理	化学
2	杨军	1036	97	92	68
3	李杰	1045	88	79	74
4	王东鹤	1021	64	83	82
5	吴天	1062	75	96	86
6	王群	1013	93	85	72
7	小计		417	435	382

图 5-24　选择表单元

(3) 要选择表单元区域，可首先在表单元区域的左上角表单元中单击，然后向表单元区域的右下角表单元中拖动，释放鼠标后，选择框所包含或与选择框相交的表单元均被选中，如图 5-25 所示。此外，在单击选中表单元区域中某个角点的表单元后，按住 Shift 键，在表单元区域中，单击所选表单元的对角表，也可选中表单元区域。

	A	B	C	D	E
1	姓名	考号	数学	物理	化学
2	杨军	1036	97	92	68
3	李杰	1045	88	79	74
4	王东鹤	1021	64	83	82
5	吴天	1062	75	96	86
6	王群	1013	93	85	72
7	小计		417	435	382

图 5-25　选择表单元区域

(4) 要取消表单元选择状态，可按 Esc 键，或者直接在表格外单击。

2．编辑表格内容

要编辑表格内容，只需用鼠标双击表单元进入文字编辑状态即可。要删除表单元中的内容，可首先选中表单元，然后按 Delete 键。

3．调整表格的行高与列宽

选中表格、表单元或表单元区域后，通过拖动不同夹点可移动表格的位置，或者调整表格的行高与列宽。这些夹点的功能如图 5-26 所示。

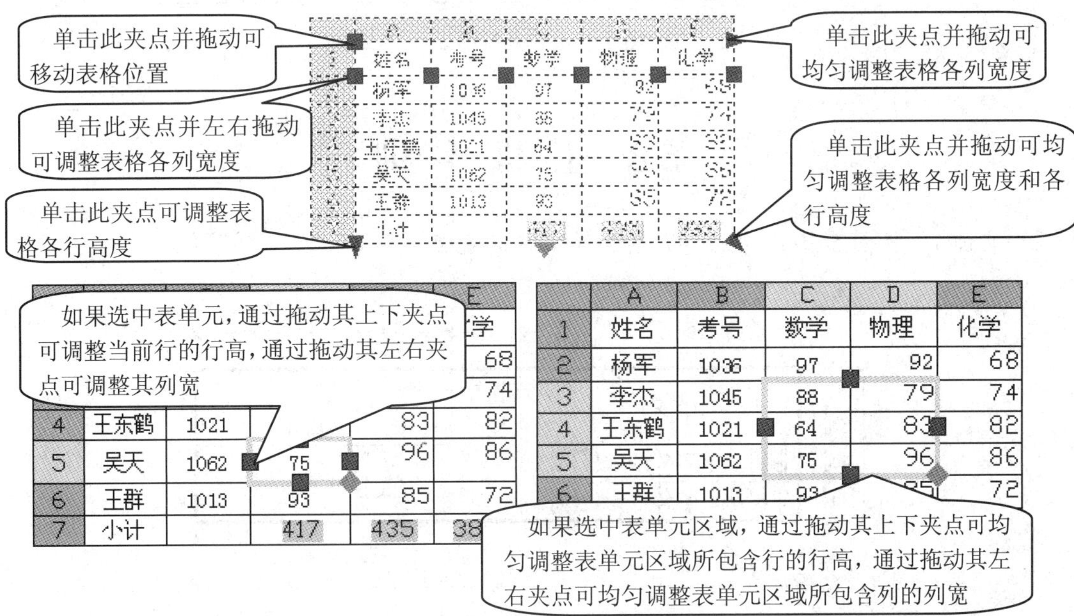
单击此夹点并拖动可移动表格位置
单击此夹点并左右拖动可调整表格各列宽度
单击此夹点可调整表格各行高度
单击此夹点并拖动可均匀调整表格各列宽度
单击此夹点并拖动可均匀调整表格各列宽度和各行高度
如果选中表单元，通过拖动其上下夹点可调整当前行的行高，通过拖动其左右夹点可调整其列宽
如果选中表单元区域，通过拖动其上下夹点可均匀调整表单元区域所包含行的行高，通过拖动其左右夹点可均匀调整表单元区域所包含列的列宽

图 5-26　表格各夹点的不同用途

4. 利用“表格”工具栏编辑表格

在选中表单元或表单元区域后，“表格”工具栏被自动打开，通过单击其中的按钮，可对表格插入或删除行或列，以及合并单元、取消单元合并、调整单元边框等。例如，要合并表格，可执行如下操作。

(1) 用鼠标左键选定 A1、B2 区域，系统弹出图 5-27 所示的“表格”工具栏。

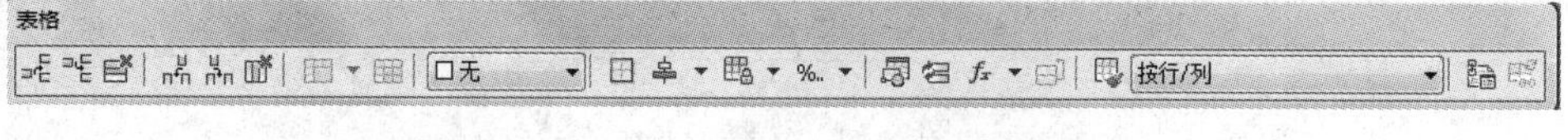

	A	B	C	D	E
1					
2					
3					
4					
5					

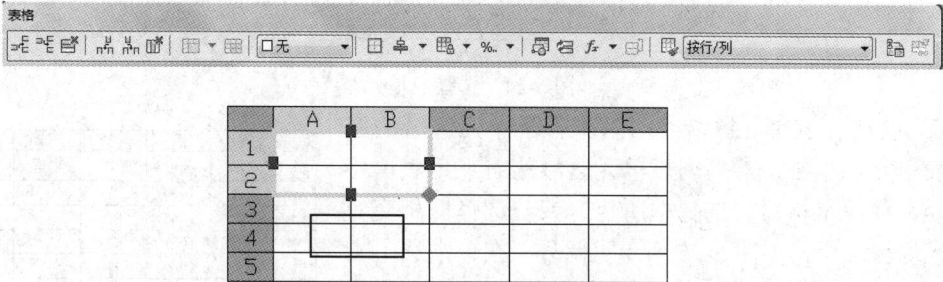

图 5-27 选定要合并的单元格

(2) 单击“表格”工具栏上的 按钮，选择“全部”，表格合并完成，如图 5-28 所示。

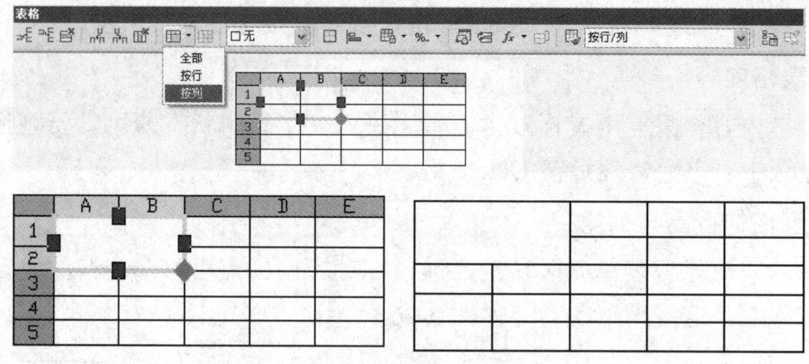

图 5-28 合并过程显示

5.8 上 机 实 训

实训 1 按图 5-29 给出的样式绘制并填写标题栏。

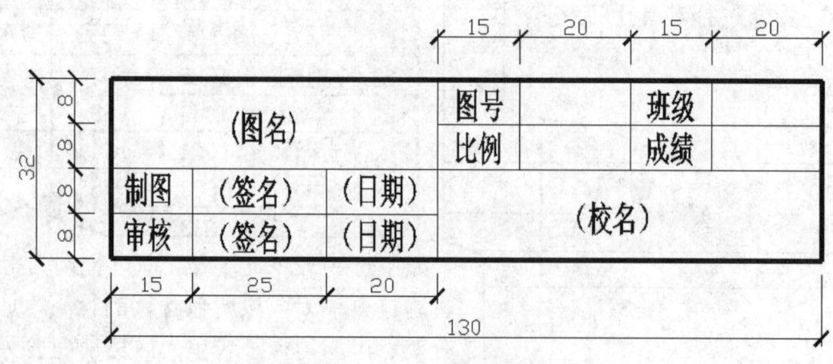

图 5-29 标题栏

目的要求：

用两种方法绘制标题栏，一种用所学的“绘图”命令绘制，另一种用表格样式绘制，比较两种方法的不同。

操作指导：

(1) 定制文字样式，字体文件为“T 仿宋-GB2312”，样式名为“fs”。

(2) 创建表格样式。

打开“新建表格样式”对话框，在“数据”选项卡中设置文字高度为 5，外边框为粗线，线宽为 0.5 mm，“单元边距”的垂直距离设为 0.5；在“列标题”选项卡中确保不要选中“包含页眉行”；在“标题”选项卡中确保不要选中“包含标题行”。

(3) 创建 4 行 7 列的表格。

(4) 调整列宽度，合并单元格。

(5) 填写单元格中的文字。

实训 2　绘制图 5-30 所示的斜坡，尺寸自定，并进行坡度的标注。

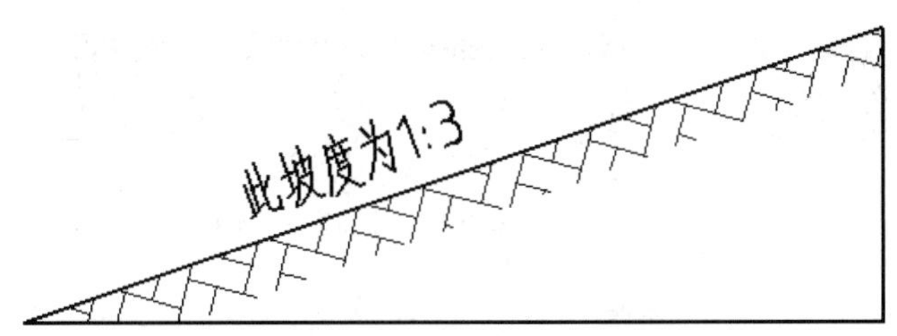

图 5-30　斜坡

提示：图案填充的角度和比例应根据图形进行设置(见图 5-31)。

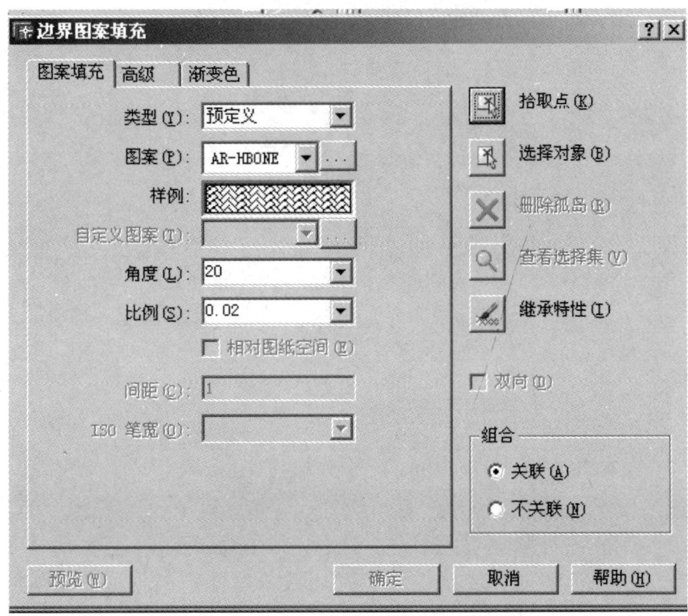

图 5-31　图案填充的角度和比例

实训 3　绘制端墙式涵洞洞身断面图，并标注文字，如图 5-32 所示。

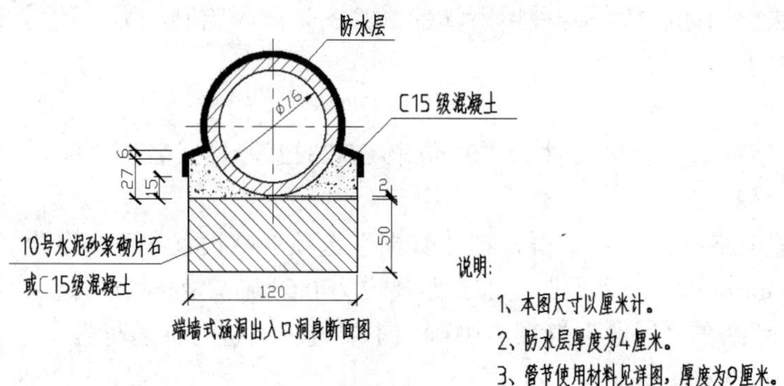

图 5-32　端墙式涵洞出入口洞身断面图

实训 4　绘制桥梁组成示意图，尺寸自定并标注文字，如图 5-33 所示。

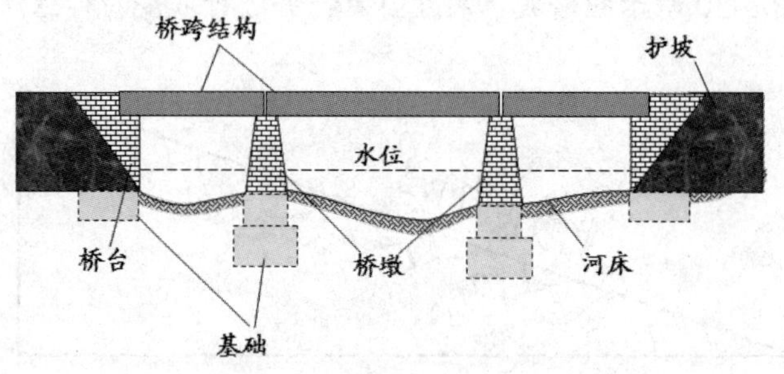

图 5-33　桥梁组成示意图

第6章　尺寸标注

尺寸标注是建筑与土木工程绘图过程中一项十分重要的内容，一幅完整的施工图除了包含必要的图形外，还应有尺寸标注及重要的文字说明。其中，根据尺寸标注可以了解物体各部分的大小和它们之间的相对位置关系，正确的尺寸标注可使工程顺利完成，而错误的尺寸标注将导致次品的产生，给企业带来严重的经济损失。为此，为施工图精确地标注尺寸是绘制施工图的重要环节和重要组成部分。用户在绘图时应尽量准确，在标注时灵活运用目标捕捉及正交等辅助定位工具，以提高作图的准确性和工作效率。

6.1　尺寸标注的组成与类型

进行尺寸标注后的图纸能够准确清楚地反映设计对象的大小、形状和相互关系，这样，施工和加工人员才能根据对象的具体尺寸，按照图纸要求进行施工或者加工。因此，在使用 AutoCAD 2012 绘制建筑与土木工程施工图时必须按照有关规定进行尺寸标注。

6.1.1　尺寸标注的组成

在工程制图中，一个完整的尺寸标注由尺寸线、尺寸界线、尺寸箭头(或尺寸起止符号)和尺寸数字四部分组成，如图 6-1 所示。

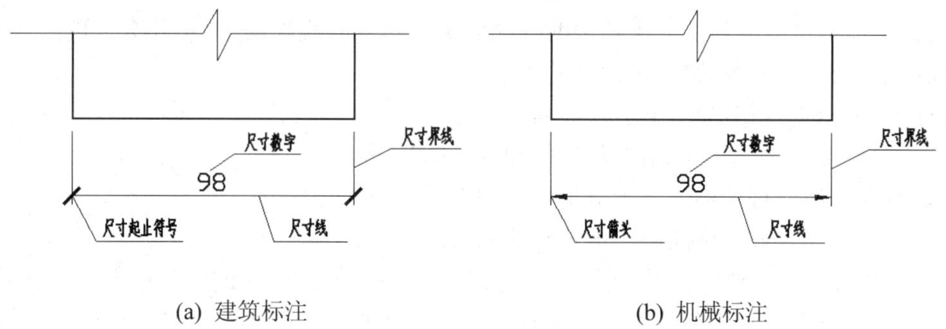

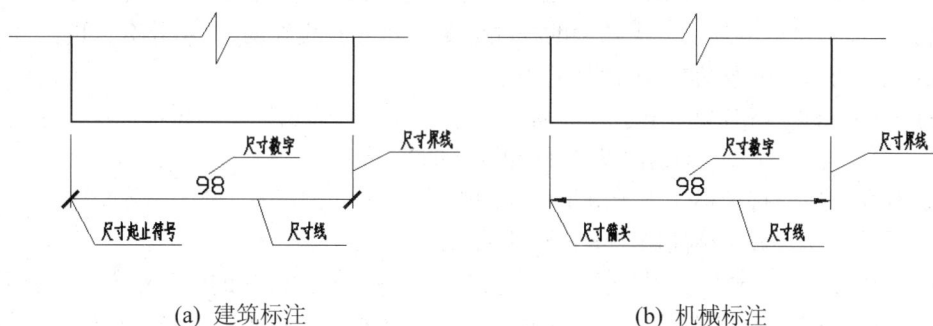

(a) 建筑标注　　(b) 机械标注

图 6-1　尺寸标注的组成

尺寸标注各组成部分的作用和含义分别如下：

(1) 尺寸线。尺寸线用于表示尺寸度量的方向，用细实线绘制。尺寸线应与被标注长度平行，画在两尺寸界线之间，不超出尺寸界线。轮廓线、轴线、中心线、尺寸界线及其延长线均不能作为尺寸线。

(2) 尺寸界线。尺寸界线用于表示所注尺寸的范围，通常从被标注对象延长至尺寸线，一般与尺寸线垂直。在有些情况下，也可选用某些图形对象的轮廓线或中心线代替尺寸界线。

(3) 尺寸箭头(或尺寸起止符号)。尺寸箭头(或尺寸起止符号)用于表示尺寸的起止。用户可以为尺寸起止符号指定不同的形状，通常机械制图采用实心箭头形式，水工制图采用斜线形式，建筑制图采用建筑标记形式。当然，用户也可以根据绘图需要创建自定义的箭头形式。

(4) 尺寸数字。尺寸数字用于表示所注尺寸的实际大小，可以使用由 AutoCAD 2012 自动计算出的测量值，也可以使用自定义的文字或完全不用文字。用户可附加前缀、公差和后缀，也可对其进行编辑。

6.1.2　尺寸标注的类型

在工具栏的空白处右击，在弹出的快捷菜单中选择“标注”选项，系统弹出“标注”工具栏，如图 6-2 所示。

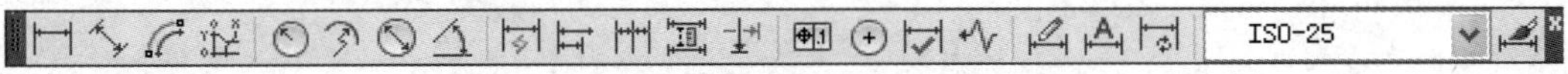

ISO-25

图 6-2　“尺寸标注”工具栏

AutoCAD 2012 中的尺寸标注可以分为直线标注、角度标注、径向标注、坐标标注、引线标注、公差标注、中心标注及快速标注等类型。

(1) 直线标注。直线标注包括线性标注、对齐标注、基线标注和连续标注。

① 线性标注。线性标注用于标注水平或垂直方向的线性尺寸。按尺寸线的放置可分为水平标注、垂直标注和旋转标注 3 个基本类型。

② 对齐标注。对齐标注用于标注倾斜的线性尺寸。

③ 基线标注。基线标注用来快速标注具有一个共同标注基准点的若干个相互平行的线性尺寸或角度尺寸。

④ 连续标注。连续标注用于快速标注首尾相连的尺寸线的线性尺寸或角度尺寸。每个标注都是从前一个或者最后一个选中的标注的第二尺寸界线处创建，共享公共的尺寸界线。

(2) 角度标注。角度标注用于测量角度。

(3) 径向标注。径向标注包括半径标注、直径标注、弧长标注和折弯标注。

① 半径标注。半径标注用于测量圆和圆弧的半径。

② 直径标注。直径标注用于测量圆和圆弧的直径。

③ 弧长标注。弧长标注用于测量圆弧的长度。

④ 折弯标注。折弯标注用于标注较大圆弧的半径。较大圆弧的中心位于布局外无法在其实际位置显示时，可以使用“折弯标注”命令创建折弯半径标注，折弯标注可以另外指定一个点来替代圆心，以更方便的位置指定标注的原点。

(4) 坐标标注。坐标标注用于标注特征点的 X、Y 坐标，常与“UCS”命令配合使用。

(5) 引线标注。引线标注用于创建注释和引线，将文字和对象在视觉上连接在一起。

(6) 公差标注。公差标注用于创建形位公差标注。

(7) 圆心标注。圆心标注用于创建圆心和中心线，指出圆或者是圆弧的中心。

(8) 快速标注。快速标注是通过一次选择多个对象创建标注排列，如基线标注、连续标注和坐标标注。

6.2　尺寸标注样式的创建

在标注尺寸之前，要在“标注样式管理器”对话框中设置尺寸各要素的形式，以满足国家标准要求。

6.2.1　尺寸标注样式

缺省情况下，在 AutoCAD 2012 中标注时使用的尺寸标注样式是 ISO-25，用户可以根据需要创建一种新的尺寸标注样式。标注的外观是由当前标注样式控制的，因此在标注尺寸前一般要创建好尺寸标注样式，然后再标注尺寸。

AutoCAD 2012 提供的“标注样式”命令可用来创建尺寸标注样式。启用“标注样式”命令有以下 3 种方法：

(1) 选择“格式”→“标注样式”命令。

(2) 单击“样式”工具栏中的“标注样式”按钮。

(3) 输入命令“dimstyle”，并按 Enter 键。

启用“标注样式”命令后，弹出“标注样式管理器”对话框，如图 6-3 所示，从中可以创建或调用已有的尺寸标注样式。在创建新的尺寸标注样式时，需要设置尺寸标注样式的名称，并选择相应的属性。

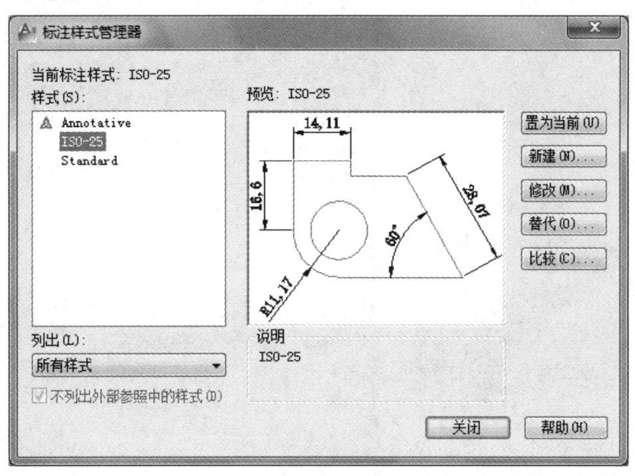

图 6-3　“标注样式管理器”对话框

下面对“标注样式管理器”对话框的部分选项进行说明。

(1) “样式”列表框。“样式”列表框显示当前图形可供选择的所有标注样式，并突出显示当前标注样式。用户可在其中选择一种需要的标注样式。当前选中的样式会亮显，右击可弹出快捷菜单，其中包括“置为当前”“重命名”“删除”3 个命令，分别用于将所选标注样式设置为当前标注样式、重命名样式和删除样式，但不能删除当前样式或当前图形使用的样式。

(2) “预览”窗口。该窗口用于显示当前选中的标注样式的名称和外观。

(3) “置为当前”按钮。该按钮用于将“样式”列表框中选中的标注样式设置为当前标注样式，即将当前样式应用于所创建的标注中。

(4) “新建”按钮。单击该按钮，弹出“创建新标注样式”对话框，用户可以根据提示定义新的标注样式。

(5) “修改”按钮。单击该按钮，弹出“修改标注样式”对话框，从中可以修改当前标注样式。

(6) “替代”按钮。单击该按钮，弹出“替代当前样式”对话框，从中可以设置标注样式的临时替代。该对话框中的选项与“修改标注样式”对话框中的选项相同。替代将作为未保存的更改结果显示在“样式”列表框中。

(7) “比较”按钮。单击该按钮，弹出“比较标注样式”对话框，从中可以比较两个标注样式或列出一个标注样式的所有特性。

创建尺寸样式的操作步骤如下：

(1) 选择“格式”→“标注样式”命令，弹出“标注样式管理器”对话框。单击“新建”按钮，弹出“创建新标注样式”对话框，在“新样式名”文本框中输入新的样式名称；在“基础样式”下拉列表框中选择新标注样式是基于哪一种标注样式创建的；在“用于”下拉列表框中选择标注的应用范围，如应用于所有标注、半径标注、线性标注等，如图 6-4 所示。

(2) 单击“继续”按钮，弹出“新建标注样式”对话框，如图 6-5 所示，在其中可对 7 个选项卡分别进行设置。

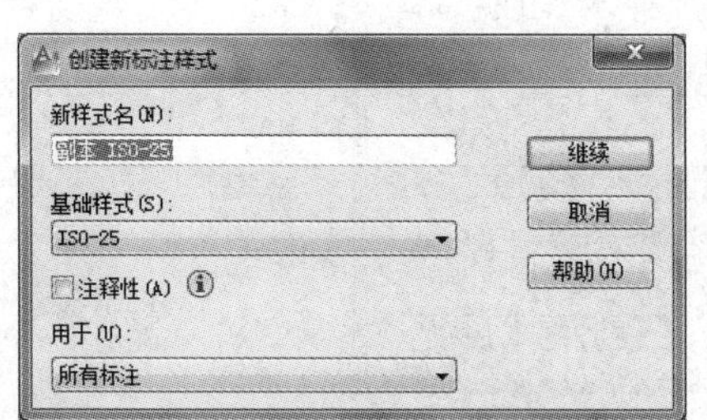

图 6-4　“创建新标注样式”对话框

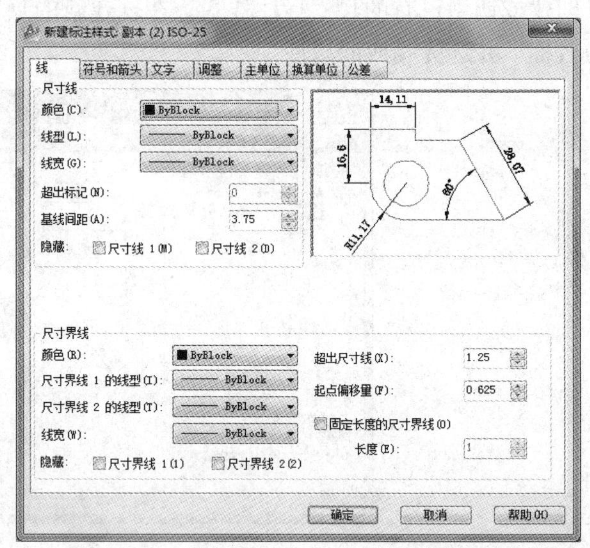

图 6-5　“新建标注样式”对话框

(3) 单击“确定”按钮，即可建立新的标注样式，其名称将显示在“标注样式管理器”对话框的“样式”列表框中。

(4) 在“样式”列表框中选中刚创建的标注样式，单击“置为当前”按钮，即可将该样式设置为当前使用的标注样式。

(5) 单击“关闭”按钮，关闭对话框，返回绘图区。

6.2.2　“线”选项卡的设置

创建标注样式时，在图 6-5 所示的“新建标注样式”对话框中的“线”选项卡中可以对尺寸线、尺寸界线进行设置。

1. 调整尺寸线

在“尺寸线”选项组中可以设置影响尺寸线的一些变量，包括以下 5 个选项：

(1) “颜色”下拉列表框。“颜色”下拉列表框用于选择尺寸线的颜色。

(2) “线型”下拉列表框。“线型”下拉列表框用于选择尺寸线的线型，一般应选择连续直线。

(3) “线宽”下拉列表框。“线宽”下拉列表框用于指定尺寸线的宽度，线宽建议设置为 0.13 mm。

(4) “超出标记”微调框。“超出标记”微调框用于指定当箭头使用倾斜(建筑标记或无标记)时尺寸线超过尺寸界线的距离。

(5) “基线间距”微调框。“基线间距”微调框用于设置平行尺寸线间的距离。例如，创建基线型尺寸标注时，相邻尺寸线间的距离由该选项控制，如图 6-6 所示。

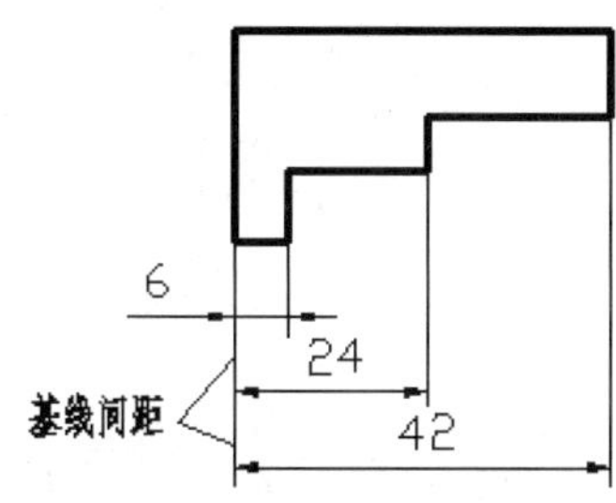

图 6-6　基线间距示例

2. 设置尺寸界线

在“尺寸界线”选项组中可以设置尺寸界线的外观，主要包括以下 7 个选项：

(1) “颜色”下拉列表框。“颜色”下拉列表框用于选择尺寸界线的颜色。

(2) “尺寸界线 1 的线型”下拉列表框。该下拉列表框用于指定第一条尺寸界线的线型，一般设置为连续直线。

(3) “尺寸界线 2 的线型”下拉列表框。该下拉列表框用于指定第二条尺寸界线的线型，一般设置为连续直线。

(4) “线宽”下拉列表框。“线宽”下拉列表框用于指定尺寸界线的宽度，线宽建议设置为 0.13 mm。

(5) “超出尺寸线”微调框。“超出尺寸线”微调框用于控制尺寸界线超出尺寸线的距离，通常规定尺寸界线的超出尺寸为 2～3 mm，使用 1∶1 的比例绘制图形时，此选项设置为 2 或 3。

(6) “起点偏移量”微调框。“起点偏移量”微调框用于设置图形中自定义标注的点到尺寸界线的偏移距离。通常，在尺寸界线与标注对象之间有一定的距离，能够较容易地区分尺寸标注和被标注对象。

(7) “固定长度的尺寸界线”复选框。“固定长度的尺寸界线”复选框用于指定尺寸界线从尺寸线开始到标注原点的总长度。

6.2.3　“符号和箭头”选项卡的设置

“符号和箭头”选项卡用于各专业图对箭头、圆心标记、折断标注、弧长符号、半径折弯标注、线性折弯标注的样式进行设置，如图 6-7 所示。

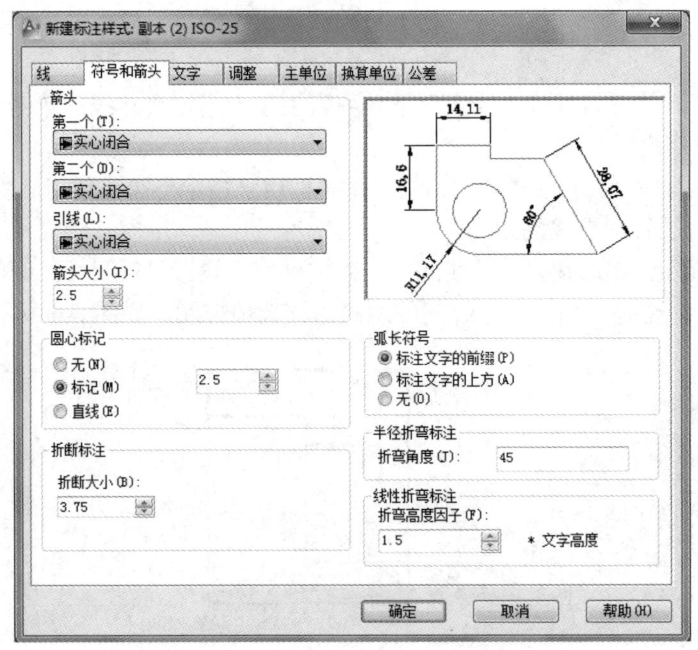

图 6-7　“符号和箭头”选项卡

1. 箭头的使用

在“箭头”选项组中提供了对尺寸箭头的控制选项，主要包括以下 4 个选项：

(1) “第一个”下拉列表框。该下拉列表框用于设置尺寸线一侧的箭头样式。

(2) “第二个”下拉列表框。该下拉列表框用于设置尺寸线另一侧的箭头样式。当改变第一个箭头的类型时，第二个箭头将自动改变，以同第一个箭头相匹配。

(3) “引线”下拉列表框。该下拉列表框用于设置引线标注时的箭头样式。

(4) “箭头大小”微调框。该微调框用于设置箭头的大小。

AutoCAD 2012 提供了 19 种标准的箭头类型(见图 6-8)，其中设置有建筑制图专用的箭头类型，可以根据需要选取。

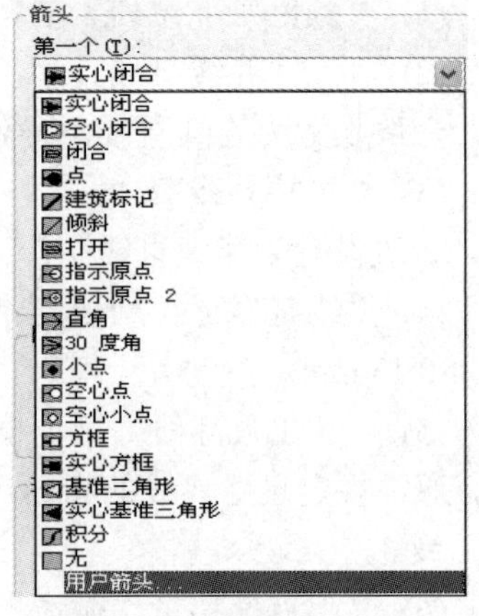

图 6-8　19 种标准箭头类型

2. 设置圆心标记

在“圆心标记”选项组中提供了对圆心标记的控制选项。该选项组提供了“无”“标记”和“直线”3 个单选项，可以设置圆心标记或画中心线，效果分别如图 6-9 所示。

另外还有一个大小微调框，用于设置圆心标记或中心线的大小。

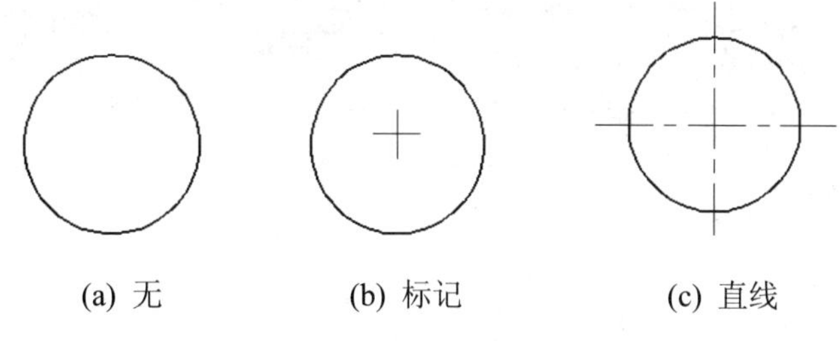

(a) 无　(b) 标记　(c) 直线

图 6-9　“圆心标记”示意

3. 设置弧长符号

在“弧长符号”选项组中提供了弧长标注中圆弧符号的显示控制选项，主要包括以下 3 个选项：

(1) “标注文字的前缀”单选按钮。“标注文字的前缀”单选按钮用于将弧长符号放在标注文字的前面。

(2) “标注文字的上方”单选按钮。“标注文字的上方”单选按钮用于将弧长符号放在标注文字的上方。

(3) “无”单选按钮。“无”单选按钮用于不显示弧长符号。

3 种不同方式的显示效果如图 6-10 所示。

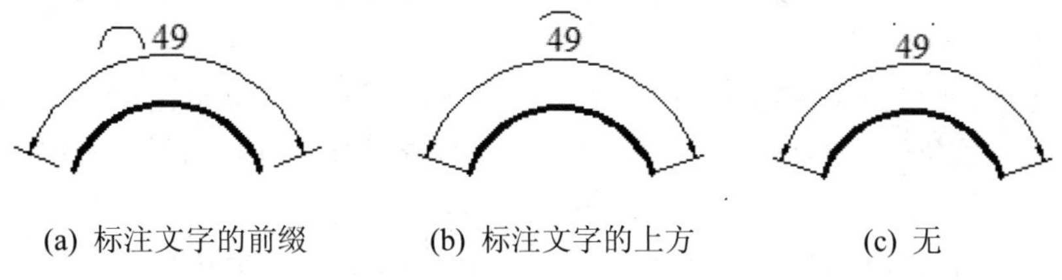

(a) 标注文字的前缀　(b) 标注文字的上方　(c) 无

图 6-10　不同弧长符号的显示效果

4. 半径折弯标注

在“半径折弯标注”选项组中提供了折弯(Z 字形)半径标注的显示控制选项。

“折弯角度”文本框用于输入连接半径标注的尺寸界线和尺寸线的横向直线的角度。图 6-11 为折弯角度为 45°的示例。

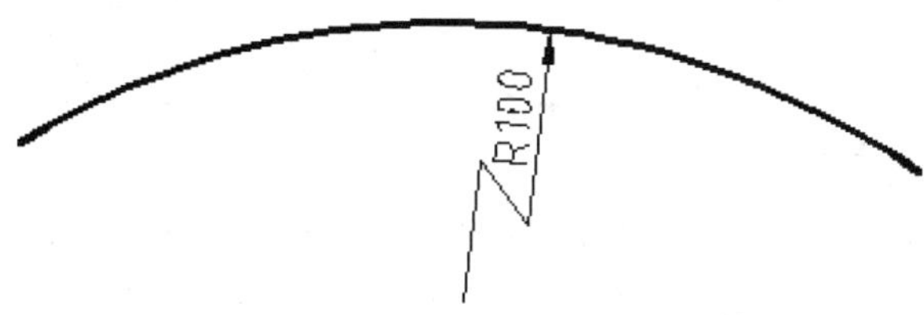

图 6-11　折弯角度为 45°的示例

6.2.4　“文字”选项卡的设置

“文字”选项卡用于设置标注尺寸文字的外观、位置和对齐方式，如图 6-12 所示。

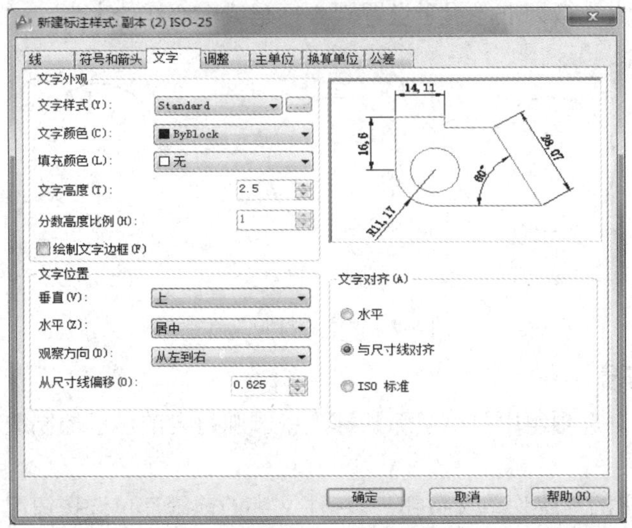

图 6-12　“文字”选项卡

1. 设置文字外观

在“文字外观”选项组中可以设置标注文字的格式和大小，主要包括以下 6 个选项：

(1) “文字样式”下拉列表框。“文字样式”下拉列表框用于选择标注文字所使用的文字样式。如果需要重新创建文字样式，可以单击右侧的 ... 按钮，弹出“文字样式”对话框，可在其中创建新的文字样式。

(2) “文字颜色”下拉列表框。“文字颜色”下拉列表框用于设置标注文字的颜色。

(3) “填充颜色”下拉列表框。“填充颜色”下拉列表框用于设置标注中文字背景的颜色。

(4) “文字高度”微调框。“文字高度”微调框用于指定当前标注文字的高度。若在当前使用的文字样式中设置了文字的高度，则此项输入的数值无效。

(5) “分数高度比例”微调框。“分数高度比例”微调框用于指定分数形式的字符与其他字符之间的比例。只有在选择支持分数的标注格式时，才可以进行此项设置。

(6) “绘制文字边框”复选框。“绘制文字边框”复选框用于给标注文字添加一个矩形的边框。

2. 设置文字位置

在“文字位置”选项组中，可以对标注文字的位置进行设置。

1) “垂直”下拉列表框

在“垂直”下拉列表框中包含“居中”、“上”、“外部”、“下”和“JIS“五个选项，用于控制标注文字相对于尺寸线的垂直位置。

(1) “居中”选项。“居中”选项用于将标注文字放在尺寸线的两部分中间。

(2) “上”选项。“上”选项用于将标注文字放在尺寸线上方。

(3) “外部”选项。“外部”选项用于将标注文字放在尺寸线上离标注对象较远的一边。

(4) “下”选项。“下”选项用于将标注文字放在尺寸线下方。

(5) “JIS”选项。“JIS”选项用于按照日本工业标准(Japanese Industrial Standard，JIS)

放置标注文字。

选择某项时，在对话框的预览框中可以观察到标注文字的变化，如图 6-13 所示。

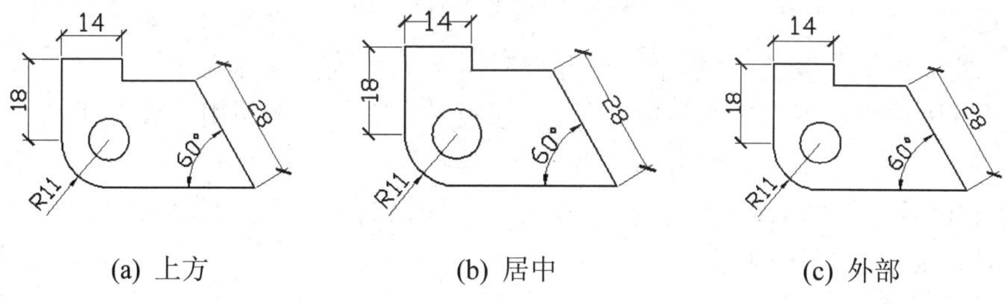

(a) 上方　　(b) 居中　　(c) 外部

图 6-13　文字标注的 3 种垂直方式示例

2) “水平”下拉列表框

在“水平”下拉列表框中包含“居中”“第一条尺寸界线”“第二条尺寸界线”“第一条尺寸界线上方”和“第二条尺寸界线上方”5 个选项，用于控制标注文字相对于尺寸线和尺寸界线的水平位置。

(1) “居中”选项。“居中”选项用于把标注文字沿尺寸线放在尺寸界线的中间。

(2) “第一条尺寸界线”选项。“第一条尺寸界线”选项用于沿尺寸线与第一条尺寸界线左对正。

(3) “第二条尺寸界线”选项。“第二条尺寸界线”选项用于沿尺寸线与第二条尺寸界线右对正。尺寸界线与标注文字的距离是箭头大小加上文字间距之和的两倍。

(4) “第一条尺寸界线上方”选项。“第一条尺寸界线上方”选项用于沿着第一条尺寸界线放置标注文字或把标注文字放在第一条尺寸界线之上。

(5) “第二条尺寸界线上方”选项。“第二条尺寸界线上方”选项用于沿着第二条尺寸界线放置标注文字或把标注文字放在第二条尺寸界线之上。

3) “观察方向”下拉列表框

在下拉列表框中选择文字的观察方向，系统默认从左到右观察文字。

4) “从尺寸线偏移”微调框

“从尺寸线偏移”微调框用于设置当前标注文字与尺寸线之间的间距。例如，分别设置为 0.625 和 5 时的效果如图 6-14 所示。

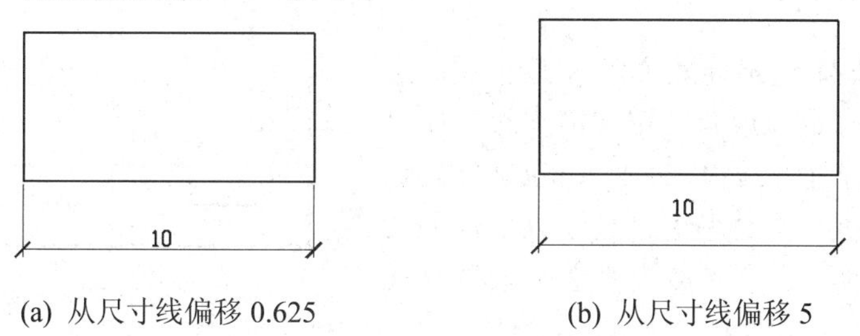

(a) 从尺寸线偏移 0.625　　(b) 从尺寸线偏移 5

图 6-14　从尺寸线偏移 0.625 和 5 的效果

注意：在 AutoCAD 2012 中，仅当生成的线段至少与标注文字长度同样长时，才会在尺寸界线内侧放置文字；仅当箭头、标注文字以及页边距有足够的空间容纳文字间距时，才将尺寸上方或下方的文字置于内侧。

3. 设置文字对齐方式

“文字对齐”选项组用于控制标注文字放在尺寸界线外侧或内侧时的方向，主要包括以下 3 个选项：

(1) “水平”单选按钮。“水平”单选按钮用于水平放置标注文本。

(2) “与尺寸线对齐”单选按钮。“与尺寸线对齐”单选按钮用于设置文本文字与尺寸线对齐。

(3) “ISO 标准”单选按钮。当文字在尺寸界线内时，文字与尺寸线对齐；当文字在尺寸界线外时，文字水平排列。

6.2.5 “调整”选项卡的设置

在“新建标注样式”对话框的“调整”选项卡中可以对标注文字、箭头、文字与尺寸线的位置关系等进行设置，如图 6-15 所示。

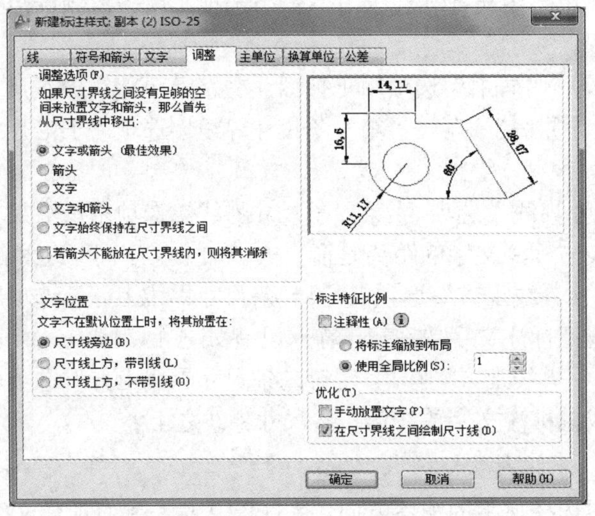

图 6-15　“调整”选项卡

1. 调整选项

“调整选项”选项组主要用于控制尺寸界线之间可用空间的文字和箭头的位置，包括以下 6 个选项：

(1) “文字或箭头(最佳效果)”单选按钮。当尺寸界线间的距离足够放置文字和箭头时，文字和箭头都应放在尺寸界线内，否则 AutoCAD 2012 会对文字及箭头进行综合考虑，自动以最佳的效果显示文字或箭头。文字和箭头的 3 种放置形式如图 6-16 所示。

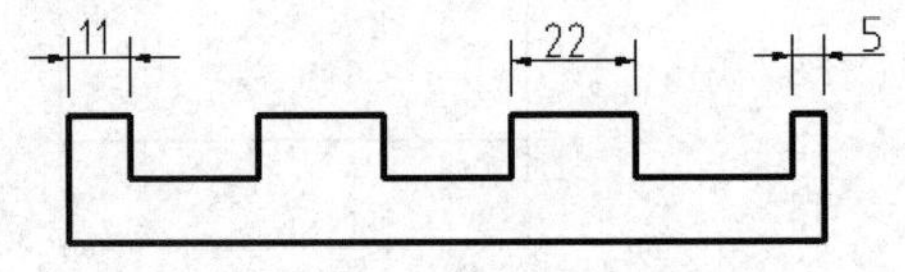

图 6-16　文字和箭头的 3 种放置形式

提示：当尺寸界线间的距离仅够容纳文字时，文字放在尺寸线内，箭头放在尺寸线外；当尺寸界线间的距离既不够放文字又不够放箭头时，文字和箭头都放在尺寸界线外。

(2) “箭头”单选按钮。“箭头”单选按钮用于将箭头尽量放在尺寸界线内，否则将文字和箭头都放在尺寸界线外。

(3) “文字”单选按钮。“文字”单选按钮用于将文字尽量放在尺寸界线内，否则将文字和箭头都放在尺寸界线外。

(4) “文字和箭头”单选按钮。“文字和箭头”单选按钮用于当尺寸界线间的距离不足以放下文字和箭头时，文字和箭头都放在尺寸界线外。

(5) “文字始终保持在尺寸界线之间”单选按钮。该单选按钮用于始终将文字放在尺寸界线之间。

(6) “若箭头不能放在尺寸界线内，则将其消除”复选框。选择此复选框后，如果尺寸界线内没有足够的空间，则隐藏箭头。

2. 调整文字在尺寸线上的位置

“文字位置”选项组用于设置标注文字不在默认位置时将其放置的位置，包括以下 3 个选项：

(1) “尺寸线上方，不带引线”单选按钮。如果选中该单选按钮，移动文字时尺寸线不会移动。远离尺寸线的文字不与引线的尺寸线相连。

(2) “尺寸线旁边”单选按钮。“尺寸线旁边”单选按钮用于将标注文字放在尺寸线旁边。

(3) “尺寸线上方，带引线”单选按钮。如果文字移动到远离尺寸线处，AutoCAD 2012 将创建一条从文字到尺寸线的引线。但当文字靠近尺寸线时，AutoCAD 2012 将省略引线。

以上 3 种情况的显示效果如图 6-17 所示。

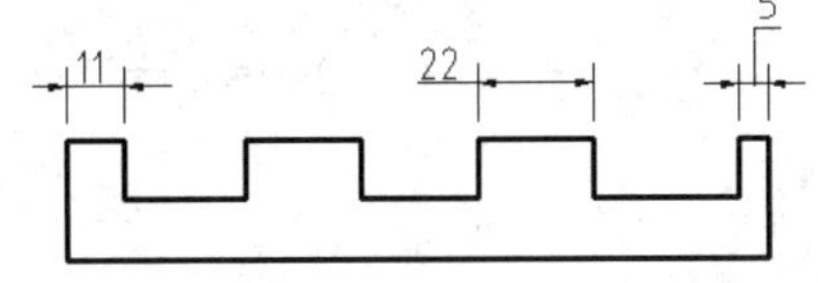

图 6-17　调整文字在尺寸线上的位置示例

3. 调整标注特征的比例

“标注特征比例”选项组用于设置全局标注比例值或图纸空间比例，其部分选项的说明如下：

(1) “将标注缩放到布局”单选按钮。选中“将标注缩放到布局”单选按钮可以根据当前模型空间视口与图纸空间之间的比例确定比例因子。

(2) “使用全局比例”单选按钮。选中“使用全局比例”单选按钮可以为所有标注样式设置一个比例，指定大小、距离或间距，包括文字和箭头大小，但并不更改标注的测量值。全局比例为 1 和 2 时的效果如图 6-18 所示。

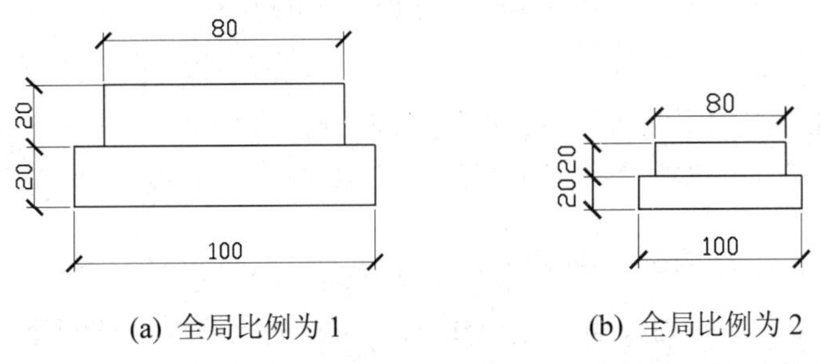

(a) 全局比例为 1　　(b) 全局比例为 2

图 6-18　全局比例为 1 和 2 时的效果

4. 调整优化

“优化”选项组用于设置标注文字的其他选项，包括以下两个选项：

(1) “手动放置文字”复选框。选中此复选框系统将忽略所有水平对正设置，并把文字放在“尺寸线位置”提示下指定的位置。

(2) “在尺寸界线之间绘制尺寸线”复选框。选中此复选框将始终在测量点之间绘制尺寸线，即 AutoCAD 2012 将箭头放在测量点之外，如图 6-19 所示。

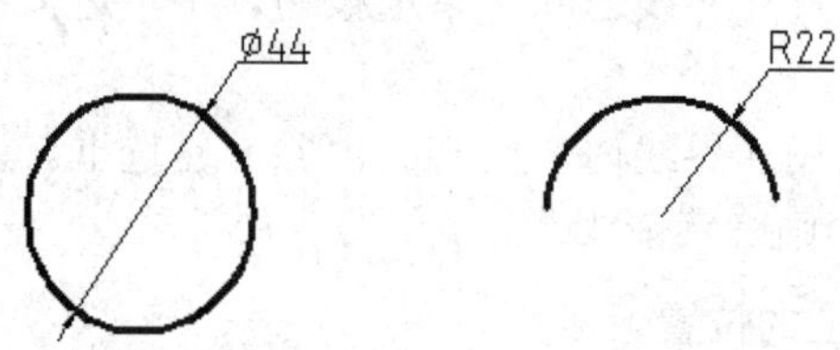

图 6-19　在尺寸界线之间绘制尺寸线示例

6.2.6　“主单位”选项卡的设置

“主单位”选项卡用于设置线性和角度尺寸标注单位的格式和精度、标注文字的前缀和后缀等，如图 6-20 所示。

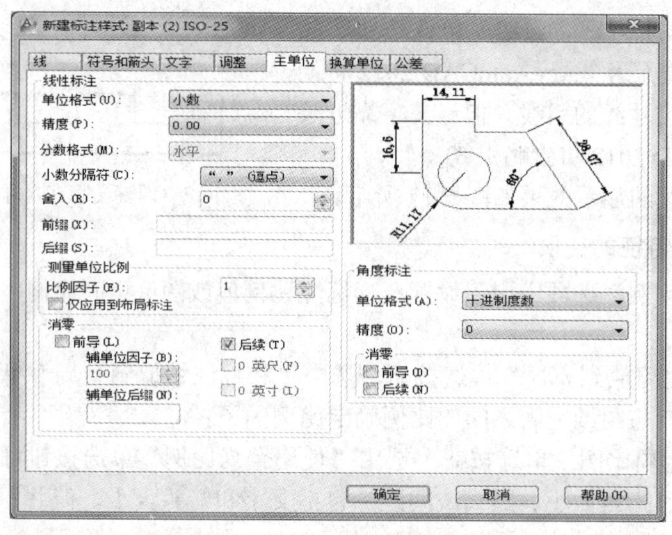

图 6-20　“主单位”选项卡

1. 设置线性标注

在“线性标注”选项组中可以设置线性标注的格式和精度。

(1) “单位格式”下拉列表框。“单位格式”列表框用于设置除角度之外的标注类型的当前单位格式。

(2) “精度”下拉列表框。“精度”下拉列表框用于设置标注文字中的小数位数。

(3) “分数格式”下拉列表框。“分数格式”下拉列表框用于设置分数格式，可以选择“水平”“对角”“非堆叠”3 种方式。

(4) “小数分隔符”下拉列表框。“小数分隔符”下拉列表框用于设置十进制格式的分隔符。

(5) “舍入”微调框。“舍入”微调框用于对除角度之外的所有标注类型设置标注测量值的舍入规则。

(6) “前缀”文本框。“前缀”文本框用于为标注文字指示前缀，可以输入文字或用控制代码显示特殊符号，如图 6-21 所示。

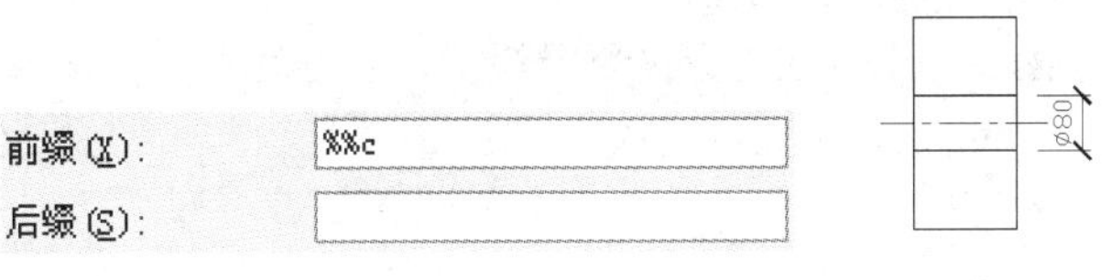

图 6-21　“前缀”设置示例

(7) “后缀”文本框。“后缀”文本框用于为标注文字指示后缀，可以输入文字或用控制代码显示特殊符号，如图 6-22 所示。

图 6-22　“后缀”设置示例

2. 设置测量单位比例

“测量单位比例”选项组中包括以下测量单位比例选项。

(1) “比例因子”微调框。“比例因子”微调框用于设置线性标注测量值的比例因子。AutoCAD 2012 将标注测量值与此处输入的值相乘。

(2) “仅应用到布局标注”复选框。选中该项时，仅对在布局中创建的标注应用线性比例值。这使长度比例因子可以反映布局空间视口中对象的缩放比例因子。

3. 设置消零

在“消零”选项组中可以控制不输出前导零、后续零、零英尺和零英寸部分。

(1) “前导”复选框。选中该选复选框后不输出所有十进制标注中的前导零。例如，0.500 显示成.500。

(2) “后续”复选框。选中该复选框后不输出所有十进制标注的后续零。例如，3.50000 显示成 3.5。

(3) “0 英尺”复选框。“0 英尺”复选框用于当距离小于 1 英尺时，不输出“英尺-英寸型”标注中的英尺部分。

(4) “0 英寸”复选框。“0 英寸”复选框用于当距离是整数英尺时，不输出“英尺-英寸型”标注中的英寸部分。

4. 设置角度标注

在“角度标注”选项组中可以设置角度标注的当前角度格式。

(1)“单位格式”下拉列表框。“单位格式”下拉列表框用于设置角度单位的格式。

(2) “精度”下拉列表框。“精度”下拉列表框用于设置角度标注的小数位数。

(3) “角度标注”选项组中的“前导”和“后续”复选框与前面线性标注中“消零”选项组中相应选项的意义相同。

6.2.7　“换算单位”选项卡的设置

在“新建标注样式”对话框的“换算单位”选项卡中，选择“显示换算单位”复选框，当前对话框变为可设置状态。此选项卡中的选项可用于设置文件的标注测量值中换算单位的显示以及其格式和精度，如图 6-23 所示。

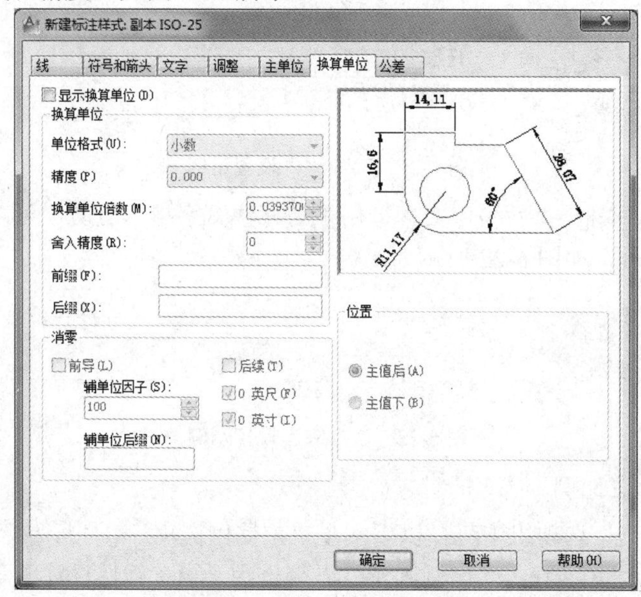

图 6-23　“换算单位”选项卡

下面对换算单位设置进行详细的介绍。

1. “换算单位”选项组

在“换算单位”选项组中，可以设置除“角度标注”之外的所有标注类型的当前换算单位格式。

(1) “单位格式”下拉列表框。“单位格式”下拉列表框用于设置换算单位的格式。

(2) “精度”下拉列表框。“精度”下拉列表框用于设置换算单位中的小数位数。

(3) “换算单位倍数”微调框。“换算单位倍数”微调框用于指定一个乘数作为主单位和换算单位之间的换算因子，长度缩放比例将改变缺省的测量值。此选项的设置对角度标注没有影响，也不用于舍入或者加减公差值。

(4) “舍入精度”微调框。“舍入精度”微调框用于设置除角度之外的所有标注类型的换算单位的舍入规则。

(5) “前缀”文本框。“前缀”文本框用于为换算标注文字指示前缀。

(6) “后缀”文本框。“后缀”文本框用于在换算标注文字中包含后缀。

2. “消零”选项组

在“消零”选项组中选中“前导”或“后续”复选项，设置控制不输出前导零和后续零以及零英尺和零英寸部分。

3. “位置”选项组

在“位置”选项组中，可以设置换算单位标注上的显示位置，选中“主值后”单选项按钮时，换算单位将显示在主单位之后；选中“主值下”单选按钮时，换算单位将显示在主单位下面。

6.2.8　“公差”选项卡的设置

“公差”选项卡用于控制标注文字中公差的格式，主要用于机械制图的公差标注，如图 6-24 所示。

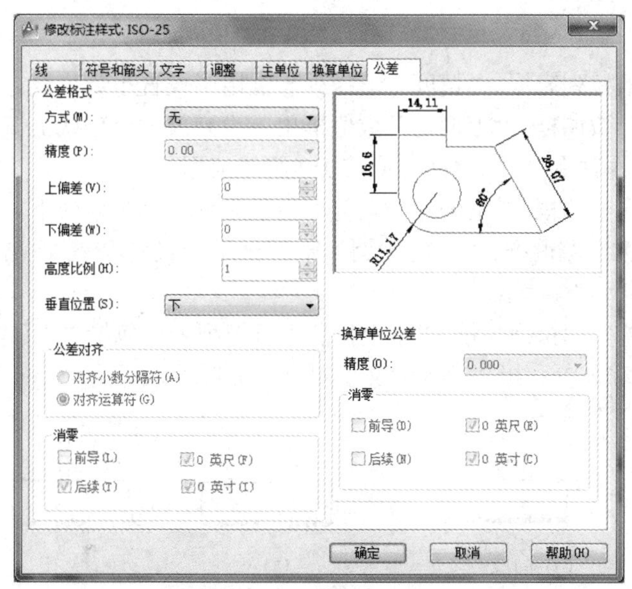

图 6-24　“公差”选项卡

下面对公差的格式及偏差设置进行详细说明。

1. “公差格式”选项组

(1) “方式”下拉列表框。“方式”下拉列表框包括“无”“对称”“极限偏差”“极限尺寸”和“基本尺寸”5 个选项，用于设置公差的计算方法和表现方式，如图 6-25 所示。

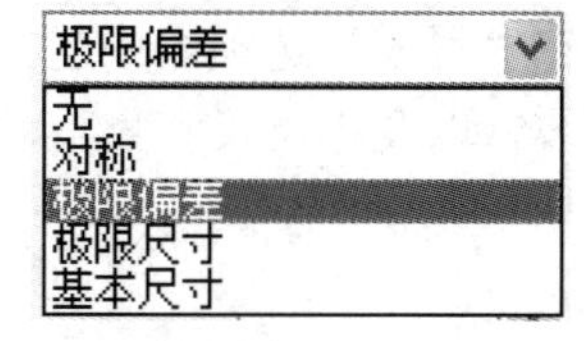

图 6-25　“方式”下拉列表框

在“方式”下拉列表框中，各项的意义如下：

① “无”选项。如果选择了该选项，那么就不添加公差，整个公差选项组除“垂直位置”下拉列边框外全部为灰色，表示不能进行设置。

② “对称”选项。“对称”选项用于添加正负公差的表达式，可以将单个变量值应用到标注的测量值。可在“上偏差”微调框中输入公差值，表达式将以“±”号连接数值。

③ “极限偏差”选项。“极限偏差”选项用于添加正负公差的表达式，可以将不同的正负变量值应用到标注测量值。正号“+”表示在“上偏差”微调框中输入的公差值；负号“–”表示在“下偏差”微调框中输入的公差值。

④ “极限尺寸”选项。“极限尺寸”选项用于创建最大值和最小值的极限标注，上面是最大值，其大小等于标注值加上在“上偏差”微调框中输入的值；下面是最小值，其大小等于标注值减去在“下偏差”微调框中输入的值。

⑤ “基本尺寸”选项。“基本尺寸”选项用于在整个标注范围周围绘制一个框。

以上 5 种情况显示效果如图 6-26 所示。

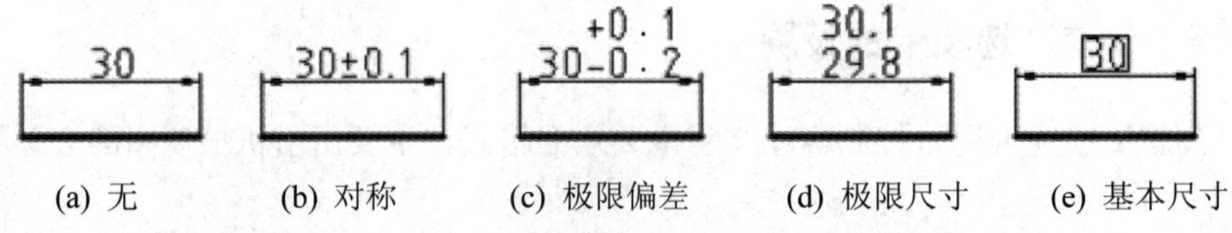

(a) 无 (b) 对称 (c) 极限偏差 (d) 极限尺寸 (e) 基本尺寸

图 6-26 “方式”下拉列表框中 5 种情况的显示效果

(2) “精度”下拉列表框。“精度”下拉列表框用于设置小数位数。

(3) “上偏差”微调框。“上偏差”数值框用于设置最大公差或上偏差。当在“方式”下拉列表框中选择“对称”时，AutoCAD 2012 将该值用作公差。

(4) “下偏差”微调框。“下偏差”数值框用于设置最小公差或下偏差。

(5) “高度比例”微调框。“高度比例”微调框用于设置公差文字的高度，如图 6-27 所示。

(6) “垂直位置”下拉列表框。“垂直位置”下拉列表框包括“上”“中”和“下”3 个选项，用于控制对称公差和极限公差的文字对正，如图 6-28 所示。

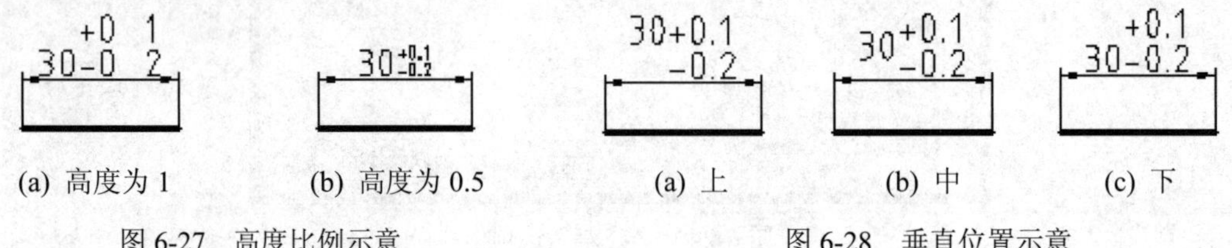

(a) 高度为 1 (b) 高度为 0.5

图 6-27 高度比例示意

(a) 上 (b) 中 (c) 下

图 6-28 垂直位置示意

2. “消零”选项组

在“消零”选项组中选择“前导”或“后续”复选框，用来设置控制不输出前导零和后续零，以及零英尺和零英寸部分。

6.3 尺寸标注

6.3.1 长度型尺寸标注

长度型尺寸标注主要有线性标注、对齐标注、连续标注、基线标注等。

1. 线性标注

线性标注用于标注水平或垂直方向的线性尺寸，操作时主要有以下 3 种方法：

(1) 选择“标注”→“线性”命令。

(2) 单击“标注”工具栏中的“线性”按钮 ⊢⊣。

(3) 输入“dimlinear”命令，并按 Enter 键。

选择“线性”命令后，命令行提示如下：

命令:_dimlinear

指定第一个尺寸界线原点或<选择对象>: (指定第一条尺寸界线的起点)

指定第二个尺寸界线原点: (指定第二条尺寸界线的起点)

指定尺寸线位置或

[多行文字(M)/文字(T)/角度(A)/水平(H)/垂直(V)/旋转(R)]:

(指定尺寸线的位置或输入选项)

通过移动光标指定尺寸线的位置可以标注水平或垂直尺寸，系统将标注自动测定的尺寸数字，如图6-29所示。

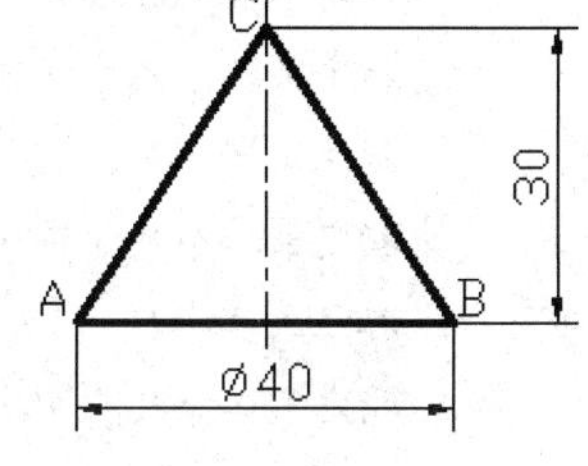

图6-29 线性标注

如果对标注的文字有特殊的设置，可通过设置相应的选项来实现，主要有以下6个选项：

(1) “多行文字(M)”选项。“多行文字(M)”选项用于通过多行文字编辑器输入特殊的尺寸标注。

(2) “文字(T)”选项。“文字(T)”选项用于用单行文字的方式重新输入标注尺寸。

(3) “角度(A)”选项。“角度(A)”选项用来指定标注尺寸数字的倾斜角度。

(4) “水平(H)”选项。“水平(H)”选项用于水平标注尺寸线。

(5) “垂直(V)”选项。“垂直(V)”选项用于垂直线性标注尺寸线。

(6) “旋转(R)”选项。“旋转(R)”选项用于指定尺寸线和尺寸界线，以尺寸线为零起点的旋转角度来标注。

2. 对齐标注

对齐标注是线性标注尺寸的一种特殊形式。在对直线段进行标注时，如果该直线的倾斜角度未知，那么使用线性标注的方法将无法得到准确的测量结果，这时可以使用对齐标注。

操作时，主要有以下3种方法：

(1) 选择“标注”→“对齐”命令。

(2) 单击“标注”工具栏中的“对齐”按钮。

(3) 输入命令“dimaligned”，并按Enter键。

选择“对齐”命令后，命令行提示如下：

命令:_dimaligned

指定第一个尺寸界线原点或<选择对象>: (指定第一条尺寸界线的起点)

指定第二个尺寸界线原点: (指定第二条尺寸界线的起点)

指定尺寸线位置或

[多行文字(M)/文字(T)/角度(A)]: (指定尺寸线的位置或输入选项)

移动光标指定尺寸线的位置，这时系统将自动标注测定的尺寸数字，如图6-30所示。

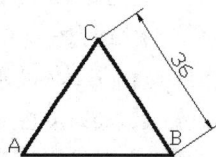

图6-30 对齐标注

3. 连续标注

如果要标注的第一条尺寸界线(起始界线)刚好是上一个标注的第二条尺寸界线(终止界线)时，可以使用连续标注。操作时，主要有以下3种方法：

(1) 选择“标注”→“连续”命令。

(2) 单击“标注”工具栏中的“连续”按钮 。

(3) 输入命令“dimcontinue”，并按 Enter 键。

在进行连续标注之前，必须先创建(或选择)一个线性、坐标或角度标注作为基准标注，以确定连续标注所需要的前一尺寸标注的尺寸界线，然后执行上述任何一种操作后，命令行提示如下：

命令:_dimcontinue

指定第二个尺寸界线原点或[放弃(U)/选择(S)]<选择>: (指定第二条尺寸界线的原点)

标注文字=32

指定第二个尺寸界线原点或[放弃(U)/选择(S)]<选择>: (指定另一第二条尺寸界线的原点)

标注文字=32

指定第二个尺寸界线原点或[放弃(U)/选择(S)]<选择>: (按 Esc 键或按两次 Enter 键退出，完成连续标注)

效果如图 6-31 所示。

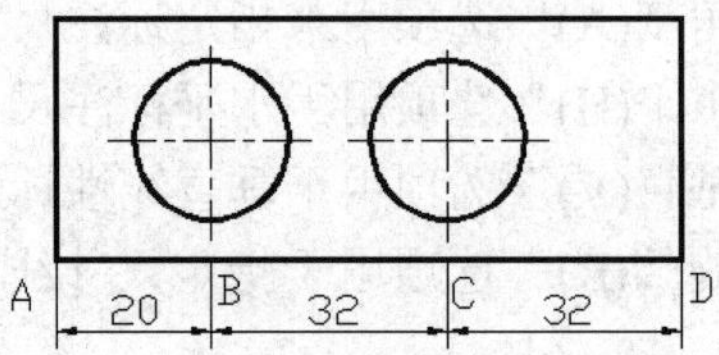

图 6-31　连续标注

4. 基线标注

如果需要标注的尺寸是基于同一条尺寸界线，可使用基线标注。操作时，主要有以下 3 种方法：

(1) 选择“标注”→“基线”命令。

(2) 单击“标注”工具栏中的“基线”按钮 。

(3) 输入命令“dimbaseline”，并按 Enter 键。

选择“基线”命令后，命令行提示如下：

命令:_dimbaseline

指定第二个尺寸界线原点或[放弃(U)/选择(S]<选择>:(指定第二条尺寸界线的原点)

标注文字=32

指定第二个尺寸界线原点或[放弃(U)/选择(S]<选择>:(指定第二条尺寸界线的原点)

标注文字=52

指定第二个尺寸界线原点或[放弃(U)/选择(S)]<选择>: (按 Esc 键或按两次 Enter 键退出，完成基线标注)

效果如图 6-32 所示。

注意：基线标注与连续标注一样，在进行基线标注之前也必须先创建(或选择)一个线性、坐标或角度标注作为基准标注，基线之间的距离可以通过“修改标注样式”对话框中的“线”选项卡中的“基线间距”微调框进行设置。

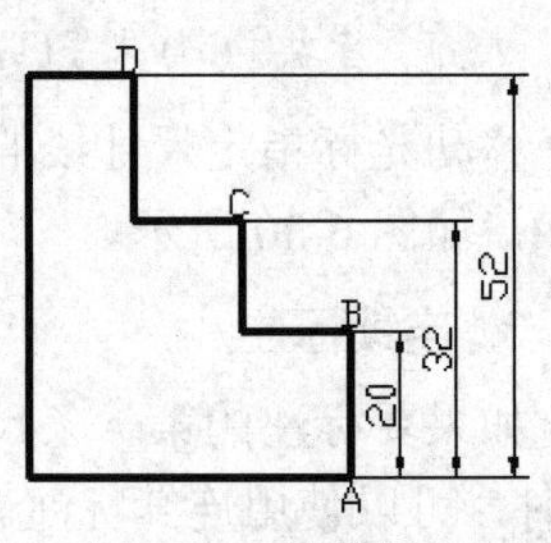

图 6-32　基线标注

6.3.2 半径标注

如果要标注圆和圆弧的半径，可以用半径标注。操作时，主要有以下3种方法：

(1) 选择“标注”→“半径”命令。

(2) 单击“标注”工具栏中的“半径”按钮。

(3) 输入命令“dimradius”，并按Enter键。

选择“半径”命令后，命令行提示如下：

```
命令:_dimradius
选择圆弧或圆:                                    (选择圆弧或圆)
标注文字=22
指定尺寸线位置或[多行文字(M)/文字(T)/角度(A)]:     (指定尺寸线的位置)
```

指定了尺寸线位置后，系统将按实际测量值标注圆或圆弧的半径。

用户也可以利用“多行文字(M)”“文字(T)”或“角度(A)”选项确定尺寸文字或尺寸文字的旋转角度。其中，通过“多行文字(M)”和“文字(T)”选项重新确定尺寸文字时，只有给输入的尺寸文字加前缀“*R*”，才能使标出的半径尺寸有半径符号*R*，否则就没有该符号。

半径标注如图6-33所示。

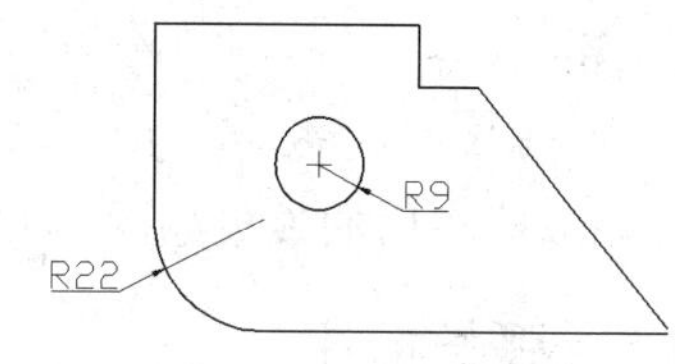

图6-33　半径标注

6.3.3 直径标注

如果要标注圆和圆弧的直径，可以用直径标注。操作时，主要有以下3种方法：

(1) 选择“标注”→“直径”命令。

(2) 单击“标注”工具栏中的“直径”按钮。

(3) 输入命令“dimdiameter”，并按Enter键。

直径标注的方法与半径标注的方法相同，输入命令后，当选择了需要标注直径的圆或圆弧后直接确定尺寸线的位置，系统将按实际测量值标注出圆或圆弧的直径。并且，当通过“多行文字(M)”和“文字(T)”选项重新确定尺寸文字时，需要在尺寸文字前加前缀“%%C”，这样才能使标出的直径尺寸有直径符号ϕ。

选择命令后，命令行提示如下：

```
命令: _dimdiameter          (选择直径标注命令)
选择圆弧或圆:               (选择小圆)
标注文字 =10                (系统自动标注测量值)
指定尺寸线位置或 [多行文字(M)/文字(T)/角度(A)]:
命令: _dimdiameter
选择圆弧或圆:               (选择大圆)
标注文字 =20                (系统自动标注测量值)
指定尺寸线位置或 [多行文字(M)/文字(T)/角度(A)]:
```

直径标注如图6-34所示。

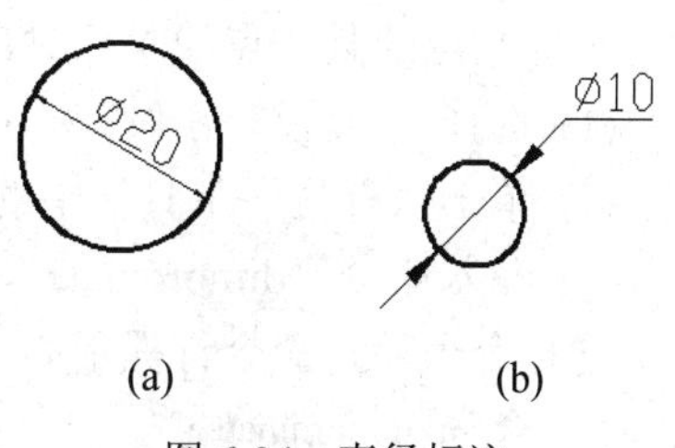

图6-34　直径标注

6.3.4　角度标注

如果需要标注两条直线之间的夹角或圆弧的圆心角，可以使用角度标注。操作时，主要有以下 3 种方法：

(1) 选择“标注”→“角度”命令。

(2) 单击“标注”工具栏中的“角度”按钮。

(3) 输入命令“dimangular”，并按 Enter 键。

选择命令后，命令行提示如下：

命令:_dimangular

选择圆弧、圆、直线或<指定顶点>:　(选择需标注角度的第一条直线)

选择第二条直线:　(选择需标注角度的第二条直线)

指定标注弧线位置或[多行文字(M)/文字(T)/角度(A)/象限点(Q)]:　(用光标指定标注线的位置)

标注文字=66

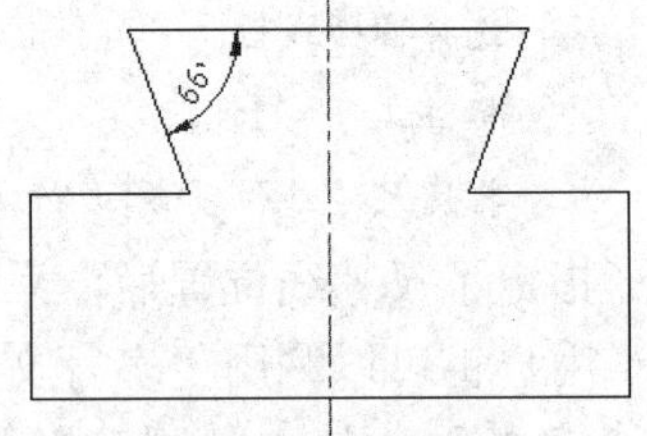

图 6-35　角度标注

完成标注后的效果如图 6-35 所示。

6.3.5　弧长标注

如果要标注圆弧的长度，可以使用弧长标注。操作时，主要有以下 3 种方法：

(1) 选择“标注”→“弧长”命令。

(2) 单击“标注”工具栏中的“弧长”按钮。

(3) 输入命令“dimarc”，并按 Enter 键。

输入命令后，命令行提示如下：

命令:_dimarc

选择弧线段或多段线弧线段:　(选择要标注弧长的圆弧)

指定弧长标注位置或[多行文字(M)/文字(T)/角度(A)/部分(P)/引线(L)]　(指定标注线的位置)

标注文字=33

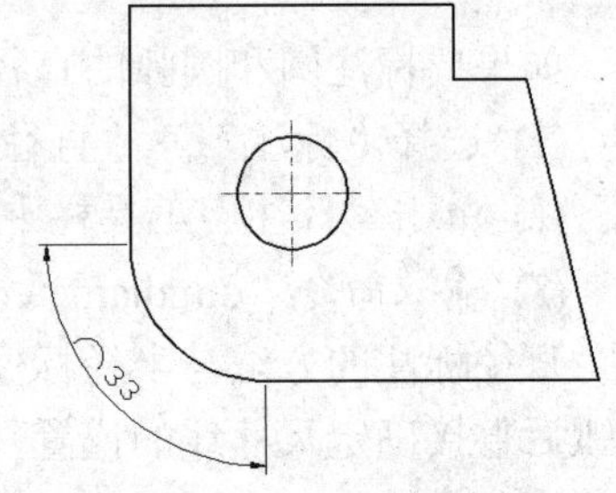

图 6-36　弧长标注后的效果

完成标注后的效果如图 6-36 所示。

6.3.6　坐标标注

坐标标注用于标注特征点的 X、Y 坐标，常与 UCS 命令配合使用。需要标注图形中相对于坐标原点的某一点的坐标时，可以使用坐标标注。操作时，主要有以下 3 种方法：

(1) 选择“标注”→“坐标”命令。

(2) 单击“标注”工具栏中的“坐标”按钮。

(3) 输入命令“dimordinate”，并按 Enter 键。

选择命令后，命令行提示如下：

命令:_dimordinate

指定点坐标:　(用光标指定要标注坐标的点)

指定引线端点或[X 基准(X)/Y 基准(Y)/多行文字(M)/文字(T)/角度(A)]:

(指定标注线的端点或输入选项，这里 X 基准(X)/Y 基准(Y)选项主要是确定标注 X 坐标还是 Y 坐标，其他选项与前面的操作相同)

标注文字=5140.42

完成标注后的效果如图 6-37 所示。

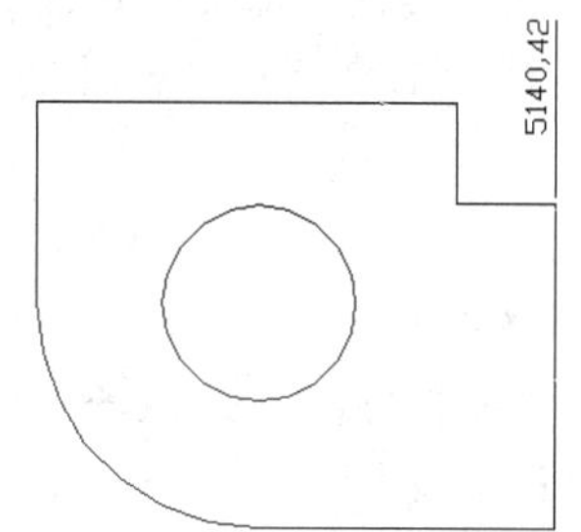

图 6-37　坐标标注完成后的效果

6.3.7　多重引线标注

多重引线标注方式是引线与说明的文字一起标注，常用于注释性文字、标注装配图的零件序号或对零件的技术要求进行引线说明。操作时，主要有以下两种方法：

(1) 选择“标注”→“多重引线”命令。

(2) 输入命令“mleader”，并按 Enter 键。

选择命令后，命令行提示如下：

命令:_mleader

指定引线箭头的位置或[引线基线优先(L)/内容优先(C)/选项(O)]<选项>:

(直接用光标指定引线箭头的位置或通过选项来设置引线的类型、最大点数、约束角度)

指定引线基线的位置:　　(用光标指定好基线位置后，会弹出多行文字编辑器，在其中输入相应的注释文字即可)

完成标注后的效果如图 6-38 所示。

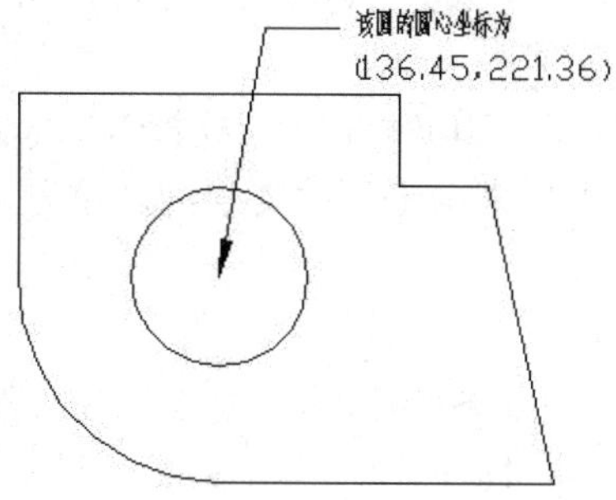

图 6-38　多重引线标注完成后的效果

如果要修改多重引线的样式，可以选择“格式”→“多重引线样式”命令，在弹出的“多重引线样式管理器”对话框中修改或新建多重引线的样式。

6.4　尺寸标注的编辑

对于图中已标注的尺寸，可以进行编辑修改。修改标注所应用的尺寸样式可以编辑标注，但所有应用此样式的标注都将发生变化；想要单独改变某一处标注尺寸的外观和文字，可以通过多种方法进行编辑。下面将详细介绍尺寸标注的编辑。

6.4.1　编辑标注

启用“编辑标注”命令有以下两种方法：

(1) 在“标注”工具栏中单击“编辑标注”按钮。

(2) 输入命令“dimedit”，并按 Enter 键。

选择“编辑标注”命令后，命令行提示如下：

输入标注编辑类型[默认(H)/新建(N)/旋转(R)/倾斜(O)]<默认>:
　　(输入选项)

选择对象:　　(选择需要修改的标注对象)

其中，各选项的含义如下：

(1) “默认(H)”选项。“默认(H)”选项用于将所选的尺寸退回到未编辑的状况。

(2) “新建(N)”选项。“新建(N)”选项用于用新的尺寸数字代替所选的尺寸数字。

(3) “旋转(R)”选项。“旋转(R)”选项用于将所选的尺寸数字旋转指定的角度。

(4) “倾斜(O)”选项。“倾斜(O)”选项用于将所选的尺寸界线倾斜指定的角度。

6.4.2　编辑标注文字的位置和精度

1. 编辑标注文字的位置

修改标注文字的位置，可以选择“对齐文字”命令。启用“对齐文字”命令有以下两种方法：

(1) 选择“标注”→“对齐文字”命令，然后在下拉子菜单中选择所需的选项。

(2) 在“标注”工具栏中单击“编辑标注文字”按钮。

选择命令后，命令行提示如下：

为标注文字指定新位置或[左对齐(L)/右对齐(R)/居中(C)/默认(H)/角度(A)]:

默认情况下可以通过拖动光标来确定尺寸文字的新位置，也可以通过输入相应的选项指定标注文字的新位置。

其中，各选项的含义如下：

(1) “左对齐(L)”选项。“左对齐(L)”选项用于沿尺寸线左对正所选择的标注文字。本选项只适用于线性、直径和半径标注。

(2) “右对齐(R)”选项。“右对齐(R)”选项用于沿尺寸线右对正所选择的标注文字。本选项只适用于线性、直径和半径标注。

(3) “居中(C)”选项。“居中(C)”选项用于将所选择的标注文字放在尺寸线的中间。

(4) “默认(H)”选项。“默认(H)”选项用于将所选择的标注文字移回默认位置。

(5) “角度(A)”选项。“角度(A)”选项用于修改所选择的标注文字的角度，但文字的中心点不会改变。如果移动了文字或重生成了标注，由文字角度设置的方向将保持不变。

2. 编辑标注文字的精度

如果需要修改标注文字的小数位数，可选中需要修改的标注并右击，在弹出的快捷菜单中选择“精度”命令，然后根据需要在弹出的子菜单中选择相应的精度。

6.4.3 替代标注

选择“标注”→“替代”命令，可以临时修改尺寸标注的系统变量设置，并按该设置修改尺寸标注。该操作只对指定的尺寸对象作修改，并且修改后不影响原系统的变量设置。选择该命令后，命令行提示如下：

命令：_dimoverride

输入要替代的标注变量名或 [清除替代(C)]:

默认情况下输入要修改的系统变量名，并为该变量指定一个新值，然后选择需要修改的对象，这时指定的尺寸对象将按新的变量设置作相应的更改。如果在命令提示下输入“C”，并选择需要修改的对象，则可以取消用户已作的修改，并将尺寸对象恢复成在当前系统变量设置下的标注形式。

6.4.4 尺寸关联

尺寸关联是指所标注尺寸与被标注对象有关联关系。如果标注的尺寸值是按自动测量值标注，且尺寸标注是按尺寸关联模式标注的，那么改变被标注对象的大小后，相应的标注尺寸也将发生改变，即尺寸界线、尺寸线的位置都将改变到相应的新位置，尺寸值也将改变成新的测量值。同理，改变尺寸界线起始点的位置，尺寸值也会发生相应的变化，如图 6-39 所示。

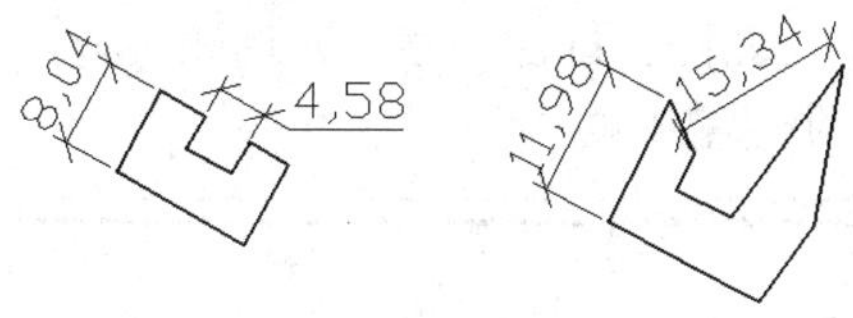

图 6-39 关联标注

操作时，选择“标注”→“重新关联标注”命令，或输入命令“dimreassociate”，命令行提示如下：

命令:_dimreassociate

选择要重新关联的标注...

选择对象或 [解除关联(D)]: (选择需要关联的标注对象，选择后系统会提示“找到×个”)

指定第一个尺寸界线原点或[选择对象(S)]<下一个>:

(用光标选择第一个尺寸界线原点)

指定第二个尺寸界线原点<下一个>: (用光标选择第二个尺寸界线原点)

然后继续选择下一个尺寸标注的第一个尺寸界线原点、第二个尺寸界线原点，直至完毕。

6.5　上 机 实 训

实训 1　建立符合建筑制图标准的尺寸标注样式。

实训内容：

尺寸标注样式的设置，创建一个或多个符合行业、项目或国家标准的尺寸标注样式来标注尺寸。

操作提示：

按照《房屋建筑制图统一标准》(GB/T 50001—2010)和《建筑制图标准》(GB/T 50104—2010)中的有关规定，按 1∶1 的比例建立线性、圆弧和角度尺寸的标注样式。相对于默认的 ISO-25 基础样式而言，新样式仅修改与基础样式特性不同的特性，即以下内容必须设置。

(1) “基线间距”为 8～10。

(2) “超出尺寸线”为 2.5、“起点偏移量”为 2.5。

(3) 线性尺寸箭头形式为“建筑标记”，圆弧、角度的尺寸箭头形式为“实心闭合”。

(4) 尺寸文字的高度为 3.5，尺寸文字的字体建议采用国标直体(gbenor.shx)或国标斜体(gbeitc.shx)。

(5) “使用全局比例”按出图比例调整。例如，按 1∶2 出图就应该将全局比例放大 2 倍，即设置“使用全局比例”为 2。

(6) 尺寸文字的“单位格式”为“小数”，“精度”为 0。

(7) “测量单位比例”按画图比例调整。例如，按 1∶100 画图，在标注尺寸时就应该将测量单位比例放大 100 倍，即设置“比例因子”为 100。

实训 2　绘制拱桥立面图并标注尺寸。

实训内容：

绘制图 6-40 所示的拱桥立面图并标注尺寸。通过此实训，掌握尺寸标注样式的设置方法、尺寸标注的方法和尺寸标注编辑的方法。

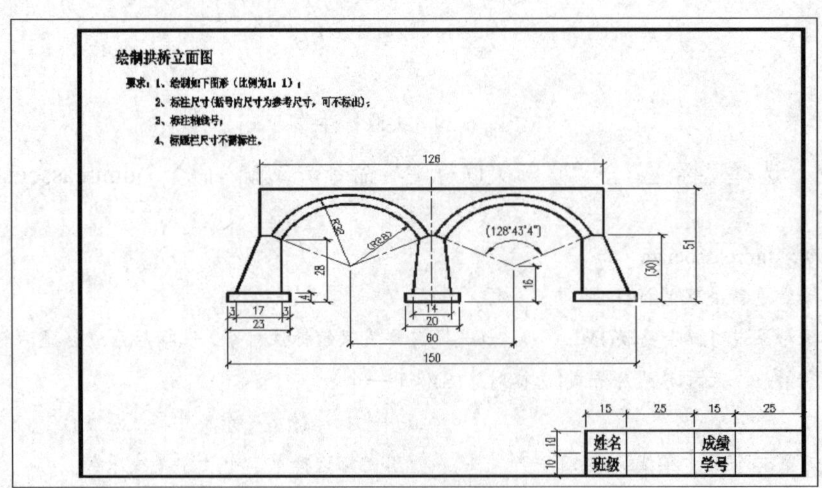

图 6-40　实训 6-2 用示例图形

操作提示：

(1) 自定义比例，在A3幅面上绘制拱桥立面图。

(2) 根据需要建立图层。各图层的名称、颜色、线型和线宽见表6-1。

表6-1 各图层的名称、颜色、线型和线宽

名 称	颜色	线 型	线 宽
粗实线	白色	Continuous	0.50 mm
细实线	白色	Continuous	默认
点画线	红色	Center	默认
虚线	红色	Hidden	默认
文字注释	绿色	Continuous	默认
尺寸标注	红色	Continuous	默认
图框标题栏	白色	Continuous	默认

(3) 建立尺寸标注样式，并在尺寸标注层上标注所示图形的尺寸。尺寸数字的高度为3，箭头大小为3，其他的根据图确定。

(4) 建立文字样式“工程字”，字的高度根据标题栏的高度确定，并按要求填写标题栏，文字置于文字注释层。

第7章　图　块

在绘制图形时，如果有大量相同或相似的内容，如房屋建筑图中的门、窗、标高和土木工程的示坡线等，AutoCAD 2012 的图块功能可将它们组成一个块，在有需要的地方直接插入，也可以将已有的图形文件直接插入到当前图形中，这样可以节省许多时间，从而提高绘图效率。

7.1　图块的创建和插入

7.1.1　图块的概述

1. 图块的概念

图块(简称块)是由一个或多个对象组成的具有块名的集合。通过建立图块，用户可以将多个对象作为一个整体来操作，随时将图块作为单个对象插入到当前图形中的指定位置，而且在插入时可以指定不同的缩放系数和旋转角度。图块是一个整体，图 7-1 所示为选择非图块的效果，图 7-2 所示为选择图块的效果，另外，图块在图形中可以被移动、删除和复制。如果图块的定义改变了，所有在图中对于图块的参照都将更新，以体现图块的变化。

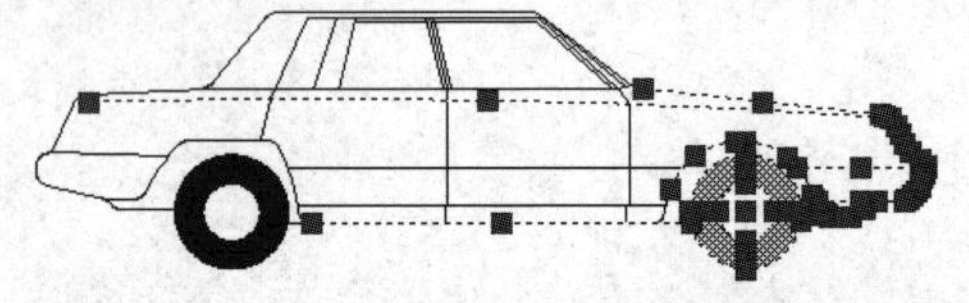

图 7-1　选择非图块的效果

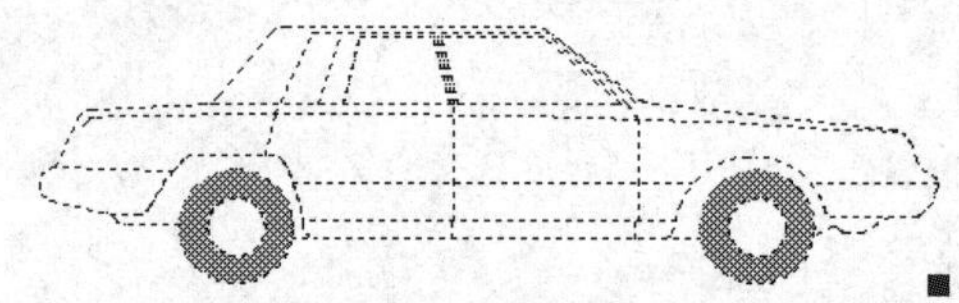

图 7-2　选择图块的效果

图块可用“wblock”命令建立，也可以用“block”命令建立。两者之间的主要区别是：“wblock”称为“写块”，并以图形文件的方式命名保存，可被插入到建立它的图形或任何其他图形文件中；“block”称为“创建块”，只能插入到建立它的图形文件中。

2. 图块的优点

图块的优点主要体现在以下 4 个方面：

(1) 可以保存，以备以后使用。把在绘制工程图过程中需要经常使用的某些图形结构定义成图块并保存在磁盘中，就可以建立图形库。在绘制工程图时，可以将需要的图块从图形库中调出，插入到图形中，从而提高工作效率。

(2) 节省存储空间。每个图块在图形文件中只存储一次，在多次插入时，计算机只保留有关的插入信息(图块名、插入点、缩放比例、旋转角度等)，而不需要把整个图块重复存储，这样就节省了磁盘的存储空间。

(3) 方便修改图形。当某个图块被修改后，则所有原先插入到图形中的该图块将全部随之自动更新，这样就使图形的修改更加方便。

(4) 可定义不同属性值，为数据分析提供原始的数据。有时图块中需要增添一些文字信息，这些图块中的文字信息称为图块的属性。AutoCAD 2012 允许为图块增添属性并可以设置可变的属性值，每次插入图块时不仅可以对属性值进行修改，而且还可以从图中提取这些属性并将它们传递到数据库中。

7.1.2　图块的创建

创建图块前应绘制所需的图形对象。“创建块”命令可将选择的图形对象在当前图形文件中创建为内部图块，它保存于当前图形中，并且只能在当前图形中通过“插入块”命令被引用，不能用于其他图形。

可通过以下 3 种方法创建块：

(1) 选择“绘图”→“块”→“创建”命令。

(2) 单击“绘图”工具栏中的“创建块”按钮。

(3) 输入命令“block”、“bmake”或“B”，并按 Enter 键。

执行上述任何一种操作后，系统会弹出“块定义”对话框，如图 7-3 所示。

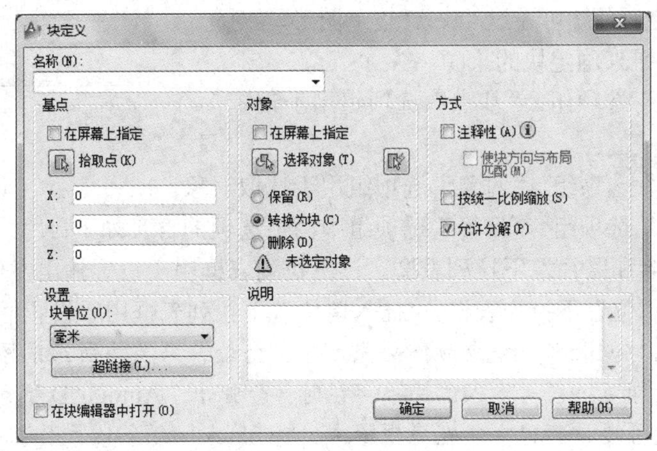

图 7-3　“块定义”对话框

该对话框中部分选项的含义如下：

(1) “名称”下拉列表框。“名称”下拉列表框用于指定新建图块的名称。

(2) “基点”选项组。“基点”选项组用于设置插入的基点。可以在 X、Y、Z 文本框中直接输入插入点的 X、Y、Z 坐标值，也可以单击“拾取点”按钮，直接在绘图区中点取。理论上可以选取任意一点作为插入点，但在实际操作中建议用户选取实体的特征点作为插入点，如中心点、右下角等。

(3) “对象”选项组。单击“选择对象”按钮，切换到绘图区，在绘图区中选择构成图块的图形对象。该选项组中几个选项的含义如下：

① “保留”单选按钮。“保留”单选按钮用于保留显示所选取的要定义块的实体图形。

②“转换为块”单选按钮。“转换为块”单选按钮用于将选取的实体转化为块。

③“删除”单选按钮。“删除”单选按钮用于删除所选取的实体图形。

(4) “块单位”下拉列表框。“块单位”下拉列表框用于设置插入块的单位，用户可根据需要选择。

(5) “说明”文本框。可以在该文本框中详细描述所定义图块的信息。

提示：图块的名称不能与已有的图块名相同。用“block”或“bmake”命令创建的块只能在创建它的图形中应用。

7.1.3 写块

在绘图过程中，有时用户需要调用别的图形中所定义的块。AutoCAD 2012 提供了“wblock”命令来解决这个问题，把定义的块作为一个独立图形文件写入磁盘中。

创建块文件的方法是：输入命令“wblock”或“W”，并按 Enter 键，将会弹出“写块”对话框，如图 7-4 所示。

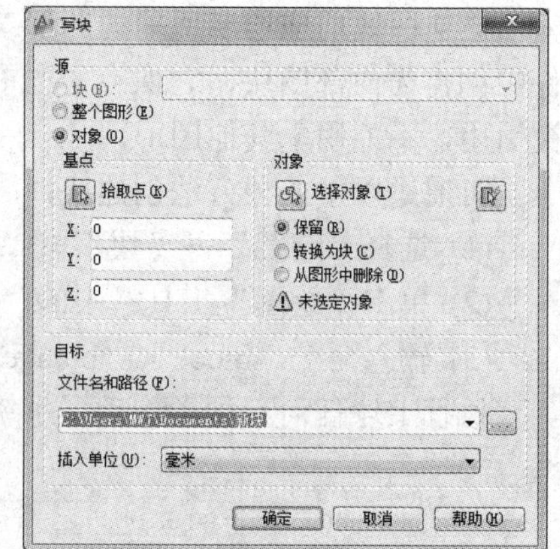

图 7-4　“写块”对话框

该对话框中各选项的含义如下：

(1) “源”选项组。可通过“块”“整个图形”“对象”3 个单选按钮来确定块的来源。

(2) “基点”选项组。“基点”选项组用于设置插入的基点。

(3) “对象”选项组。“对象”选项组用于选取对象。

(4) “目标”选项组。“目标”选项组中两个选项的含义如下：

① “文件名和路径”下拉列表框。该下拉列表框用于设置输出文件名及路径。

② “插入单位”下拉列表框。“插入单位”下拉列表框用于设置插入块的单位。

提示：启用“wblock”命令时不必先定义一个块，只要将所选的图形实体作为一个图块保存在磁盘上即可。当所输入的块不存在时，会弹出“AutoCAD 提示信息”对话框，提示块不存在、是否要重新选择。在多视窗中，“wblock”命令只适用于当前窗口。

7.1.4 图块的插入

创建图块后，可使用“insert”命令在当前图形或其他图形文件中插入块。无论块或所插入的图形多么复杂，AutoCAD 2012 都将它们作为一个单独的对象。如果用户需编辑其中的单个图形元素，就必须分解图块或文件块。

在插入块时需确定以下几组特征参数，包括要插入的块名、插入点的位置、插入的比例系数以及图块的旋转角度。

可通过以下 3 种方法打开“插入”对话框：

(1) 选择“插入”→“块”命令。

(2) 单击“绘图”工具栏中的“插入块”按钮 。

(3) 输入命令“insert”，并按 Enter 键。

执行上述任何一种操作后，将弹出“插入”对话框，如图 7-5 所示。

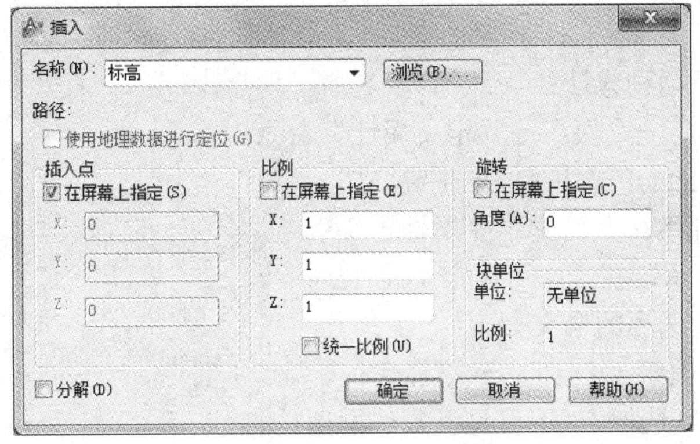

图 7-5　“插入”对话框

该对话框中各选项的含义如下：

(1) “名称”下拉列表框。该下拉列表框的下拉列表中列出了图样中的所有图块，可以从中选择需要插入的块。如果要把其他的图形文件插入到当前图形中，可以单击“浏览”按钮，然后在弹出的“选择图形文件”对话框中选择要插入的图形文件。

(2) “插入点”选项组。“插入点”选项组用于确定图块的插入点。可直接在 X、Y、Z 文本框中输入插入点的绝对坐标值，或是选中“在屏幕上指定”复选框，然后在屏幕上指定。

(3) “比例”选项组。“比例”选项组用于确定块的缩放比例。可直接在 X、Y、Z 文本框中输入沿这 3 个方向的缩放比例因子，也可选中“在屏幕上指定”复选框，然后在屏幕上指定。

选中“统一比例”复选框时，可使块沿 X、Y、Z 方向的缩放比例都相同。

(4) “旋转”选项组。“旋转”选项组用于指定插入块时的旋转角度。可在“角度”文本框中直接输入旋转角度值，或是通过选中“在屏幕上指定”复选框在屏幕上指定。

(5) “块单位”选项组。该选项组用于设置块的单位和比例。

(6) “分解”复选框。若选中了该复选框，则系统在插入块的同时将块对象进行分解。

7.2　图块的属性

在 AutoCAD 2012 中，可以使块附带属性，属性类似于商品的标签，包含了图块所不能表达的其他各种文字信息，如材料、型号和制造者等，存储在属性中的信息一般成为属性值。当用“block”命令创建块时，将已定义的属性与图形一起生成块，这样块中就包含了属性，当然，用户也能仅将属性本身创建成一个块。

属性是块中的文本对象，它是块的组成部分。属性从属于块，当选择“删除”命令删除块时，属性也一同被删除。

属性有助于用户快速产生关于设计项目的信息报表，或者作为一些符号块的可变文字信息。属性也常用来预定义文本位置、内容或提供文本缺省值等，如把标题栏中的一些文字项目定制成属性对象，就能方便地填写或修改。

7.2.1　定义属性

定义属性有以下两种方法：

(1) 选择“绘图”→“块”→“定义属性”命令。

(2) 输入命令“attdef”，并按 Enter 键。

选择“定义属性”命令后弹出“属性定义”对话框，如图 7-6 所示，在其中可以定义属性。

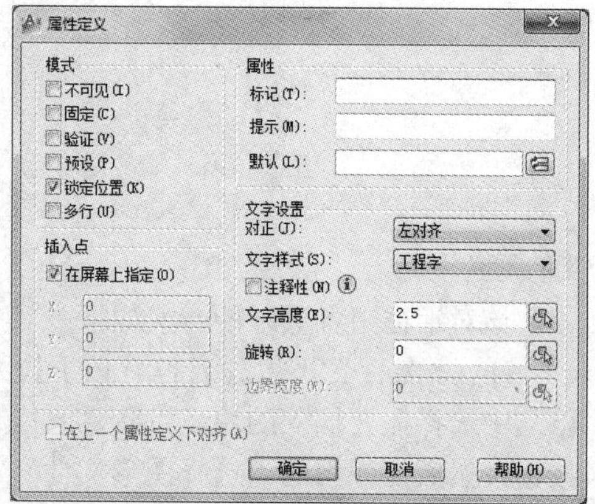

图 7-6　“属性定义”对话框

该对话框中常用选项的含义如下：

(1) “模式”选项组。

① “不可见”复选框。“不可见”复选框用于控制属性值在图形中的可见性。如果要使图中包含属性信息，但不想使其在图形中显示出来，就选中该复选框。

② “固定”复选框。选中该复选框，属性值将为常量。

③ “验证”复选框。“验证”复选框用于设置是否对属性值进行校验。如果选中该复选框，则插入块并输入属性值后，AutoCAD 2012 将再次给出提示，提示用户校验输入的值是否正确。

④ “预设”复选框。“预设”复选框用于设定是否将实际属性值设置成默认值。若选中此复选框，则插入块时，AutoCAD 2012 将不再提示用户输入新属性值，实际属性值为“默认”文本框中的默认值。

(2) “插入点”选项组。

① “在屏幕上指定”复选框。选中该复选框，AutoCAD 2012 将切换到绘图区，并提示“起点”。指定属性的放置点后，按 Enter 键返回“属性定义”对话框。

② X、Y、Z 文本框。可在这 3 个文本框中分别输入属性插入点的 X、Y 和 Z 坐标值。

(3) “属性”选项组。

① “标记”文本框。该文本框用于设置属性的标志。

② “提示”文本框。该文本框用于输入属性提示。

③ “默认”文本框。该文本框用于设置属性的默认值。

(4) “文字设置”选项组。

① “对正”下拉列表框。该下拉列表框中包含了 10 多种属性文字的对齐方式。

② “文字样式”下拉列表框。该下拉列表框用于设置文字样式。

③ “文字高度”文本框。可直接在该文本框中输入数值，或单击“文字高度”按钮，切换到绘图区，在绘图区中拾取两点以指定文字的高度。

④ “旋转”文本框。此文本框用于设置属性文字的旋转角度。

提示：属性标记由字母、数字、字符等组成，但是字符之间不能有空格，且属性标记是必填项。

7.2.2　编辑属性

1. 编辑属性定义

创建属性后，在属性定义与块相关联之前(只定义了属性但没定义块时)可对其进行编辑，其方法有以下两种：

(1) 选择“修改”→“对象”→“文字”→“编辑”命令。

(2) 输入命令“ddedit”，并按 Enter 键。

执行上述任何一种操作后，AutoCAD 2012 将提示“选择注释对象或[放弃(U)]：”，选取属性定义标记后，弹出“编辑属性定义”对话框，如图 7-7 所示。在此对话框中可修改属性定义的标记、提示及默认值。

此外，可以选择启动“特性”面板，在其中修改属性定义的更多项目，方法有以下两种：

(1) 单击“标准”工具栏中的“特性”按钮 。

(2) 输入命令“ddmodify”，并按 Enter 键。

执行上述任何一种操作后都会弹出“特性”面板，如图 7-8 所示。该面板的“文字”区域中列出了属性定义的标记、提示、样式和方向等，在其中进行修改即可。

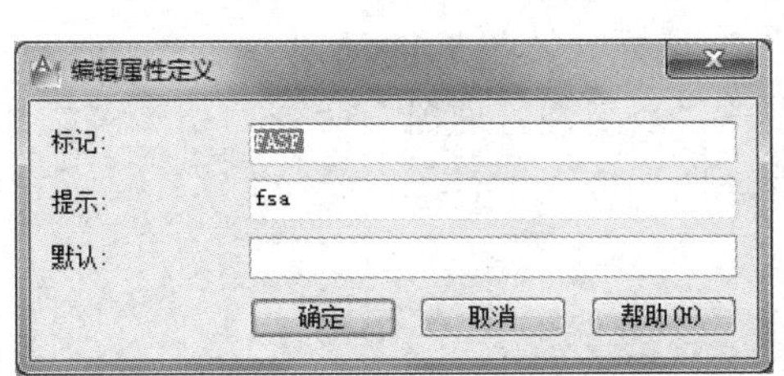

图 7-7　“编辑属性定义”对话框

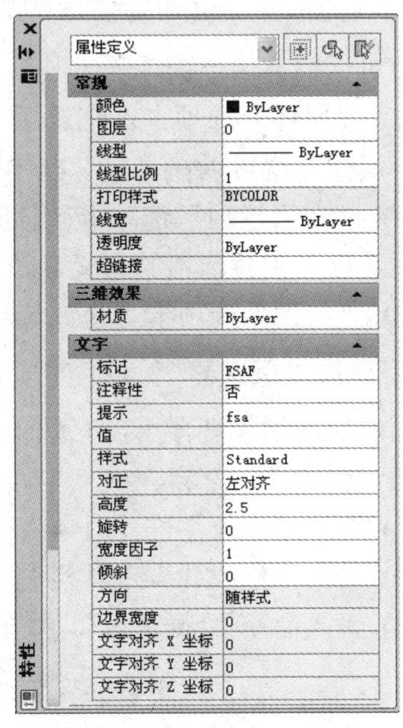

图 7-8　“特性”对话框

2. 编辑块的属性

与插入到块中的其他对象不同，属性可以独立于块而单独进行编辑。用户可以集中地编辑一组属性。在 AutoCAD 2012 中编辑属性的命令有“ddatte”和“attedit”两个。其中，“ddatte”命令可编辑单个的、非常数的、与特定的块相关联的属性值；而“attedit”命令可以独立于块，编辑单个属性或全局属性。

(1) “ddatte”命令。用户可以输入命令“ddatte”，选择块以后，系统将会弹出“编辑属性”对话框，如图 7-9 所示。

(2) “attedit”命令。若属性已被创建为块，则可选择“attedit”命令编辑属性值及属性的其他特性。除了“attedit”命令，还可使用以下两种方法：

① 选择“修改”→“对象”→“属性”→“单个”命令。

② 单击“修改Ⅱ”工具栏中的“编辑属性”按钮。

执行上述任何一种操作后，系统会提示“选择块:”，选择要编辑的图块后，弹出“增强属性编辑器”对话框，如图 7-10 所示，在此对话框中可对块的属性进行编辑。

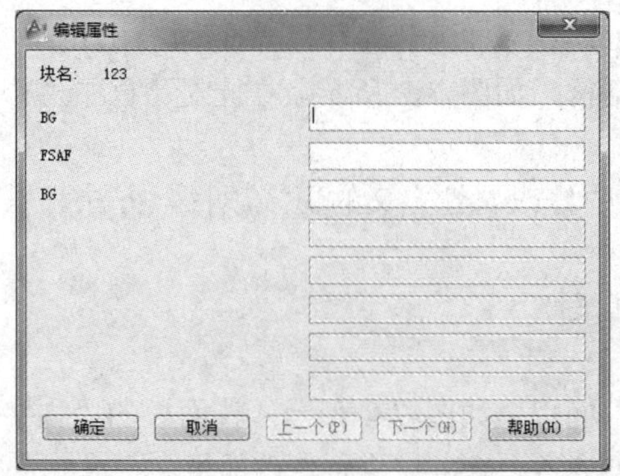

图 7-9　“编辑属性”对话框

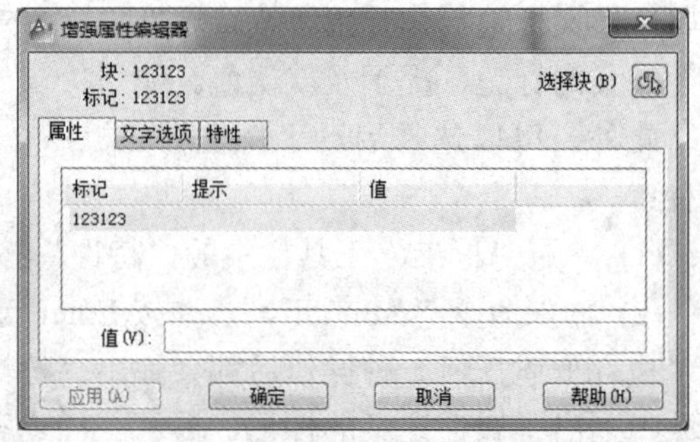

图 7-10　“增强属性编辑器”对话框

该对话框有 3 个选项卡，其含义分别如下：

(1) “属性”选项卡。该选项卡列出了当前块对象中各个属性的标记、提示和值。选中某一属性，就可以在“值”框中修改属性的值。

(2) “文字选项”选项卡。该选项卡用于修改属性文字的一些特性，如文字样式、字高等。选项卡中各选项的含义与“文字样式”对话框中同名选项的含义相同。

(3) “特性”选项卡。在该选项中可以修改属性文字的图层、线型和颜色等。

3. 块属性管理器

通过块属性管理器可以有效地管理当前图形中所有块的属性，并能进行编辑。执行以下任意一种操作，都会弹出“块属性管理器”对话框，如图 7-11 所示。

(1) 选择“修改”→“对象”→“属性”→“块属性管理器”命令。

(2) 单击“修改Ⅱ”工具栏的“块属性管理器”按钮。

(3) 输入命令“battman”，并按 Enter 键。

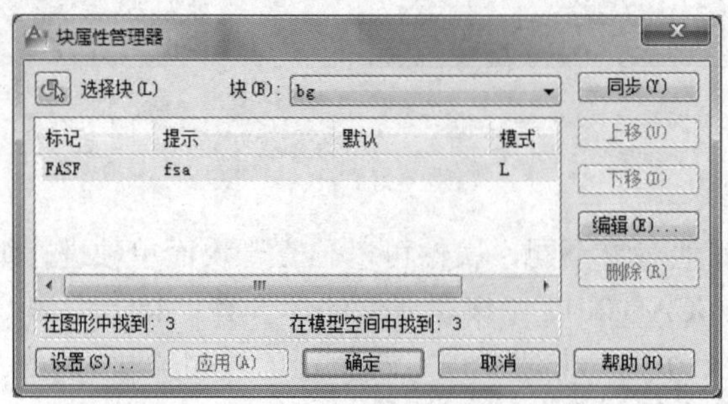

图 7-11　“块属性管理器”对话框

该对话框中常用选项的含义如下：

(1) “选择块”按钮。“选择块”按钮用于选择要操作的块。单击该按钮，切换到绘图区，系统提示“选择块:”，选择块后，返回“块属性管理器”对话框。

(2) “块”下拉列表框。“块”下拉列表框用于选择要操作的块。该下拉列表框中显示了当前图形中所有具有属性的图块名称。

(3) “同步”按钮。如果用户修改了某一属性定义，单击此按钮将更新所有块对象中的属性定义。

(4) “上移”按钮。如果在属性列表中选中一个属性行，单击此按钮，则该属性行向上移动一行。

(5) “下移”按钮。如果在属性列表中选中一个属性行，单击此按钮，则该属性行向下移动一行。

(6) “编辑”按钮。单击此按钮，打开“编辑属性”对话框。该对话框有 3 个选项卡，分别为“属性”“文字选项”“特性”选项卡。这些选项卡的功能与“增强属性编辑器”对话框中同名选项卡的功能类似，这里不再赘述。

(7) “删除”按钮。“删除”按钮用于删除属性列表中选中的属性定义。

(8) “设置”按钮。单击此按钮，弹出“设置”对话框，在该对话框中，可以设置在“块属性管理器”对话框的属性列表中显示的内容。

7.3　图块的应用实例

7.3.1　示坡线的绘制

围墙、护坡和挡土墙三种图例的结构特点相同，都是沿直线或曲线均匀分布着直线或方框，因而都可以采用相同的画法：先画出直线或曲线，再画均匀分布的直线或方框，将它们定义为图块，用“等分”命令插入块；如果图例沿直线均匀分布，还可以不定义图块，用“阵列”命令生成这些直线或方框。

经验之谈：有规律排列的图形首先考虑用“图案填充”命令，如果不能解决问题，可以用阵列或点的“定距等分”或“定数等分”命令和图块的综合运用来实现。如图 7-12 所示的绿化带的小草和灌木及公路旁边的示坡线都是有规律排列的图形，只有小草用图案填充命令，其他图形用“定距等分”或“定数等分”和“图块”命令来绘制。图 7-13 和图 7-14 所示的图形均用“定距等分”或“定数等分”和“图块”命令来绘制。

图 7-12　图块的应用——公路

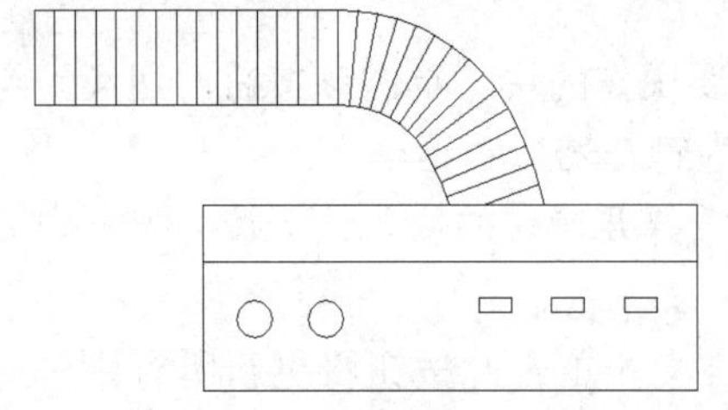
图 7-13　抽油烟机

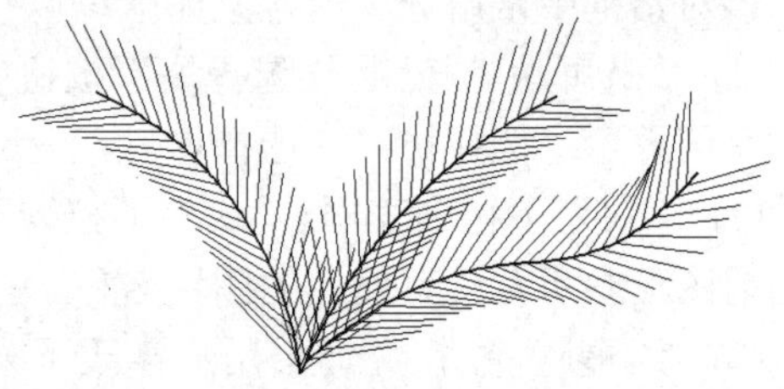
图 7-14　图块的应用

以下绘制图 7-12 所示的示坡线。

首先用多段线绘制马路边线，如图 7-15 所示；然后用“圆角”命令倒圆角，如图 7-16 所示；定义图 7-17 的两条直线为图块，两条线之间的距离为 18，图名为“w”，基点为两条线的下端点的任一端点。

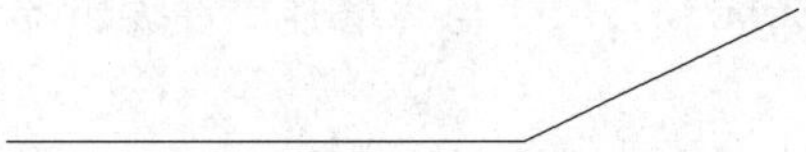

图 7-15　用多线段命令绘制马路边线

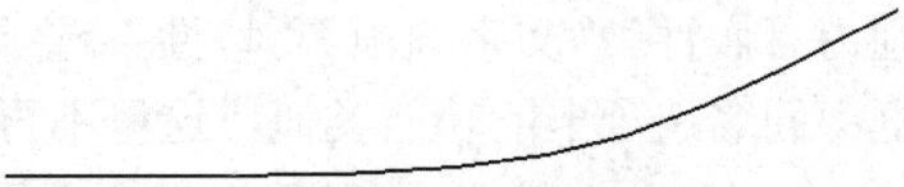

图 7-16　用圆角命令对马路边线进行圆角

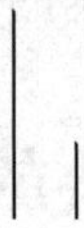

图 7-17　示坡线图块(为了看清楚放大)

命令行提示：

命令：_measure：回车

选择要定距等分的对象：　　用鼠标左键拾取图 7-17 中的线段

指定线段长度或 [块(B)]：b 回车

输入要插入的块名：w 回车

是否对齐块和对象？[是(Y)/否(N)] <Y>：回车　　保持图块与插入的位置的切线垂直

指定线段长度：36　　结果如图 7-18 所示

提示：图 7-19 所示的示坡线的下半部分绘制方法基本同上半部分，不同的是仍需建立新图块。新图块用原图块镜像即可。

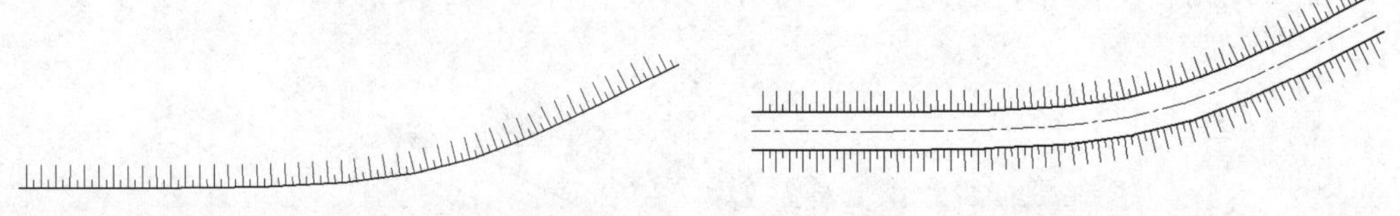
图 7-18　用定距等分命令等分马路边线　　图 7-19　图块的应用—示坡线

7.3.2　公路公里桩

图 7-20 是公路的公里桩，是用于表明公路里程的一种标记，沿公路每隔 1 公里的里程

设置一个公里桩。首先绘制公里桩符号，然后利用图块创建“block”命令定义成块，最后利用定距等分“measure”命令将公里桩插入到道路线路中。

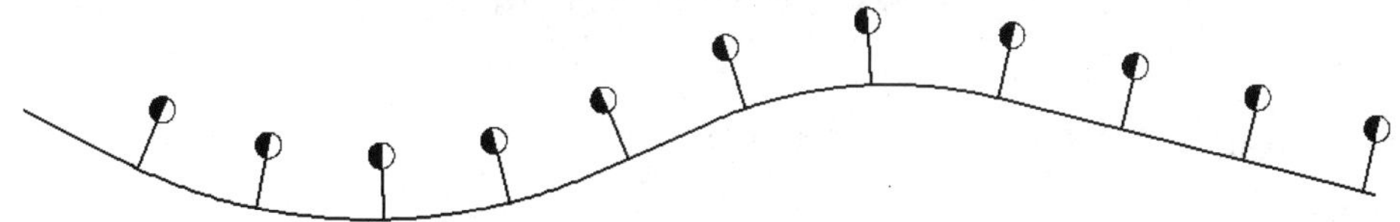

图 7-20　公里桩

(1) 绘制公路里程标并定义为块，如图 7-21 所示。

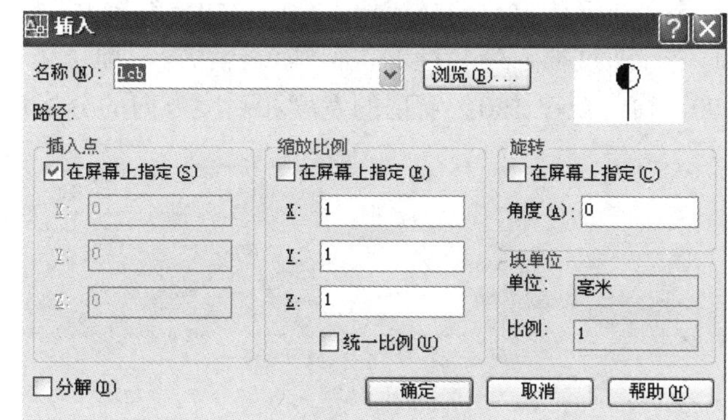

图 7-21　绘制里程标、定义块

(2) 绘制道路线路曲线，如图 7-22 所示。

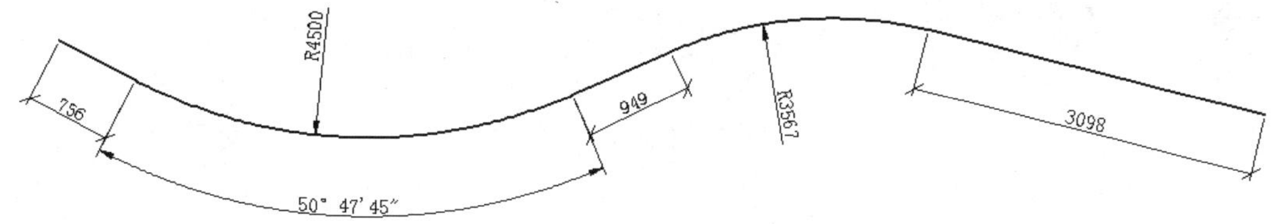

图 7-22　道路线路曲线

(3) 利用“定距等分”命令插入公里桩，如图 7-23 所示。操作如下：

命令：measure	调用“定距等分”命令
选择要定距等分的对象：选择道路曲线	选择要定距等分的对象
指定线段长度或 [块(B)]：B	选择用图块等分的方式
输入要插入的块名： lcb	输入里程标的块名
是否对齐块和对象？[是(Y)]：Y	选择对齐方式
指定线段长度： 1000	输入线路上公里桩之间的间隔长度

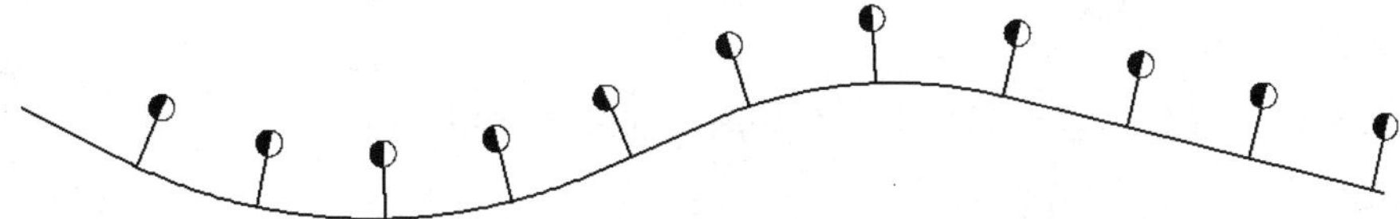

图 7-23　用定距等分插入公里

7.4　上机实训

实训 1　绘制房屋立面图，如图 7-24 所示。

目的要求：

通过本实训，练习图块和属性块的创建方法。

绘图要求：

绘制图示窗户并将该窗户定义成块，利用该块绘制图 7-24 所示房屋立面图，将标高定义成带属性的块，通过插入带属性的块标注窗台、窗户顶、墙顶、室外地面标高。窗户宽 1500，高 1800，窗台板厚 120，窗扇的宽度和高度方向的分格均按三等分处理。

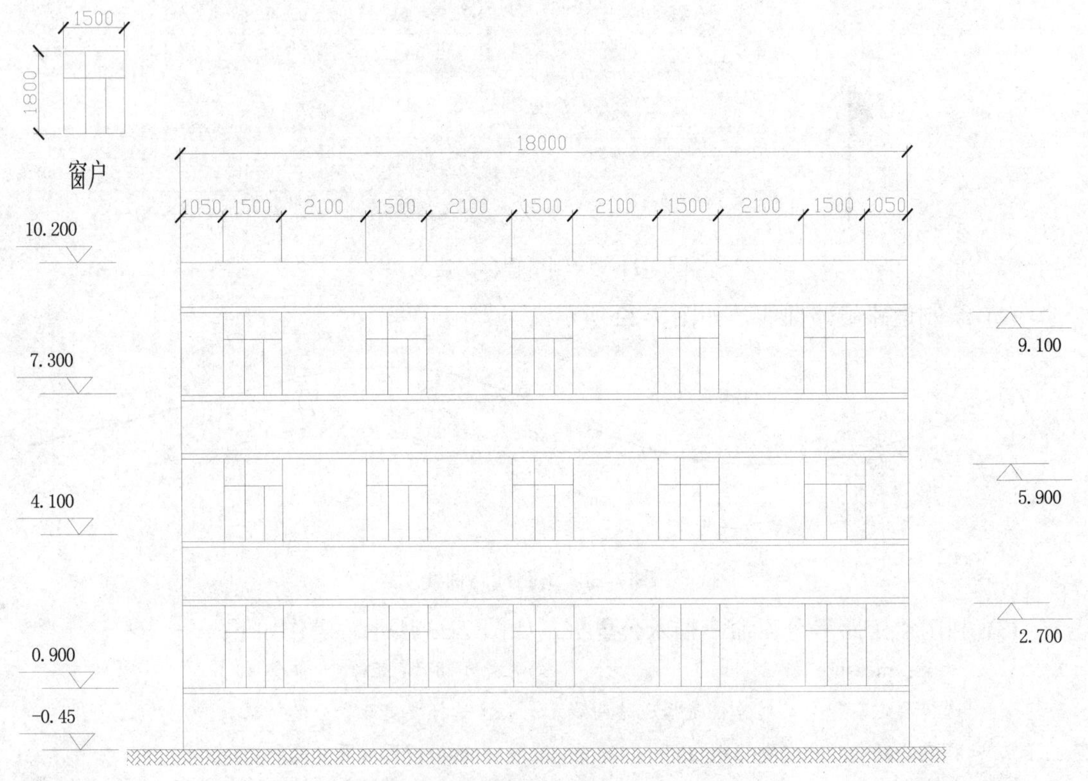

图 7-24　房屋立面图

实训 2　绘制示坡线，尺寸自定，如图 7-25 所示。

目的要求：

通过本实训，练习“定距等分”命令和图块的综合运用。

绘图要求：

试用几种方法绘制涵洞口立面图上方的示坡线，并比较优缺点。

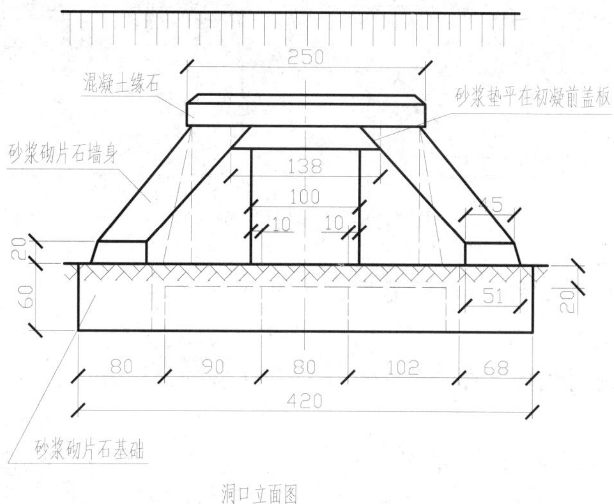

图 7-25　涵洞口立面图

实训 3　绘制标高线和自然土壤，尺寸自定，如图 7-26、图 7-27 所示。

目的要求：

通过本实训，练习“定距等分”命令和图块的综合运用。

绘图要求：

绘制标杆和土壤符号有多种方法，请分析不同方法并比较优缺点。

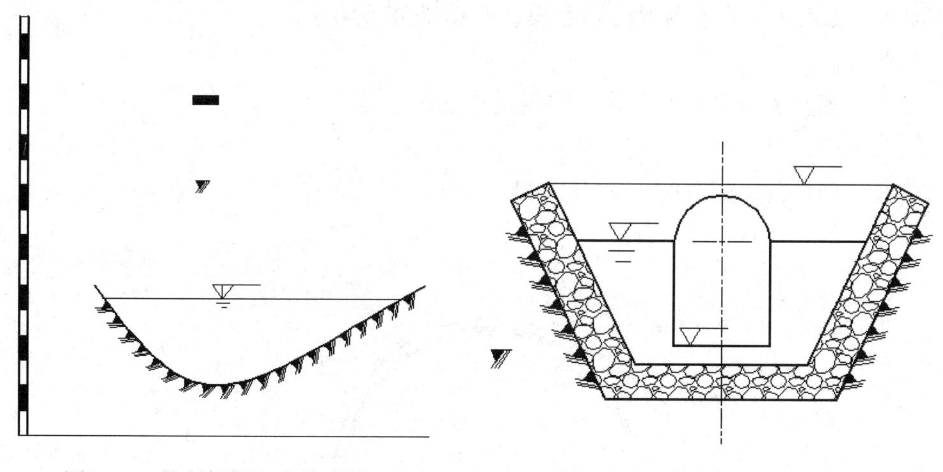

图 7-26　绘制标杆和自然土壤　　　　图 7-27　绘制涵洞和自然土壤

实训 4　绘制卫生间马桶，如图 7-28 所示。

目的要求：

通过本实训，练习“阵列”命令和图块的综合运用。

绘图要求：

绘制卫生间的马桶有多种方法，如复制粘贴等，请用“阵列”命令绘制马桶。

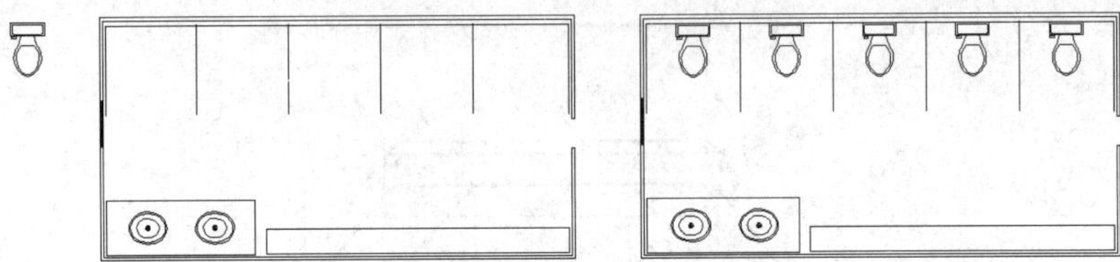

图 7-28　绘制卫生间马桶

实训 5　自定义尺寸绘制隧道示意图，如图 7-29 所示。

目的要求：

通过本实训，练习“插入图块”命令中缩放比例的使用方法。

绘图要求：

绘制隧道锚杆有多种方法，试用“定距等分”和“图块”命令绘制。

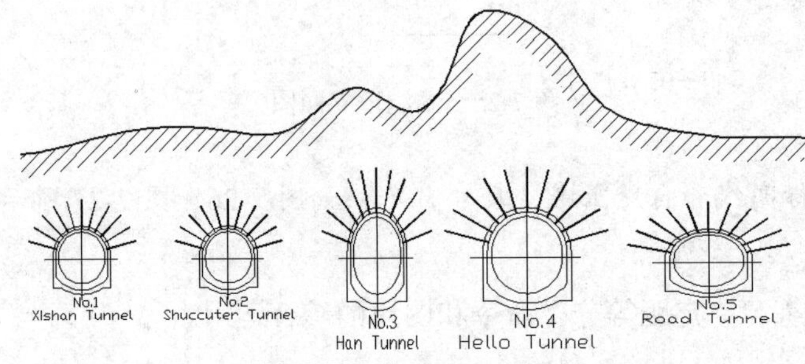

图 7-29　各种隧道示意图

实训 6　自定义尺寸绘制隧道示意图，如图 7-30 所示。

目的要求：

通过本实训，练习“图块”命令的使用方法。

绘图要求：

绘制隧道锚杆有多种方法，试用“定距等分”和“图块”命令绘制。

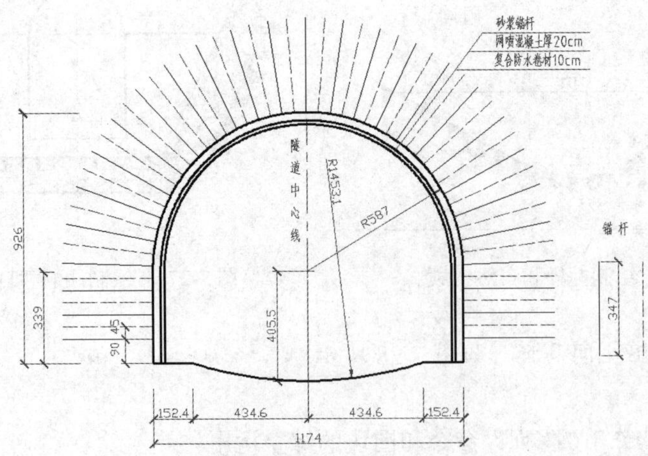

图 7-30　隧道Ⅱ级围岩复合式衬砌断面外轮廓图(单位：cm)

第 8 章　土木工程图的绘制方法

各类制图(包括土木工程制图、建筑工程制图)都有各自的一些行业规定。计算机绘图与手工绘图有很大的不同，正确的绘图方法与步骤是十分重要的，这样可以提高绘图效率。在使用 AutoCAD2012 绘制不同专业图时，可根据需要来设定不同的绘图环境，将其保存作为模板供以后绘制同类的专业图时使用，这样可大大提高工作效率。

8.1　制图的基本规定

图纸是工程技术人员传达技术思想的共同语言。为了使图纸规格统一，图面简洁清晰，符合施工要求，利于技术交流，必须在图样的画法、图纸、字体、尺寸标注、采用的符号等方面有一个统一的标准。

大部分用户对于土木工程制图的知识可能都比较熟悉。制图有一整套的行业规范，可以说制图是一种工程上专用的图解文字，将这种图解文字在 AutoCAD 中正确反映出来非常重要，否则用 AutoCAD 绘制出来的图纸就不符合制图的要求。因此，在介绍使用 AutoCAD 绘制土木工程图纸前，有必要先介绍一下制图的有关知识，以及有关规定在 AutoCAD 中的体现。这些主要包括绘图的线条、文字的字体和大小等。

8.1.1　图纸幅面和格式

1. 基本幅面

图纸幅面是指绘制图样时所采用的幅面。绘制技术图样时，应采用表 8-1 所规定的基本幅面。图 8-1 为图纸的基本幅面。

表 8-1　图纸幅面类别及尺寸　　单位：mm

<table>
<tr><th>代号
尺寸</th><th>A0</th><th>A1</th><th>A2</th><th>A3</th><th>A4</th></tr>
<tr><td>B × L</td><td>841 × 1189</td><td>594 × 841</td><td>420 × 594</td><td>297 × 420</td><td>210 × 297</td></tr>
<tr><td>e</td><td colspan="2">20</td><td colspan="3">10</td></tr>
<tr><td>c</td><td colspan="3">10</td><td colspan="2">5</td></tr>
<tr><td>a</td><td colspan="5">25</td></tr>
</table>

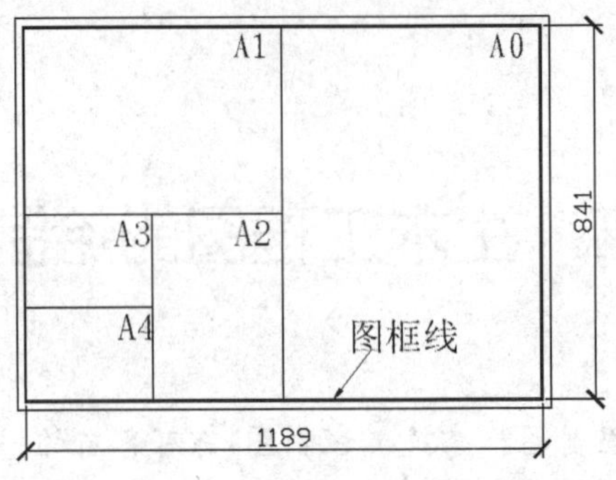

图 8-1　图纸的基本图幅

2．图框格式

绘制技术图样时，必须在图纸上用粗实线画出图框，其格式分为不留装订边和留有装订边两种(分别如图 8-2、图 8-3 所示)，但一套图纸只能用一种格式。

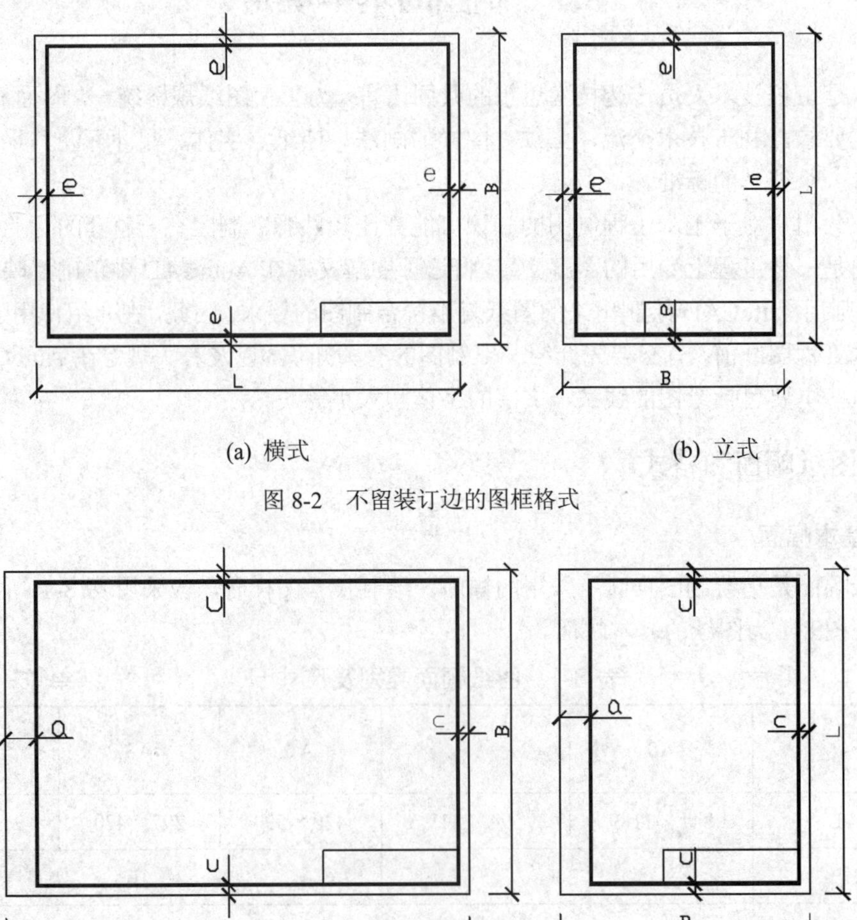

图 8-2　不留装订边的图框格式

(a) 横式　　(b) 立式

图 8-3　留装订边的图框格式

3. 标题栏与会签栏

标题栏位于图纸的右下角，其格式与尺寸按国标的规定。学生做作业用的标题栏建议采用图 8-4 所示的格式和尺寸。

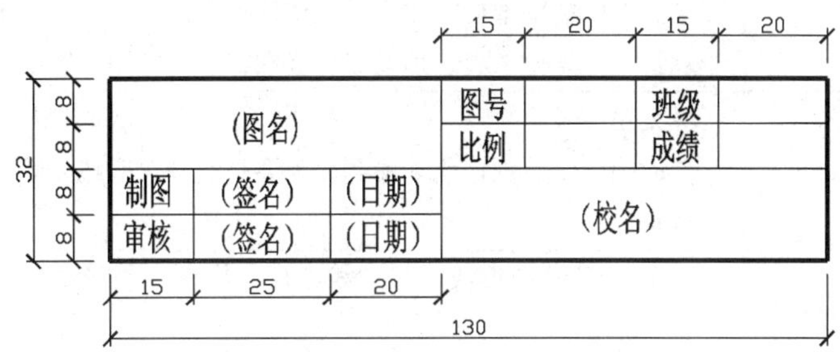

图 8-4　标题栏的格式和尺寸

需要会签的图纸，在图纸的左侧上方或图框线的上方有会签栏，会签栏的格式和内容如图 8-5 所示。

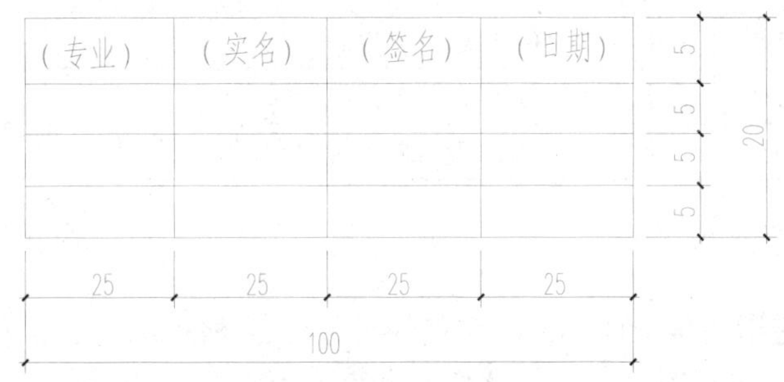

图 8-5　会签栏的格式和尺寸

8.1.2　比例

比例是图中图形与其实物相应要素的线性尺寸之比。由于建筑物的形体庞大，必须采用不同的比例来绘制，一般情况下都要缩小比例绘制。在建筑施工图中，各种图样常用的比例如表 8-2 所示。

表 8-2　常 用 比 例

图　　名	常 用 比 例	备　　注
总平面图	1∶500，1∶1000，1∶2000	
平面图、立面图、剖面图	1∶50，1∶100，1∶200	
详图	1∶1，1∶2，1∶5，1∶10，1∶20，1∶25，1∶50	1∶25 仅适用于结构构件详图

8.1.3　图线

在施工图中，为了表明不同的内容并使层次分明，须采用不同线型和线宽的图线来绘制图形。图线的线型和线宽可以按表 8-3 的说明来选用。

表 8-3 图线的线型和线宽及其用途

名 称	线 宽	用 途
粗实线	b	可见轮廓线 剖面图中被剖部分的轮廓线、结构图中的钢筋线、建筑物或构筑物的外轮廓线、剖切位置线、地面线、详图标志的圆圈、图纸的图框线等
中实线	0.5b	可见轮廓线 剖面图中未被剖但仍能看到而需要画出的轮廓线、标注尺寸的尺寸起止45°短画等
细实线	0.35b	小于 0.5b 的图形线、尺寸线、尺寸界线、图例线、索引符号、标高符号等
中虚线	0.5b	需要画出的看不到的轮廓线 见有关专业制图标准
细虚线	0.35b	图例线、小于 0.5b 的不可见轮廓线
粗点画线	b	见有关专业制图标准
细点画线	0.35b	中心线、对称线、定位轴线
折断线	0.35b	不需画全的断开界线
波浪线	0.35b	不需画全的断开界线、构造层次的断开界线

8.1.4 字体

图纸中的汉字应用长仿宋体书写，字体的号数即字体的高度(单位为 mm)，分为 20、14、10、7、5、3.5、2.5 七种，长仿宋体字的高宽比为 3/2。长仿宋体字字例如图 8-6 所示。

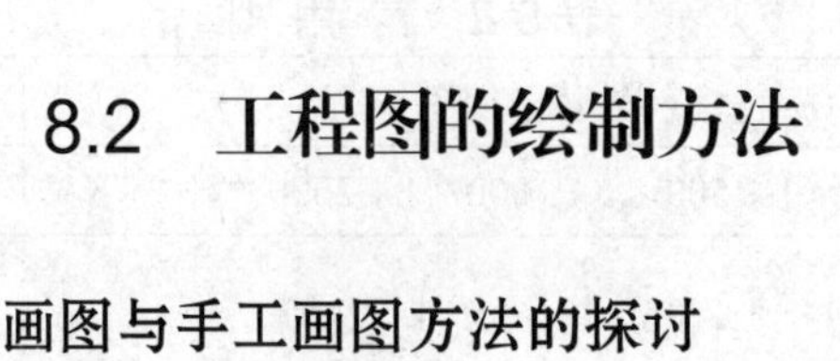

10号 排列整齐字体端正

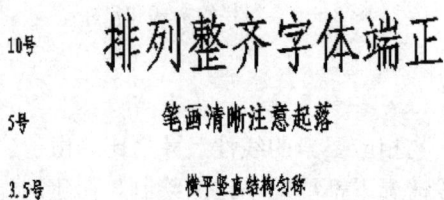

5号 笔画清晰注意起落

3.5号 横平竖直结构匀称

图 8-6 长仿宋体字字例

8.2 工程图的绘制方法

8.2.1 使用 AutoCAD 画图与手工画图方法的探讨

一般而言，使用 AutoCAD 画工程图的方法有许多种，大部分大同小异。使用 AutoCAD 画图时，其步骤与手工画图大致相同，但又有所差异。我们在进行手工画图时大都会遵循如图 8-7(a)所示步骤，使用 AutoCAD 画图时的主要步骤如图 8-7(b)所示。使用 AutoCAD 画图与手工画图的主要区别如下：

(1) 使用 AutoCAD 画图时，图纸可以看做无穷大，因此，都是以真实尺寸画图的。也就是说，与手工画图相比，省去了比例变换的麻烦。

(2) 与手工画图相比，我们虽然在画图时省去了比例变换的麻烦，但需要根据出图比例和出图时的要求确定文字、尺寸标注、图框和标题栏的尺寸。

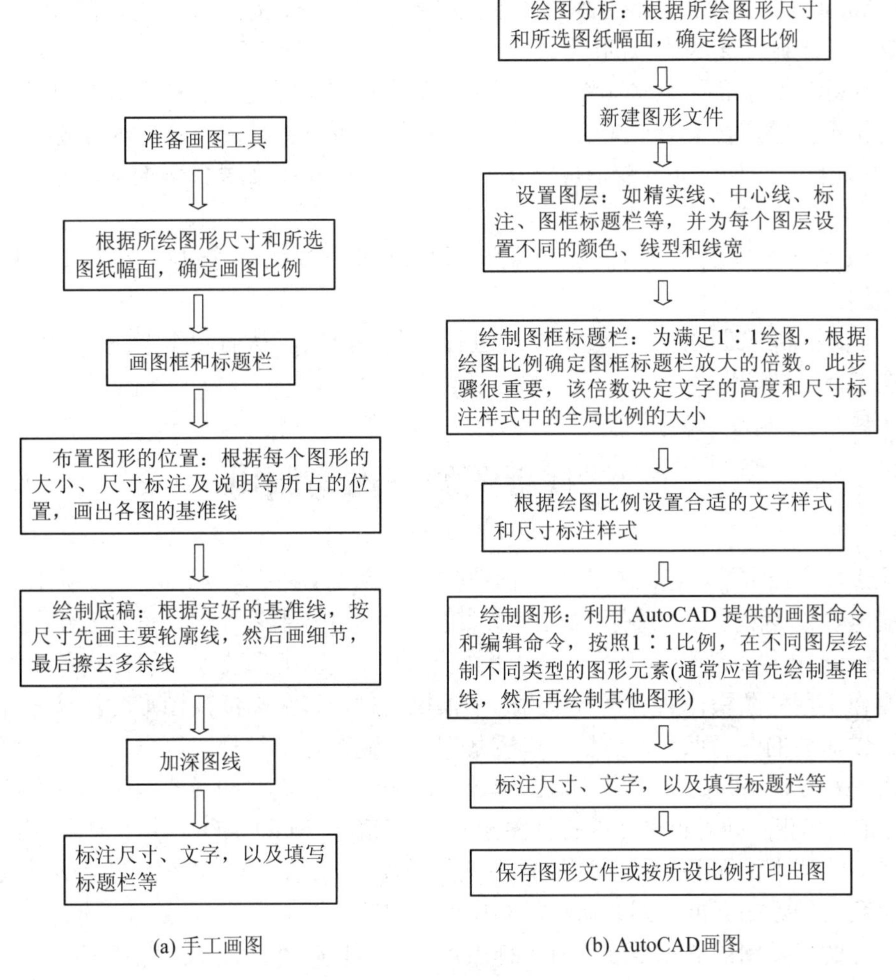

图 8-7　使用 AutoCAD 画图与手工画图比较

为了使用户在画图框和标题栏时无需进行比例变换(但对尺寸标注仍需进行比例变换)，AutoCAD 还专门提供了一个布局空间(又称图纸空间)。也就是说，我们可以首先在模型空间以真实尺寸绘制图形并标注尺寸，然后进入图纸空间，接下来在图纸空间以 1∶1 的比例绘制图框和标题栏等。

当然，我们也可以完全模拟手工画图方法，在画图时进行比例变换，这样就不必再对文字、尺寸标注、图框和标题栏的尺寸进行比例变换了。但是，这种方法太麻烦了。

在上述过程中，许多具体的操作内容在前面的章节中都已经介绍了，这里就不再重复。另外，值得指出的是，将上述的绘图过程与手工绘图相比较，会发现除了与计算机绘图相关的一些步骤外，绝大多数的步骤与手工绘图是相一致的，说明了计算机绘图与手工绘图在过程上是相类似的。

8.2.2　使用 AutoCAD 画图的优势

使用 AutoCAD 画图有以下优势：

(1) AutoCAD 提供了丰富的画图命令和图形编辑命令。例如，圆弧的画法就有 10 余种之多，这是手工画图无法比拟的。

(2) AutoCAD 提供了众多画图辅助手段，如利用坐标系定点、利用对象捕捉方法捕捉对象上的特定点等，在模型空间绘制图框、标题栏、图形并标注尺寸，然后输出图纸。

(3) 图形修改方便，并且图形可重复使用(全部或局部)。如果需要的话，还可创建自己的符号库。

(4) AutoCAD 提供了丰富的图案填充，以及机械、电力、建筑符号(图块)，用户可轻松使用它们。

(5) 可以绘制三维图形，并能对图形进行着色和渲染，从而制作零件、产品或建筑三维效果图。

8.3　样板图的制作与调用

很显然，当经常绘制建筑与土木工程图时，因行业工种比较多(如土建、采暖空调、给排水和弱电等)，因此需要绘制不同类型的图纸。平时在绘制图纸时，可以先建立一个模板图形(习惯上把样板称为模板，后面将采用模板的名称)，把需要使用的样式预先设置好；还可以制作常用的图块，然后将其作为一个模板文件。以后要绘制图形时，首先打开该模板文件，以需要的图名保存，然后在模板基础上绘制图形。这样可以省掉大量重复工作，从而大大提高绘图效率。最后需要对图纸进行清理，将不需要的样式和图层以及图块清理掉，以免浪费资源，同时也不影响打开图形文件的速度。AutoCAD 提供了大量的样板图(扩展名为 dwt)，我们在绘图时可以直接使用这些样板图。但是 AutoCAD 提供的样板图大部分不符合我们国家的标准，因此需自己制作样板图。

下面介绍样板图的制作方法。有了样板图，就可以在其基础上绘制我们所需要的工程图样。

8.3.1　制作样板图

1. 开始一个新图

在系统默认情况下启动 AutoCAD，系统自动创建一个名为 dwging1.dwg 的图形文件。进入 AutoCAD 界面之后，要想再创建一个新图形文件，可以执行“新建”命令，弹出“选择样板”对话框，如图 8-8 所示。

“选择样板”对话框的文件列表中列出了 AutoCAD 提供的定义好的样板图。选择“acadiso.dwt”样板文件，此样板文件仅对绘图环境作了一些最基本的设置，且基于公制单位，默认图形界限为 420 mm×297 mm。以此样板文件创建的新图形文件对应 AutoCAD 的模型空间。

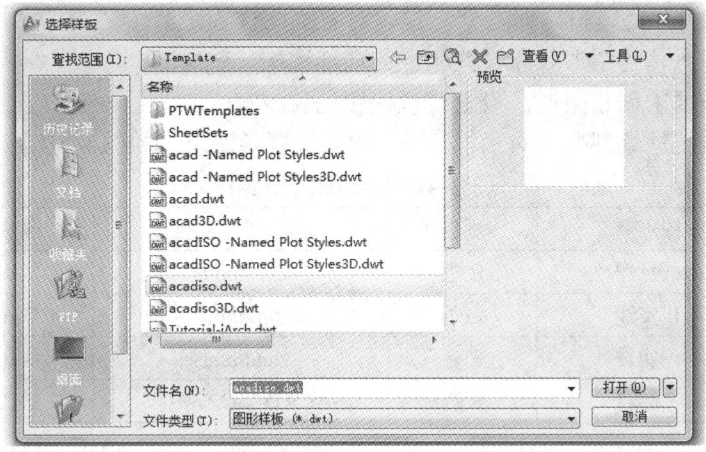

图 8-8　“选择样板”对话框

2．设置绘图单位和精度

通常，可以在开始创建新图形的时候对单位制和精度进行设置。此时应通过“使用向导”按钮来创建新图形，并且选择“高级设置”方式，可以对图形的单位、角度以及相应的精度进行设置。

当然，也可以通过选择下拉菜单中的“格式”→“单位”命令，打开“图形单位”对话框设置绘图单位和精度，如图 8-9 所示。

在该对话框的“长度”选项组的“类型”下拉列表框中选择“小数”，“精度”设置为 0；在“角度”选项组的“类型”下拉列表中选择“十进制度数”，“精度”设置为“0”。

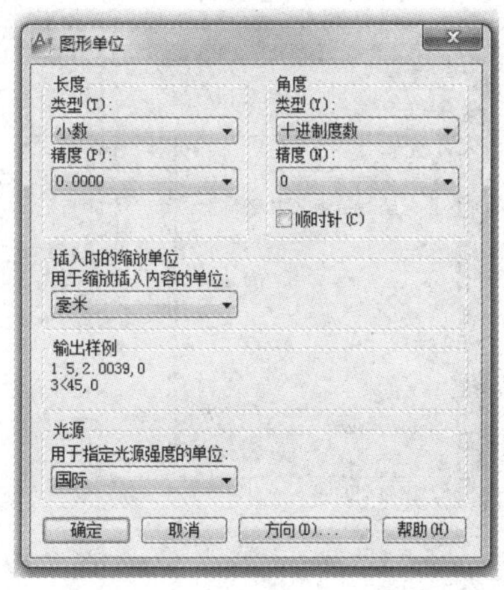

图 8-9　“图形单位”对话框

3．关于图形区域大小的设置

通常，按照图幅的大小设置图形区域大小。图形区域大小在创建新图形时可以通过“使用向导”按钮来设置，也可以用“limits”命令来设置。系统默认的图形区域为 420 mm×297 mm，即 A3 图纸幅面。用户要想显示图形范围可打开“栅格”显示，并选择菜单“视图”→“缩放”→“全部”，使所设区域充满绘图窗口。

4．关于创建图层及设置线型、颜色和线宽

为新绘制的对象创建图层以及相应的颜色、线型以及线宽是一项十分重要的工作。以图层来管理图形是计算机绘图的重要特征之一，也是有效管理图形对象的重要途径之一。因此，在开始绘制图形之前，创建需要的图层以及相应的图层属性是十分必要的。图层的多少根据图形的复杂程度来确定，对于比较简单的图形可设置图框线、轮廓线、辅助线、标注、文字等层。

对图层的创建，我们有以下建议：

(1) 不同的线型应当有不同的图层，即为每一种线型创建一个图层。

(2) 不同的图层具有不同的颜色，这样做的好处是可以明显地表示出图线所在的图层。

(3) 线型比例有全局和局部之分，建议对整幅图样选定一个适当的全局比例，然后在绘图过程中针对具体的图形对象设置相应的局部比例。

【例】 按要求创建图层，设置线型、颜色和线宽。

打开“图层特性管理器”对话框，按表 8-4 设置各图层，如图 8-10 所示。

表 8-4　创建图层示意图

图层名	颜色	线　　型	线宽
图框标题栏	白色	Continous	默认
粗实线	白色	Continous	0.7 mm
细实线	白色	Continous	默认
虚线	青色	ACAD-ISO2W100	默认
点画线	红色	Center	默认
尺寸标注	红色	Continous	默认
文字注释	蓝色	Continous	默认

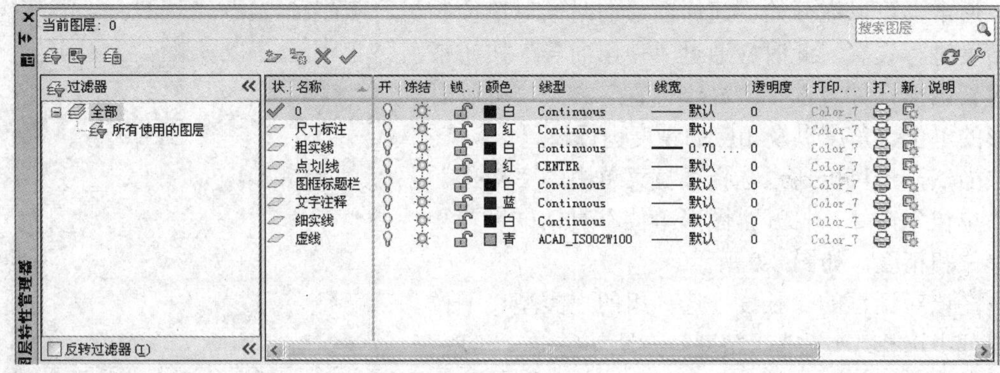

图 8-10　“图层特性管理器”对话框

5. 关于定义文字样式

定义文字样式是为标注做准备的，涉及标注的内容有尺寸标注、技术要求、文字等。这些标注的内容对文字样式要求并不完全相同，因此，应该针对不同的标注要求来设置文字样式。实际上，AutoCAD 系统自动创建了一个名为“standard”的文字样式，采用缺省的“txt.shx”。

缺省字体并不符合国标规定的西文和数字的注写样式。为了使标注符合国标规定的字体样式，我们建议创建两种文字的注写样式：

“汉字”样式：设置字体名为“仿宋 GB-2312”，设置宽度比例为 0.7。

“数字”样式：设置字体名为“gbeitc.shx”(斜体)或“gdenor.shx”(直体)。大字体采用“gbcbig.shx”。

对标题栏、技术要求、附注等有汉字注写内容的部分，使用“汉字”样式。如果有汉字字形文件，如“hztxt.shx”，也可以创建一个新文字样式使用该字体。该字体为矢量字体，好处是占据存储空间小，但需要注意的是，AutoCAD 并不提供该字形文件。

对于数字、字母部分，使用“数字”样式。

无论设置哪种字体样式，一般不要设置字体高度，这样在使用时可以根据需要输入字体高度。

6．关于尺寸样式

尺寸标注样式的定义参见第 6 章的有关介绍。需要指出的是，对尺寸标注而言，我国的国家标准与美国的标准有较大的差异，而 AutoCAD 是美国公司开发的软件，AutoCAD 默认的标注样式不适用于我国的制图标准。因此，应根据我国制图标准的规定定义尺寸标注样式。建议按以下要求定义样板图尺寸标注样式。

(1) 定义新的尺寸样式“GB”。各参数设置如下：

“线”选项卡：设置尺寸界线“超出尺寸线”2.5，“起点偏移量”1；设置尺寸线“基线间距”7。

“符号和箭头”选项卡：“箭头”选“建筑标记”，“箭头大小”为 2。

“文字”选项卡：“文字样式”选“数字”，“文字高度”为 2.5。

“调整”选项卡：“标注特征比例”的“使用全局比例”为 1。

“主单位”选项卡：“线性标注”的“单位格式”选“小数”，“精度”取 0。

其他采用系统默认值。

(2) 在尺寸样式“GB”的基础上再定义用于直径标注的子样式“直径”，“箭头”设置为“实心闭合”；“文字”选项卡的“文字对齐”选“ISO 标准”；“调整”选项卡的“调整选项”选“文字”，“优化”选“手动放置文字”。

(3) 在尺寸样式“GB”的基础上再定义用于直径标注的子样式“半径”，各项设置与直径相同。

(4) 在尺寸样式“GB”的基础上再定义用于角度标注的子样式“角度”，“箭头”设置为“实心闭合”；“文字”选项卡的“文字对齐”选“水平”。

7．关于绘制图框标题栏、对中符号

在相应的图层上绘制图幅线、图框线和对中符号，一定要将对象的图形要求分清楚，例如图幅线是细实线，图框线是粗实线。因此，正确的做法是先将相应的图层设置为当前图层，然后再绘制对象。标题栏的外框是粗实线，内部的分隔线是细实线，标题栏中的文字应当注写在文字层上。

《房屋建筑制图统一标准》对图框线、标题栏外框以及对中符号等规定了固定的线宽。在绘图时可以使用多段线(pline)来绘制这些图线。例如，对于 A2 图幅，图框线为 1.0 mm 宽，标题栏外框为 0.7 mm 宽，标题栏内分格线为 0.35 mm 宽。

8．保存样板图

通过前面的操作，样板图及其绘图环境已经设置完毕，可以将其保存成样板图文件(扩展名为 dwt)。

执行下拉菜单“文件”→“另存为”命令，打开“图形另存为”对话框，在“文件类型”下拉列表框中选择“AutoCAD 图形样板(*.dwt)”类型。在“文件”文本框中输入文件的名称，比如“A3”。单击“保存”按钮，弹出“样板说明”对话框。在“说明”选项组中可输入对样板图形的说明。至此，A3 图幅样板图就创建好了。A2 图幅样板图的设置与 A3 图幅的设置是一样的。

需要说明的是，任何现有图形文件都可以作为样板，如果使用现有图形文件作为样板，该图形的所有设置都将应用到新的图形中。

8.3.2 使用样板图文件创建新图

有了样板图，以后的绘图工作就可以在样板图的基础上绘制。我们可以使用样板图文件创建一个新图形文件。

执行“新建”命令后，弹出“选择样板”对话框。在文件列表中选择已定义的样板文件 A2.dwt。若样板文件在其他目录下，可打开“搜索”下拉列表框，选择相应文件夹的样板文件，然后单击“打开”按钮创建一个新图形文件。此时，在样板图中的所有设置都将带到新图形文件中。

8.4 绘制工程图时的比例调整

我们在绘制工程图时，若使用 1∶1 的比例，则可以直接在我们设置好的绘图环境中绘图。但是，实际的物体用 1∶1 的比例绘图往往不合适，有的物体太大，按 1∶1 的比例绘图图纸放不下；有的物体太小，用 1∶1 的比例绘图表示不清楚。这时就需要按一定的比例把图形缩小或放大。在手工绘图时，图纸的大小是一定的，物体较大时必须选合适的比例缩小后才能画在图纸上；物体较小时必须放大。这就需要用比例尺来绘图。而利用 AutoCAD 绘图时，我们没有比例尺可用，要想把图形缩小或放大必须经过计算，这样绘图是比较麻烦的。但是，AutoCAD 有它自己的优点，那就是 AutoCAD 的绘图区域可以无限大，再大或者再小的物体我们也可以按照实际尺寸把它画出来。只要在打印输出图形时，按照合适的比例把图形缩小或放大即可，但在绘图时有些内容需要调整比例。

绘图时需要调整的内容如下：

1. 图幅、图框、标题栏

如果绘图比例是 1∶1，那么按照国标规定的图幅、图框和标题栏的大小直接绘图即可。如果用 1∶1 的比例绘图不合适，在绘图时就要按比例把物体缩小或放大。比如实际物体较大，绘图时需要按一定的比例缩小图形，但用计算机绘图时，可以不缩小图形仍按实际尺寸绘制，这时标题栏应放大相应的倍数；反之，如果物体较小，绘图时需要使用放大比例，那么图幅、图框和标题栏就应缩小相应的倍数。

2. 尺寸标注

对图形的比例缩放不会改变尺寸标注的样式，即箭头的大小、数字的高度、尺寸界限超出尺寸线的多少、尺寸界限离开图形的距离等都不会改变。

我们在样板图中设置的尺寸样式是适合用 1∶1 的比例绘图的。例如，箭头大小设置为 2，数字高度设置为 2.5 等。在用 1∶1 的比例打印输出图形时，箭头大小为 2 mm，数字高度为 2.5 mm，这是合适的。但若用 1∶1 的比例绘图不合适时，就要按比例把物体缩小或放大。用计算机绘图时，可以不缩小或放大图形，仍按实际尺寸绘制，但在打印输出图形时须把图形缩小或放大。这时有尺寸设置的一些内容将显得不合适。例如，物体较大，需要用 1∶50 的比例绘图，若箭头大小还设置为 2，数字高度还设置为 2.5，那么在打印输出图形时，箭头大小和字高均缩小 50 倍，实际箭头大小为 0.04 mm，字高为 0.05 mm。这在输出图纸上是无法看清的。所以，有关尺寸设置的一些内容均应放大 50 倍。

在“尺寸样式管理器”设置尺寸样式时，尺寸样式的“调整”选项卡的“标注特征比例”中有“使用全局比例”一项，该项的值决定着尺寸箭头、数字高度、尺寸界限超出尺寸线的多少、尺寸界限离开图形的距离等数值的缩放倍数。若用 1∶50 的比例绘图，“使用全局比例”设置为 50，若箭头大小还设置为 2，数字高度还设置为 2.5，那么在计算机绘制的图形中，箭头大小为 $2 \times 50 = 100$，数字高度为 $2.5 \times 50 = 125$，在打印输出时再缩小 50 倍，实际箭头大小为 100/50 = 2 mm，数字高度为 125/50 = 2.5 mm。

3. 文字

如果图形以及图幅、图框、标题栏放大和缩小了某一倍数，文字高度也应放大或缩小某一倍数。例如，我们要用 1∶50 的比例绘图，在计算机绘图时，是把图形和图幅、图框、标题栏放大了 50 倍。如果要想在图纸上写 5 号字，应把字高放大 50 倍，设置为 250。在输出图形时再缩小 50 倍，这样在输出后的图纸上字体的大小就是 5 号字了。

4. 线型比例

在按物体实际尺寸绘制图形时，图形可能很大或很小，这时有些不连续线型可能显示为连续的，例如，虚线、点画线等可能显示为实线。这就需要调整线型比例，使这些不连续的线型显示出实际的情况。有关线型比例的调整详见 3.1 节有关线型比例的内容。

所以，在打开样板图绘制工程图之前，首先要将样板图中的图幅线、图框线和标题栏均缩放相应的倍数，修改尺寸标注样式中的“使用全局比例”一项，调整线型全局比例因子。然后才在图框内绘制工程图，并且在注写文字时，将字高也缩放相应的倍数。

比如，我们在绘制房屋施工图时，建筑平面图、立面图、剖面图、基础平面布置图以及楼层结构平面布置图等有时要用 1∶50 的比例绘制，这时，若把图形缩小 50 倍，每个尺寸都需要换算，比较麻烦。若我们仍按实际尺寸 1∶1 绘图，就不需要换算，但图形放大了 50 倍，相应的一些绘图设置也应该放大 50 倍，比如，图幅线、图框线、标题栏、字高、尺寸标注样式中的“使用全局比例”、线型比例等，均放大 50 倍。

当然，如果需要把物体缩小或放大后绘图，我们也可以直接把物体的尺寸缩小或放大后再绘图，但每个尺寸都要经过换算，比较麻烦。这时，我们在样板图中所作的设置不需要调整，但在尺寸标注时，需要调整尺寸样式“主单位”选项卡中“测量单位比例”的“比例因子”。例如，我们仍用 1∶50 的比例绘图，不按物体实际大小绘制图形，而是把物体的尺寸缩小 50 倍再绘图，这时图幅、图框、标题栏、尺寸、文字等都用 1∶1 的设置即可。但这时“主单位”选项卡中“测量单位比例”的“比例因子”要设置为 50，否则标注的尺寸数字的值将缩小 50 倍。例如，实际物体长 1000，缩小 50 倍后为 20，我们在计算机中绘制的长度为 20，标注尺寸时计算机将自动测量这个长度，若“比例因子”为 1，尺寸标注的数值为 20，若“比例因子”设置为 50，尺寸标注的数值为 1000。

8.5 应用举例

下面以某房屋平面图(如图 8-11 所示)为例说明绘图的基本方法和过程。要求用 1∶50 的比例在 A3 幅面上绘制平面图。绘制本图有多种方法，本节只讲其中一种绘图方法，主

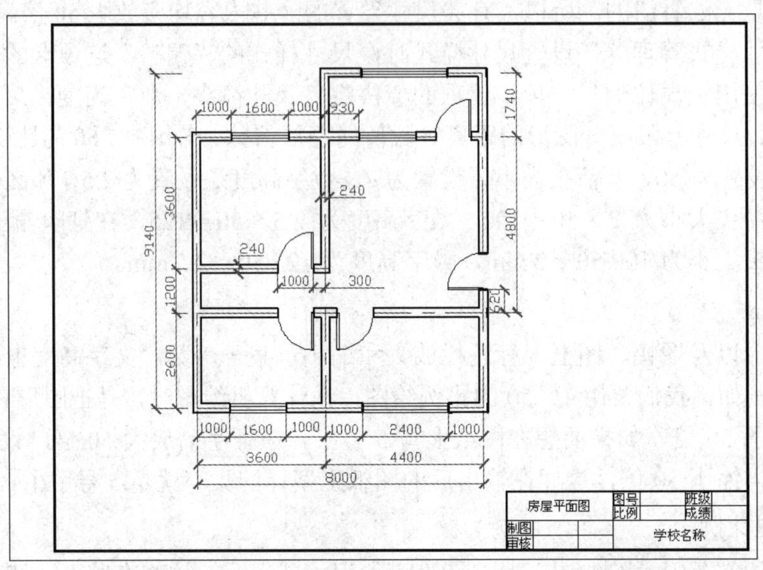

图 8-11　房屋平面图

要步骤简述如下：

第一步：建立图层

(1) 点击“格式”下拉菜单选择“图层”，打开“图层特性管理器”对话框。

(2) 点击“新建”按钮，按要求建图层。

第二步：绘制图框标题栏

(1) 选择图框标题栏图层。

(2) 按 1∶1 绘制图框标题栏。

(3) 点击“修改”工具栏中的“缩放”按钮放大 50 倍，如图 8-12 所示。

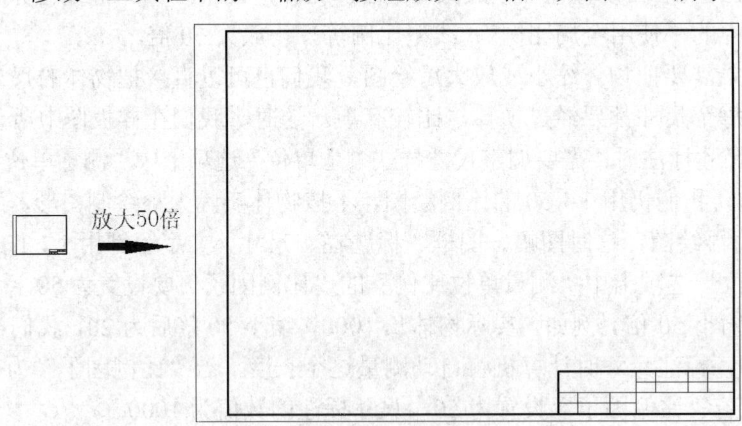

图 8-12　图框标题栏放大

第三步：绘制轴线网

(1) 选择轴线图层，绘制基准轴线，如图 8-13 所示。

(2) 偏移轴线，根据数据偏移轴线，如图 8-14、图 8-15 所示。

(3) 修剪轴线，修剪后的效果如图 8-16 所示。

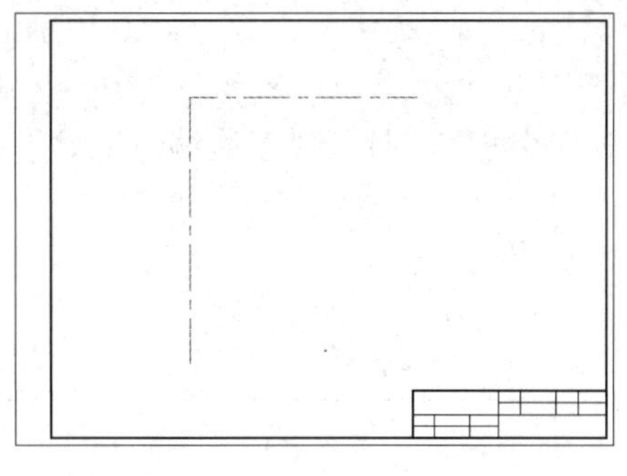

图 8-13　绘制基准轴线

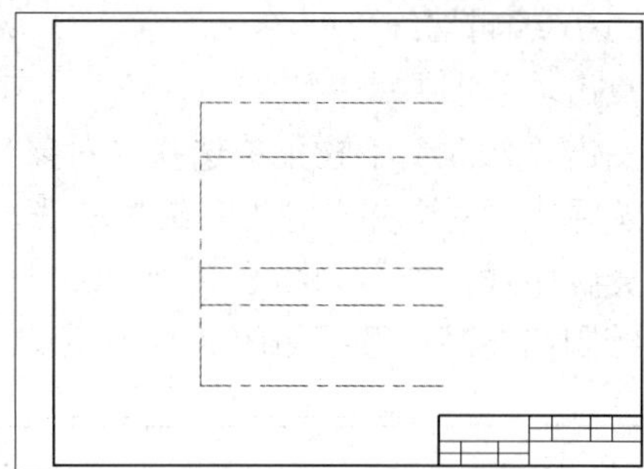

图 8-14　偏移轴线(一)

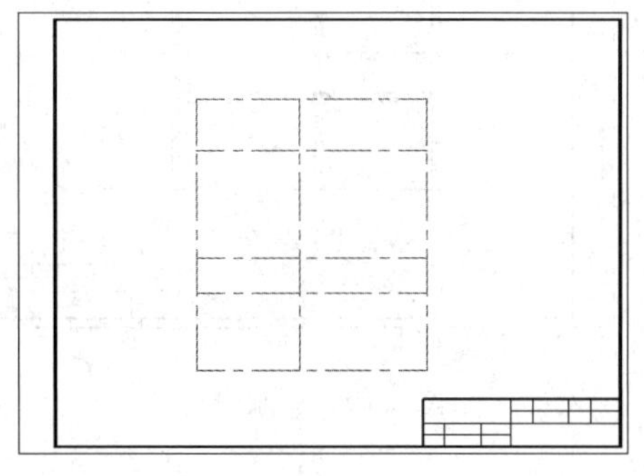

图 8-15　偏移轴线(二)

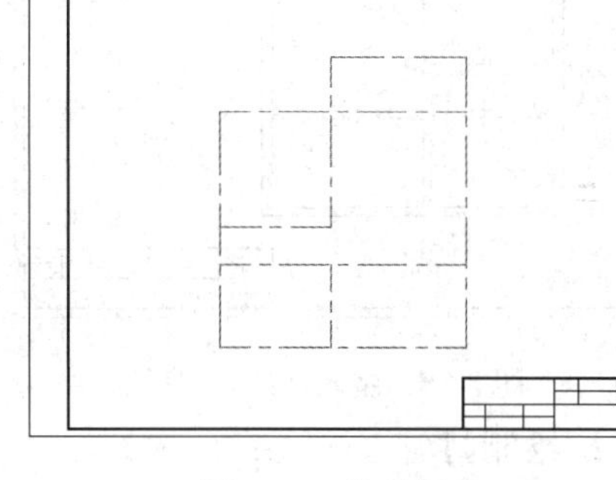

图 8-16　修剪轴线

注意：看不清楚中心线是因为没有修改线型比例，修改方法是点击“格式”下拉菜单选“线型”对话框，然后在“显示细节”项中把“全局比例因子”改为 50。

第四步：绘制墙线

(1) 点击墙线图层。

(2) 点击“格式”下拉菜单选择“多线样式”对话框。

(3) 点击“添加”按钮把名称改为 240 后再点击“添加”按钮。

(4) 点击“元素特性” 按钮把 0.5 改为 120、−0.5 改为 −120。

(5) 点击“绘图”下拉菜单选择“多线”命令，在命令行把“对正”选项改为无，“比例”改为 1。

(6) 绘图，结果如图 8-17 所示。

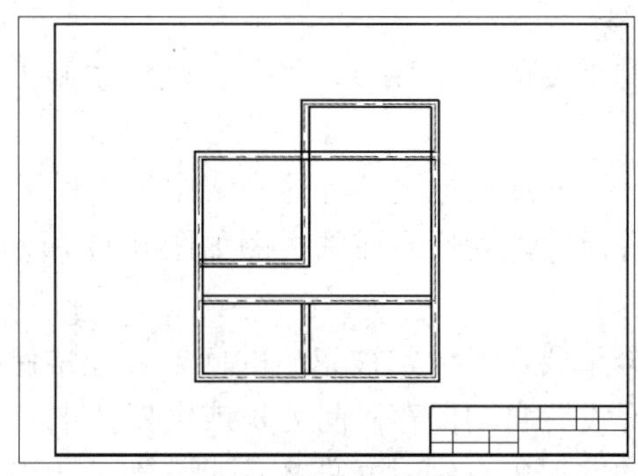

图 8-17　绘制墙线

第五步：编辑墙线

(1) 点击墙线图层。

(2) 点击“修改”下拉菜单选择“对象”→“多线”，打开“多线编辑工具”对话框。

(3) 选择“T 型合并”等工具编辑多线。

(4) 分解多线，结果如图 8-18 所示。

(5) 绘制门窗洞，结果如图 8-19 所示。

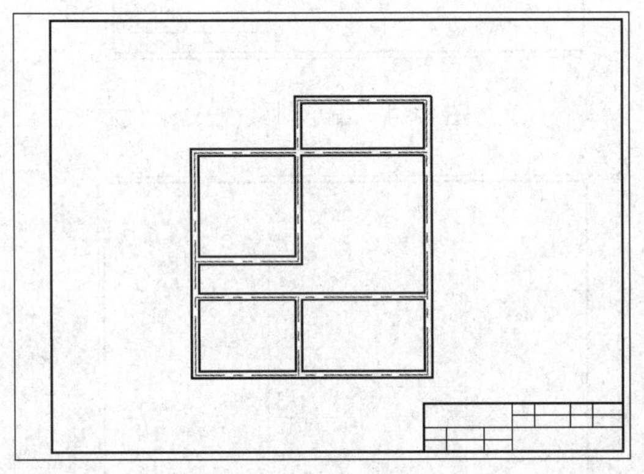

图 8-18　编辑墙线

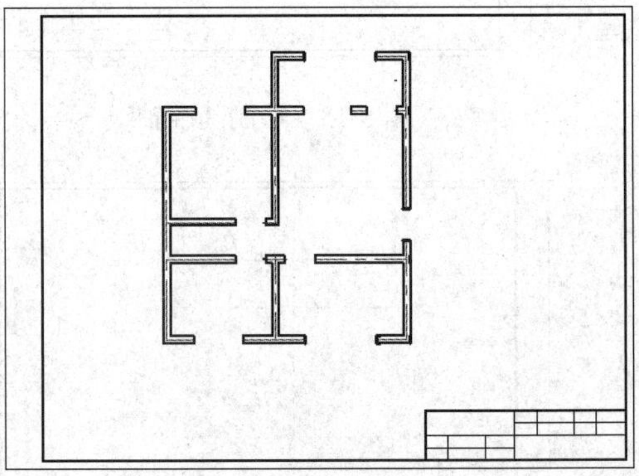

图 8-19　绘制门窗洞

第六步：绘制门窗

(1) 点击门窗图层。

(2) 绘制门窗，结果如图 8-20 所示。

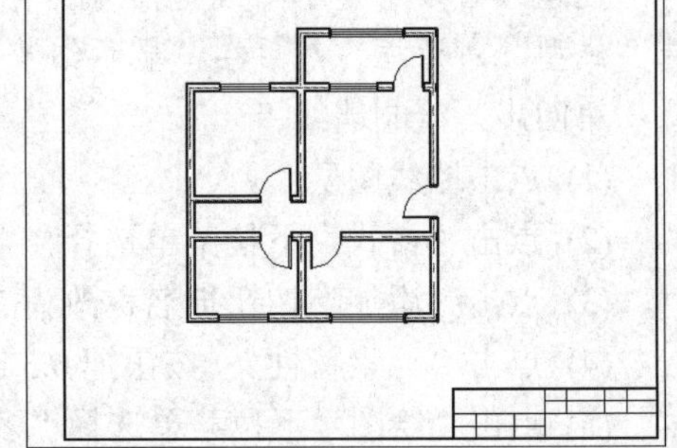

图 8-20　绘制门窗

第七步：填写标题栏

(1) 点击文字图层。

(2) 设置文字样式。

(3) 填写标题栏有关内容，如图名、比例、图号等。注写文字时，字高应放大 50 倍。结果如图 8-11 所示。

第八步：尺寸标注

(1) 点击尺寸标注图层。

(2) 设置标注样式。

(3) 进行尺寸标注。

尺寸标注是图样中非常重要的一个环节，如果标注错误施工会出问题，从而造成很大损失。

设置尺寸标注样式，一定要注意把尺寸标注样式中的“使用全局比例”设置为 50，按照国标要求标注墙体宽度等尺寸，最后完成的样图如图 8-11 所示。

第九步：保存文件和退出

图形文件的保存是十分重要而又经常被忽略的问题。经常保存绘制的图形文件是一个好习惯，在开始绘图时最好设置自动保存以防死机或突然停电。

另外需要注意的是，并非退出系统时文件才存盘，在关闭当前正在编辑的文件时，系统总是会提示保存图形文件(除非你刚刚保存过文件)，保存文件十分重要。

8.6　上 机 实 训

实训 1　创建样板图形 A3.dwt 和 A4.dwt。

目的要求：

通过本实训，练习样板图的创建方法。

操作提示：

详见 8.3 节样板图的制作与调用。

实训 2　绘制图 8-21 所示值班室建筑施工图。

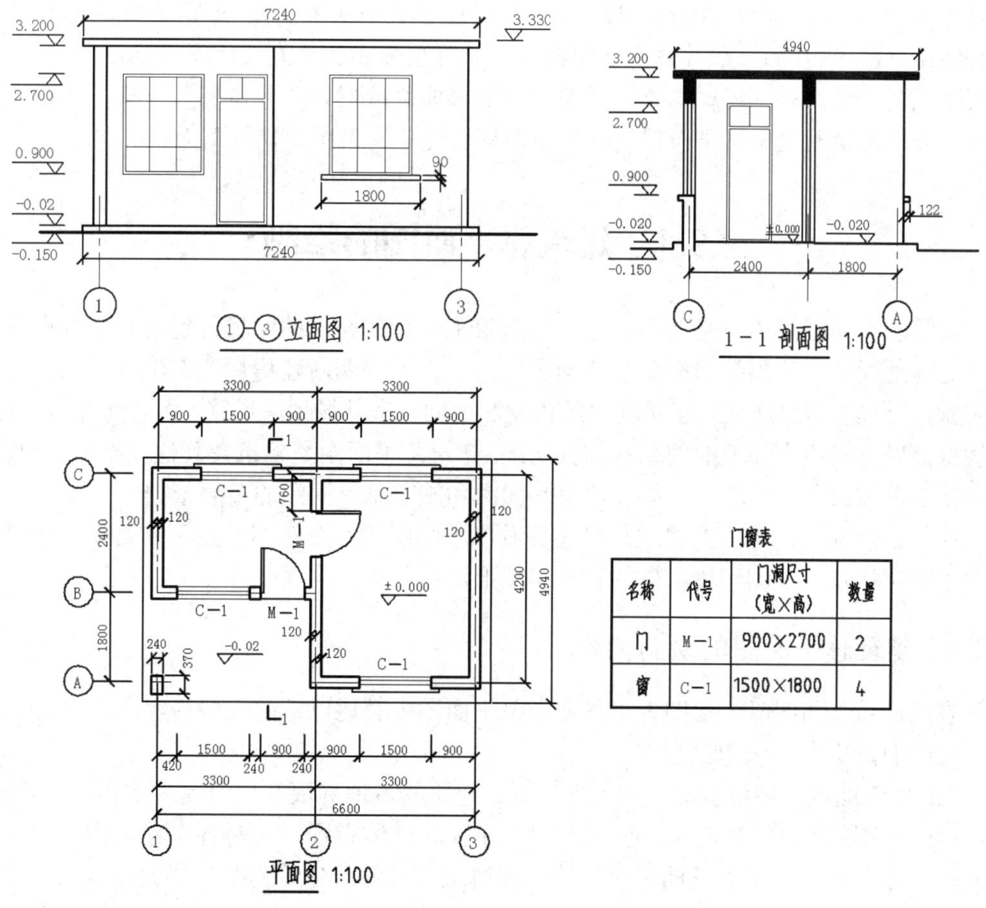

名称	代号	门洞尺寸（宽×高）	数量
门	M-1	900×2700	2
窗	C-1	1500×1800	4

图 8-21　值班室建筑施工图

目的要求：

通过本实训练习工程图样的绘制方法。可在实训 1 创建的样板图的基础上绘制图 8-21 所示工程图。本实训要注意用不同的比例绘图时有关参数的调整。

操作提示：

本实训与 8.5 节“房屋平面图”的绘制方法类似，可参照绘图。

第 9 章　建筑施工图的绘制

在建筑制图中，建筑施工图表达了建筑物的外部形状、内部布置、内外装修、构造及施工要求，同时要满足国家有关建筑制图标准和建筑行业的习惯规定，它是建筑施工、标准建筑工程预算、工程验收的重要技术依据之一。一套完整的建筑施工图包括图纸首页、建筑总平面图、建筑平面图、建筑立面图、建筑剖面图和建筑详图等。从事建筑设计的工程技术人员除了应掌握 AutoCAD 二维绘图的基本知识外，还应了解在建筑工程中用 AutoCAD 进行设计的一般方法和使用技巧，只有这样才能更有效地使用 AutoCAD，从而极大地提高工作效率。通过本章的学习，读者应掌握绘制建筑施工图的步骤，并通过典型实例学会如何绘制建筑总平面图、建筑平面图、建筑立面图、建筑剖面图。

9.1　建筑总平面图的绘制

建筑总平面图简称总平面图，是表达建筑工程总体布局的图样，通常是通过在建设地域上空向地面一定范围投影得到总平面图。总平面图表明新建房屋所在地有关范围内的总体布置，反映了新建房屋、建筑物等的位置和朝向，室外场地、道路、绿化等布置，地形、地貌标高以及与原有环境的关系和临界状况。建筑总平面图是建筑及其他设施施工的定位，土方施工以及绘制水、暖、电等管线总平面图和施工总平面图的重要依据。

在一定情况下，可以把建筑总平面图看成平面图的一个特例，是不需要剖开建筑本身而对于建筑物及其周围环境所作的正投影图形。

9.1.1　建筑总平面图的绘制内容

在绘制总平面图时，绘图人员需要在总平面图中表达以下的一些内容：

(1) 总图图名、绘图比例。

(2) 建筑地域的环境状况，如地理位置、建筑物占地界限、原有建筑物和各种管道等。

(3) 应用图例表明新建区、扩建区和改建区的总体布置，表明各个建筑物和构筑物的位置，道路、广场、室外场地和绿化等布置情况以及各个建筑物及其层数等信息。在总平面图上，一般应该画出所采用的主要图例及其名称。此外，对于不符合《建筑制图标准》中的规定而需要自定义的图例，必须在总平面图中绘制清楚，并注明名称。

(4) 确定新建或扩建工程的具体位置，一般根据原有的房屋或道路来定位，以米为单位标注出定位尺寸。

(5) 对于新建成片的建筑物和构筑物或较大的公共建筑和厂房，往往采用坐标来确定每一个建筑物及其道路转折点的位置。在地形起伏较大的地区，还应画出地形等高线。

(6) 注明新建房屋底层室内和室外平整地面的绝对标高。

(7) 未来计划扩建的工程位置。

(8) 画出风向频率玫瑰图形以及指北针图形，用来表示该地区的常年风向频率和建筑物、构筑物等的方向，有时也可以只画出单独的指北针。

建筑总平面图所包括的范围较大，因此，需要采用较大的比例，通常采用 1∶500、1∶1000 和 1∶5000 等比例尺，并以图例来表示出新建的、原有的、拟建的建筑物及其地形环境、道路和绿化布置。当标准图例不够时，必须另行设定图例，并在建筑总平面图中画出自定义的图例并注明其名称。

9.1.2　建筑总平面图的绘制步骤

总平面图的图形是不规则的，在画法上难度较大，对于精度的要求总体不是很高，但是对于某些特征点，要求定位很准确。绘制建筑总平面图的一般步骤：建立制图模板，设置各种绘图环境；绘制复制网格环境体系；绘制道路和各种建筑物、构筑物；绘制建筑物的局部和绿化的细节；标注出尺寸标注、文字说明和图例。

如图 9-1 所示为某一个地块的建筑总平面图，平面图的绘制比例为 1∶1000。下面就按照常用的绘制步骤讲解该总平面图的绘制方法。

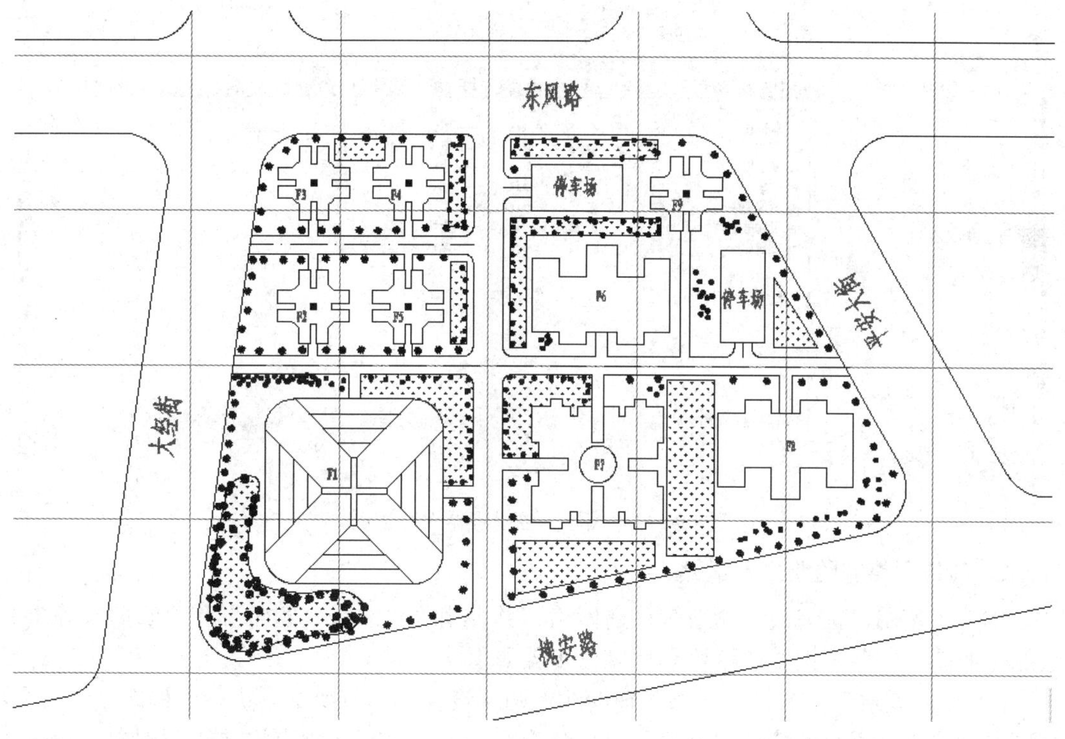

图 9-1　某地块的建筑总平面图

1. 设置绘图环境

本章将调用第 8 章绘制完成的样板图，由于建筑总平面图较大，因此本图需要在 A2 图纸上绘图，并采用 1∶1000 的比例尺绘图。

(1) 使用样板创建新图形文件。

(2) 设置绘图区域。

单击下拉菜单栏中的“格式”→“图形界限”命令，根据命令行提示进行操作，将图形界限设置为 594 000×420 000 的长方形区域。

(3) 放大图框线和标题栏。

单击“修改”工具栏中的“缩放”命令按钮，输入指定比例因子为 1000，将图框线和标题栏放大 1000 倍。

(4) 显示全部作图区域。

(5) 修改标题栏中的文本。

(6) 修改图层。选择“格式”→“图层”命令，弹出“图层特性管理器”对话框，单击“新建图层”按钮，创建如图 9-2 所示的图层，按照图 9-2 所示设置颜色、线型等参数。

(7) 设置线型比例。

(8) 设置文字样式和标注样式。

(9) 完成设置并保存文件。

注意：虽然在开始绘图前已经对图形单位、界限、图层等设置过了，但是在绘图过程中仍然可以对它们进行重新设置，以避免在绘图时因设置不合理而影响绘图。

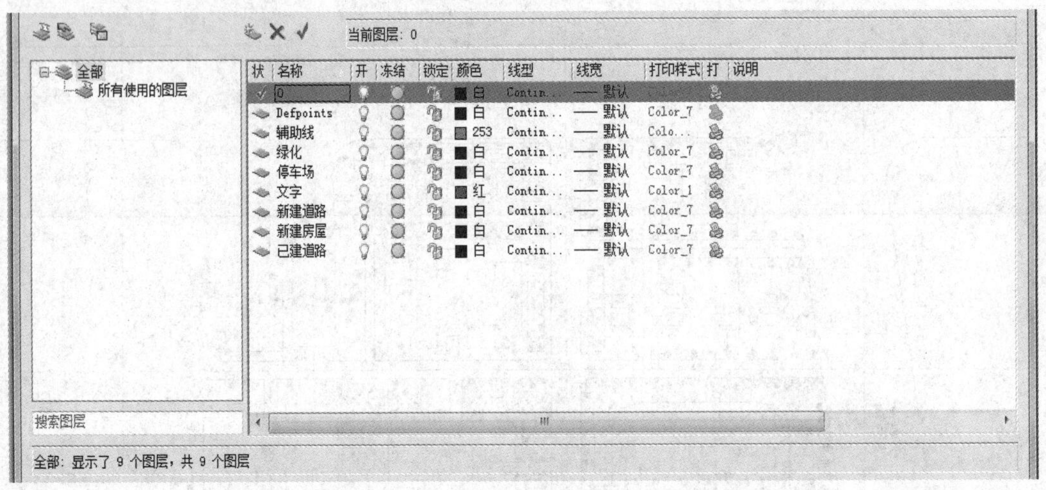

图 9-2　“图层特性管理器”对话框

2. 创建网格并绘制主要道路

本节将使用“构造线”命令来创建网格，并使用“直线”、“圆角”和“修剪”等命令绘制平面图中的各个主要道路。具体操作步骤如下：

(1) 在“图层”工具栏中，将“辅助线”图层设置为当前图层。执行“构造线”命令，分别绘制水平和垂直的构造线；执行“偏移”命令，将水平和垂直构造线分别向左和向下偏移，偏移距离为 50 000，完成效果如图 9-3 所示。为了叙述方便，垂直网格线从左到右依次命名为 V1～V7，水平网格线从上到下依次命名为 H1～H6。

(2) 将“已建道路”图层设置为当前图层。执行“直线”命令，连接 4 个点，这 4 个点分别是 V1 和 H5 的交点，V6 和 H4 的交点，V4、H1、V5 与 H2 围成网格的中心和 V1、H1、V2 与 H1 围成网格的中心，完成效果如图 9-4 所示。

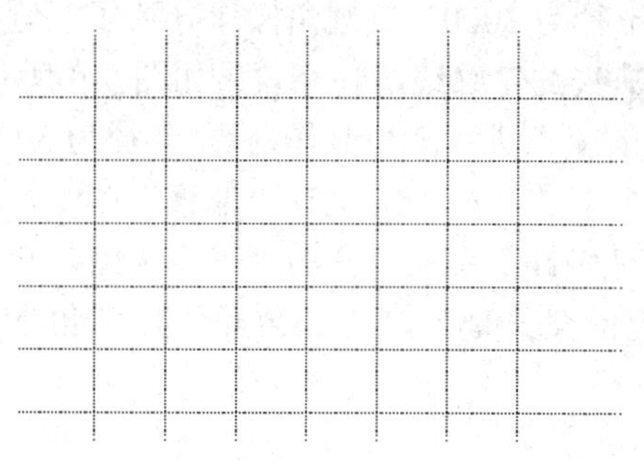

图 9-3　绘制完成的网格

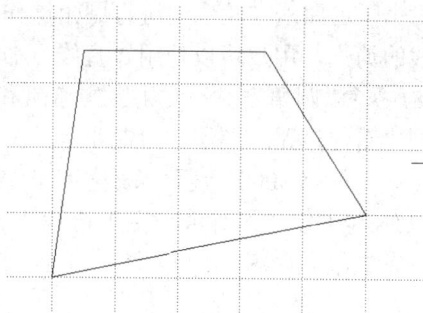

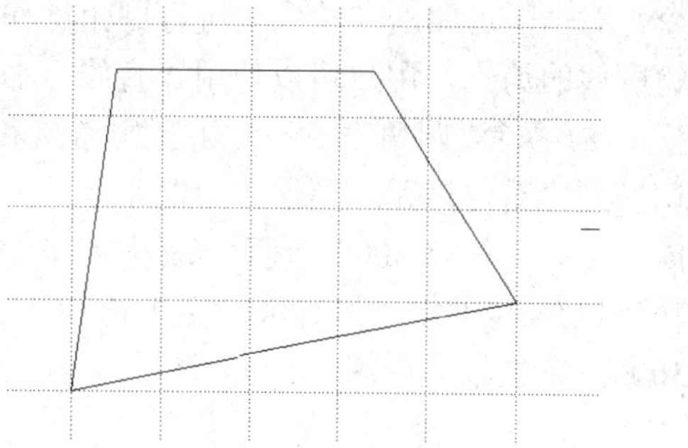

图 9-4　绘制小区粗略边界

(3) 对轮廓线的 4 个角点进行圆角操作，圆角半径均为 15 000，圆角效果如图 9-5 所示。

(4) **偏移**轮廓线，执行“偏移”命令，将上轮廓线向上偏移 35 000，右轮廓线向右偏移 30 000，下轮廓线向下偏移 35 000，偏移效果如图 9-6 所示。

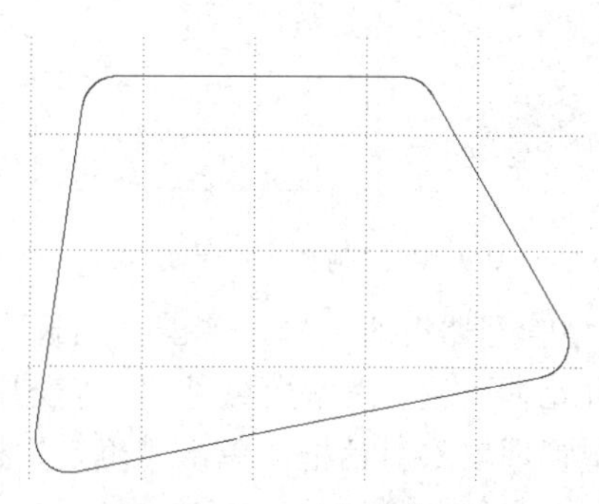

图 9-5　对轮廓线圆角

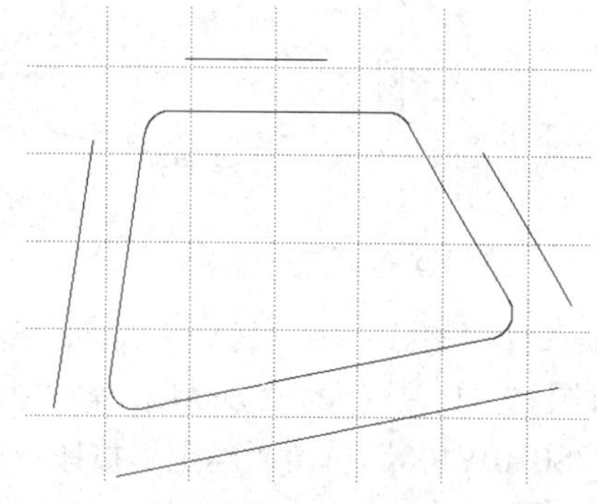

图 9-6　偏移轮廓线

(5) 过上轮廓线绘制构造线，执行“圆角”命令，将左侧轮廓线的偏移线与绘制的构造线进行圆角操作。其他的道路绘制采用同样的方法，设置圆角半径均为 15 000，最终效果如图 9-7 所示。

(6) 执行“偏移”命令，将 V3 分别向左、向右各偏移 5000。选择偏移线，在“图层”工具栏中选择“已建道路”图层，把这两条偏移线设置为“已建道路”图层，完成效果如图 9-8 所示。

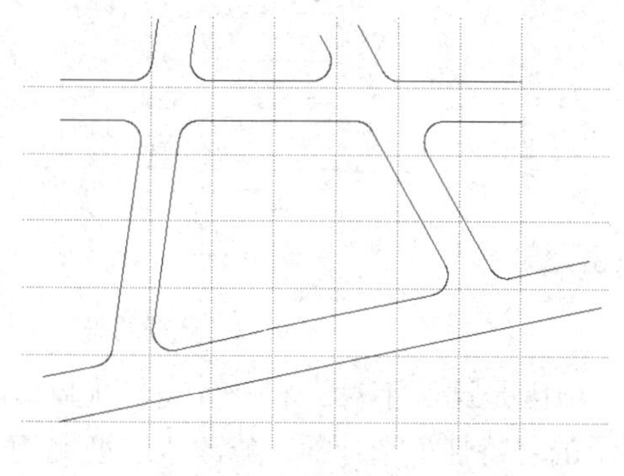

图 9-7　绘制周边道路

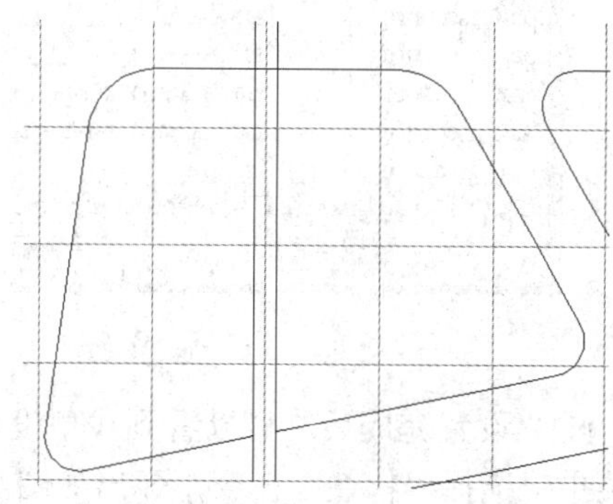

图 9-8　绘制偏移线

(7) 执行“修剪”命令，修剪两条偏移线在小区轮廓线以内的部分；使用“圆角”命令，对小区道路线与轮廓线进行圆角操作，圆角半径为 3000。该圆角操作导致了左侧部分轮廓线的消失，用户可以使用“直线”命令补充缺失的轮廓线，补充效果如图 9-9 所示。

(8) 执行“圆角”命令，对小区主道路和轮廓线的交点进行圆角操作，圆角半径为 30 000。切换到“新建道路”图层，绘制小区的另外一条主干道。对 H3 执行“偏移”命令，分别向上和向下偏移 3000，将两条偏移线设置为“新建道路”图层，修剪水平主道路与轮廓线交点以外的部分，并对水平主干道和垂直主干道的交叉部分进行圆角操作，圆角半径为 3000，完成效果如图 9-10 所示。

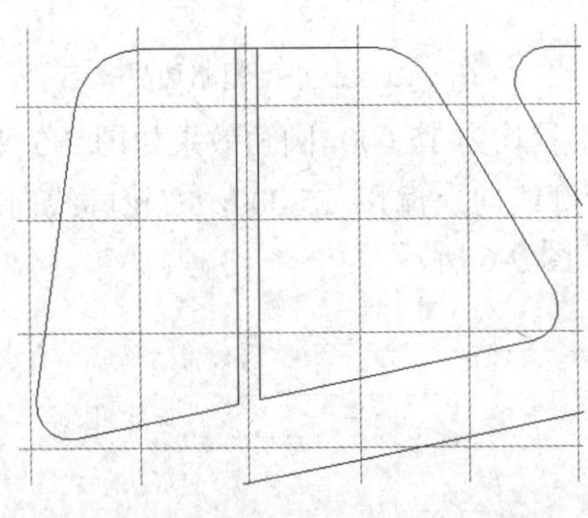

图 9-9 绘制周边道路

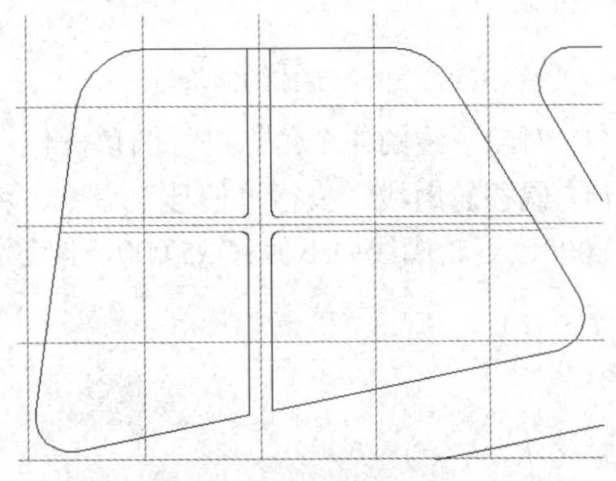

图 9-10 绘制水平主干道

(9) 选择“格式”→“线型”命令，弹出“线型管理器”对话框，单击“加载”按钮，弹出如图 9-11 所示的“加载和重载线型”对话框，在“可用线型”列表中选择 ACAD_IS010W100，单击“确定”按钮返回“线型管理器”对话框，单击“确定”按钮完成线型加载。

(10) 执行“直线”命令，绘制水平道路的中线。选中刚刚所绘制的直线，在“特性”工具栏的“线型控制”下拉列表框中选择 ACAD_IS010W100，如图 9-12 所示。

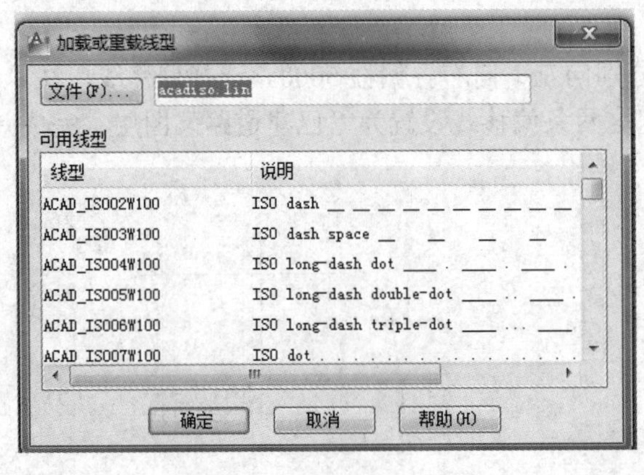

图 9-11　加载线型

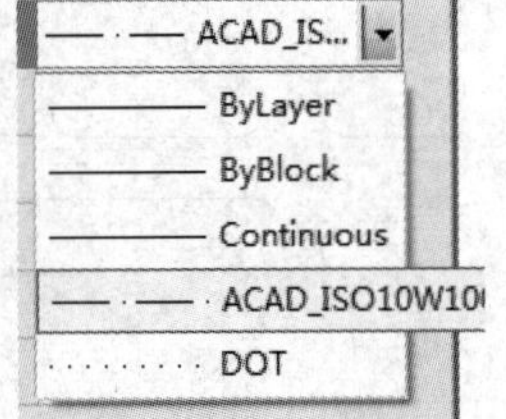

图 9-12　选择线型

(11) 设置完成后，可以看到线型没有变化，原因是比例不对。右击直线，从弹出的快捷菜单中选择“特性”命令，弹出如图 9-13 所示的“特性”选项板，修改“线型比例”为 1000。关闭“辅助线”层，此时可以看到如图 9-14 所示的线型效果。

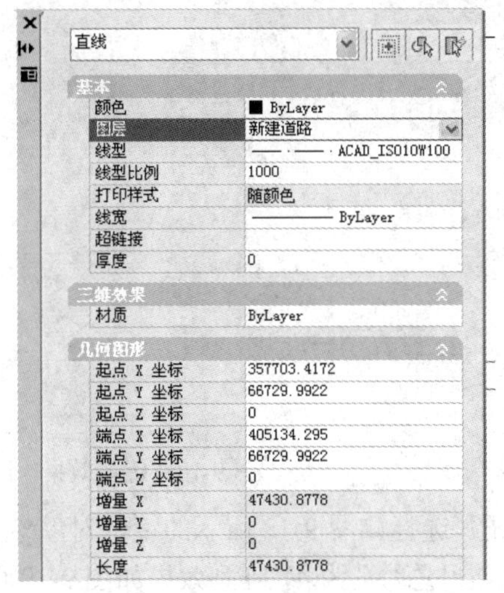

图 9-13　修改线型比例

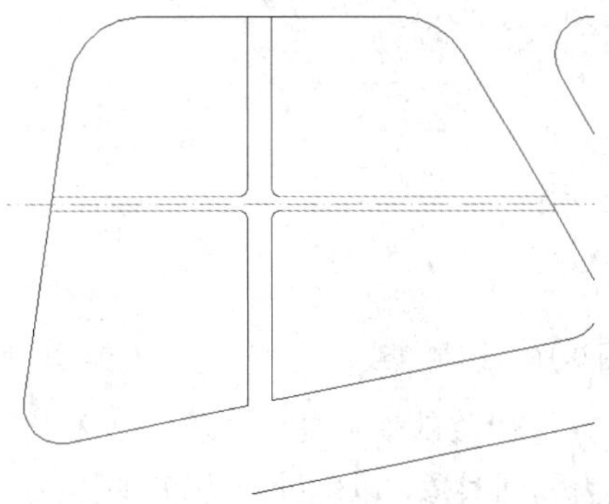

图 9-14　关闭“辅助线”层效果

3．绘制建筑物图块

在总平面图中，各种建筑物可以采用《建筑制图总图标准》提供的图例或用代表建筑物形状的简单图形表示。在本总平面图中，主要有塔楼、综合楼和板楼三种类型的建筑物，我们以图 9-15 所示的塔楼绘制方法为例进行详细讲解，其余建筑物给出尺寸，读者自行绘制。

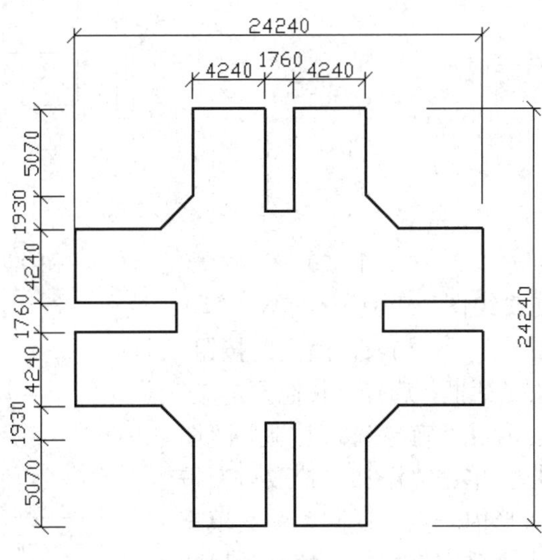

图 9-15　塔楼尺寸

绘制塔楼的具体操作步骤如下：

(1) 选择“格式”→“点样式”命令，弹出“点样式”对话框，选择点样式“×”，单击“确定”按钮。执行“点”命令，在绘制图区绘制一个点。在“绘制”工具栏中单击“直线”按钮，按图 9-15 所示的尺寸绘制图 9-16 所示的图形。

(2) 在“修改”工具栏中单击“镜像”按钮，选择已绘制的图形，指定绘制的辅助点为镜像线的第一点，直线的最后一点为镜像线的第二点，镜像效果如图 9-17、图 9-18 所示。

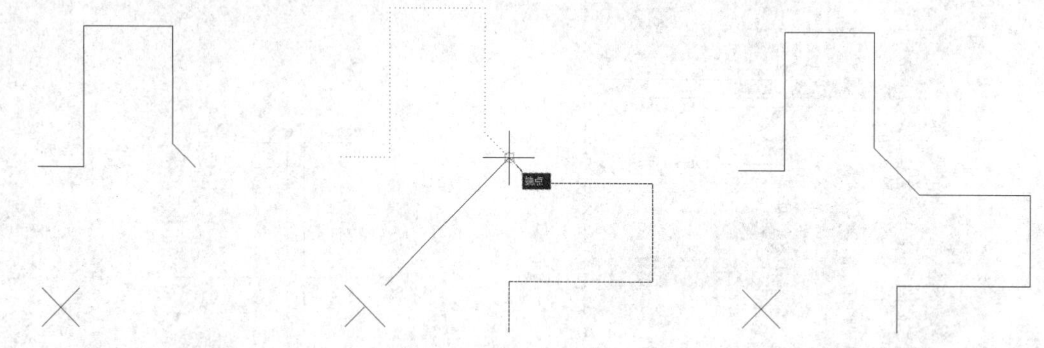

图 9-16　绘制直线　　图 9-17　使用镜像命令　　图 9-18　镜像效果

(3) 在“修改”工具栏中单击“环形阵列”按钮，选择如图 9-18 所示的镜像对象(辅助点除外)为阵列对象，以辅助点为阵列中心点，设置“项目总数”为 4，阵列效果如图 9-19 所示。

(4) 在“绘图”工具栏中单击“矩形”按钮，拾取辅助点为第一个角点，输入相对坐标@200,200，绘制效果如图 9-20 所示，在“修改”工具栏中单击“移动”按钮，移动矩形到图中间，移动效果如图 9-21 所示。

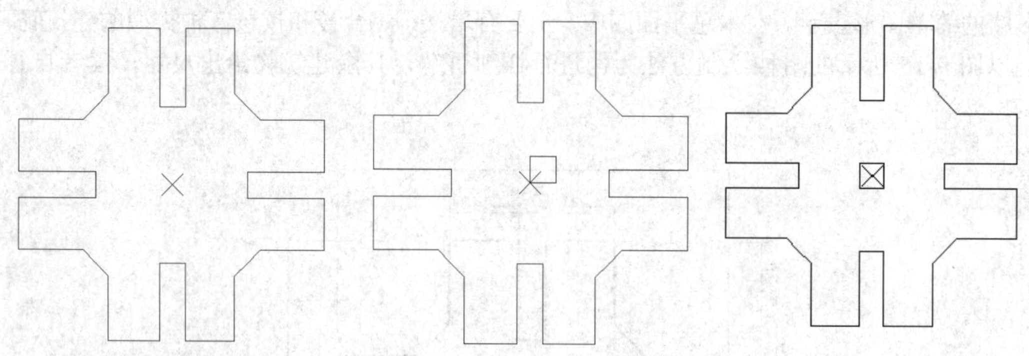

图 9-19　阵列效果　　图 9-20　绘制矩形　　图 9-21　移动完成后的矩形

(5) 删除辅助点。在“绘图”工具栏中单击“图案填充”按钮，弹出“图案填充和渐变色”对话框，单击“图案”下拉列表框后面的按钮，弹出“填充图案选项板”对话框，选择“其他预定义”选项卡中的 SOLID 图案。单击“确定”按钮，返回“图案填充和渐变色”对话框，单击“添加：拾取点”按钮，返回绘图区。拾取矩形内一点，返回“图案填充和渐变色”对话框，单击“确定”按钮，填充效果如图 9-22 所示。

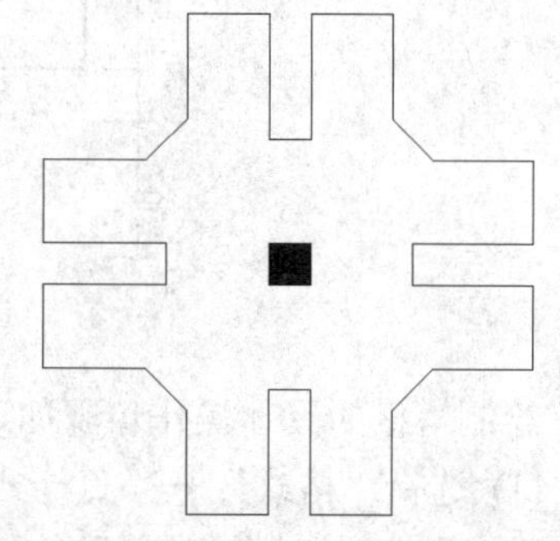

图 9-22　填充效果

(6) 选择“绘图”→“块”→“创建”命令，弹出“块定义”对话框，设置图块名称为“塔楼”，拾取矩形的中心为基点，选择图 9-22 所示的所有图形为对象，其他设置如图 9-23 所示，单击“确定”按钮，完成块定义。

图 9-23　设置“塔楼”图块

综合楼的效果如图 9-24 所示，定义图块名称为“综合楼”，基点为图形的中心，两个楼板的效果分别如图 9-25 和图 9-26 所示。第一个定义为“博物馆板楼”，基点为圆心；第二个定义为“住宅板楼”，基点为下方中间直线的中点。

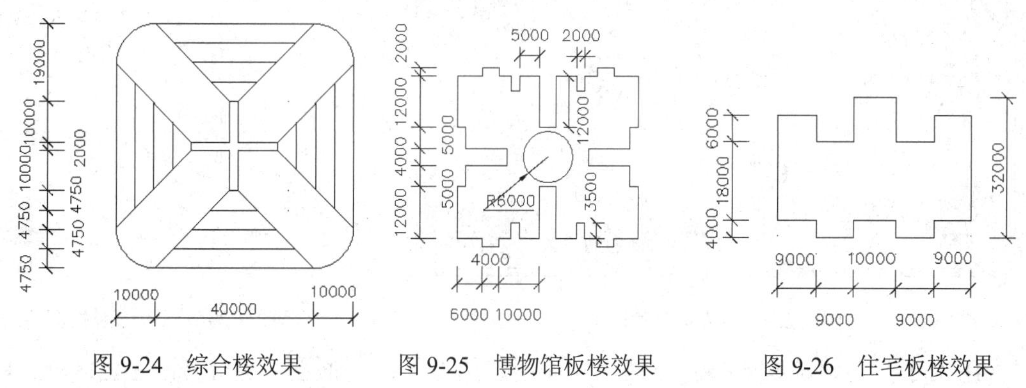

图 9-24　综合楼效果　　图 9-25　博物馆板楼效果　　图 9-26　住宅板楼效果

4. 插入建筑物

建筑物绘制完成后，就需要将各类建筑物插入到建筑平面图中。插入建筑物比较关键的技术是定位，定位完成后各类建筑物图块就可以精确地插入到平面图中。插入建筑物图块的具体操作步骤如下：

(1) 在“修改”工具栏中单击“偏移”按钮，命令行提示如下：

命令：_offset

当前设置：删除源=否　图层=源　OFFSETGAPTYPE=0

指定偏移距离或[通过(T)/删除(E)/图层(L)]<475>:10 000//设置偏移距离

选择要偏移的对象，或[退出(E)/放弃(U)]<退出>：//选择南北向主干路左下边界线

指定要偏移的那一侧上的点，或[退出(E)/多个(M)/放弃(U)]<退出>：//向左偏移

命令：

命令：_offset

当前设置：删除源=否　图层=源　OFFSETGAPTYPE=0

指定偏移距离或[通过(T)/删除(E)/图层(L)]<1000>:8000//设置偏移距离

选择要偏移的对象，或[退出(E)/放弃(U)]<退出>：//选择东西向主干路左下边界线

指定要偏移的那一侧上的点，或[退出(E)/多个(M)/放弃(U)]<退出>：//向下偏移

(2) 在“绘图”工具栏中单击“点”按钮，命令提示行如下：

命令：_point

当前点模式：PDMODE=3 PDSIZE=0

指定点：from//使用相对点输入方法

基点：//拾取步骤 1 偏移的两条线的交点为基点

<偏移>：@-30 000，-30 000//输入点的相对坐标

命令：//按 Enter 键完成点的输入，绘制效果如图 9-27 所示

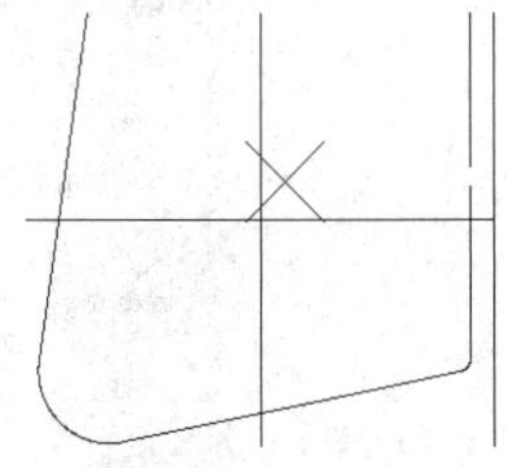

图 9-27　绘制定位点

(3) 选择“插入”→“块”命令，弹出如图 9-28 所示的“插入”对话框，在“名称”下拉列表框中选择“综合楼”图块，单击“确定”按钮，命令行提示“指定插入点”，在绘图区拾取步骤 2 绘制的定位点，完成效果如图 9-29 所示。

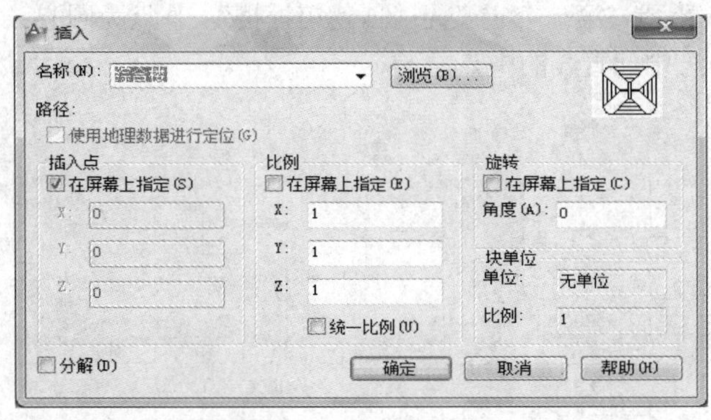

图 9-28　“插入”对话框

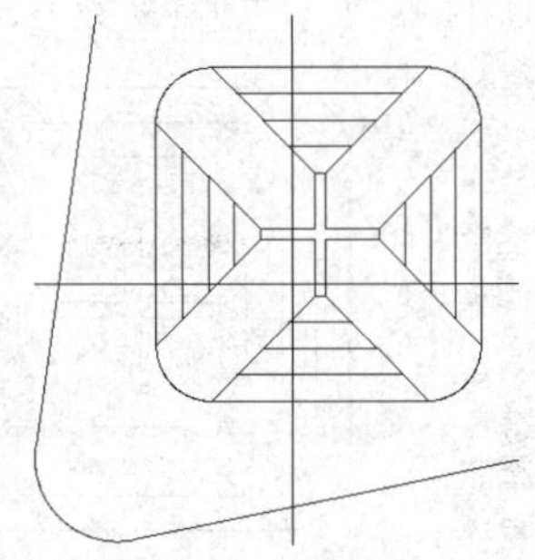

图 9-29　插入综合楼图块

(4) 对于其他建筑物的插入方法同样使用定位点。在两条主干道分开的左上区域，将南北主干道左上外界线向左偏移 10 000，将东西主干道左上外界线向上偏移 4000。在“绘图”工具栏中单击“点”按钮，命令行提示如下：

命令：_point

当前点模式：PDMODE=3 PDSIZE=0

指定点：from//使用相对点方法绘制点

基点：//以两条偏移线的交点为基点

<偏移>：@-1200,1200//输入相对坐标

命令：_point

当前点模式：PDMODE=3 PDSIZE=0

指定点：@0,4000//输入相对坐标

命令：_point

当前点模式：PDMODE=3 PDSIZE=0

指定点：@-3200,0//输入相对坐标

命令：_point

当前点模式：PDMODE=3 PDSIZE=0

指定点：@0,-4000//输入相对坐标

命令：_point

当前点模式：PDMODE=3 PDSIZE=0

指定点：//按 Enter 键，定位点效果如图 9-30 所示

(5) 选择“插入”→“块”命令，弹出“插入”对话框，在“名称”下拉列表框中选择“塔楼”图块，单击“确定”按钮，命令行提示“指定插入点”，在绘图区域拾取步骤 4 绘制的定位点，插入效果如图 9-31 所示。

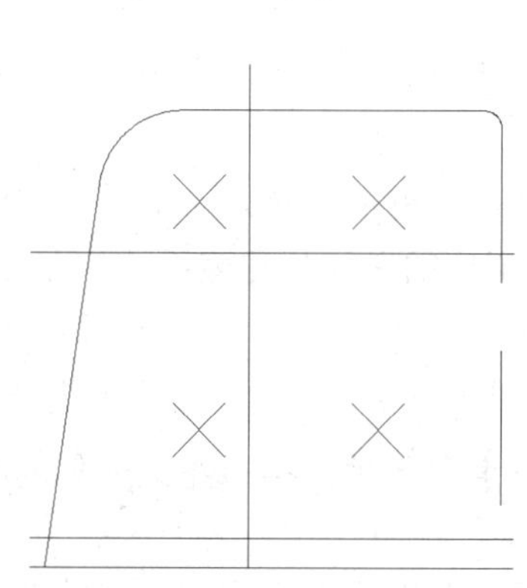

图 9-30　绘制小区左上区域定位点

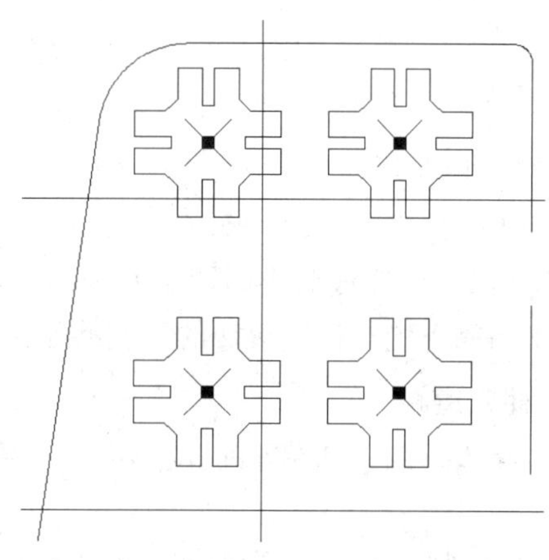

图 9-31　插入建筑物图块

(6) 使用相同的方法，执行“偏移”和“点”命令，绘制小区右上区域的建筑物。分别将南北主干道右上外界线向右偏移 10 000，东西主干道右上外界线向上偏移 4000，两个定位点相对于两条偏移线交点的相对坐标分别为(@23 000,4000)和(@51 000,49 000)，并且插入图块住宅板楼和塔楼，插入效果如图 9-32 所示。

(7) 使用同样的方法，执行“偏移”和“点”命令，绘制小区右下区域的建筑物。分别将南北主干道右下外界线向右偏移 10 000，东西主干道右下外界线向下偏移 8000，两个定位点相对于两条偏移线交点的相对坐标分别为(@22 000, −21 000)和(@85 000, −4000)。

(8) 选择“插入”→“块”命令，弹出“插入”对话框，在“名称”下拉列表中选择“住宅板楼”图块，在“角度”文本框中输入 1800，单击“确定”按钮，命令行提示“指定插入点”，在绘制区拾取步骤 7 绘制的右侧定位点，插入效果如图 9-33 所示。

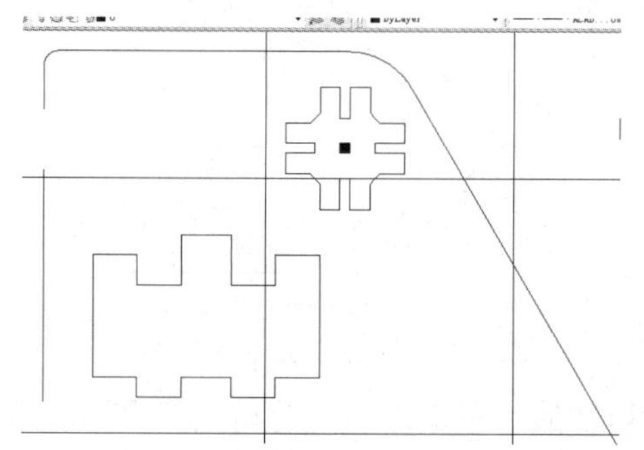

图 9-32　插入小区右上区域建筑物图块

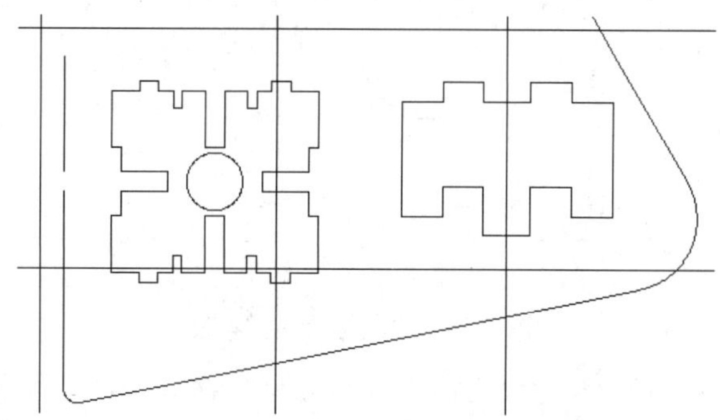

图 9-33　插入小区右下区域建筑物图块

(9) 删除定位点，并插入建筑图块，完成效果如图 9-34 所示。

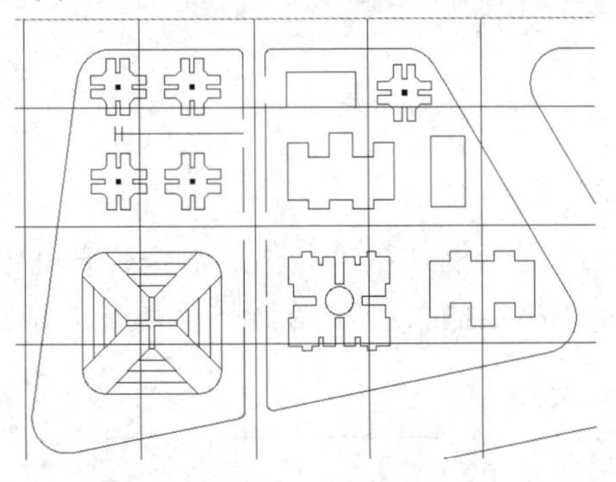

图 9-34　插入建筑图块效果

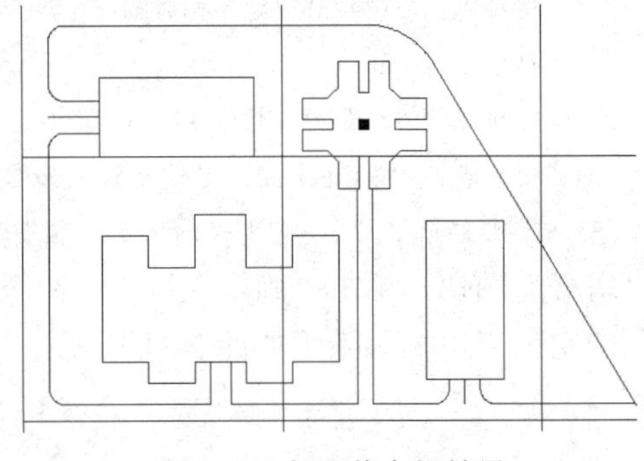

图 9-35　插入停车场效果

5. 插入停车场

执行“矩形”命令，分别绘制 3000 × 1500 和 1500 × 3000 的停车场，插入到小区右上区域的空白部分，完成效果如图 9-35 所示，要求上侧停车场的左侧与住宅板楼的左侧持平，下侧停车场的下侧与住宅板楼的下侧持平。

6. 补充道路

在小区内，除了两条主干道之外，还需要绘制人行道和各种连接道路。具体的绘制步骤如下：

(1) 在绘制之前，将图层切换到“新建道路”图层。在小区左下区域，在综合楼的东方向和北方向开门，门前路宽 400。执行“直线”命令，绘制直线，直线的起点为综合楼上外缘的中点，终点为东西向主干道左下边界的垂足，将绘制完成的直线执行“偏移”命令分别向左和向右偏移 200，然后执行“修剪”命令，修剪与东西主干道的连接部。使用同样的方法，绘制东侧门的路，完成效果如图 9-36 所示。

(2) 执行“直线”、“偏移”和“修剪”命令，绘制小区左上侧区域的路，路宽 300，与东西向主干道相连接的道路效果如图 9-37 所示。

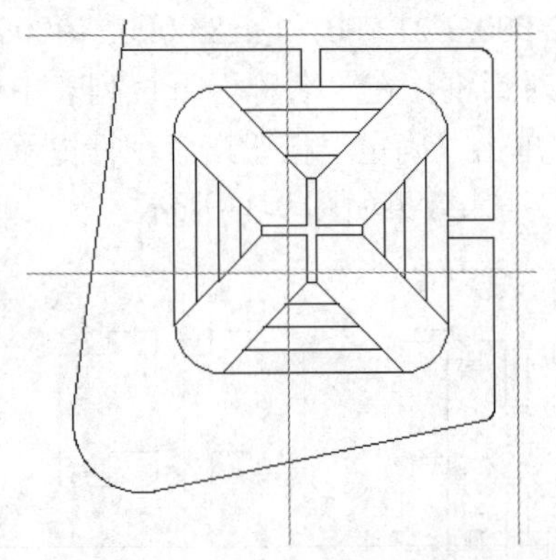

图 9-36　绘制综合楼门前路

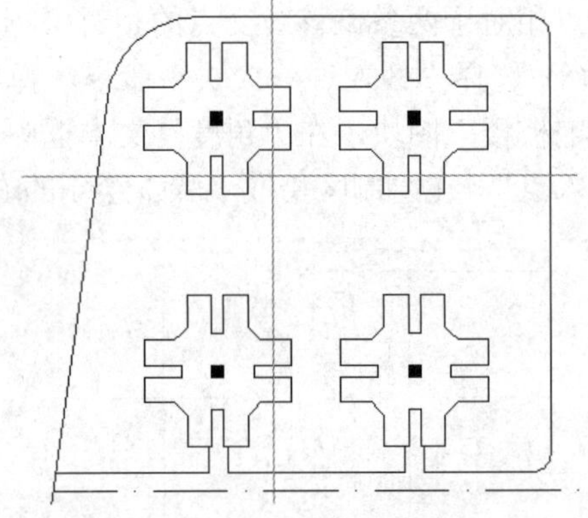

图 9-37　绘制与东西主干道连接的道路

(3) 执行“直线”和“偏移”命令，绘制塔楼内部的行车道路和门前路，其中门前路宽 300，汽车路宽 600，完成效果如图 9-38 所示。

(4) 执行“修剪”和“延伸”命令，对道路进行修剪和延伸操作，并选择路中直线，设置线型为 ACAD_IS010W100，在“特性”选项板中设置线型比例为 100，完成效果如图 9-39 所示。

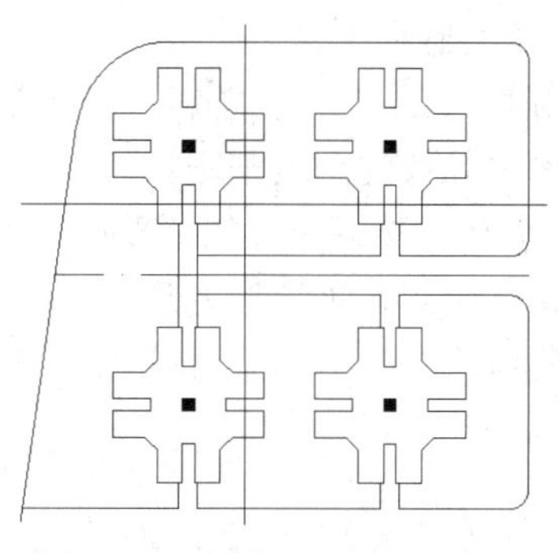
图 9-38　绘制塔楼内部的道路

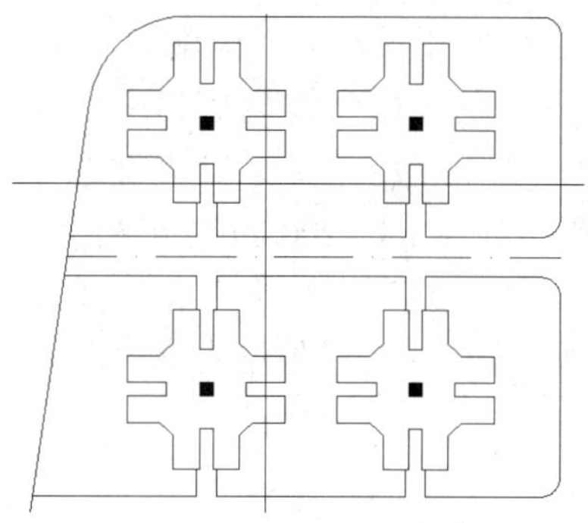
图 9-39　修剪、延伸完成的道路

(5) 执行“直线”、“偏移”和“修剪”命令，补充另外两栋塔楼门前路，路宽 300，完成效果如图 9-40 所示。

(6) 使用同样的方法，绘制小区右下区域的道路，路宽 400，完成效果如图 9-41 所示。

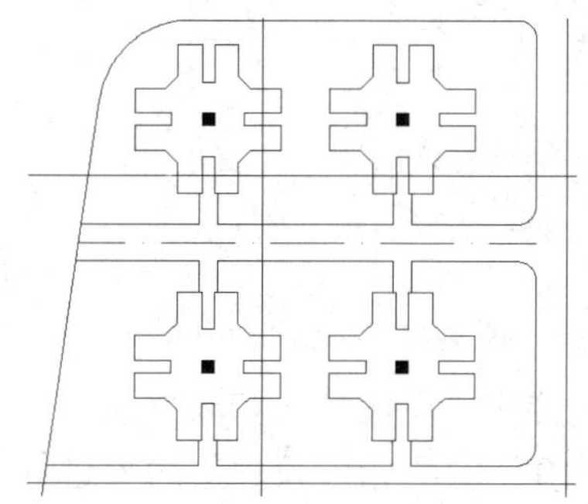
图 9-40　绘制完成的小区左上方区域的道路

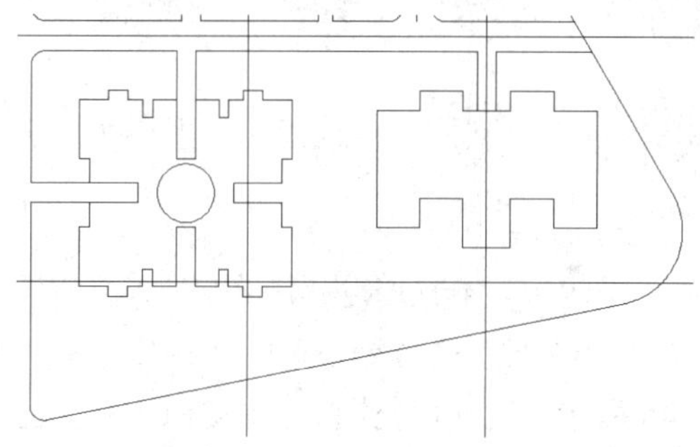
图 9-41　绘制完成的小区右下区域的道路

(7) 使用同样的方法，绘制小区右上区域的道路，其中塔楼门前路宽 300，停车场路宽 600，板楼 2 门前路宽 400，绘制完成后的小区如图 9-42 所示。

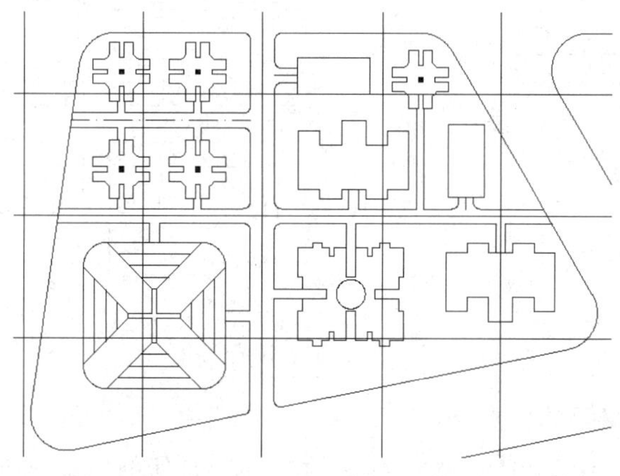
图 9-42　绘制完成的小区道路

7．绘制绿化

一般来说，小区的绿化包括树与草的绿化。通常情况下，并不提倡制图人员绘制各种树木，制图人员应从图库中找到已经绘制完成的树木图块。同样草也不需要制图人员绘制，使用 AutoCAD 自带的填充功能就可以完成。具体操作步骤如下：

(1) 本例中可能用到如图 9-43 所示的树木进行绿化，因此把它们保存在图块中分别命名为“树木 1”～“树木 7”。需要注意，通常从图库中寻找的图例都是按 1∶100 绘制的，因此在绘图比例为 1∶1000 的建筑图时，需要将其缩小 0.1，然后定义为需要的图块来使用。

(2) 执行“直线”、“矩形”和“样条曲线”命令，绘制各种草坪的界线，因为没有具体的尺寸要求，用户可以根据实际情况确定草坪的大小，如图 9-44 所示为绘制草坪边界的效果图。

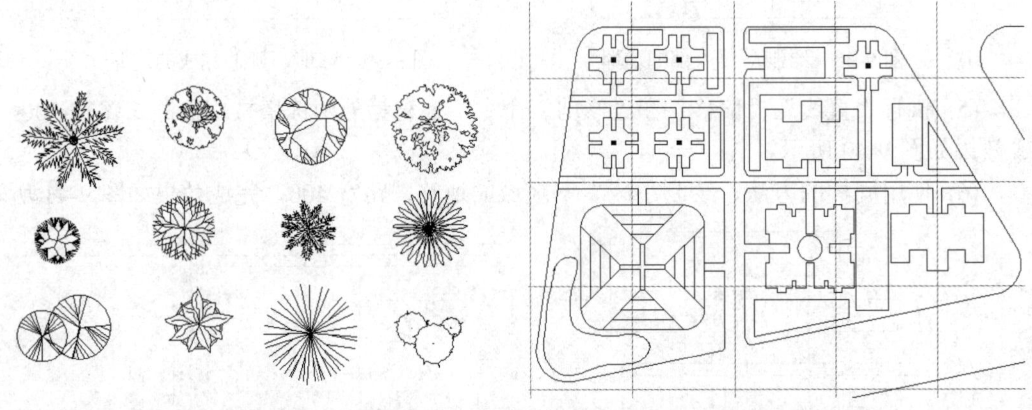

图 9-43　本书可能用到的图例　　图 9-44　绘制草坪边界

(3) 在“绘图”工具栏中单击“图案填充”按钮，弹出“图案填充和渐变色”对话框，如图 9-45 所示，设置填充图案为“GROSS”，比例为“10”，分别拾取草坪的边界进行填充，填充效果如图 9-46 所示。

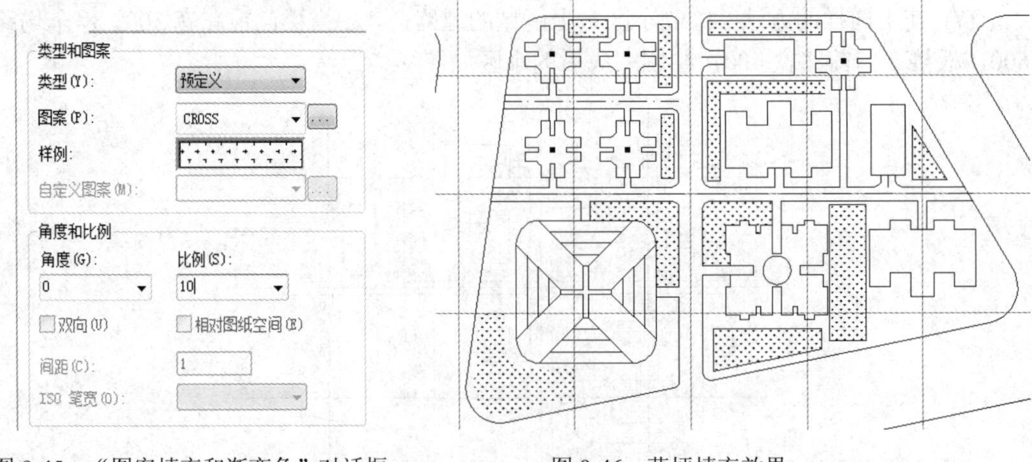

图 9-45　“图案填充和渐变色”对话框　　图 9-46　草坪填充效果

(4) 选择“插入”→“块”命令，弹出“插入”对话框，选择不同的树图块插入到总平面图中，位置没有严格要求，绿化总体效果如图 9-47 所示。

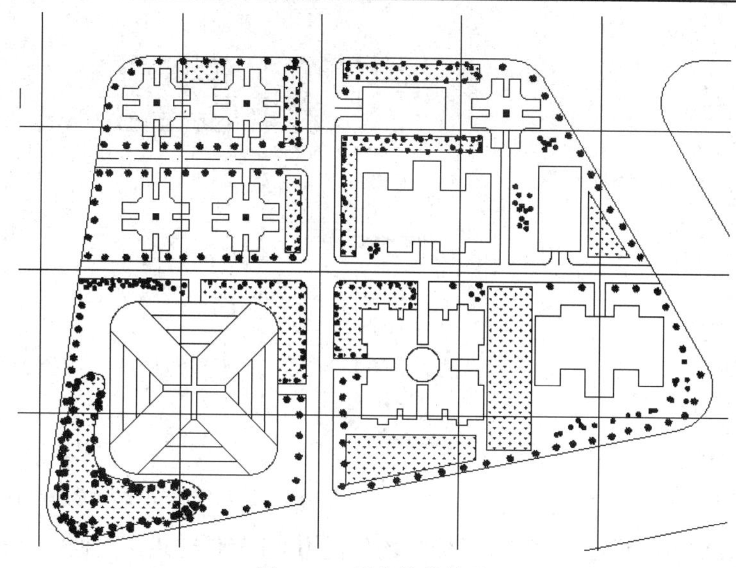

图 9-47　绿化总体效果

8．添加文字说明

在建筑总平面图中文字不多，一般使用“单行文字”实现说明功能。在本例中创建文字的具体步骤如下：

(1) 选择“绘图”→“文字”→“单行文字”命令，选择文字样式 GB700，设置文字高度为 700，指定文字的起点，输入文字“裕华路”，使用“单行文字”功能输入其他文字，文字样式均为 GB700，完成效果如图 9-48 所示。

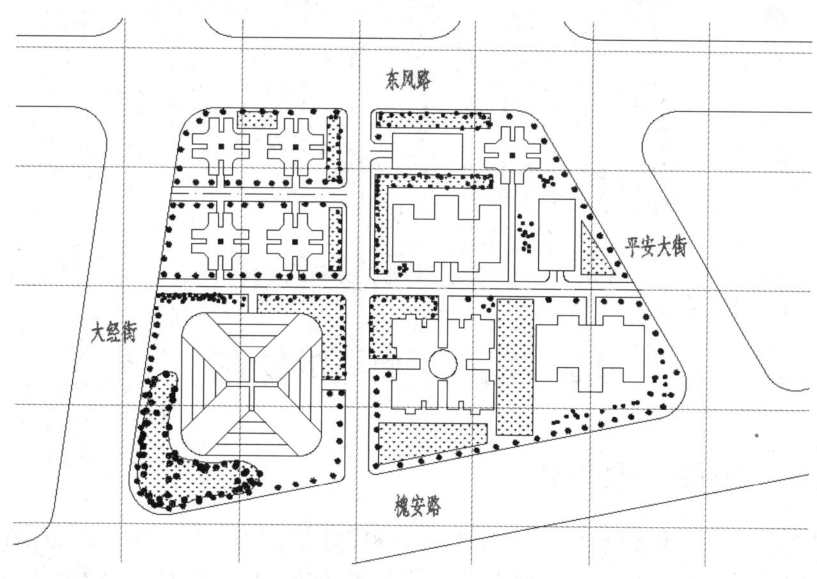

图 9-48　输入单行文字

(2) 在“修改”工具栏单击“旋转”按钮，选择文字“平安大街”，在文字旁边的道路线上选一点为基点，选另一点指定旋转角度，旋转效果如图 9-49 所示，使用同样的方法，对其他文字进行旋转操作，使文字的方向与道路平行，完成效果如图 9-50 所示。

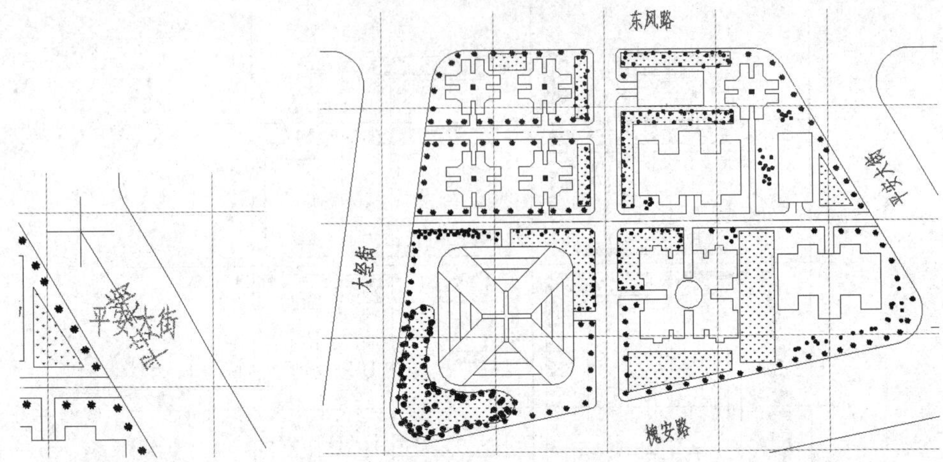

图 9-49　旋转单行文字　　　　图 9-50　调整单行文字与道路平行

(3) 为图形添加其他文字，其中“停车场”使用 GB500 样式，其他文字采用 GB350 样式，最终完成效果如图 9-51 所示。

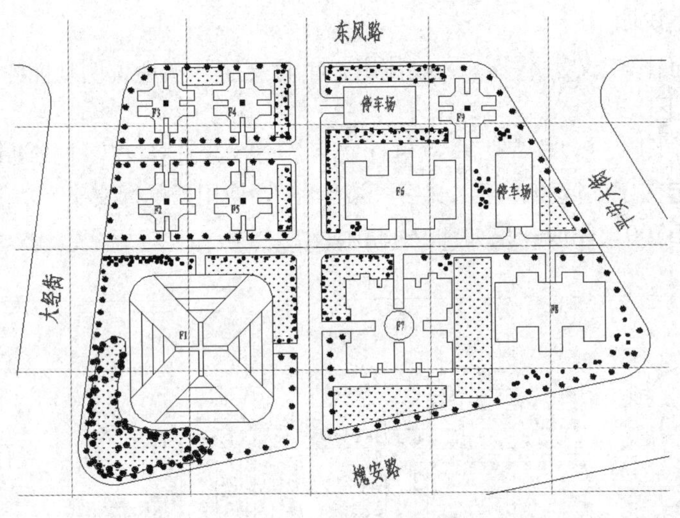

图 9-51　完成文字添加的建筑总平面图

9.2　建筑平面图的绘制

9.2.1　建筑平面图的绘制内容

建筑平面图是通过使用假想的一水平剖切面将建筑物在某层门窗洞口范围内剖开，移去剖切平面以上的部分，对剩下的部分作水平面的正投影图形成的。建筑平面图主要表示建筑物的平面形状、水平方向各部分(如出入口、走廊、楼梯、房间、阳台等)的布置和组合关系、门窗位置、墙和柱的布置以及其他建筑构配件的位置和大小等。一般来说，多层房屋应画出各层平面图。但当有些楼层的平面布置相同或仅有局部不同时，则只需要画出一个共同的平面图(也称为标准层平面图)，对于局部不同之处，只需另绘局部平面图。所以，一栋建筑物所有平面图应包括底层平面图、标准层平面图、顶层平面图和屋顶平面图。

建筑平面图的主要内容如下：

(1) 房屋的平面形状、大小及房间的布局。

(2) 墙体、柱及墩的位置和尺寸。

(3) 门、窗及楼梯的位置和类型。

9.2.2　建筑平面图的绘制步骤

建筑平面图的图形是规则的，在画法上难度不大，对于精度的要求较高，绘制建筑平面图的一般步骤：建立制图模板即设置绘图环境、绘制轴线、绘制墙体、绘制门窗、细部绘制、尺寸标注、进行文字说明和标注图例。

绘制建筑平面图，如图 9-52 所示，绘制比例为 1∶100，采用 A2 幅面的图框。为使图形简洁，图中仅标出来总体尺寸、轴线间距尺寸及部分细节尺寸。

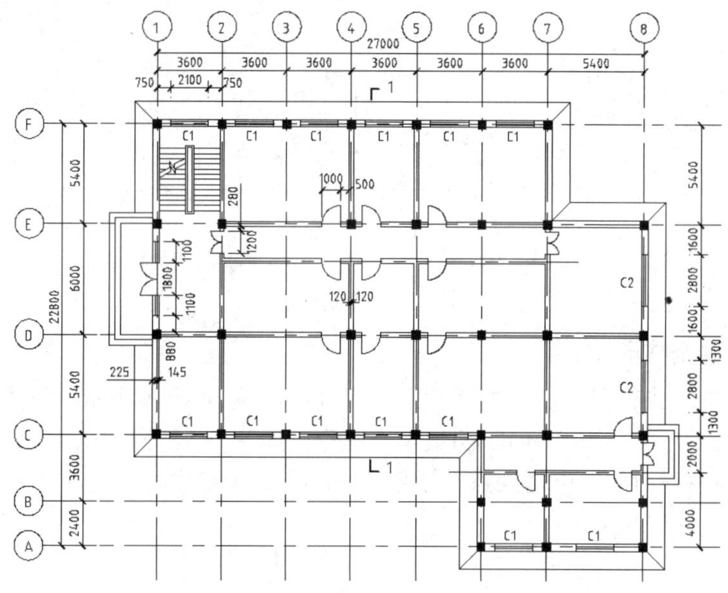

图 9-52　绘制建筑平面图

1. 设置绘图环境

(1) 使用样板创建新图形文件(创建图层，如墙体层、轴线层、柱网层等)。

名称	颜色	线型	线宽
轴线	蓝色	Center	默认
柱网	白色	Continuous	默认
墙体	白色	Continuous	0.7
门窗	白色	Continuous	默认
台阶及散水	红色	Continuous	默认
楼梯	白色	Continuous	默认
标注	白色	Continuous	默认

当创建不同种类的对象时，应切换到相应的图层。

(2) 设置绘图区域。单击下拉菜单栏中的“格式”→“图形界限”命令，根据命令行提示进行操作，将图形界限设置为长方形区域，设定绘图区域的大小为 59 400 × 42 000，设置总体线型比例因子为 100。

(3) 放大图框线和标题栏。单击“修改”工具栏中的“缩放”命令按钮，输入指定比例因子将图框线和标题栏放大 100 倍。

2. 绘制轴线网

使用“line”命令绘制水平和竖直的作图基准线，然后使用“offset”、“break”及“trim”等命令绘制轴线，如图 9-53 所示。

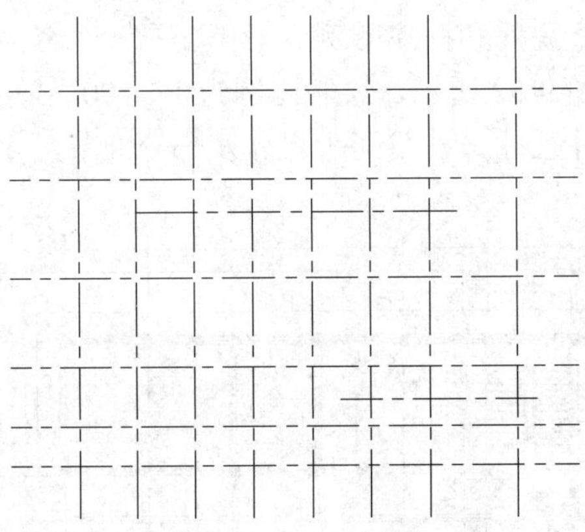

图 9-53　绘制轴线

3. 绘制墙体及柱子

(1) 在屏幕的适当位置绘制柱的横截面，尺寸如图 9-54 上图所示，先画一个正方形，再连接两条对角线，然后用 SOLID 图案填充图形，如图 9-54 下图所示。正方形两条对角线的交点可作为柱截面的定位基准点，使用“copy”命令形成柱网，如图 9-55 所示。

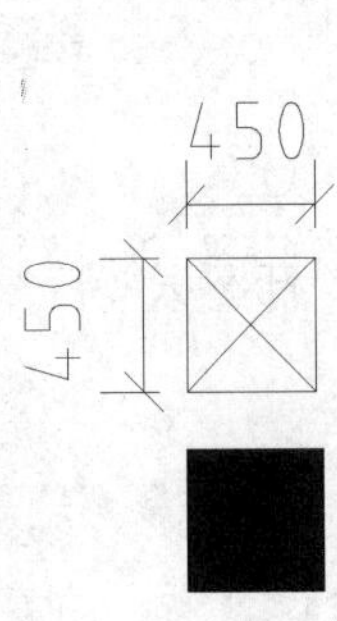

图 9-54　绘制柱的横截面

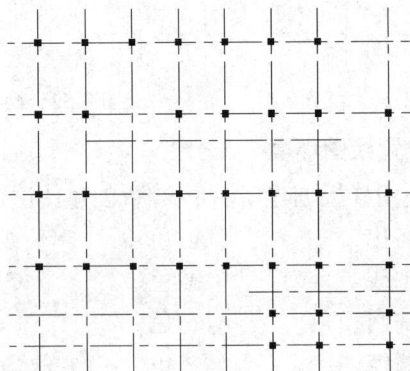

图 9-55　形成柱网

(2) 创建两个多线样式。

样式名	元素	偏移量
墙体 370	两条直线	145、−225
墙体 240	两条直线	120、−120

(3) 关闭“柱网”层，指定“墙体-370”为当前样式，使用“mline”命令绘制建筑物外墙体。再设定“墙体-240”为当前样式，绘制建筑物内墙体，如图 9-56 所示。使用“mledit”命令编辑多线样式相交的形式，再分解多线，修剪多余线条。

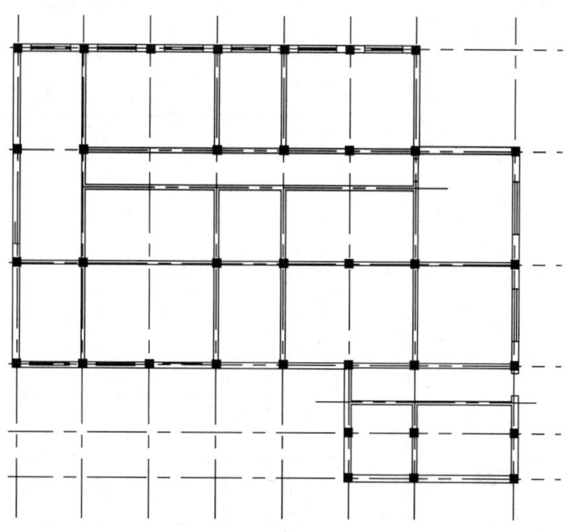

图 9-56　绘制外墙体和内墙体

4. 开门、窗洞口及绘制和插入门、窗图形块

(1) 使用“offset”、“trim”和“copy”等命令绘制所有的门窗洞口，如图 9-57 所示。

(2) 利用设计中心插入“图例.dwg”中的门窗图块，这些图块分别是 M1000、M1200、M1800 及 C370 × 100，再复制这些图块，如图 9-58 所示。

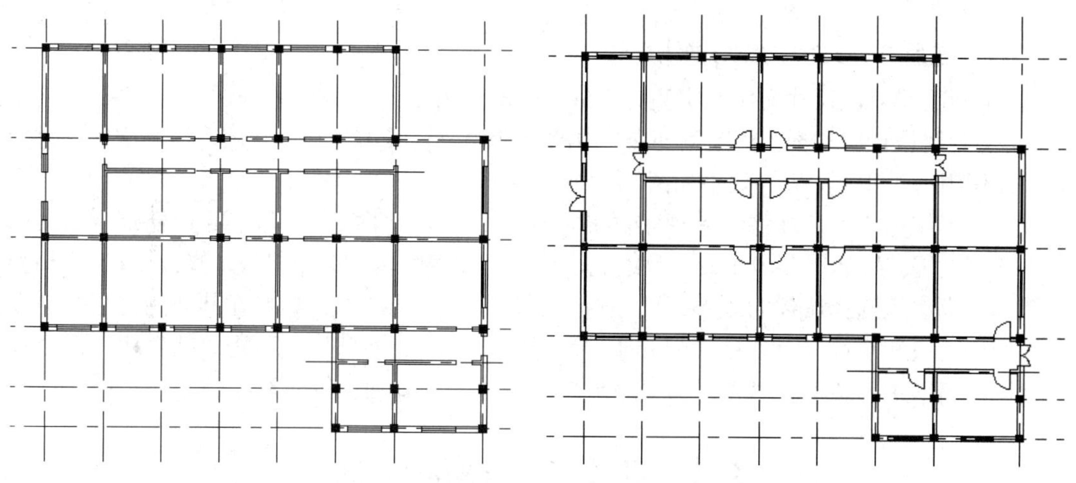

图 9-57　形成门窗洞口　　图 9-58　插入门窗图块

5. 绘制台阶、散水、楼梯等

(1) 绘制室外台阶及散水，细节尺寸和结果如图 9-59 所示。

(2) 绘制楼梯，楼梯尺寸如图 9-60 所示，总体效果如图 9-61 所示。

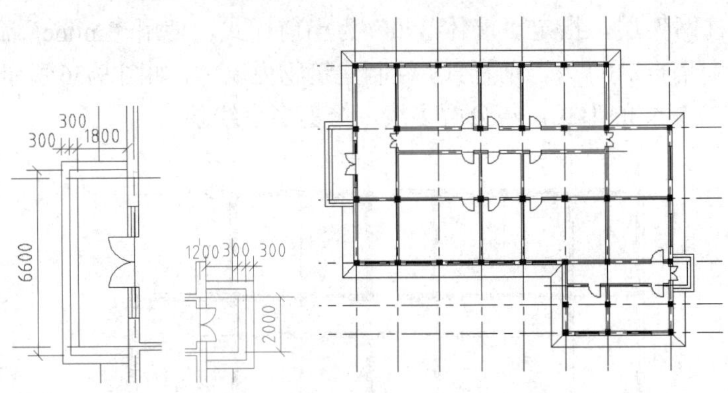

图 9-59　绘制室外台阶及散水

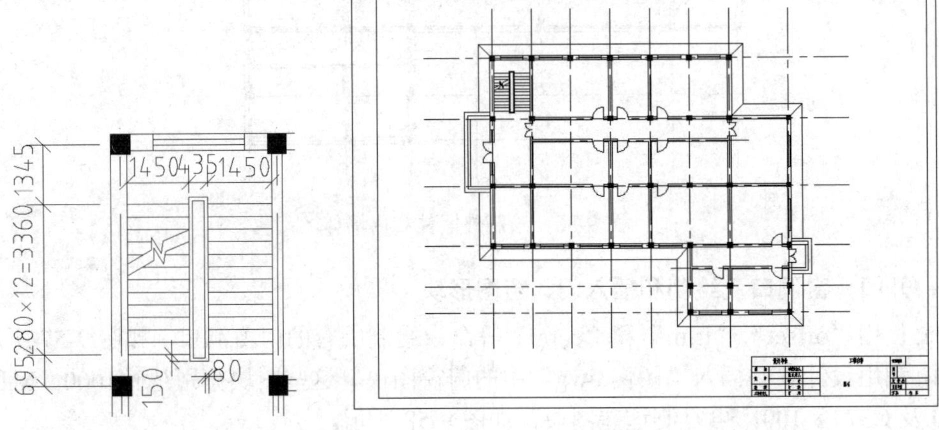

图 9-60　绘制楼梯　　　　图 9-61　插入图框

6. 标注尺寸、文字、绘制轴线编号

(1) 标注尺寸，尺寸文字的字高为 2.5，全局比例因子为 100。

(2) 利用设计中心插入“图例.dwg”中的标高块及轴线编号块，并填写属性文字，块的缩放比例因子为 100，最终效果如图 9-52 所示。

上述工作完成后，需将结果打印输出。本章主要讲述了某住宅楼的底层建筑平面图的整个绘制过程。墙体用“多线命令”绘制，并用“多线编辑”命令修改。修改“T”形相交的墙体时应注意选择墙体的顺序。门和窗先制作成块，再插入。如果在其他的图形中需要多次用到门块和窗块，可以用“wblock”命令将其定义成外部块，再用“插入块”命令插入到当前图形中。楼梯用“直线”、“矩形”、“偏移”、“阵列”等命令绘制。

9.3　建筑立面图的绘制

9.3.1　建筑立面图的绘制内容

建筑立面图是按不同投影方向绘制的房屋侧面外形图，它主要反映房屋的外貌和立面装饰情况，其中反映主要入口或比较显著地反映房屋外貌特征的立面图称为正立面图，其余的立面图称为背立面图、侧立面图。房屋有 4 个朝向，常根据房屋的朝向命名相应方向的立面图，如南立面图、北立面图、东立面图和西立面图等。此外，用户也可根据建筑平面图中的首尾轴线命名立面图，如①～⑦立面图等。当观察者面向建筑物时，是从左往右的轴线顺序。

9.3.2 建筑立面图的绘制步骤

可将平面图作为绘制立面图的辅助图形。先从平面图绘制竖直投影线，将建筑物的主要特征投影到立面图上，然后再绘制立面图的各部分细节。

绘制建筑立面图，如图 9-62 所示。绘图比例为 1∶100，采用 A3 幅面的图框。

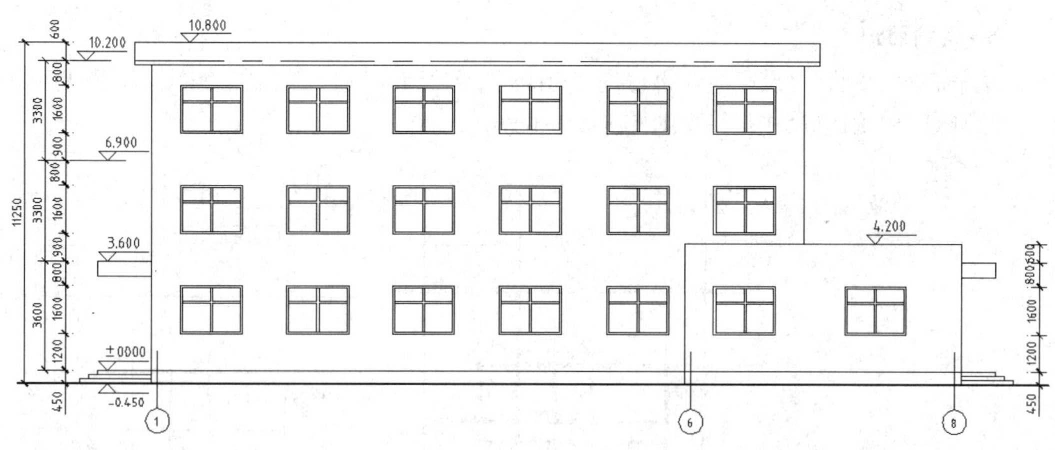

图 9-62　绘制建筑立面图

1. 设置绘图环境

(1) 使用样板创建新图形文件。

单击“标准”工具栏中的“新建”命令按钮，弹出“创建新图形”对话框。单击“使用样板”命令按钮，从“选择对象”列表框中选择样板文件，单击“确定”按钮进入 AutoCAD 绘图界面。

创建以下图层：

名称	颜色	线型	线宽
轴线	蓝色	Center	默认
构造	白色	Continuous	默认
轮廓	白色	Continuous	0.7
地坪	白色	Continuous	1.0
窗洞	红色	Continuous	0.35
标注	白色	Continuous	默认

当创建不同种类的对象时，应切换到相应的图层。

(2) 设置绘图区域。

单击下拉菜单栏中的“格式”→“图形界限”命令，设置左下角坐标为(0,0)，指定右上角坐标为(42 000, 29 700)。

(3) 放大图框线和标题栏。

单击“修改”工具栏中的“缩放”命令按钮，选择图框线和标题栏，指定比例因子为100。

(4) 显示全部作图区域。

在“标准”工具栏上的“窗口缩放”按钮上按住鼠标左键，单击下拉列表中的“全部缩放”命令按钮，显示全部作图区域。

2. 绘制立面图轮廓线

从平面图绘制竖直投影线，再使用“line”、“offset”及“trim”等命令绘制屋顶线、室外地坪线和室内地坪线等，细节尺寸和结果如图 9-63 所示。

3. 绘制窗户

从平面图绘制竖直投影线，再使用“offset”及“trim”命令绘制窗洞线，如图 9-64 所示。绘制窗户，细节尺寸和结果如图 9-65 所示。

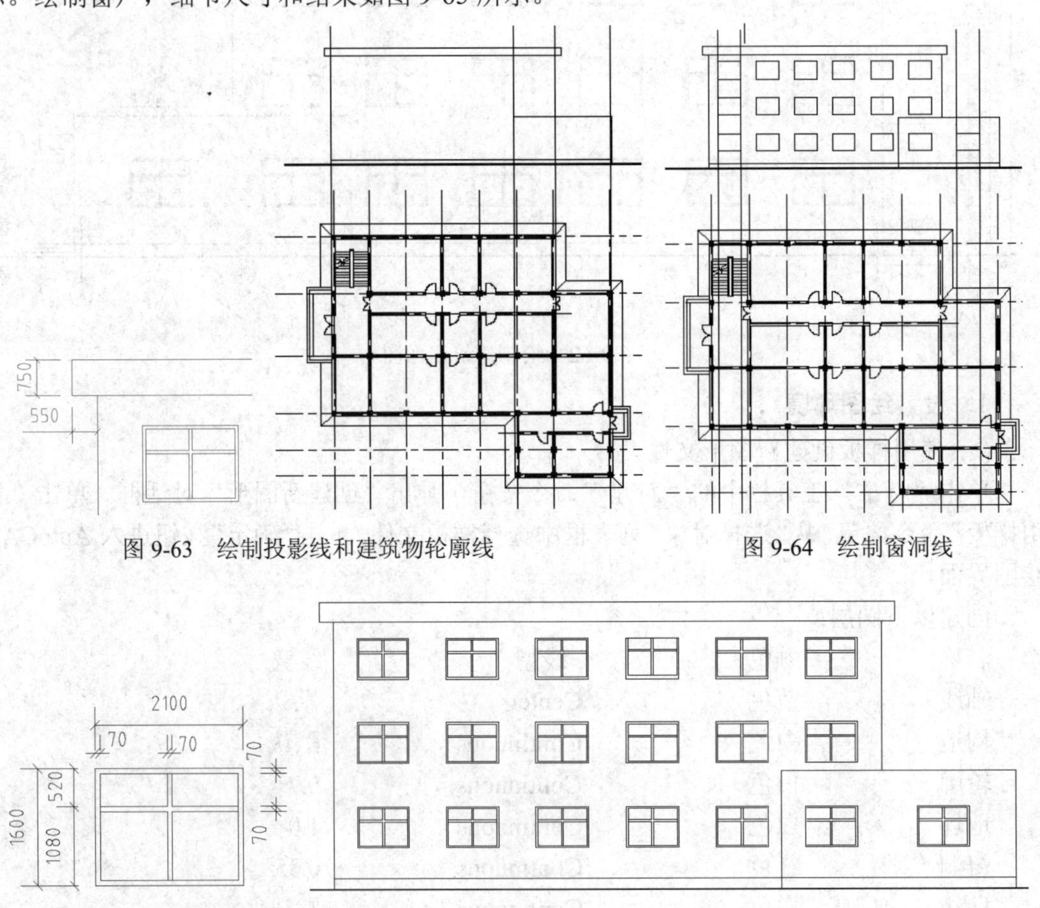

图 9-63　绘制投影线和建筑物轮廓线　　图 9-64　绘制窗洞线

图 9-65　绘制窗户

4. 绘制雨棚及室外台阶

从平面图绘制竖直投影线，再使用“offset”及“trim”命令绘制雨棚及室外台阶，结果如图 9-66 所示。雨棚厚度为 500，室外台阶分 3 个踏步，每个踏步高 150。

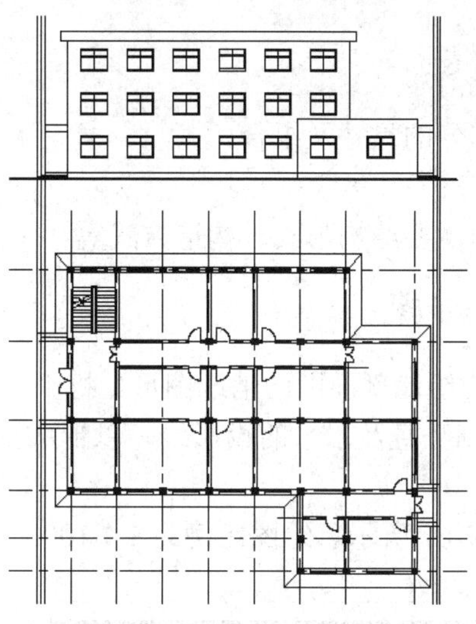

图 9-66　绘制雨棚及室外台阶

5. 标注尺寸、文字

标注尺寸，尺寸文字的字高为 2.5，全局比例因子为 100，如图 9-62 所示。

6. 绘制轴线编号

利用设计中心插入“图例.dwg”中的标高块及轴线编号块，并填写属性文字，块的缩放比例因子为 100，如图 9-62 所示。

建筑立面图的绘制要求和建筑平面图相似，这里将它归纳为以下六点：

(1) 选定图幅。根据要求选择建筑图纸的大小。

(2) 确定比例。用户可以根据建筑物大小采用不同的比例，绘制立面图常用的比例有 1∶50、1∶100、1∶200，一般采用 1∶100 的比例。当建筑过小或过大时，可以选择 1∶50 或 1∶200。

(3) 定位轴线。立面图一般只绘制两端的轴线及其编号，与建筑平面图相对照，方便阅读。

(4) 线型。首先是轮廓线，在建筑立面图中，轮廓线通常采用粗实线，以增强立面图的效果；室外地坪线一般采用加粗实线；外墙面上的起伏细部，例如阳台、台阶等也可以采用粗实线；其他部分，例如文字说明、标高等一般采用细实线绘制即可。

(5) 图例。立面图一般也要采用图例来绘制图形。一般来说，立面图所有的构件(例如门窗等)都应该采用国家有关标准规定的图例来绘制，而相应的具体构造会在建筑详图中采用较大的比例来绘制。常用构造以及配件的图例可以查阅有关建筑规范。

(6) 尺寸标注。建筑立面图主要标注各楼层及主要构件的标高。

9.4　建筑剖面图的绘制

9.4.1　建筑剖面图的绘制内容

剖面图主要用于反映房屋内部的结构形式、分层情况及各部分的联系等，它的绘制方法是假想用一个铅垂的平面剖切房屋，移去挡住的部分，然后将剩余的部分按正投影原理绘制出来。

剖面图反映的主要内容如下：

(1) 垂直方向上房屋各部分的尺寸及组合。

(2) 建筑物的层数、层高。

(3) 房屋在剖面位置上的主要结构形式、构造方式等。

9.4.2　建筑剖面图的绘制步骤

可将平面图、立面图作为绘制剖面图的辅助图形。将平面图旋转 90°并布置在适当的位置，从平面图、立面图绘制竖直及水平的投影线，以形成剖面图的主要特征，然后绘制剖面图各部分的细节。

绘制建筑剖面图，如图 9-67 所示。绘图比例为 1∶100，采用 A3 幅面的图框。

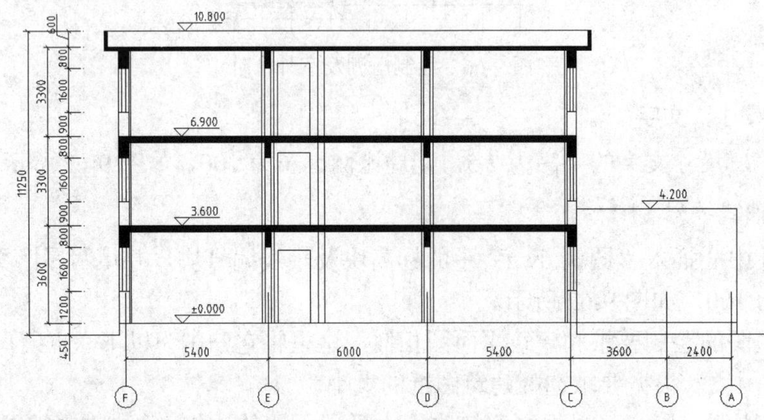

图 9-67　绘制建筑剖面图

1. 设置绘图环境

(1) 创建以下图层：

名称	颜色	线型	线宽
轴线	蓝色	Center	默认
楼面	白色	Continuous	0.7
墙体	白色	Continuous	0.7
地坪	白色	Continuous	1.0
门窗	红色	Continuous	默认
构造	红色	Continuous	默认
标注	白色	Continuous	默认

当创建不同种类的对象时，应切换到相应的图层。

(2) 设置绘图区域。

单击下拉菜单栏中的“格式”→“图形界限”命令，设置左下角坐标为(0, 0)，指定右上角坐标为(42 000, 29 700)。

(3) 放大图框线和标题栏。

单击“修改”工具栏中的“缩放”命令按钮，选择图框线和标题栏，指定比例因子为

100。

(4) 显示全部作图区域。

在“标准”工具栏上的“窗口缩放”按钮上按住鼠标左键，单击下拉列表中的“全部缩放”命令按钮，显示全部作图区域。

2. 将平面图、立面图布置在一个图形中，以这两个图为基准绘制剖面图

利用外部引用方式将已创建的文件“平面图.dwg”和“立面图.dwg”插入到当前图形中，再关闭两个文件中的“标注”层。从平面图、立面图绘制建筑物轮廓的投影线，修剪多余线条，形成剖面图的主要布局线。将建筑平面图旋转 90° 并将其布置在适当位置。从立面图和平面图向剖面图绘制投影线，再绘制屋顶的左右端面线，如图 9-68 所示。

3. 绘制墙体

从平面图绘制竖直投影线投影墙体，如图 9-69 所示。

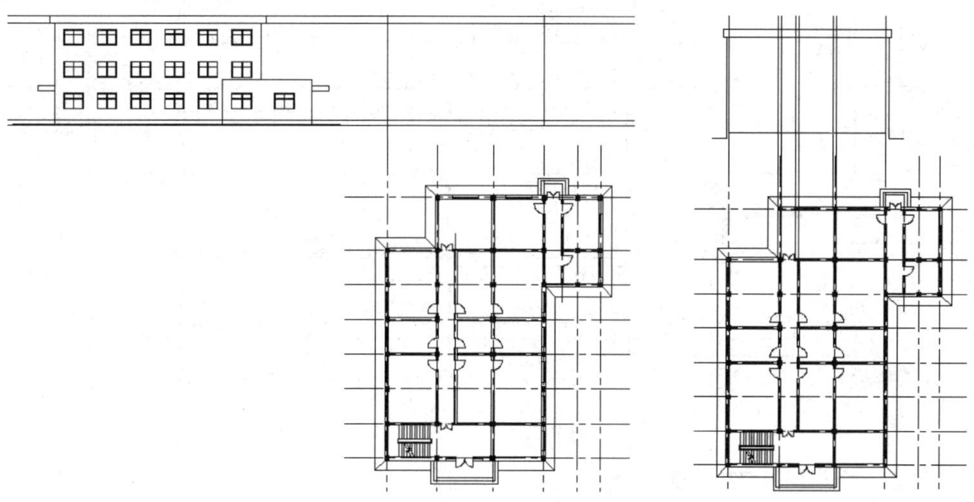

图 9-68　绘制投影线及屋顶端面线　　图 9-69　投影墙体

4. 绘制楼板、窗洞及檐口

从立面图绘制水平投影线，再使用“offset”、“trim”等命令绘制楼板、窗洞及檐口，如图 9-70 所示。绘制窗户、门、柱及其他细节如图 9-71 所示。

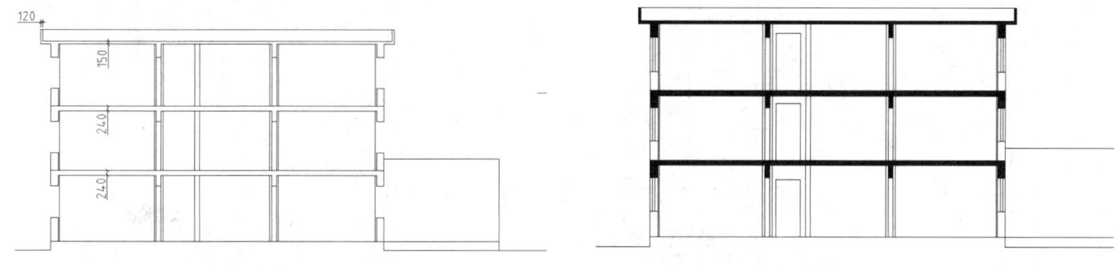

图 9-70　绘制楼板、窗洞及檐口　　图 9-71　绘制窗户、门及柱等

5. 标注尺寸、文字

标注尺寸，尺寸文字的字高为 2.5，全局比例因子为 100，如图 9-67 所示。

6. 绘制轴线编号

利用设计中心插入“图例.dwg”中的标高块及轴线编号块，并填写属性文字，块的缩放比例因子为 100，如图 9-67 所示。

9.5 上机实训

实训 1　绘制图 9-72 所示的底层平面图。

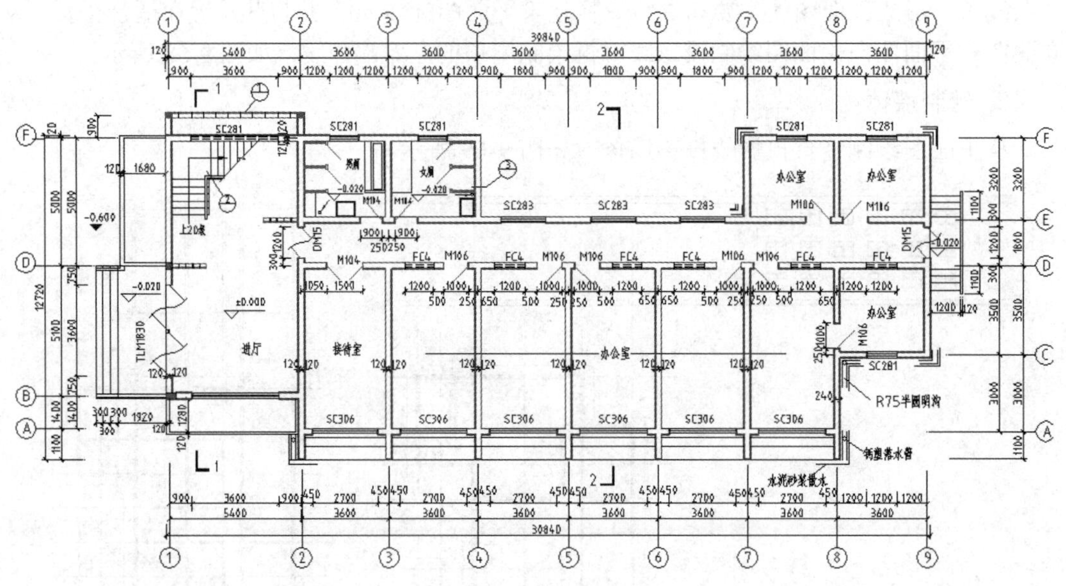

图 9-72　底层平面图

实训 2　绘制图 9-73 所示的楼梯底层平面图。

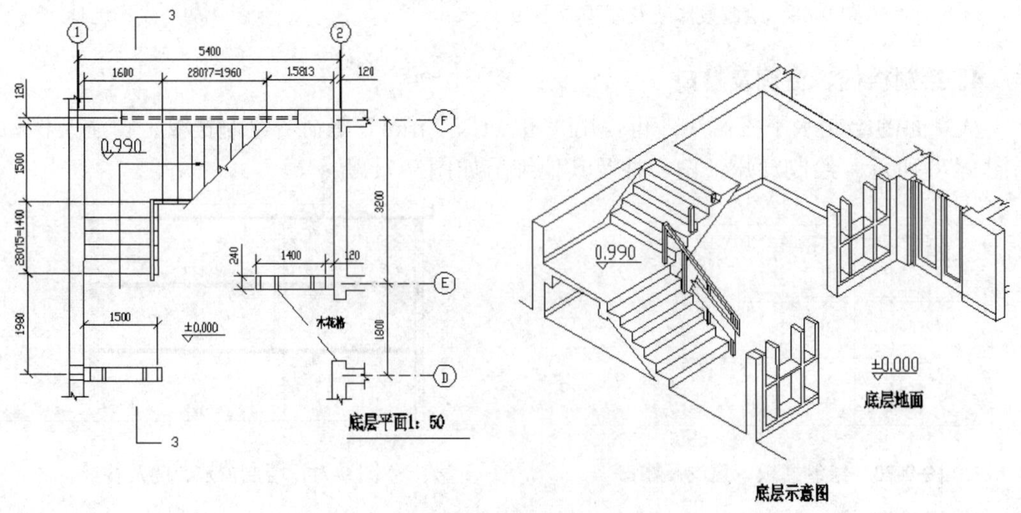

图 9-73　楼梯底层平面图

第 10 章　结构施工图的绘制

房屋主要是由基础、墙、柱、梁、楼板和屋面板(屋盖)等组成。它们组成房屋的骨架，承受各种外力和载荷，这种骨架称为房屋的结构。组成骨架的梁、柱、板等称为构件。要设计一栋房屋，除了进行建筑设计画出建筑施工图外，对房屋的骨架部分还要进行结构设计、选择结构类型及构件布置，并通过力学计算决定各承重构件的材料、形状和大小，然后画成图样，用以指导施工。这种图样称为结构施工图(简称结施)。第 9 章介绍的建筑施工图表现了建筑物的外形、内部布置及细部构造等，结构施工图属于整套施工图中的第二部分图纸。用 AutoCAD 绘制结构施工时，用户可从已有建筑施工图中复制有用的信息，从而提高设计的效率。结构施工图主要包括基础图、楼层结构图、构件详图等。通过学习本章，读者应掌握绘制结构施工图的方法和技巧。

10.1　基础平面图

基础是房屋的地下承重部分，常见的形式有条形基础和独立基础。基础的作用是承受房屋的全部荷载，并将重量传递给地基。基础图包括基础平面图和基础断面图。基础图是房屋施工放线、开挖基坑和砌筑基础的依据。

10.1.1　基础平面图的绘制内容

基础平面图用于表达建筑物的平面布局及详细构造。其图示特点是假想用一个水平面沿房屋的室内地面与基础之间进行剖切并移去上面部分后的水平投影，它是表明基础平面布置的图样。基础平面图的常用比例为 1∶100 或 1∶200。规定用粗实线表示剖到的墙和柱的轮廓，用细实线表示基础的轮廓，一般不画成大放脚的水平投影。

10.1.2　基础平面图的绘制步骤

基础平面图的绘图比例一般与建筑平面图相同，两图的轴线分布情况应一致。可以在建筑平面图的基础上改画，关闭“楼梯”等图层，只保留“轴线”、“墙体”、“柱网”等图层，也可从头开始绘制。

绘制建筑物基础平面图，如图 10-1 所示。绘制比例为 1∶100，采用 A2 幅面的图框。

绘制基础平面图的步骤如下：

1．设置绘图环境

(1) 使用样板创建新图形文件(创建图层，如墙体层、轴线层、柱网层等)。

名称	颜色	线型	线宽
轴线	蓝色	Center	默认
柱网	白色	Continuous	默认
墙体	白色	Continuous	0.7
标注	白色	Continuous	默认

当创建不同种类的对象时，应切换到相应的图层。

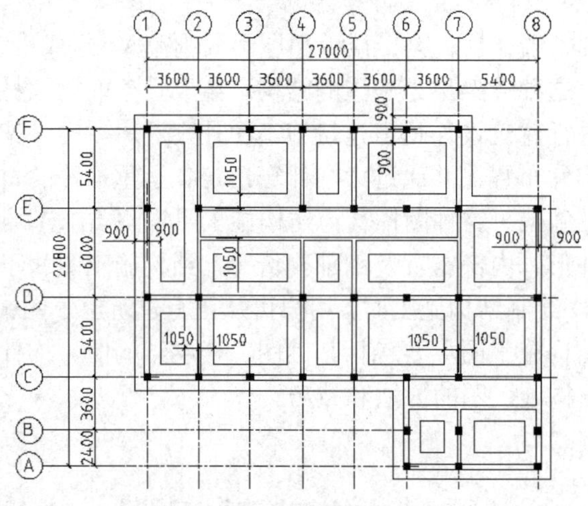

图 10-1　绘制基础平面图

(2) 设置绘图区域。单击下拉菜单栏中的“格式”→“图形界限”命令，根据命令行提示进行操作，将图形界限设置为长方形区域，设定绘图区域的大小为 59 400 × 42 000，设置总体线型比例因子为 100。

(3) 放大图框线和标题栏。单击“修改”工具栏中的“缩放”命令按钮，输入指定比例因子将图框线和标题栏放大 100 倍。

2. 绘制轴线网

轴线是建筑定位的基本依据，结构施工的每一构件都是以轴线为基准定位的。

使用“line”命令绘制水平和竖直的作图基准线，然后使用“offset”、“break”及“trim”等命令绘制轴线，如图 10-2 所示。绘制柱子，如图 10-3 所示。

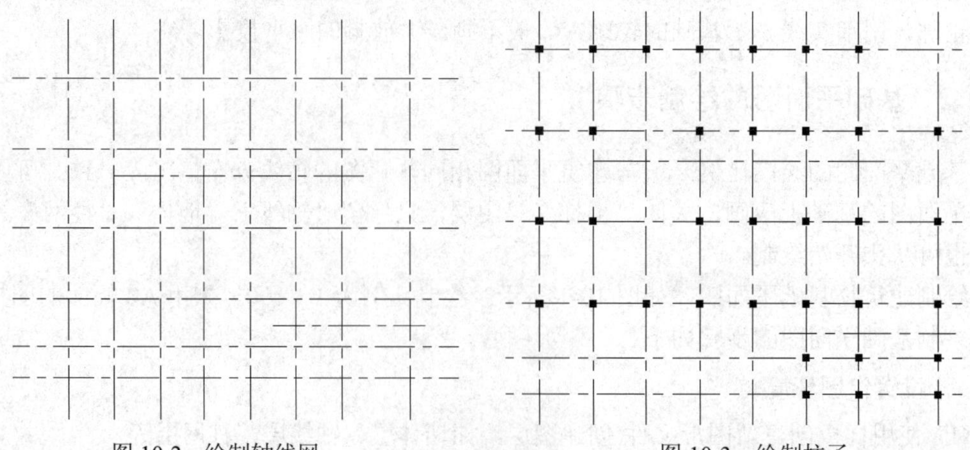

图 10-2　绘制轴线网　　　　图 10-3　绘制柱子

3. 绘制基础轮廓

绘制墙体，如图 10-4 所示。使用“line”、“offset”及“trim”等命令生成基础墙两侧的基础外形轮廓，如图 10-5 所示。

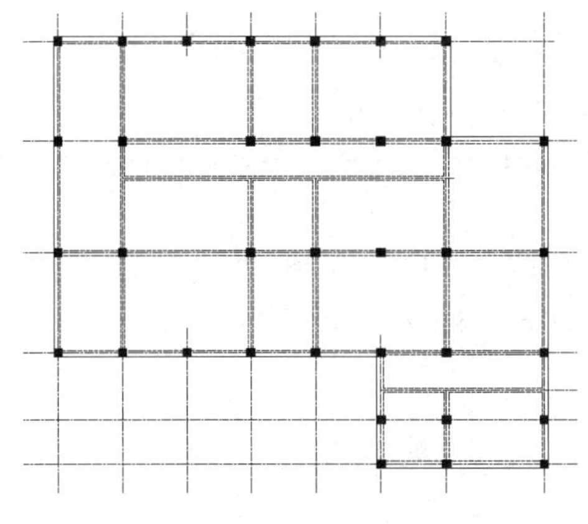

图 10-4　绘制墙体

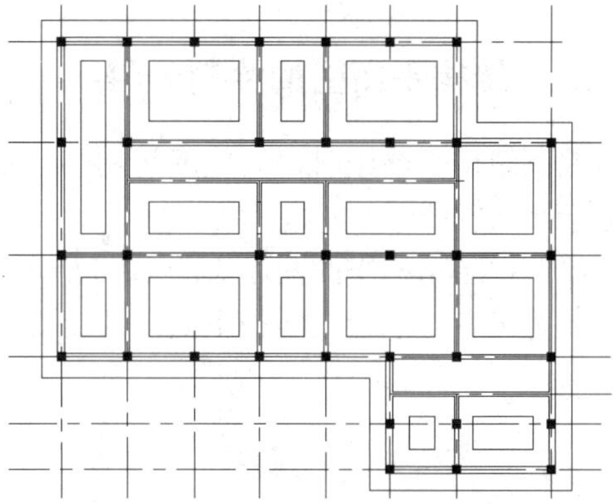

图 10-5　生成基础外形轮廓

4. 标注尺寸、文字、绘制轴线编号

(1) 标注尺寸，尺寸文字的字高为 2.5，全局比例因子为 100。

(2) 利用设计中心插入“图例.dwg”中的标高块及轴线编号块，并填写属性文字，块的缩放比例因子为 100。最终效果如图 10-1 所示。

10.2　结构平面图

建筑物的结构平面图是表示建筑物各承重构件平面布置的图样，除基础结构平面图以外，还有楼层结构平面图、屋顶结构平面图等。一般民用建筑的楼层、屋盖均采用钢筋混凝土结构，它们的结构布置和图示方法基本相同。

10.2.1　结构平面图的绘制内容

结构平面图是表示室外地坪以上建筑物各层梁、板、柱和墙等构件平面布置情况的图样。其图示特点是假想沿着楼板上表面将建筑物剖开，移去上面部分，然后从上往下进行投影。本节主要介绍楼层结构平面布置图的绘制。

楼层结构平面布置图是假想沿楼板面将房屋水平剖开后所作的楼层结构水平投影图，用来表示每层楼的梁、板、柱、墙等承重构件的平面布置，或现浇板的构造与配筋，以及它们之间的结构关系。

楼层结构平面布置图需要图示的内容：

(1) 标注出与建筑图一致的轴线网及墙、柱、梁等构件的位置和编号，标注出轴线间的尺寸。

(2) 注明圈梁和门窗洞过梁的编号。

(3) 注出各种梁、板的底面结构标高，有时还可注出梁的断面尺寸。

(4) 注出有关剖切符号或详图索引符号。

(5) 附注说明各种材料标号，板内分布筋的代号、直径、间距以及其他要求等。

(6) 注出有关剖切符号或详图索引符号。

(7) 附注说明选用预制构件的图集编号、各种材料标号，板内分布筋的级别、直径、间距等。

10.2.2　结构平面图的绘制步骤

绘制结构平面图时，一般应选用与建筑平面图相同的绘图比例，绘制出与建筑平面图完全一致的轴线。

绘制楼层结构平面图，如图 10-6 所示。绘图比例为 1∶100，采用 A2 幅面的图框，本例主要为读者演示绘制结构平面图的步骤，因此仅画出了楼板的部分配筋。

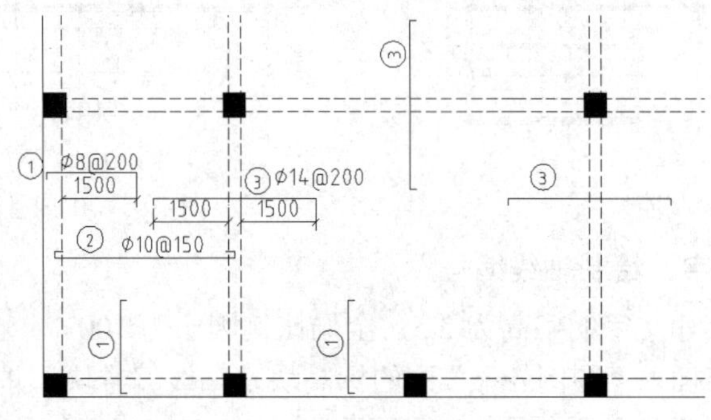

图 10-6　绘制楼层结构平面图

绘制结构平面图的步骤如下：

1．设置绘图环境

(1) 使用样板创建新图形文件(创建图层，如墙体层、轴线层、柱网层等)。

名称	颜色	线型	线宽
轴线	蓝色	Center	默认
柱网	白色	Continuous	默认
墙体	白色	Continuous	0.7
标注	白色	Continuous	默认
钢筋	白色	Continuous	0.70

当创建不同种类的对象时，应切换到相应的图层。

(2) 设置绘图区域。单击下拉菜单栏中的“格式”→“图形界限”命令，根据命令行提示进行操作，将图形界限设置为长方形区域，设定绘图区域的大小为 59 400 × 42 000，设置总体线型比例因子为 100。

(3) 放大图框线和标题栏。单击“修改”工具栏中的“缩放”命令按钮，输入指定比例因子将图框线和标题栏放大 100 倍。

2．绘制轴线、柱网及墙体

绘制轴线、柱网及墙体，或从建筑平面图中复制这些对象，如图 10-7 所示。

3．绘制钢筋

使用“pline”或“line”命令在屏幕的适当位置绘制钢筋，如图 10-8 所示。

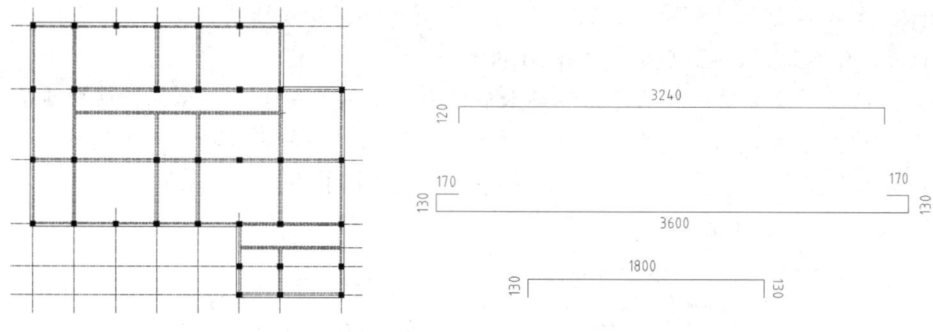

图 10-7　复制轴线、墙体及柱网　　　　图 10-8　绘制钢筋

使用“copy”、“rotate”及“move”等命令在楼板内布置钢筋，结果如图 10-9 所示。

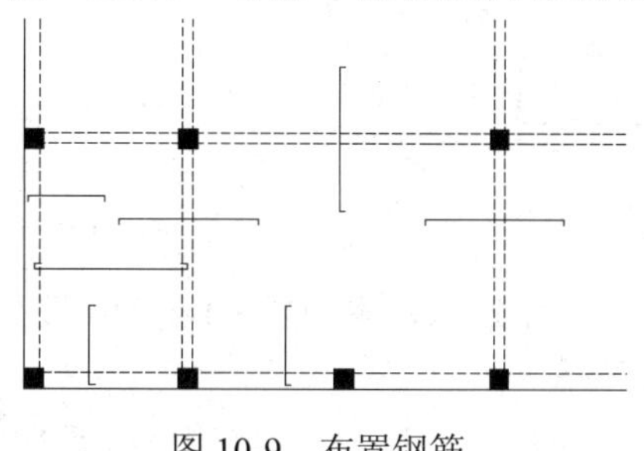

图 10-9　布置钢筋

4. 绘制不可见构件

在楼梯间绘制交叉对角线，再将楼板下的不可见构件修改为虚线，结果如图 10-9 所示。

5. 绘制其他

绘制楼板内的其余配筋，然后标注尺寸并书写文字。

10.3　钢筋混凝土结构图

结构施工图包括基础图、钢筋混凝土结构图、钢结构图和木结构图。钢筋混凝土结构图的外形一般比较简单，其独特之处在于其中的钢筋结构。钢筋的特点在弯钩，画钢筋弯钩最有效的方法是用“多段线”命令。钢筋混凝土梁、柱的结构特点相同，画法也相同。

绘制图 10-10 所示的钢筋混凝土梁的结构详图的基本方法与步骤如下：

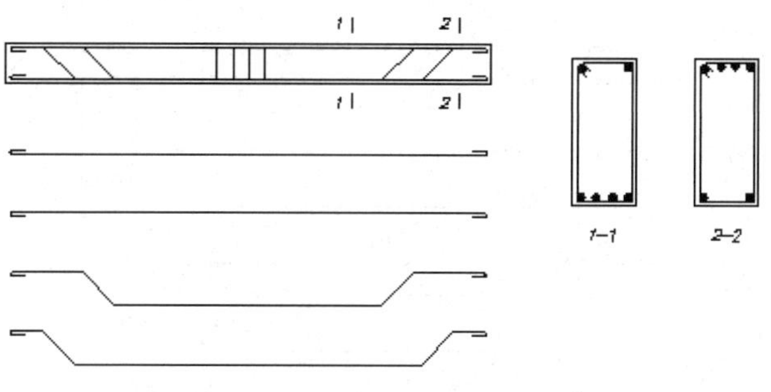

图 10-10　钢筋混凝土梁详图

提示：由于图形是对称的，先画其中的一半，另一半镜像生成。

(1) 设置作图环境，画钢筋，如图 10-11 所示。

提示：为了一次镜像所有的图形，将钢筋的左端对齐。画图时放大了钢筋弯头的尺寸。为了使打印出的图线之间的最小间隙大于 1 毫米，画图时一般都要放大“小结构”的尺寸。

(2) 用“镜像”、“复制”、“追踪”等命令，将图 10-11 画为图 10-12。

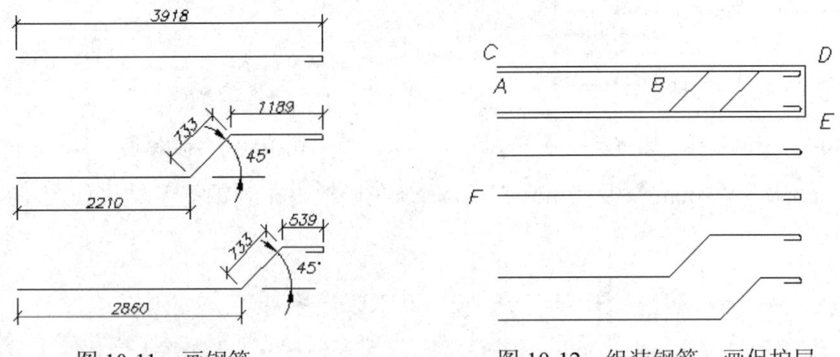

图 10-11　画钢筋　　图 10-12　组装钢筋、画保护层

提示：为了利用追踪简化尺寸输入，本例将 CD、DE 线画为两段直线。由于钢筋弯头尺寸相同，组装钢筋 F 时只画了 AB。

(3) 用“矩形”、“偏移”、“复制”等命令画梁的 1-1 截面(截面标注见图 10-10)，如图 10-13 所示。

提示：画图时，将梁截面放大了 4 倍。

(4) 用“圆环”命令画钢筋截面，如图 10-14 所示。

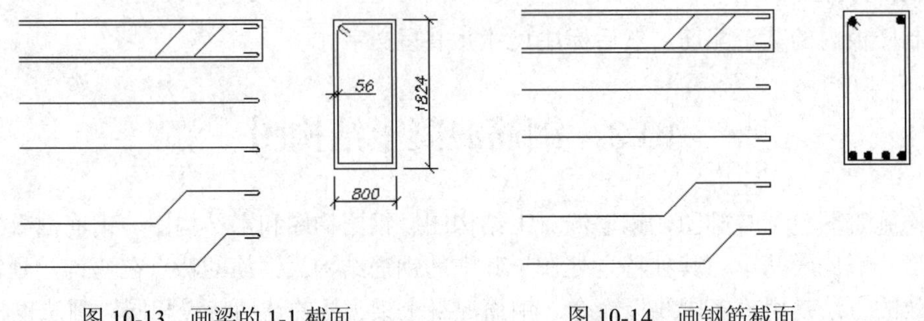

图 10-13　画梁的 1-1 截面　　图 10-14　画钢筋截面

(5) 用“镜像”命令将图 10-14 画为图 10-15。

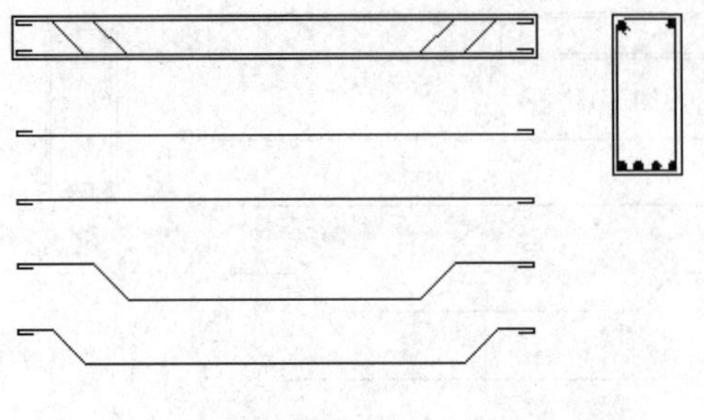

图 10-15　镜像图形

(6) 将 2-2 截面(截面标注见图 10-10)下面两个圆环移到上面，用“直线”、“阵列”命令(1 行，31 列，列距 = 200)画箍筋，如图 10-16 所示。

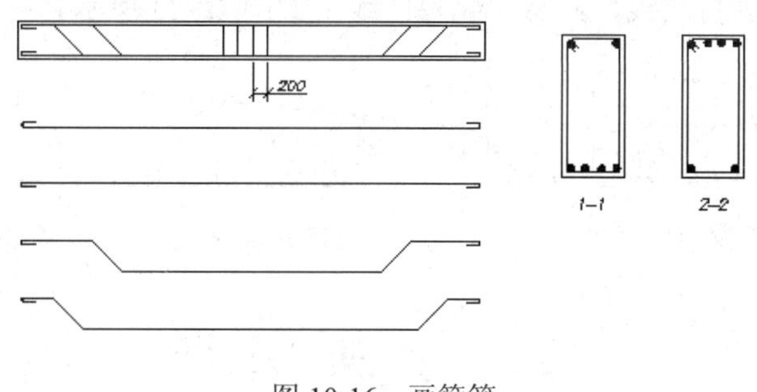

图 10-16　画箍筋

(7) 标注图形，完成作图。

10.4　钢 结 构 图

钢结构图分为单线图和节点图。在单线图中，有许多尺寸是下料用的，画图并不需要这些尺寸，本节以画图 10-17 所示的钢结构图中的单线图为例，介绍有关内容。

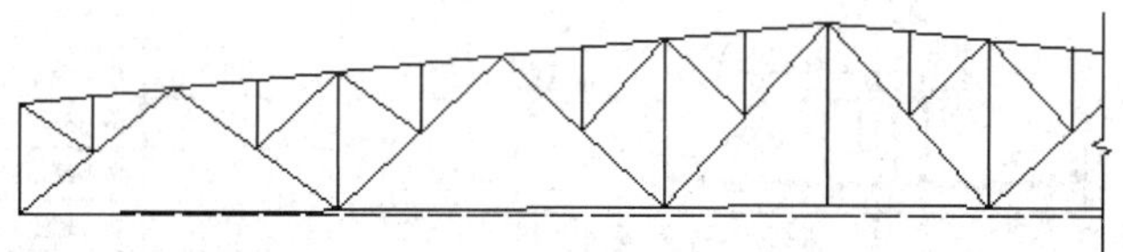

图 10-17　钢结构图

绘制图 10-17 所示钢屋架的单线图的基本方法与步骤如下：

(1) 调用样板图或建立图层、文字样式、尺寸样式，将作图界限设置为 2000 × 1500。

(2) 画直线，如图 10-18 所示。

(3) 阵列图线(1 行，10 列)，将底线改到“虚线”层，画起拱线，如图 10-19 所示。

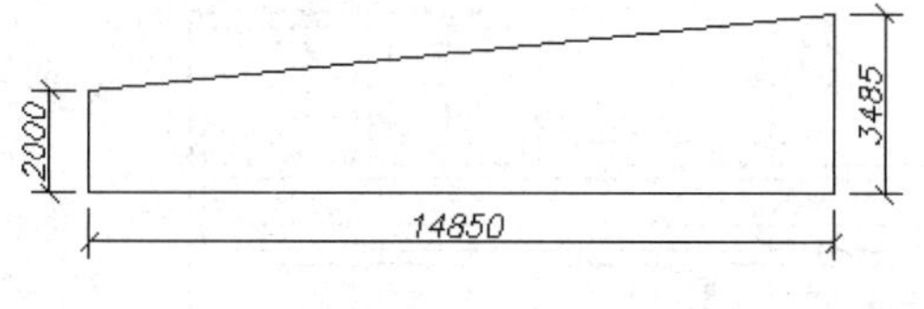

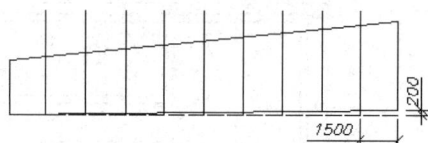

图 10-18　画直线　　图 10-19　阵列图线

(4) 捕捉交点画直线，如图 10-20 所示。

(5) 修剪、删除图线，如图 10-21 所示。

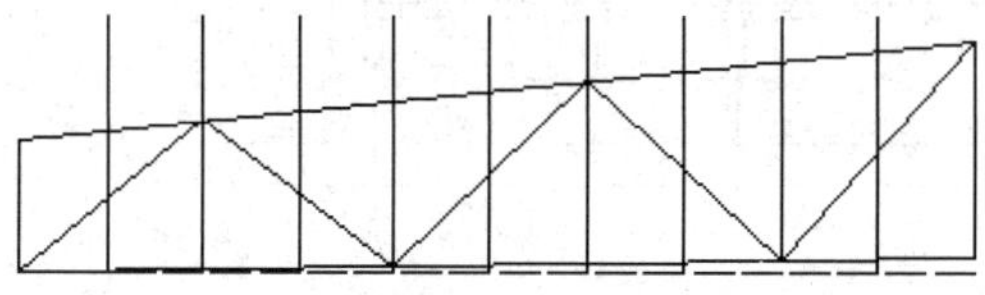

图 10-20　捕捉交点画直线

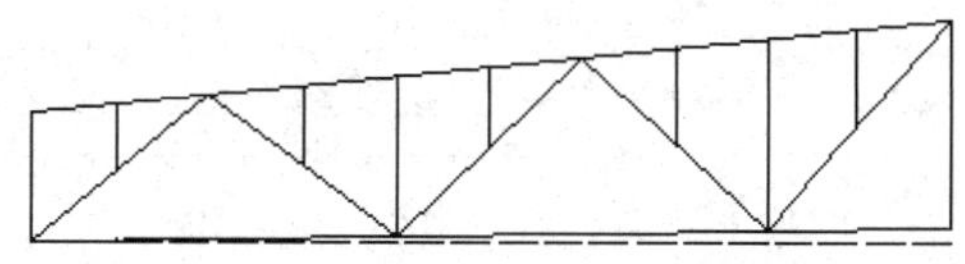

图 10-21　修剪、删除图线

提示：修剪图线时可以先移开虚线，修剪完以后再移到原处。

(6) 捕捉交点画直线，如图 10-22 所示。

(7) 镜像图形，画折断线，修剪、删除图线，如图 10-23 所示。

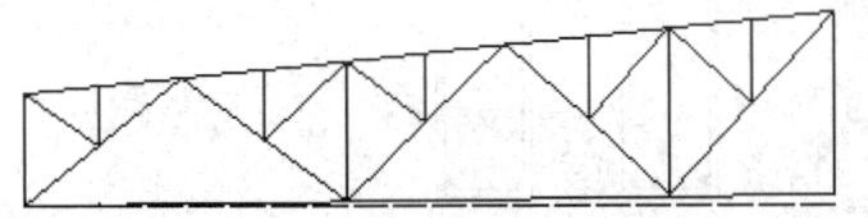

图 10-22　捕捉交点画直线

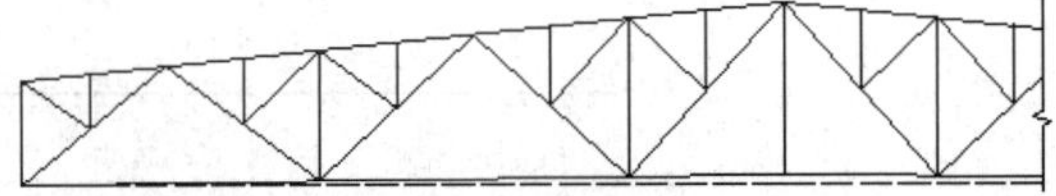

图 10-23　镜像图形，画折断线，修剪、删除图线

10.5 上 机 实 训

实训 1　绘制图 10-24 所示的基础断面详图。

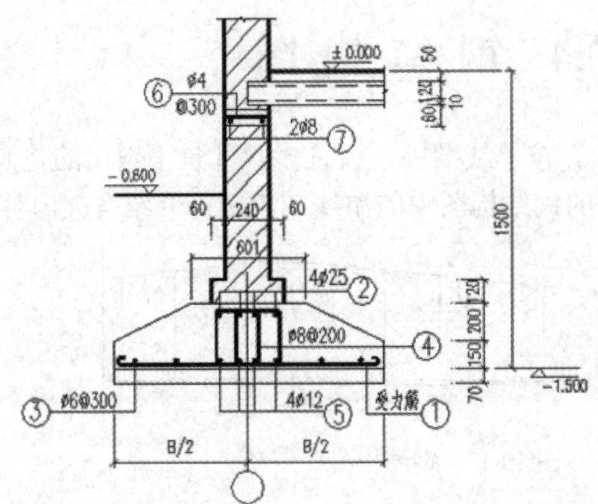

基础受力筋选用表

基础宽度(B)		
1000	Φ8@200	
1200	Φ8@200	
1300	Φ8@200	
1400	Φ8@200	
1700	Φ8@100	
1900	Φ10@200	
2100	Φ10@200	
2300	Φ12@200	
2600	Φ14@200	
2700	Φ14@200	
说明：1. 采用C20混凝土 2. 基础垫层C10 素混凝土70厚		

图 10-24　基础断面详图

实训 2　绘制图 10-25 所示的基础平面图。

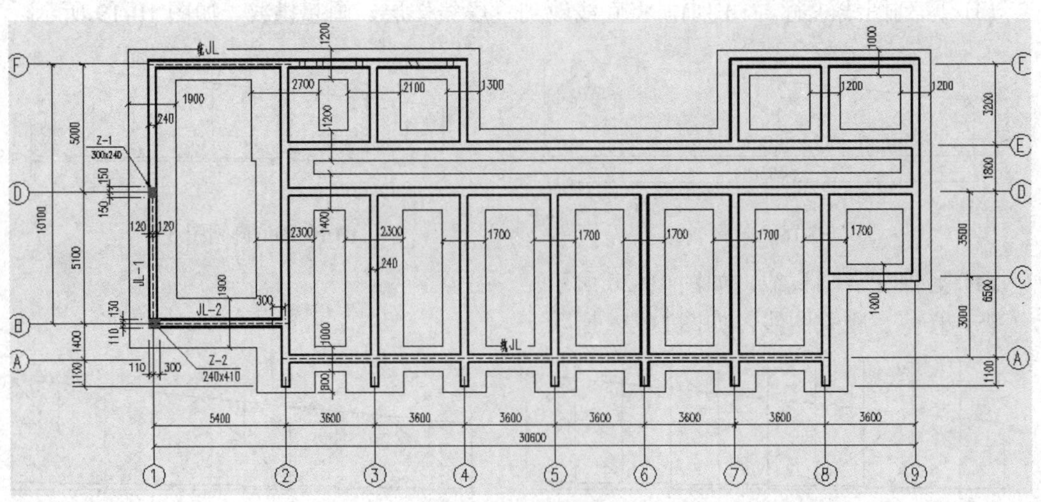

图 10-25　基础平面图

实训 3　绘制图 10-26 所示的钢筋混凝土梁的配筋图。

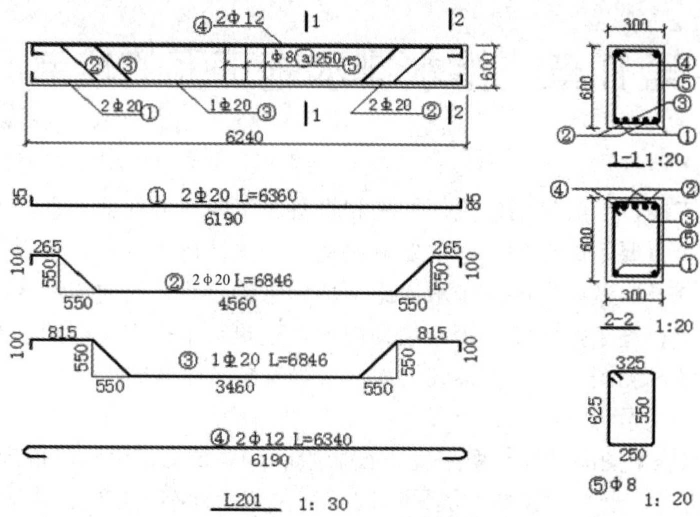

钢筋表

钢筋编号	钢筋规格	简　图	长度(mm)	根数	总长(m)	重量(kg)
①	Φ 20		6345	1	6.534	
②	Φ 20		6120	2	12.240	
③	Φ 20		5970	2	11.940	
④	Φ 12		6120	2	12.240	
⑤	Φ 8		1490	41	61.090	
总计						

图 10-26　钢筋混凝土梁的配筋图

第 11 章　给水排水施工图的绘制

一套建筑施工图，一般包括建筑、结构和设备施工图三大部分。室内给排水施工图是设备施工图的一个重要组成部分。它主要解决室内给水及排水方式、所用材料及设备的规格型号、安装方式及安装要求、给排水设施在房屋中的位置及与建筑结构的关系、与建筑中其他设施的关系、施工操作要求等一系列内容。建筑给水排水工程图主要包括管道平面布置图、管道系统轴测图、卫生设备或用水设备等安装详图等图样。

给排水施工图图示特点：

(1) 给水排水施工图的图样一般采用正投影绘制，系统图采用轴测投影图绘制。

(2) 图示的管道、器材和设备一般采用国家有关制图标准规定的图例表示。

(3) 图线：新设计的各种给水、排水管线分别采用粗实线、粗虚线表示。独立画出的排水系统图中排水管线也可以采用粗实线。

(4) 比例：给水排水专业制图常用的比例与建筑专业图一致，必要时可采用较大的比例。在系统图中，如局部表达困难时，该处可不按比例绘制。

11.1　管道平面布置图的绘制

在房屋内部各用水的房间，配置给水管道、卫生设备、给水用具等。给水平面布置图由建筑平面图、卫生器具与配水设备平面布置图以及管道的平面布置图构成。

11.1.1　绘制建筑平面图

一般完成建筑设计后进行给水排水系统设计，因此可以从已绘制的建筑平面图上获得平面图。打开墙体、轴线及尺寸标注层，关闭和冻结管道图上不需要的图层，将墙体层线型改为细线，删除多余的图线和尺寸即得平面图。也可以按照绘制建筑平面图的方法绘制平面图，并新建卫生设备和管理图层。

11.1.2　绘制卫生器具与配水设备平面布置图

选择设备层为当前层，设备层线型设为中实线(0.5b)，绘制常见的卫生器具和配水设备并创建块，如图 11-1 所示。再将图块按照适合的比例插入建筑平面图的适当位置，这样可以节省绘图时间，提高工作效率，便于图形修改。也可以用“复制”命令生成相同图形，绘制出卫生器具与配水设备平面布置图。

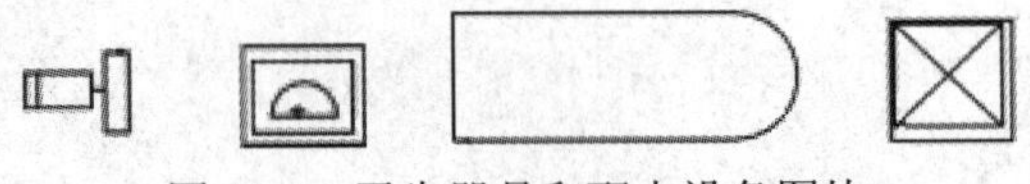

图 11-1　卫生器具和配水设备图块

11.1.3　绘制管道平面布置图

选择给水管道层为当前层，管道层线型设为中粗实线(0.75b)。先绘制配水龙头，并创建块。然后用“直线”命令绘制给水管道，再用“插入块”命令，采用节点捕捉方式，将已创建的配水龙头块插入到给水管道适当位置，绘制管道的平面布置图。

按照上述方法绘制某学生宿舍卫生间的建筑给水管道平面布置图，如图 11-2 所示。

建筑排水工程是指把建筑内部各用水点使用后的污(废)水和屋面雨水排出到建筑物外部的排水管道系统。建筑排水管道平面布置图包括建筑平面图、卫生器具与设备平面图。建筑排水管道平面布置图的绘制方法与建筑给水管道平面布置图相似，用单线条粗虚线绘制排水管道。

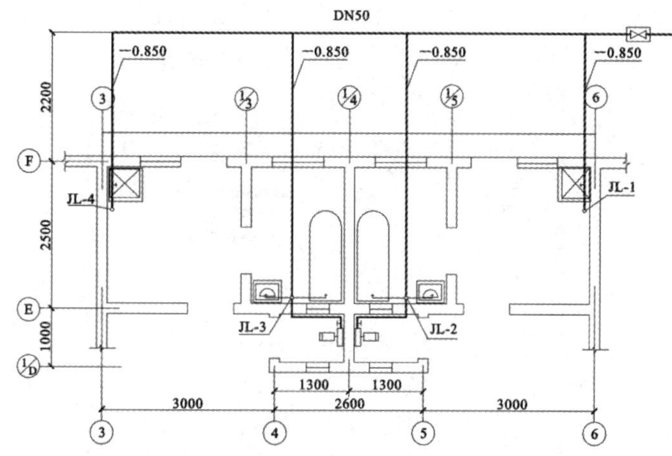

(a) 首层室内给水平面图

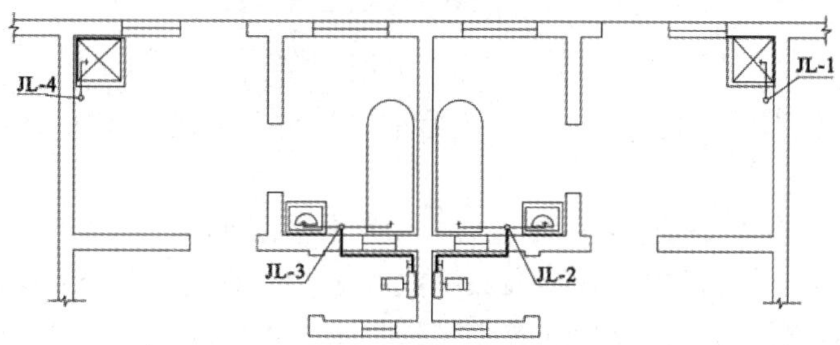

(b) 二、三、四层室内给水平面图

图 11-2　建筑给水管道平面布置图

11.2　管道系统轴侧图的绘制

11.2.1　管道系统轴侧图的绘制特点

管道系统轴侧图表达管道在空间三个方向的延伸、转折交叉、连接情况和配水控件的安装位置，具有较强的直观性，画图简便，符合工程图的要求，是重要的施工图样。

《给水排水制图标准》(GB/T 50106—2001)规定，给水排水管道系统轴测图宜按正面斜轴测投影绘制。管道系统的布置方向应与平面图一致，并宜按比例或局部不按比例用单线绘制。给水管线用中粗实线绘制，排水管线用粗虚线绘制。

可以按照绘制二维图形的方法，利用 AutoCAD 中绘图辅助工具“极轴追踪”和“捕捉”功能两种方法绘制，这样比采用三维建模的方法简单、快速。

11.2.2　用极轴追踪功能绘制

(1) 设置“极轴追踪”功能，用命令“desttings”或通过“工具”菜单中的“草图设置”菜单项，打开“草图设置”对话框的“极轴追踪”选项卡(如图 11-3 所示)，将角度增量设定为 45°(必要时可设 30°、60°)，选择“用所有极轴角设置追踪”功能，并选择“绝对”极轴角测量，即以当前坐标系的 X 轴为测量角度的基准线。

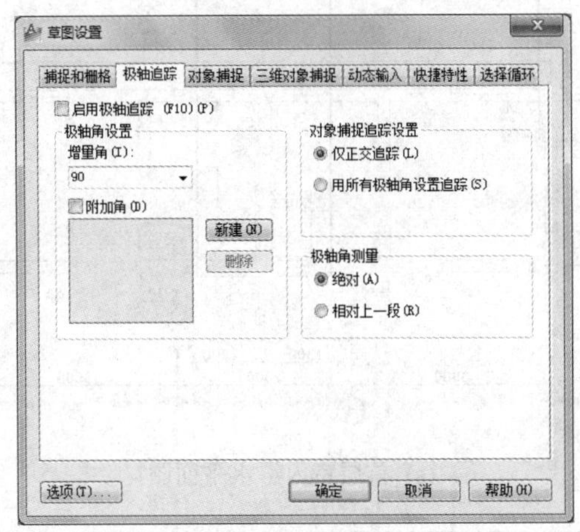

图 11-3　“草图设置”对话框的“极轴追踪”选项卡

(2) 打开“极轴追踪”功能，按下状态行的“极轴”按钮或 F10 键打开“极轴追踪”功能。

(3) 绘制三个方向的定长直线：设定 OX 轴为水平方向(0°或 180°)，OZ 轴为竖直方向(90°或 270°)，OY 轴为倾斜的 45°(225°)方向。用“直线”命令先确定直线的起点，然后移动光标到所画直线方向，将出现橡皮筋辅助线，并在动态标注输入提示框中显示线段长度和角度值，用键盘输入直线长度值，按 Enter 键即可画出定方向定长度的直线(如图 11-4 所示)。

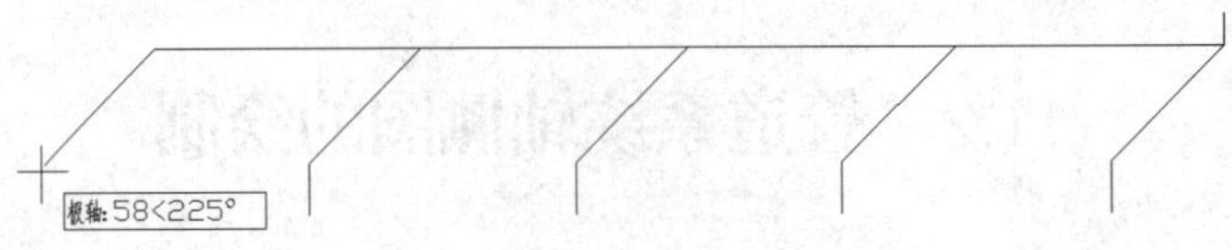

图 11-4　用极轴追踪功能绘制不同方向的定长直线

11.2.3　用捕捉功能绘制

正面斜轴侧投影反映实形，在“矩形捕捉”样式下，用“直线”命令绘制水平方向(0° 或 180°)和竖直方向(90° 或 270°)的定长直线。绘制 45° (225°)方向的直线可以按以下方式完成：

通过“工具”菜单中的“草图设置”菜单项，打开“草图设置”对话框的“捕捉和栅格”选项卡(如图 11-5 所示)，勾选“X 轴间距和 Y 轴间距相等”，再用“直线“命令绘制 45° 方向直线。

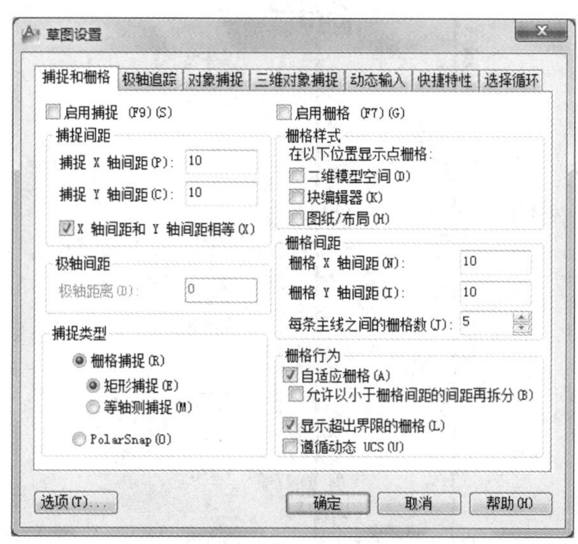

图 11-5　“草图设置“对话框的“捕捉和栅格”选项卡

11.2.4　绘制系统轴测图的实例

建筑给水管道系统轴测图的绘制如图 11-6 所示。

(1) 设置图层：根据给水管网轴测图的内容，可设置管线、设备、墙体、标高、标注、数字等图层，并分别在不同的图层设置不同的线宽和不同的颜色，管线图层设置的线型较宽，如 0.5～0.7 mm，并按下状态行的“线宽”按钮显示线宽。

(2) 设置“极轴追踪”：设置极轴追踪角度增量为 45° ，按下状态行的“极轴”按钮，进入“极轴追踪”状态。

(3) 用“极轴追踪”方式绘制管线：选择管线图层为当前层，用“直线”命令绘制干管和支管；相同的支管可以先绘制一组，若其他支管均布在管线上，可以先用“_divide”(定数等分)命令把管线等分；再用“复制”命令采用“节点捕捉”方式复制支管，并进行适当的修改。交叉管线重叠部分用“修剪”命令断开。

(4) 绘制设备：切换设备层为当前层，用“直线”、“圆”、“修剪”、“断开”、“删除”等命令绘制和编辑直管、弯管、水龙头及阀门等设备，并用“创建块”或“wblock”命令将设备图例建成图块；再用“插入块”命令将设备图例块插入到管道上的适当位置。

(5) 注写文本：用命令“style”或“文字样式”命令打开“文字样式”对话框，选择

“gbetic.shx”字体，并使用“大字体”中的“gbcbig.shx”字体设置文字样式，字高的设置与出图比例有关。再用“多行文字”或“单行文字”命令注写管径和标高尺寸。水平、垂直和 45° 方向文本的旋转角度分别设为 0°、90° 和 45°，绘制结果如图 11-6 所示。

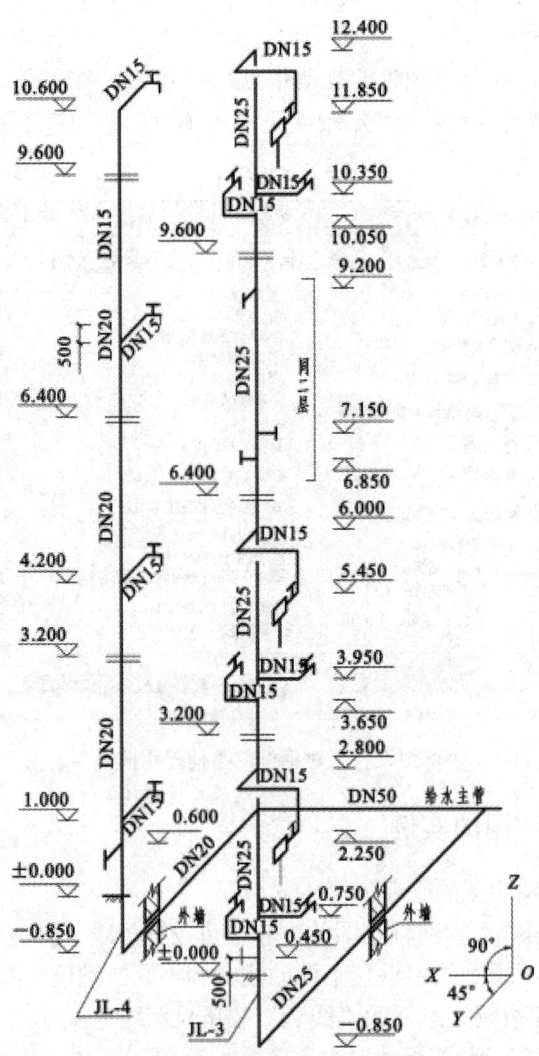

图 11-6　建筑给水管道系统轴测图

建筑排水管道系统轴测图与给水管道系统轴测图的绘制方法相似。

11.3　上 机 实 训

实训　绘制建筑给水排水工程图。

目的要求：

熟练运用绘图、编辑及相关命令绘制给水排水管道平面布置图、给水排水管道系统轴侧图。了解绘制建筑给水排水工程图的基本步骤，能绘制符合国家标准的给水排水工程图。

操作指导：

给水排水管道平面布置图中的建筑平面图可按照绘制建筑平面图的方法绘制，或者从建筑平面图中获得；再绘制卫生器具、配水设备、配水龙头、排水设备等，并创建块。用“直线”命令绘制给水、排水管道；然后将图块按照合适的比例插入管道、建筑平面图中的适当位置，绘出管道的平面布置图。

给水排水管道系统轴测图按照二维图形绘制，利用 AutoCAD 中绘图的辅助工具“极轴追踪”和“捕捉”功能两种方法绘制。第一种方法是用命令“dsettings”或通过“工具”菜单中的“草图设置”菜单项，将角度增量设置为 45°，打开“极轴”和“极轴追踪”功能后分别绘制水平方向、竖直方向和 45° 方向的管线；第二种方法是在矩形捕捉样式下绘制水平方向和竖直方向管线，通过“工具”菜单中的“草图设置”菜单项，将栅格旋转角度设置为 45° 后绘制 45° 方向管线。

绘制图 11-2 建筑给水管道平面布置图、图 11-6 建筑给水管道系统轴测图或图 11-7 建筑排水管道平面布置图、图 11-8 建筑排水管道系统轴测图，并绘制图框和标题栏，按照 A2 图幅出图。

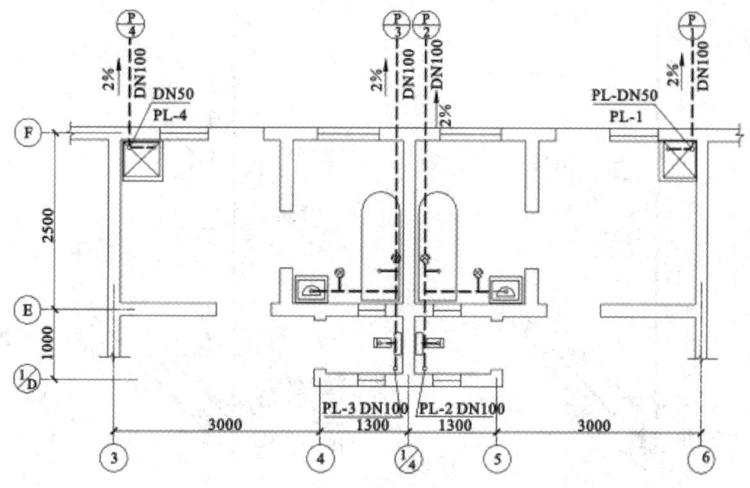

(a) 首层室内排水平面图

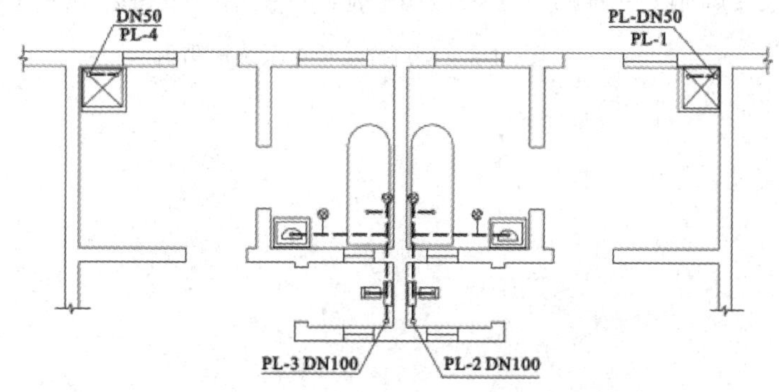

(b) 二、三、四层室内排水平面图

图 11-7　建筑排水管道平面布置图

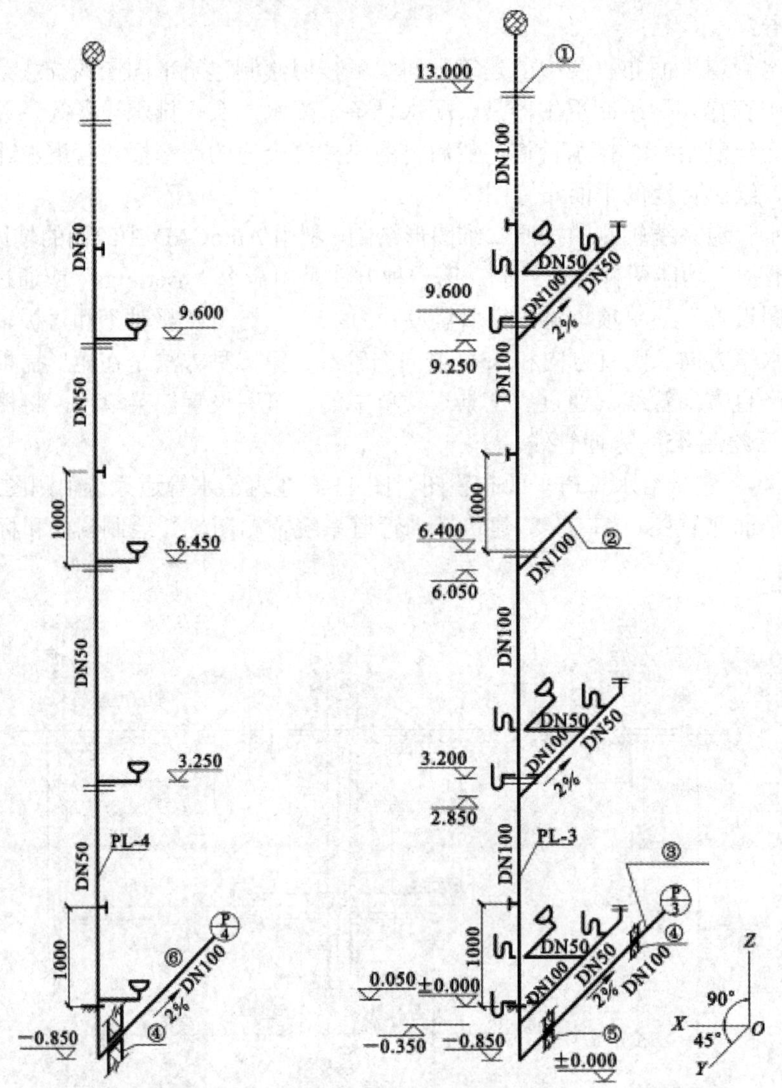

(a) 厨房排水系统图　　(b) 二、三、四层室内厕所、盥洗间排水系统图

1—屋面；2—同二层；3—排入化烘池；4—外墙；5—内墙；6—排入窑井

图 11-8　建筑排水管道系统轴测图

第 12 章　道路工程图的绘制

在道路工程建设初期，工程测绘人员需要对道路沿线进行测量，并将测量的数据整理后绘制成路线工程图，包括路线平面图、路线纵断面图和路线横断面图，作为道路设计和施工的依据。本章在介绍绘制道路绘图基本知识的基础上，用 AutoCAD 来绘制路线平面图、路线纵断面图、路线横断面图。另外增加了 AutoCAD 在工程施工测量应用方面的内容，帮助读者解决一些工程实际问题。

在道路工程勘测、设计、施工中， 工程测量人员经常需要绘制道路路线的工程图，以指导工程的建设。道路路线工程图主要包括路线平面图、路线纵断面图和横断面图。本章主要介绍道路路线工程图、路线纵断面图和路线横断面图的绘制方法。

12.1　道路绘图基本知识

在道路工程测量中，需要根据测量的数据绘制出路线平面图、道路的纵断面图、道路的横断面图，作为道路设计和施工的依据。用 AutoCAD 绘制道路的纵、横断面图，首先要确定图纸的大小、比例尺、线型、线宽、文字高度、尺寸标注的式样等内容。

12.1.1　图幅

1. 图幅及图框

图幅是指图纸的幅面大小，也就是指图纸本身的大小规格，图框是图纸上表示绘图范围的边线。每项工程都会有一整套的图纸，为了便于装订、保存和合理使用图纸，国家对图纸幅面进行了规定，见表 12-1，表中尺寸代号如图 12-1 所示。

表 12-1　图幅及图框尺寸

图幅代号 尺寸代号	A0	A1	A2	A3	A4
b×l	841×1189	594×841	420×594	297×420	210×297
a	35	35	35	35	25
c	10	10	10	10	10

根据需要，图纸幅面的长边可以加长，但短边不得加长。长边加长的尺寸应符合有关规定，长边加长时，图幅 A0、A2、A4 应为 150 mm 的整倍数，图幅 A1、A3 应为 210 mm 的整倍数。

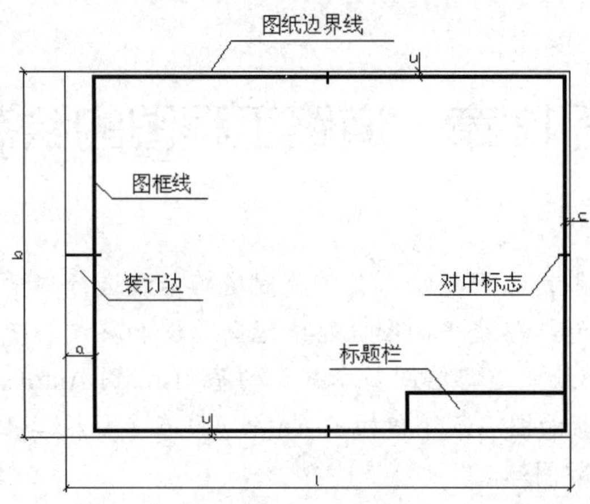

图 12-1　图幅与图框

2. 图标及会签栏

图标应布置在图框内右下角，如图 12-1 所示。图标的外框线线宽宜为 0.7 mm，图标内分格线线宽宜为 0.25 mm。根据设计单位的习惯或规定，可采用图 12-2 中的一种。

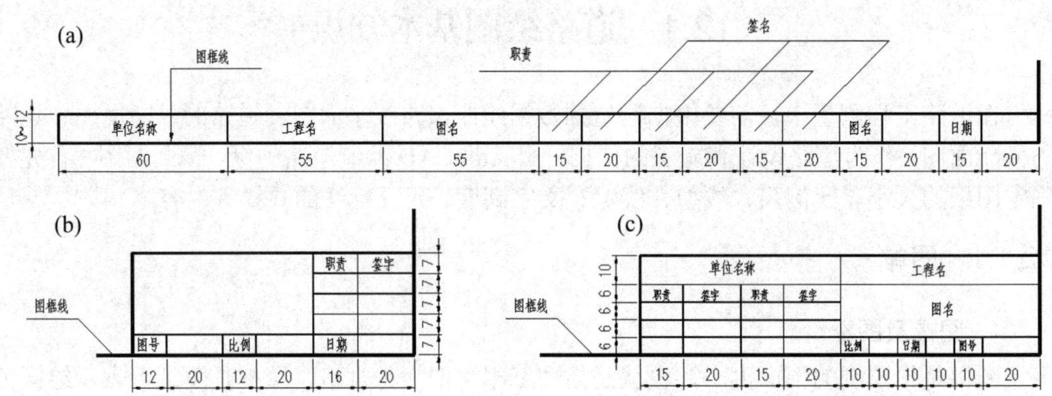

图 12-2　图标(单位：mm)

会签栏宜布置在图框外左下角(图 12-1)，并按图 12-3 所示绘制，会签栏外框线宽宜为 0.5 mm，内分隔线宽宜为 0.25 mm。

当图纸需要绘制角标时，应布置在图框内的右上角，角标线宽宜为 0.25 mm，如图 12-4 所示。

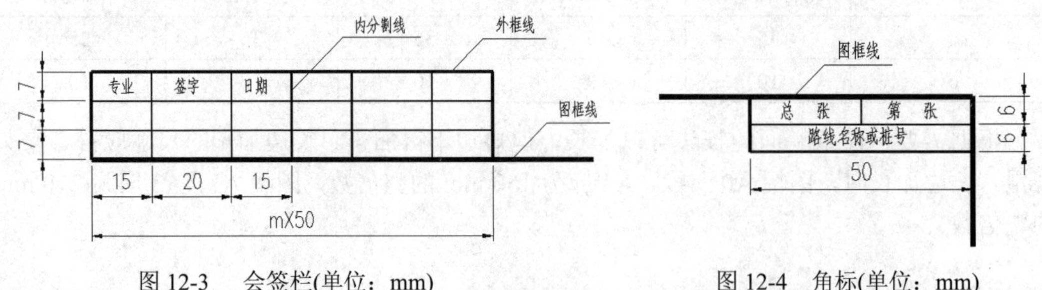

图 12-3　会签栏(单位：mm)　　图 12-4　角标(单位：mm)

12.1.2　图线

工程图中的信息都是由线条表示的。为了反映图中不同的内容和分清主次，必须采用不同的线型和线宽。图纸上的实线、虚线、点画线、双点画线、折断线、波浪线等线型适用于不同的场合，同时应符合国家标准的有关规定。图线的宽度应根据图的复杂程度及比例大小从《道路工程制图标准》规定的线宽系列(0.13 mm、0.18 mm、0.25 mm、0.35 mm、0.5 mm、0.7 mm、1.0 m、1.4 mm、2.0 mm)中选取。基本线宽(b)应根据图样比例和复杂程度确定。

图线有粗、中、细之分。在同一张图纸内，相同比例的图样应采用相同的线宽。在绘图过程中，每张图上的图线线宽不宜超过 3 种，通常根据所表达的对象的复杂程度、比例的大小来确定基本线宽。线宽组合宜符合表 12-2 的规定。粗线的宽度若为 b，则中线的宽度为 0.5b，细线的宽度为 0.35b。合理的线型比例应当与打印比例保持对应关系，当打印输出比例为 1∶n 时，线型比例应当设置为 n。

表 12-2　线 宽 组 合

线宽类型	线宽系列/mm				
b	1.4	1.0	0.7	0.5	0.35
0.5b	0.7	0.5	0.35	0.25	0.25
0.25b	0.35	0.25	0.18(0.2)	0.13(0.15)	0.13(0.15)

在同一张图纸内，相同比例的各图形应采用相同的线宽组合，图纸图框和标题栏的线宽见表 12-3。

表 12-3　图纸图框和标题栏线宽　mm

图纸幅面	图框线	标题栏外框线	标题栏分割线
A0，A1	1.4	0.7	0.35
A2，A3，A4	1.0	0.7	0.35

12.1.3　文字

文字、数字、字母和符号是工程图的重要组成部分。《道路工程制图标准》规定图中汉字应采用长仿宋体字(又称工程字)，并采用国家正式公布的简化字，除有特殊要求外，不得采用繁体字，汉字书写要求采用从左向右、横向书写的格式。

在 AutoCAD 环境中，汉字字体通常采用 Windows 系统所带的 TrueType 字体“仿宋—GB 2312”。在有些图纸中，汉字字体也可采用符合国标的形编译字体。所谓形编译字体是指符合国标的类似手写仿宋体。常见的有 Hzdx.shx、Hztxt.shx、Khz.shx 等。

图纸上常见的文字高度一般有 7 种：2.5 mm、3.5 mm、5 mm、7 mm、10 mm、14 mm、20 mm。文字的宽度比例即宽高比一般设置为 2∶3，文字的间距应大于 1.5 倍的字高，且汉字高度不宜小于 3.5 mm。

12.1.4　坐标

坐标网格应采用细实线绘制，南北方向为 X 轴，东西方向为 Y 轴。坐标网格也可采用十字线代替，如图 12-5 所示。坐标值的标注应靠近被标注点，书写方向应平行于网格或在网格延长线上，数值前应标注坐标轴代号(X 或 Y)，当无坐标轴代号时，图上应绘制指北标志。

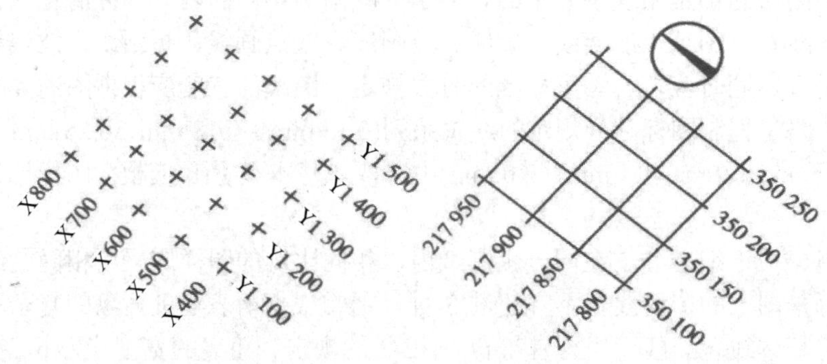

图 12-5　坐标网格及指北针的绘制

当需要标注的控制坐标点不多时，宜采用引出线的形式标注，水平线上、下应分别标注 X 轴、Y 轴的代号及数值，如图 12-6 所示。当需要标注的控制坐标点较多时，图纸上可仅标注点的代号，坐标数值可在适当位置以表格形式表示，坐标数值的计量单位为米，并精确至小数点后三位。

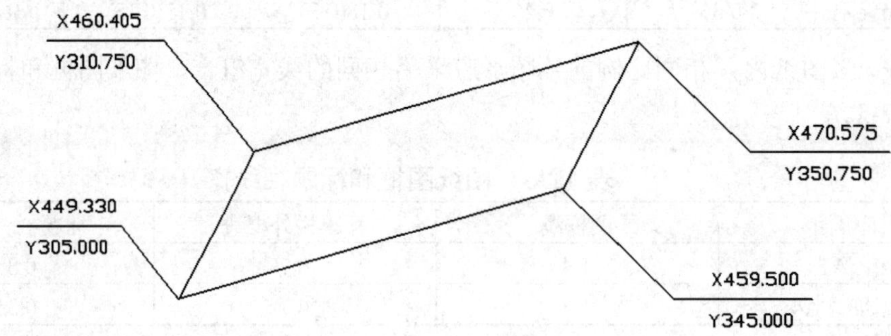

图 12-6　控制点坐标标注

12.1.5　比例

道路工程具有组成复杂、长宽高三项尺寸相差悬殊、形状受地形影响大等特点，因此它的图示方法与一般工程不完全相同。它的平面图就是一个带状地形图，纵向断面图是沿公路中心线的纵剖面图，横断面是道路中心线法线方向的断面图，根据这三种图所表示的内容的差异，通常采用的绘图比例各不同。绘图比例的选择应遵循图面布置合理、均匀、美观的原则，使绘出的图形有较好的可读性。

12.1.6　标高、坡度、水位的标注

1. 标高符号

标高符号采用细实线绘制的等腰三角形表示。高为 2～3 mm，底角为 45°，顶角指至被注高度，顶角向上、向下均可，标高数字标注在三角形的右边。

负标高应冠以“–”号，正标高及零标高数字前不冠以“+”号。当图形复杂时可采用引出线形式标注，如图 12-7 所示。

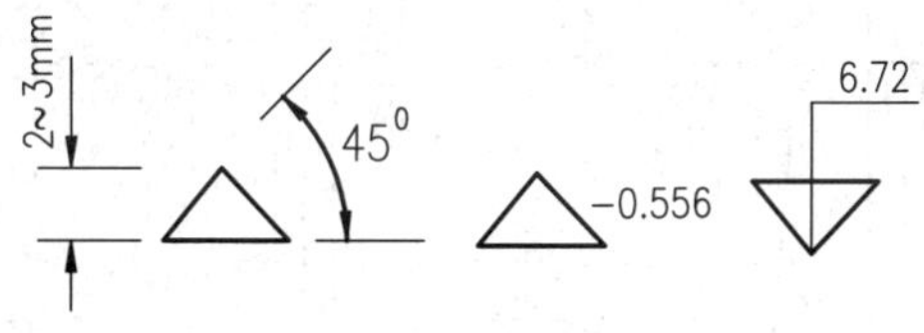

图 12-7　标高符号

2．坡度的标注

当坡度值较小时，坡度的标注宜用百分率表示，并应标注坡度符号。坡度符号应由细实线、单边箭头以及在其上标注的百分数组成。

坡度符号的箭头应指向下坡，当坡度值较大时，坡度的标注宜用比例的形式表示，例如 1∶n，坡度的标注如图 12-8 所示。

3．水位的标注

水位符号应由数条上长下短的细实线及标高符号组成，细实线间的间距宜为 1 mm，其标高的标注应符合图 12-9 的规定。

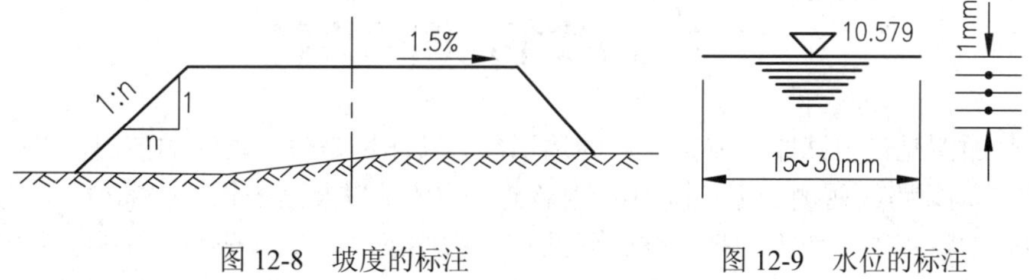

图 12-8　坡度的标注　　图 12-9　水位的标注

12.1.7　砖石、混凝土结构绘图规定

砖石、混凝土结构图中的材料标注可在图形中适当位置用图例表示，如图 12-10 所示。当材料图例不便绘制时，可采用引出线标注材料名称及配合比。

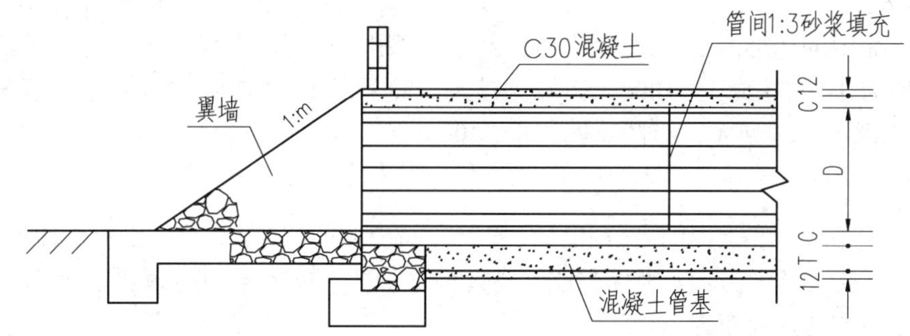

图 12-10　砖石混凝土结构的材料标注

边坡和锥坡的长短线引出端应为边坡和锥坡的高端。坡度用比例标注，其标注应符合相关规定。边坡和锥坡的标注如图 12-11 所示。

当绘制构造物的曲面时可采用疏密不等的影线表示，如图 12-12 所示。

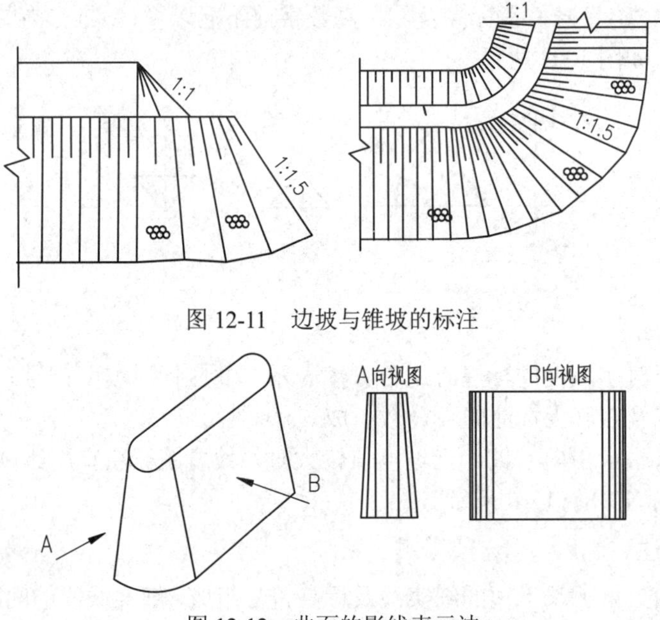

图 12-11　边坡与锥坡的标注

图 12-12　曲面的影线表示法

12.2　路线平面图的绘制

路线平面图是沿道路路线方向发展的地形图。其作用是表达路线的方向、平面线型(直线和转弯方向)，路线两侧一定范围内的地形、地物情况以及结构物的平面位置。道路路线具有狭而长的特点，一般无法把整条路线绘在一张图纸内，通常分段画在多张图纸上，每张图纸上注明序号、张数、指北针和拼接标记。其内容主要包括地形、路线两部分。如图 12-13 所示为某公路 K1+500 至 K2+314.25 段的路线平面图。

12.2.1　地形部分

1. 比例

路线平面图的地形图是经过勘测而绘制的，可根据地形的起伏情况采用相应的比例。城镇区一般为 1∶500 或 1∶1000，山岭重丘区一般采用 1∶2000，微丘和平原区一般采用 1∶5000。如图 12-13 所示，该图比例为 1∶2000。

2. 方位

为了表示路线所在地区的方位和路线的走向，在路线平面图上应画出指北针或坐标网。指北针箭头所指为正北方向。坐标方位的规定同地形图，即 X 轴向为南北方向，向北为正；Y 轴向为东西方向，向东为正。

3. 地形

路线平面图中地形起伏情况主要用等高线表示，如图 12-13 所示。该图中相邻两根等高线之间的高差为 2 m，图上的小黑点表示测点，其标高数值注在点的右侧。根据图中等高线的疏密可以看出，该地区南部和北部各有一座山峰，西部地势较低，东部地势较高。

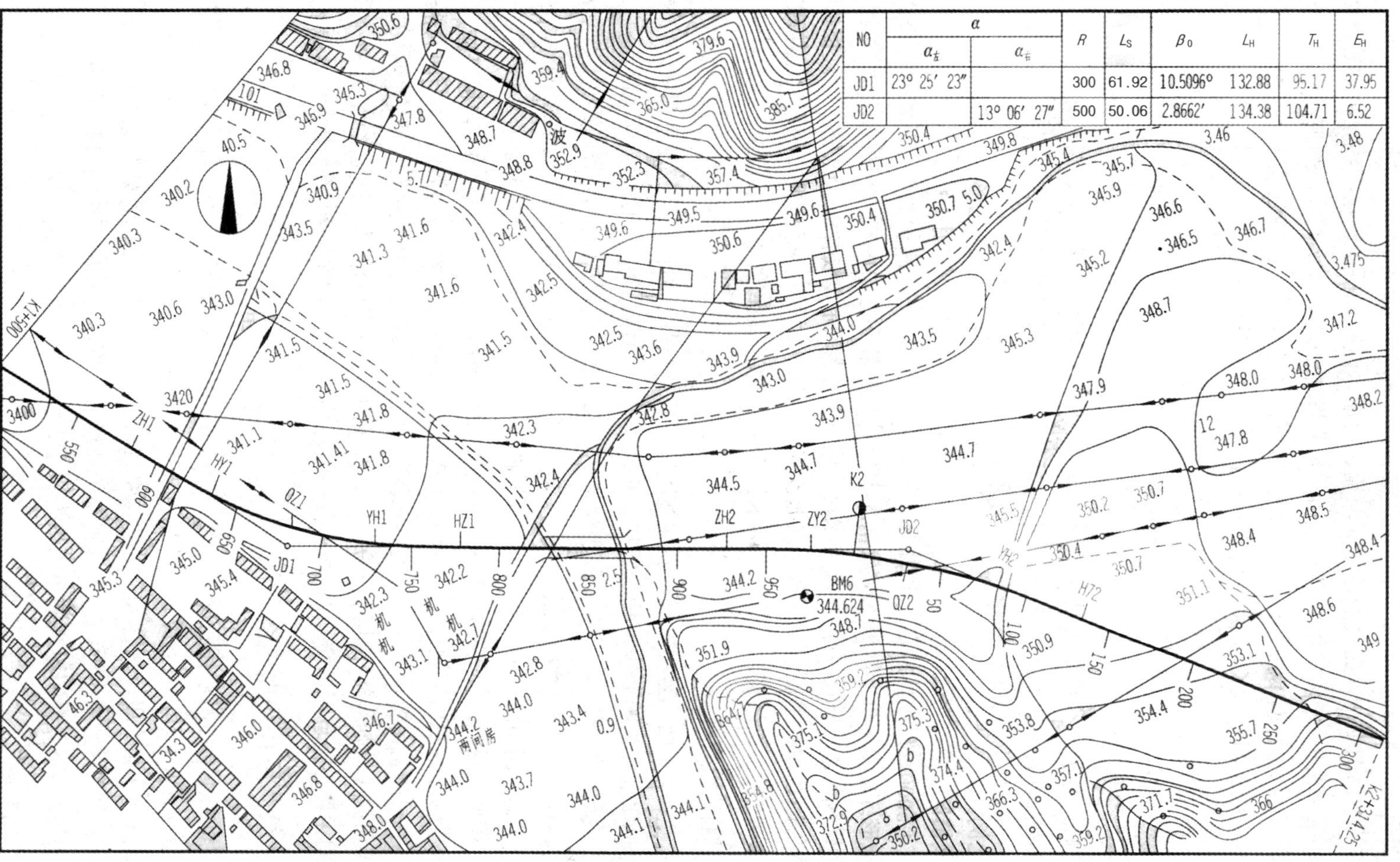

NO	$\alpha_左$	$\alpha_右$	R	L_S	β_0	L_H	T_H	E_H
JD1	23° 25′ 23″		300	61.92	10.5096°	132.88	95.17	37.95
JD2		13° 06′ 27″	500	50.06	2.8662′	134.38	104.71	6.52

图 12-13　某公路路线平面图

4. 地物

在路线平面图中，地面上的地物如河流、房屋、道路、桥梁、电力线、植被等，都是按规定图示绘制的。常用的地物图示基本与地形图中的地物图示相同。对照图示可知，图 12-13 的中部为大片的旱地，山脚下有一个名为两间房的村庄。图中还表示出了机井、电力线、公路、大车道以及小路等的位置。

12.2.2 路线部分

1. 设计路线

《道路工程制图标准》中规定，道路中心线应采用细点画线表示，路基边缘线应该采用粗实线表示。由于路线平面图所采用的比例太小，线路的宽度无法按实际尺寸画出，所以在路线平面图中，设计路线是用粗实线沿着道路中心表示的。

2. 里程桩

为了清楚地看出路线的总长和各段之间的长度，一般在道路中心线上从起点到终点，沿前进方向的左侧注写里程桩(KM)。里程桩分公里桩和百米桩两种。在符号上面注写 K1，即表示距路线起点 1 km，右侧注写百米桩，用垂直于路线的细短线表示桩位，用字头朝向前进方向的阿拉伯数字表示百米数，注写在短线的端部。同时也可均采用垂直于路线的细短线表示公里桩和百米桩，如若桩号为 K1+200，则表示距路线起点 1.2 km。

3. 平曲线

道路路线在平面上是由直线段和曲线段组成的，在路线的转折处应设平曲线。最常见的较简单的平曲线为圆曲线，其主要基本几何要素有：① 交角点 JD，是路线的两直线段的理论交点；② 转折角 a，是路线前进时向左(a_z)或向右(a_y)偏转的角度；③ 圆曲线半径 R；④ 切线长 T_H，是切点与交角点之间的长度；⑤ 外矢距 E_H，是曲线中点到交角点的距离；⑥ 曲线长 L_H，是曲线两切点之间的弧长；⑦ 缓和曲线长 L_S，是从切点到圆曲线端点的长度。

在路线平面图中，转折处应注写交点代号并依次编号，如 JD2 表示第 2 个交点。还要注出曲线段的起点 ZY(直圆点)、中点 QZ(曲中点)、终点 YZ(圆直点)的位置。为了将路线上各段平曲线的几何要素值表示清楚，一般还应在图中的适当位置列出平曲线要素表。如果设置缓和曲线，则将缓和曲线与前、后段直线的切点分别标记为 ZH(直缓点)和 HZ(缓直点)；将圆曲线与前、后段缓和曲线的切点分别标记为 HY(缓圆点)和 YH(圆缓点)。

12.2.3 绘制路线平面图的方法

路线平面图的绘制包括两部分内容：一部分是地形图的绘制，另一部分是在地形图上绘制路线中心线。

在道路的勘测阶段，测绘人员利用测量仪器、设备经过一系列野外测量和内业计算，得到测量数据，对数据进行编辑、设置绘图环境后，将这些数据按比例绘制到图纸上，即地形图的绘制。下面介绍路线中心线的绘制方法。

1. 数据准备

在路线中心线绘制前，道路设计人员要定出交角点和转角数据，计算平面曲线的相关要素，即圆曲线的半径 R、切线长 T_H、曲线长 L_H、外矢距 E_H 和缓和曲线的 L_S。计算结果见表 12-4。

表 12-4　路线平曲线要素

交点号	α		R	L_S	β_o	L_H	T_H	E_H
	α左	α右						
JD1	23°25′23″		300	61.92	10.5096°	132.88	95.17	37.95
JD2		18°06′27″	500	50.06	2.8662°	134.38	104. 71	6.52

图 12-13 中新设计的这段公路，有关设计数据如下：

路线导线的起始点、交点的坐标以及转角 α、圆曲线半径 R、曲线的类型如下：

QD(500.000,1500.000)为本幅图中路线的起点。

JD1(408.846,1655.213)，$\alpha_{左} = 25°23'25''$，$L_S = 61.92$，$R = 300$，缓和曲线。

JD2(378.130,2003.863)，$\alpha_{右} = 18°06'27''$，$L_S = 50.06$，$R = 500$，缓和曲线。

ZD(266.518,2265.012)，本幅图中路线的终点。

在实际工作中路线导线的坐标数据都是用 Excel 表格存放的，这样简化了在绘图时输入坐标的麻烦。在 Excel 表格中编辑导线点坐标对，如图 12-14 所示，选中 D2 栏，输入公式“=C1& “，” &B1”，按回车键，系统自动生成了所需要的坐标对，选中 D2 栏，将光标指向 D2 栏右下角，系统出现黑色小十字标记，按住鼠标左键向下拖动十字标记，一直到 ZD，D2 栏就自动生成了对调后的各交点的坐标对。

Microsoft Excel - 路线平面绘图

D2　　fx 1500, 500

	A	B	C	D
1	点号	X	Y	Y,X
2	QD	500	00	1500, 500
3	JD1	408.85	1655.231	1655.213, 408.846
4	JD2	378.13	2003.863	2003.863, 378.13
5	ZD	266.52	2265.012	2265.012, 266.52
6				

图 12-14　用 Excel 编辑坐标对(Y,X)

2. 绘制路线中心线

(1) 绘制路线导线。将设置的导线图层置为当前层，使用多段线命令“pline”来绘制。在 AutoCAD 执行“pline”命令要求输入起点时，将图 12-14 中 Excel 表中 D 列坐标数据复制、粘贴于命令提示后，AutoCAD 自动依次读取各点坐标值，绘制出一个多段线，如图 12-15 所示。

(2) 确定平曲线上的主点。路线在 JD1、JD2 处的转弯都是缓和曲线，要绘制出这些曲线，首先要定出曲线上的主点位置。以 JD1 处为例，介绍确定主点位置的方法。新建一个“fuzhu”(辅助)图层，颜色设置为蓝色，将其设置为当前层。

① 绘制 JD1 左角平分线 JD1P，如图 12-16 所示。

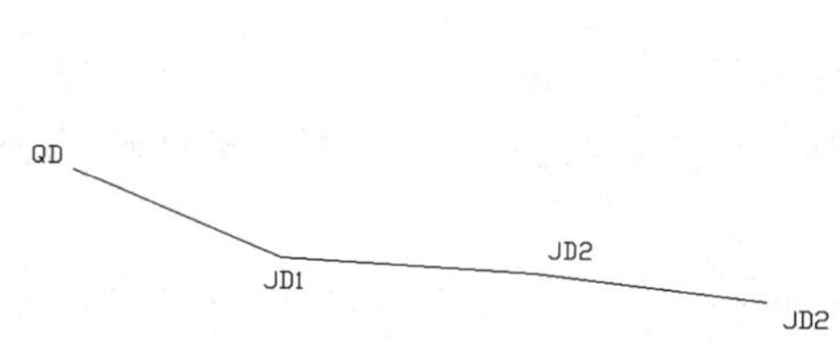

图 12-15　用“pline”命令绘出的路线导线

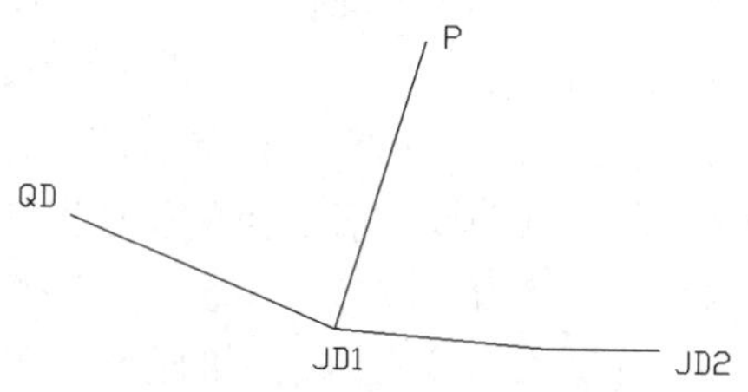

图 12-16　绘角平分线

② 确定 QZ 点、YH 点、HY 点。

a. 确定 QZ 点。从 JD1 开始，沿 JD1 左角平分线 JD1P 向 P 方向量取外矢距的长度 E_H=7.95，此点即为 QZ 点。

b. 确定 YH 点。从 QZ 点向 P 方向量取圆曲线的半径 300，得到圆心，该圆弧所对应的圆心角是 $\alpha_{左}/2-\beta_0$= 23°25′23″/2−10.5096° = 1.2019°(见表 12-4 路线平曲面元素表)。用绘制圆弧的命令 Arc 绘制圆弧，选用“起点、圆心、角度”选项，起点为 QZ 点，这样绘出的圆弧的另一个端点就是 YH 点。

c. 确定 HY 点。HY 点与 YH 点相对于角平分线 DJ1P 对称，所以可用镜像的方法得到 HY 点。

③ 确定 ZH 点、HZ 点。从 JD1 分别向 QD 和 JD2 量取切线长度 95.17，即得到 ZH 点和 HZ 点。

这样就确定了第一个交角点 JD1 处的平曲线各主点。用相同的操作方法确定出 JD2 处的平曲线的各主点。将点样式设置成“十字”。

删除所有的辅助线得到如图 12-17 所示的图形。

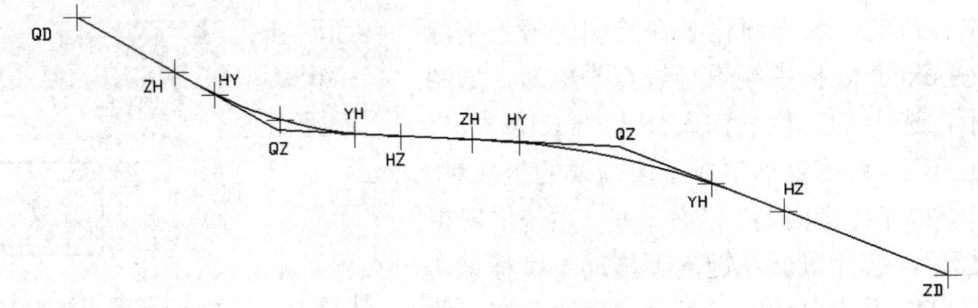

图 12-17　路线中线上的各主点

(3) 缓和曲线的绘制。在 AutoCAD 中采用样条曲线命令“spline”绘制出的曲线非常接近公路中的平曲线缓和曲线的形状，在常用比例尺的情况下，肉眼分辨不出二者在图纸上的区别，因此，通过 ZH——HY 和 YH——HZ 主点且与路线导线相切于 ZH 和 HZ 点并与圆弧相切于 HY 和 YH 点的样条曲线即为所要绘制的曲线。同理，绘出其他三段缓和曲线。

(4) 连接路线中线的直线段。用“line”命令连接路线中的各直线段。

(5) 绘制特征点位置线、里程桩线、百米桩线并标注文字。

① 绘制特征点位置线。将标注层置为当前，用“偏移”命令，将路线中线向上偏移 5 个图形单位。

用绘制直线命令“line”在路线上的每一个主点处绘制短直线，分别与路线导线和上侧的偏移线垂直相交。

② 绘制公里桩、百米桩标注线。将路线导线向下方分别偏移 5 个单位和 15 个单位，得到两条偏移线。路线各交点的里程已知，以起始点 QD(因为 QD 的里程是整百米)为例，用“直线”命令分别绘制公里桩、百米桩标注线。

用“偏移”命令对刚绘制的百米桩直线进行偏移，偏移距离为 100，在同一条线段上可继续偏移，绘出其他的百米桩线。但经过交点后，就需要在交点处绘制与下一线段相垂直的标志线，再计算下一个百米桩据此应偏移的距离，然后进行偏移。依次由左向右绘制出各百米标志线。

③ 编辑标志线和位置线。对各标志线和位置线进行剪切、延伸，使公里桩长度为 15 个单位，主点位置线和百米桩长度为 5 个单位。最后删除路线导线的偏移线等辅助线，只留下路线中线、路线导线、主点位置线、公里桩标志线和百米桩标志线。

④ 绘制公里桩符号和交角点符号。公里桩符号用绘制圆环“donut”命令，内径是 0，外径是 5。交角点符号用绘制圆的命令“circle”，直径为 3，圆心在交角点上。对小圆圈内的部分进行修剪。

(6) 标注文字。把文字标注层置为当前图层，用多行文字编辑功能进行文字标注，字高为 3.5 mm，字体为仿宋体，宽度比例为 0.7，倾斜角度为–90°。标注里程桩号，使其与标志线平行，且垂直于路中线。

提示：若标注的文字大小方向不同，可选用不同高度和旋转角度分批标注。

若标注的文字位置和角度不太合适，可利用移动和旋转命令进行修改。如图 12-18 所示为在 AutoCAD 下完成的路线平面图。

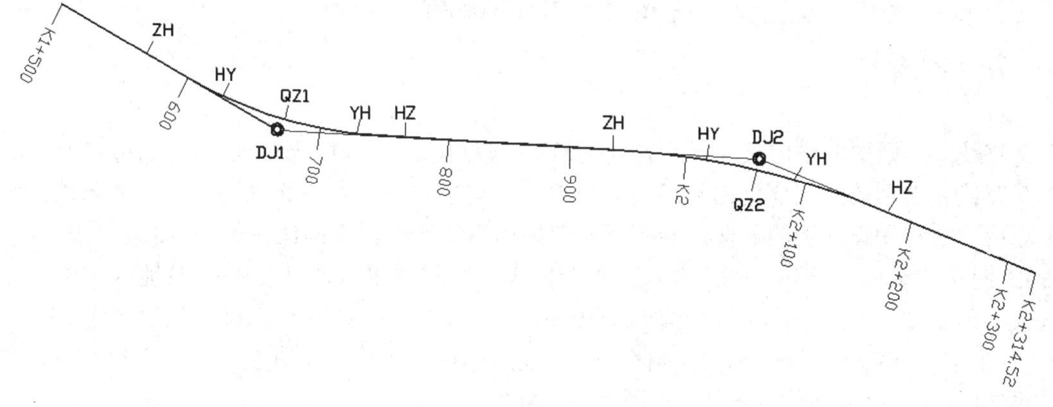

图 12-18　路线平曲线图

(7) 平曲线要素表的绘制。在道路平面图的右上角，需要插入平曲线要素列表，以表格的右上角为基点，将绘制好的表格移动到路线平面图的右上角。

12.3　路线纵断面图的绘制

路线的纵断面图表示的是路线中心的地面起伏状况以及路线的纵向设计坡度和竖曲线。路线的纵断面图是用假想的铅垂剖切面沿着道路的中心线进行纵向剖切得到的。由于道路中心线是由直线和曲线组合而成的，所以纵向剖切面既有平面又有曲面。为了清晰地表达路线的纵断面情况，特采用展开的方法，将此纵断面展平成为一平面，并绘制在图纸上，即为路线的纵断面图。

12.3.1　纵断面的图示内容

路线纵断面图包括图样和资料表两部分，一般图样画在图纸的上部，资料表布置在图纸的下部。图 12-19 所示为某公路 K4+800 至 K5+275 段的路线纵断面图。

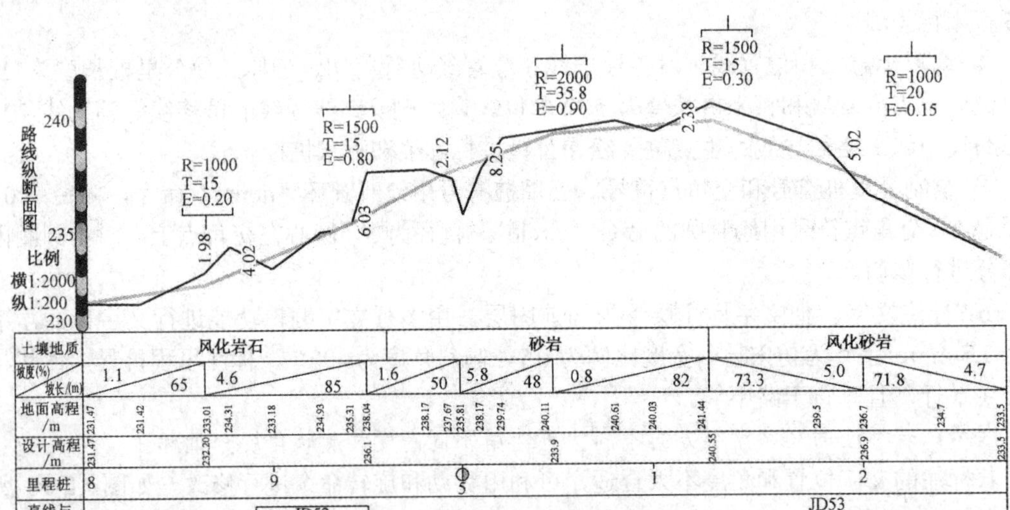

图 12-19　路线纵断面图

1. 图样部分

1) 比例

路线纵断面图的横向长度表示路线的长度(里程)，纵向高度表示地面及设计线的标高。由于路线和地形的高程变化比起路线的长度要小得多，为了在路线纵断面图上清晰地显示出高程的变化和设计上的处理，绘制时一般采用纵向比例比横向比例放大 10 倍。横向(里程)比例尺和纵向(高程)比例尺的确定要根据实际工程要求选取，如在山岭地区，横向比例尺一般选择 1∶1000、1∶2000、1∶5000，与之对应的纵向(高程)比例尺选择 1∶100、1∶200、1∶500；在丘陵和平原地区，由于地形起伏变化较小，所以横向比例尺一般选择 1∶5000，则与之对应的纵向比例尺选择 1∶500。

由于路线较长，路线的纵断面图一般都有许多张，在第一张图的图标内或左侧纵向标尺处应注明纵、横向所采用的比例尺。

2) 设计线和地面线

在纵断面图中，粗实线为公路纵向设计线，是由直线段和竖曲线组成的。它是根据地形起伏和公路等级并按相应的公路工程技术标准确定的。设计线上各点的标高通常是指路基边缘的设计高程。不规则的细折线为设计中心线处的地面线，它是根据原地面上沿线各点的实测中心桩高程而绘制的。比较设计线与地面线的相对位置，可确定填挖地段和填挖高度。

3) 竖曲线

在设计线的纵向坡度变更处即变坡点，应按公路工程技术标准的规定设置竖曲线，以利于汽车平稳的行驶。竖曲线分为凸形和凹形两种，在图中分别用“┌┴┐”和“└┬┘”符号表示，符号中部的竖线应对准变坡点，竖线两侧标注变坡点的里程桩号和竖曲线中点的高程。符号的水平线两端应对准竖曲线的起点和终点，水平线上方应标注竖曲线要素值(半径 R、切线长 T、外距 E)。如图 12-19 所示，在 K4+865 处设有 R=1000 m 的凹曲线，该竖曲线中点高程为 232.20 m(T=15 m，E=0.20 m)。

4) 沿线构造物

道路沿线如设有桥梁、涵洞、立交和通道等构造物时，应在其相应设计里程和高程处按图例绘制并注明构造物名称、种类、大小和中心里程桩号。

5) 水准点

沿线设置的水准点都应按所在里程注在设计线的上方或下方，并标出其编号、高程和路线的相对位置。

2．资料表部分

路线纵断面图的资料表是与图样上下对应布置的，这种表示方法较好地反映出了纵向设计线在各桩号处的高程、填挖方量、地质条件和坡度以及平曲线与竖曲线的配合关系。资料表主要包括以下栏目和内容。

(1) 地质概况：根据实测资料，在该栏中注出沿线各段的地质情况，作为修筑道路路基时的地质资料。

(2) 高程资料：表中有设计高程和地面高程两栏，它们应和图样互相对应，分别表示设计线和地面线上各点(桩号)的高程。

(3) 填挖高度：设计线在地面线下方时需要挖土，设计线在地面线上方时需要填土，挖或填的高度值应是各点(桩号)对应的设计高程与地面高程之差的绝对值。

(4) 坡度及坡长：标注设计线各段的纵向坡度和水平长度距离。该栏中的对角线表示坡度方向，左下至右上表示上坡，左上至右下表示下坡，坡度及坡长分别注在对角线的上下两侧。如图 12-19 所示，该栏中第一格的标注“1.1/65”表示从 K4+800 至 K4+865 坡段设计纵坡为 1.1%，设计长度为 65 m，此段路线是上坡。

(5) 里程桩号：沿线各点的桩号是按测量的里程数值填入的，单位为 m，桩号从左向右排列。在平曲线的起点、中点、终点和桥涵中心点等处可设置加桩。

(6) 直线及平曲线：在路线设计中，竖曲线与平曲线的配合关系直接影响着汽车行驶的安全性和舒适性以及道路的排水状况，故《公路路线设计规范》对路线的平纵配合提出了严格的要求。由于道路路线平面图与纵断面图是分别表示的，所以在纵断面图的资料表中，以简约的方式表示出平纵配合关系。在该栏中，以“—”表示直线段，以“⌒”、“⌣”或“└┘”“┌┐”四种图样表示平曲线段，其中前两种表示设置缓和曲线的情况，后两种表示不设缓和曲线的情况，图样的凸凹表示曲线的转向，上凸表示右转曲线，下凹表示左转曲线。

12.3.2　绘制路线纵断面图的方法

绘图前应设计好比例尺，这里以横向比例为 1∶2000、纵向比例为 1∶200 的纵断面的绘制为例。

1．设置图层

根据路线纵断面图中包括的内容，需要设置“ biaoti”(标题栏)层、“dimian”(地面线)层、“sheji”(设计线)层、“biaozhu”(标注)层等，每一层的线型均为 Continuous，线宽各图层不同。如图框和设计线线宽为 1.0，标题栏用 0.7，坡度线用 0.35 等，为使图形容易区分，还可将各图层设置成不同的颜色。

2．设置图形单位和文字式样

设置方法与本章 12.1 的设置相同。

3．绘制纵断面的标题栏

将“biaoti”层置为当前层，先按 1:1000 比例，如图 12-19 所示，从 K4+800 到 K5+275，本幅图包括的里程数为 475 m，再加上标题栏左端的文字占的宽度，标题栏底线长为 505 m。将标题栏底线依次向上偏移，得到“直线与曲线”、“里程”、“地面高程”、“设计高程”、“坡度”、“土壤地质”栏，每一栏的宽度以填写项所占尺寸为准，比如“直线与曲线”栏需偏移 10，在最后标注文字时，若宽度不合适还可调整。绘制一条垂直线，长度从标题栏底线绘制到顶线，位置距最左端 20，作为标题与内容的分界线。

4．绘制高程标尺

绘一条垂线，起点在标题栏竖线的顶端，向上绘制，长度 20(代表的高度为 2 m)，将其线宽设置为 2.0，然后将该线再向上复制，使其首尾相接，这样绘出的看起来是一条直线，但却是两个图形对象，将这两个对象设置成对比度较大的两种颜色。根据地面高程情况，再将这两个对象同时向上复制数次，这样标尺就绘成了。

5．设置坐标原点

(1) 编辑数据。在绘图前，将外业测绘的数据整理到 Excel 表中，如图 12-20 所示，B 列为各地面点的桩号，C 列为各地面点的实测高程，D 列为各地面点的里程数值，E 列为绘图用的各地面点的坐标值(将里程数值作为横坐标 X，高程值扩大 10 倍后作为纵坐标 Y，在 E2 栏编辑公式：“=D2&，&C2*10”，具体操作前面已经讲过)。因纵横坐标比例尺不同，故需要对实测的高程数值扩大 10 倍作为各点路面转折点的纵坐标，横坐标就是实测的里程数值。

(2) 设置坐标原点。坐标的原点需设置在标尺的底部，原点横坐标值是本幅图最左端的里程数，纵坐标要比实测的所有转点高程最小值还要小一些，如本例中原点坐标设为(4800，2280)。

(3) 移动原点。为了方便用坐标展绘地面线，现将前面绘制的标题栏和标尺等所有图形对象以标尺底部为基点(图形的原点)，移动到 AutoCAD 世界坐标系的(4800，2280)处。目的是使纵断面图的坐标原点与 AutoCAD 世界坐标系的坐标一致，以便输入各点坐标来绘制地面点。

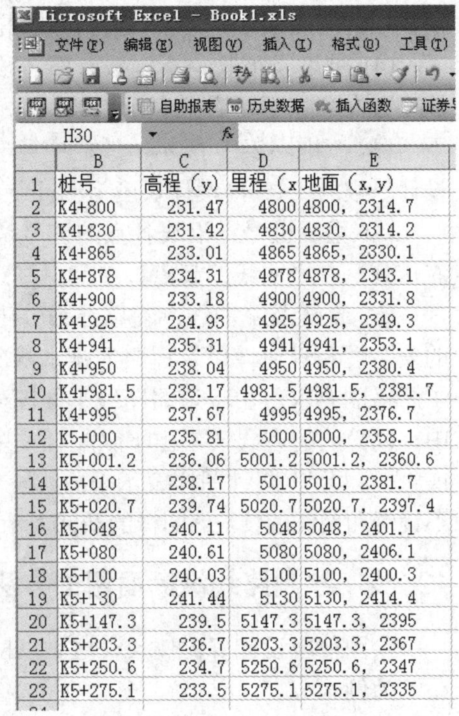

	B	C	D	E
1	桩号	高程（y）	里程（x	地面（x,y）
2	K4+800	231.47	4800	4800，2314.7
3	K4+830	231.42	4830	4830，2314.2
4	K4+865	233.01	4865	4865，2330.1
5	K4+878	234.31	4878	4878，2343.1
6	K4+900	233.18	4900	4900，2331.8
7	K4+925	234.93	4925	4925，2349.3
8	K4+941	235.31	4941	4941，2353.1
9	K4+950	238.04	4950	4950，2380.4
10	K4+981.5	238.17	4981.5	4981.5，2381.7
11	K4+995	237.67	4995	4995，2376.7
12	K5+000	235.81	5000	5000，2358.1
13	K5+001.2	236.06	5001.2	5001.2，2360.6
14	K5+010	238.17	5010	5010，2381.7
15	K5+020.7	239.74	5020.7	5020.7，2397.4
16	K5+048	240.11	5048	5048，2401.1
17	K5+080	240.61	5080	5080，2406.1
18	K5+100	240.03	5100	5100，2400.3
19	K5+130	241.44	5130	5130，2414.4
20	K5+147.3	239.5	5147.3	5147.3，2395
21	K5+203.3	236.7	5203.3	5203.3，2367
22	K5+250.6	234.7	5250.6	5250.6，2347
23	K5+275.1	233.5	5275.1	5275.1，2335

图 12-20　地面线转点坐标

6．绘制地面线

将“dimian”层置为当前层，使用多段线命令“pline”绘制地面线。将图 12-20 中的 E

列数据复制、粘贴到命令行的“指定起点”后，AutoCAD 就自动绘制出地面线，绘制结果见图 12-19 中的折线(地面线)。

7．绘制设计线

将“sheji”层设置为当前层，使用多段线命令“pline”绘制设计线。绘制时将各里程桩的里程作为横坐标，各里程桩处的设计高程作为纵坐标。操作步骤与绘制地面线类似，对竖曲线位置，采用三点绘制圆弧的方法，三点依次是竖曲线起点、变坡点位置设计标高处、竖曲线终点。

8．绘制竖曲线标志符号

在设计线图层中，用“line”命令绘制各竖曲线标志符号。

注意：符号中部的竖线的横坐标就是竖曲线转点里程，符号的水平线两端的横坐标应分别是竖曲线的起点和终点里程。为图形美观，各竖线标志符号应大致在同一个高度。

9．绘制标题栏中的相关线

在“直线与曲线”栏中，依据路线设计中线各主点的里程绘制。

在“里程桩号”栏中，在百米里程位置和曲线的主点位置绘制竖短线作为里程桩标志，先绘出最左边的第一条里程桩标志，然后使用“偏移”命令，按里程间隔偏移。这样绘出的标志长短相同。按设计数据，用“pline”命令绘制坡度/坡长线。

10．标注文字

本图要求的比例是 1∶2000，前面绘图是按 1∶1000 的比例尺。将图中所有内容全部选中，用“scale”命令缩小 2 倍，使绘制的图形成为所需要的 1∶2000 的图形。在此比例下开始标注文字，执行“单行文字标注”命令，对大小、方向相同的文字标注，可用鼠标点击适当的位置，输入完一处文字，再点击下一处位置输入文字。一次“text”命令可连续多次输入文字，直到退出命令。不同高度、不同方向的文字需重新输入“text”命令，重新设置文字高度和文字方向，再进行文字输入，直到将图中所有文字标注完毕。

11．标注水准点及桥涵构筑物

桥涵构造物等标注的位置与其桩号对应，对标注符号，先定义图块，再利用图块插入命令插入。绘制完成的道路总断面图如图 12-19 所示。

12.4　路线横断面图的绘制

路线横断面是用假想的剖切平面垂直于路中心线剖切而得到的，其作用是表达路线各中心桩处路基横断面的形状和横向地面高低起伏状况。

12.4.1　路线横断面图的相关知识

在路线横断面外业测量中，对每一个需测横断面的位置都要进行测量，测得在横断面方向上各变坡点相对于中桩地面的高差，根据外业实测数据，整理得出各里程桩的横断面的资料如表 12-5 所示，表中按路线前进的方向分左侧和右侧。分数的分子表示测段两端的高差，分母表示测段的水平距离。高差为正表示上坡，为负表示下坡。根据这些数据绘制出各里程横断面图，再根据设计要求画出路基断面设计线，得到一系列的路基横断面图，以此来计算公路的土石方量和作为路基施工的依据。

表 12-5 道路横断面测量数据

左 侧	桩号	右 侧
…… …….	……	…… ……
−0.6/12.0 −1.8/8.5 −1.6/6.0	K4+800	+1.5/4.6 +0.9/4.4 +1.1/5.0 +0.5/10.0
−0.5/7.8 −1.2/4.2 −0.8/6.0	K4+820	+0.7/7.2 +1.1/4.8 −0.4/7.0 +0.9/6.5
……. …….	……	…… ……

12.4.2 绘制路线横断面图的步骤

1. 绘图比例

在绘制道路横断面图时，一般情况下，纵坐标(高差)和横坐标(路宽)比例是相同的，根据具体情况可选 1∶100 或 1∶200，在设计前应定好绘图比例。

2. 设置绘图环境

图形单位的设置同前。道路工程制图中规定横断面图的地面线采用细实线，设计线用粗实线。在图层管理器中，设置“dimian”(地面线)层，线宽为 0.25；“tukuang”(图框线)层，线宽为 1.0，线型均为 continuous，同时各层设置成不同的颜色。

3. 绘图

下面以表 12-5 的测量数据为例，绘制桩号为 K4+800 处的道路横断面的地面线。

(1) 绘中线桩。用“line”命令画一条平行于 Y 轴方向的竖线，作为横断面的中心桩。

(2) 绘地面线。由表 12-5 中的测量数据可以看出，用“Pline”多线段命令使用相对直角坐标输入绘制地面线比较方便。先绘制左侧地面线部分，以中心线中点为起点，在要求指定下一点时依次输入(@−6.0，−1.6)、(−8.5，−1.8)、(@−11，−0.6)。然后绘制右侧地面线，仍然以中心线中点为起点，在要求指定下一点时依次输入(@4.6,1.5)、(@4.4，0.9)、(@5.0，1.1)、(@10，0.5)。

(3) 缩放图形。前面在图形单位设置时，设置的是一个图形单位代表 1 mm，上面输入坐标时，4.4 m 距离就直接输入 4.4，也就是 4.4 mm 代表 4.4 m，很显然，绘出的图的比例就是 1∶1000。而断面图要求的绘图比例是 1∶200，所以要对上面绘出的图进行缩放，比例因子为 5，也就是将图放大 5 倍，正好是要求的绘图比例 1∶200。

(4) 标注文字。横断面图中的文字标注内容很少，仅标注中心桩的桩号。在缩放后的图上标注文字更容易确定适宜的文字高度，可达到更好的标注效果。这里文字的高度选用 10 比较合适，当要求的绘图比例尺发生改变时，最好试一试不同高度的文字的标注效果，最后确定选用的文字高度。

提示：在输入点位时，用的是相对直角坐标法，相对直角坐标的值是当前点相对于前一个点的横、纵坐标的改变量，该改变量正好对应左右两侧的距离和高差的数值。但在输入时，左侧的点横坐标应为负(在距离值前加“−”)，右侧的点横坐标为正(原距离值)，高差值与测量数据相同。

例如，图 12-21 左侧 A 点的测量数据是−1.6/6.0，则它相对于中桩的坐标为(@−6.0，−1.6)；B 点测量数据是−1.8/8.5，它的相对坐标为(@−8.5，−1.8)；右侧 D 点的测量数据是+1.5/4.6，则它相对于中桩的坐标为(@4.6,1.5)；E 点的测量数据是+0.9/4.4，它的相对坐标为(@4.4,0.9)。

经过以上操作绘出了 K4+800 处的横断面图，在同一张图纸内绘制的路基横断面图如图 12-21 所示。

采用上述方法，可继续绘出其他桩号的横断面图，在同一张图纸内绘制的路基横断面图应按里程桩号顺序排列，从图纸的左下方开始，先由下而上，再自左向右，如图 12-22 所示。同一幅图中横断面的数量要根据图幅和绘图比例计算后确定。若一幅图中有多个断面，则要按 1∶1000 的比例绘出所有的断面后再按要求的比例缩放图形，最后统一标注。

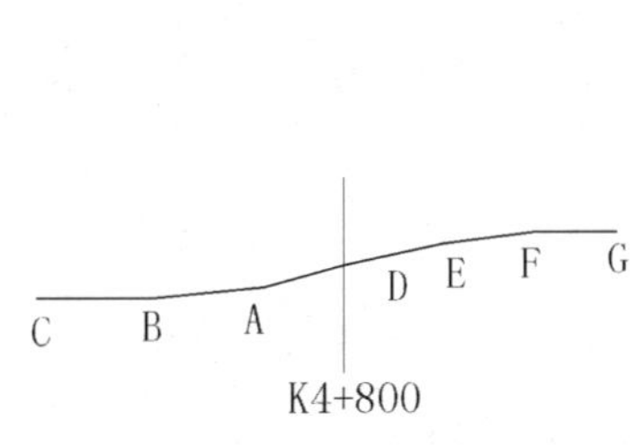

图 12-21　K4+800 处的横断面图

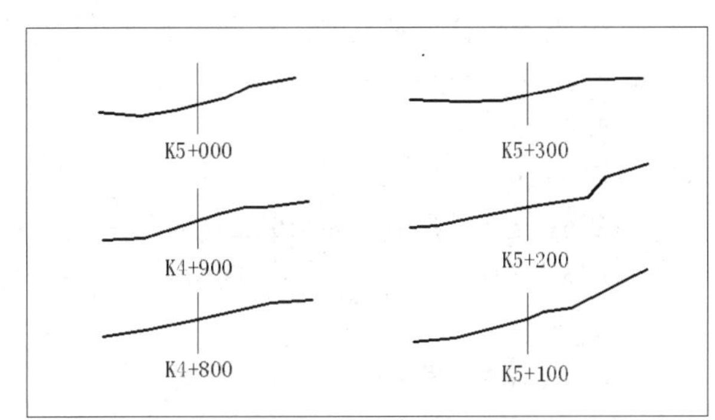

图 12-22　某道路横断面图

在每张路基横断面图的右上角应写明图纸序号及总张数，在最后一张图的右下角绘制图表。

12.4.3　用 AutoCAD 与 Excel 表自动绘制道路横断面图

在道路工程测量中，道路横断面的测绘是一项重要工作。一般要求每 20 m 施测一个道路横断面，在地形变化大的位置还要加测横断面。因此，绘制道路横断面图的工作量是非常巨大的，如果用上面介绍的传统方法绘制是非常繁琐的，修改起来很麻烦。在此介绍一种自动绘制道路横断面图的方法。

1. 数据准备

因为横断图上的每一点都是由横坐标水平距离 *D*、纵坐标高程 *H* 来表示的，AutoCAD 坐标系向上为 *X*，向右为 *Y*。所绘横断面各点的坐标就是(*H*，*D*)，因此要把野外测量的横断面上的点编辑为“*H*，*D*”的形式放在 Excel 中，AutoCAD 能够识别 Excel 单元格中坐标数据。在这里设定道路中心线处水平距离 *D*=0，中心线左侧的点距中心线的水平距离为负，右侧为正。例如，道路中心右侧 10.5 m 位置的高程为 150.655 m，就表示为“10.5,150.655”；在道路中心左侧 8.8 m 位置，高程为 151.430 m 的点，可以表示为“−8.8,151.430”。将野外测量的横断面方向上各变坡点相对于中桩地面的高差和水平距离整理到 Excel 表中，同时也将设计断面数据用相似的方法编辑整理后录入 Excel 表，格式要求如下：

(1) 每一个横断面数据(包括原地面测量数据和设计断面数据)只占用一行。

(2) 每一个数据都要处理成(距离，高程)的形式且占用一个单元格。

(3) 每一行中的横断面数据自左向右顺序依次是：原地面数据——设计断面数据——CAD 命令，其中原地面数据的顺序是距离中桩最左边的数据依次到距离中桩最右边的数据，设计断面数据是距离中桩最右边数据依次到最左边的数据。

(4) 每一行结尾几个单元格分别输入 AutoCAD 命令“C”、“UCS”、“N”、“0，5”、“L”。

提示：每行中原地面数据列数可能不同，设计路基断面数据列数可能相同，每一行的最后五列都是“C”、“UCS”、“N”、“0，5”、“L”。

2. 自动绘制道路横断面图

打开 AutoCAD 软件，点击“常用”选项卡→“绘图”→“直线”按钮新建一个公制单位图形文件。

将 Excel 表中数据全部复制、粘贴于命令行后，命令自动执行如下：

line 指定第一点：K1+80

点无效。

指定第一点：–20,152.31

指定下一点或［放弃(U)］: -16.7,152.54

指定下一点或［放弃(U)］: -10,153.14

……

指定下一点或［闭合(C)/放弃(U)］: -20,154.23

指定下一点或［闭合(C)/放弃(U)］: C

命令：UCS

当前 UCS 名称：*没有名称*

指定 UCS 的原点或［面(F)/命令(NA)/对象(OB)/上一个(P)/视图(V)/世界(W)/X/Y/Z/Z 轴(ZA)］<世界>：N

指定新 UCS 的原点或［Z 轴(ZA)/三点(3)/对象(OB)/面(F)试图(V)X/Y/Z］<0,0,0>：0,5

命令：L

AutoCAD 逐步自动读取数据，连续绘制横断面，并且速度很快。

3. AutoCAD 的执行过程

(1) 点击“直线”，执行绘制直线“line”命令。

(2) 从 Excel 表中复制所有数据粘贴到命令行。

(3) AutoCAD 读取第一个单元格是里程号，因为它的格式不是坐标格式，所以以无效点处理。AutoCAD 默认 Excel 从左边单元格移至右面单元格相当于键入回车键(Enter)，所以命令行提示指定下一点时，下一个单元格中的数据就被读取，如此反复，依次从左向右逐格读取，一直到行末最后一个坐标数据；然后得到“C”(闭合)命令，这个断面绘制完成。

(4) 紧接着 AutoCAD 在命令行又自动得到“UCS”命令，即建立一个新用户坐标系，回车后，得到“N”即输入新原点，命令行提示后粘贴“0,5”，即新坐标原点相对于原坐标原点移动(0,5)即向上移动了 5 个单位，这是为了使每一个横断面图上下错开位置。错开的距离需根据最大填挖高度确定，使断面图之间有一定间隔。

(5) AutoCAD 得到一个“L” (line)命令，开始重复执行(1)～(4)步骤。用 Excel 中的下

一行数据 K2+40 绘制断面，并依次循环完成所有横断面的绘制。这样绘出的横断面图为 1∶1000，如果要打印出图，还需设置打印比例。

4. 标注桩号

按 Excel 中的第一列(桩号)数据，依自上而下的顺序将 AutoCAD 中绘好的横断面图自上而下依次对应标注桩号，并注意检查，以防标错。

5. 绘制图框

按照所选的打印图纸绘制图框，把绘制好的每一个横断面图复制到图框中，并修改桩号标注，使其大小适宜。

12.5　AutoCAD 在施工测量中的应用

AutoCAD 软件不仅有强大的绘图功能，同时具有高精度的计算功能。在工程测量中使用 AutoCAD 处理测量内业的数据计算是一种全新直观的图形计算方法，它可以大大提高工程技术人员的工作效率。另外配合 AutoLisp 语言，还可以编制一些常用的计算程序，得到计算结果。

12.5.1　用 AutoCAD 图解交会坐标

测区内加密控制点经常用到测角交会或测距交会的方法，在外业测量后，要运用数学公式进行繁琐的内业计算，得到未知点坐标。这些内业计算不仅麻烦，一旦出现错误还不容易检查出来。如果利用 AutoCAD 绘图来计算，就非常简单。下面就举例说明用测角和测距交会确定未知点坐标的方法。

1. 前方测角交会

已知两控制点 A(741.934，1643.616)、B(731.750, 1722.216)，为了计算未知点 P 的坐标，在外业中观测了∠A=45° 56′ 44″ 和∠B=63° 45′ 48″。

现在来利用 AutoCAD 系统软件求解 P 点坐标。

(1) 设置图形单位：长度类型选“小数”，精度为 0.000，角度类型选“度/分/秒”，精度为 0d00′ 00″，其他默认。

(2) 用“line”命令绘制直线段 AB，单击“绘制”面板→“直线”按钮，命令行提示如下：

```
指定第一点：731.750, 1722.216
指定下一点或［放弃(U)］：741.934, 1643.616
指定下一点或［放弃(U)］：
```

由于 AutoCAD 的坐标系与测量坐标系的不同，图 12-24 中绘出的 AB 线段的方向与图 12-23 中不同，但不影响计算结果。为防止混淆，在直线段两端注记上 A、B。

(3) 用“line”命令绘制两条与 AB 重合但长度大于 AB 的直线段，分别是 AM 和 BN。

(4) 旋转直线对象：将 AM 以 A 为基点旋转 –45° 56′46″ (顺时针旋转为负)，将 BN 以 B 点为基点旋转 63° 45′48″。在图上可以看到 AM 和 BN 相交点就是未知点 P。

(5) 用“ID”命令查询 P 点坐标，P 点的坐标为 X=1702.663，Y=789.009，或用坐标标注直接标出 P 点坐标，如图 12-24 所示。

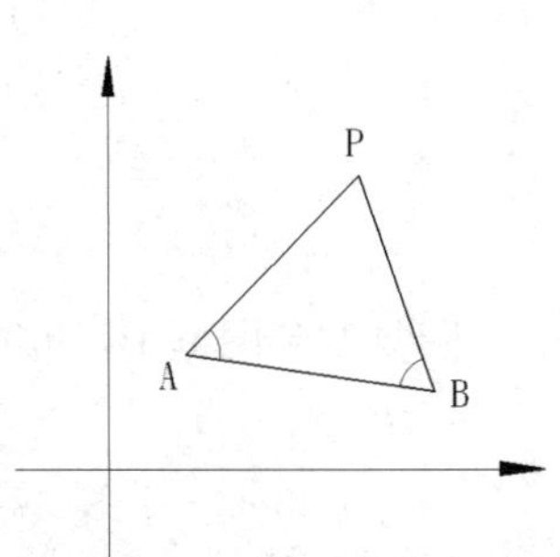

图 12-23　前方测角交会示意图

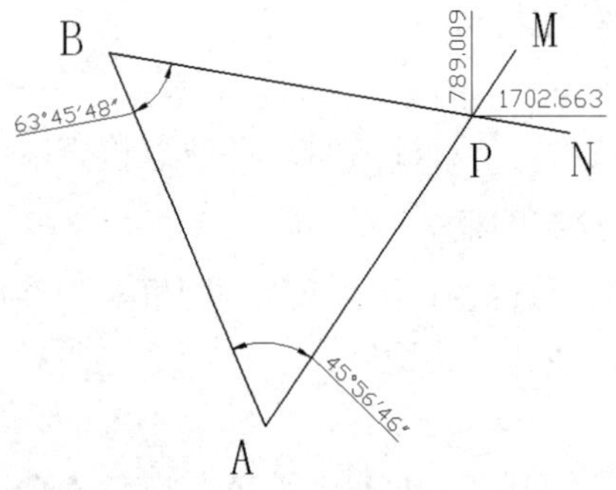

图 12-24　用 AutoCAD 绘图计算过程及结果

提示：在旋转直线时，旋转角度的输入格式为 45d45′45″，度用 d，分秒用英文状态下的“′”、“″”符号。

2. 测距交会

已知控制点 A(624.657, 1641.390)、B(676.747,1648.201)，在野外用全站仪测量的 AP 水平距离为 35.673 m，BP 的水平距离为 44.655 m，求 P 点坐标。

(1) 首先进行单位设置，然后绘制 AB 直线段同前方测角交会。

(2) 用绘制圆的命令，以 A 为圆心，以 AP 水平距离为半径画圆；同理以 B 为圆心，以 BP 水平距离为半径画圆，两圆交点为 P 和 P′，由外野实测方位可判断 P 点为所求未知点。

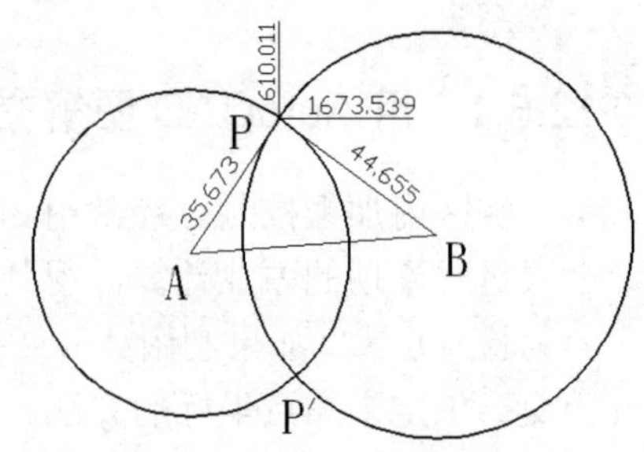

图 12-25　距离交绘图求坐标

(3) 用“ID”命令查询 P 点坐标，P 点的坐标为 X=1673.539，Y=610.011，或用坐标标注直接标出 P 点坐标，如图 12-25 所示。

12.5.2　用 AutoCAD 和 Excel 表计算土方量

在道路横断面测量中，沿着道路中线，在百米桩、公里桩地面坡度变化、建筑物、构筑物等处进行横断面测量，得到相应的野外数据。利用这些数据绘制道路横断面图，方便计算土方量。在绘制横断面图时纵横坐标比例尺一致，具体绘制方法已在本章 12.3 节介绍过。

(1) 套绘标准断面。在勘测结束后，公路工程设计人员设计出路基标准横断面图。打开用 AutoCAD 绘制的原地面横断面图，把设计好的路基标准横断面图按纵断面上该中桩的设计高程与横断面相通的比例尺套绘到实测的横断面图上，得到如图 12-26 所示的图形。图中绘出三种典型路基(半挖半填、路堑、路堤)。从图中可看出每一个断面需要挖方和填方的部分。

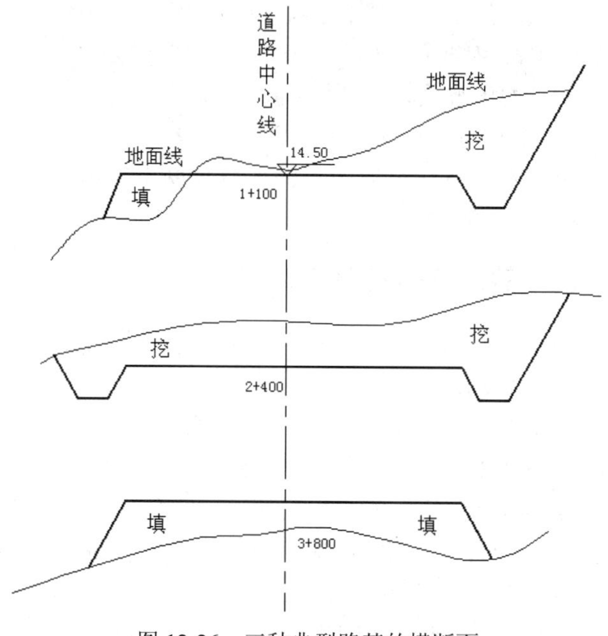

图 12-26　三种典型路基的横断面

(2) 查询断面填挖面积。利用 AutoCAD“实用工具”面板中的“面积”查询功能，查询一个断面中需填方的面积和需挖方的面积，然后填入 Excel 表格的相应列，如图 12-27 中的 C 列和 E 列。

(3) 计算相邻断面之间的水平距离。在 Excel 表的桩号列，从线路的一端开始，将所有测量横断面的中线桩号依次自上而下填入表格；用后一行减去前一行，得到两相临断面的水平距离，见图 12-27 中的 G 列(间距)。

公路路基土石方计算

桩号	里程/m	填方/m³	平均填方/m³	挖方/m³	平均挖方/m³	间距/m	填方量/m³	挖方量/m³
K0+000	0	268.50		0.00				
			222.70		32.50	50.00	11135.00	1625.00
K0+050	50	176.90		65.00				
			132.70		115.20	50.00	6635.00	5760.00
K0+100	100	88.50		165.40				
			67.15		172.85	50.00	3357.50	8642.50
K0+150	150	45.80		180.30				
			22.90		284.75	18.90	432.81	5381.78
K0+168.9	168.9	0.00		389.20				
			7.95		339.60	71.90	571.61	24417.24
K0+240.8	240.8	15.90		290.00				
			32.95		238.35	59.20	1950.64	14417.24
K0+300	300	50.00		186.70				
			75.00		177.80	50.00	3750.00	8890.00
K0+350	350	100.00		168.90				
小计							27832.555	68826.84

图 12-27　Excel 土方量计算表

(4) 计算相邻断面间填、挖方面积平均值。将 C 列(填方面积)相邻行求平均值得到 D

列(平均填方面积)；将 E 列(挖方面积)相邻行求平均值得到 F 列(平均挖方面积)。

(5) 计算相邻断面间填、挖方量。

填方量(H 列) = 平均填方面积(D 列) × 间距(G 列)

挖方量(I 列) = 平均挖方面积(F 列) × 间距(G 列)

(6) 计算总的土方量。在表格的最后一行的填方量列用求和函数Σ对所有的填方量求和，再把所有的挖土量求和，得到总的土方量。

12.5.3 用 AutoCAD 图解路基边桩测设数据

路基边坡桩测设就是根据设计断面图和各中桩的填挖高度把路基两旁的边坡与原地面的交点在地面上钉设木桩(边桩)，作为路基的施工依据。确定边桩的位置即是确定每个断面上边桩距中桩的水平距离。通常有两种方法：图解法和解析法。解析法计算繁琐，而一般手绘米格纸图解麻烦又不精确。若用 AutoCAD 图解则十分简单，步骤如下：

(1) 把标准横断面套绘到实测横断面上(前面已经讲过)。

(2) 设置标注样式。打开“标注样式”对话框，创建名字为“bpz”的新样式，以“standard”为基础。在“新建标注样式”对话框中的“主单位”选项卡中，设置“线性标注”精度为 0.00，测量比例因子中的“比例因子”为 100(因为横断面图的比例为 1∶100)，若横断面图形比例为 1∶200，则此处设置为 200)，其他项均为默认设置。

(3) 标注尺寸。横断面图设计线与地面线的交点就是开口桩的位置，利用 AutoCAD 的线性标注功能在图上将中桩与开口桩的水平距离标注出来，如图 12-28 所示。精度达到厘米级完全可满足施工要求。将标注好尺寸的图纸打印出来，作为施工现场放线的依据。当然各点的填高和挖深也都可从图上标注出来。

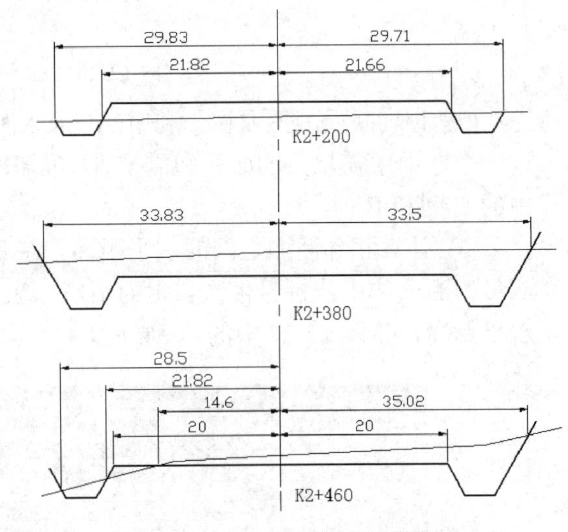

图 12-28　路基边坡桩测设数据

提示： 在放边坡桩时，将全站仪安置在中线桩上，沿横断面方向测设图上的水平距离，打桩标定。

12.5.4 AutoCAD 在施工坐标转换中的应用

工程在规划设计阶段，都需要先测图后设计，所以规划设计的坐标系就是测图坐标系。而要施工的建筑物或构筑物的主轴线一般与坐标轴不平行、不重合，若建筑物或构筑物数量多，开挖和主体工程施工往往复杂庞大，测量放样工作就会频繁且工作量大。若以测图坐标来放样，测设数据计算困难，有时还不能满足要求。

如图 12-29 所示为某工程施工平面图(略图)，图中有 G_1、G_2、G_3 三个平面控制点和主要建筑物轴线交点 A、B、C、D 等，各点坐标数值(测图坐标系 X'O'Y'下的坐标)见表 12-6。

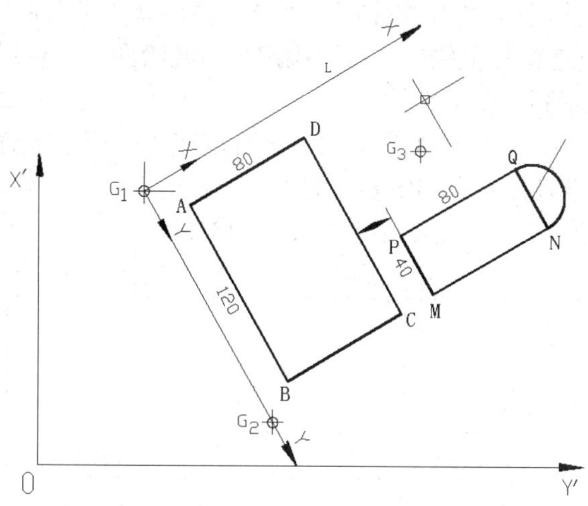

图 12-29　在 AutoCAD 中进行坐标系转换

表 12-6　设计坐标系下各点坐标

点号 坐标	G_1	G_2	G_3	A	B	M	N
X	1862.28	1730.317	1879.126	1855.372	1751.449	1798.198	1832.84
Y	756.921	833.11	913.232	784.004	844.004	924.977	904.977

为了简化测设工作，现利用 AutoCAD 将测图坐标转化为施工坐标即图中坐标系 XG_IY 下的坐标。设计院都有用 AutoCAD 绘制的设计图电子版，在进行施工坐标转换时，可向设计院索要设计图的电子版(如果实在没有，也可自己按坐标把主要点绘制下来)，直接把原图整体转换。转换步骤如下：

(1) 打开图形。在 AutoCAD 下打开设计图形。

(2) 做辅助线。用“line”命令绘制直线段 G_1G_2，重复“line”命令绘制通过 G_1 的直线段 G_1L，调用几何约束“垂直”按钮，使 G_1L 垂直于 G_1G_2。下面要建立以 G_1 点为原点，以 G_1L 为 X 轴，以 G_1G_2 为 Y 轴的施工坐标系。

(3) 建立施工坐标系。在功能区选择“视图”选项卡→“坐标”面板→“三点”按钮，命令行提示：

当前 UCS 名称：*没有名称*

指定 UCS 的原点或【面(F)/命名(NA)/对象(OB)/上一个(P)/视图(V)/世界(W)/X/Y/Z/Z 轴(ZA)】<世界>：–3

指定新原点<0,0,0>：(打开对象捕捉，用鼠标拾取 G_1 点)

在正 X 轴范围上指定点<1.0000 ，0.0000， 0.0000>：(用鼠标拾取 L 点)

在 UCS XY 平面的正 Y 轴范围上指定<–0.5000，0.8660，0.0000>：(用鼠标拾取 G_2 点)

施工坐标系已建立完成，此时观察十字光标，已经变成了与施工坐标系方向一致的十字。还可以通过单击“坐标”面板→“命名 UCS”按钮打开“UCS”对话框，在“命名 UCS”

选项中对新建的用户坐标系命名为“施工”，并置为当前。在“设置”选项卡中，将“显示与 UCS 原点”前的复选框打上钩，点击“确定”返回绘图区。这时在绘图区就可以看到 G_1 点处有一个用户坐标系图标。

(4) 使用施工坐标系。建好施工坐标系后就可以在该坐标系下查询、计算测设数据，表 12-7 为施工坐标系下各控制点和主要点的坐标。在施工放线时可以通过 AutoCAD 查询任意一个特征点的坐标，尤其是复杂不容易计算的部位。

表 12-7　施工坐标系下各点坐标

坐标 \ 点号	G_1	G_2	G_3	A	B	M	N
X	0	0	143.792	20	20	113.5	193.5
Y	0	152.378	63.567	19.525	139.525	139.525	139.525

使用 AutoCAD 进行坐标转换速度快、效率高，只要遵循上述方法就不会出错，可以在任何工程的测图坐标与施工坐标转换中应用。

12.6　上 机 实 训

实训　计算数据。

表 12-8 是用水准仪和皮尺测出的某公路 K5+345 处的横断面测量数据。若用全站仪仍测该横断面，若仍用上述表格表示，数据又该是什么样，请列出。

表 12-8　实训 1 数据

左　侧				桩号	右　侧			
0.8/8.0	−1.8/8.5	−1.0/4.5	−1.6/4.0	K5+345	+1.8/6.4	+0.9/4.4	+1.5/5.0	+0.5/9.2

第 13 章　桥涵及隧道工程图

铁路或公路要跨越江河、湖海、山谷等障碍物时，需要修建桥梁(或涵洞)；要穿过山岭、江河、湖海等障碍物时，则需要开凿隧道。桥梁、涵洞、隧道等工程图，是修建这些建筑物的技术依据。本章主要介绍在 AutoCAD 中绘制土木工程图形的方法、技巧。本章是 AutoCAD 绘制专业图的重要组成部分，是这门课程的重点之一。

13.1　桥梁工程图

根据桥梁的长度，可分为小桥、中桥、大桥和特大桥。桥梁虽有大小之分，但其构造和组成基本相同，它包括桥梁的上部建筑、下部建筑和附属建筑。其中上部建筑是指梁和桥面；梁以下部分为下部建筑，它包括两岸连接路基的桥台和中间的支承桥墩；附属建筑物则包括桥头锥体护坡及导流堤等，如图 13-1 所示。

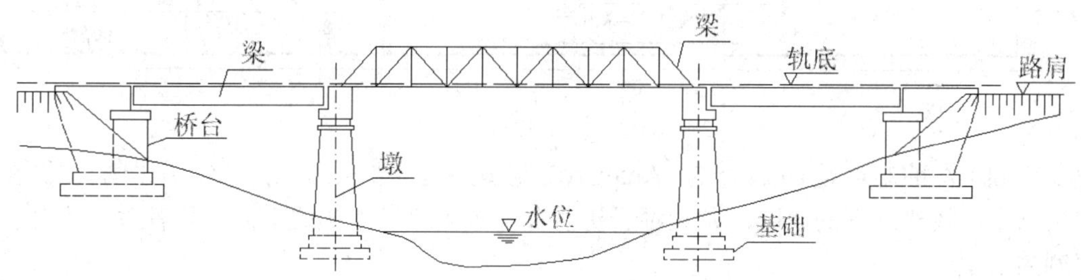

图 13-1　桥梁组成示意图

桥梁、隧道、涵洞主要为钢筋混凝土结构，还有一部分桥梁是钢结构的。以前的章节介绍了钢筋混凝土结构和钢结构的绘制方法，本章主要介绍桥台、桥墩和隧道等的绘制方法。

13.2　桥台总图的绘制

桥台总图(图 13-2)主要是用来表达桥台的总体、形状、大小、各组成部分的相对位置及所使用的材料，桥台与路基、桥台与锥体护坡、桥台与线路上部构造等相关构筑物的关系。

绘图分析：

在绘图之前，读者要进行下列工作：对所绘图形对象需要在大脑中形成一个比较清晰的认识，能基本了解绘图的主要内容及基本的形态。这一步在绘图中是非常重要的，有助于在随后的绘图中减少错误，同时也可以加快绘图速度。

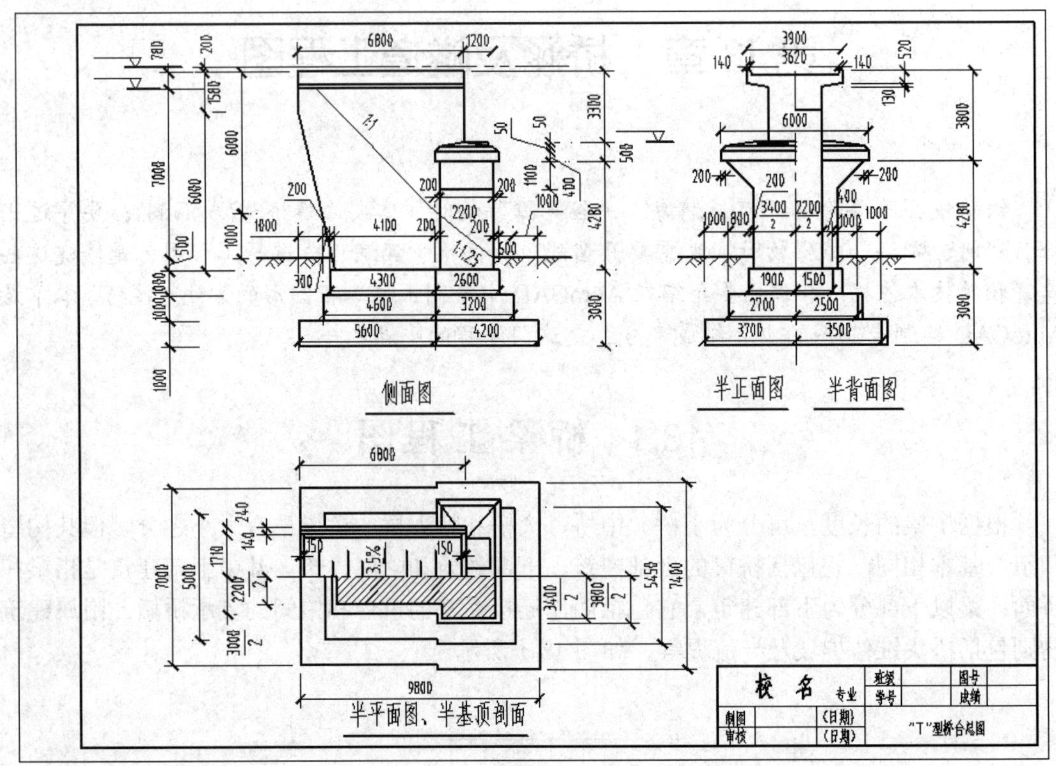

图 13-2　桥台总图

绘制本图的难点是需要考虑在 AutoCAD 制图过程中要采用多大的绘图比例。比例在图中是一个比较难处理的问题，尤其对于初学者。希望通过本章的学习使读者对比例有一个深刻的认识。

在 AutoCAD 绘图中，图形的比例一般用下面的方法来实现：

(1) 新建图形文件，打开样板图 A3，为了 1∶1 绘图，即按实际尺寸绘图，需将图框标题栏放大 100 倍，尺寸标注样式中的“使用全局比例”设置为 100，文字高度相对于打印的字高放大 100 倍。线型比例根据需要做出相应调整。注意打印比例为 1∶100。

(2) 新建图形文件，打开样板图 A3，按 1∶1 绘图，即按实际尺寸绘图，然后缩小 100 倍放置到图框标题栏内，尺寸标注样式中的“使用全局比例”设置为 1，文字高度即打印的高度，也就是文字样式、尺寸样式不变，打印比例为 1∶1。

下面用方法 1 来讲述桥台总图的绘制过程：

绘图步骤：

(1) 调用样板图或新建一个图形文件，命名为“T 型桥台总图.dwg”。

(2) 建立图层，设置线型及线型比例。

① 打开图层特性管理器，设置各种图层的线型、线宽，如图 13-3 所示。

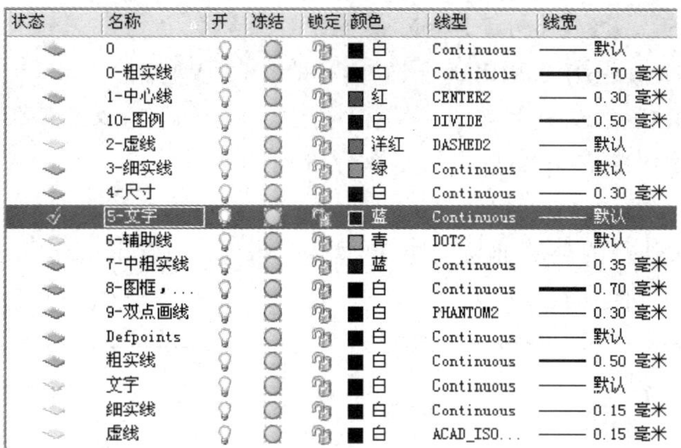

图 13-3　建立图层

② 设置线型比例，如图 13-4 所示。

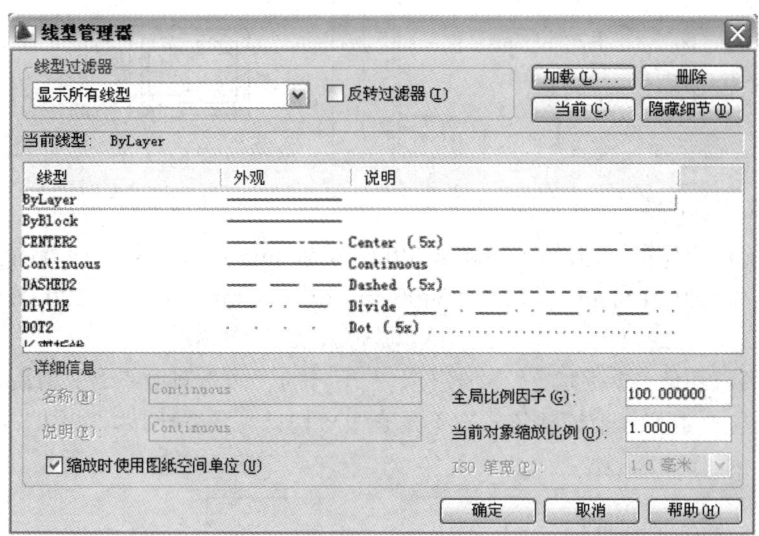

图 13-4　设置线型比例

(3) 设置图形界限、栅格。

① 设置图形界限，操作步骤如下：

命令: limits	调用图形界限设置命令
重新设置模型空间界限:	
指定左下角点或 [开(ON)/关(OFF)] <0,0>: 回车	确定绘图界限左下角点
指定右上角点 <297, 210>: 42000,29700	指定绘图界限右上角点

② 指定栅格间距，并用“ON”选项打开栅格。

命令: grid	调用栅格设置命令
指定栅格间距(X) 或 [开(ON)/关(OFF)/捕捉(S)/主(M)/自适应(D)/界限(L)/跟随(F)/纵横向间距(A)] <10.000000>: 1000	设置栅格间距

③ 利用缩放命令“zoom”显示绘图界限。

命令: zoom	调用缩放命令

指定窗口的角点，输入比例因子 (nX 或 nXP)，或者[全部(A)/中心(C)/动态(D)/范围(E)/上一个(P)/比例(S)/窗口(W)/对象(O)] <实时>: A 设置观察区域为全部

(4) 绘制图幅线、图框和标题栏，如图 13-5 所示。

(5) 绘制桥台图形。

① 绘制桥台基础。桥台基础为三层 T 型柱，每层高 1000 mm，三层桥台基础呈阶梯状构造，如图 13-6 所示。

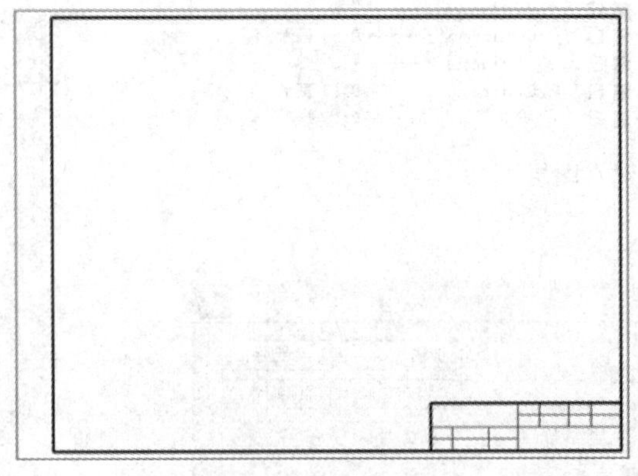

图 13-5 绘制图幅线、图框和标题栏

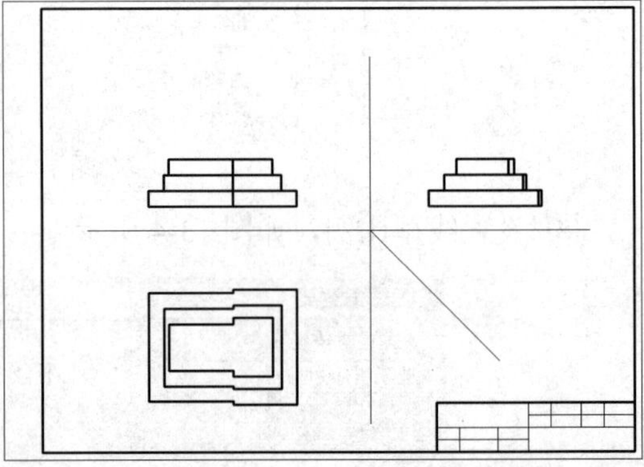

图 13-6 绘制三层桥台基础

② 绘制前墙和托盘。前墙为 2200 × 3400 × 4280 mm 的长方体。前墙的上端的托盘形状为梯形柱，高度为 1100 mm，宽度为 3400 mm 和 5600 mm，长度为 2200 mm，如图 13-7 所示。

③ 绘制后墙和墙身。后墙是一个棱柱，左下方的表面为斜面。墙身为后墙的延伸，位置在后墙的上方，也是一个棱柱体，右下角有一个切口与顶帽相接，如图 13-8 所示。

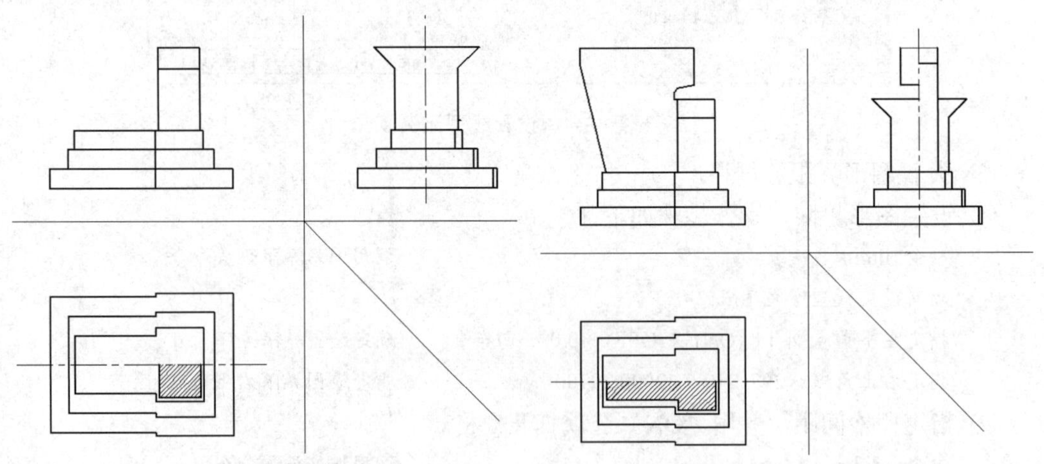

图 13-7 绘制前墙和托盘　　图 13-8 绘制后墙和墙身

④ 绘制顶帽。顶帽在托盘的上面，顶帽表面有排水坡、抹角和支撑垫石。顶帽高为 500 mm，长为 6000 mm，宽度为 2200 + 200 + 200 = 2600 mm，如图 13-9 所示。

⑤ 绘制道碴槽。顺桥台台身方向两侧的最高部分为道碴槽的挡碴墙，道碴槽底厚

250 mm，槽底上面有脊高 60 mm 向两侧倾斜(坡度为 3.5%)的混凝土垫层，以利排水，如图 13-10 所示。

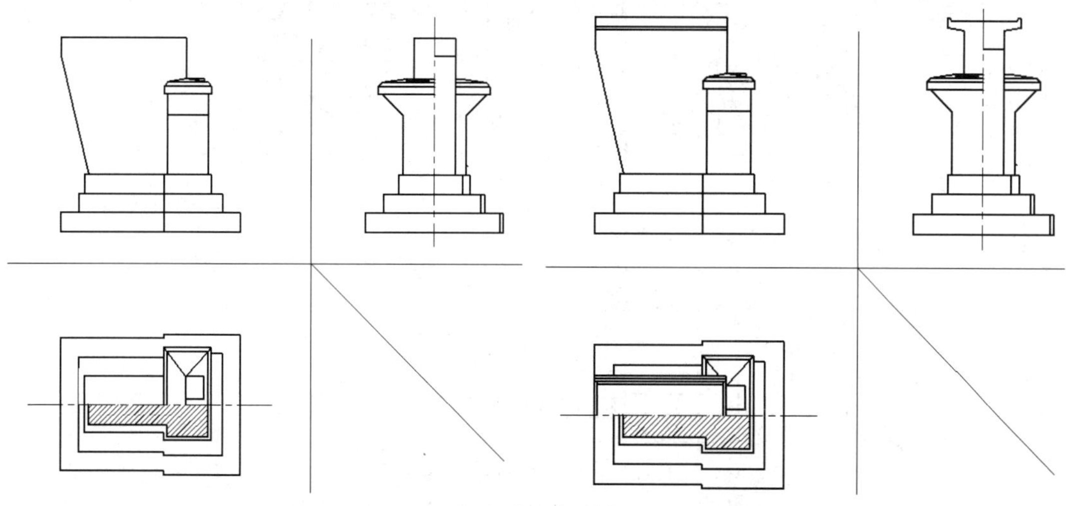

图 13-9　绘制顶帽　　　　图 13-10　绘制道碴槽

⑥ 绘制其它辅助线。绘制排水坡坡度、地面线和轨顶线，如图 13-11 所示。

(6) 标注尺寸。

① 设置尺寸样式。图形中尺寸标注样式的大小由“标注样式管理器”中的“调整”选项卡的“标注特征比例”来控制，“标注特征比例”设为 100，即放大 100 倍，如图 13-12 所示。

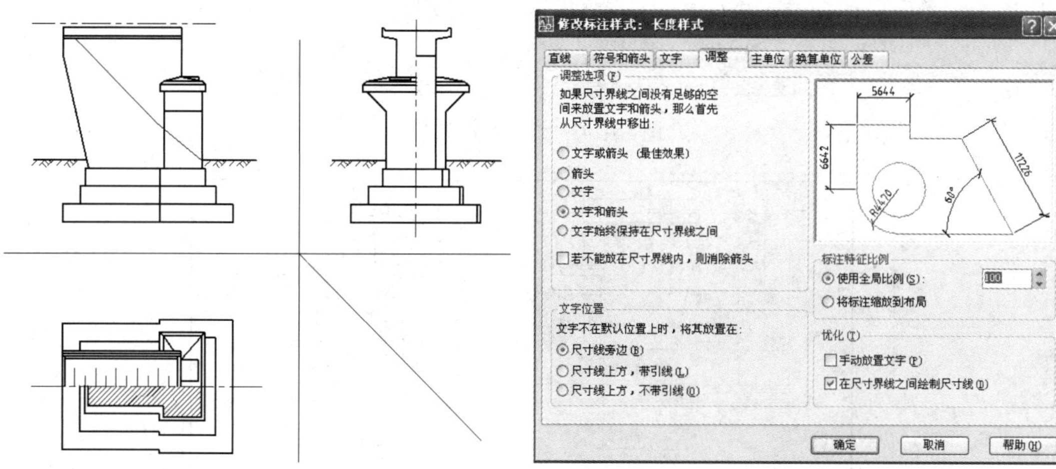

图 13-11　绘制排水坡坡度、地面线和轨顶线　　　　图 13-12　设置标注特征比例

② 标注尺寸，如图 13-13 所示。

(7) 注写文字。

① 设置文字样式，如图 13-14 所示。

② 注写文字说明。填写标题栏，注写文字说明，文字字高放大 100 倍。到此便完成了桥台总图的绘制，如图 13-15 所示。

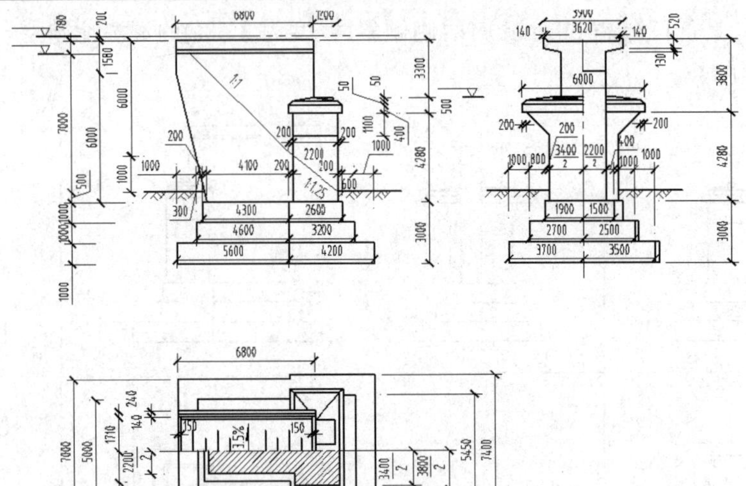

图 13-13　标注桥台总图的尺寸

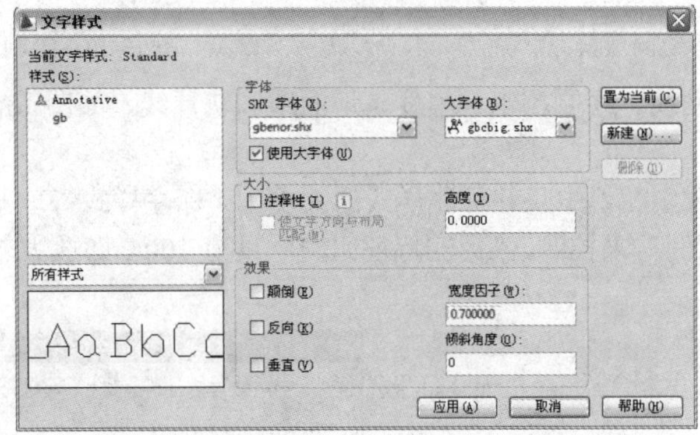

图 13-14　设置文字样式

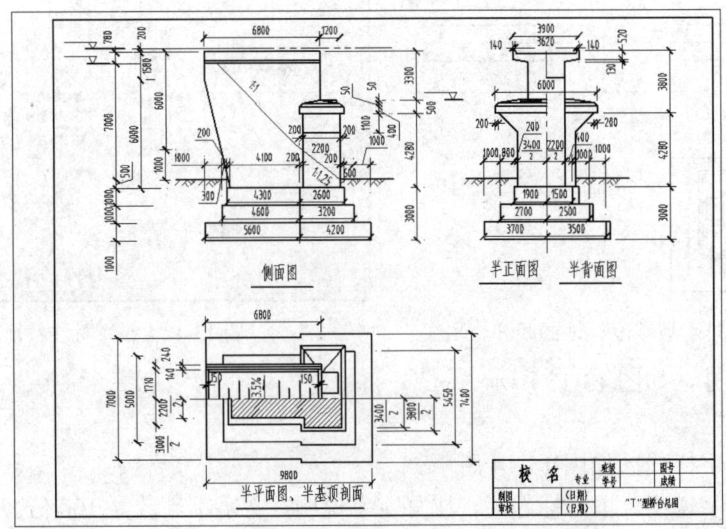

图 13-15　填写标题栏，注写文字说明

13.3　桥墩总图的绘制

桥墩是桥梁的中间支承，它由基础、墩身和墩顶(包括托盘和墩帽)三部分组成。桥墩图包括桥墩总图、墩顶构造图和墩顶钢筋布置图等。桥墩总图包括正面图(桥墩顺线路方向的投影图)、平面图和侧面图(桥墩垂直于线路方向的投影图)，这三面图均采用半剖面图(对称简化)的表示方法，如图 13-16 所示。

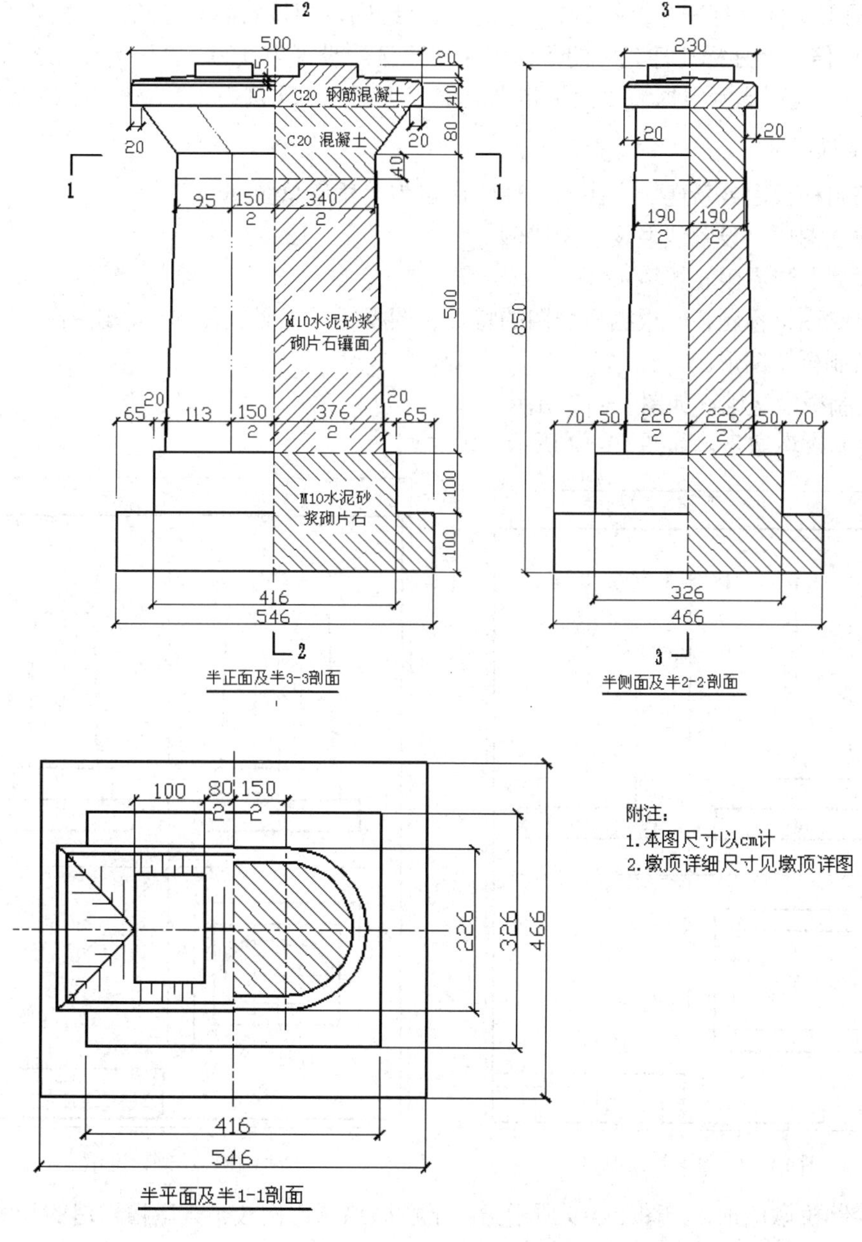

图 13-16　桥墩总图

绘图分析：

桥墩总图的绘制方法与桥台的绘制方法基本上是一样的，首先要分析清楚桥墩的形状及结构，先将桥墩分为几大部分，然后逐个部分绘制三面投影图。为了避免出现漏画和错画等问题，在绘制该桥墩总图时，可按照由下向上的顺序依次绘制基础、墩身、墩帽的三面投影图。在绘制各部分的三面投影图时，通常先绘制最能反映其形状尺寸的投影图，然后绘制其余投影图。此外，在绘制各部分的三面投影图时，一定要结合“长对正、高平齐、宽相等”的投影规律，三个投影图配合着画。

在 AutoCAD 绘图中，图形的比例用下面的方法来实现：

新建图形文件，打开样板图 A3，为了 1∶1 绘图，即按实际尺寸绘图，需将图框标题栏放大 100 倍，尺寸标注样式中的“使用全局比例”设置为 100，文字高度比打印的字高放大 100 倍。线型比例根据需要做出相应调整。注意打印比例为 1∶100。

绘图步骤：

(1) 调用样板图或新建一个图形文件，命名为“桥墩总图.dwg”。

(2) 建立图层，设置线型及线型比例。

(3) 设置图形界限、栅格。

(4) 绘制图框标题栏。根据桥墩图的特点，图框标题栏竖放使读图、绘图更方便。

(5) 绘制桥墩图形。

① 绘制桥墩基础，如图 13-17 所示。

② 绘制桥墩墩身，如图 13-18 所示。

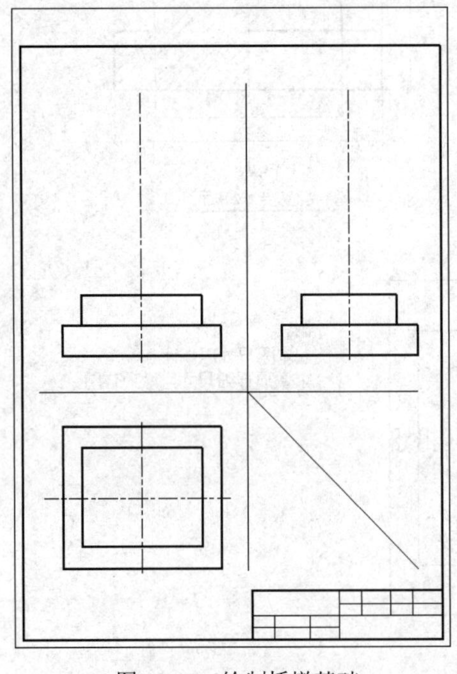

图 13-17　绘制桥墩基础

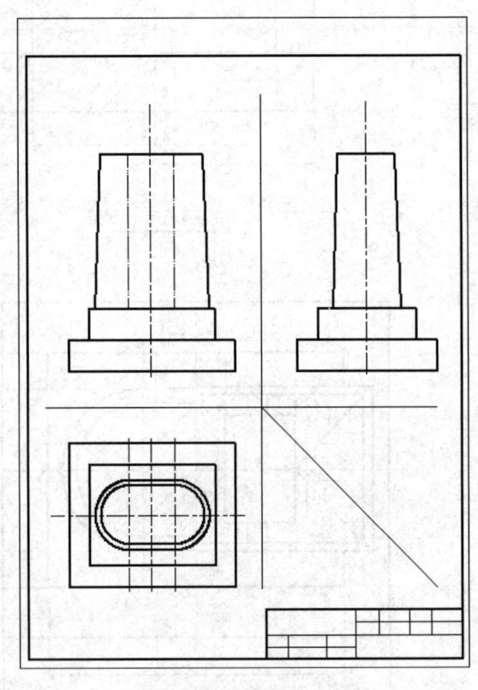

图 13-18　绘制桥墩墩身

③ 绘制桥墩墩顶，如图 13-19 所示。由于桥墩总图比例较小，墩帽构造的尺寸和托盘的形状尚不能完全表达出来，故绘制墩顶时要参考墩顶构造详图。

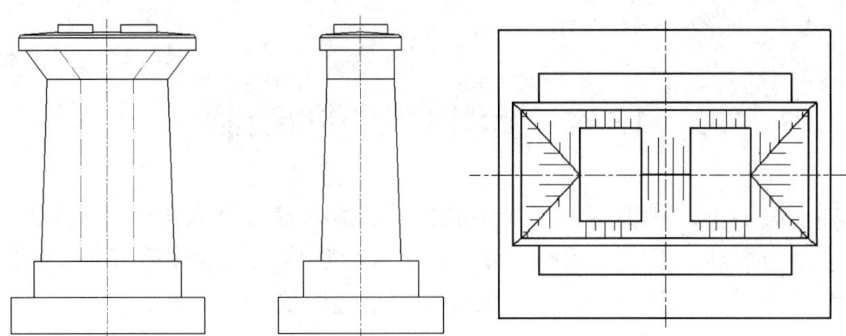

图 13-19　绘制桥墩墩顶

④ 把三视图改为半剖面图，如图 13-20 所示。

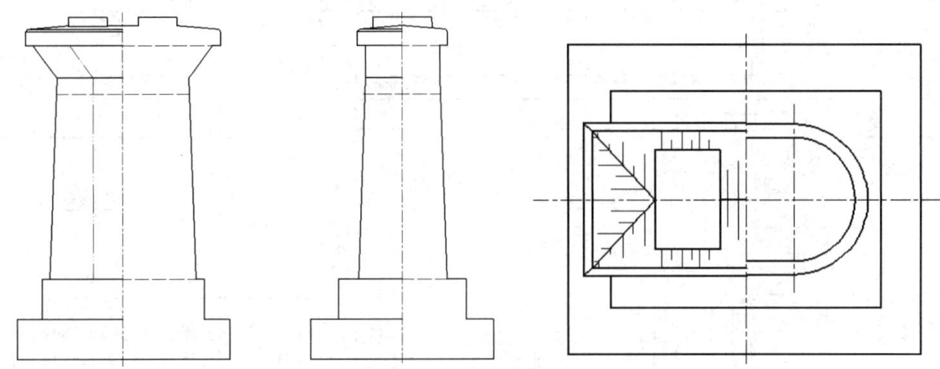

图 13-20　三视图改为半剖面图

⑤ 书写文字并填充材料图例，如图 13-21 所示。

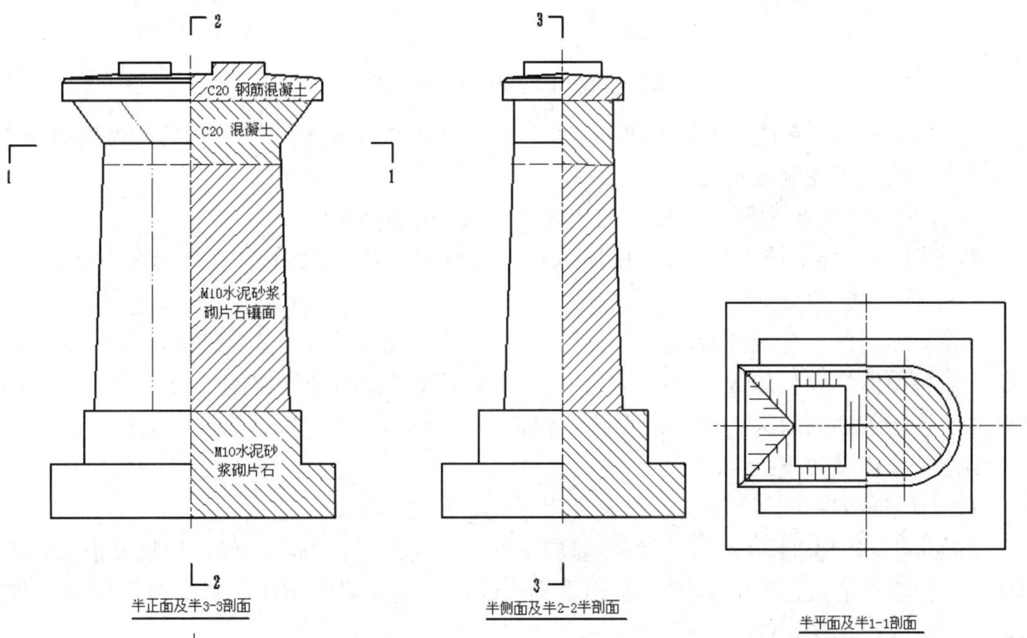

图 13-21　书写文字、填充材料图例

⑥ 标注尺寸，如图 13-16 所示。

13.4　涵洞工程图的绘制

涵洞是埋在路基下的建筑物，用来排泄少量水流或通过行人车辆。涵洞按其断面形状和结构形式可分为拱涵、盖板箱涵和圆涵等，洞身形状往往比较简单。本节以绘制图 13-22 所示的钢筋混凝土圆管涵洞为例，介绍绘制涵洞工程图的一般方法。

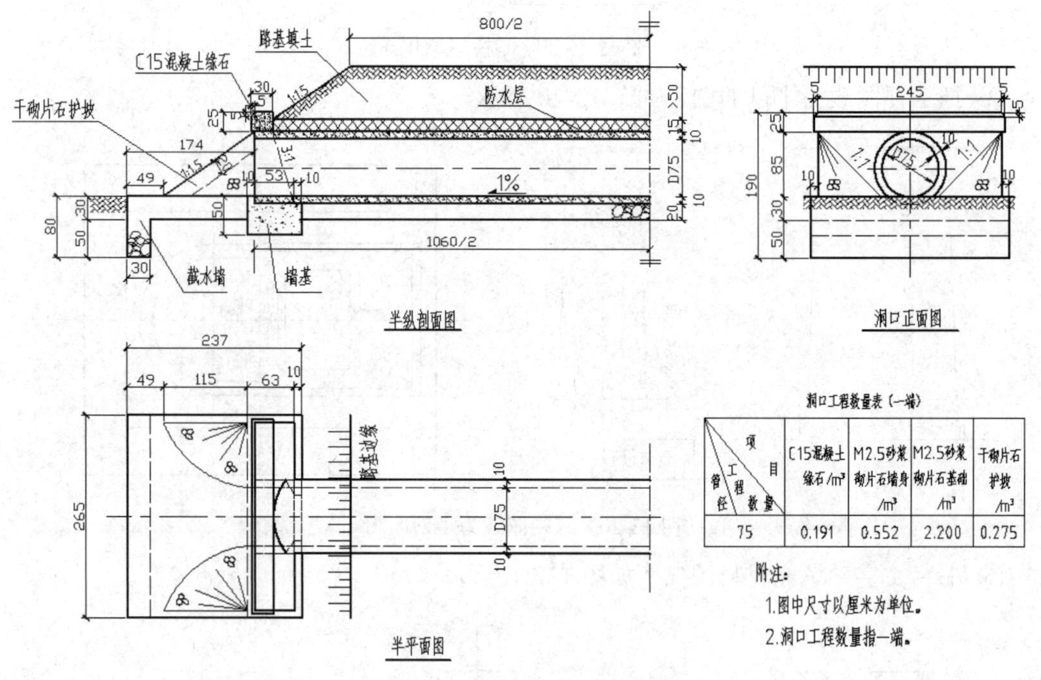

项目 / 工程数量 / 管径	C15混凝土缘石/m³	M2.5砂浆砌片石墙身/m³	M2.5砂浆砌片石基础/m³	干砌片石护坡/m³
75	0.191	0.552	2.200	0.275

图 13-22　钢筋混凝土圆管涵洞

(1) 正面图：涵洞的正面图常取中心纵剖面图，即沿涵洞轴线竖直剖切所得到的投影，它能较全面地反映涵洞的构造。

(2) 平面图：由于涵洞在宽度方向上对称，故画成半平面。

(3) 侧面图：涵洞的侧面图画成出入口的正面图，并布置在中心纵剖面图的出入口两端。

新建图形文件，打开样板图 A3，以厘米为单位绘图。为了 1∶1 绘图，即按实际尺寸绘图，需将图框标题栏放大 5 倍。尺寸标注样式中的“使用全局比例”设置为 5，文字高度相对于打印的字高放大 5 倍。线型比例根据需要做出相应调整。注意打印比例为 1∶5。

绘图具体步骤如下：

(1) 调用样板图，建立图层，设置文字样式、尺寸样式。

(2) 画洞身。使“中心线”层为当前层，打开正交工具，画中心线；捕捉交点画−45°构造线；捕捉中心线的交点画圆，画铅垂构造线；分别使“中实线”、“虚线”层为当前层画水平构造线，如图 13-23 所示。

(3) 修剪、删除图线，如图 13-24 所示。

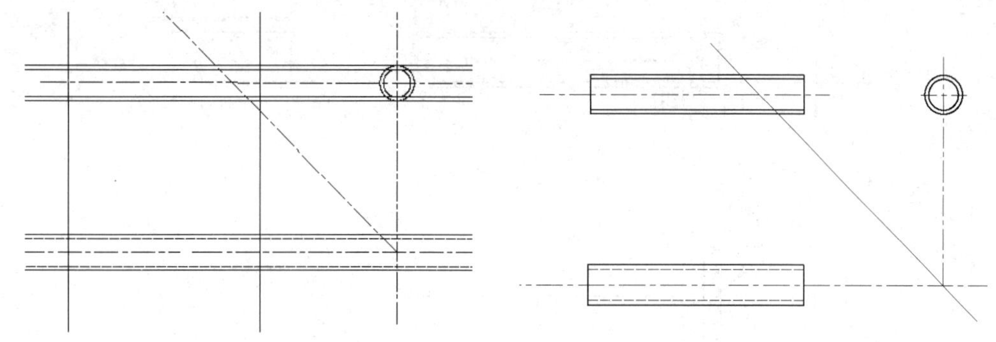
图 13-23　画洞身　　　　图 13-24　修剪、删除图线

(4) 用追踪、正交工具画端墙，倒角尺寸为 5×5，如图 13-25 所示。

(5) 为了画端墙平面图，捕捉交点画构造线，如图 13-26 所示。

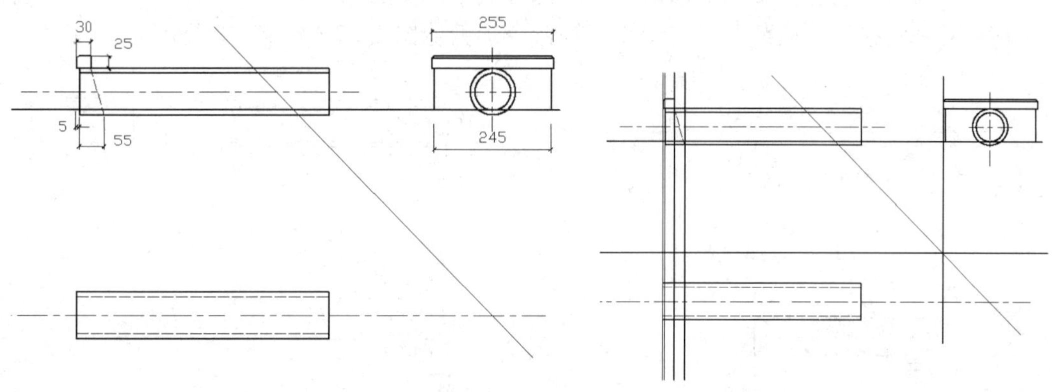

图 13-25　画端墙　　　　图 13-26　画构造线

(6) 修剪、镜像，完成绘制，如图 13-27 所示。

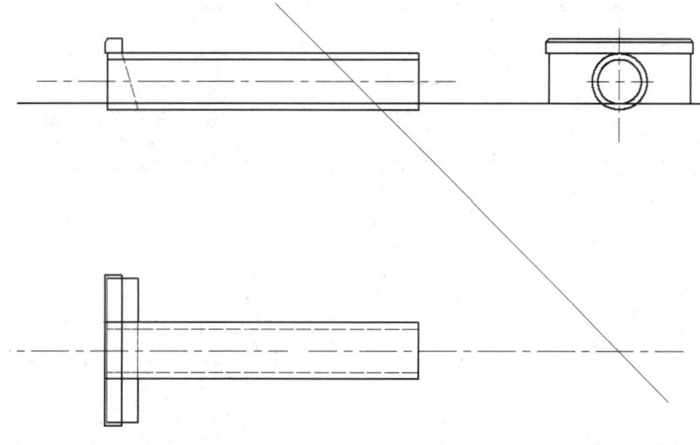
图 13-27　修剪、镜像

(7) 用正交工具和“偏移”、“追踪”、“修剪”、“修改图层”等命令，画截水墙、墙基，如图 13-28 所示。

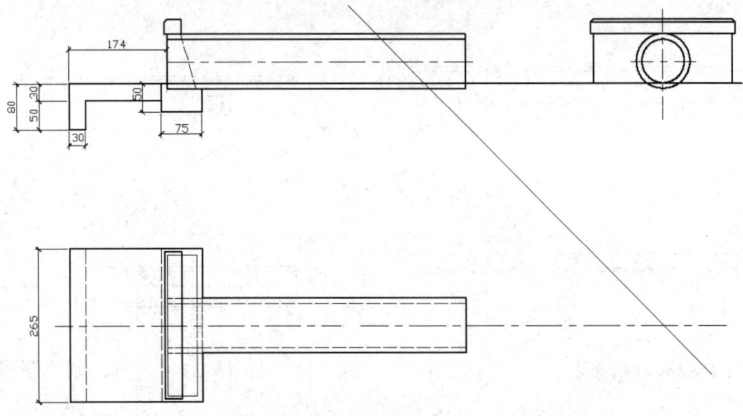

图 13-28　画截水墙、墙基

(8) 画端墙与洞身的交线，修改洞身的部分线型，如图 13-29 所示。

(9) 用“偏移”、“追踪”、“构造线”等命令画其他图线，如图 13-30 所示。

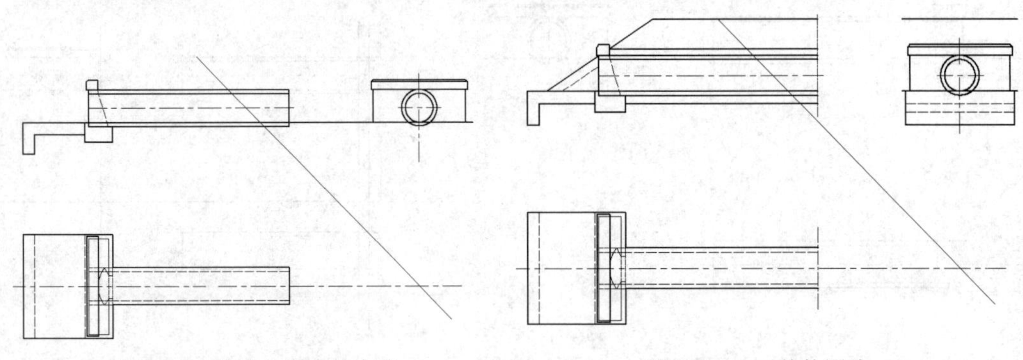

图 13-29　端墙与洞身的交线　　图 13-30　画其他图线

(10) 修剪图线，调整中心线的长度，如图 13-31 所示。

(11) 用复制、打断的方法，使圆的不可见部分变为虚线。

(12) 画填充边界，如图 13-32 所示。

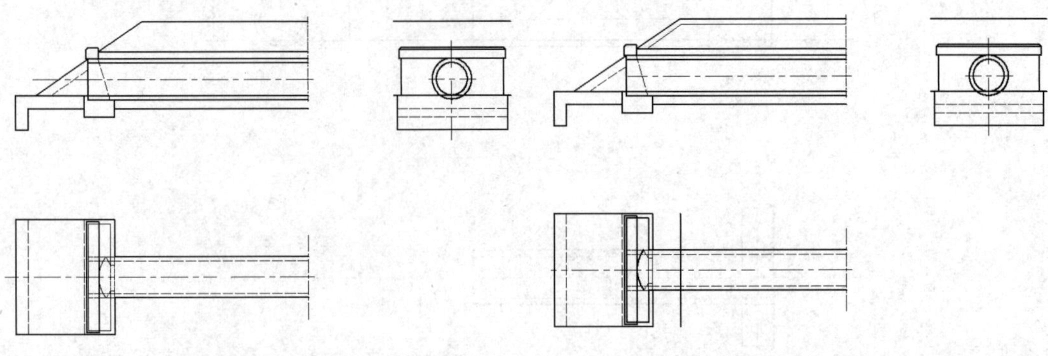

图 13-31　修剪图线，调整中心线长度　　图 13-32　画填充边界

(13) 画填充图案。素土夯实：名称为“EARTH”，比例为 5，角度为 45°；防潮层：名称为“NET”，比例为 4；混凝土：名称为“AR-CONC”，比例为 0.1；钢筋：名称为“ANSI31”，比例为 3；块式：名称为“AR-B816”，比例为 0.08；毛石：名称为 GRAVEL，比例为 3。

画锥体护坡，删除填充边界，填充效果如图 13-33 所示。

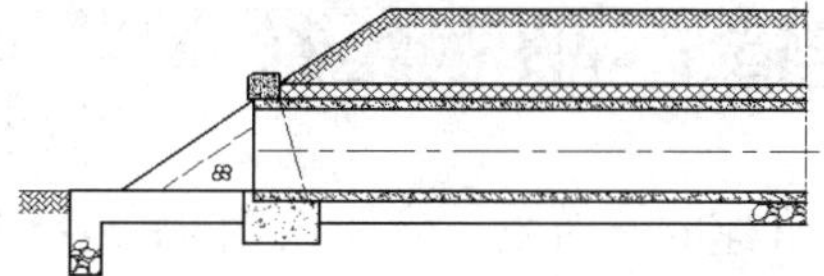
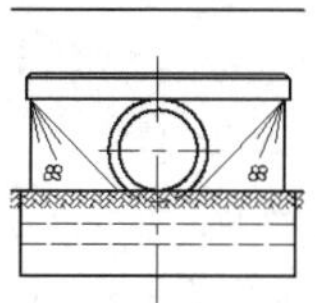
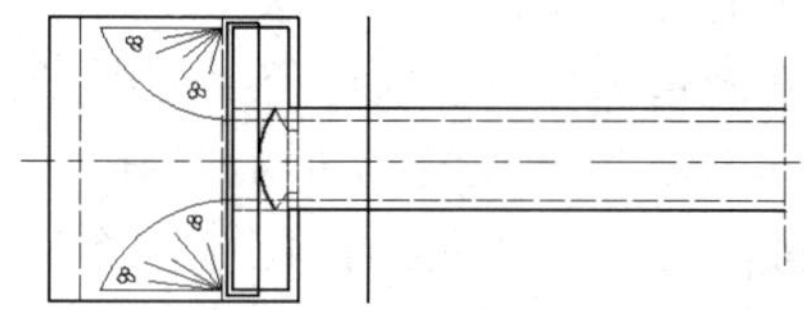

图 13-33　填充图案

(14) 用点的定距等分和图块画示坡线，如图 13-34 所示。

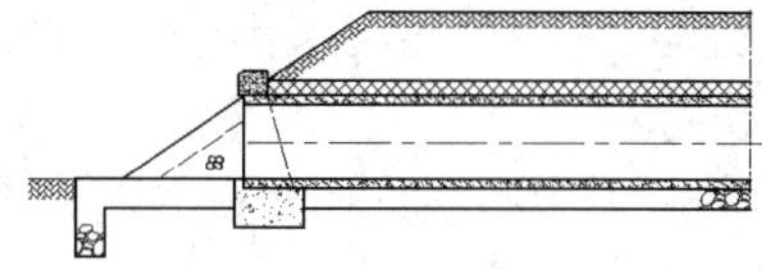
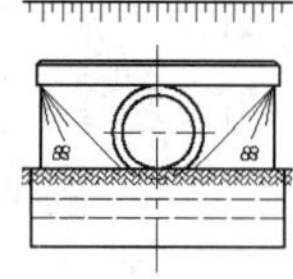
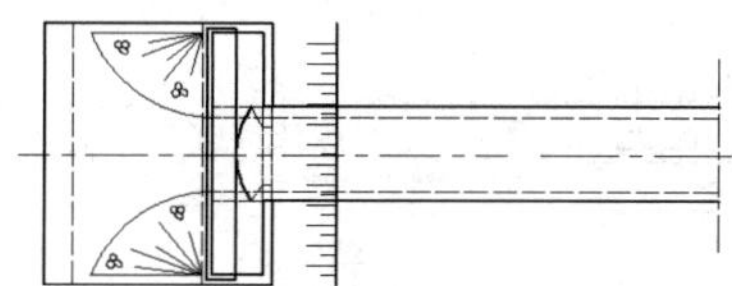

图 13-34　绘制示坡线

(15) 建立文字样式，填写说明，标注锥体护坡比例等，如图 13-35 所示。

(16) 标注尺寸，填写技术要求等，完成作图，结果如图 13-22 所示。

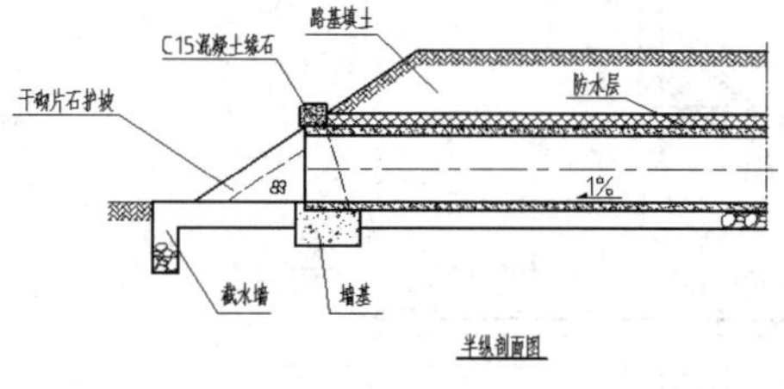

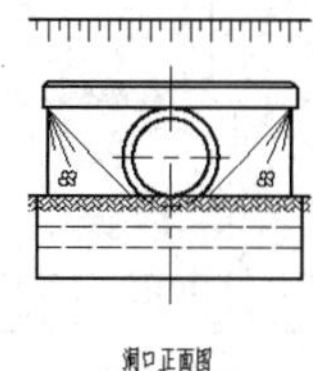

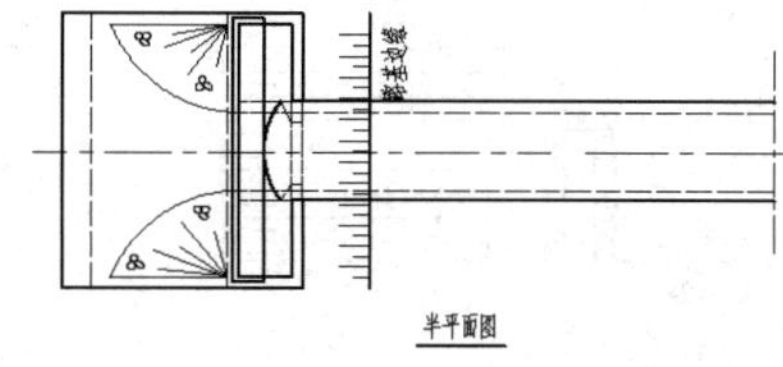

图 13-35　填写说明

13.5　隧道工程图的绘制

山岭隧道是为铁路、公路穿越山岭修建的建筑物。它主要由洞身及洞门组成，此外还有一些附属结构，如大避车洞、小避车洞、防水设备、排水设备、通风设备等。隧道工程图主要包括洞身衬砌断面图、洞门图以及大小避车洞的构造图等。本节以绘制图 13-36 所示的端墙式隧道洞门图为例，介绍绘制隧道工程图的一般方法。

(1) 正面图：正面图是沿线路方向对隧道门进行投射而得到的图形。在正面图上可以表示出洞门衬砌的形状和主要尺寸、端墙的高度和长度、端墙与洞门衬砌的相互位置以及端墙顶水沟的坡度。从整体上看，该图基本上左右对称，因此可以绘制一半，用“镜像”命令绘制另一半。拱圈的绘制是本图的难点，它不同于拱桥和涵洞的拱圈，它是由三段弧构成的，应首先确定三个圆心再画三段弧。

(2) 平面图：平面图仅画出洞门外露部分的投影。从平面图还可以看见洞门墙顶帽的宽度、洞顶排水沟的构造及洞门口外两边沟的位置。由于端墙向后倾斜，所以平面图与正面图是类似形，在绘制过程中一定注意长对正。

(3) Ⅰ-Ⅰ剖面图：Ⅰ-Ⅰ剖面图是沿着隧道中心线剖切而得的。从图中可以看出洞门墙倾斜坡度、洞门墙厚度、排水沟的断面形状、拱圈厚度及材料断面符号等。在绘制过程中一定注意高平齐。

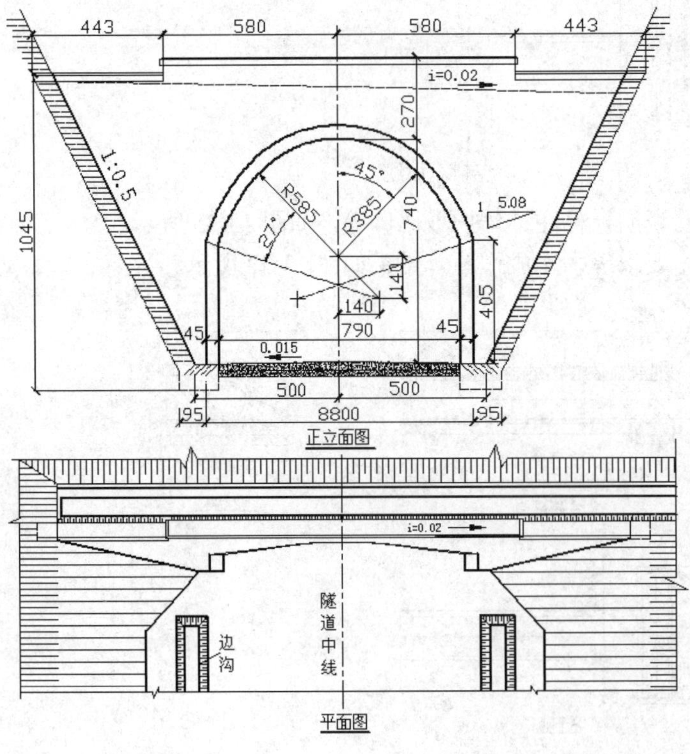

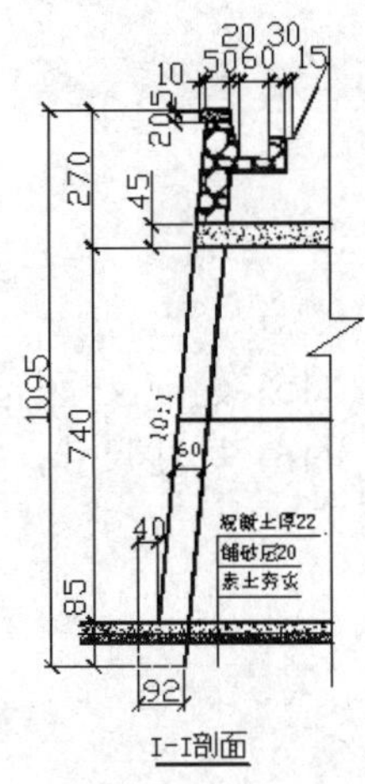

图 13-36　端墙式隧道洞门图

操作提示：

本图绘图过程与涵洞工程图类似，因此只简单叙述操作提示。

(1) 新建图形文件，打开样板图 A3。为了 1∶1 绘图，将图框标题栏放大 10 倍。尺寸标注样式中的“使用全局比例”设置为 10，文字高度相对于实际放大 5 倍。线型比例根据需要相应调整。

(2) 布图。图面布置是一项十分重要的步骤，因为如果没有合理的布图，有可能使后来的绘图工作无法进行。绘制立面图和平面图的中心线，从而确定两图位置。确定三段弧的圆心，如图 13-37 所示。

(3) 绘制拱圈。首先根据三个圆心绘制三段弧，然后绘制直边墙，如图 13-38 所示。

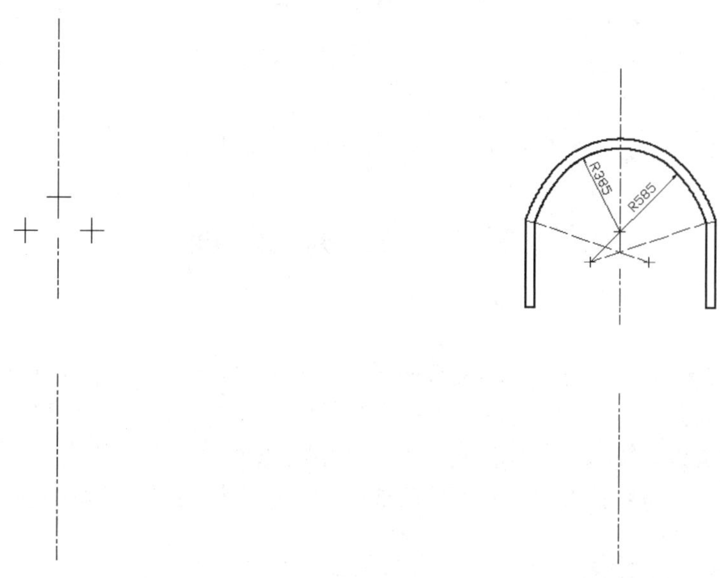

图 13-37　确定三段弧的圆心　　　图 13-38　绘制三段弧和直边墙

(4) 绘制端墙的三面投影图(注意投影规律)，如图 13-39 所示。

(5) 绘制平面图中的排水沟和Ⅰ-Ⅰ剖面图，如图 13-40 所示。

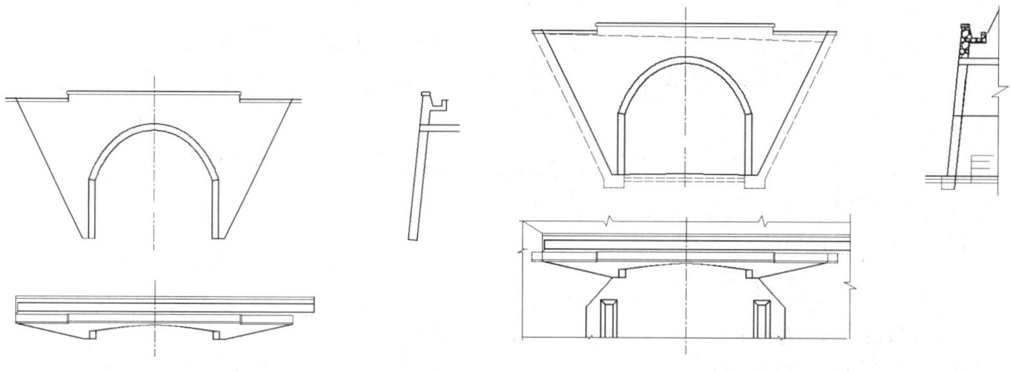

图 13-39　绘制端墙的三面投影图　　　图 13-40　绘制平面图和剖面图

注意：洞内不是水平的。

(6) 绘制示坡线和填充混凝土图案(注意调整填充比例)，如图 13-41 所示。

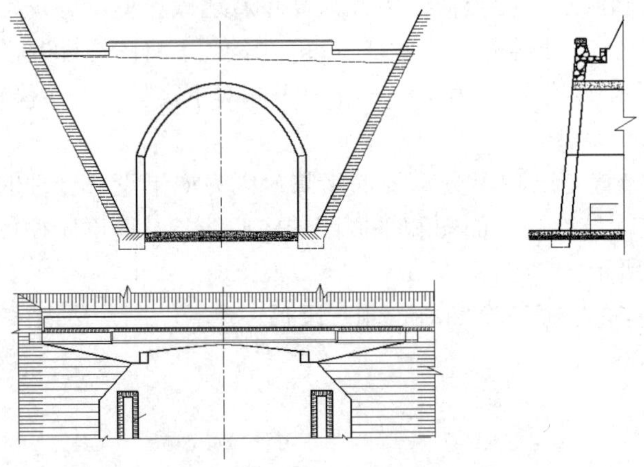

图 13-41　绘制示坡线和填充混凝土图案

13.6 上机实训

基本要求：

通过本次上机实训练习，要熟练掌握运用 AutoCAD 软件绘制各类土木工程图的方法。利用本次绘图机会，温习工程制图中相关的制图规范和基本知识，以及 AutoCAD 软件的相关操作，充分认识计算机辅助设计在土木工程中的重要性，为将来工作和更进一步的深造打下坚实的基础，为培育未来工程师的职业精神养成良好的专业绘图习惯。

实训 1　绘制图 13-42 所示的端墙式涵洞出入口构造图。

目的要求：

通过本实训，练习样板图的创建方法，练习工程图样的绘制方法。在本实训中，要注意用不同比例绘图时有关参数的调整。

操作提示：

在 AutoCAD 中绘制工程图应按照统一的步骤进行，在第 8 章中我们讲了两种方法，在这里我们用第二种方法绘制，通常来讲，这种绘图步骤可以概括如下：

(1) 新建图形文件；

(2) 设置长度和角度的单位、精度，角度的起始方向和正方向以及图形区域的大小；

(3) 创建图层，并设置图层的线型、颜色和线宽；

(4) 定义文字样式；

(5) 定义尺寸标注样式；

(6) 绘制图框标题栏；

(7) 布图，画作图基准线；

(8) 根据施工规范绘制工程图：

① 按照原始尺寸 1∶1 绘制工程图，先不要标注尺寸；

② 将绘制完成的图形根据需要缩小 5 倍(缩放比例 0.2)；

③ 调整标注样式，在“主单位”标签下将“测量单位比例”调整为 5；

④ 用调整好的标注样式来标注所绘制的图形。

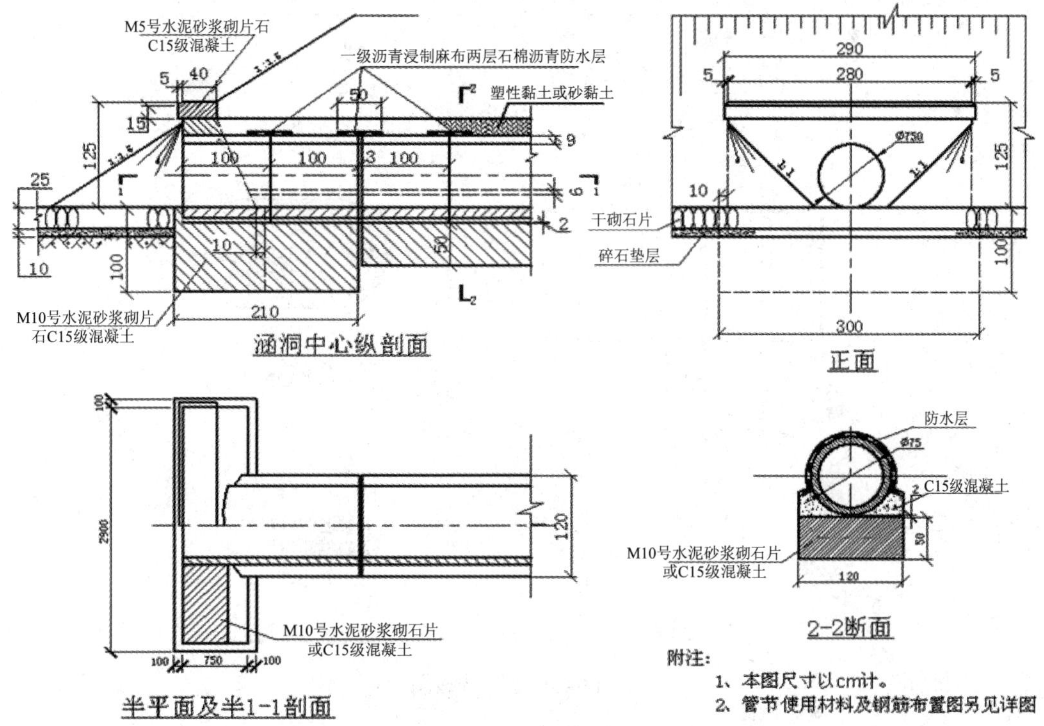

图 13-42　端墙式涵洞出入口构造图

(9) 标注尺寸；

(10) 书写文字，如图名、技术要求、附加设备表等；

(11) 填写标题栏的相关内容；

(12) 保存图形文件。

其中(1)～(6)步为建立样板文件的步骤。建立好图形样板文件后，即可从第(7)步开始绘制各个图形。

注意：桥涵隧道工程图与房建工程图的尺寸单位不一样，一般以 cm 计，需要在附注中说明。

实训 2　绘制图 13-43 所示的墩顶构造图。

目的要求：

通过本实训，练习工程图样的绘制方法。在本实训中，要注意用不同比例绘图时有关参数的调整。

操作提示：

(1) 绘图步骤可参考第 8 章的应用举例，也可用实训 1 的方法。

(2) 本实训绘图技巧与 2.1.2 绘制圆端形桥墩正面图类似。

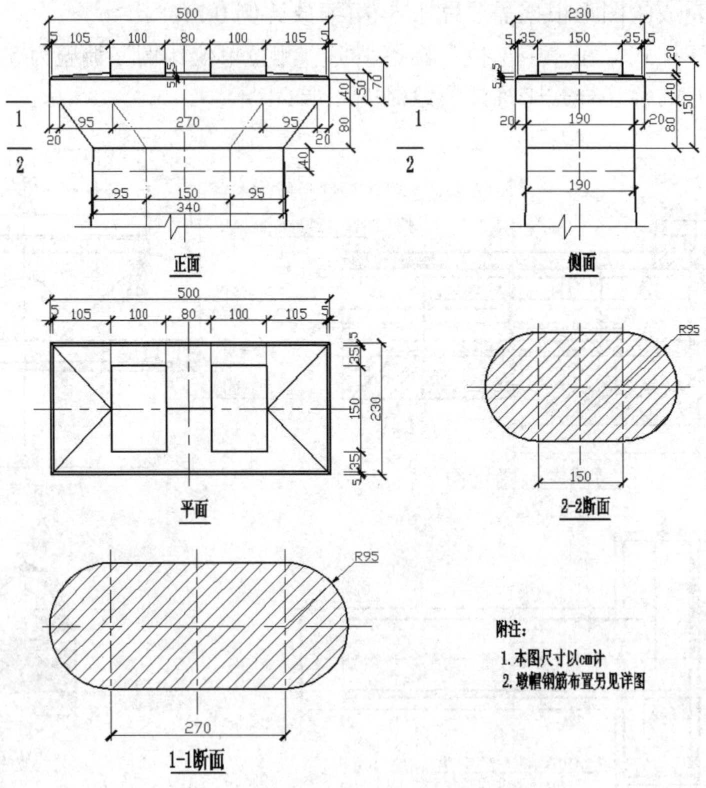

图 13-43　墩顶构造图

实训 3　绘制图 13-44 所示的桩柱式桥墩构造图。

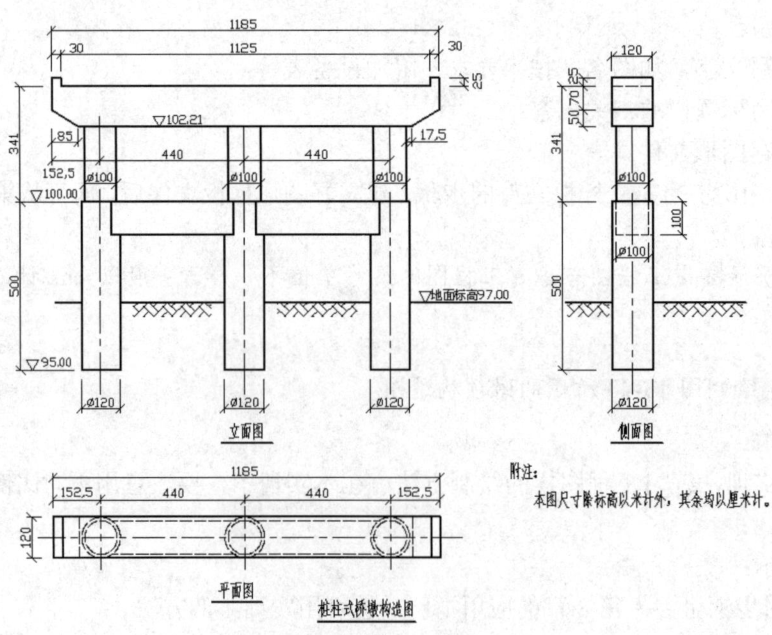

图 13-44　桩柱式桥墩构造图

实训 4　绘制图 13-46 所示的高铁双线新型洞门。读图时可参考图 13-45 所示凸出式新型洞门。

图 13-45　凸出式新型洞门

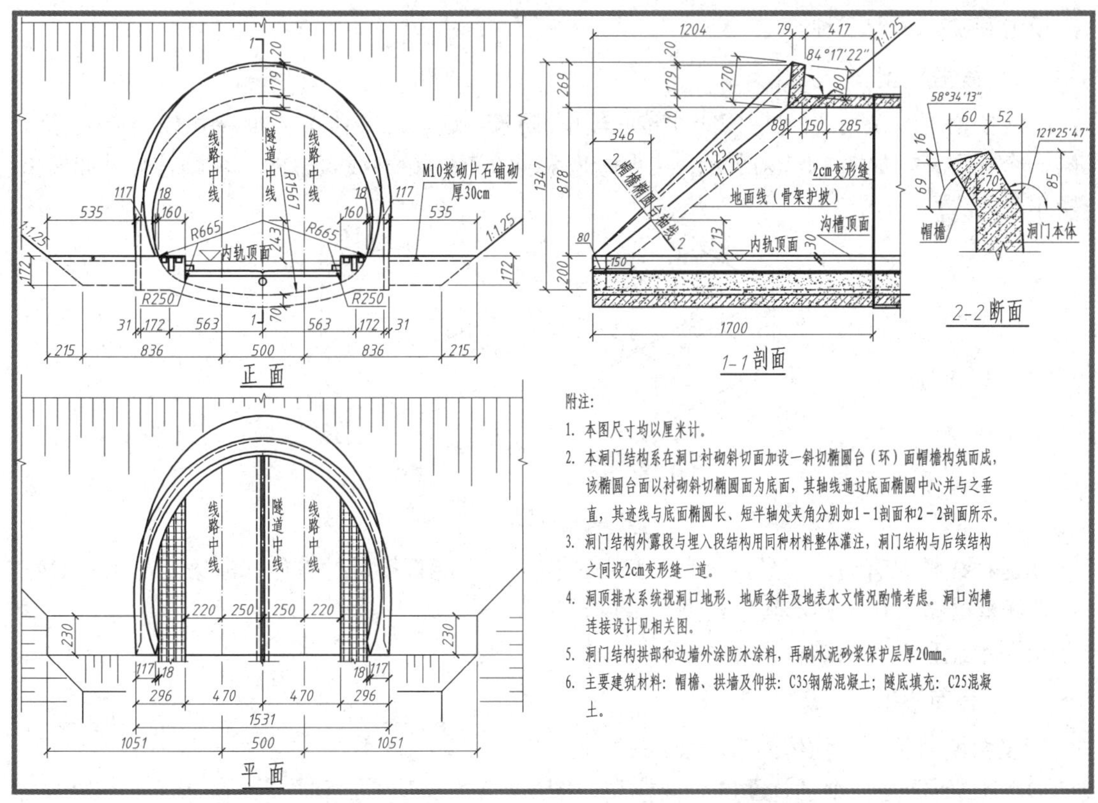

线路中线
隧道中线
线路中线
M10浆砌片石铺砌
厚30cm
R665
R1567
内轨顶面
R250
正 面
1204
79
417
84°17′22″
1:1.25
2cm变形缝
地面线（骨架护坡）
沟槽顶面
内轨顶面
1700
1-1 剖面
58°34′13″
121°25′47″
帽檐
洞门本体
2-2 断面
平 面
附注：
1. 本图尺寸均以厘米计。
2. 本洞门结构系在洞口衬砌斜切面加设一斜切椭圆台（环）面帽檐构筑而成，该椭圆台面以衬砌斜切椭圆面为底面，其轴线通过底面椭圆中心并与之垂直，其迹线与底面椭圆长、短半轴处夹角分别如1-1剖面和2-2剖面所示。
3. 洞门结构外露段与埋入段结构用同种材料整体灌注，洞门结构与后续结构之间设2cm变形缝一道。
4. 洞顶排水系统视洞口地形、地质条件及地表水文情况酌情考虑。洞口沟槽连接设计见相关图。
5. 洞门结构拱部和边墙外涂防水涂料，再刷水泥砂浆保护层厚20mm。
6. 主要建筑材料：帽檐、拱墙及仰拱：C35钢筋混凝土；隧底填充：C25混凝土。

图 13-46　高铁双线新型洞门

第 14 章　三维建模基础

虽然在实际工程中大多数设计是通过二维投影图来表达设计思想并组织施工或加工的，但方案论证和项目审批需要建立三维模型来直观表达设计效果，因此建筑效果图是一种非常重要的建筑图样。本章将围绕三维绘制的基础命令展开讲解，重点介绍三维坐标的变换、三维模型的建模方法以及三维模型的观察、三维实体的渲染等内容。

14.1　三种模型与用户坐标系

14.1.1　三维几何模型分类

根据几何模型的构造方法和在计算机内的储存形式，三维几何模型分为线框模型、表面模型和实体模型三种。

1．线框模型

线框模型就是用线(包括棱线和转向轮廓线)来表达三维立体。例如，用 12 条棱线表示的一个长方体，如图 14-1(a)所示；用两个圆和两条转向轮廓线表示的一个圆柱体，如图(b)所示。

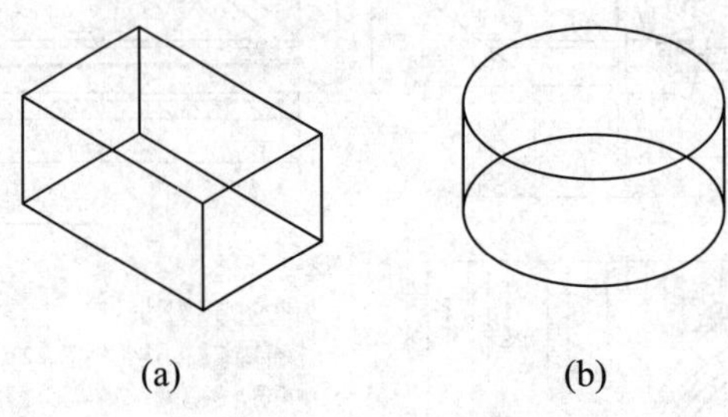

(a)　　(b)

图 14-1　线框模型

这种线框只有边的信息，没有面和体的信息，不能直接进行着色和渲染。在 AutoCAD 中，线框模型只作为构造其他模型的基础，建筑效果图不能直接使用这种模型。

2．表面模型

表面模型就是用物体的表面表示三维物体。图 14-2(a)所示是一个圆柱面的表面模型，图(b)所示是用一个圆柱面和两个圆面表示的一个“空心”的圆柱。

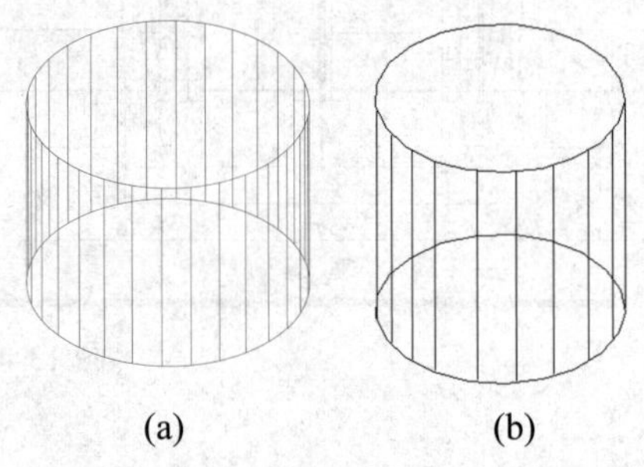

(a)　　(b)

图 14-2　圆柱面与圆表面模型

表面模型不仅包括线的信息，而且包括面的

信息，因而可以解决与图形有关的大多数问题，例如进行消隐、着色等。由于在 AutoCAD 中不能作布尔运算，表面模型应用也不多，因此，只有难以建立实体模型时，才考虑建立表面模型。

3. 实体模型

实体模型包括了线、面和体的全部信息，图 14-3 所示是实体模型。

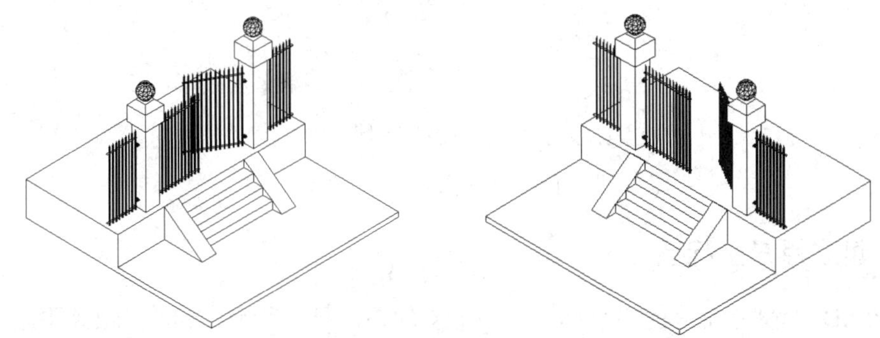

图 14-3　大门实体模型

对于实体模型，用户可以只绘制出简单的基本体模型，再通过“并”、“交”、“差”三种布尔运算，构造出复杂的组合体，这也是用 AutoCAD 绘制复杂立体的主要方法。

14.1.2　观察三维图形

在绘制三维图形时，由于观察和绘图的需要，必须经常变换方位，如图 14-3、图 14-4 所示，为此 AutoCAD 设置了各种视图的显示方法。用户在绘制三维图形的过程中，应该熟练掌握不同视图的显示方法。AutoCAD 提供了 10 个标准视点，可供用户选择来观察模型，其中包括 6 个正交投影视图、4 个等轴测视图，分别为主视图、后视图、俯视图、仰视图、左视图、右视图以及西南等轴测视图、东南等轴测视图、东北等轴测视图、西北等轴测视图。在已打开的工具栏上右击，单击选择“视图”选项，系统弹出“视图”工具栏，如图 14-5 所示。选择“视图”→“三维视图”，弹出的子菜单如图 14-6 所示。

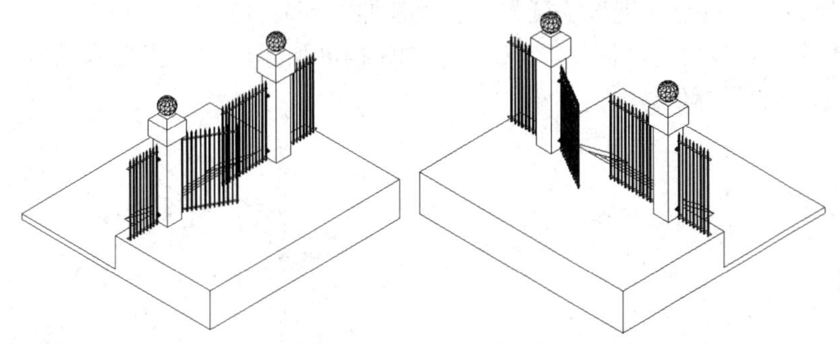

图 14-4　改变观察方向图例

图 14-5　“视图”工具栏

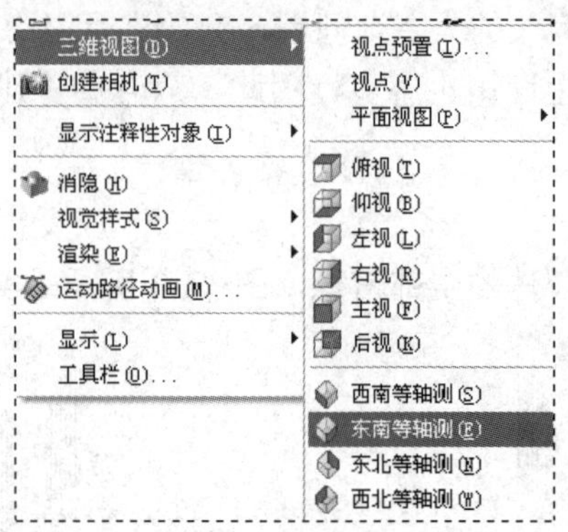

图 14-6　“三维视图”子菜单

14.1.3　建立用户坐标系

AutoCAD 的坐标系分世界坐标系和用户坐标系两种。绘制二维图形主要用世界坐标系，绘制三维图形主要用用户坐标系。

1．世界坐标系与用户坐标系

AutoCAD 自动设置的坐标系是世界坐标系(又称绝对坐标系)。在该坐标系中，横向为 X 轴，纵向为 Y 轴，Z 轴的方向由屏幕指向操作者，坐标原点在屏幕左下角。

世界坐标系是唯一的、固定不变的，在绘制三维图形时极不方便。例如，要在图 14-7 所示的 BCGF 面内画一个圆，如果在世界坐标系内操作，就非常烦琐，因为该圆在世界坐标系中的形状是一个椭圆。

用户坐标系(UCS)的坐标原点可以放在任何位置，坐标轴可以倾斜任意角度。例如，在图 14-7 所示的 BCGF 面内画一个圆，只要建立图 14-7 所示的用户坐标系，就可以直接调用画圆命令，画出该圆。

绘制三维图形时，建立用户坐标系还有以下原因：

(1) 绝大多数二维绘图命令仅在与 XY 面平行的面内有效(也有少数命令不受此限制，例如“终点捕捉”、“端点捕捉”、“延长”和“延伸”等命令)。

(2) 便于将尺寸转换为坐标值。例如，建立图 14-8 所示的用户坐标系以后，矩形 EFGH 的边长就是 G 点的坐标值。

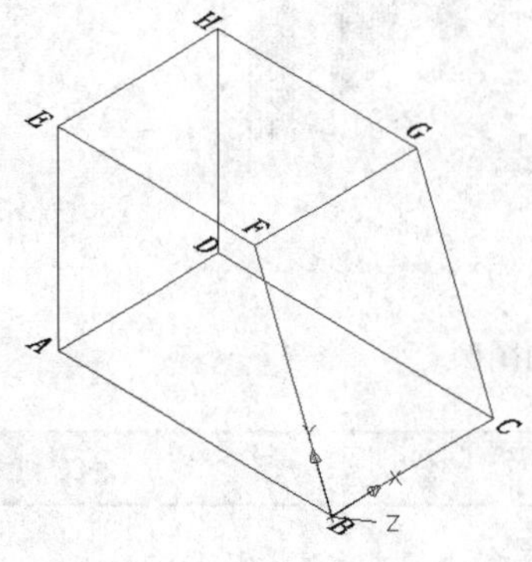

图 14-7　用户坐标系

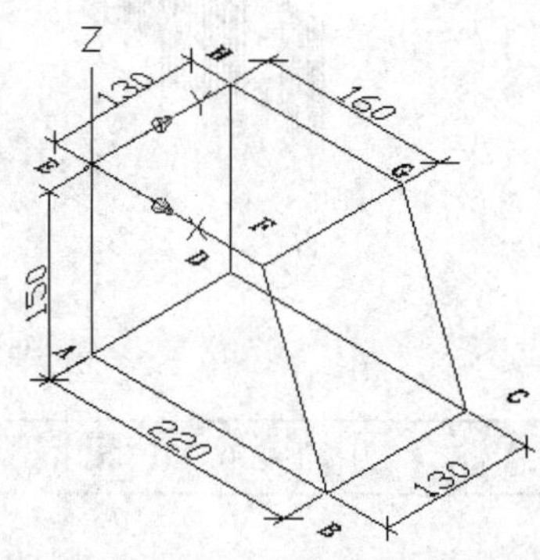

图 14-8　将尺寸转换为坐标值

2．建立用户坐标系

建立用户坐标系的原理和作用与数学中的坐标变换相同。

如果要在 BCGF 面内画圆，如图 14-9 所示，那么在世界坐标系内无法绘制，只能先建立用户坐标系，然后使用画圆命令绘制图形。

建立与世界坐标系倾斜的用户坐标系(如图 14-9、图 14-10 所示)，最有效的方法是调用“UCS”命令的“三点(3)”选项，用三点方式来建立。这三点分别是坐标原点，X 轴正半轴上的一点，在 XY 平面内 X、Y 坐标都大于 0 的任意一点，即第一象限中的一点。

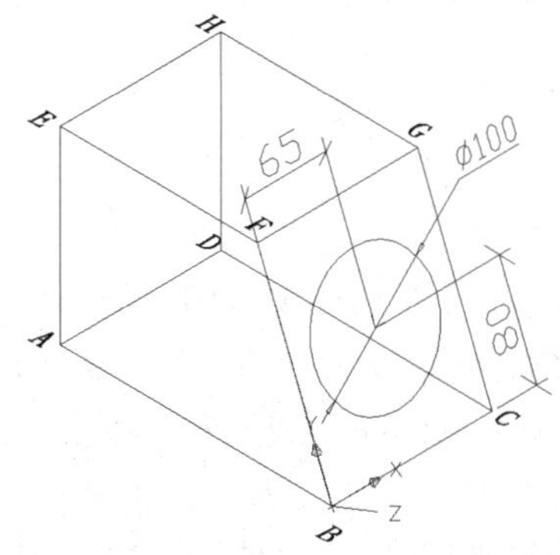

图 14-9　建立用户坐标系应用图例(1)

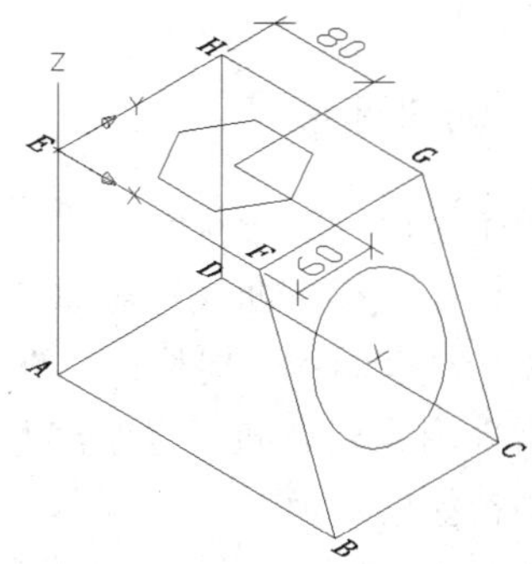

图 14-10　建立用户坐标系应用图例(2)

如果仅仅是为了画上图所示的圆，用户坐标系只要建立在 BCGF 面内即可，因而用来建立用户坐标系的三个点可以是 BCGF 面内的任意不共线的三个点。当然，建立不同的用户坐标系，圆心将有不同的坐标值。

图 14-9 所示的用户坐标系图标，显示了当前用户坐标系的 X 轴、Y 轴和 Z 轴。Z 轴垂直于 XY 面，正向用右手螺旋法则确定：右手四指从 X 轴的正向，沿 90º 指向 Y 轴，大拇指的方向即为 Z 轴的正向。

接上例，在 EFGH 面内画图 14-10 所示的圆内接正六边形，圆的半径是 45。

由于当前坐标系的 XY 面与 EFGH 面平行，且 X 轴、Y 轴分别与四边形 EFGH 的边(尺寸基准线)平行，因而不用建立新的用户坐标系，只要把世界坐标系移到 EFGH 面上即可。移动坐标系只改变坐标原点的位置，不改变 X、Y 轴的方向。

接上例，在四边形 ABFE 面内画一矩形，如图 14-11 所示。

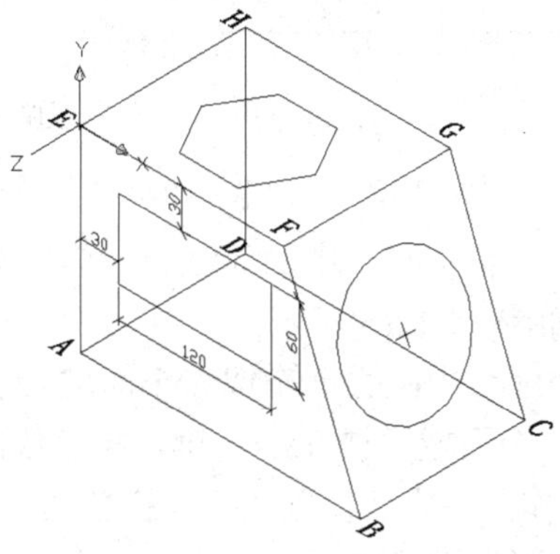

图 14-11　建立用户坐标系应用图例(3)

要在四边形 ABFE 内建立用户坐标系，只需将当前用户坐标系 X 轴旋转 90°或−90°，旋转角度的正负用右手螺旋法则判断：用右手握住旋转的坐标轴，大拇指指向该坐标轴的正向，四指弯曲的方向即是旋转角度的正向。

调用“UCS”命令以后不键入 N，直接键入 ZA、3、X、Y、Z，将分别调用相应的命令选项：Z 轴(ZA)/三点(3)/X/Y/Z。

14.2　面域与布尔运算

14.2.1　创建面域

面域是用闭合的形状创建的二维区域，该闭合的形状可以由多段线、直线、圆弧、圆、椭圆弧、椭圆或样条曲线等对象构成。面域的外观与平面图形外观相同，但面域是一个单独的对象，具有面积、周长、形心等几何特征。面域之间可以进行并、差、交等布尔运算，因此常常采用面域来创建边界较为复杂的图形。利用面域的拉伸或旋转可以实现从平面到三维立体模型的转换。

在 AutoCAD 中，用户不能直接绘制面域，而是需要利用现有的封闭对象，或者由多个对象组成的封闭区域和系统提供的“面域”命令来创建面域。

启用“面域”命令有三种方法：

(1) 选择“绘图”→“面域”菜单命令。

(2) 单击“绘图”工具栏中的“面域”按钮。

(3) 在命令行输入命令“reg(region)”。

14.2.2　编辑面域：布尔运算

通过编辑面域可创建边界复杂的图形。在 AutoCAD 中用户可对面域进行布尔运算，即“并集”、“差集”、“交集”三种布尔运算，其效果如图 14-12 所示。

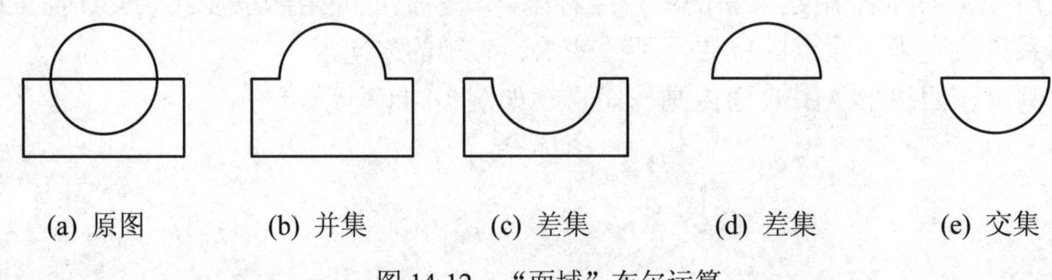

(a) 原图　(b) 并集　(c) 差集　(d) 差集　(e) 交集

图 14-12　“面域”布尔运算

(1) 并集。并集运算操作是将所有选中的面域合并为一个面域。利用“并集”命令即可进行并运算操作，其效果如图 14-12(b)所示。

(2) 差集。差集是从一个面域中减去一个或多个面域，从而创建一个新的面域。启用“差集”命令，首先选择第一个面域，按 Enter 键，接着依次选择其他要减去的面域，按 Enter 键即可进行差集运算操作，完成后便创建了一个新面域。图 14-12(c)为“矩形减圆”运算，图 14-12(d)为“圆减矩形”运算。

(3) 交集。交集是在选中的面域中创建出相交的公共部分面域。启用“交集”命令，然后依次选择相应的面域，系统对所有选中的面域进行交集运算操作，完成后得到公共部分的面域，其效果如图 14-12(e)所示。

14.3　三维实体的绘制

AutoCAD 中提供了一些绘制常用的简单三维实体的命令，由这些简单三维实体可以编辑成各种实体模型。三维实体具有质量特性，形体内部是实心的，可以通过布尔运算进行打孔、挖槽和合并等操作来创建复杂的三维模型，而表面模型无法进行这些操作。

14.3.1　创建基本实体

在 AutoCAD 中，可以方便地绘制出一些基本实体模型，如多段体、长方体、楔形体、圆锥体、球体、圆柱体、圆环体、棱锥体、螺旋以及平面曲面，这些实体模型都是最基本的三维模型，它们通常是创建复杂三维模型的基础。一般在实体绘制过程中，为了提高效率，首先在已经打开的工具栏上用鼠标右击，然后选择“建模”选项，调出绘制建模的工具栏，如图 14-13 所示。绘图时建议用户使用“建模”工具栏。

图 14-13　“建模”工具栏

1．绘制多段体

多段体可以看做是带矩形轮廓的多段线。在建筑立体图中用多段体来创建墙体非常方便。选择“绘图”→“建模”→“多段体”命令或单击“建模”工具栏或“三维制作”面板中的按钮，绘制如图 14-14 所示的多段体图形。

2．绘制长方体

长方体是最基本的实体模型之一，作为最基本的三维模型，其应用非常广泛。选择“绘图”→“建模”→“长方体”命令或单击“建模”工具栏中的“长方体”按钮，按尺寸要求绘制长方体，如图 14-15 所示。

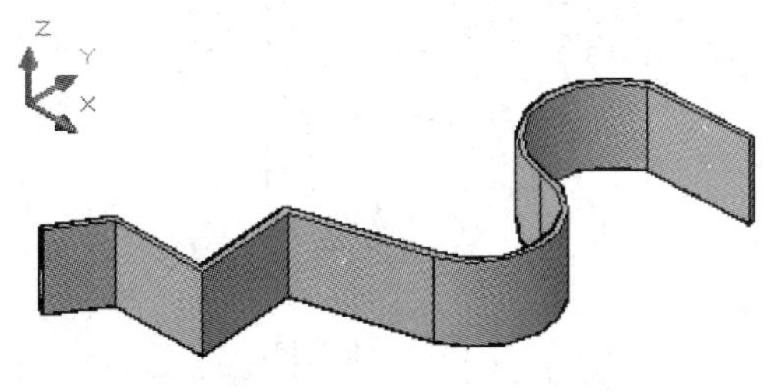

图 14-14　多段体图例

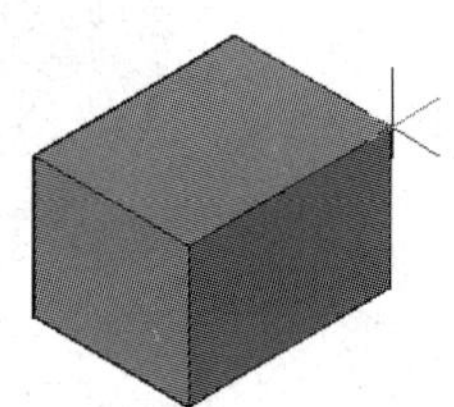

图 14-15　长方体图例

3．绘制楔形体

选择“绘图”→“建模”→“楔形体”命令或单击“建模”工具栏中的“楔形体”按

钮 ，按尺寸要求绘制楔形体，如图 14-16 所示。

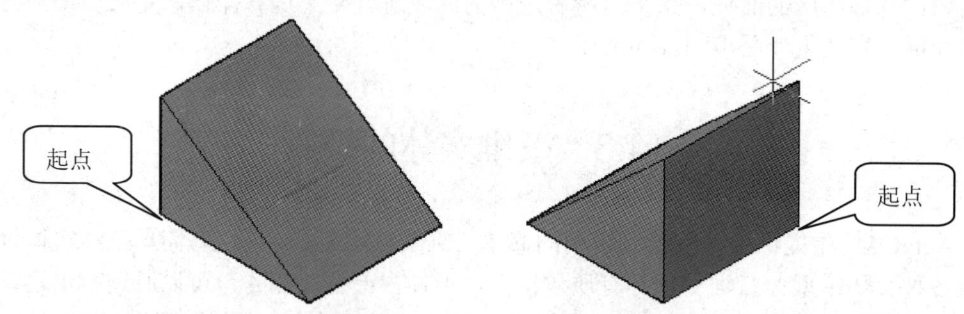

图 14-16　楔形体图例

4．绘制圆锥体

选择“绘图”→“建模”→“圆锥体”命令或单击“建模”工具栏或“三维制作”面板中的“圆锥体”按钮 ，按尺寸要求绘制圆锥体，如图 14-17 所示。

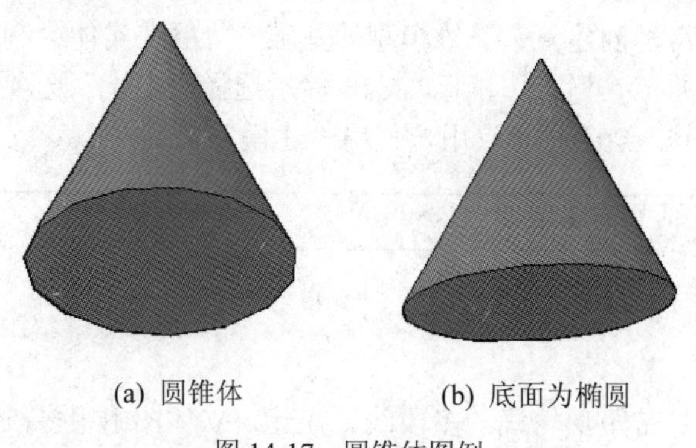

(a) 圆锥体　(b) 底面为椭圆

图 14-17　圆锥体图例

5．绘制球体

选择“绘图”→“建模”→“球体”命令或单击“建模”工具栏或“三维制作”面板中的“球体”按钮 ，按尺寸要求绘制球体，如图 14-18 所示。

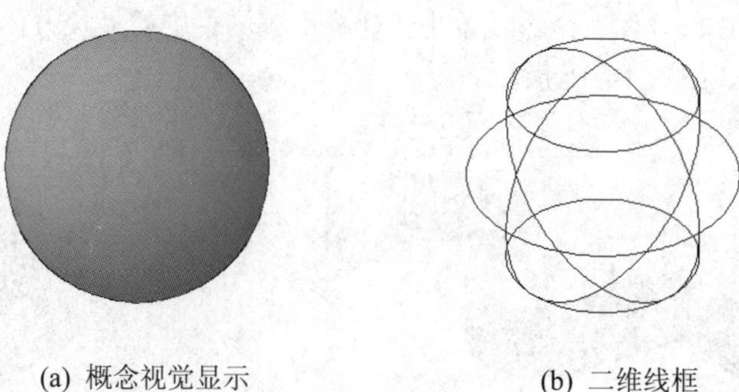

(a) 概念视觉显示　(b) 二维线框

图 14-18　球体图例

6．绘制圆柱体

选择“绘图”→“建模”→“圆柱体”命令或单击“建模”工具栏或“三维制作”面

板中的“圆柱体”按钮，按尺寸要求绘制圆柱体，如图 14-19 所示。

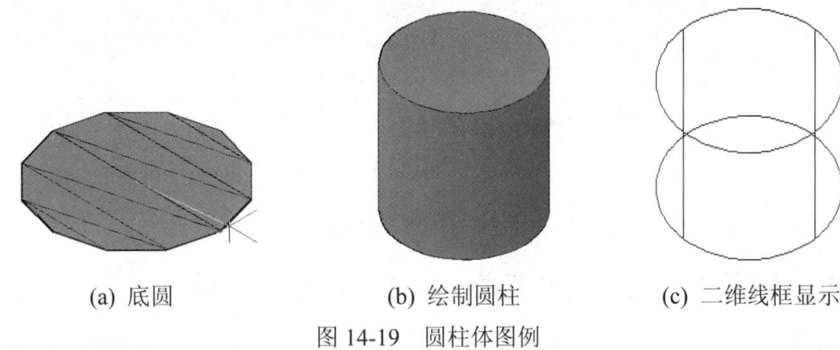

(a) 底圆　　(b) 绘制圆柱　　(c) 二维线框显示

图 14-19　圆柱体图例

7．绘制圆环体

选择“绘图”→“建模”→“圆环体”命令或单击“建模”工具栏或“三维制作”面板中的“圆环体”按钮，按尺寸要求绘制圆环体，如图 14-20 所示。

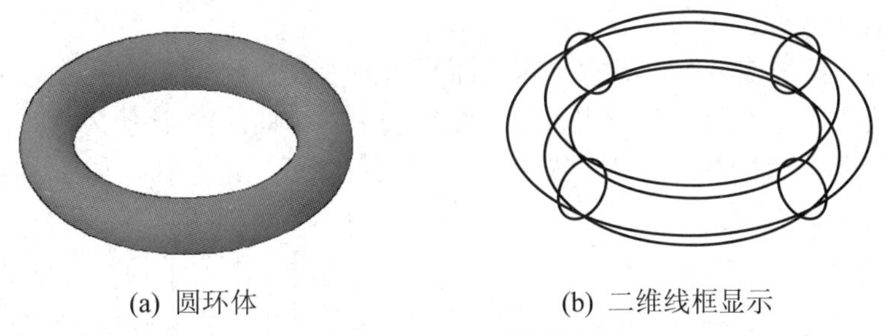

(a) 圆环体　　(b) 二维线框显示

图 14-20　圆环体图例

8．绘制棱锥体

棱锥体与圆锥体的不同之处在于圆锥体是回转面，而棱锥体除底面外，其他部分由平面组成。棱锥体命令可以创建 3～32 个侧面的棱锥体。选择“绘图”→“建模”→“棱锥面”命令或单击“建模”工具栏或“三维制作”面板中的“棱锥面”按钮，按尺寸要求绘制棱锥体，如图 14-21 所示。

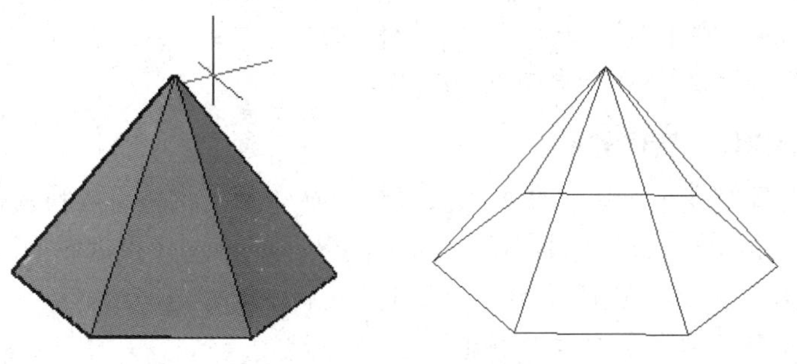

图 14-21　棱锥体图例

9．绘制螺旋

选择“绘图”→“螺旋”命令或单击“建模”工具栏或“三维制作”面板中的按钮，按尺寸要求绘制螺旋，如图 14-22 所示。

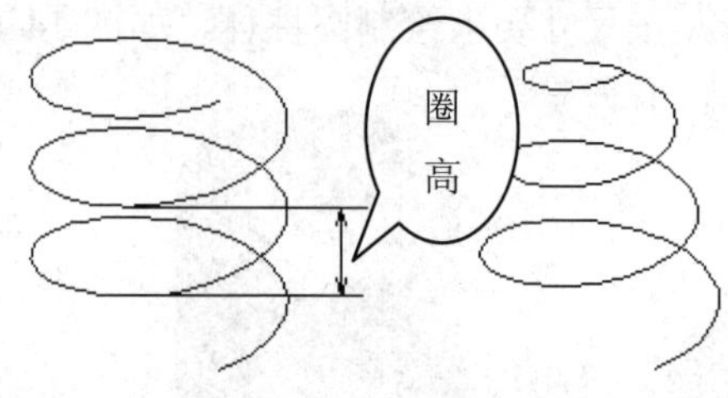

图 14-22　螺旋图例

14.3.2　与三维视图显示相关的变量

在 AutoCAD 中，除了可以通过消隐视图或改变视角样式改变三维视图外，还可以通过改变一些变量来调整三维视图的显示。

1．改变三维图形的曲面轮廓素线

当实体中包含弯曲面时(如球体和圆柱体等)，则曲面在线框模式下用线条的形式来显示，这些线条称为素线。

使用 isolines 系统变量可以设置显示曲面所用的素线条数。isolines 变量的有效值范围为 0～2047，默认值为 4(此时系统用 4 条素线来表达一个曲面)。该值为 0 时，表示曲面没有素线，如果增加素线的条数，则会使图形看起来更接近三维实物，如图 14-23 所示。

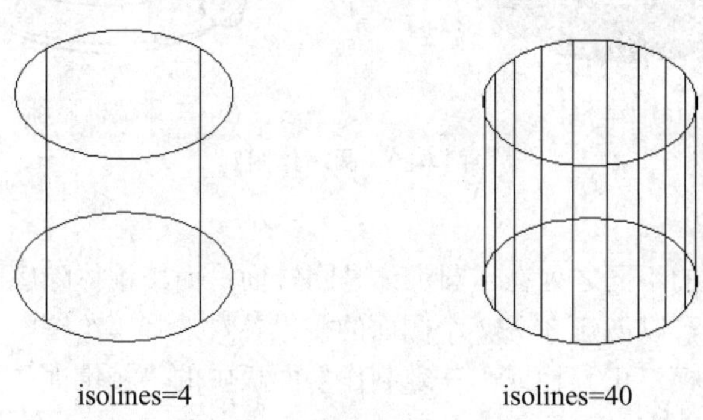

图 14-23　isolines 变量值设置对实体显示的影响

提示：当 isolines 值设置较大时，实体的显示时间将变长。修改了 isolines 值之后，必须执行“regen(重生成)”命令才可更新显示。

2．以线框形式显示实体轮廓

使用 dispsilh 系统变量可以以线框形式显示实体轮廓。此时需要将其值设置为 1，并用“hide”或“shademode”命令将曲面的小平面隐藏，或者选择“视图”→“视觉模式”→“三维隐藏”菜单，来显示实体轮廓，如图 14-24 所示。

使用 dispsilh 变量时需要注意以下几点：

(1) 修改 dispsilh 值后，必须执行“hide”命令才能看出其效果。

(2) dispsilh 设置适用于所有视口，但“hide”命令仅针对某个视口，因此在不同的视口中可以产生不同的消隐效果。

(3) 执行“regen”或“regenall”命令，可消除 hide 效果。

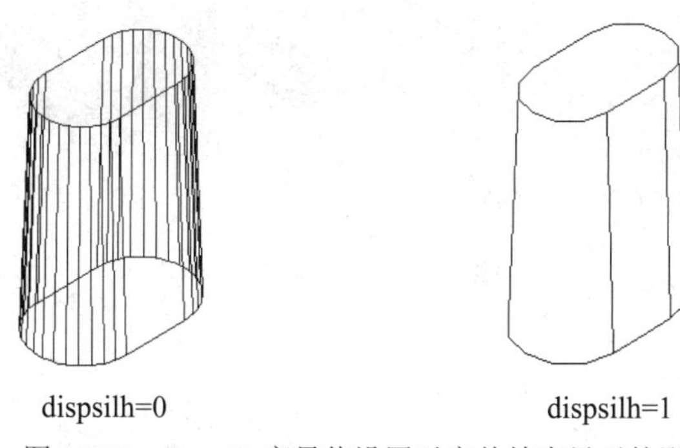

图 14-24　dispsilh 变量值设置对实体轮廓显示的影响

3．改变实体表面的平滑度

在执行“hide”、“shademode”或“render”命令时，可通过修改 facetres 系统变量值来改变实体表面的平滑度。该变量用于设置曲面的面数，取值范围为 0.01～10，默认值为 0.5。其中，值越大，实体表面越光滑，如图 14-25 所示。

提示：在执行“hide”、“shademode”或“render”命令时，若想使 facetres 变量值设置生效，必须禁止轮廓显示，即必须将 dispsilh 变量值设置为 0。

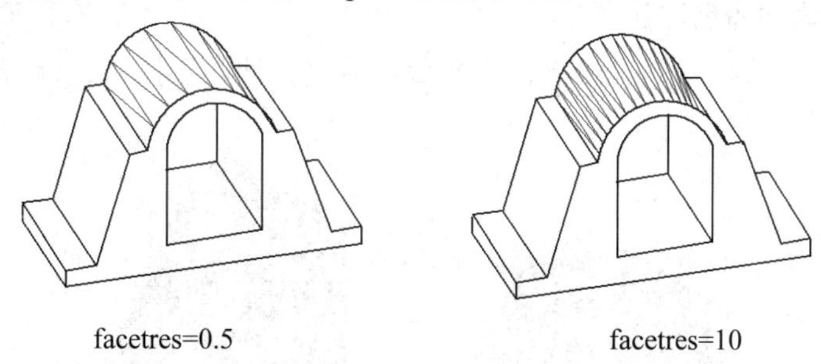

图 14-25　facetres 变量值设置对实体表面平滑度的影响

14.3.3　二维图形转换成三维立体模型

三维建模不仅可以通过图素建立，也可以通过对二维图形的拉伸或旋转来产生。尤其在已有二维平面图形、已知曲面立体轮廓线的情况下，或立体包含圆角以及用其他普通剖面很难制作的细部图形时，通过拉伸和旋转操作产生三维建模非常方便。

1．通过拉伸二维图形绘制三维实体

通过拉伸将二维图形绘制成三维实体时，该二维图形必须是一个封闭的二维对象或由封闭曲线构成的面域，并且拉伸的路径必须是一条多段线。若拉伸的路径是由多条曲线连接而成的曲线时，则必须选择“编辑多段线”工具将其转化为一条多段线，该工具按钮位于“修改 II”工具栏中。

可作为拉伸对象的二维图形有圆、椭圆、用“正多边形”命令绘制的正多边形、用“矩形”命令绘制的矩形、封闭的样条曲线、封闭的多段线等。而利用“直线”、“圆弧”等命令绘制的一般闭合图形则不能直接进行拉伸，此时用户需要将其定义为面域。选择“绘图”→“建模”→“拉伸”命令或单击“建模”工具栏或“三维制作”面板中的“拉伸”按钮来创建实体，如图 14-26、图 14-27 所示为拉伸图形。

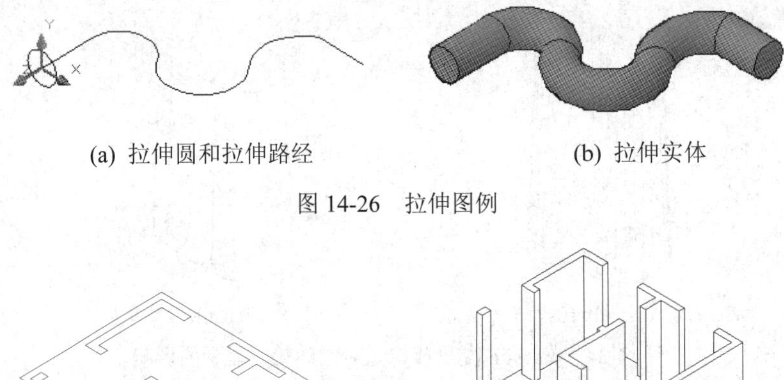

(a) 拉伸圆和拉伸路经　　(b) 拉伸实体

图 14-26　拉伸图例

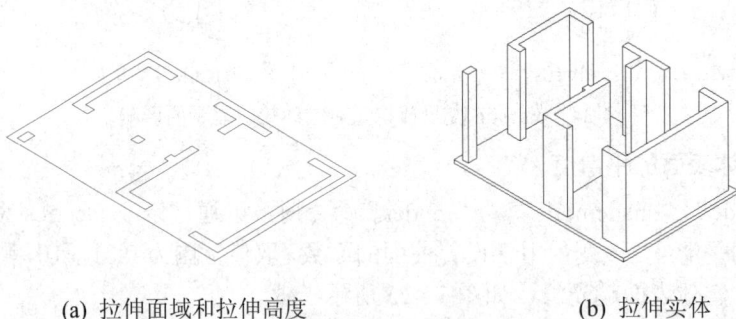

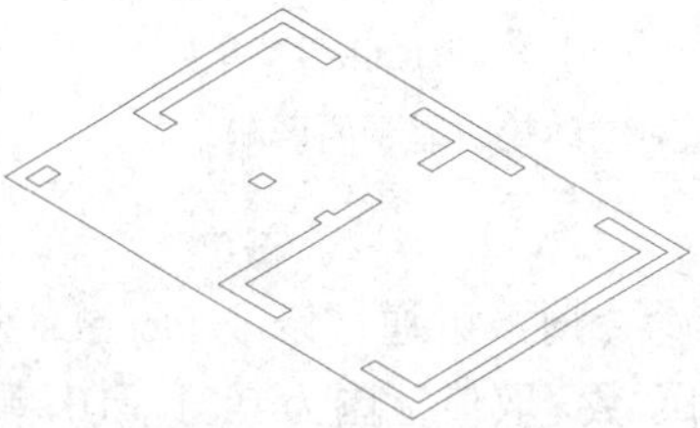

(a) 拉伸面域和拉伸高度　　(b) 拉伸实体

图 14-27　拉伸图例

2．通过拉伸面命令创建实体

单击“建模”工具栏或“三维制作”面板中的“拉伸面”按钮 来创建实体，如图 14-28 所示。

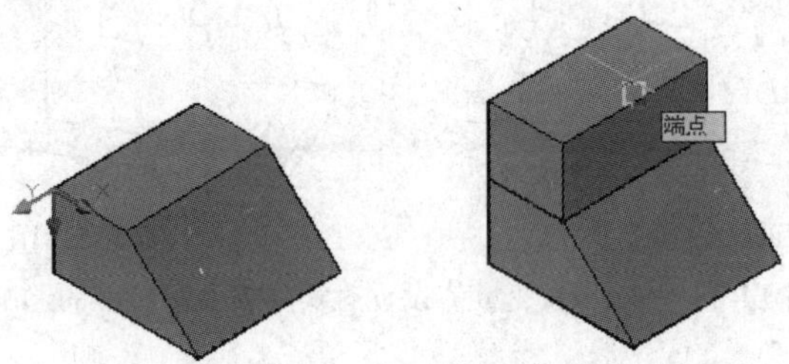

图 14-28　拉伸面图例

3．通过旋转二维图形绘制三维实体

可以旋转闭合多段线、多边形、圆、椭圆、闭合样条曲线、圆环和面域来绘制三维立体模型。可以将一个闭合对象绕当前 UCS 的 X 轴或 Y 轴旋转一定的角度生成实体，也可以绕直线、多段线或两个指定的点旋转对象。选择“绘图”→“建模”→“旋转”命令或单击实体工具栏或“三维制作”面板中的“旋转”按钮  ，来创建实体，如图 14-29 所示。

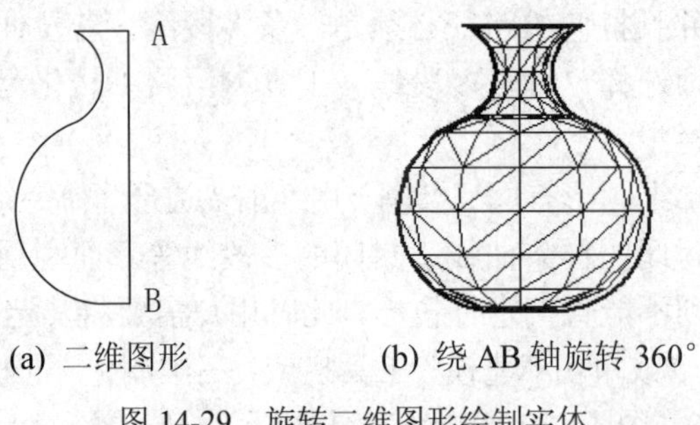

(a) 二维图形　　(b) 绕 AB 轴旋转 360°

图 14-29　旋转二维图形绘制实体

4．通过扫掠创建实体

通过扫掠的方法可以将闭合的二维对象沿指定的路径创建出三维实体。用这种方法创建弹簧等需要同时在不同平面间转换的实体非常方便。选择“绘图”→“建模”→“扫掠”命令或单击“实体”工具栏或“三维制作”面板中的“扫掠”按钮 来创建实体，如图 14-30 所示。

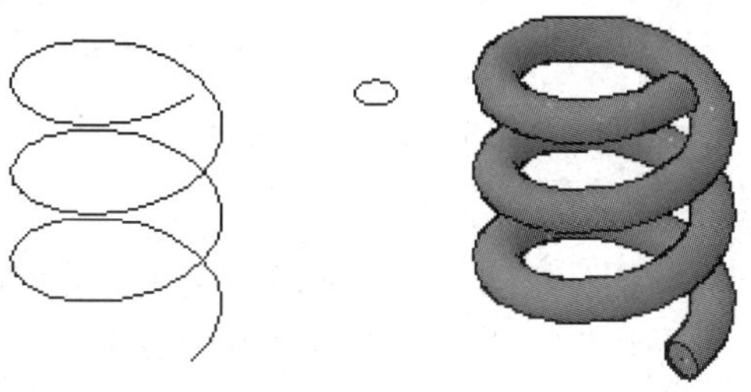

图 14-30　扫掠图例

14.4　三维实体的编辑

对三维实体可以进行旋转、镜像、阵列、倒角、对齐、圆角、并、差、交、剖切、干涉、压印、分割、抽壳、清除等编辑操作，同时可以对实体的边和面进行编辑。在已打开的工具上用鼠标右击，在弹出的“光标”菜单中选取“实体编辑”选项，弹出如图 14-31 所示的工具栏，在进行实体编辑时使用此工具栏非常方便。

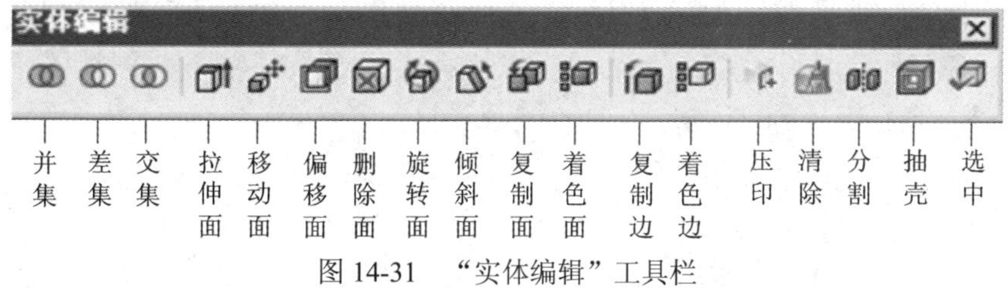

图 14-31　“实体编辑”工具栏

1．用布尔运算创建复杂实体模型

通过布尔运算可以进行多个简单三维实体求并、求差及求交等操作，从而创建出形状复杂的三维实体。许多挖孔、开槽都是通过布尔运算来完成的。这是创建三维实体使用频率非常高的一种手段。

通过并集绘制组合体，首先需要创建基本实体，然后再通过基本实体的并集产生新的组合体。选择“修改”→“实体编辑”→“并集”命令或单击“实体编辑”工具栏中的并集按钮 ，进行并集处理。 和并集相类似，也可以通过差集创建组合面域或实体。通常用来绘制带有槽、孔等结构的组合体。选择“修改”→“实体编辑”→“差集”命令或单击“实体编辑”工具栏中的“差集”按钮 ，进行差集处理。和并集与差集一样，可以通过交集来产生多个面域或实体相交的部分。选择“修改”→“实体编辑”→“交集”命令或单击“实体编辑”工具栏中的“交集”按钮 ，进行交集处理。用三种方法创建复杂实体的图例如图 14-32 所示。

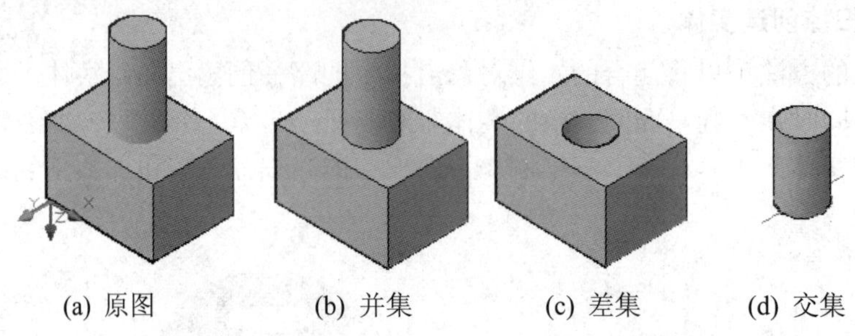

(a) 原图　　(b) 并集　　(c) 差集　　(d) 交集

图 14-32　用布尔运算创建复杂实体模型图例

2．剖切实体

剖切实体是可以用平面剖切一组实体，从而将该组实体分成两部分或去掉其中的一部分。选择“修改”→“三维操作”→“剖切”命令或单击“三维制作”面板上的“剖切”按钮，进行剖切实体操作，如图 14-33、图 14-34 所示。

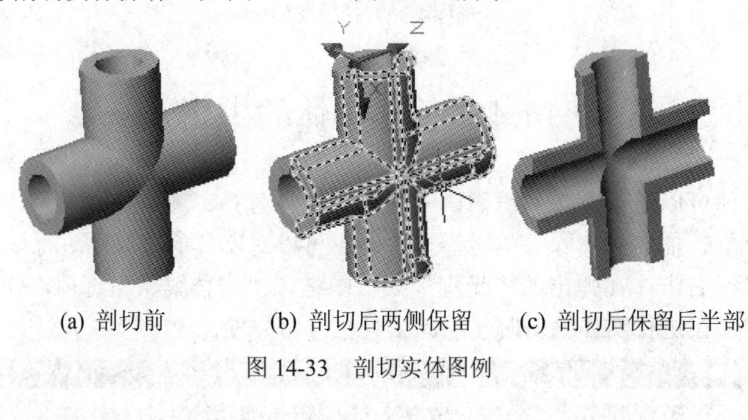

(a) 剖切前　　(b) 剖切后两侧保留　　(c) 剖切后保留后半部

图 14-33　剖切实体图例

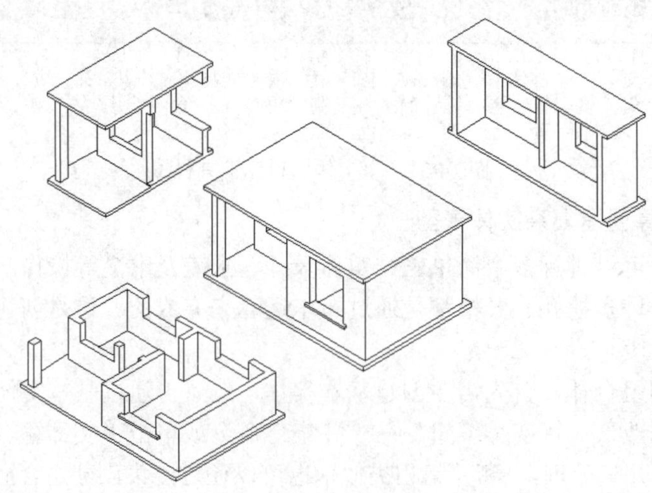

图 14-34　剖切实体图例

3．三维倒直角

选择“修改”→“倒直角”命令或单击“修改”工具栏中的“倒直角”按钮，进行三维倒直角操作，如图 14-35 所示。

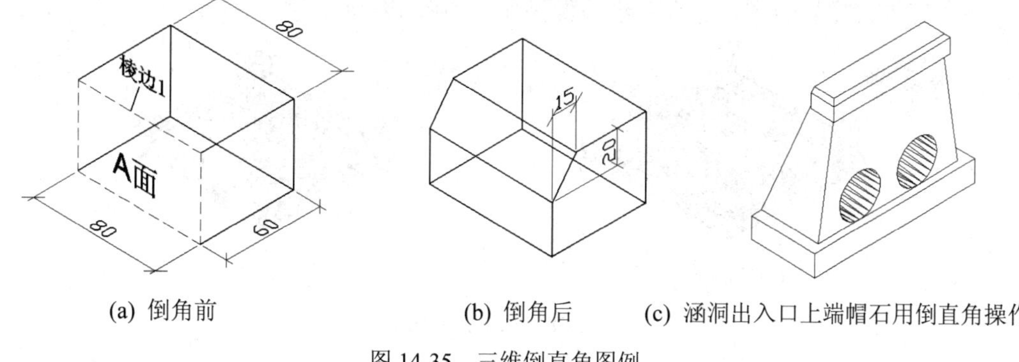

(a) 倒角前　(b) 倒角后　(c) 涵洞出入口上端帽石用倒直角操作

图 14-35　三维倒直角图例

4. 三维倒圆角

选择"修改"→"圆角"命令或单击"修改"工具栏中的"圆角"按钮，进行三维倒圆角操作，如图 14-36 所示。

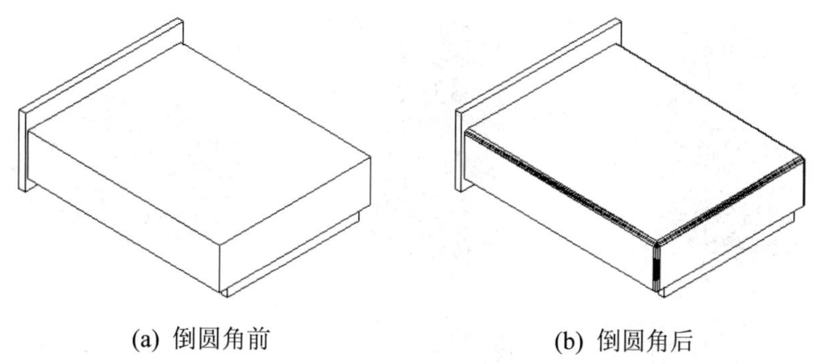

(a) 倒圆角前　(b) 倒圆角后

图 14-36　三维倒圆角图例

5. 三维阵列

利用"三维阵列"命令可阵列三维实体。在操作过程中，用户需要输入阵列的列数、行数以及层数。其中，列数、行数、层数分别是指实体在 X、Y、Z 方向的数目。另外，根据实体的阵列特点，可分为矩形阵列与环形阵列。选择"修改"→"三维操作"→"三维阵列"命令，进行三维阵列操作，如图 14-37 所示。

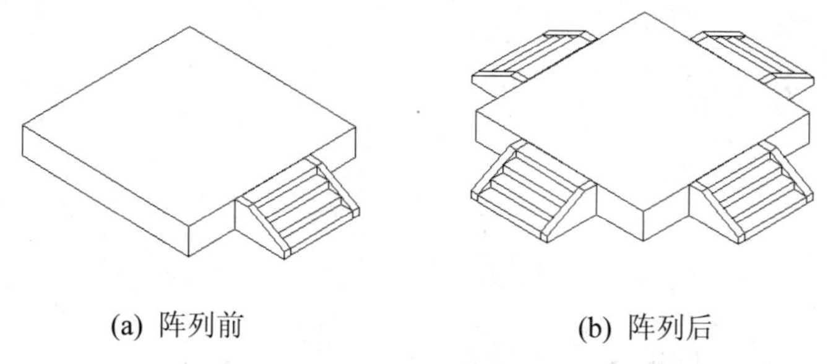

(a) 阵列前　(b) 阵列后

图 14-37　环形阵列图例

6. 三维镜像

"三维镜像"命令通常用于绘制具有对称结构的三维实体。选择"修改"→"三维操作”→“三维镜像”命令，进行三维镜像操作，如图 14-38 所示。

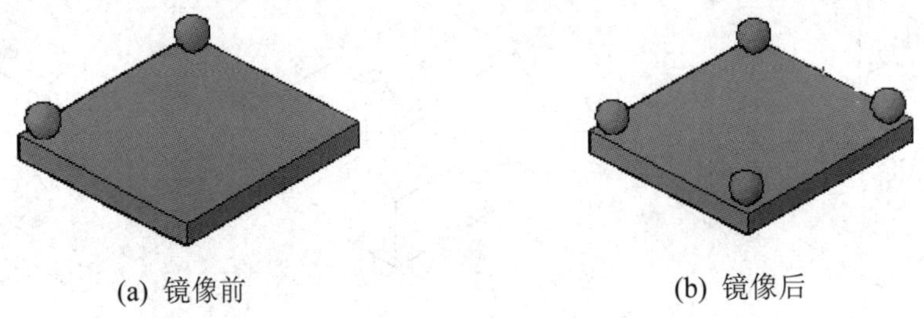

(a) 镜像前　(b) 镜像后

图 14-38　三维镜像图例

7．三维旋转

通过“三维旋转”命令可以灵活定义旋转轴，并对三维实体进行任意旋转。选择“修改”→“三维操作”→“三维旋转”命令或单击“实体编辑”工具栏或“三维制作”面板中的按钮，进行三维旋转操作，如图 14-39 所示。

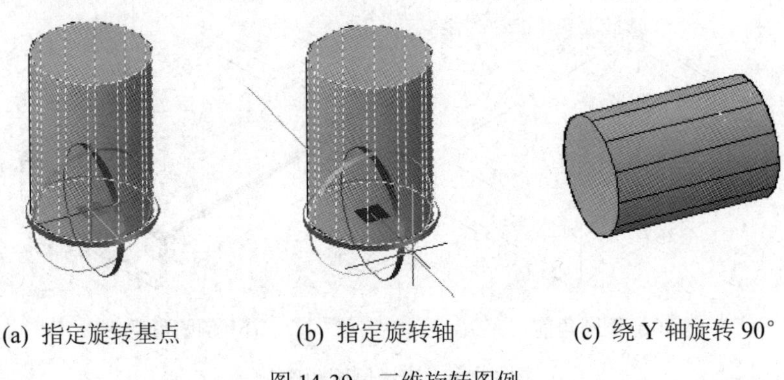

(a) 指定旋转基点　(b) 指定旋转轴　(c) 绕 Y 轴旋转 90°

图 14-39　三维旋转图例

8．三维移动

三维移动可以在三维空间中将对象沿指定方向移动指定的距离，与二维移动的方法相似，不同的只是移动时可以在三维空间中任意移动。选择“修改”→“三维操作”→“三维移动”命令或单击“实体编辑”工具栏或“三维制作”面板中的按钮，进行三维移动操作，如图 14-40 所示。

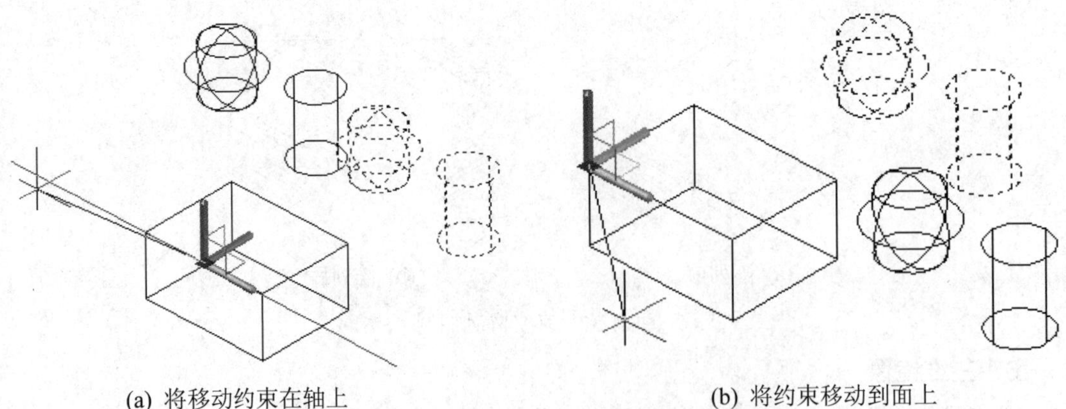

(a) 将移动约束在轴上　(b) 将约束移动到面上

图 14-40　三维移动图例操作

9．抽壳

“抽壳”命令常用于绘制壁厚相等的壳体。选择“修改”→“实体编辑”→“抽壳”命令或单击“实体编辑”工具栏中的“抽壳”按钮，进行抽壳操作，如图 14-41 所示。

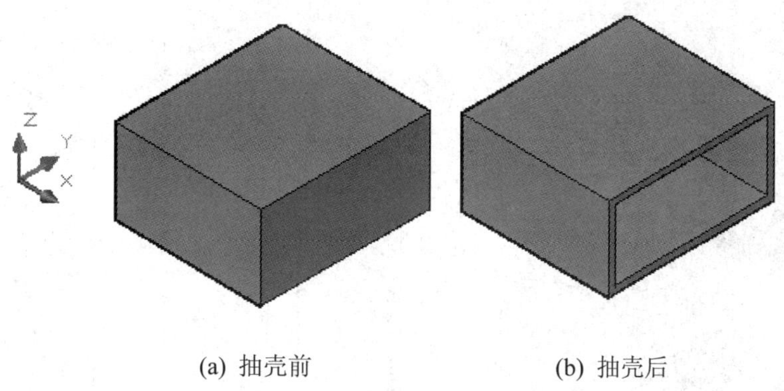

(a) 抽壳前　(b) 抽壳后

图 14-41　抽壳图例

10．面的编辑

1) *移动面*

在三维实体中，可以轻松地将孔从一个位置移到另一个位置。“移动面”命令可以在不改变方向的前提下，改变三维实体上所选面的位置。“移动面”命令可以通过调用对象捕捉或输入坐标精确移动所选择的面。实例：用“移动面”命令移动洞的内表面，如图 14-42 所示。

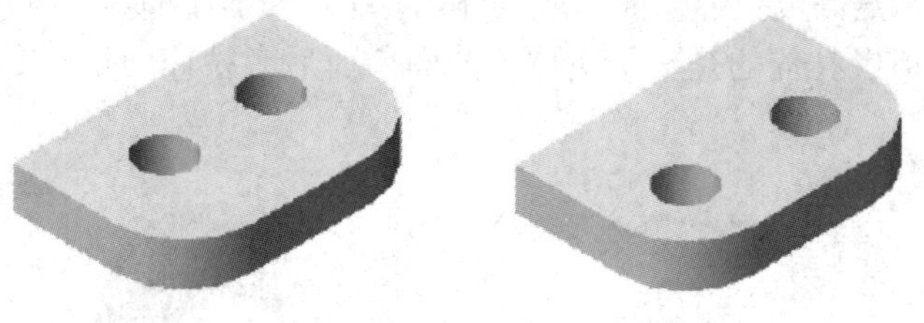

图 14-42　移动面图例

2) *偏移面*

使用“偏移面”命令可以按指定的距离或通过指定的点均匀地移动所选择的立体表面。正距离表示增大实体的尺寸或体积，负距离表示减小实体的尺寸或体积。“偏移面”命令可以改变实体对象上孔的大小，如图 14-43 所示。

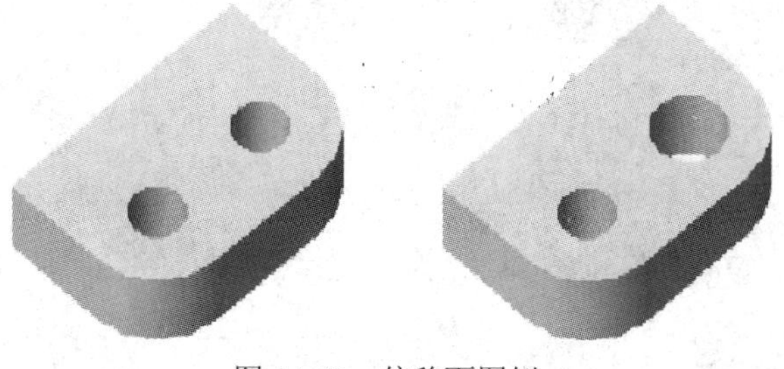

图 14-43　偏移面图例

3) 删除和复制面

删除面：删除孔或删除圆角倒角创建的面，如图 14-44 所示。

复制面：可以复制三维实体对象上的面。借助“复制面”命令可以绘制冰箱上部的门，如图 14-45 所示。

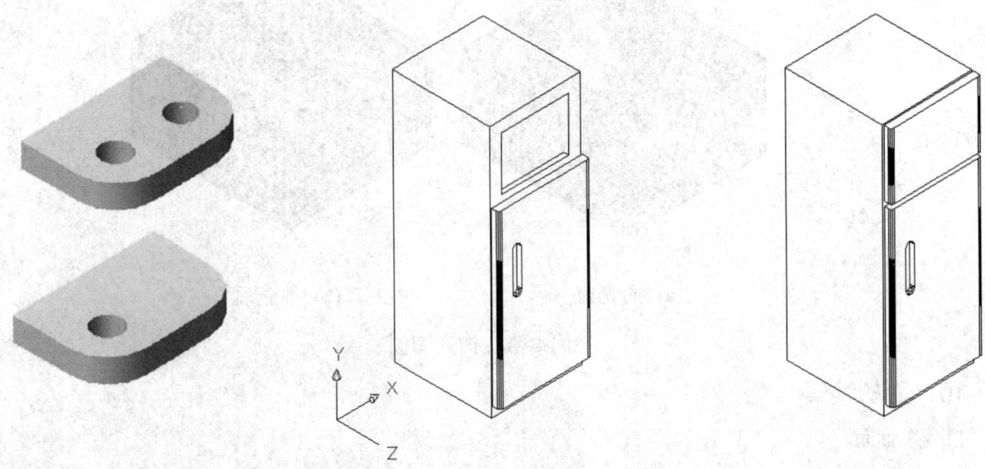

图 14-44　删除面图例　　图 14-45　复制面图例

4) 拉伸面

可以沿一条路径拉伸三维实体的平面，或者指定一个高度值和倾斜角。“拉伸面”命令可以沿一定路径或指定高度拉伸平面形成实体，不能拉伸非平面。“拉伸面”命令与“拉伸”命令是有区别的，前者拉伸的是一个实体上的面，而后者拉伸的是一个面域，如图 14-46 所示。

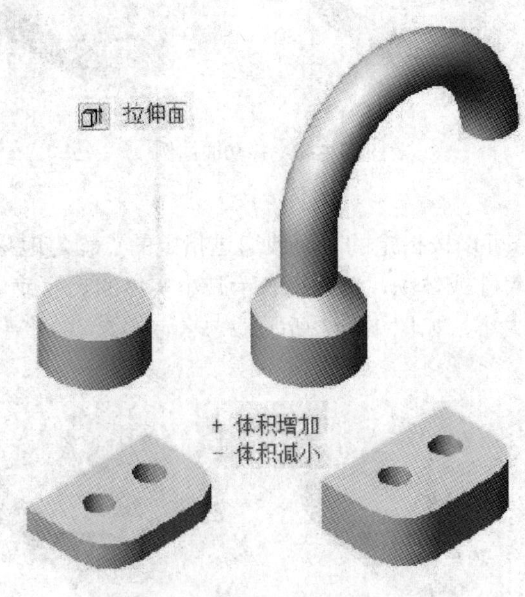

图 14-46　拉伸面图例

14.5　三维模型的后期处理

创建三维实体后，默认是以线框方式显示的。为了进一步获得逼真的模型图像，用户通常需要设置视觉样式，或者赋予材质并渲染，以观察所建模型是否满意。改变视觉样式后，当前视图中的所有表面模型与实体模型的视觉样式都会被改变。AutoCAD 可以对实体对象进行视觉样式和渲染处理，增加色泽感。

AutoCAD 特别设置了“视觉样式”与“渲染”工具栏，在图形进行逼真图像处理前，先在已打开的工具栏上用鼠标右击，选择“视觉样式”与“渲染”，在绘图区域弹出如图 14-47 和图 14-48 所示的工具栏图。在“三维制作”面板中详细设置了视觉样式和渲染功能后，应用起来非常方便。

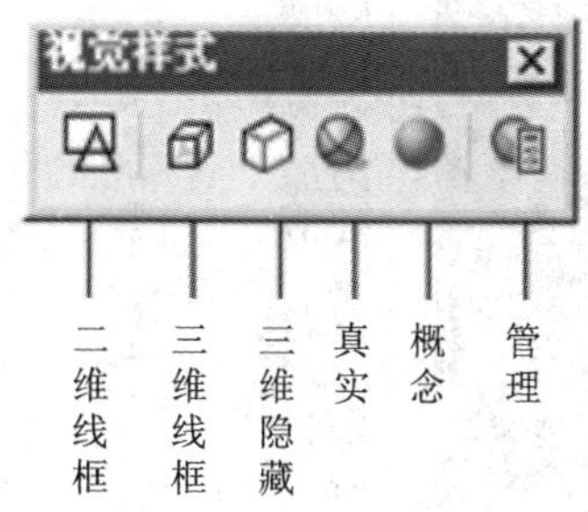

图 14-47　“视觉样式”工具栏

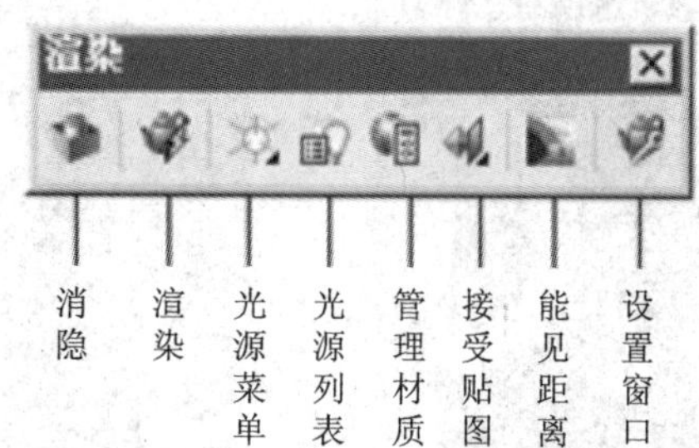

图 14-48　“渲染”工具栏

1．视觉样式

“二维线框”用来显示用直线和曲线表示边界的对象。切换到等轴测视图后默认为该模式，该模式下线型和线宽等特性都可见。“三维线框”用来显示对象时使用直线和曲线表示边界。在该模式下，在绘图区中将显示一个已着色的三维 UCS 坐标系图标，但不会显示线型特征。“三维隐藏”用来显示用三维线框表示的对象并隐藏模型内部及背面等从当前视点无法直接看见的线条。“真实”用来对多边形平面间的对象着色，并使对象的边平滑化，并且显示已附着到对象上的材质。“概念”对多边形平面间的对象着色，并使对象的边平滑化。用这种方式着色时会产生冷色和暖色之间的过渡，效果缺乏真实感，但可以更方便地查看模型的细节，如图 14-49 所示。

(a) 三维线框显示

(b) 三维隐藏显示

(c) 真实显示

(d) 概念显示

图 14-49　视觉样式显示

提示：在以前版本的 AutoCAD 中，改变视觉样式称为着色，在 AutoCAD 2012 中系统将自动调用“视觉样式”进行着色处理。三维隐藏也称消隐，可选择“视图”→“消隐”命令，或单击“渲染”工具栏上按钮进行操作。

2. 渲染

三维图形的渲染是指在图形中设置了光源、背景、场景，并为三维图形的表面附着材质，使其产生非常逼真的效果。一般来说，渲染图用于创建产品的三维效果图。在 AutoCAD 中，用户可以通过选择“视图”→“渲染”菜单中的各子菜单项执行渲染操作外，还可以通过打开“渲染”工具栏以简化操作。图 14-50 所示为渲染效果图例。

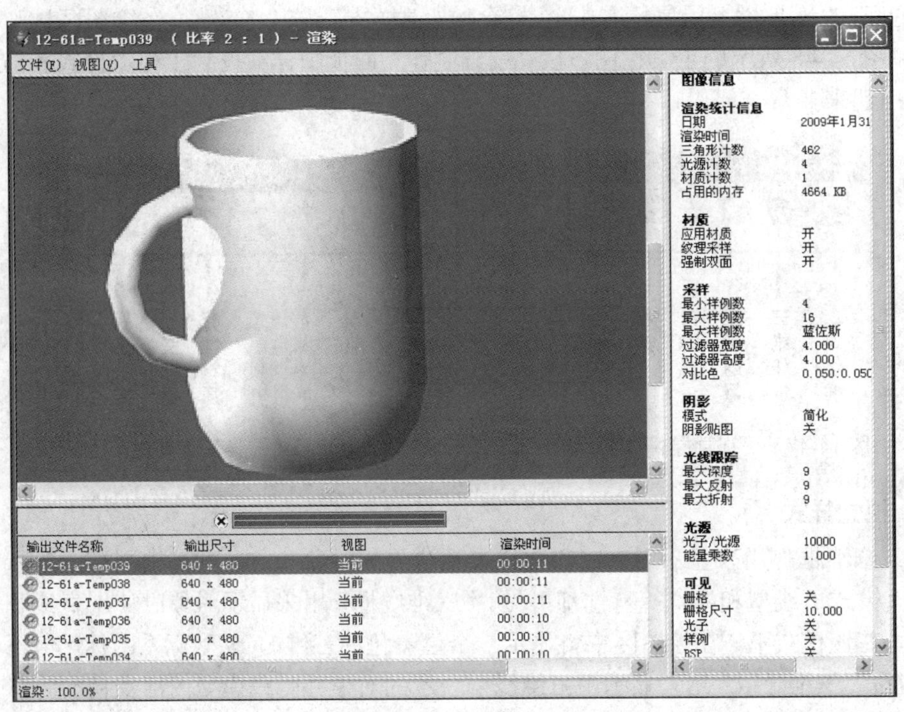

图 14-50　渲染效果图例

提示：渲染完毕，按 Esc 或单击“渲染”窗口右上角的“关闭”按钮，将返回主界面。如果要保存渲染后的效果图，可以选择“文件”→“保存”命令，然后在打开的“渲染输出文件”对话框中设置图片的格式、名称与保存位置，将当前渲染效果保存为 BMP、PCX、TGA、TIF、JPGE 或 PNG 格式的图像文件。

14.6 应用举例

【例】根据图 14-51 所示的平面图形绘制三维实体。

本例在绘制独立基础时，可以用长方体进行倒角得到，也可用“拉伸面”命令，但是需计算拉伸的倾斜度。注意，CAD 里有两个差不多的“拉伸”命令：一个是从二维平面到三维的“拉伸”命令(在“建模”工具栏里)，就是常用的拉伸；还有一个就是现在用的“拉伸面”命令(在“实体编辑”工具栏里)，这个命令是对三维实体的一个面进行拉伸。

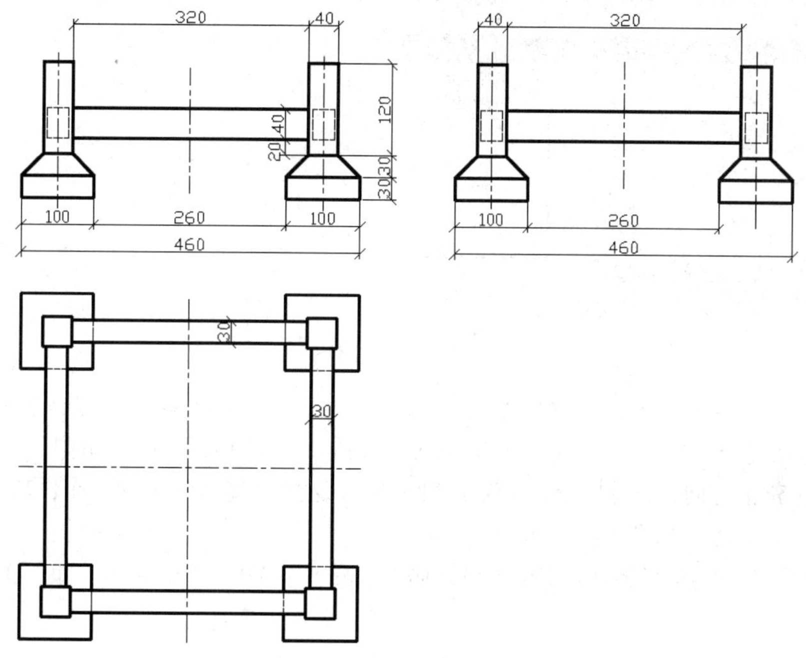

图 14-51　平面图形

操作步骤：

(1) 打开 CAD，点击“东南等轴测视图”按钮，进入到东南视图界面。

(2) 在东南视图的界面里，点击“长方体”按钮，在界面里指定长方体的一个角点后，再指定对角点，如图 14-52 所示。

(3) 点击“拉伸面”按钮选择长方体上表面。指定拉伸的高度 30 和倾斜角度 45°(通过计算得出 45°)，如图 14-53 所示。

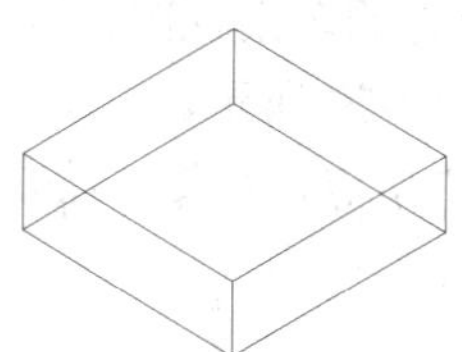

图 14-52　绘制长方体

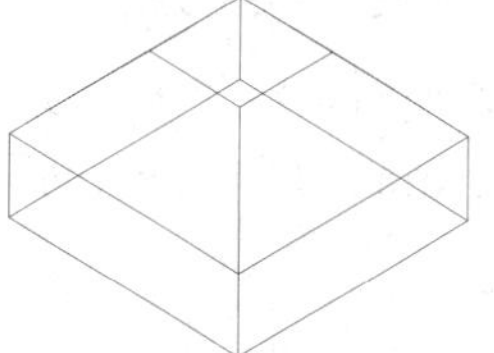

图 14-53　拉伸面倾斜度 45°

(4) 点击“拉伸面”按钮选择物体上表面。指定拉伸的高度 120 和倾斜角度 0°，单个实体就完成了，如图 14-54 所示。

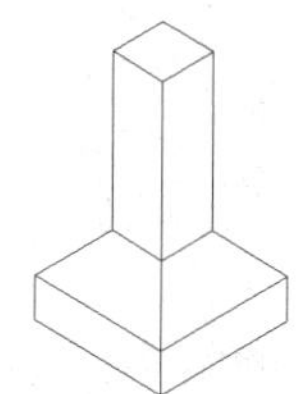

图 14-54　拉伸面

(5) 对这个实体做阵列。点击“阵列”按钮打开如图 14-55 所示对话框。阵列完成后，输入“hide”转为消隐图，如图 14-56 所示。

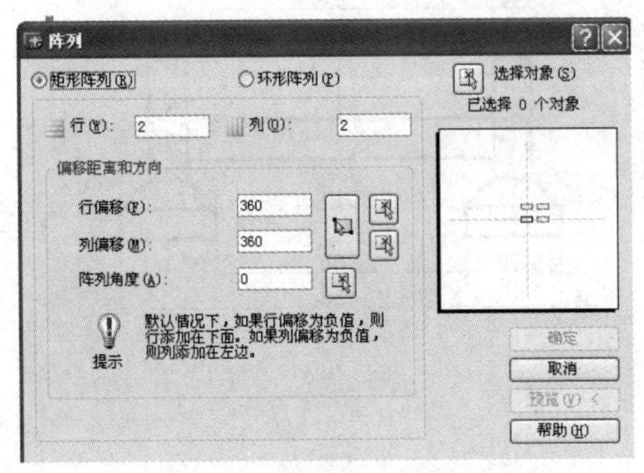

图 14-55　矩形阵列对话框

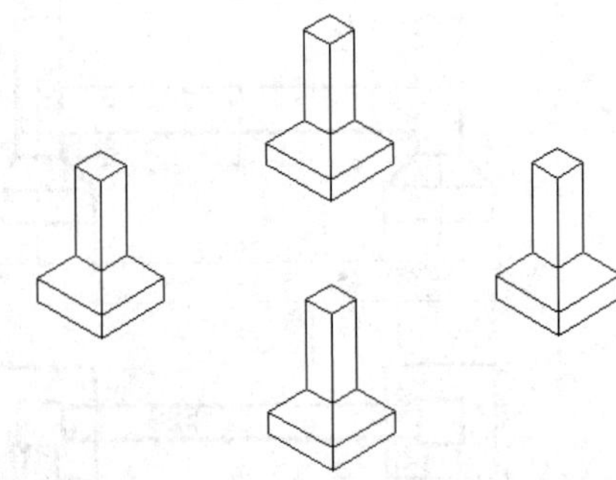

图 14-56　阵列后消隐

(6) 建立用户坐标系。点击“三点 UCS”按钮，按图 14-57 示意的顺序确定 UCS 的三个点，1 为 Y 轴方向，2 为原点，3 为 X 轴方向。这样，将实体上的一个面转到 XY 平面，为后续操作做准备，如图 14-57 所示。

(7) 指定长方体的角点(0，20，−5)，输入对角点@320，40，−30，如图 14-58 所示。

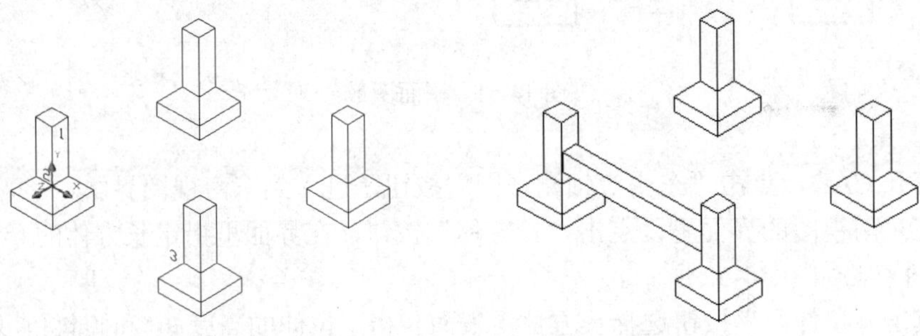

图 14-57　建立用户坐标系　　　图 14-58　绘制基础梁

(8) 点击“世界 UCS”按钮，将 UCS 坐标返回到原先的东南视图。这样，整个图形的底部都处在 XY 平面里，为下一步操作做好准备，如图 14-59 所示。

(9) 用三点画圆。画一个辅助圆，三个点都是实体的角点，如图 14-60 所示。

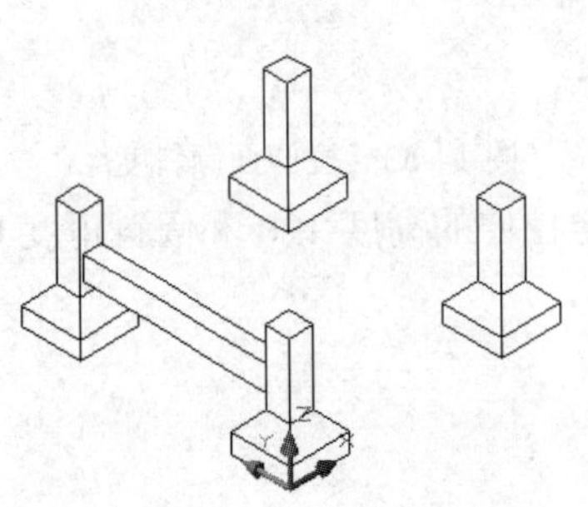

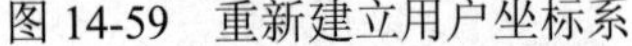

图 14-59　重新建立用户坐标系

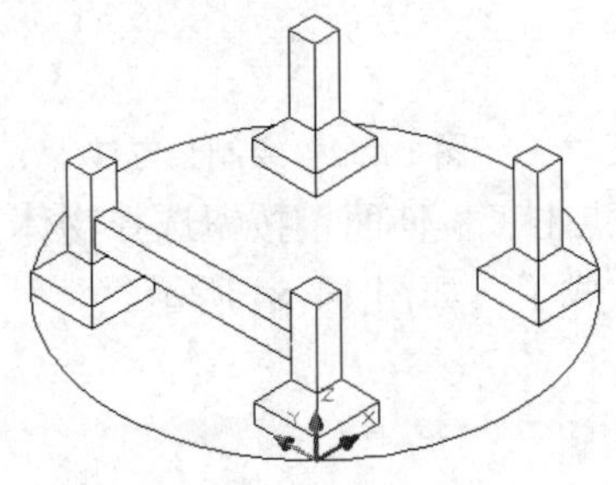

图 14-60　画辅助圆

(10) 做环形阵列。中心点是辅助圆的圆心，项目数为 4，角度为 360°，对象是横的长方体，如图 14-61 所示。图 14-62 为环形阵列后的图形。

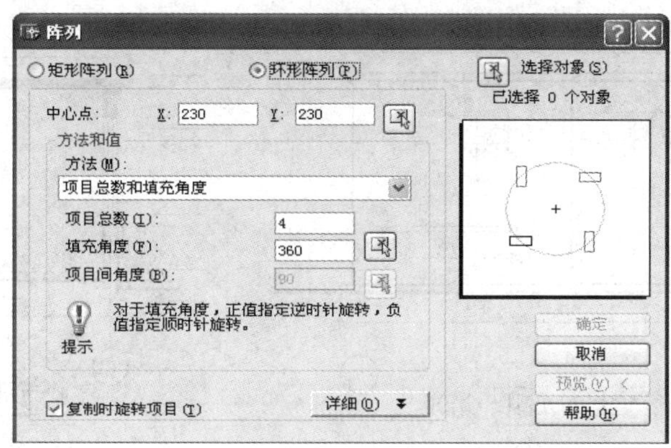

图 14-61　环形阵列对话框

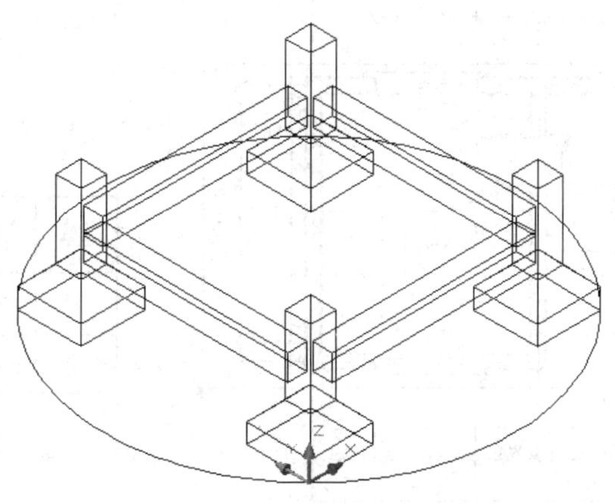

图 14-62　基础梁环形阵列

(11) 删除掉辅助圆。用“并集”命令选择整个图形，回车确认，整个图形就合为一体。输入“hide”命令，全部图形就展现为消隐图，如图 14-63 所示。

(12) 点击“着色”命令图形就成了着色图，本题绘制完成的结果如图 14-64 所示。

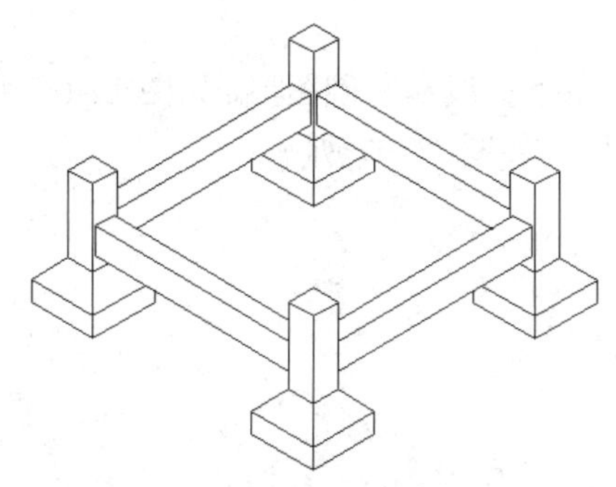

图 14-63　进行并运算

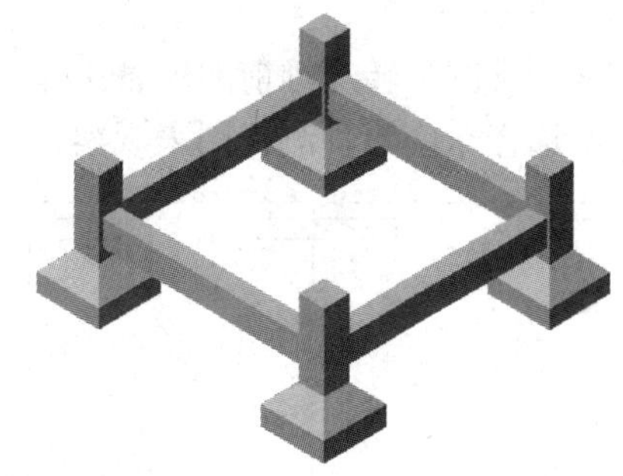

图 14-64　对基础梁着色

【例】根据房屋三视图绘制立体图，如图 14-65 所示。

二维图形转换为三维图形通常有：旋转、抽壳、拉伸、通过使用“特性”命令来修改厚度等方法。但在房屋施工图中将二维平面图转换为三维模型最快的方法是用“拉伸”命令。

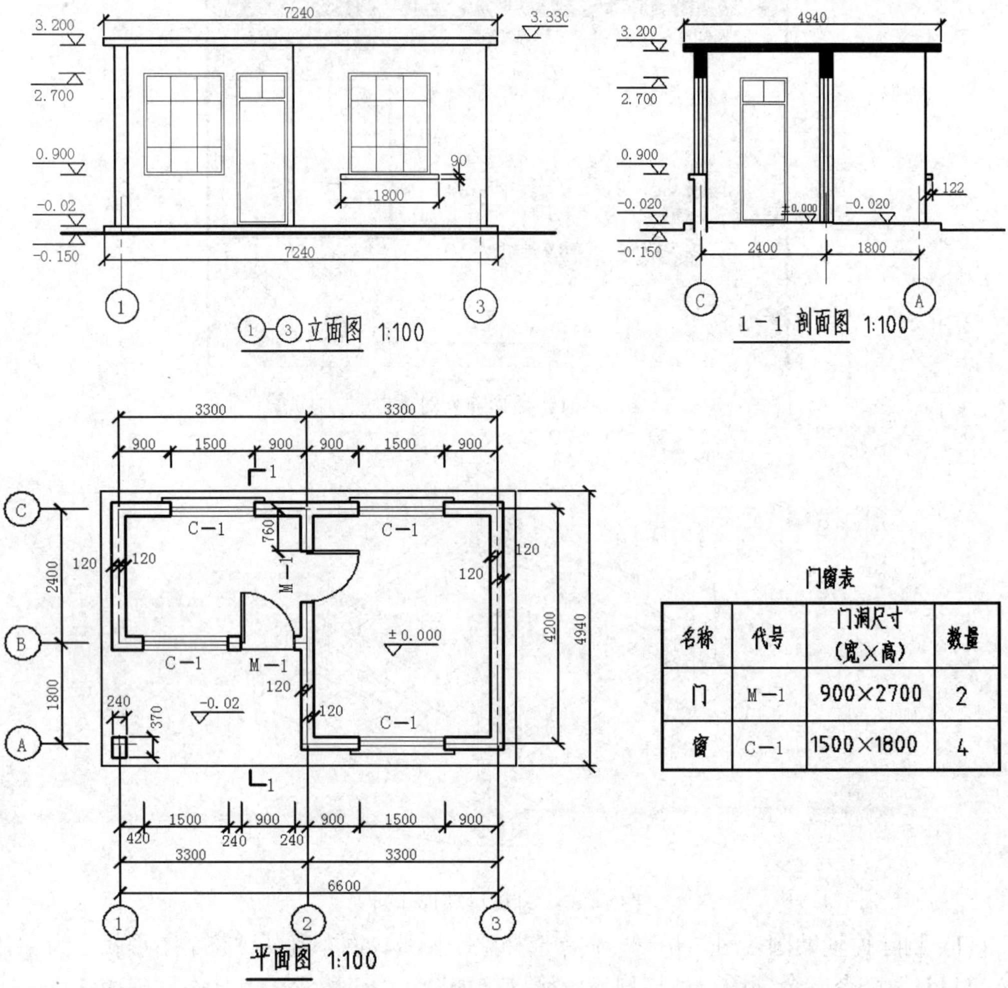

门窗表

名称	代号	门洞尺寸（宽×高）	数量
门	M−1	900×2700	2
窗	C−1	1500×1800	4

图 14-65　值班室建筑施工图

操作步骤：

(1) 二维图形转三维前的准备工作。关闭图层，留下墙线和基础图层，如图 14-66 所示。

(2) 选择东南等轴测视图来观察、绘制比较方便，如图 14-67 所示。

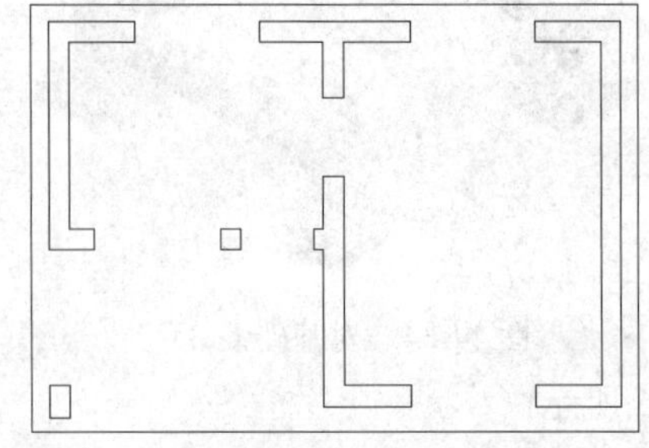

图 14-66　关闭图层留下墙线和基础图层

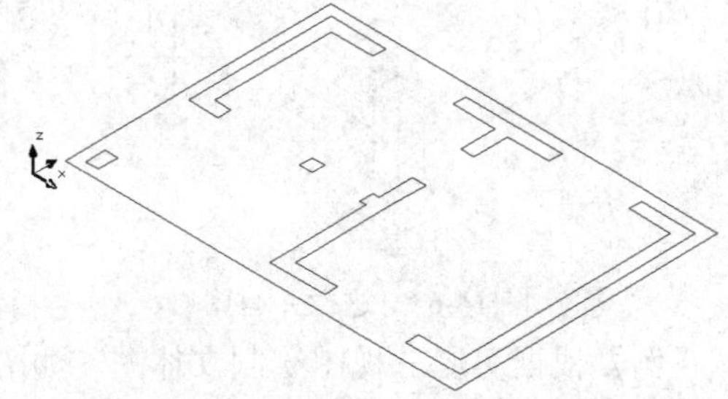

图 14-67　选择东南等轴测视图

(3) 创建面域或把墙线转化为多段线。在绘图过程中可能用直线绘制，也可能用多段线绘制，但在拉伸前一定要使用面域命令。本图共形成了 7 个面域。

(4) 拉伸。拉伸墙线形成墙体。输入正值，沿 Z 轴正向拉伸，如拉伸墙线输入 3220 mm；若输入负值，沿 Z 轴负向拉伸，如拉伸基础输入 –130 mm，拉伸效果如图 14-68 所示。

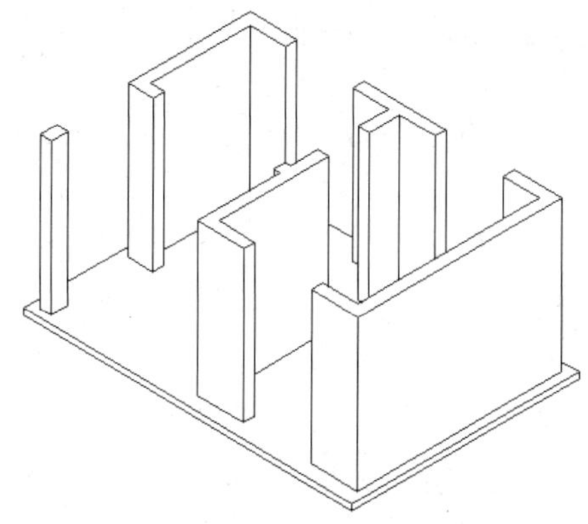

图 14-68　拉伸墙体和基础

(5) 建立用户坐标系，制作门和窗上的墙体，如图 14-69 所示。

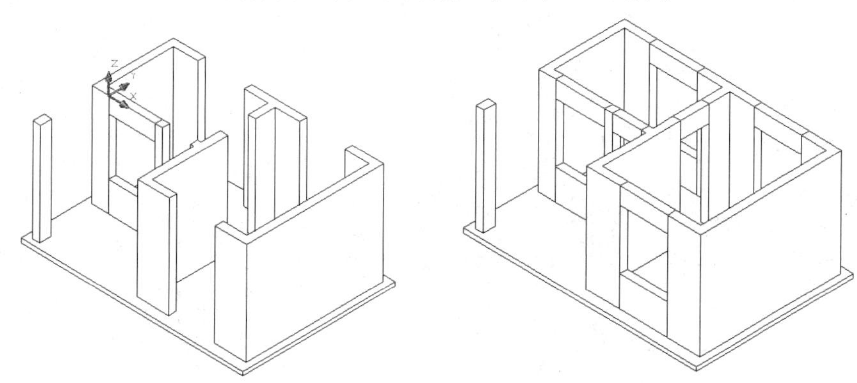

图 14-69　制作门和窗上的墙体

(6) 绘制室内地面。根据平面图和立面图，我们得知室内地面和室外高度差为 20 mm，用多段线在平面图内绘制封闭图线，然后拉伸 20 mm，如图 14-70 所示。

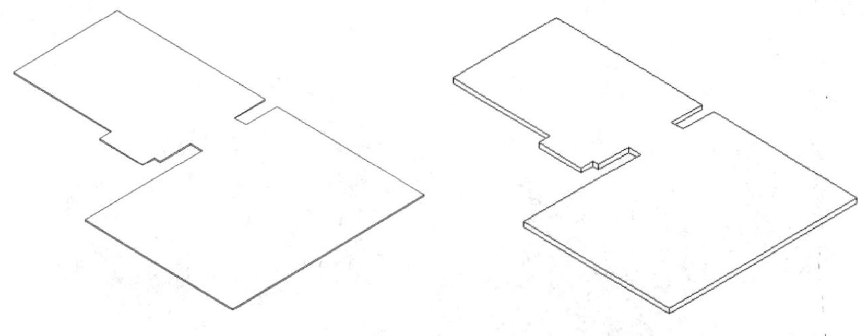

图 14-70　绘制室内地面

(7) 绘制窗台。在室外单独绘制窗台，然后用“移动”命令将其移到适当位置。注意，采用的基点都为中点，如图 14-71、图 14-72 所示。

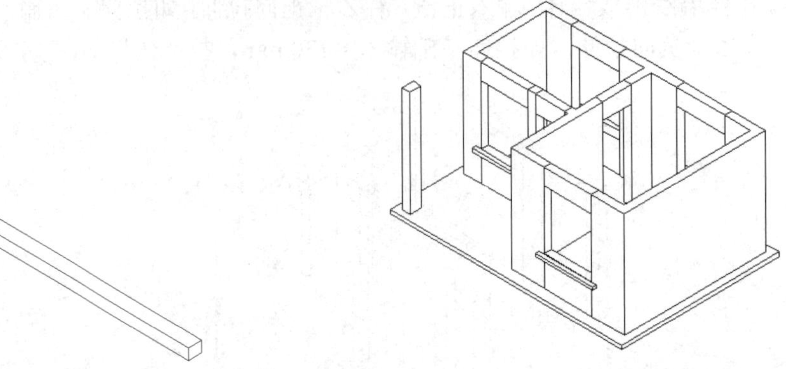

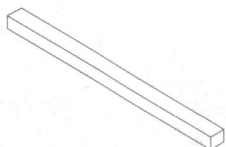

图 14-71 绘制窗台　　图 14-72 移动并复制窗台

(8) 绘制屋顶。通过房屋三视图分析，屋顶和基础都是长方体，大小一样，选择屋顶和基础对应点，在坐标系中高度差为 3350 mm，其余坐标一样，所以用“复制”命令输入@0，0，3350，可绘制屋顶，如图 14-73 所示。

(9) 布尔运算。通过并集运算形成整体，如图 14-74 所示。

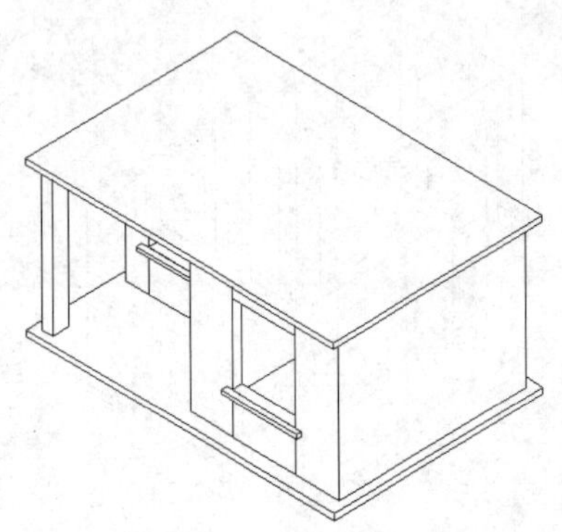

图 14-73 绘制屋顶

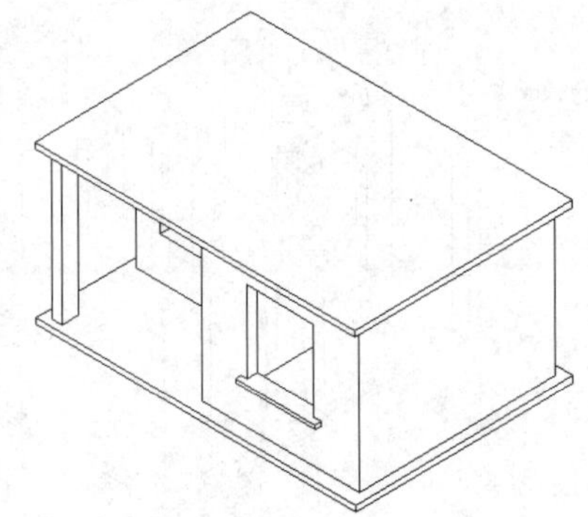

图 14-74 布尔运算形成整体

(10) 三维模型的后期处理。创建三维实体后，默认是以线框方式显示的。为了进一步获得逼真的模型图像，用户通常需要设置消隐，或者赋予材质并渲染，以观察所建模型是否满意，如图 14-75 所示。

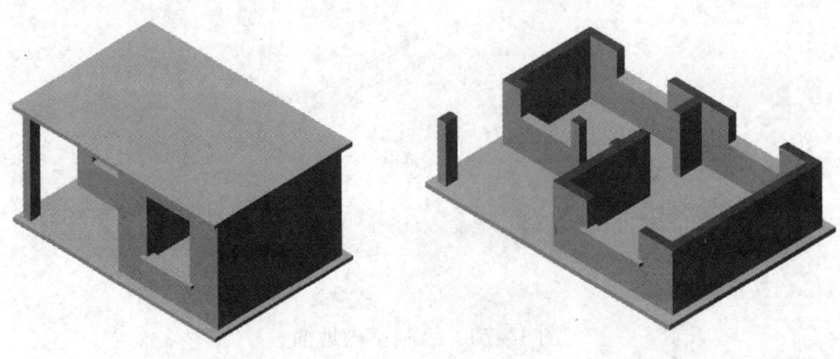

图 14-75 后期处理

14.7　上机实训

实训 1　根据图 14-76 所示的端墙式涵洞出入口构造图绘制立体图。

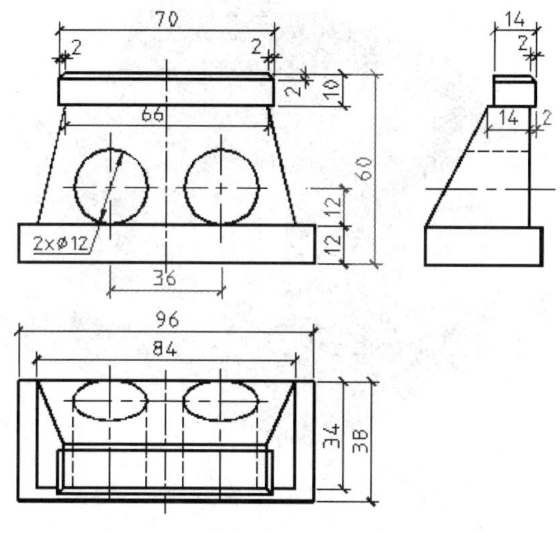

图 14-76　　端墙式涵洞出入口构造图

实训 2　根据图 14-77 所示的箱梁断面图绘制立体图，如图 14-78 所示，梁长 30 米。

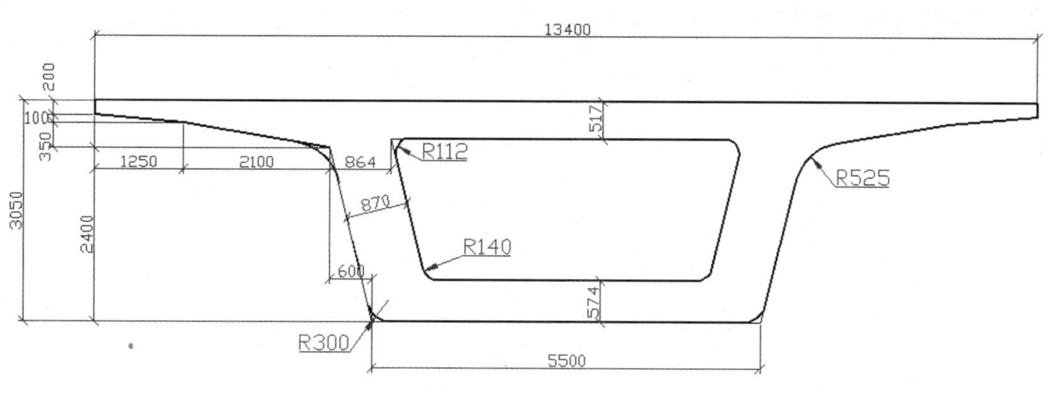

图 14-77　箱梁断面图

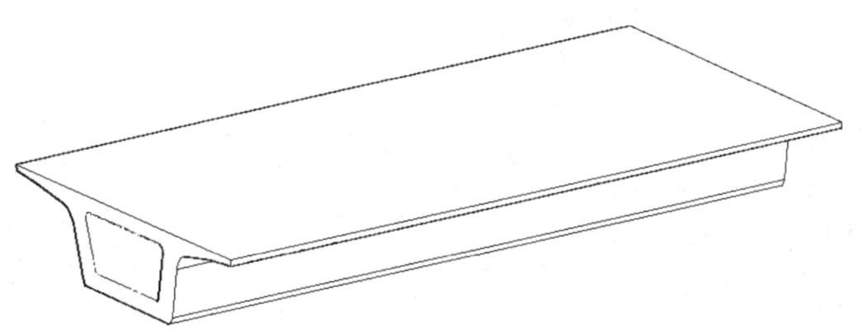

图 14-73　箱梁立体图

实训 3　自定尺寸绘制图 14-79 所示的农家小屋。

目的要求：

利用所讲三维命令练习三维图形的基本操作。

图 14-79　农家小屋

操作提示：

可以用“拉伸”命令创建地基和主墙体，并从主墙体中减去对应位置处的门和窗户，以创建窗洞、门洞和走廊区域。利用“多段线”命令绘制门、窗的截面线，将它们各自面域后拉伸创建门、窗实体。

第 15 章　土木工程三维模型

随着技术的不断革新，传统的二维设计已经不能满足工程设计的需要，真实的三维模型及虚拟现实表现技术才能在未来土木工程设计行业占据主导地位。CAD 提供了强大的三维造型功能，可以设计出千变万化的三维模型，并且可以计算出模型的重量、体积、惯性矩等，而且在工程未完工之前就可以看到它的“真面目”，对现场施工人员尽快熟悉设计图纸，更快、更好地完成施工任务有很大的帮助。随着 CAD 绘图在工程中作用越来越大，其在土木工程方面的应用也越来越广泛。

15.1　三维实体建模方法

AutoCAD 提供了绘制长方体、球体、圆柱体、圆锥体、楔体、圆环体等的三维实体命令，同时还提供了九种三维建模方法构造三维实体。实体的三维模型广泛应用于建筑、机械设计及广告领域。

15.1.1　拉伸法建模

1. 功能

用“extrude”命令拉伸创建土木工程各部分的三维模型，“拉伸”命令还可以沿指定路径拉伸对象或按指定高度值和倾斜角度拉伸对象。

2. 操作

单击“实体”工具栏中的“拉伸”按钮，选择要拉伸的对象，首先对平面图进行面域，然后输入拉伸的高度即可。

绘制高铁箱梁时，可用“多段线”命令先在俯视图上绘制箱梁断面图如图 15-1 所示，面域后拉伸一定的长度即可，如图 15-2 所示。拉伸涵洞如图 15-3 所示，拉伸挡土墙如图 15-4 所示。

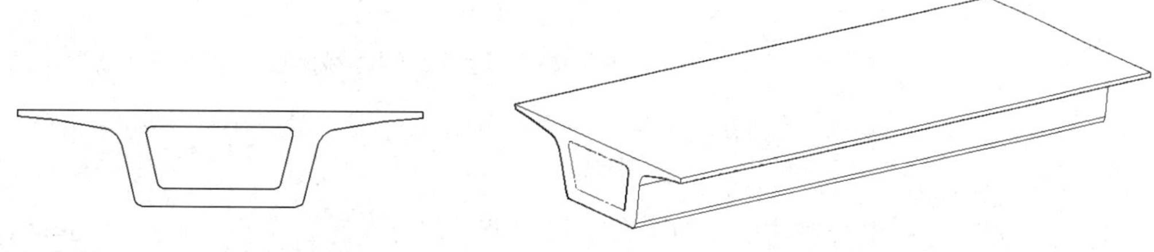

图 15-1　绘制箱梁断面图　　图 15-2　拉伸箱梁模型

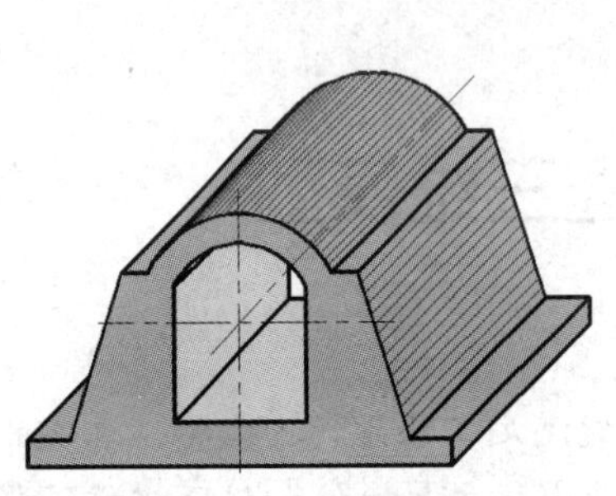

图 15-3　拉伸涵洞

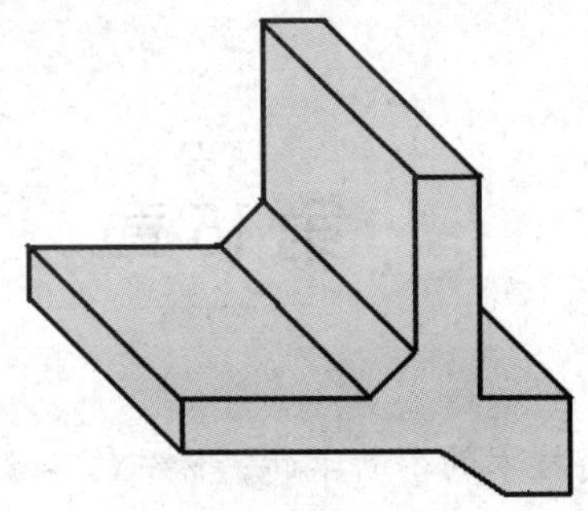

图 15-4　拉伸挡土墙

3. 说明

(1) 绘制土木工程建筑物各部分轮廓的平面图形，用“region”命令使各部分轮廓生成面域，再用“extrude”命令来拉伸创建建筑物各部分的三维模型。“拉伸”命令还可以沿指定路径拉伸对象或按指定高度值和倾斜角度拉伸对象。

(2) 如果用直线或圆弧来创建轮廓，在使用“extrude”之前需用“pedit”的“合并”选项把它们转换成单一的多线段或使它们成为一个面域。拉伸的对象为平面三维面、封闭多段线、多边形、圆、椭圆、封闭样条曲线、圆形和面域，不能拉伸相交的多段线，如果选定的多段线具有宽度，系统将忽略其宽度并且从多段线路径的中心线处拉伸，如果选定对象具有厚度，将忽略该厚度。

(3) 拉伸不同的 UCS 上的平面图形时，要用“UCS”命令变换用户坐标系，使之定义为当前坐标系。使用“UCS”命令变换用户坐标系时，用其中的三点确定 UCS 子命令，直观快速，不易出错。拉伸不同的 UCS 上的平面图形时，使用“UCS”命令的“旋转用户坐标系”命令，使之定义为当前坐标系，也是一种快速定位用户坐标系的方法。

15.1.2　布尔运算法建模

1. 功能

布尔运算可对三维实体和二维面域进行并集(union)、差集(subtract)和交集(intersect)的操作，如图 15-5 所示。

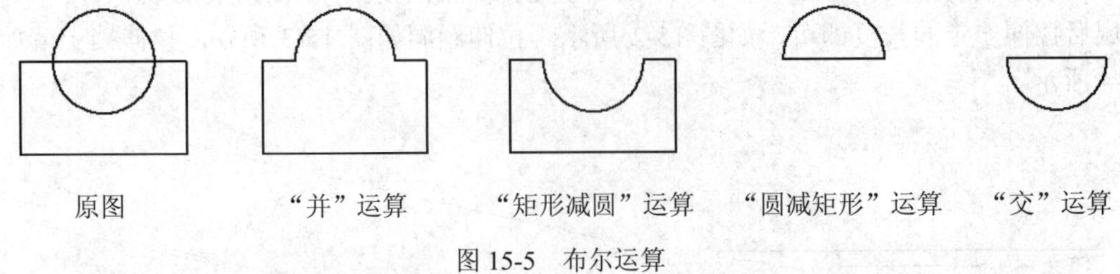

图 15-5　布尔运算

2. 操作

(1) 布尔并运算：组合实体是由四个台阶和一个平台合并而形成的，如图 15-6 所示，五个立方体合并为一个实体，如图 15-7 所示。

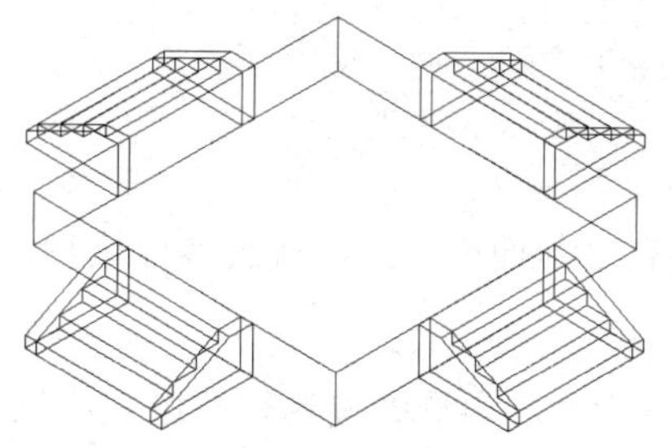
图 15-6　布尔并运算前

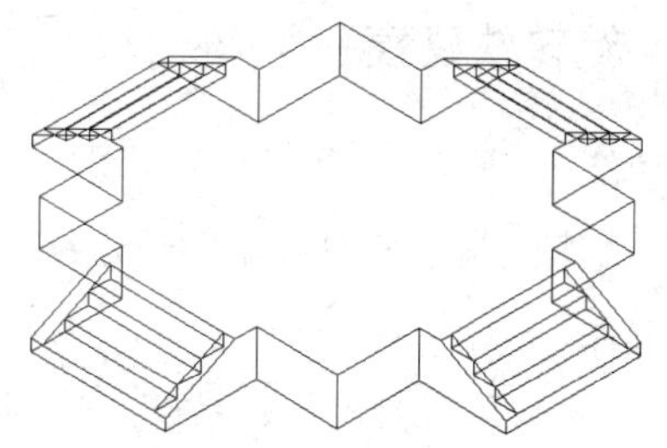
图 15-7　布尔并运算后

(2) 布尔减运算：从第一个对象减去第二个对象，得到一个新的实体或面域，涵洞的端墙减去两个圆柱孔，如图 15-8、图 15-9 所示。

图 15-8　布尔减前

图 15-9　布尔减后

(3) 布尔交运算：可得到两个或多个面域的重叠面积，以及两个或多个实体的公用部分的体积，两个立方体布尔交后得到的实体是它们的公共部分，如图 15-10 所示。灵活运用“交”运算可以画出用其他方法难以画出、形状特殊的组合体。

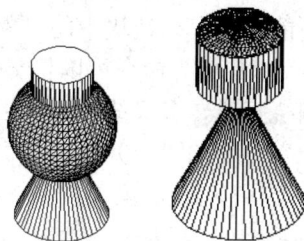

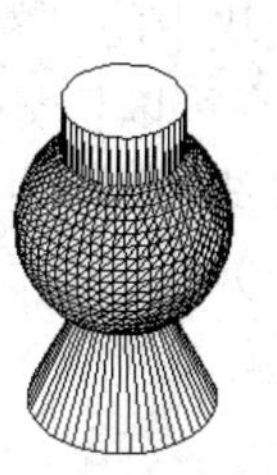
图 15-10　布尔“交”运算

3. 说明

相交的实体，通过搭积木和挖切的方法，并用 AutoCAD 的布尔运算命令得到要画的相贯模型。使用布尔运算的命令，可对建筑物进行壳体生成、拼接、搭积、挖切等。例如，绘制空心楼板可先用多段线绘制楼板(图 15-11)，再用“拉伸”命令拉伸楼板外围及五个圆孔(图 15-12)，最后用楼板布尔减圆孔得到如图 15-13 所示的图形。

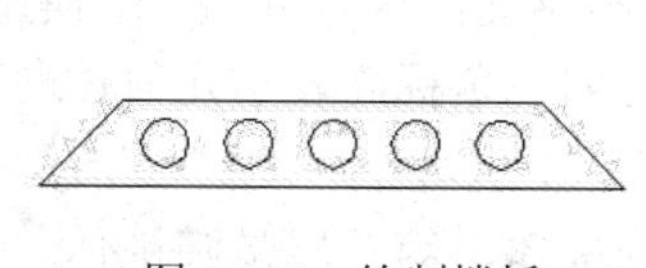
图 15-11　绘制楼板

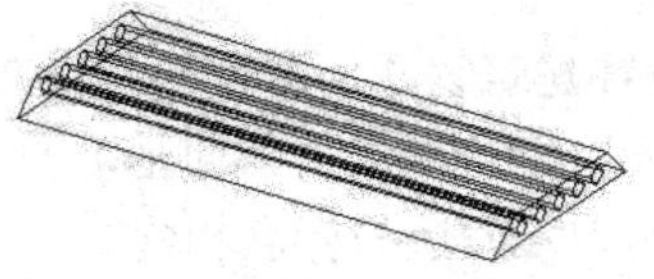
图 15-12　拉伸楼板

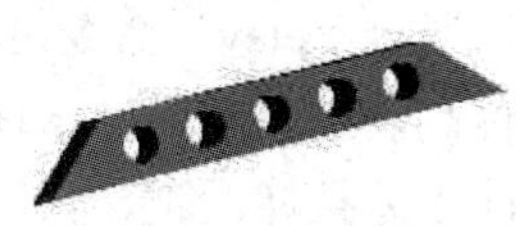
图 15-13　楼板着色

15.1.3　旋转法建模

1. 功能

旋转法建模是指使对象轮廓轨迹绕旋转轴旋转，从而产生三维旋转实体模型。

2. 操作

单击“实体”工具栏旋转按钮，选择要旋转的对象，再选择旋转轴即可生成三维实体。例如，用多段线绘制建筑物的外轮廓轨迹，用“旋转”(revolve)命令使外轮廓轨迹绕旋转轴旋转，产生的模型是实体，此命令对产生对称的光滑建筑曲面的建模有特殊的功效，如图 15-14 与图 15-15 所示。

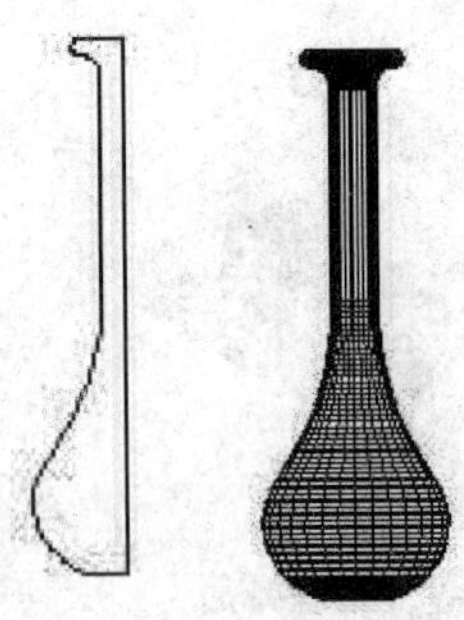

图 15-14　使外轮廓轨迹绕旋转轴旋转实例一

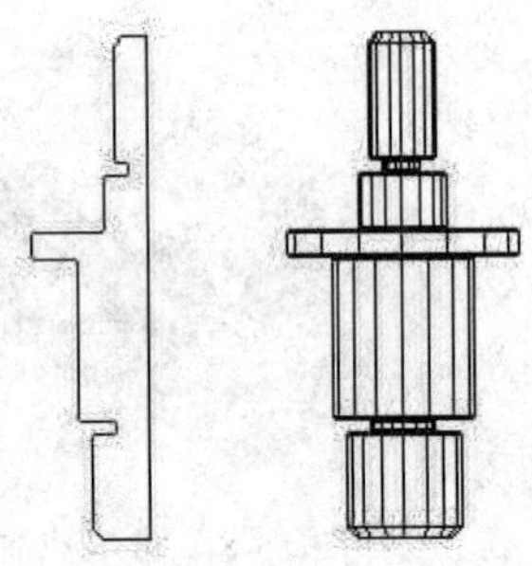

图 15-15　使外轮廓轨迹绕旋转轴旋转实例二

3. 说明

通过旋转二维对象来创建实体模型的方法适用于闭合多段线、多边形、圆、椭圆、闭合样条曲线、圆环和面域，但不能旋转包括在块中的对象，不能旋转相交或自交的线段，而且一次只能旋转一个对象，使用“旋转”命令可以将一个闭合对象围绕 X 轴或 Y 轴旋转一定角度来创建实体，也可以围绕直线、多段线或两个指定的点旋转对象，如果用直线或圆弧创建轮廓，可以使用“pedit”命令的“合并”选项将它们先转换为单个多线段对象，然后使用“旋转”命令。

15.1.4　标高法建模

1. 功能

标高法建模可以设置建筑物几何对象的基准面标高和厚度，从而得到网络模型。

2. 操作

选择对象，在命令行输入“elev”命令，按 Enter 键，再输入标高值。

3. 说明

通过“elev”命令可以设置建筑物几何对象的基准面标高和厚度，从而得到三维模型。零标高表示基准面，正标高表示建筑物几何体向基准面上方拉伸，负标高表示几何体向基准面下方拉伸。正、负厚度的表示方法与标高相同。

以一建筑物为例，建筑物的第一层是立方体，第二层是圆柱体，第三层是圆锥体。立方体底面为基准面，第二层圆柱的基准面为立方体表面，第三层圆锥的基准面为圆柱的表面，以此类推，立方体下面的四个小圆柱是以立方体底面为基准面，用负标高拉伸所得，如图 15-16 所示。

用样条曲线绘制等高线可先定标高，再绘制等高线，如图 15-17 所示。用轴测图观察等高线，如图 15-18 所示。

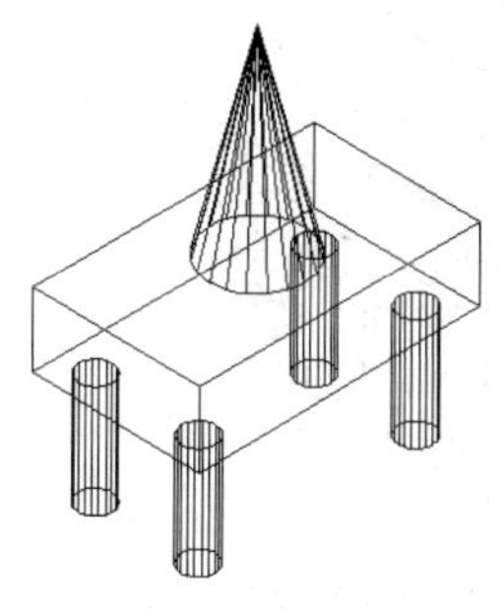

图 15-16　设置建筑物的标高和厚度

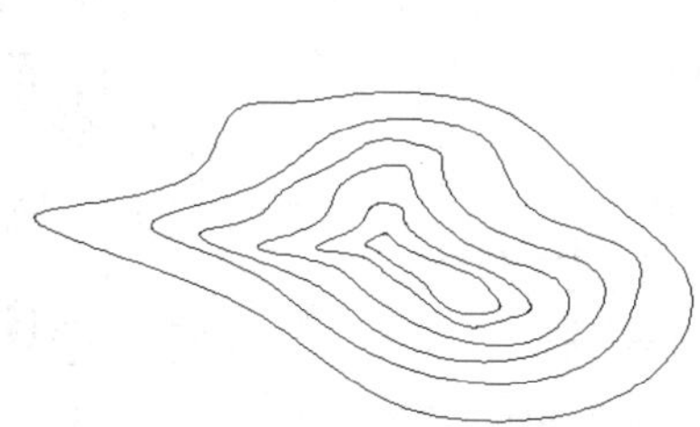

图 15-17　定标高绘制等高线

图 15-18　轴测图观察等高线

如果要修改建筑物标高，可选中建筑物平面对象，如图 15-19 所示，打开对象特性对话框修改标高为 100，如图 15-20 所示，按 Esc 键两次即可，结果如图 15-21 所示。

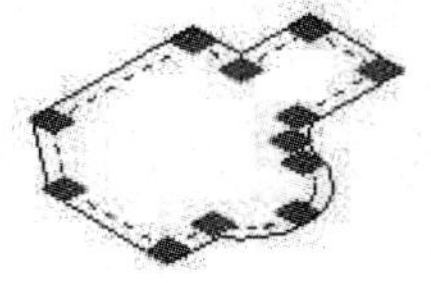

图 15-19　选中对象

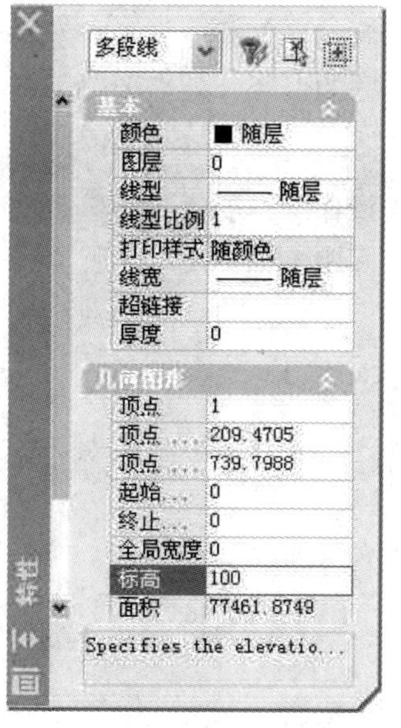

图 15-20　对象特性对话框

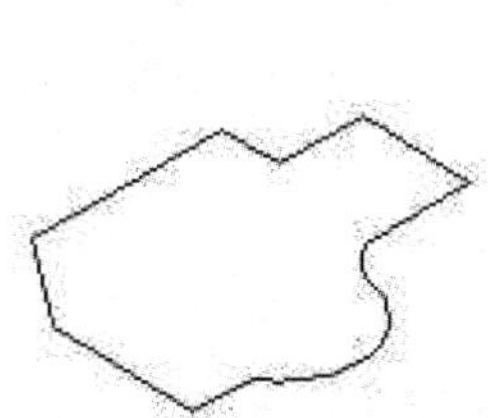

图 15-21　修改标高

15.1.5　镜像法建模

1. 功能

镜像法建模用于创建相对于某一平面的镜像图像。

2. 操作

选择“修改”下拉菜单“三维操作”中的“三维镜像”命令，再选择对象和对称面。

3. 说明

使用“mirror3d”命令可以沿指定的镜像平面创建对象的镜像，镜像平面可以是平面对象所在的平面、通过指定点且与当前 UCS 的 XY、YZ 或 XZ 平面平行的平面或者由选定三点定义的平面。例如，绘制房屋结构图，如图 15-22 所示，经过两次镜像可以得到建筑结构图，如图 15-23 所示。

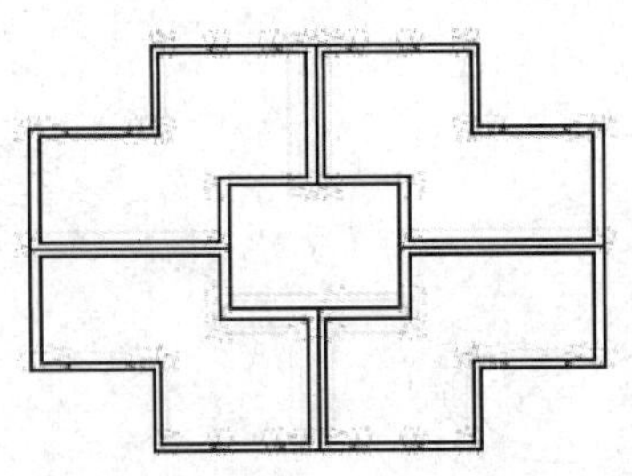

图 15-22　绘制房屋结构图

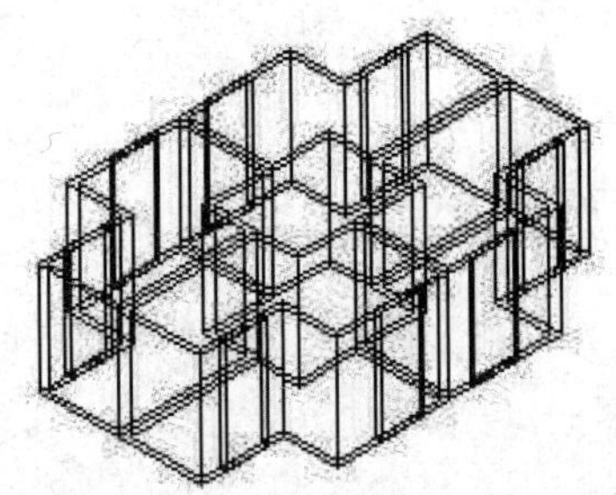

图 15-23　绘制建筑结构图

15.1.6　阵列法建模

1. 功能

阵列法可以创建有规律的行、列、层图像。三维阵列分为矩形阵列和环形阵列。三维阵列命令与二维阵列命令是两个不同的命令，但需要输入的参数基本相同。

2. 操作：

选择“修改”下拉菜单“三维操作”中的“三维阵列”命令，再选择对象，如图 15-24 所示，选择行数、列数、层数及其间距，如图 15-25 所示。

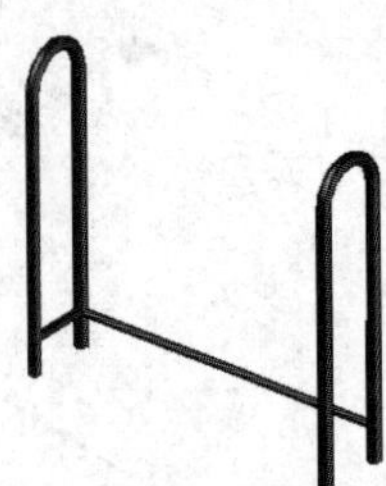

图 15-24　选择对象

图 15-25　确定行数、列数、层数阵列后的效果

3. 说明

有规律的房屋阵列关键是确定阵列的行数、列数、层数及其间距。使用“3darray”命令，可以在三维空间中创建对象的矩形阵列或环形阵列，除了指定列数(X 方向)和行数(Y 方向)以外，还要指定层数(Z 方向)。

15.1.7　厚度法建模

1. 功能

厚度法建模是指平面图形经修改厚度后变为三维模型。

2. 操作

选中对象，如图 15-26 所示，在对象特性对话框中修改厚度为 500，如图 15-27 所示，按 Esc 键两次即可得到三维实体，如图 15-28 所示。

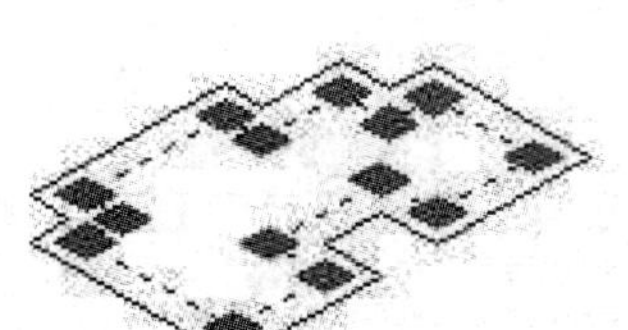
图 15-26　选中对象

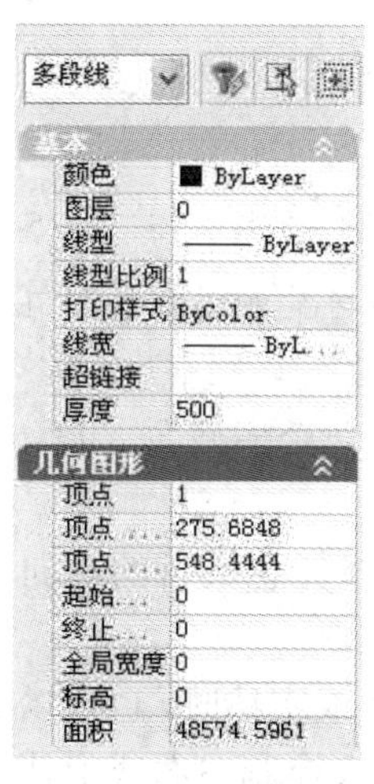

图 15-27　修改厚度为 500

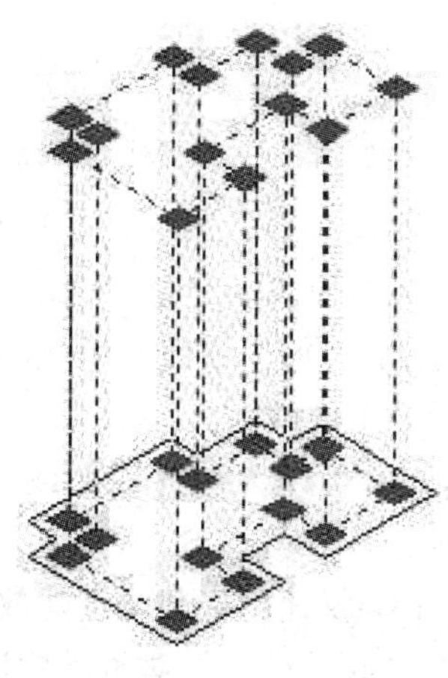
图 15-28　显示厚度

15.1.8　三维放样法建模

使用“loft”命令，可以通过对横截面曲线进行放样来创建三维实体或曲面。横截面定义了实体或曲面的形状。横截面可以是开放的(例如圆弧)，也可以是闭合的(例如圆)。“loft”用于在横截面之间的空间内绘制实体或曲面。使用“loft”命令时，至少指定两个横截面。如果对一组闭合的横截面曲线进行放样，则生成实体。

点击三维面板放样图标，如图 15-29 所示，点击横截面曲线的一组曲线，如图 15-30 所示，进行放样创建三维曲面，如图 15-31 所示。

图 15-29　三维面板放样图标

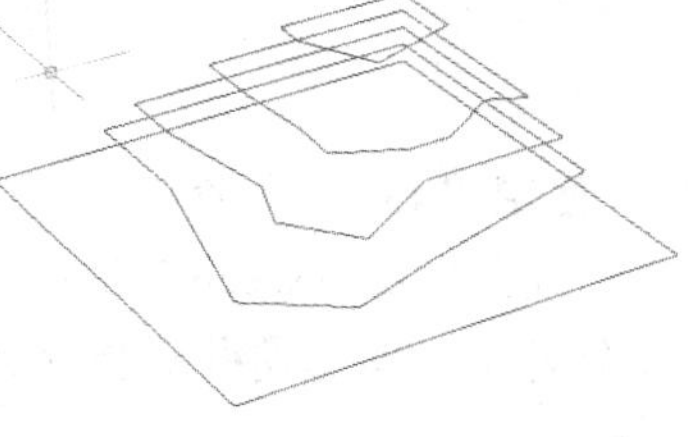
图 15-30　一组曲线

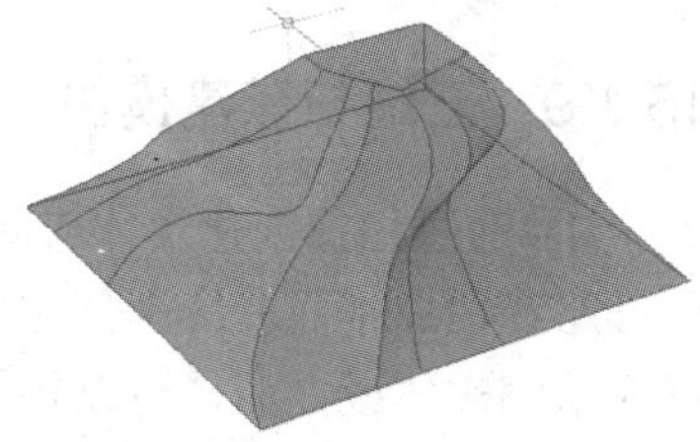
图 15-31　创建三维曲面

如果对一组开放的横截面曲线进行放样，则生成曲面。注意放样时使用的曲线必须全部开放或全部闭合，不能使用既包含开放曲线又包含闭合曲线的选择集。可以指定放样操作的路径，如图 15-32 所示。指定路径使用户可以更好地控制放样实体或曲面的形状，如图 15-33 所示。建议路径曲线始于第一个横截面所在的平面，止于最后一个横截面所在的平面，也可以在放样时指定导向曲线，如图 15-34 所示。导向曲线是控制放样实体或曲面形状的另一种方式，如图 15-35 所示，可以使用导向曲线来控制点如何匹配相应的横截面以防止出现不希望看到的效果。

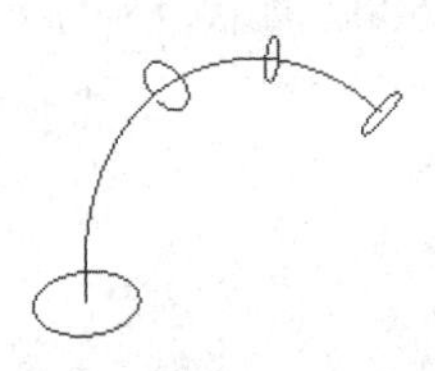
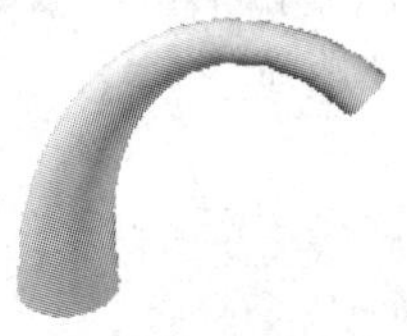
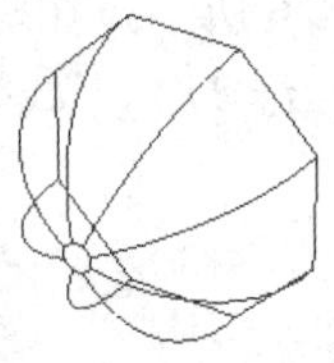

图 15-32　指定放样操作的路径　图 15-33　放样实体　图 15-34　指定导向曲线　图 15-35　放样实体

注意：用 Z 轴矢量变换 UCS 后再绘制横截面所在的平面。

每条导向曲线必须满足以下条件：

(1) 与每个横截面相交，始于第一个横截面，止于最后一个横截面。

(2) 可以为放样曲面或实体选择任意数目的导向曲线。

(3) 仅使用横截面创建放样曲面或实体时，也可以使用“放样设置”对话框中的选项来控制曲面或形体的形状，如图 15-36 所示。

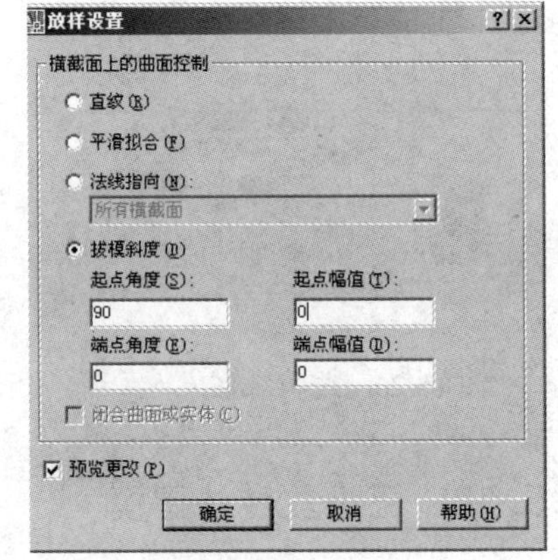

图 15-36　选择横截面的曲面形式

可以用作横截面的对象包括：直线、圆弧、椭圆弧、二维多段线、二维样条曲线、圆、椭圆、点(仅第一个和最后一个横截面)、面域、实体的平面、平面三维面、二维实体、宽线；可以用作放样路径的对象包括：直线、圆弧、椭圆弧、样条曲线、螺旋、圆、椭圆、二维多段线、三维多段线；可以用作导向的对象包括：直线、圆弧、椭圆弧、二维样条曲线、二维多段线、三维多段线。

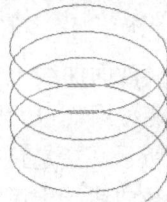

DELOBJ 系统变量控制是否在创建实体或曲面后自动删除横截面、路径和导向，以及是否在删除轮廓和路径时进行提示。

15.1.9　三维扫掠建模法

(1) 通过扫掠创建实体或曲面。使用“sweep”命令，可以通过沿开放或闭合的二维或三维路径扫掠平面曲线来创建新实体或曲面。“sweep”命令用于沿指定路径以指定轮廓的形式绘制实体或曲面，可以扫掠多个对象，但是这些对象必须位于同一平面中。如果沿一条路径扫掠闭合的曲线，则生成实体。

(2) 沿三维路径扫掠的圆。点击三维面板扫掠图标(图 15-29)，点击圆横截面(图 15-37)，点击螺旋弹簧路径创建三维新实体(图 15-38)。如果沿一条路径扫掠开放曲线，则生成曲面。

扫掠与拉伸不同，沿路径扫掠轮廓时，轮廓先与路径垂直对齐。然后，将沿路径开始扫掠该轮廓。

图 15-37　沿螺旋扫掠轮廓　图 15-38　创建新实体

提示：要沿螺旋扫掠轮廓(如闭合多段线)，请将轮廓移动或旋转并关闭“sweep”命令中的“对齐”选项。

如果扫掠对象，则在扫掠过程中可能会扭曲或缩放对象，在扫掠轮廓后，使用“特性”选项板来指定轮廓的以下特性：轮廓旋转、沿路径缩放、沿路径扭曲、倾斜(自然旋转)。

注意：扫掠轮廓或更改可能导致建模错误(例如实体自交)，如果“对齐”选项已关闭，“特性”选项板将不允许对这些特性进行更改。可以一次扫掠多个对象，但这些对象必须位于同一平面。

可以扫掠的对象(轮廓)包括：直线、圆弧、椭圆弧、二维多段线、二维样条曲线、圆、椭圆、三维面、二维实体、宽线、面域、平曲面、实体的平面；可以用作扫掠路径的对象：直线、圆弧、椭圆弧、二维多段线、二维样条曲线、圆、椭圆、三维多段线、螺旋、实体或曲面的边。

注意：可以通过按住 Ctrl 键然后选择这些子对象来选择实体或曲面上的面和边。

DELOBJ 系统变量控制是否在创建实体或曲面后自动删除轮廓和扫掠路径，以及是否在删除轮廓和路径时进行提示。

15.2　小区三维效果图

在建筑制图中，小区三维效果图反映了小区的建筑单体、设施以及绿化之间搭配的情况。通常根据小区总平面图执行“拉伸”、“三维阵列”、“复制”和“三维旋转”等命令绘制小区三维效果图。

本节通过用第 9 章的小区总平面图(图 15-39)绘制小区三维效果图来讲解三维绘图的一般方法和基本思路。在建筑总平面图中，设置绘图比例为 1∶1000，因此在绘制小区三维效果图时，设置与高度相关的尺寸均要考虑比例关系，且尽量使用建筑总平面图中已有的图形。该小区总平面图中主要建筑物有塔楼、住宅板楼、博物馆板楼、综合楼等。

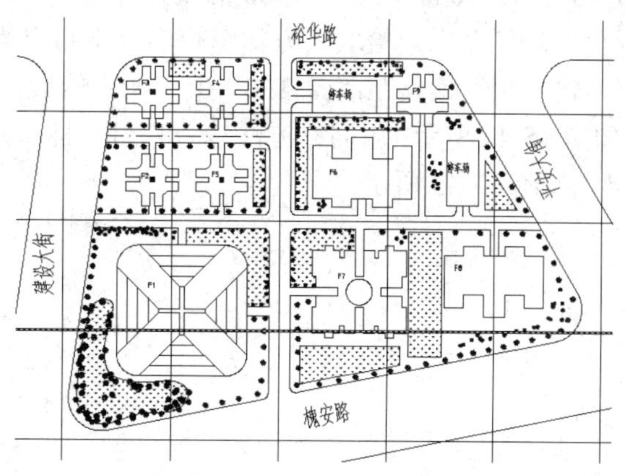

图 15-39　小区总平面图

15.2.1　绘制塔楼模型

塔楼平面图如图 15-40 所示，层高为 3200，墙体厚度为 240，共 18 层。

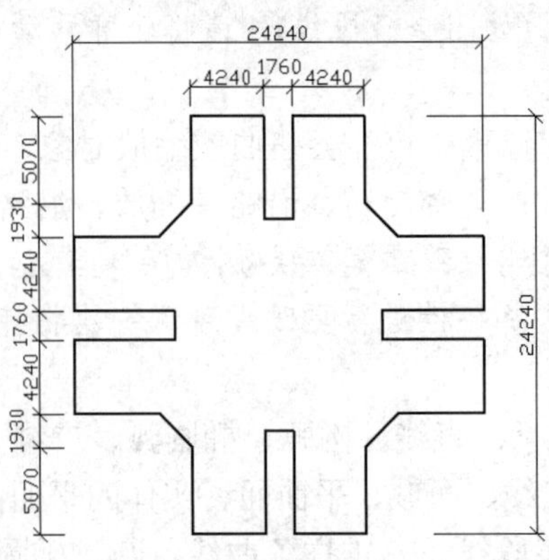

图 15-40　塔楼平面图

1. 绘制塔楼一层楼体

打开小区建筑总平面图，切换到西南等轴测图，在“建模”工具栏中单击“多段体”按钮，执行“多段体”命令，设置宽度为 240，设置多段体的高度为 3200，依次拾取总平面图塔楼图形上的端点，创建效果如图 15-41 所示。

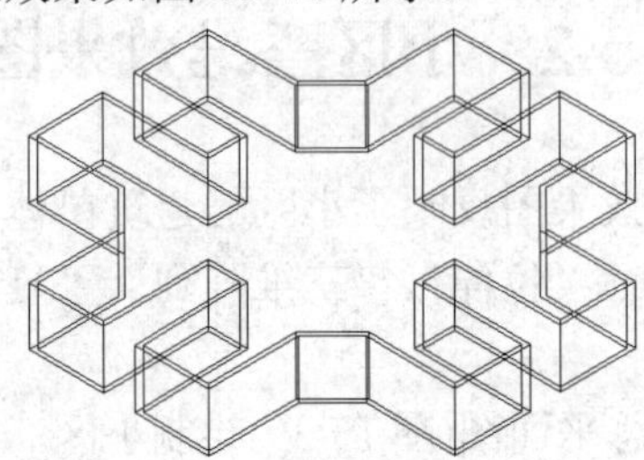

图 15-41　使用多段体命令创建塔楼一层楼体

2. 绘制窗户

执行“长方体”命令，绘制 1000 × 240 × 1500 的长方体窗户，在“修改”工具栏中单击“复制”按钮，执行“复制”命令，拾取长方体窗户的最下角点为基点，如图 15-42 中⊕图标所示的点为基点，输入相对偏移距离@1120，0，800，然后再使用相对坐标@2000，0，0 确认其他点，效果如图 15-42 所示。用同样方法输入相对坐标@1370，0，800 和@2500，0，0 绘制另外两个窗户，如图 15-43 所示。

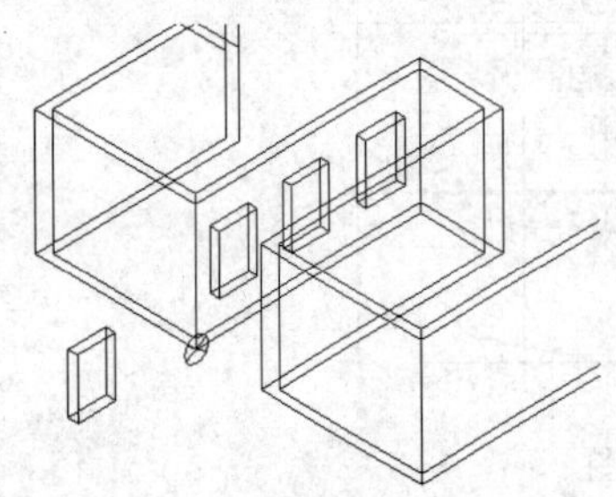

图 15-42　创建塔楼的一部分窗户

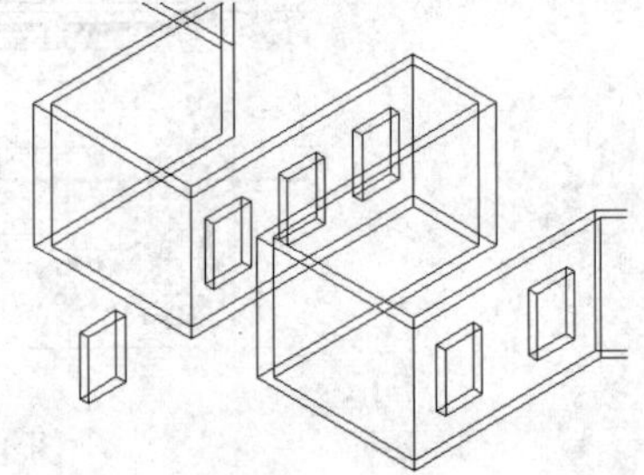

图 15-43　创建塔楼的第二部分窗户

执行“三维旋转”命令，将长方体窗户绕 Z 轴旋转 90°，移动到墙体的居中位置，距离地面 800，旋转效果如图 15-44 所示。选择“修改”→“三维操作”→“三维镜像”命令，镜像生成其他窗户，效果如图 15-45 所示。

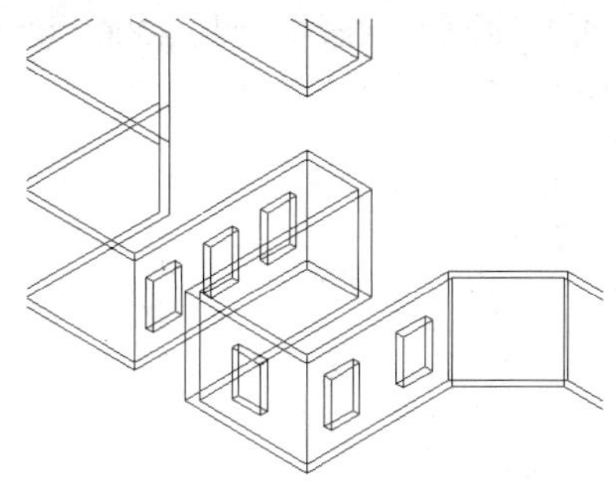

图 15-44　完成的窗户源件

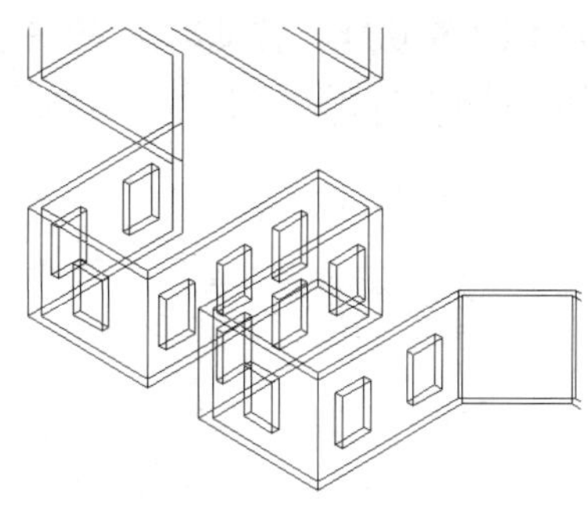

图 15-45　镜像生成其他窗户

继续执行“三维旋转”命令，沿塔楼斜向对称面和正对称面执行“镜像”命令，然后执行“差集”命令，其中“从中减去的实体或面域”为一层墙体，“要减去的实体或面域”为镜像的所有窗户，差集后执行“消隐”命令，完成效果如图 15-46 所示。

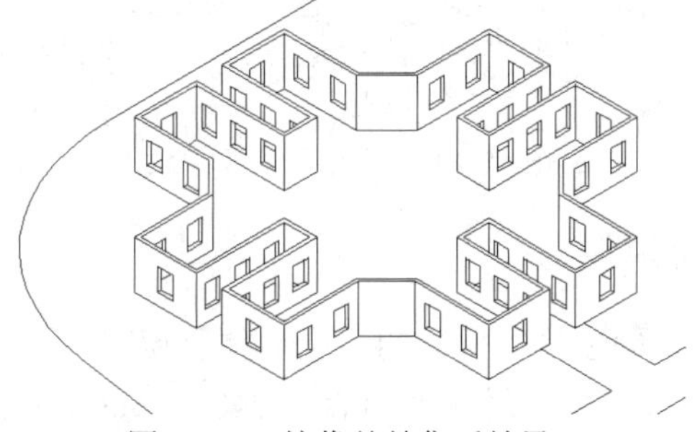

图 15-46　镜像并差集后效果

3. 阵列塔楼一层

选择“修改”→“三维操作”→“三维阵列”命令，采用矩形阵列，默认行数为 1，默认列数为 1，输入层数为 18 层，层间距为 3200，完成三维阵列，执行“消隐”命令，消隐效果如图 15-47 所示。执行“多段线”命令沿塔楼最顶层外侧绘制多段线，执行“拉伸”命令向上拉伸 100，并执行“消隐”命令，完成效果如图 15-48 所示。

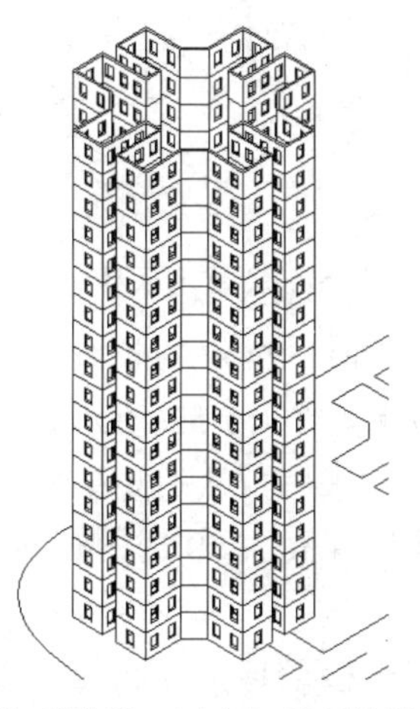

图 15-47　阵列塔楼一层未加楼顶的消隐效果

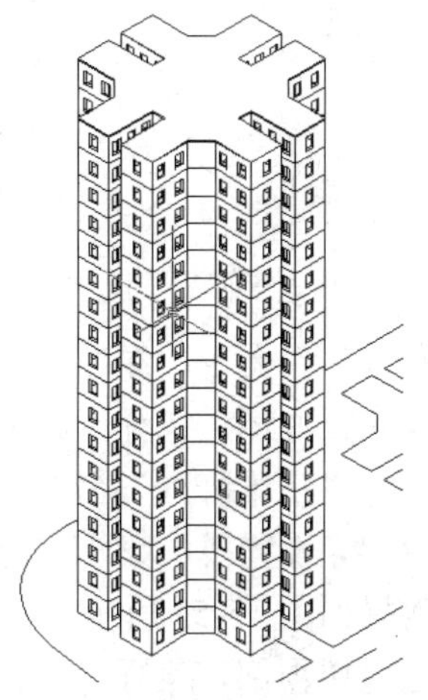

图 15-48　塔楼加楼顶的消隐效果

4. 绘制塔楼顶层出入口

打开 DUCS 功能，移动动态 UCS 到塔楼顶层的上顶面上，居中绘制 2000×2000×2000 的长方体，执行“消隐”命令，消隐效果如图 15-49 所示。

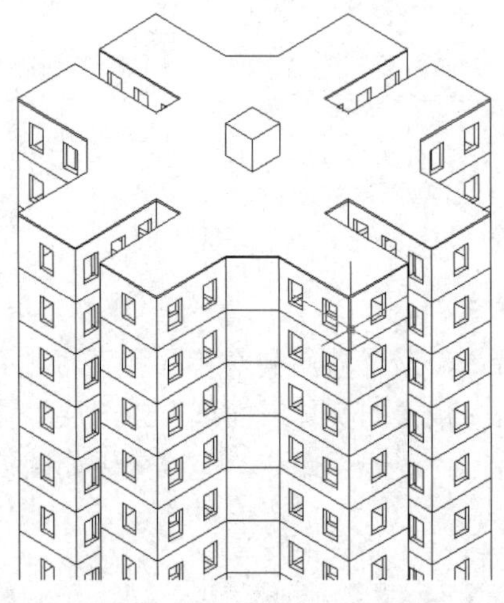

图 15-49　塔楼顶部三维效果

15.2.2　绘制住宅板楼模型

按照创建塔楼的方法，创建住宅板楼的一层墙体和窗户，设置墙厚为 240、墙高为 3200，门尺寸为 2400 × 240 × 2400，窗户尺寸为 1000 × 240 × 1500，创建效果如图 15-50 所示。

右击住宅板楼的第一层楼层，在弹出的快捷菜单中选择“带基点复制”命令，选择最下角点为基点，右击，在弹出的快捷菜单中选择“粘贴”命令，墙体对正，完成效果如图 15-51 所示。

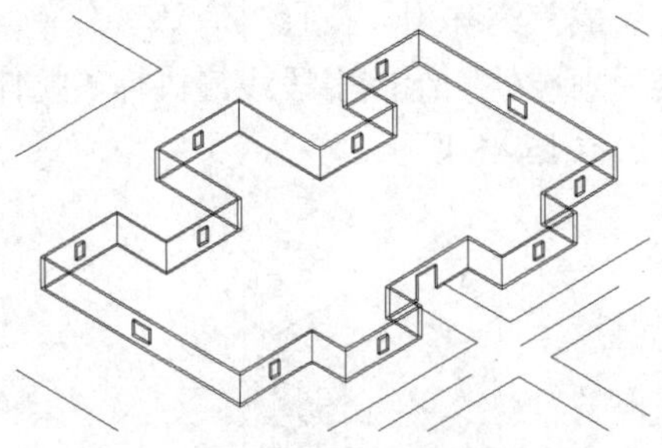

图 15-50　住宅板楼的一层三维效果

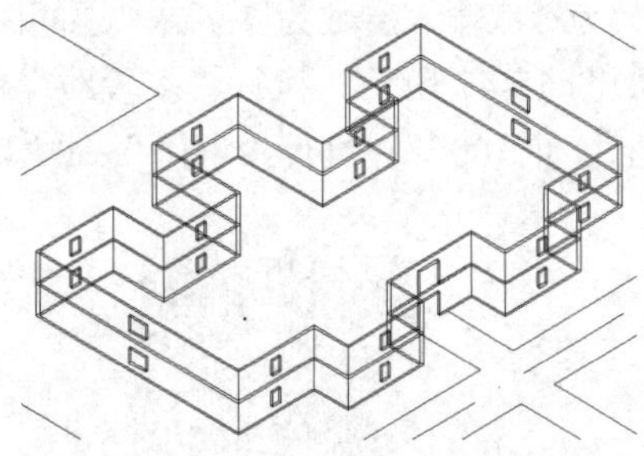

图 15-51　住宅板楼的二层三维效果

执行“长方体”命令，在二层门部位绘制 2400 × 240 × 2400 的长方体，选择二层墙体和刚绘制完成的长方体，执行“并集”命令，完成效果如图 15-52 所示。选择“修改”→“三维操作”→“三维阵列”命令，选择板楼的二层，采用默认的矩形阵列，默认行数为 1，默认列数为 1，设置楼层数 9，指定层间距 3200 即楼层高 3200，按 Enter 键，完成阵列，阵列后消隐效果如图 15-53 所示。

封闭住宅板楼顶部，执行“拉伸”命令，沿住宅板楼最顶层外侧面绘制封闭多段线，指定拉伸高度为 100，拉伸后消隐效果如图 15-54 所示。

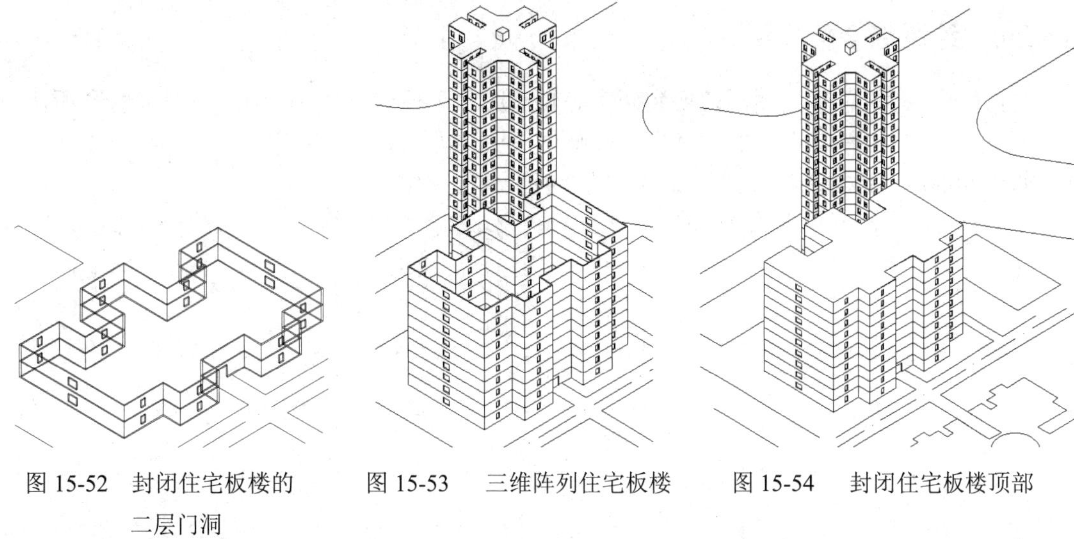

图 15-52　封闭住宅板楼的二层门洞　　图 15-53　三维阵列住宅板楼　　图 15-54　封闭住宅板楼顶部

15.2.3　绘制博物馆板楼模型

执行“多段线”命令，沿博物馆板楼的轮廓绘制封闭多段线，绘制效果如图 15-55 所示。执行“拉伸”命令，将轮廓多段线向上拉伸 16 000，拉伸效果如图 15-56 所示。

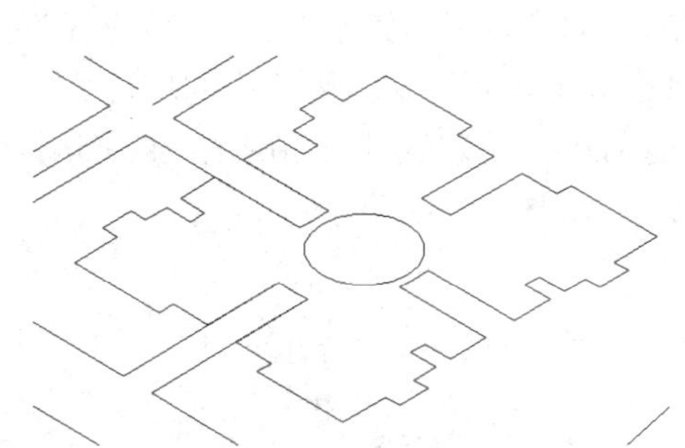

图 15-55　绘制博物馆板楼的轮廓多段线

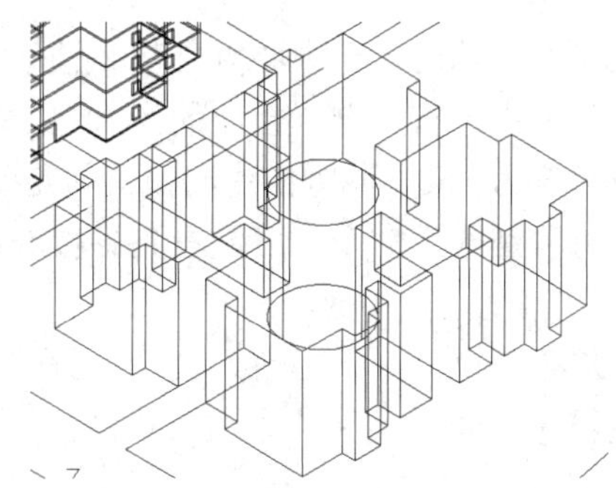

图 15-56　拉伸博物馆板楼的轮廓线

继续执行“拉伸”命令，将轮廓线的中间圆向上拉伸 16000。执行“差集”命令，用多段线拉伸形成的实体减去圆拉伸形成的实体，差集并消隐后的效果如图 15-57 所示。

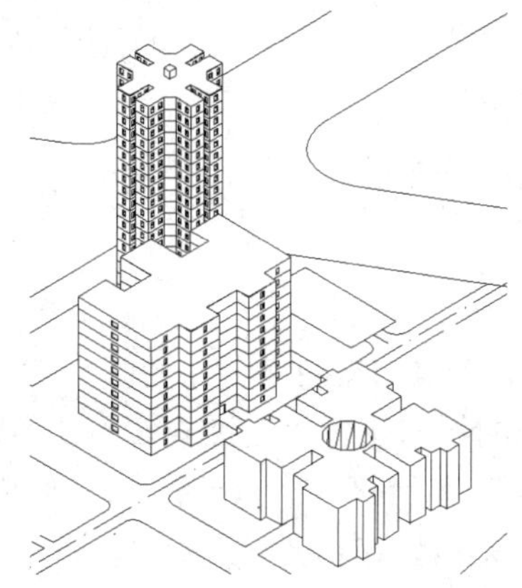

图 15-57　生成博物馆板楼三维效果

15.2.4　绘制综合楼模型

打开小区建筑总平面图，切换到西南等轴测图，选择综合楼平面图，如图 15-58 所示，执行“拉伸”命令，将综合楼的主体向上拉伸 20 000，同时将辅助部分分别向上拉伸 16 000、12 000、8000 和 4000，拉伸效果如图 15-59 所示。

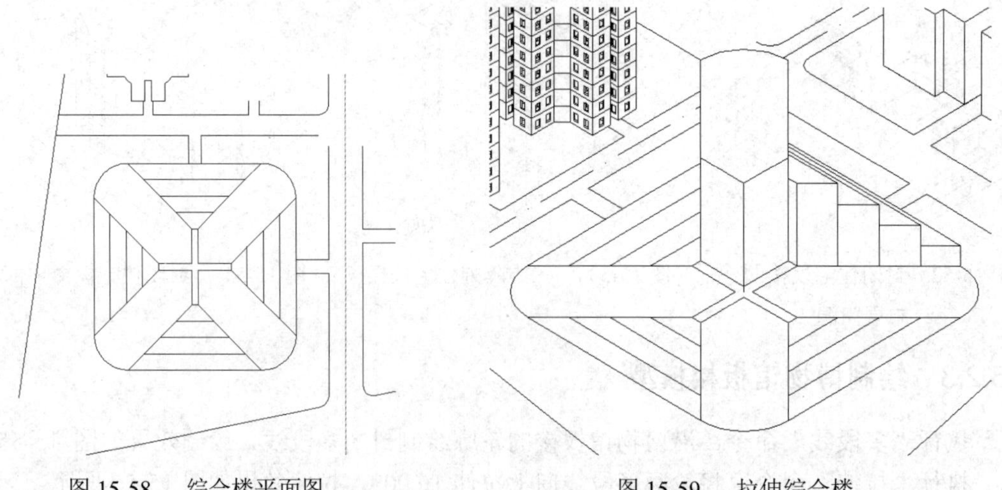

图 15-58　综合楼平面图　　图 15-59　拉伸综合楼

绘制通过综合楼正中心点且与 Z 轴平行的构造线，选择“修改”→“三维操作”→“三维列阵”命令，依次选择拉伸的 5 个实体，进行环形阵列，输入阵列中的项目数目 4，设置填充角度为 360，阵列的中心点为构造线上的两点，阵列效果图如图 15-60 所示。

执行“消隐”命令，可以看到各楼的消隐效果如图 15-61 所示。

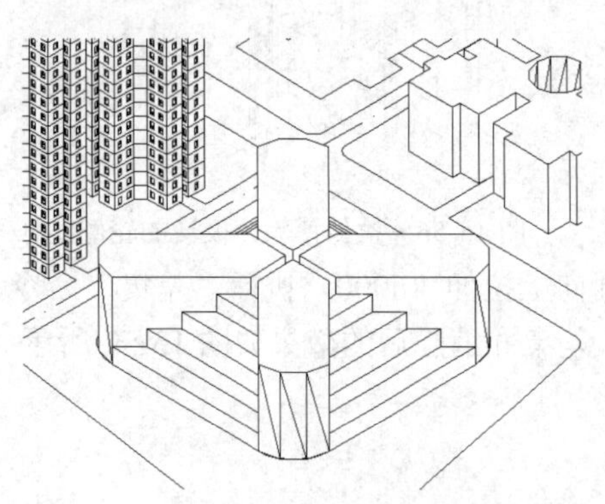

图 15-60　阵列形成综合楼三维效果

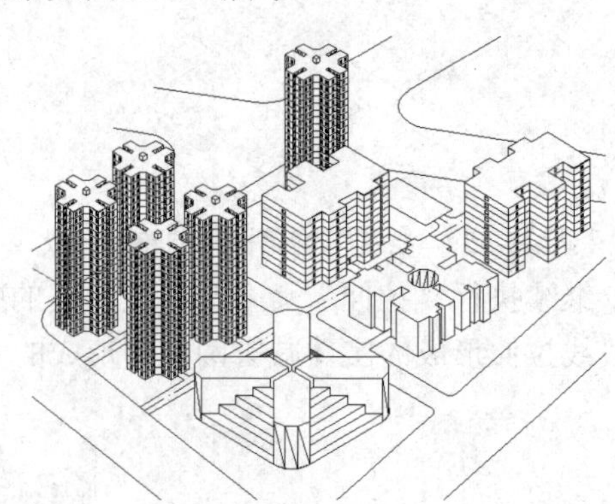

图 15-61　小区总平面各楼消隐效果

15.2.5　绘制三维树

从图库中调用两个树图块，如图 15-62 所示，执行“复制”命令，将其中一棵树在原位置复制 5 次，形成 6 棵重合的树。执行“三维旋转”命令，每次旋转一棵树，旋转角度分别为 30°、60°、90°、120° 和 150°，旋转后形成三维效果的树如图 15-63 所示。关闭各楼所在的图层，执行“复制”命令，在小区三维图中，插入各种树，同样可以将图 15-62 所示的另一棵树按照同样的方法创建三维树，并插入到小区三维图中，完成效果如图 15-64 所示。

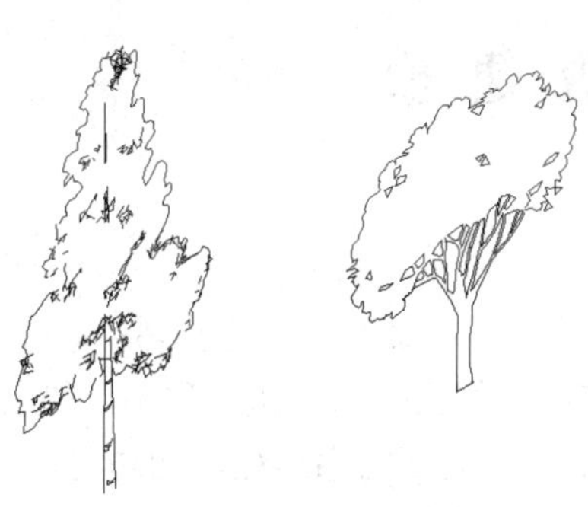

图 15-62　树立面图

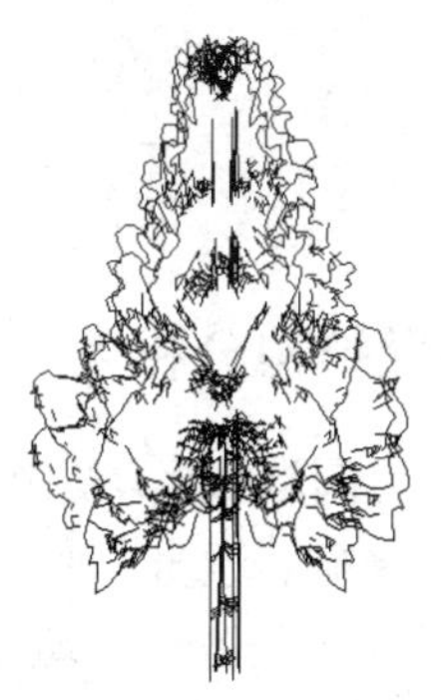

图 15-63　通过旋转形成三维效果的树

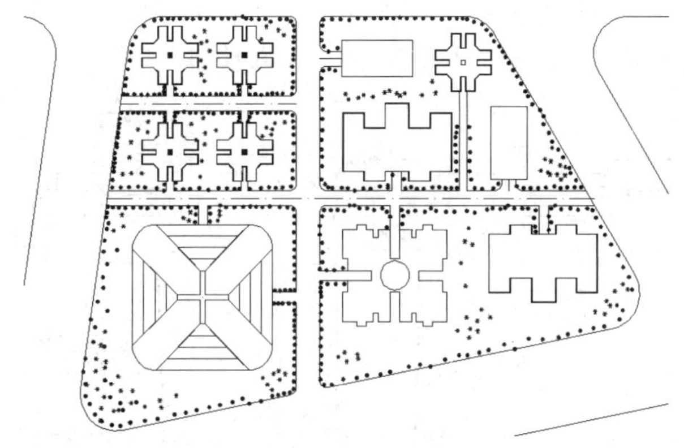

图 15-64　在总平面图中插入三维树

15.2.6　观察小区三维效果图

打开各楼所在的图层，执行“消隐”命令，观察小区三维效果图，如图 15-65 所示。

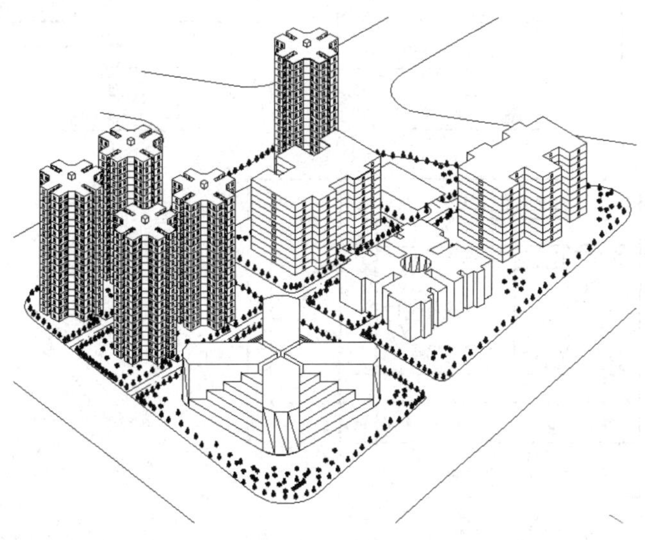

图 15-65　小区三维效果图

15.3 桥 墩 建 模

15.3.1 桥墩结构分析

图 15-66 为圆端形桥墩总图，图 15-67 为圆端形桥墩墩帽图，图 15-68 为圆端形桥墩的模型。桥墩由基础、墩身、墩帽三部分组成，其中墩帽又分为托盘、顶帽、垫石、排水坡。基础的形状是两个长方体；墩身的形状，中间是一个横卧的梯形柱，两边是两个半圆台，墩身的底面和顶面的形状都是圆端形；托盘的形状，中间是一个纵卧的梯形柱，两边是两个半斜圆柱，托盘的底面和顶面的形状也都是圆端形；顶帽为一个长方体，顶部四条棱边带抹角(倒角)；垫石是两块长方体；排水坡的形状为一个在横卧三棱柱基础上的切割体，也可以理解为中间是横卧的三棱柱，两边是两个半四棱锥。

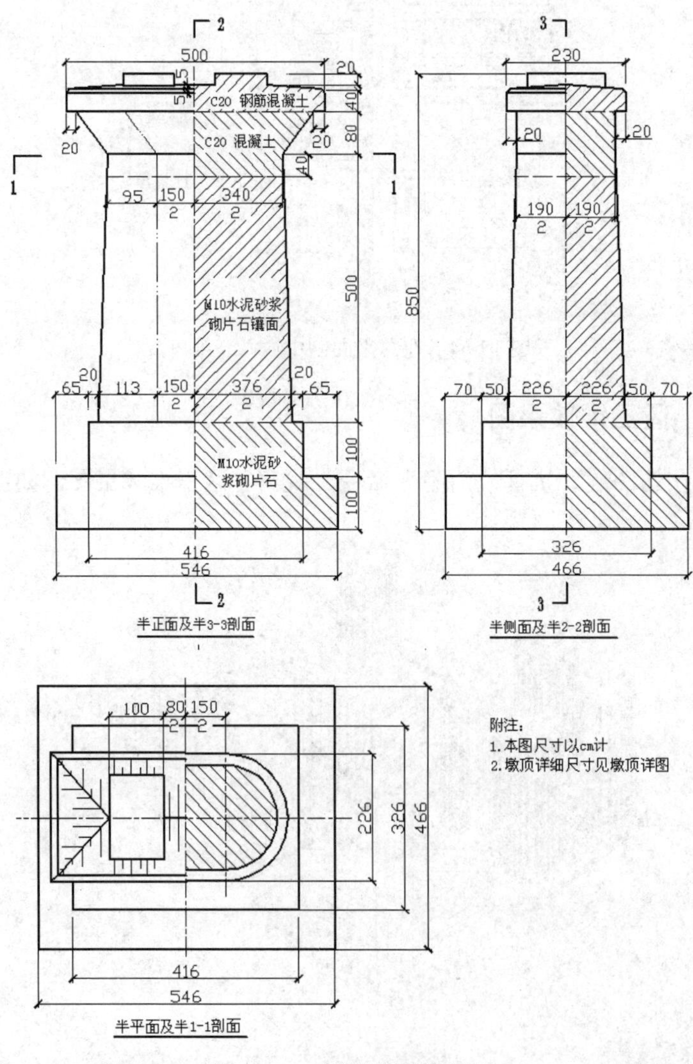

图 15-66 圆端形桥墩总图

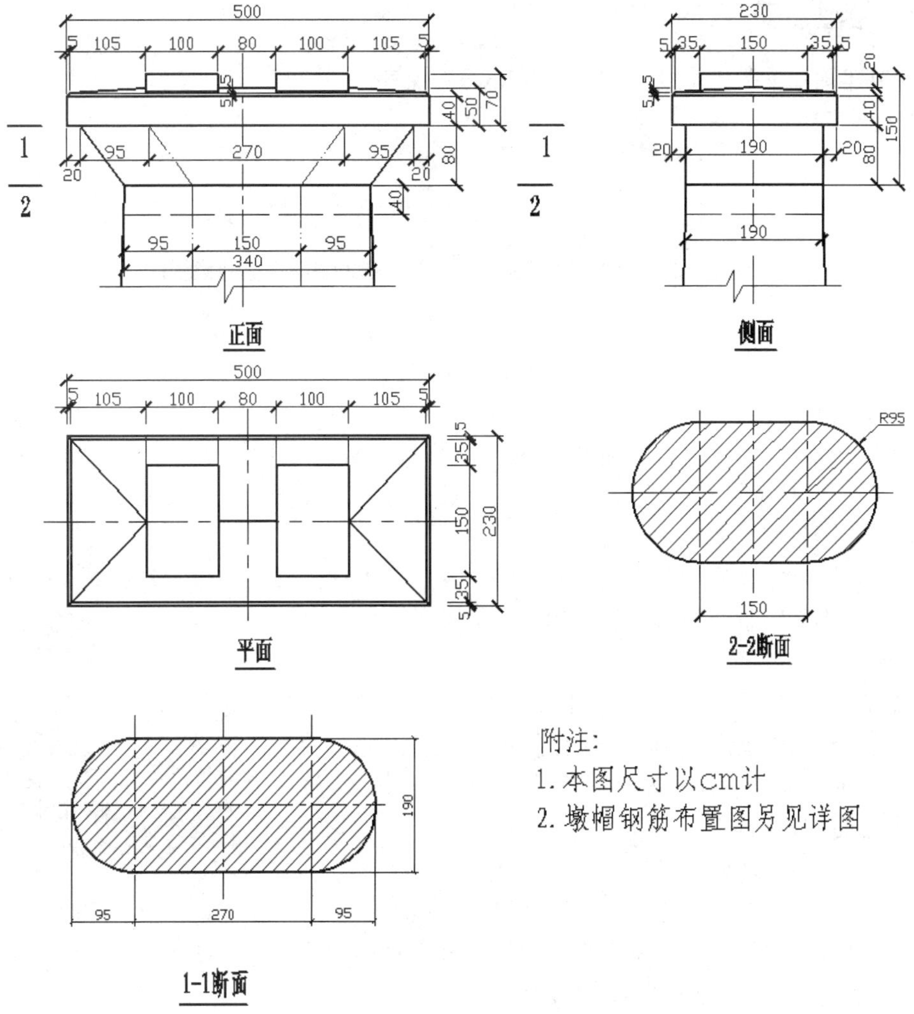

正面

侧面

平面

2-2断面

1-1断面

附注:
1. 本图尺寸以cm计
2. 墩帽钢筋布置图另见详图

图 15-67　圆端形桥墩墩帽图

图 15-68　圆端形桥墩模型

15.3.2　绘图步骤

(1) 新建图形文件，以文件名“桥墩.dwg”保存。

(2) 建立图层，如图 15-69 所示。

状态	名称	开	冻结	锁定	颜色	线型	线宽
	0				白	Continuous	—— 默认
	垫石				青	Continuous	—— 默认
	顶帽				青	Continuous	—— 默认
	墩身				青	Continuous	—— 默认
✓	辅助线				白	Continuous	—— 0.50 毫米
	基础				青	Continuous	—— 默认
	排水坡				青	Continuous	—— 默认
	托盘				青	Continuous	—— 默认

图 15-69　建立图层

(3) 制作桥墩基础模型。

① 将视图设置为“西南等轴测”，将视觉样式设置为“概念”，进入“基础”图层。

② 用长方体命令“box”分别创建两个长方体，尺寸分别为 546×466×100 和 416×326×100。

③ 将小长方体叠放在大长方体的上面，长、宽方向上都居中放置，如图 15-70 所示。

④ 用“并集”命令将两个长方体合并。

(4) 制作墩身模型。

制作墩身模型有两种方法。一种是分解法，将墩身理解为三块组成，分别创建各块，然后合并在一起；另一种方法是整体放样法，将墩身整体理解为一块放样形体，放样截面是底面和顶面。

① 用分解法制作墩身模型。

a．将视图设置为“左视”，进入“墩身”图层。

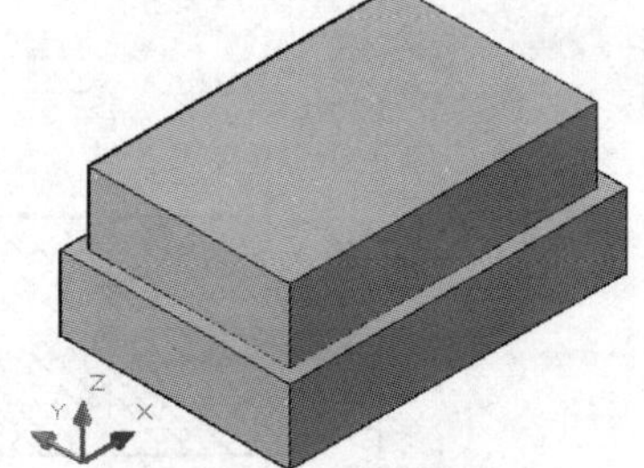

图 15-70　创建基础模型

b．用“多段线”命令绘制墩身中间横卧梯形柱的梯形轮廓，如图 15-71(a)所示。

c．将视图设置为“西南等轴测”。

d．用创建拉伸实体的命令“extrude”拉伸梯形轮廓，拉伸高度为 150，得到梯形柱如图 15-71(b)所示。

e．用创建旋转实体的命令“revolve”，以梯形柱断面轮廓的对称线为旋转轴，选择梯形柱中特征面梯形轮廓的一半为旋转对象(图 15-71(c))，旋转角度 360°，得到圆台，如图 15-71(d)所示。

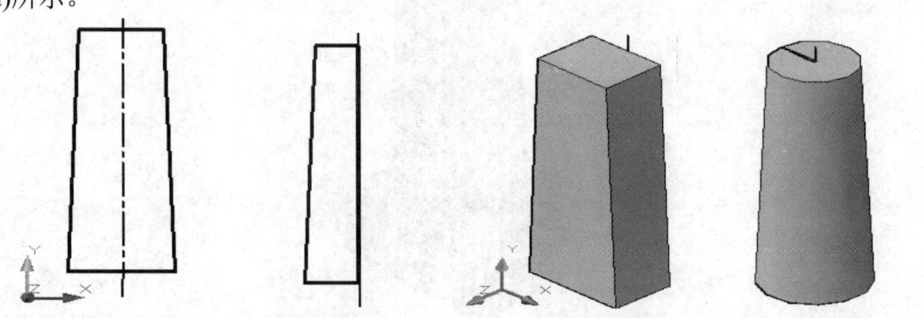

(a) 绘制梯形柱的梯形面　(b) 拉伸出梯形柱　(c) 圆台回转截面　(d) 旋转出圆台

图 15-71　创建梯形柱、圆台

f．用剖切命令“slice”将圆台切成左、右两个半圆台，如图 15-72(a)所示。

g．用“移动”命令将两个半圆台移到梯形柱的左、右两个端面上，如图 15-72(b)所示。

h．用“并集”命令将梯形柱和两个半圆台合并，得到墩身的模型，如图 15-72(c)所示。

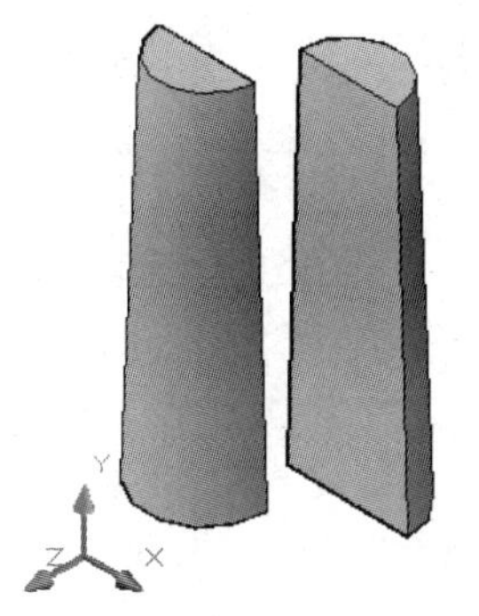

(a) 将圆柱切为两个半圆台

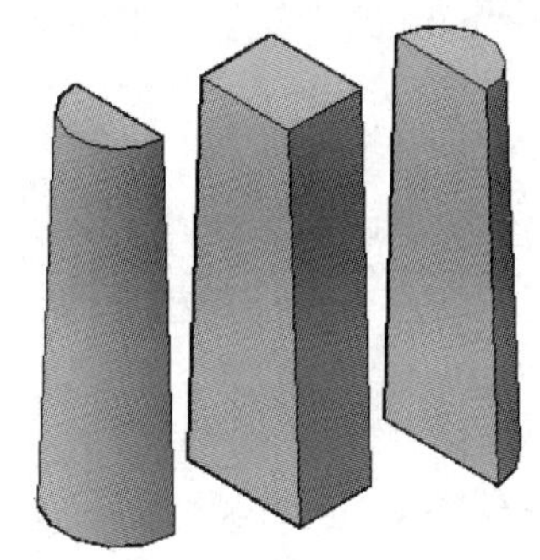

(b) 将两个半圆台移到梯形柱的左、右两个端面上

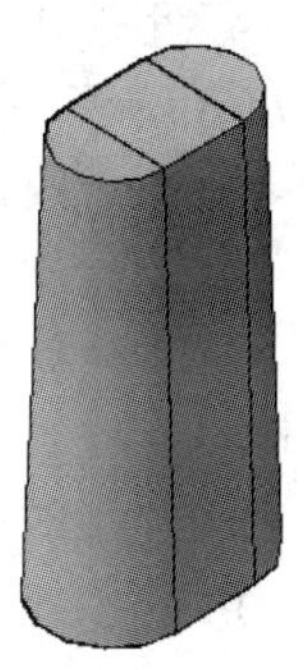

(c) 将三块合并

图 15-72　组合桥墩模型

② 用整体放样法制作墩身模型。

a．将视图设置为“俯视”，进入“墩身”图层。

b．用“多段线”命令绘制桥墩的底面和顶面，如图 15-73(a)所示。

c．将视图设置为“西南等轴测”。

d．用“移动”命令将顶面沿 Z 轴升高 500，如图 15-73(b)所示。

e．用“放样”命令创建墩身模型，如图 15-73(c)所示。

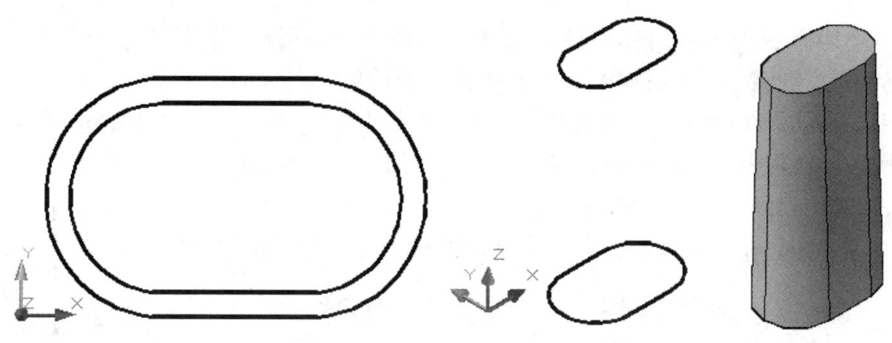

(a) 绘制桥墩的底面和顶面　(b) 将顶面沿 Z 轴升高　(c) 放样得到墩身

图 15-73　用整体放样法创建墩身

命令：_loft

按放样次序选择横截面：选择墩身底面

按放样次序选择横截面：选择墩身顶面

按放样次序选择横截面：回车

输入选项[导向(G)/路径(P)/仅横截面(C)] <仅横截面>：回车，并选择“直纹”放样模式

(5) 制作托盘模型。

制作托盘模型的方法与制作墩身模型的相同，也有两种方法。一种是分解法，另一种是整体放样法。整体放样法与制作墩身模型的方法完全相同，不再讲述。下面只讲述用分解法制作托盘模型。

① 将视图设置为“主视”，进入“托盘”图层。

② 用“多段线”命令绘制托盘中间纵卧梯形柱的梯形轮廓，如图 15-74(a)所示。

③ 将视图设置为“西南等轴测”。

④ 用创建拉伸实体命令“extrude”拉伸梯形轮廓，拉伸高度为 190，得到梯形柱如图 15-74(b)所示。

⑤ 将视图设置为“俯视”。

⑥ 用绘制圆的命令绘制斜圆柱底面，如图 15-74(c)所示。

⑦ 用“实体编辑”→“复制边”命令，将梯形图的斜棱边复制到圆心上，如图 15-74(c)所示。

⑧ 将视图设置为“西南等轴测”。

⑨ 用创建拉伸实体的命令“extrude”拉伸圆，以复制的斜边为路径，得到斜圆柱，如图 15-74(d)所示。

(a) 绘制梯形柱断面　(b) 拉伸出梯形柱　(c) 绘制斜圆柱的底面与路径　(d) 拉伸出斜圆柱

图 15-74　创建梯形柱、斜圆柱

⑩ 用剖切命令“slice”将斜圆柱切成左、右两个半斜圆柱。剖切面选择三点的方式，三个点分别为顶圆圆心、底圆圆心、顶圆上最前面的象限点，如图 15-75(a)所示。

⑪ 用“移动”命令将右半斜圆柱移到梯形柱的右端面上，如图 15-75(b)所示。

⑫ 用三维镜像命令“mirror3d”镜像出左半斜圆柱，镜像对称面为 YZ，通过点为梯形柱顶面长边的中点，如图 15-75(c)所示。

⑬ 用“并集”命令将梯形柱和两个半斜圆柱合并，得到托盘的模型。

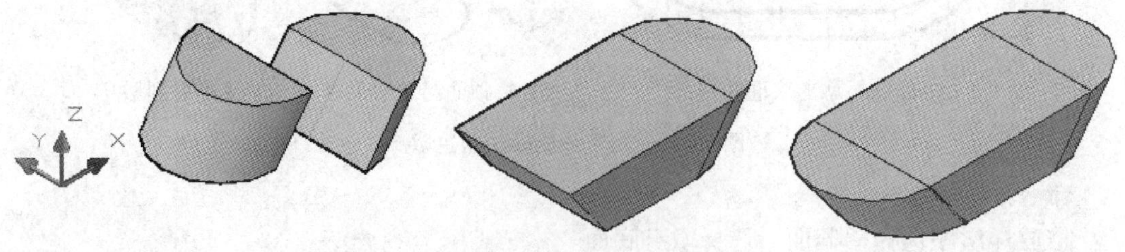

(a) 将斜圆柱切为两个半斜圆　(b) 将右半斜圆柱移到梯形柱的右端面　(c) 镜像出左半斜圆柱

图 15-75　组合托盘模型

(6) 制作顶帽模型。

① 将视图设置为“西南等轴测”，进入“顶帽”图层。

② 用“长方体”命令创建一个 500×230×45 的长方体。

③ 用倒角命令“chamfer”对长方体顶面上的四条边进行倒角，第一、第二倒角距离都是 5，如图 15-76 所示。

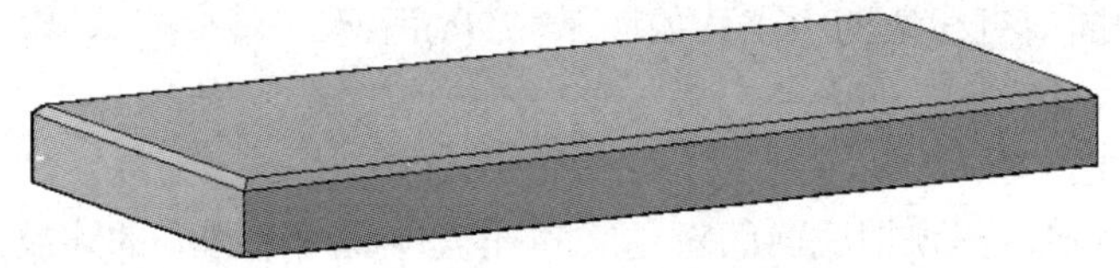

图 15-76　顶帽模型

(7) 制作排水坡模型。

制作排水坡模型有分解法和切割法，这里按切割法制作。

① 将视图设置为“左视”，进入“排水坡”图层。

② 用“多段线”命令绘制排水坡横卧三棱柱的三角形轮廓，如图 15-77(a)所示。

③ 将视图设置为“西南等轴测”。

④ 用创建拉伸实体命令“extrude”拉伸梯形轮廓，拉伸高度为 490，得到梯形柱如图 15-77(b)。

⑤ 找到排水坡顶分水线上的切割点，如图 15-77(b)所示。

⑥ 用剖切命令“slice”分两次切割出左、右两边的排水坡面，如图 15-77(c)所示。

(8) 制作垫石模型。

将视图设置为“西南等轴测”，进入“垫石”图层；用“长方体”命令创建一个 100×150×25 的长方体，如图 15-78。

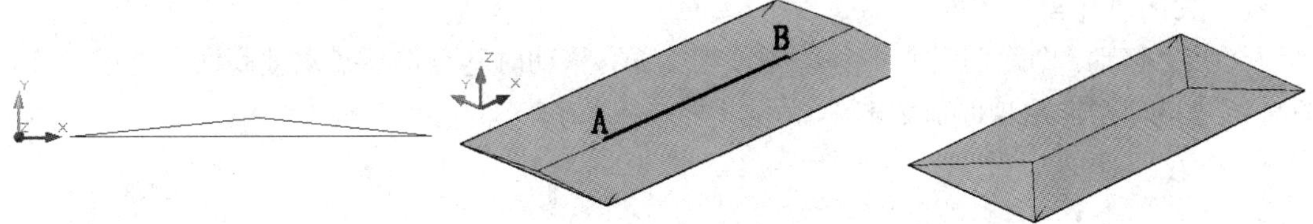

(a) 绘制三棱柱的三角形面　(b) 拉伸出三棱柱，并找出切割点 A、B　(c) 切割出左右排水坡面

图 15-77　创建排水坡模型

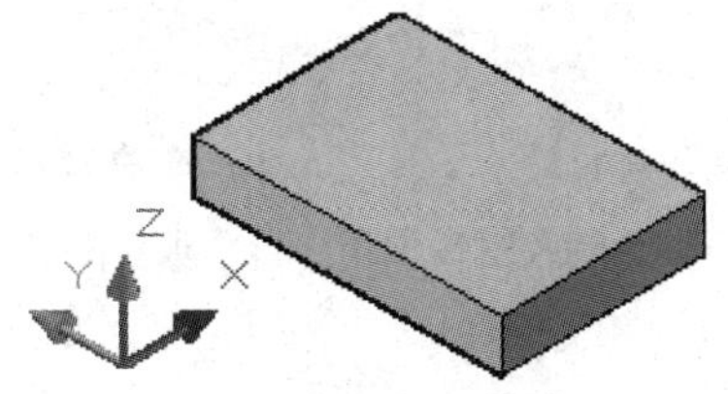

图 15-78　垫石模型

(9) 组合桥墩模型。

① 将墩身叠放到基础上面。

a．将视图设置为“西南等轴测”，将视觉样式设置为“二维线框”。

b．进入辅助线层，作墩身底面两个圆心的连线和基础顶面的对角线。

c．用“移动”命令将墩身移动到基础上面，移动时基点选择墩身底面两个圆心连线的中点，目标点选择基础顶面对角线的中点，如图 15-79(a)所示。

② 将托盘叠放到墩身上面。

用“移动”命令将托盘移动到墩身上面，移动时基点选择托盘底面前直线边的中点，目标点选择墩身顶面前直线边的中点，如图 15-79(a)所示。

③ 将顶帽叠放到托盘上面。

a．关闭“墩身”图层。

b．进入辅助线层，作顶帽底面的对角线和托盘顶面两个圆心的连线。

c．用“移动”命令将顶帽移动到托盘上面，移动时基点选择顶帽底面对角线的中点，目标点选择托盘顶面两个圆心连线的中点，如图 15-79(b)所示。

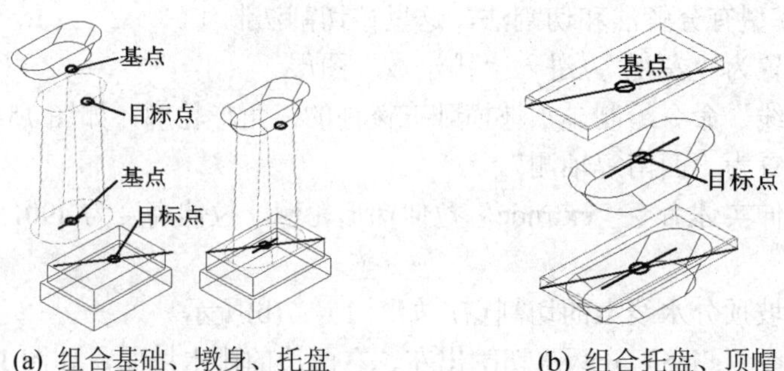

(a) 组合基础、墩身、托盘　　(b) 组合托盘、顶帽

图 15-79　组合基础、墩身、托盘、顶帽

④ 将排水坡叠放到顶帽上面。

a．进入辅助线层，作排水坡底面对边中点的连线和顶帽顶面对边中点的连线。

b．关闭“托盘”图层。

c．用“移动”命令将排水坡移动到顶帽上面，移动时基点选择排水坡底面前边的中点，目标点选择顶帽抹角顶面前边的中点，如图 15-80(a)所示。

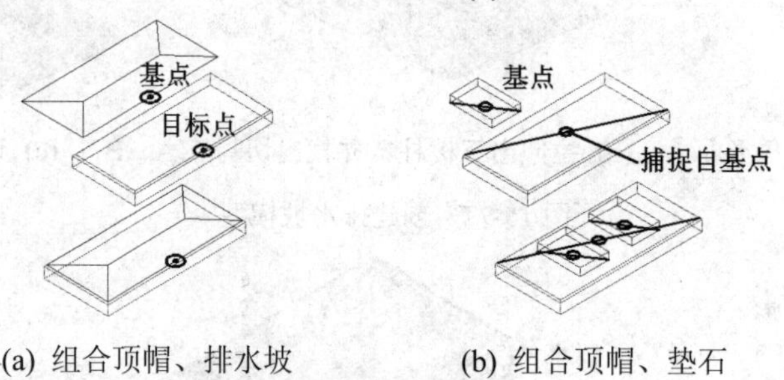

(a) 组合顶帽、排水坡　　(b) 组合顶帽、垫石

图 15-80　组合顶帽、排水坡、垫石

⑤ 将垫石叠放到顶帽上面。

a．进入辅助线层，作垫石底面底边的连线。

b．关闭“排水坡”图层。

c．用“复制”命令复制两块垫石到顶帽上面，复制时基点选择垫石底面对角线的中点；第一个目标点的选择用对象捕捉中的“捕捉自”方式，“捕捉自”的基点选择顶帽顶面对角线的中点，偏移点输入相对坐标“@−90，0”；第二个目标点选择同第一个目标点，“捕捉自”的基点仍选择顶帽顶面对角线的中点，偏移点输入相对坐标“@90，0”，如图 15-80(b)所示。

⑥ 将桥墩各组成部分合并。

a．打开“墩身”、“托盘”、“排水坡”图层，将视觉样式设置为“概念”。

b. 用“并集”命令将桥墩各组成部分合并，完成的桥墩模型如图 15-68 所示。

15.4　隧道衬砌建模及应用

15.4.1　隧道洞门类型

山岭隧道是为铁路、公路穿越山岭所修建的建筑物，隧道洞门是隧道进出的咽喉，是隧道的重要组成部分，也是隧道进出口的标志性建筑，其美观作用越来越受到重视。斜切式洞门(也称削竹式洞门)由于线条简洁明了，形式美观大方，如图 15-81 所示，并且能够最大限度地保持原有的山体平衡和自然景观，减少了洞口山体的开挖与扰动，因而在公路隧道洞门设计中应用越来越多。因为隧道洞门的样式复杂多变，使得隧道洞门施工成为整个隧道施工的难点，尤其是它的施工放样工作具有一定的难度。

我国传统的铁路隧道洞门有翼墙式、端墙式、柱式、台阶式等形式，其组成始终未脱离端墙、翼墙等挡土结构，随着人们环保意识的提高和隧道施工技术的进步，特别是高速铁路的修建，洞门设计既要满足结构安全稳定、环保美观的要求，又要满足减缓微气压波影响的要求，帽檐斜切式隧道洞门是国际上专门为高速铁路设计的新式隧道洞门，帽檐斜切式洞门美观大方，经济实用，与周围环境协调性好；同时能大大消减高速铁路的微气波，对缓解洞口环境影响具有较大的作用，所以现在帽檐斜切式洞门已经成为铁路隧道主导的洞门形式，如图 15-82 所示。

图 15-81　公路隧道

图 15-82 铁路隧道

CAD 提供了强大的三维造型功能，可以设计出千变万化的三维模型，并且可以计算出模型的重量、体积、惯性矩等，而且在工程未完工之前就可以看到它的“真面目”，对现场施工人员尽快熟悉设计图纸，更快、更好地完成施工任务有很大的帮助。随着 CAD 绘图在工程中发挥的作用越来越大，其在施工测量放样方面的应用也越来越广泛。斜切式洞门不是规则的隧道轮廓，它在里程方向有一定坡度，这就为它的施工放样带来了不便，手工计算也颇为麻烦。利用 AutoCAD 的三维建模功能进行计算，只要严格按照设计尺寸建立洞门部位的模型，则轮廓线上关键点的相对坐标和衬砌挡头模板尺寸就可以利用 AutoCAD 的计算功能在三维模型上自动进行计算。

15.4.2　工程概况及施工难点

洋坪隧道位于福(州) 宁(德)高速公路 A1121 合同段内，为分离式 4 车道高速公路隧道，隧道衬砌设计采用单心圆曲墙式衬砌，明洞衬砌采用 25# 钢筋混凝土结构，其左右线出口端洞门形式设计都为削竹式洞门，见图 15-83、图 15-84 所示。

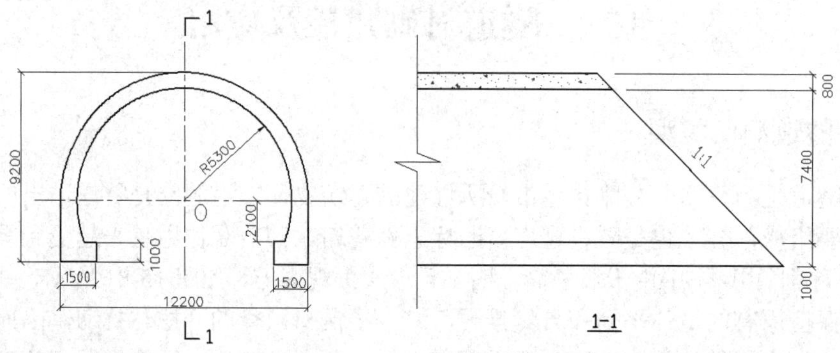

图 15-83　衬砌正面图　　图 15-84 洞口衬砌剖面图

由于洞门端墙坡度为 1∶1，因此洞门端衬砌截面为一不规则面，在测量放线时要计算截面轮廓线上关键点的相对坐标及衬砌挡头模板尺寸。若采用传统的手工计算则需建立该不规则截面轮廓线的数学模型，其公式推导比较复杂，计算工作量大，挡头模板尺寸的计算精度低，而利用三维模型进行计算时，只需要严格按设计尺寸建立起洞门端衬砌的立体实体模型，则截面轮廓线上关键点的相对坐标及衬砌挡头模板尺寸就可以在三维坐标系下利用 AutoCAD 的计算功能在三维实体模型上自动进行计算，这样得到的计算结果不仅快速、准确，而且具有方便、直观的特点。

15.4.3　建立隧道洞门衬砌的实体模型

(1) 绘出衬砌截面的平面图形。严格按照设计尺寸绘制洞门段衬砌的平面图形，如图 15-83 所示。

(2) 利用“拉伸”命令将平面图形转变为实体模型。首先利用编辑多段线“pedit”命令的 join 选项将已绘制的平面图形的各线段连接起来，形成一个闭合的平面图形，再进入三维坐标系，沿垂直于闭合面的方向画一条直线，作为平面图形放样的路径，如图 15-85 所示。然后利用“extrude”命令将平面图形沿路径放样，生成三维实体模型，如图 15-86 所示。

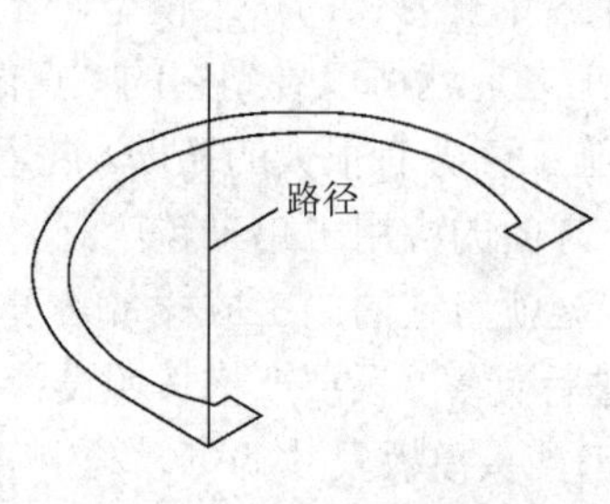

图 15-85　沿路径拉伸

图 15-86　拉伸后模型

(3) 利用“剖切”命令生成符合设计要求的衬砌模型。进入三维坐标系，利用“UCS”(用户坐标系)命令的“3POINT”(即三点确定一个新坐标系) 选项将新坐标系放在垂直于衬砌模型纵向轴线的平面上，如图 15-87 所示，然后利用三维坐标系的“rotate”(坐标旋转) 功能将坐标系统 X 轴旋转 45°，如图 15-88 所示，再利用“slice”命令将衬砌模型沿 XY 坐标平面剖切，最后删除掉不用的那部分，另外一部分就是我们要创建的洞门衬砌三维实体模型，如图 15-89 所示。

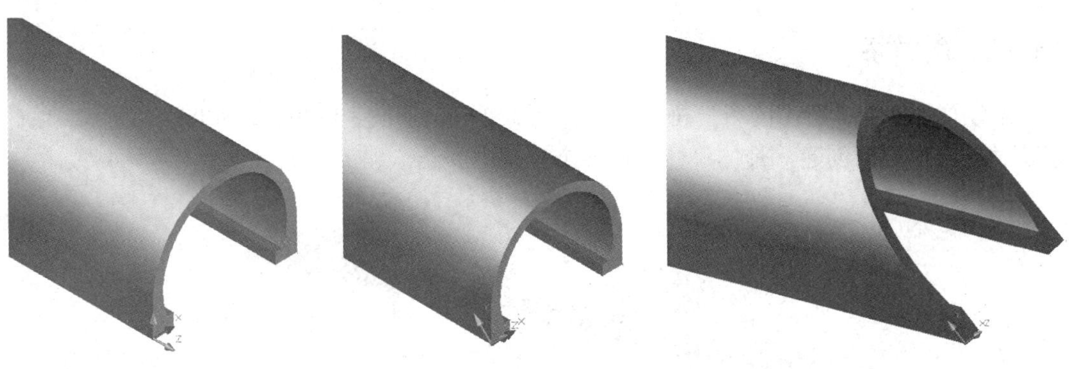

图 15-87　建立用户坐标系　　图 15-88　旋转坐标系　　图 15-89　沿 XY 坐标平面剖切

15.4.4　在三维模型上进行计算

衬砌三维实体模型建好后，就可以在模型上利用 AutoCAD 强大的计算功能进行相对坐标、异形模板尺寸等的计算操作。下面以计算斜截面内、外轮廓线上沿斜面每隔 1 m 的各点中心支距为例来说明如何在三维模型上进行计算。

首先使用“copyface”(复制三维模型上的面)命令把图 15-90 上的斜截面复制，然后利用 UCS(用户坐标系)的“move”(坐标系移动) 选项把图 15-90 中的三维坐标系平移到复制出来的斜截面中心线上(此时三维坐标系的 Y 坐标轴和衬砌斜截面上的隧道中心线重合，具体见图 15-90)，这样就可以在 XY 坐标平面上利用 AutoCAD 的尺寸标注功能来让电脑自动计算斜截面内、外轮廓线上各点的中心支距，计算结果见图 15-91 所示。

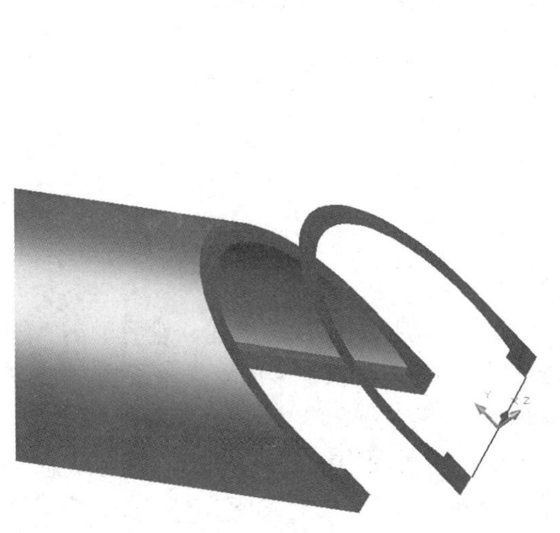

图 15-90　复制截面

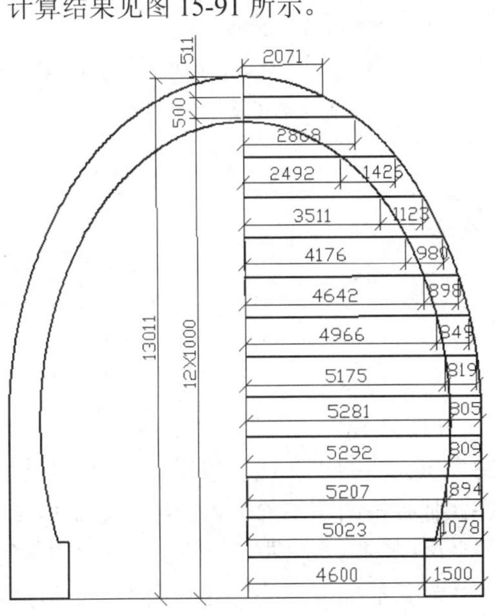

图 15-91　标注中心支距

15.5 路桥建模

15.5.1 斜拉桥

绘制如图 15-92 所示的斜拉桥，桥面宽度为 2.5 m，全长为 30 m，厚度为 0.2 m，以此来熟悉三维模型的创建，具体尺寸将在各个步骤中介绍。

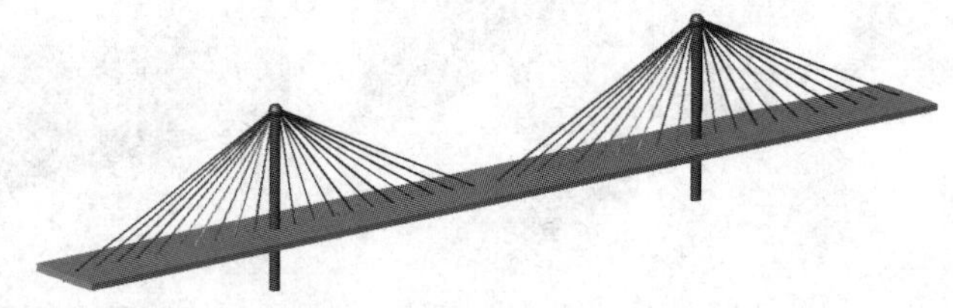

图 15-92 斜拉桥的三维模型效果

具体操作步骤如下：

(1) 选择“视图”→“三维视图”→“俯视”命令，切换到俯视图模式。

(2) 单击“建模”工具栏的“长方体”按钮，命令行提示如下：

```
命令：_box                                          //单击“长方体”按钮启动命令
指定长方体的角点或【中心点(CE)】<0，0，0>：ce        //采用中心点方式
指定长方体的中心点<0，0，0>：                        //中心点设为坐标原点
指定角点或【立方体(C)/长度(L)】：1                   //采用长度方式绘制
指定长度：300 000                                   //输入桥长
指定宽度：25 000                                    //输入桥面宽度
指定高度：2000                                      //输入桥面板的厚度
命令：´ _3dorbit 按 Esc 或 Enter 键退出，或者单击鼠标右键显示快捷菜单。
正在重生成模型                          三维动态观察，效果如图 15-93 所示
```

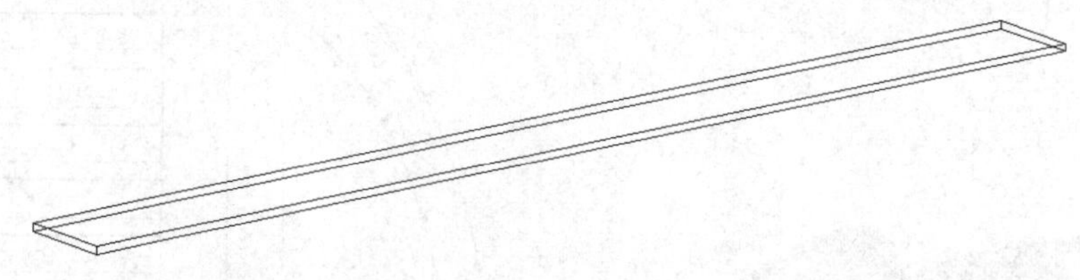

图 15-93 桥面板的绘制

(3) 选择“视图”→“三维视图”→“俯视”命令，切换到俯视图模式。然后单击“绘图”工具栏的“直线”按钮，打开工具栏“对象捕捉”开关，保证“中点”捕捉方式被选择。捕捉桥面两端的中点，绘制效果如图 15-94 所示。

(4) 选择“绘图”→“点”→“定数等分”命令，将桥面中线分为 40 份，打开状态栏的“对象捕捉”开关，并确保“节点”捕捉方式被选择。

(5) 单击“视图”工具栏的“前视”按钮，切换到主视图模式。

(6) 单击“绘图”工具栏的“直线”按钮，在桥头处绘制沿 Z 轴方向辅助线，长为 20 000。然后单击“修改”工具栏的“偏移”按钮，偏移距离为 75 000，效果如图 15-95 所示。

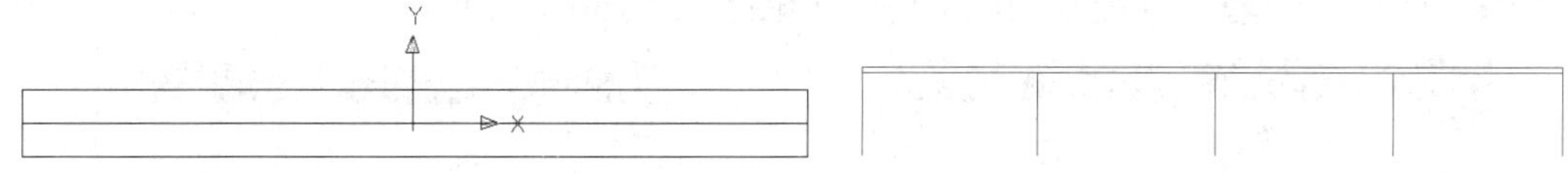

图 15-94　绘制桥面中线　　　图 15-95　绘制辅助线

(7) 选择“视图”→“三维视图”→“俯视”命令，切换到俯视图模式，然后单击“建模”工具栏上的“圆柱体”按钮，命令行提示如下：

命令：_cylinder　//单击按钮启动命令

指定底面的中心点或〔三点(3P)/两点(2P)/切点、切点、半径(T)/椭圆(E)〕：//选定圆柱中心点

指定底面半径或〔直径(D)〕〈111.9417〉：1500　//输入半径值

指定高度或〔两点(2P)/轴端点(A)〕〈155.9236〉：50000　//输入桥墩总高度

(8) 单击“视图”工具栏的“主视”按钮，切换到主视图模式。单击“修改”工具栏上的“移动”按钮，选择刚刚绘制的圆柱体，向下移动 15 000，如图 15-96 所示。

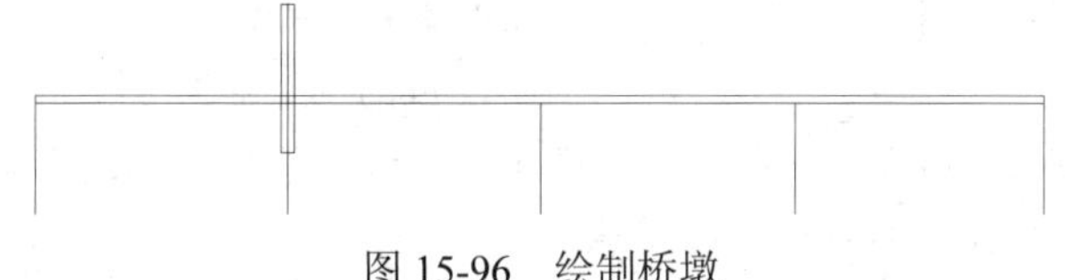

图 15-96　绘制桥墩

(9) 单击“自由动态观察”按钮，旋转至如图 15-97 所示的位置。

(10) 单击“建模”工具栏上的“圆柱体”按钮，命令行提示如下：

命令：_cylinder　//单击按钮启动命令

指定底面的中心点或〔三点(3P)/两点(2P)/切点、切点、半径(T)/椭圆(E)〕：

//选定拉索圆柱中心点为等分节点

指定底面半径或〔直径(D)〕〈1500〉：250　//输入索半径

指定高度或〔两点(2P)/轴端点(A)〕〈50 000〉：a　//输入桥墩总高度

指定轴端点：　//捕捉桥墩顶点

(11) 重复第(10)步操作，可以得到如图 15-97 所示的效果。

(12) 单击“UCS”工具栏的“原点”按钮，选择桥墩与桥面相交处的中心点，创建新用户坐标，如图 15-98 所示。

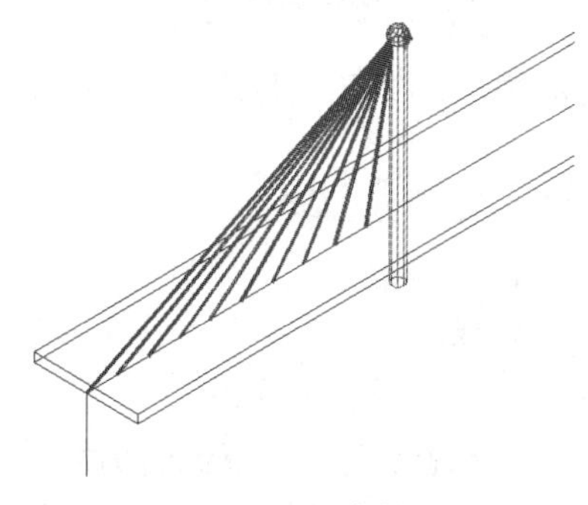

图 15-97　拉索效果

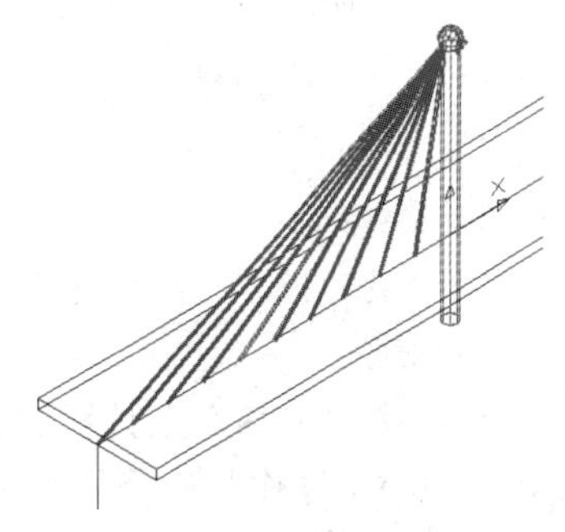

图 15-98　创建新用户坐标

(13) 单击“UCSⅡ”工具栏的“命令”按钮，弹出如图 15-99 所示的“UCS”对话框，在“命名 UCS”选项卡中双击“未命名”，输入“桥墩处”。在“设置”选项卡选中“显示于 UCS 原点”复选框，如图 15-100 所示。绘图区效果如图 15-98 所示。

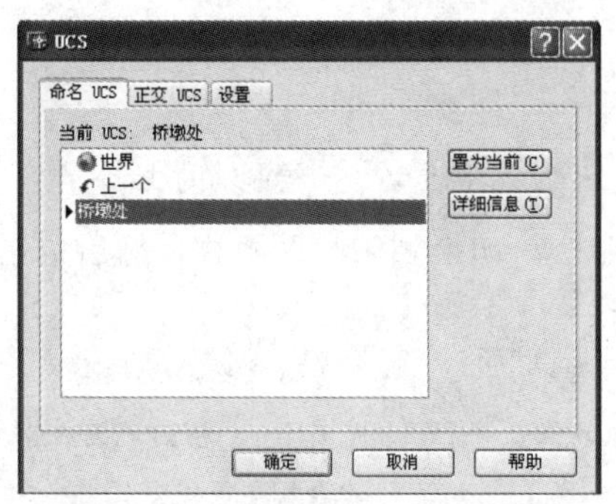

图 15-99　命名新建的用户坐标系

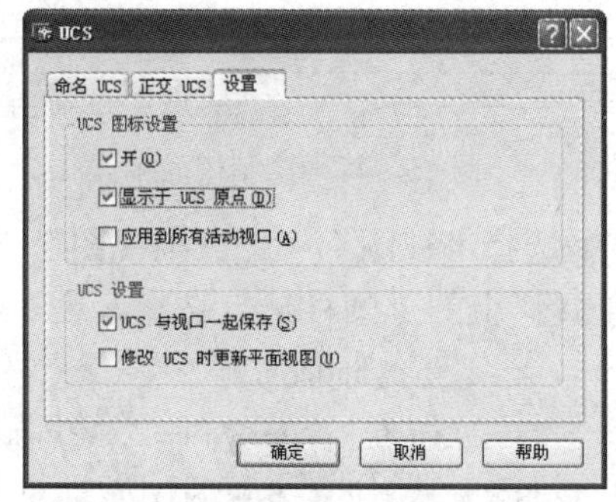

图 15-100　设置 UCS“设置”选项卡

(14) 选择“修改”→“三维操作”→“三维镜像”命令，命令行提示如下：

命令：_mirror3d　　　　　　　　//启动三维镜像命令

选择对象：找到 10 个　　　　　　//选择镜像对象

选择对象：　　　　　　　　　　//按 Enter 键，结束对象选择

指定镜像平面(三点)的第一个点或〔对象(O)/最近的(L)/Z 轴(Z)/视图(V)/XY 平面(XY)/YZ 平面(YZ)/ZX 平面(ZX)/三点(3)〕〈三点〉：yx

//采用当前坐标的 YZ 平面为镜像面

指定 YZ 平面上的点〈0，0，0〉　　//选择默认原点

是否删除源对象？〔是(Y)/否(N)〕〈否〉：N　//不删除源对象，效果如图 15-101 所示

(15) 在命令行输入“isolines”，将参数值设为 8。

(16) 单击“建模”工具栏的“球体”按钮，选择桥墩顶点的圆心为球心，半径为 2000，效果如图 15-102 所示。

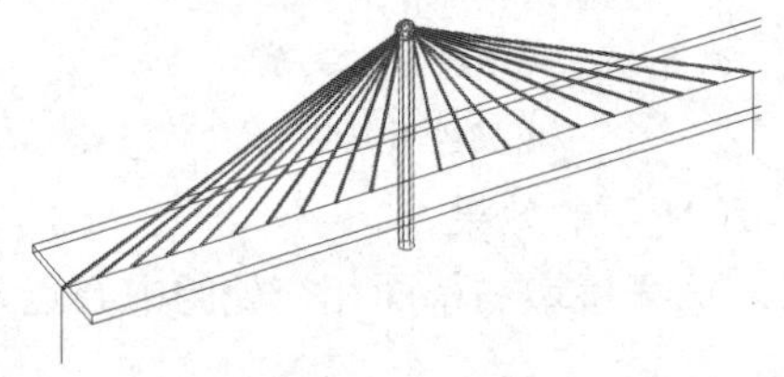

图 15-101　三维镜像拉索

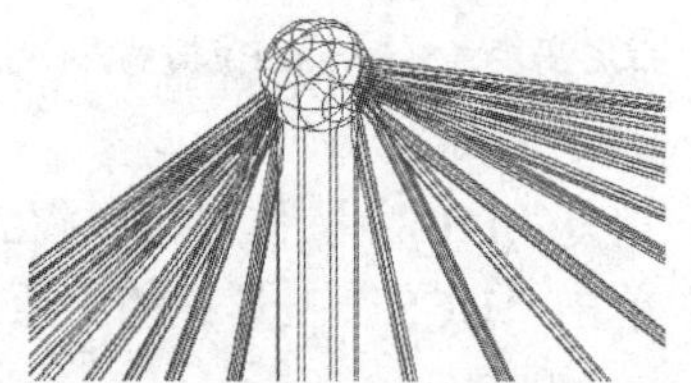

图 15-102　绘制球形压顶

(17) 单击“实体编辑”工具栏的“并集”按钮，选择桥墩柱、拉索和球体压顶，命令行提示如下：

命令：__union　　　　　　　　　//启动并集命令

选择对象：指定对角点：找到 22 个　//选择并集对象

选择对象：　　　　　　　　　　//按 Enter 键完成操作

(18) 再单击“UCS”工具栏的“上一个”按钮，回到开始的坐标系。

(19) 同(14)步操作，选择拉索和桥墩为对象进行三维镜像操作，镜像面仍然用 YZ 平面，效果如图 15-103 所示。

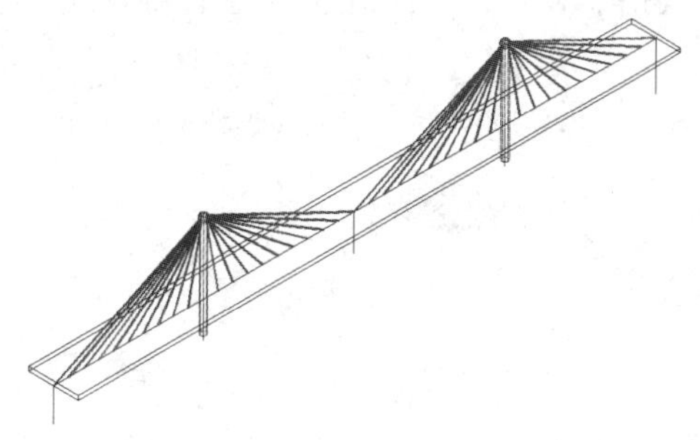

图 15-103　三维镜像效果

(20) 删除辅助线，消隐后进行体着色，效果如图 15-92 所示。

15.5.2　拱桥

对于一些建筑小品和桥梁造型，通常可以通过创建几何实体，然后通过布尔运算和其他实体编辑命令创建出新的几何形体。在绘制过程中要灵活应用“用户坐标系”、“三维旋转”和“三维镜像”命令。下面讲述如图 15-104 所示的桥面宽 30 m、桥长 300 m 的拱桥绘制过程。

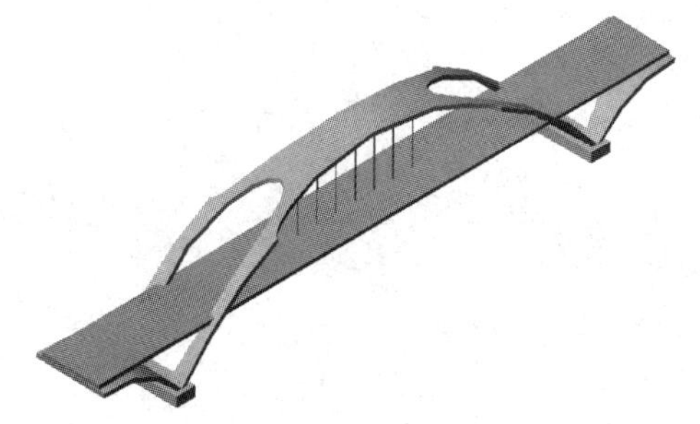

图 15-104　拱桥模型

具体操作步骤如下：

(1) 创建“桥面”图层，并置为当前图层。

(2) 单击“建模”工具栏的“长方体”按钮，绘制一个 300 × 30 × 2 的长方体桥面板，选择“视图”→“视图样式”→“真实”命令，得到如图 15-104 的效果。命令行提示如下：

```
命令：_box　　　　　　　　//执行长方体命令
指定长方体的角点或〔中心点(CE)〕<0，0，0>：　　//按 Enter 键，指定一个角点为原点指定角点或〔立方体(C)/长度(L)〕：1　　//输入 1，表示使用长度、宽度、高度绘制长方体
指定长度：300　　　　　　//输入长度值
指定宽度：30　　　　　　　//输入宽度值
指定高度：2　　　　　　　//输入高度值，效果如图 15-105 所示
```

(3) 单击“UCS”工具栏上的“原点”按钮，选择桥面板顶面的边线的中点，再单击“X”按钮，将用户坐标系绕 X 轴旋转 90°，如图 15-106 所示，命令行提示如下：

```
命令：ucs　　　　　　　　//执行 UCS 命令
当前 UCS 名称：*没有名称*
```

指定 UCS 的原点或〔面(F)/命令(NA)/对象(OB)/上一个(P)/视图(V)/世界(W)X/Y/Z/Z 轴(ZA)〕〈世界〉: _x //输入 x

指定绕 X 轴的旋转角度〈90〉: 90 //输入旋转角度为 90

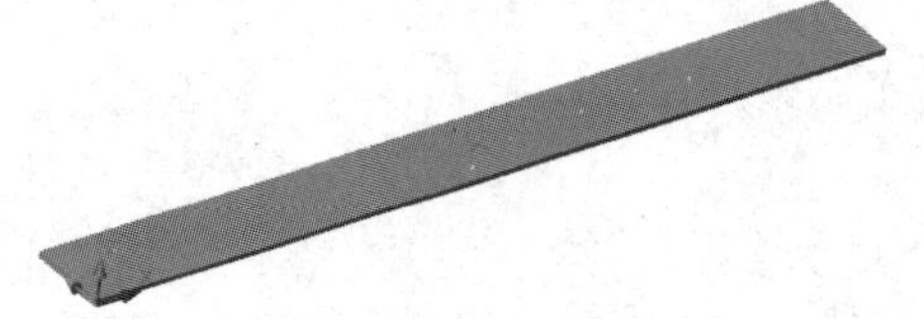

图 15-105 绘制桥面板

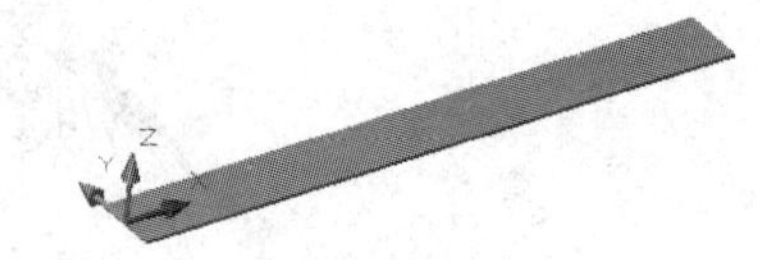

图 15-106 移动用户坐标系

(4) 单击“UCSⅡ”工具栏上的“命名 UCS”按钮，在弹出的 UCS 对话框中，将“未命名”的 UCS 命名为“桥面”，单击“确定”按钮完成命名。

(5) 新建“桥拱”图层，打开状态栏的“对象捕捉”、“正交”和“DYN”开关，单击“绘图”工具栏的“直线”按钮绘制一条水平的辅助线和一条桥面的垂直平分线，然后单击“修改”工具栏的“偏移”按钮，依次向下偏移 20 和 80。偏移 20 的绘制的是水平线，偏移 80 的是大拱的圆心位置，如图 15-107 所示。

(6) 单击“绘图”工具栏的“圆”按钮，选择圆心点，绘制一半径为 135 的圆，如图 15-108 所示。

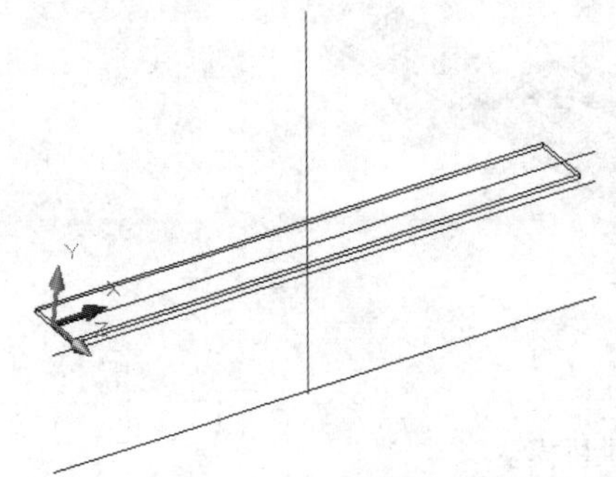

图 15-107 绘制辅助线

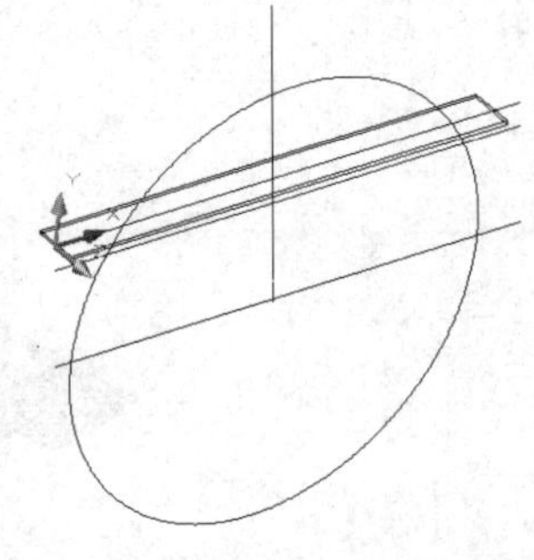

图 15-108 绘制桥拱的圆形轮廓

(7) 单击“修改”工具栏的“修剪”按钮，对圆进行修剪，修剪结果如图 15-109 所示。

(8) 单击“绘图”工具栏的“圆弧”按钮，绘制如图 15-110 所示的小圆弧。命令行提示如下：

命令: _arc //单击按钮，启动圆弧命令

指定圆弧的起点或〔圆心(C)〕: //提示输入圆弧的起点

3dorbit 按 Esc 或 Enter //单击“三维动态观察器”，使用透明命令键退出，或者单击鼠标右键显示快捷菜单

正在重生成模型

指定圆弧的起点或〔圆心(C)〕: //选择桥面板的中心为圆弧的起点

指定圆弧的第二个点或〔圆心(C)/端点(E)〕: e //选择采用端点方式

指定圆弧的端点: //指定大圆与水平线的交点为小圆弧的另一端点

指定圆弧的圆心或〔角度(A)/方向(D)/半径(R)〕:〈正交 关〉r //选择半径方式

指定圆弧的半径: 45 //输入半径为 45

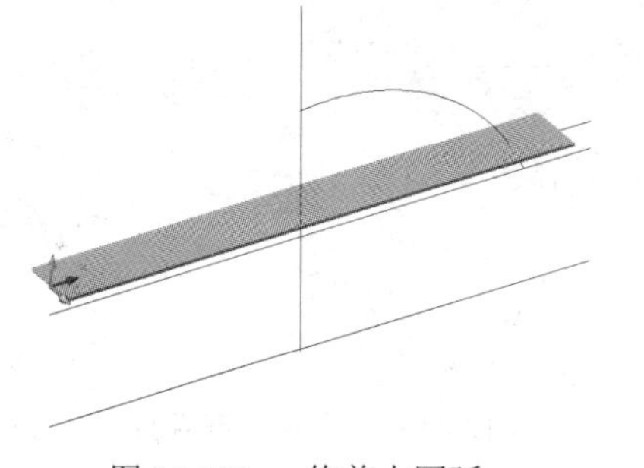

图 15-109　修剪大圆弧

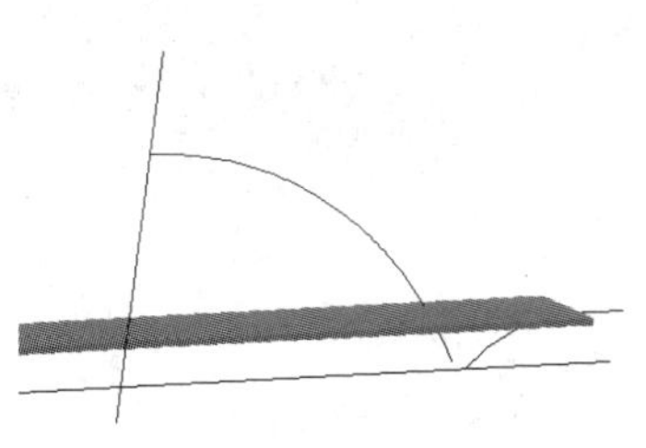

图 15-110　绘制小圆弧

(9) 反复使用“偏移”和“修剪”命令，偏移距离为 15，绘制吊杆的位置线，如图 15-111 所示。

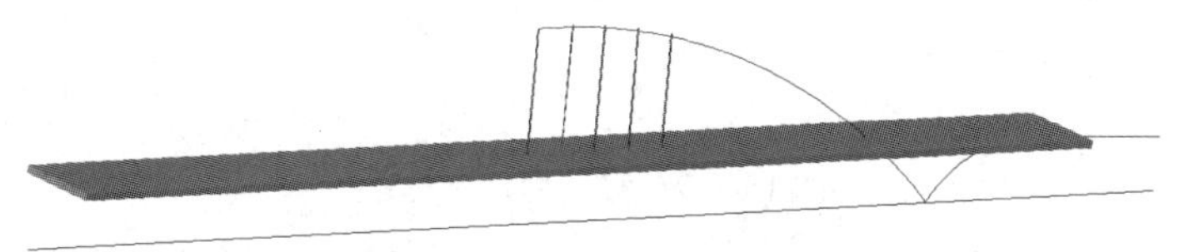

图 15-111　绘制吊杆定位线

(10) 单击“修改”工具栏上的“偏移”按钮，输入偏移距离 2，将两个圆弧向内偏移。单击“绘图”工具栏上的“面域”按钮，选择圆弧和相关直线，生成两个面域，如图 15-112 所示。

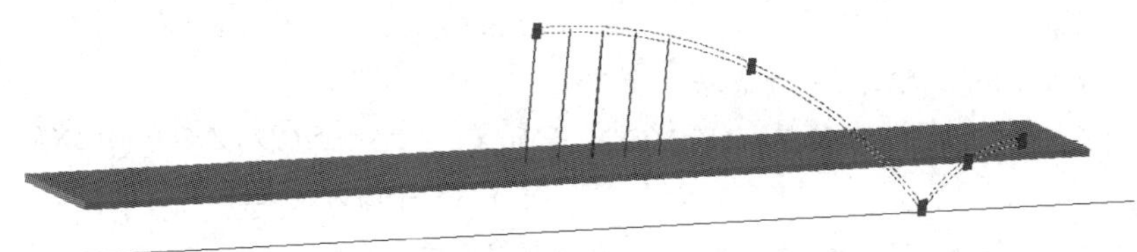

图 15-112　生成面域

(11) 单击“建模”工具栏上的“拉伸”按钮，选择面域，输入拉伸距离 18，拉伸效果如图 15-113 所示。

(12) 单击“视图”工具栏上的“俯视”按钮，然后单击“绘图”工具栏上的“椭圆”按钮，采用圆心方式绘制如图 15-114 所示的两个椭圆。

图 15-113　拉伸效果

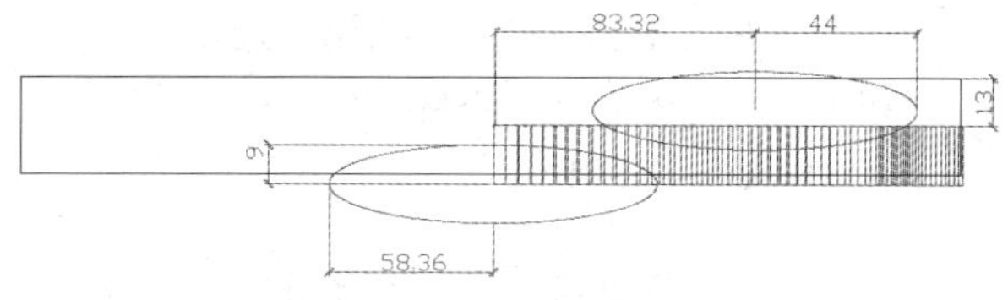

图 15-114　绘制椭圆

(13) 单击“建模”工具栏上的“拉伸”按钮，选择桥跨中的椭圆，输入拉伸距离 –50。再单击“拉伸”按钮，选择右侧的椭圆，输入拉伸距离 –60，得到的效果如图 15-115 所示。

(14) 单击“视图”工具栏上的“前视”按钮，再单击“修改”工具栏上的“移动”按钮，将椭圆柱移到方便取差集的位置，单击“实体编辑”工具栏上的“差集”按钮，用桥拱面减去椭圆柱，得到如图 15-116 所示的效果。

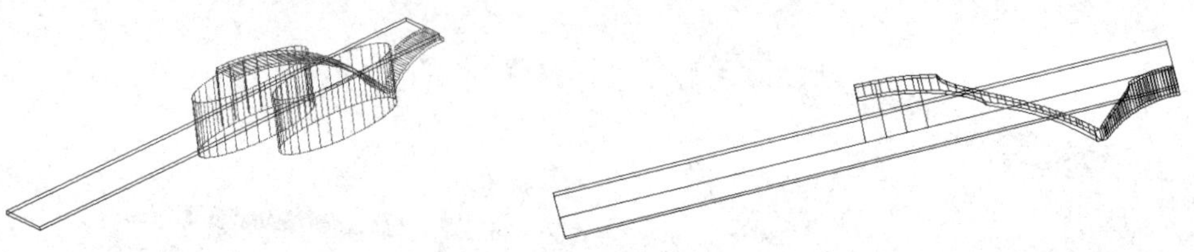

图 15-115　拉伸椭圆　　　　图 15-116　布尔运算后的效果

(15) 单击“UCS”工具栏上的“原点”按钮，选择桥面的中心点，如图 15-117 所示。

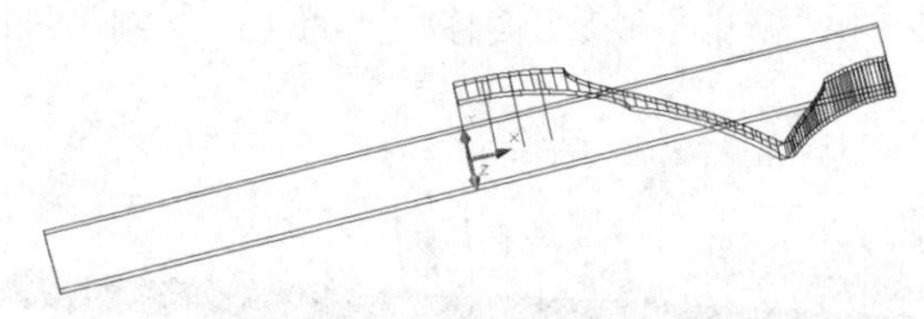

图 15-117　移动用户坐标系

(16) 选择“修改”→“三维操作”→“三维镜像”命令，将 1/4 桥拱镜像成 1/2 桥拱，如图 15-118 所示，命令行提示如下：

命令：_mirror3d　　//启动镜像命令

选择对象：找到 1 个　　//选择 1/4 桥拱为镜像对象

选择对象：　　//按 Enter 键，完成对象的选择

指定镜像平面(三点)的第一个点或

〔对象(O)最近的(L)/Z 轴(Z)/视图(V)/XY 平面(XY)/YZ 平面(YZ)/ZX 平面(ZX)/三点(3)〕〈三点〉: xy　　//选择 XY 平面为镜像面

指定 XY 平面上的点〈0，0，0〉:　　//镜像面通过原点

是否删除源对象？〔是(Y)/否(N)〕〈否〉: N　　//不删除源对象

(17) 新建“吊杆”图层，并设为当前层，单击“建模”工具栏上的“圆柱”按钮，输入直径 0.25，绘制效果如图 15-119 所示，命令行提示如下：

命令：_cylinder　　//单击按钮，启动命令

当前线框的密度：isolines=32　　//系统提示信息

指定圆柱体底面的中心点或〔椭圆(E)〕〈0，0，0〉：　　//选择圆心

指定圆柱体底面的半径或〔直径(D)〕:0.25　　//输入半径为 0.25

指定圆柱体高度或〔另一个圆心(C)〕: c　　//采用另一圆心方式

指定圆柱的另一个圆心：　　//选择另一圆心，完成吊杆绘制

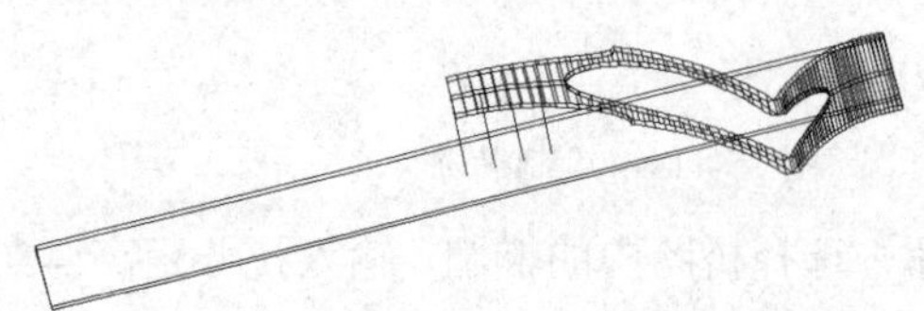

图 15-118　镜像后的效果　　　　图 15-119　三维吊杆的绘制

(18) 选择“修改”→“三维操作”→“三维镜像”命令，将 1/2 桥拱镜像成全桥拱，

采用 XZ 为镜像面，如图 15-120 所示。

(19) 在两边拱脚绘制长方体桥墩并镜像，得到如图 15-121 所示的效果。

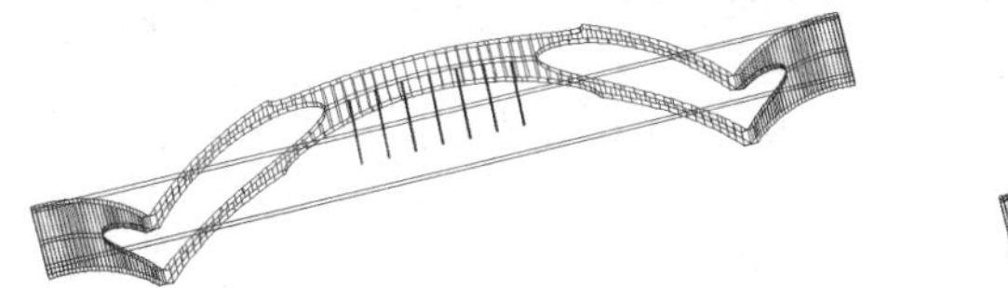

图 15-120　镜像效果

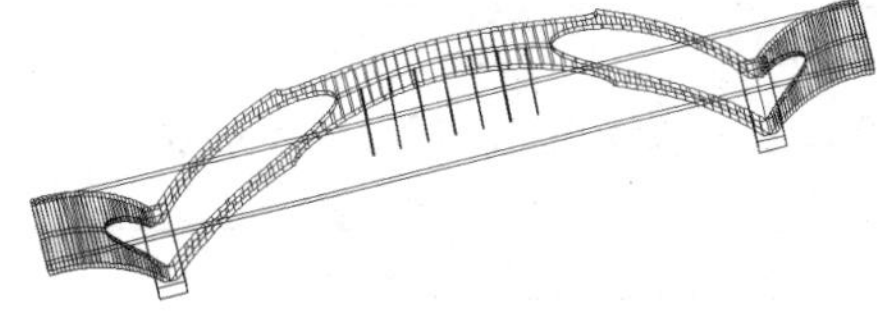

图 15-121　绘制桥墩

(20) 选择“视图”→“视觉样式”→“真实”命令，得到如图 15-104 所示的效果。

15.5.3　高架桥

跨越山谷或城市高架道路的桥梁称为高架桥，其特点为：桥墩高度较高，一般用钢筋混凝土排架或单柱、双柱式钢筋混凝土桥墩。城市高架线路桥的设计要求，除和一般桥梁相同外，尚须注意选择最小的建筑高度，以减少桥长和引道的长度。其轮廓，尤其是墩台要设计得轻巧并和周围环境相协调。本节主要让读者了解高架桥模型设计的方法。

下面自定义尺寸简述高架桥的绘制过程：

(1) 绘制弧形道路平面图。在俯视图上用多段线或圆弧绘制弧形道路，用矩形绘制桥墩，如图 15-122 所示。

(2) 绘制护栏板平面图。在俯视图上偏移弧形护栏板，按比例缩小桥墩，如图 15-123 所示。

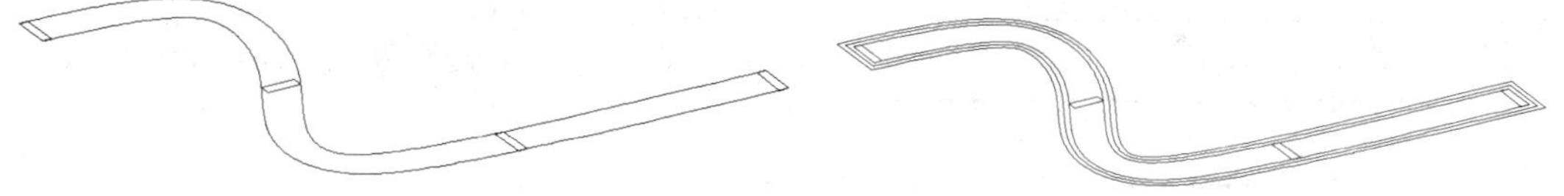

图 15-122　绘制弧形道路　　图 15-123　偏移弧形护栏板

(3) 绘制桥墩和护栏板立体图。在西南等轴侧视图上拉伸路面、弧形护栏板和桥墩，效果如图 15-124、图 15-125 和图 15-126 所示。

(4) 剖切及渲染。用剖切命令切除两端护栏板然后渲染，如图 15-127 所示。

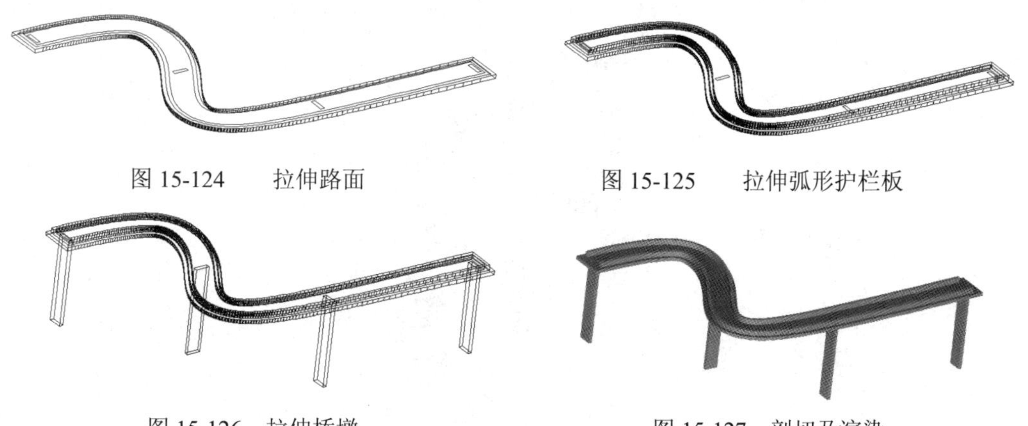

图 15-124　拉伸路面　　图 15-125　拉伸弧形护栏板

图 15-126　拉伸桥墩　　图 15-127　剖切及渲染

15.6　上 机 实 训

实训 1　根据图 15-128 所示的桩柱式桥墩构造图绘制其立体图，如图 15-129 所示。

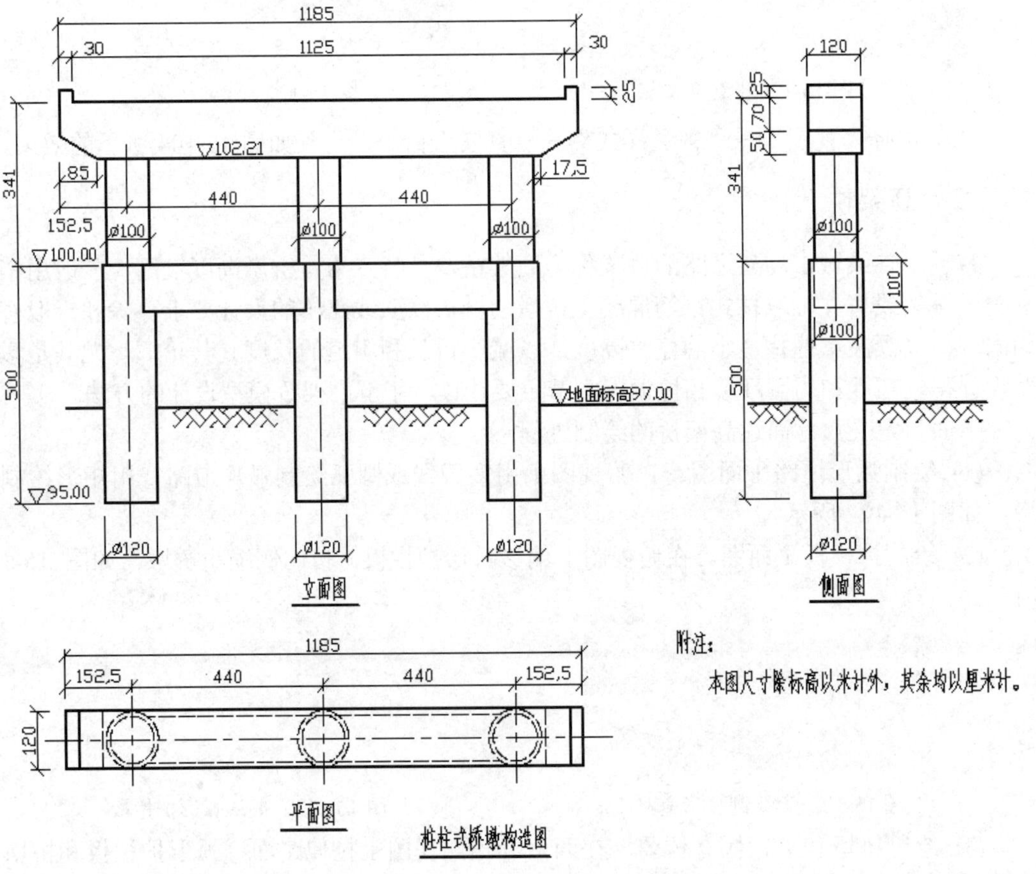

立面图

侧面图

平面图

附注：

本图尺寸除标高以米计外，其余均以厘米计。

桩柱式桥墩构造图

图 15-128　桩柱式桥墩构造图

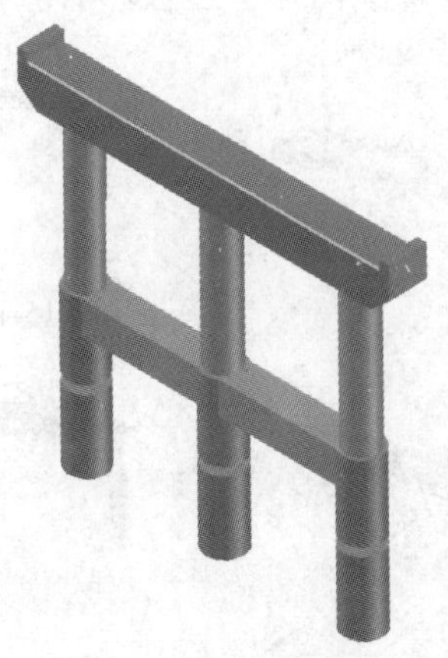

图 15-129　桩柱式桥墩立体图

实训 2　根据图 15-130 所示护坡立面图、平面图绘制其立体图(如图 15-131 所示)。

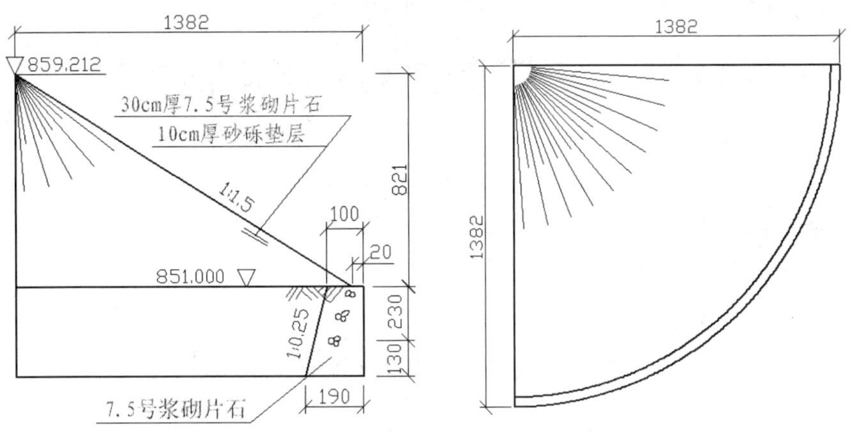

图 15-130　锥体护坡立面图、平面图

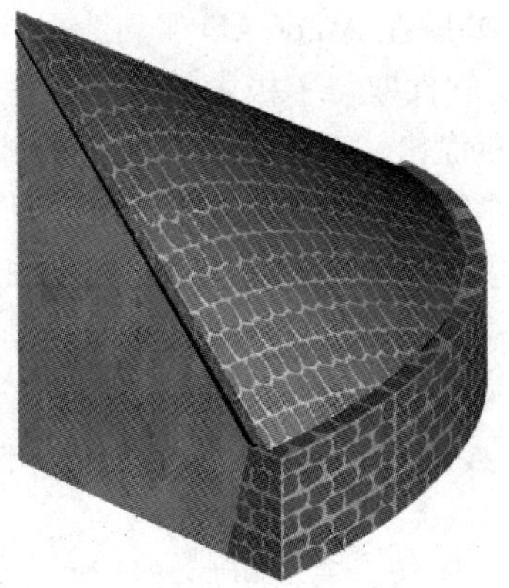

图 15-131　锥体护坡立体图

第 16 章　天正建筑软件的基本应用

本章主要介绍使用天正软件来绘制建筑施工图。要求读者通过学习，掌握用天正软件绘制图形的方法与相关知识。

16.1　天正建筑软件基础知识

16.1.1　天正建筑软件简介

北京天正公司从 1994 年开始就在 AutoCAD 平台上开发了一系列建筑、暖通、电气等专业软件，这些软件特别是建筑软件取得了极大的成功。近十几年来，随着 CAD 版本的不断更新，天正建筑软件也在不断优化、改革，以其先进的建筑设计理念服务于建筑施工图设计，天正建筑软件符合国内建筑设计人员的操作习惯，贴近建筑图绘制的实际，并且有很高的自动化程度，受到中国建筑设计师的厚爱。在实际工作中只要输入几个参数尺寸，就能自动生成平面图中的轴网、墙体、柱子、门窗、楼梯和阳台等，并自动生成立面图和剖面图等建筑图样，因此在国内使用相当广泛。

天正建筑(TArch)是一款在 AutoCAD 基础上二次开发的、用于建筑绘图的专业软件。其与 AutoCAD 的关系如下：

(1) 天正建筑与 AutoCAD 相比较，显得更加智能化、人性化和规范化，可以缩短绘制建筑工程图的时间。

(2) 天正建筑必须在 AutoCAD 的基础上运行。

(3) 天正建筑和 AutoCAD 存在兼容问题，纯粹的 AutoCAD 环境不能完全显示使用天正建筑绘制的图形。

与 AutoCAD 相比较，天正建筑软件的主要优点如下：

(1) 在 AutoCAD 的基础上增加了用于绘制建筑构件的专用工具，可以直接绘制墙线、柱子及门窗等。

(2) 预设了许多智能特征，例如，插入的门窗碰到墙，墙即自动开洞并嵌入门窗，如图 16-1 所示。

(3) 预设了图纸的绘图比例以及符合国家规范的制图标准。

(4) 可以方便地书写和修改中西文混排文字，以及输入和变换文字的上下标、特殊字等。此外，还提供了非常灵活的表格内容编辑器。

(5) 虽然天正建筑基本使用二维绘图模式，但是图形中含有三维信息，从而可以使用户轻松绘制并观察图形的三维效果，画平面图时就带有三维信息，平面图画好后三维模型就自动建立好了，如图 16-2 所示。

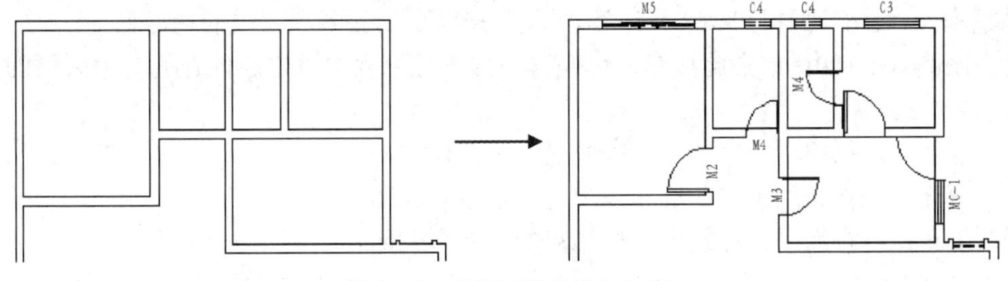

图 16-1　智能开洞并嵌入门窗

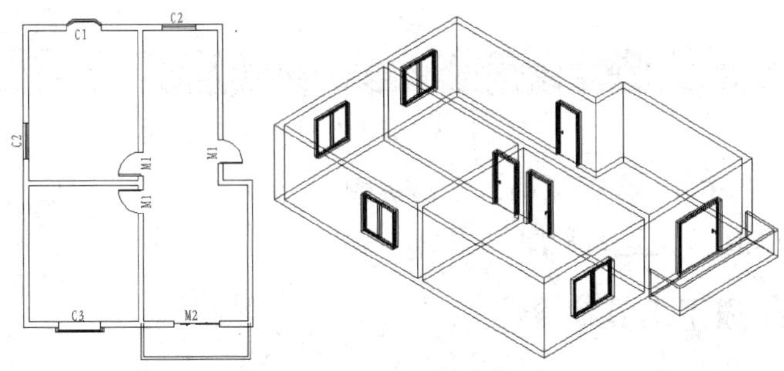

图 16-2　画平面图时三维模型自动建立

16.1.2　天正建筑软件的安装与使用

(1) 安装：天正建筑的安装较简单，运行天正软件光盘的 Setup.exe 文件，根据实际情况选择单机版或网络版授权方式，然后选择要安装的组件进行安装即可。

(2) 启动：天正建筑安装完成后，将在桌面上创建“天正建筑 Tarch for AutoCAD”快捷方式图标。双击该图标，或者选择“开始”→“程序”→“天正建筑”→“天正建筑 Tarch for AutoCAD”命令，即可启动天正建筑程序，界面如图 16-3 所示。

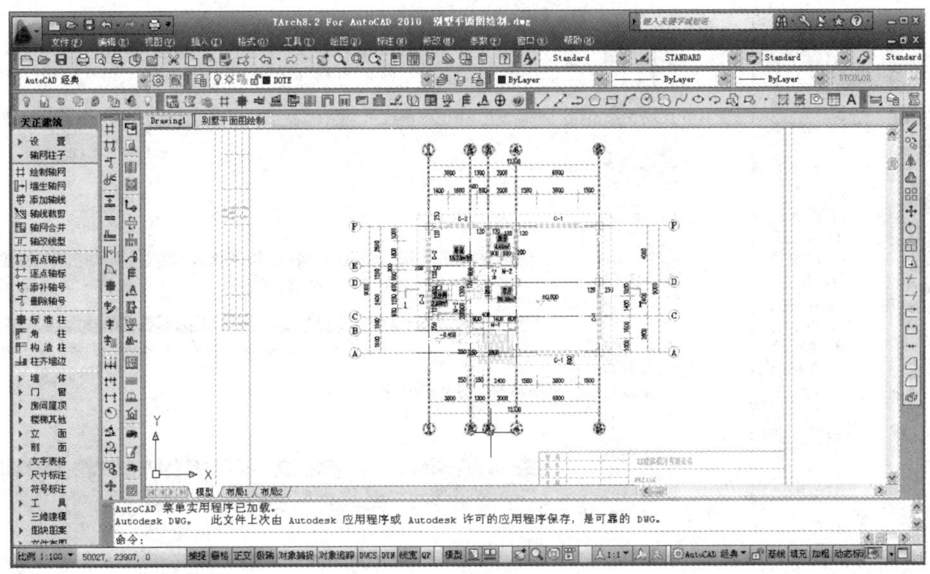

图 16-3　天正建筑软件界面

天正建筑在 AutoCAD 状态栏的基础上增加了比例设置下拉列表以及多个功能切换开

关，如基线、填充、加粗和动态标注等，如图 16-4 所示。各项工具的功能如下：

① 比例 1∶100：单击此按钮，可在弹出的下拉列表中设定新创建的对象采用的出图比例。

② 基线：此按钮用于控制墙基线的显示和关闭。

③ 填充：此按钮用于控制墙和柱填充的显示和关闭。

④ 加粗：此按钮用于控制墙和柱加粗的显示和关闭。

⑤ 动态标注：此按钮用于控制移动和复制坐标或标高时是否改变原值以及是否获取新值。

图 16-4　状态栏

(3) 退出：与 AutoCAD 操作相同，单击标题栏上的“关闭”按钮，或选择“文件”→“退出”菜单，可关闭天正建筑程序。

16.1.3　天正建筑通用工具命令

TArch 的主要功能都列在“折叠式”三级结构的屏幕菜单上，上一级菜单可以单击展开下一级菜单，同级菜单相互关联，展开另一个同级菜单时，原来展开的菜单自动合拢。二到三级菜单是天正建筑的可执行命令或者开关项，当光标移到菜单上时，AutoCAD 的状态行会出现该菜单功能的简短提示。有些菜单项无法完全在屏幕上可见，为此可用鼠标滚轮上下滚动菜单快速选取当前不可见的项目。另外，也可以在一级菜单上单击鼠标右键展开下一级菜单。操作如图 16-5 所示。

常用工具栏中囊括了天正建筑绘图过程中经常使用的命令以及对图层的快捷操作工具等，如图 16-6 所示。

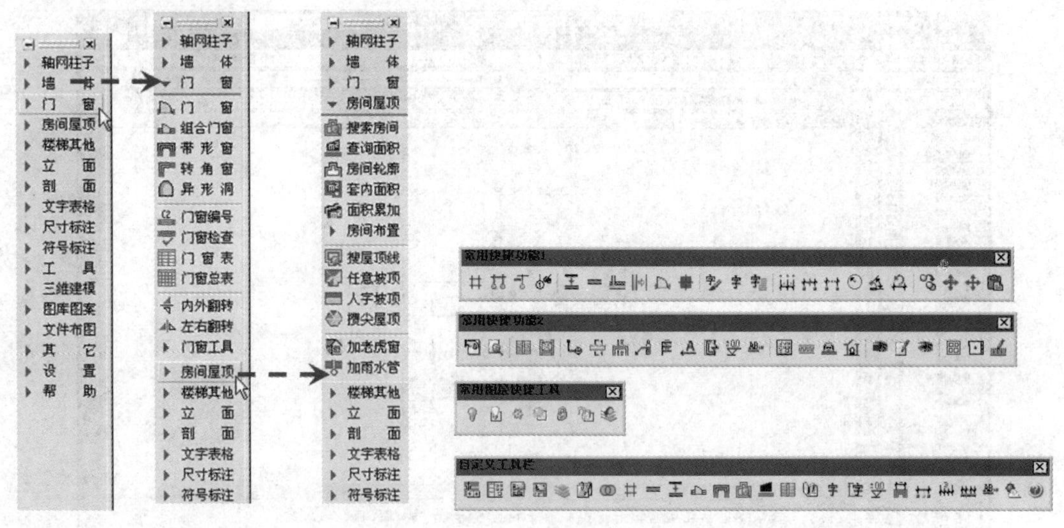

图 16-5　屏幕菜单　　　　图 16-6　常用工具栏

当然还可以自定义工具栏，单击“自定义工具栏”中的“自定义”按钮，打开“天正自定义”对话框，就可以根据需要适当增减了，如图 16-7 所示。

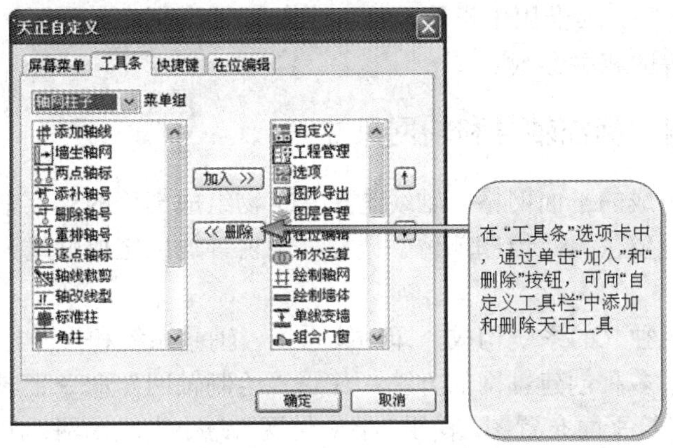

图 16-7　“天正自定义”对话框

16.2　使用天正建筑软件绘制别墅平面图

16.2.1　初始设置

在绘图前，首先要设置一些作图和标注参数。天正建筑为用户设置了初始设置功能，可以通过对话框进行设置，在天正建筑的“工具”→“选项”对话框中，有一个“基本设定”选项卡，打开此选项卡，显示的是图形设置与其他设置等参数设置内容，如图 16-8 所示。

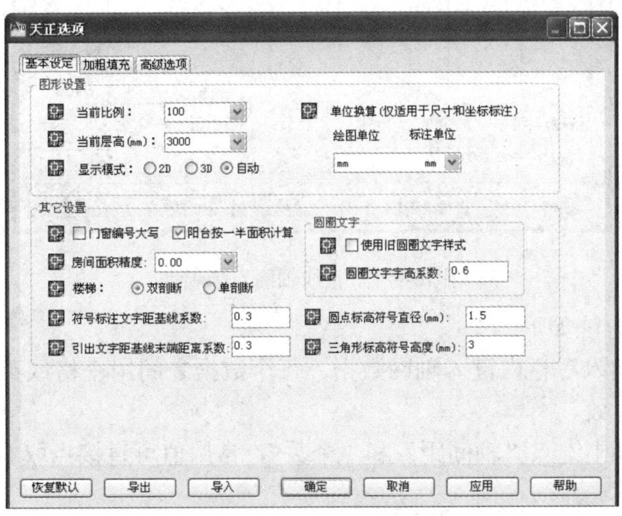

图 16-8　“天正选项”的“基本设定”选项卡

(1)　“基本设定”包含有“图形设置”、“其他设置”、“圆圈文字”等栏，设置内容如图 16-8 所示。“当前比例”设为 100，该比例用来控制文字、尺寸数字、轴号等的大小。“当前层高”设为 3000。

(2)　“填充加粗”选项卡用于设置各种填充材料的填充图案、填充方式、颜色、线宽及是否加粗等。

(3) “高级选项”选项卡用于设置尺寸标注、符号标注、立剖面、门窗、墙柱、室外构件、系统、轴线等的相关参数。

16.2.2　绘制轴网、标注轴号和轴网尺寸

轴网是由轴线组成的平面网格，轴线是指建筑物组成部分的定位中心线，是设计中建筑物各组成部分的定位依据。绘制墙体、楼梯、门窗等均以定位轴线为基准，以确定其平面位置与尺寸。

轴网由 3 个相对独立的系统构成，即轴线系统、轴号系统和尺寸标注系统。

天正软件提供了多种创建轴网的方法：使用“绘制轴网”命令生成标准的直轴网或弧轴网；根据已有的建筑平面布置图，使用“墙生轴网”命令生成轴网；在轴线层上绘制 line、arc、circle，轴网标注命令识别为轴线。

1. 绘制轴网

直线轴网功能用于生成正交轴网、斜交轴网或单向轴网。单击绘制轴网菜单命令后，显示“绘制轴网”对话框，如图 16-9 所示。

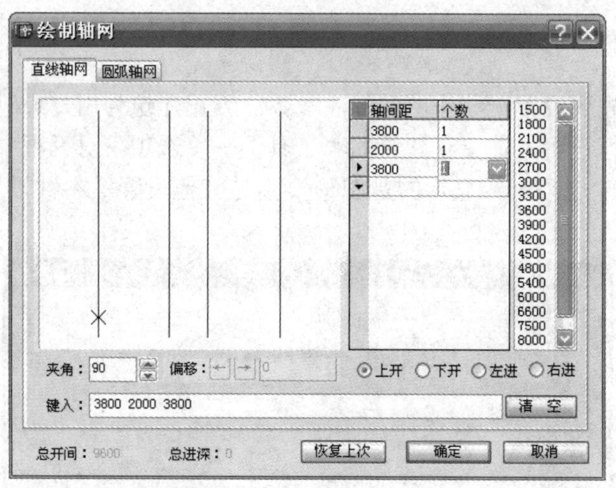

图 16-9　“直线轴网”选项卡

输入轴网数据方法如下：

(1) 直接在“键入”栏内键入轴网数据，每个数据之间用空格或英文逗号隔开，输入完毕后按 Enter 键生效。

(2) 在电子表格中键入“轴间距”和“个数”，常用值可直接点取右方数据栏或下拉列表的预设数据。

“上开”：在轴网上方进行房间开间尺寸的轴网标注。

“下开”：在轴网下方进行房间开间尺寸的轴网标注。

“左进”：在轴网左侧进行房间进深尺寸的轴网标注。

“右进”：在轴网右侧进行房间进深尺寸的轴网标注。

“夹角”：输入开间与进深轴线之间的夹角数据，默认为夹角 90º 的正交轴网。

“轴间距”：开间或进深的尺寸数据，可以点击右方数值栏或下拉列表获得，也可以

键入。

“个数”：数据的重复次数，可以点击右方数值栏或下拉列表获得，也可以键入。

输入开间间距如下：

上开：3800，2000，3800；下开：1300，2200，3300，2800；左进：1300，4600，5000；右进：2500，1800，3600，3000。

首先绘制几条主要轴线，使图形整洁并便于下一步操作，其他轴线可进一步添加和修改。生成的轴网如图16-10 所示。

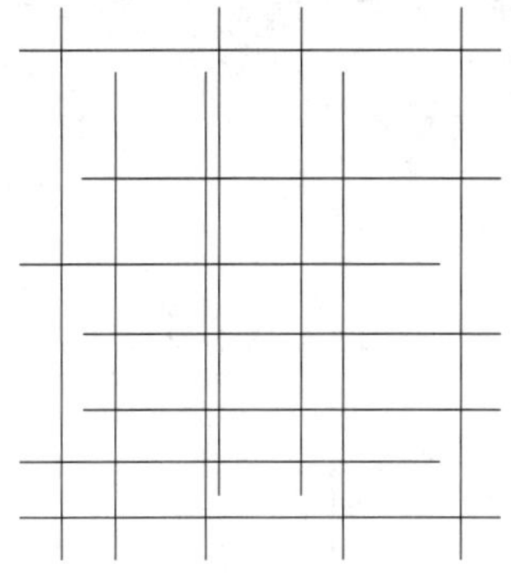

图 16-10　生成轴网

2. 标注轴号和轴网尺寸

“两点轴标”命令可以自动地将竖向的轴线以数字作轴号，水平轴网以字母作轴号。

选择“轴网柱子”→“两点轴标”命令完成标注，结果如图 16-11 所示。轴网标注过程中，可以通过“两点标注”、“逐点标注”、“添补轴号”、“删除轴号”等命令对轴网进行标注及编辑。

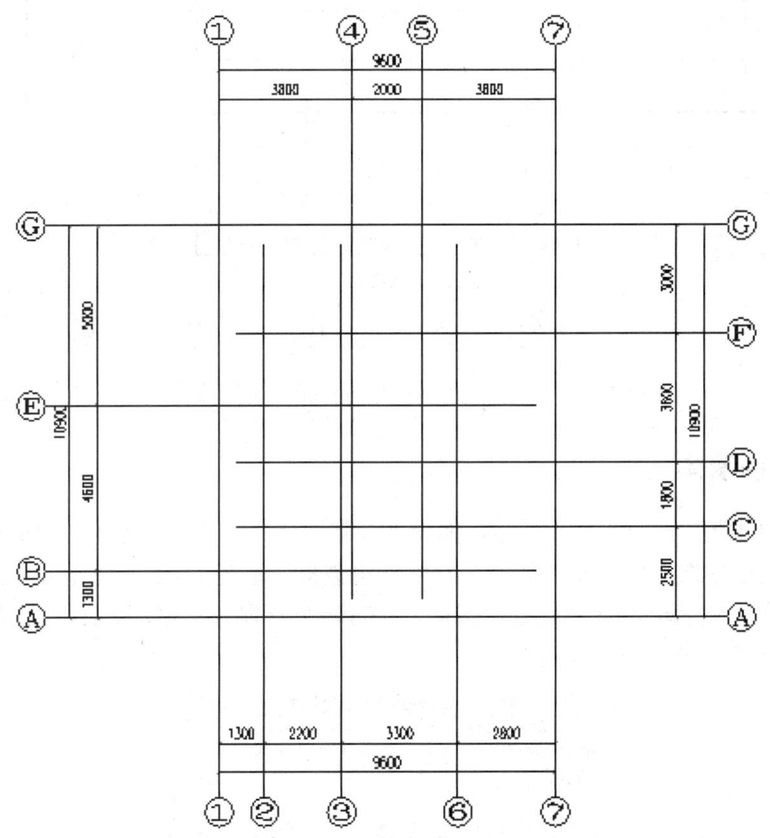

图 16-11　标注轴号和轴网尺寸

3. 编辑轴网

添加附加轴线，选择“添加轴线”命令附加轴线 1/6，选择“工具”→“对象编辑”命令不显示下端 1/6 轴号，修改 F-1/E“轴改线型”，结果如图 16-12 所示。

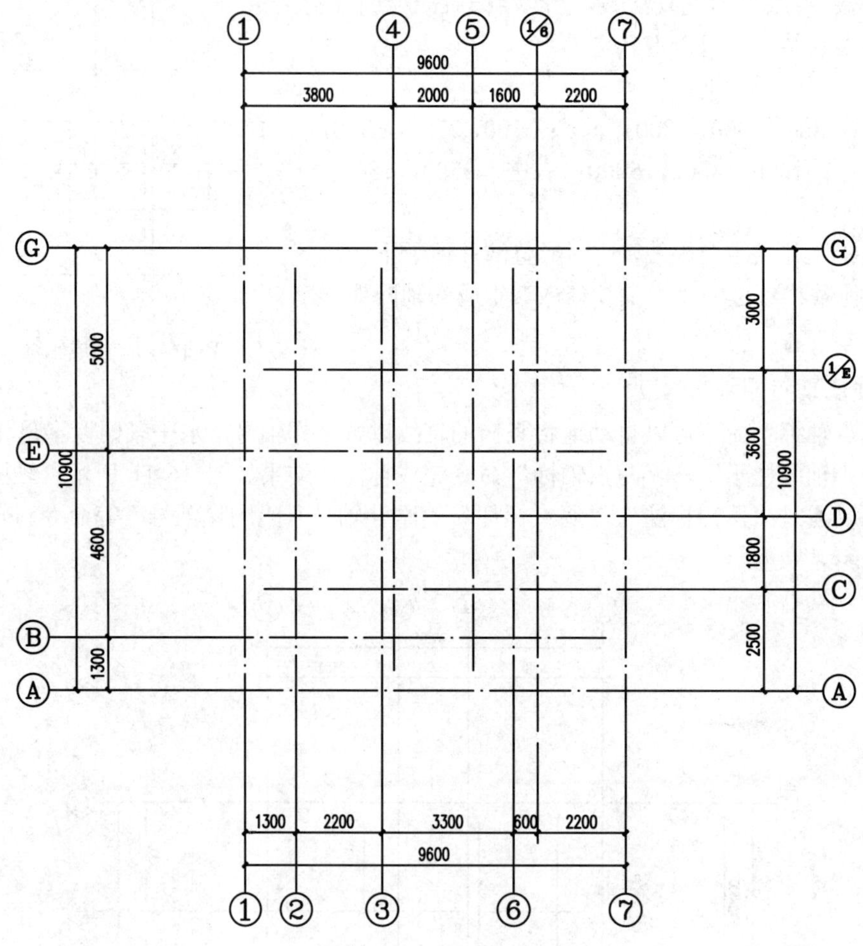

图 16-12　编辑轴网

16.2.3　绘制墙体

单击菜单中的“绘制墙体”按钮，弹出“绘制墙体”对话框，如图 16-13 所示。在“绘制墙体”对话框中选取要绘制墙体的左右墙宽组数据，左宽 120、右宽 120；选择一个合适的墙基线方向，然后单击下方工具栏图标，进行墙体绘制，绘制墙体还可以通过“等分加墙”、“单线变墙”等命令进行操作。

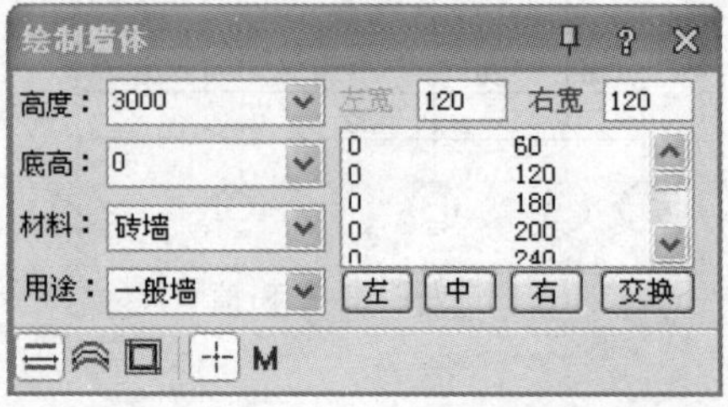

图 16-13　“绘制墙体”对话框

16.2.4　绘制柱子

柱子在建筑设计中主要起结构支撑的作用，有时候柱子也纯粹用于装饰。本软件以自定义对象来表示柱子，但各种柱子对象定义不同，标准柱用底标高、柱高和柱截面参数描述其在三维空间的位置和形状；构造柱用于砖混结构，只有截面形状而没有三维数据，只服务于施工图。插入图中的柱子，用户如需要移动和修改，可充分利用夹点功能和其他编辑功能。对于标准柱的批量修改，可以使用"替换"的方式，柱同样可采用 AutoCAD 的"编辑"命令进行修改，修改后相应墙段会自动更新。此外，柱、墙可同时用夹点拖动编辑。

单击"标准柱"按钮，在弹出的对话框中输入柱子参数，插入柱子，如图 16-14 所示。插入柱子过程中，可以通过"转角柱"、"构造柱"、"柱齐墙边"等命令绘制及编辑柱子。"转角柱"用于插入 L 形、T 形柱，达到增大室内使用面积的效果，如图 16-15 所示。最终效果如图 16-16 所示。

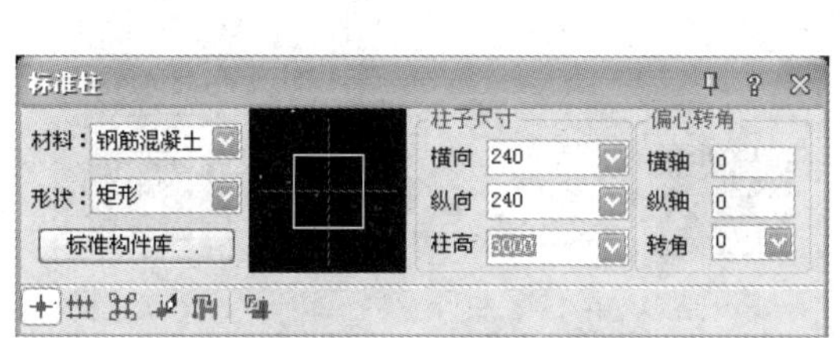

图 16-14　"标准柱"对话框

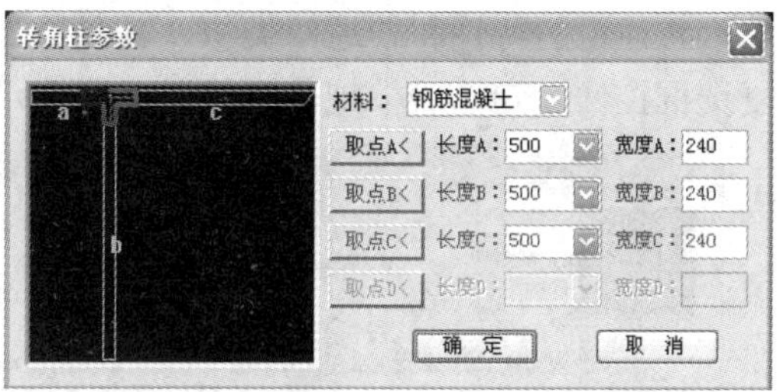

图 16-15　"转角柱参数"对话框

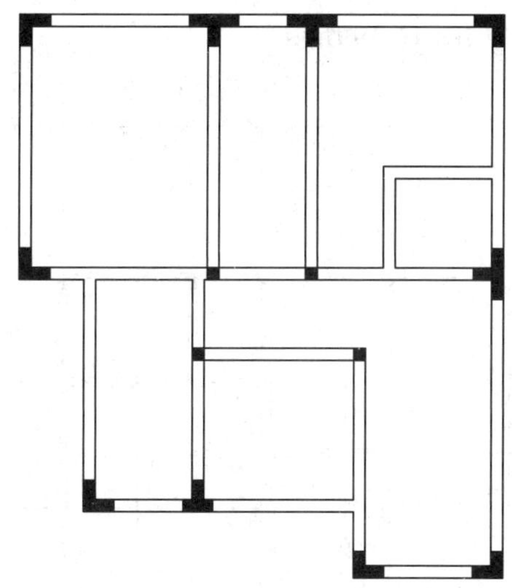

图 16-16　绘制柱子

16.2.5　绘制门窗

软件中的门窗是一种附属于墙体并需要在墙上开启洞口的、带有编号的 AutoCAD 自定义对象，它包括通透的和不通透的墙洞。门窗和墙体建立了智能联动关系，门窗插入墙体后，墙体的外观几何尺寸不变，但墙体对象的粉刷面积、开洞面积已经立刻更新以备查询。门窗和其他自定义对象一样可以用 AutoCAD 的命令和夹点编辑修改，并可通过电子表格检查和统计整个工程的门窗编号。

门窗对象附属在墙对象之上，离开墙体的门窗没有任何意义。按照和墙的附属关系，软件中定义了两类门窗对象：一类是只附属于一段墙体，即不能跨越墙角，对象 DXF 类型为 TCH_OPENING；另一类附属于多段墙体，即跨越一个或多个转角，对象 DXF 类型为 TCH_CORNER_WINDOW。前者和墙之间的关系非常严谨，因此系统根据门窗和墙体的位置，能够可靠地在设计编辑过程中自动维护和墙体的包含关系，例如，可以把门窗移动或复制到其他墙段上，系统可以自动在墙上开洞并安装上门窗；后者比较复杂，离开了原始的墙体，可能就不再正确，因此不能向前者那样可以随意地编辑。

在门窗创建对话框中输入门窗所有需要的参数，包括编号、几何尺寸和定位参考距离，如果把门窗高参数改为 0，系统在三维下将不开该门窗。

普通门的参数如图 16-17 所示，其中“门槛高”指门的下缘到所在的墙底标高的距离，通常就是离本层地面的距离，工具栏右边第一个图标是构件库。

普通窗的特性和普通门类似，其参数如图 16-18 所示，只是比普通门多一个“高窗”复选框控件，勾选后按规范图例以虚线表示高窗。

图 16-17　门参数

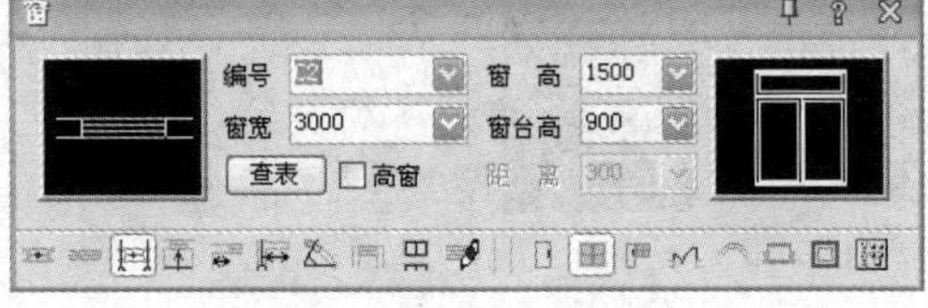

图 16-18　窗参数

插入门窗后的平面图如图 16-19 所示。

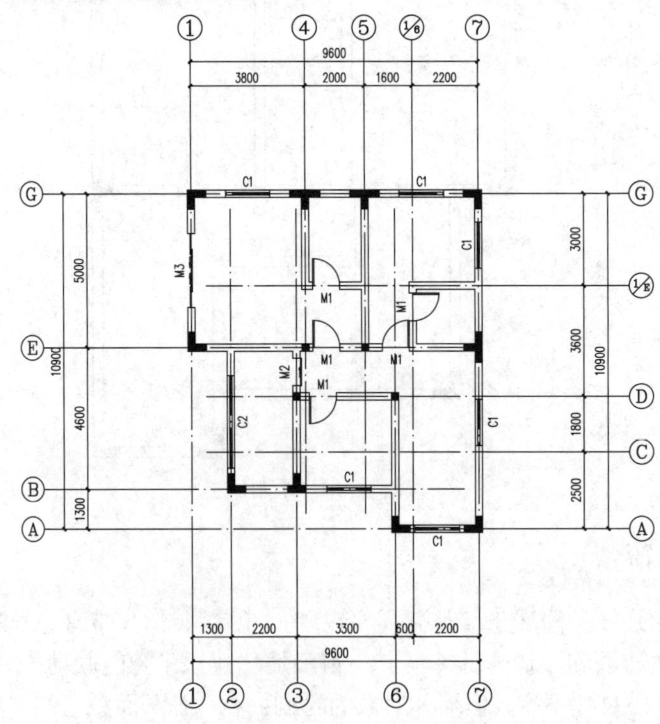

图 16-19　插入门窗后的平面图

插入门窗后的效果图如图 16-20 所示。

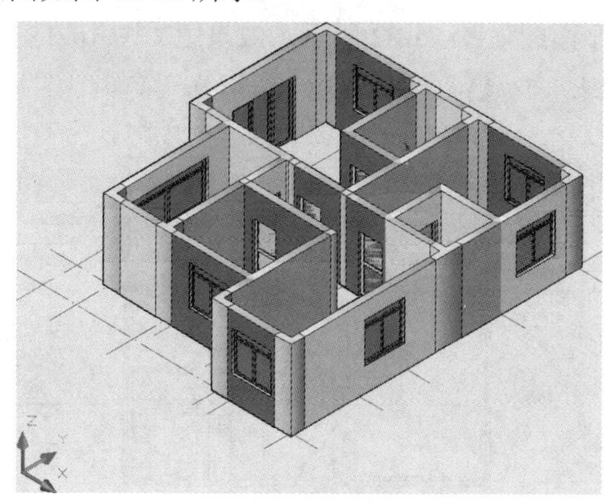

图 16-20　插入门窗后的效果图

16.2.6　绘制楼梯

天正建筑提供了由自定义对象建立的基本梯段对象，包括由梯段组成的常用双跑楼梯对象、多跑楼梯对象。考虑了楼梯对象在二维与三维视口下的不同可视特性。双跑楼梯具有梯段可方便地改为坡道、标准平台可改为圆弧休息平台等灵活可变的特性。各种楼梯与柱子在平面相交时，楼梯可以被柱子自动剪裁。从 TArch8 开始，双跑楼梯的上下行方向标识符号可以随对象自动绘制，剖切位置可以预先按踏步数或标高定义。

绘制双跑楼梯的操作步骤如下：

(1) 调出方法：在菜单中选择“楼梯其他”→“双跑楼梯(SPLT)”。

(2) 执行命令后，显示“双跑楼梯”对话框，如图 16-21 所示。

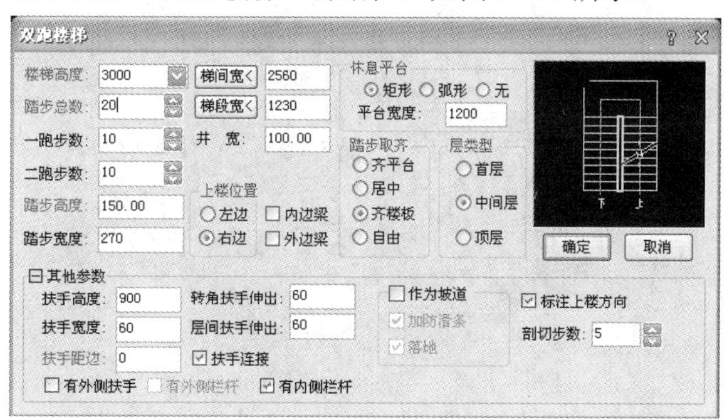

图 16-21　“双跑楼梯”对话框

(3) 确定楼梯参数和类型后，即可把鼠标拖到作图区插入楼梯，命令行提示如下：

点取位置或 [转 90 度(A)/左右翻(S)/上下翻(D)/对齐(F)/改转角(R)/改基点(T)]<退出>: 键入关键字改变选项，给点插入楼梯

(4) 选取插入点后在平面图中插入双跑楼梯。注意，对于三维视图，不同楼层的扶手是不一样的，其中顶层楼梯实际上只有扶手，而没有梯段。

(5) 双跑楼梯为自定义对象，可以通过拖动夹点进行编辑，也可以双击楼梯进入对象

编辑重新设定参数。

绘制双跑楼梯后的平面图如图 16-22 所示，效果图如图 16-23 所示。

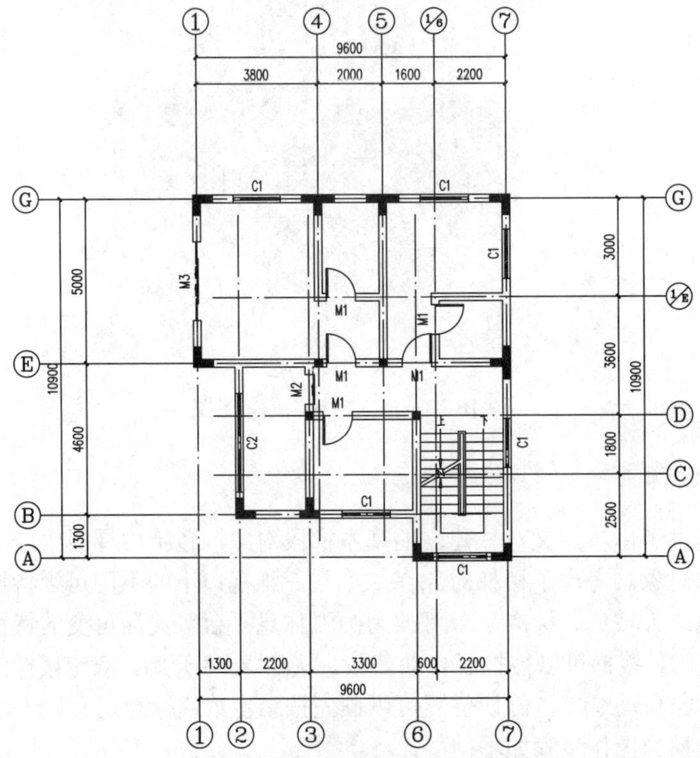

图 16-22　绘制“双跑楼梯”后的平面图

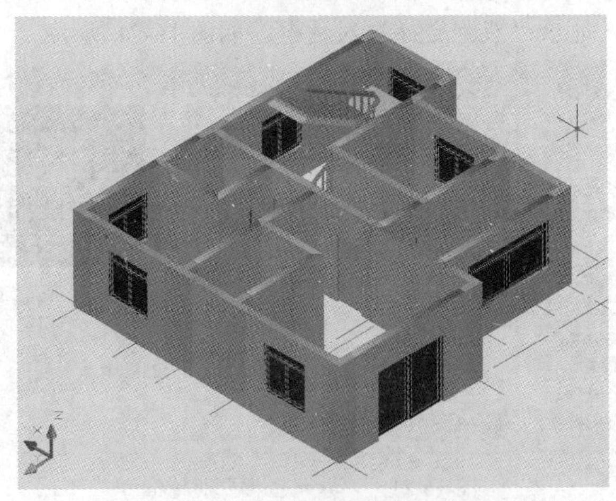

图 16-23　绘制“双跑楼梯”后的效果图

16.2.7　绘制阳台

以几种预定样式绘制阳台，或选择预先绘制好的路径转成阳台。调出方法：选择“楼梯其他”→“阳台”命令，系统弹出“绘制阳台”对话框，如图 16-24 所示，绘制阳台后的效果图如图 16-25 所示。

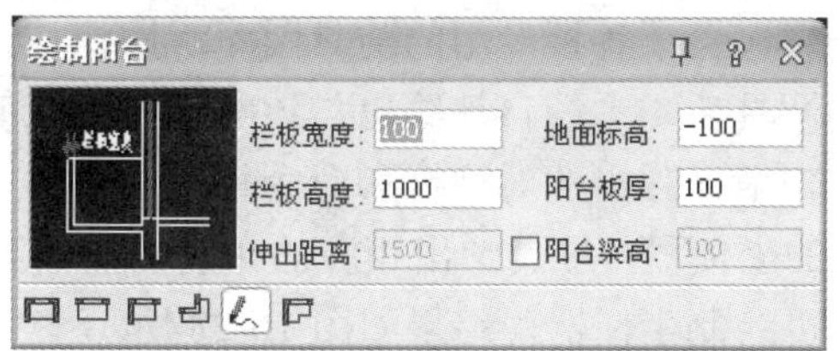

图 16-24　“绘制阳台”对话框

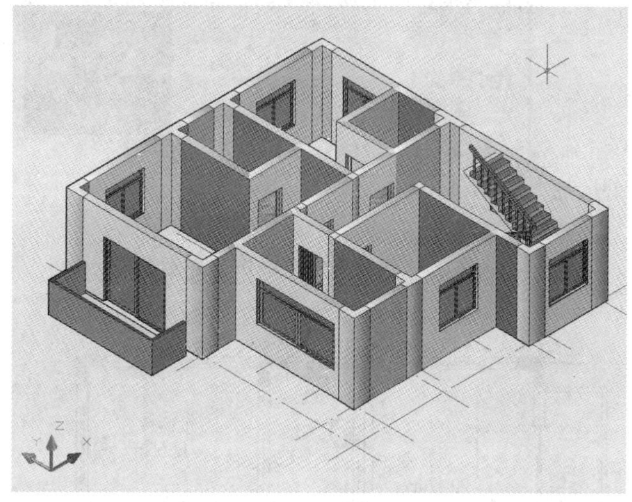

图 16-25　绘制阳台后的效果图

16.2.8　绘制洁具

房间布置菜单中提供了多种工具命令，适用于卫生间的各种不同洁具的布置。

调出方法：选择“房间屋顶”→“房间布置”→“布置洁具”命令，调出“天正洁具”对话框，如图 16-26 所示。

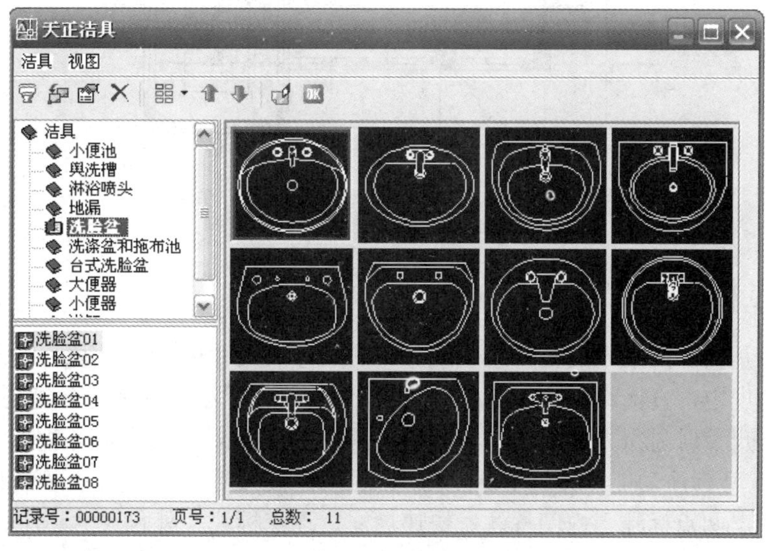

图 16-26　“天正洁具”对话框

“天正洁具”对话框中包含了各种专用的洁具图库，操作与天正通用图库管理界面大同小异。选取不同类型的洁具后，系统自动给出与该类型相适应的布置方法。在预览框中双击所需布置的卫生洁具，根据弹出的对话框和命令行提示在图中布置洁具。在“天正洁具”图库中双击所需布置的坐便器，屏幕弹出相应的布置坐便器对话框，如图 16-27 所示，单击“沿墙布置”图标，可绘制坐便器，结果如图 16-28 所示。

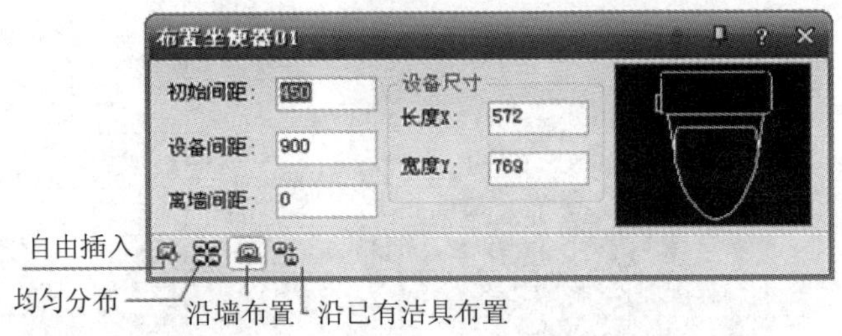

图 16-27　“布置坐便器 01”对话框

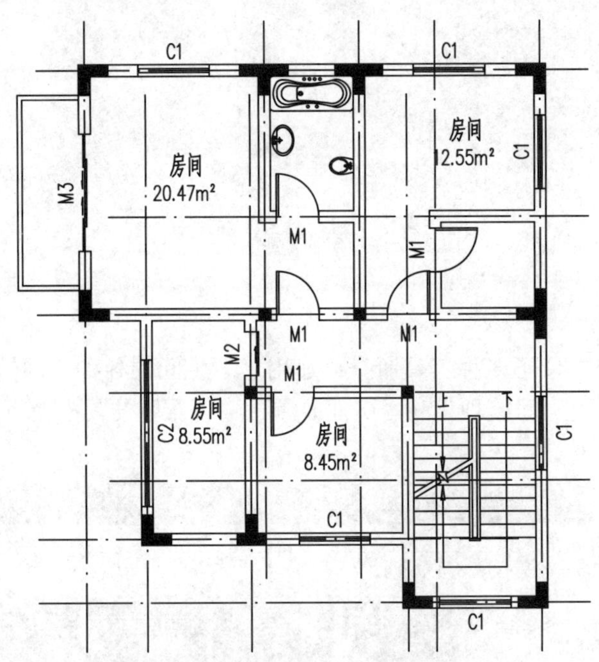

图 16-28　布置坐便器

16.2.9　尺寸标注

尺寸标注是设计图纸中的重要组成部分，图纸中的尺寸标注在国家颁布的建筑制图标准中有严格的规定，直接沿用 AutoCAD 本身提供的尺寸标注命令不适合建筑制图的要求，特别是在编辑尺寸时显得尤其不便，为此软件提供了自定义的尺寸标注系统，完全取代了 AutoCAD 的尺寸标注功能，分解后退化为 AutoCAD 的尺寸标注。尺寸标注主要有门窗标注、墙厚标注、两点标注、内门标注、快速标注、逐点标注、外包尺寸标注和符号标注和标高标注等。尺寸标注最终效果如图 16-29 所示。

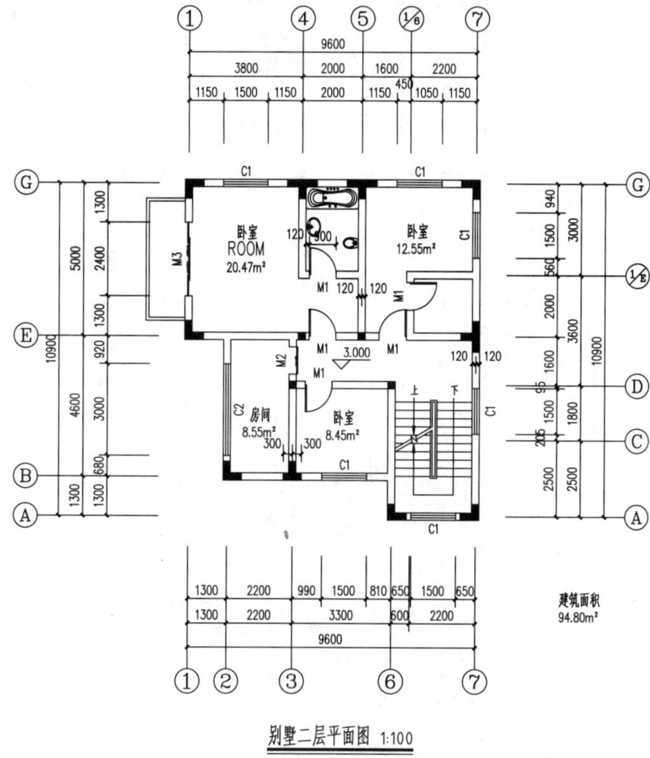

图 16-29　尺寸标注

16.2.10　绘制首层平面图

在绘制标准层平面图的基础上，清理二层平面图，删除尺寸标注、符号标注、墙体门窗，如图 16-30 所示，修改楼梯间，去掉阳台、雨篷，加上建筑的出入口、室外散水、台阶等后得到首层平面图，结果如图 16-31 所示，效果图如图 16-32 所示。

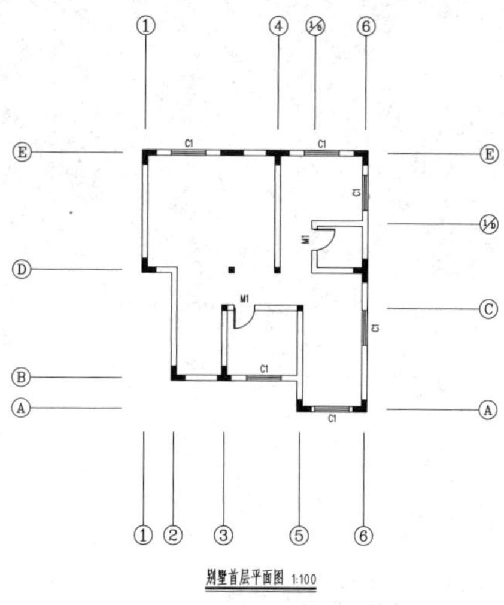

图 16-30　清理二层平面图

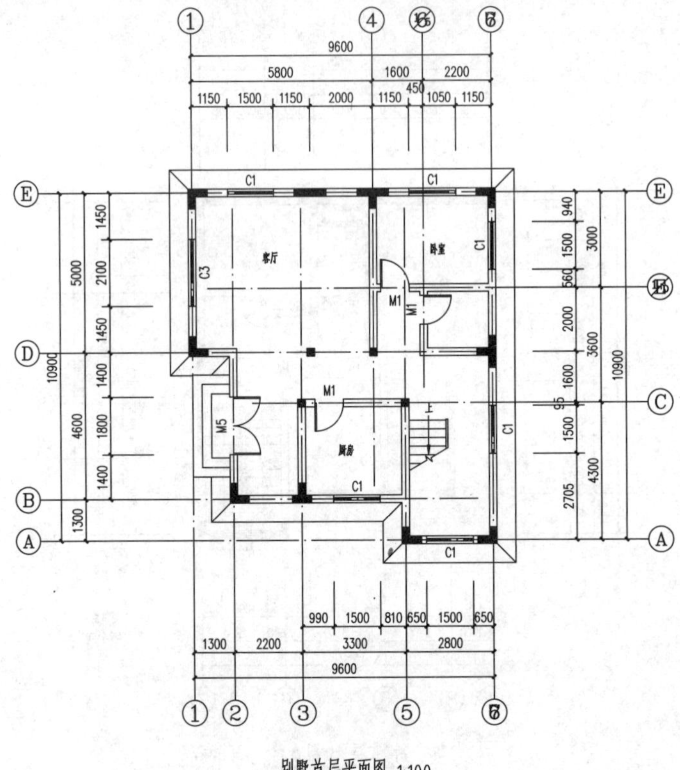

图 16-31　首层平面图

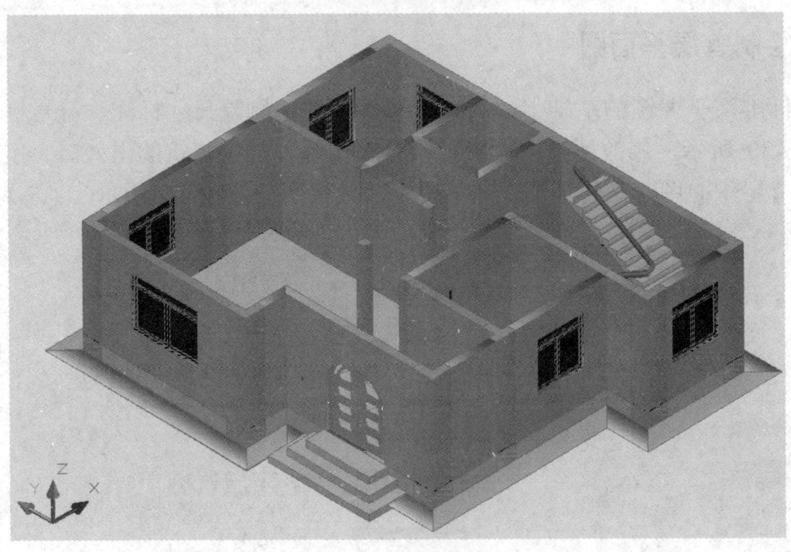

图 16-32　首层效果图

16.2.11　绘制三层平面图

三层平面图是在二层平面图基础上修改的，首先清理掉尺寸标注，然后去掉 8.55 m^2 的房间和 8.45 m^2 的卧室，结果如图 16-33 所示。

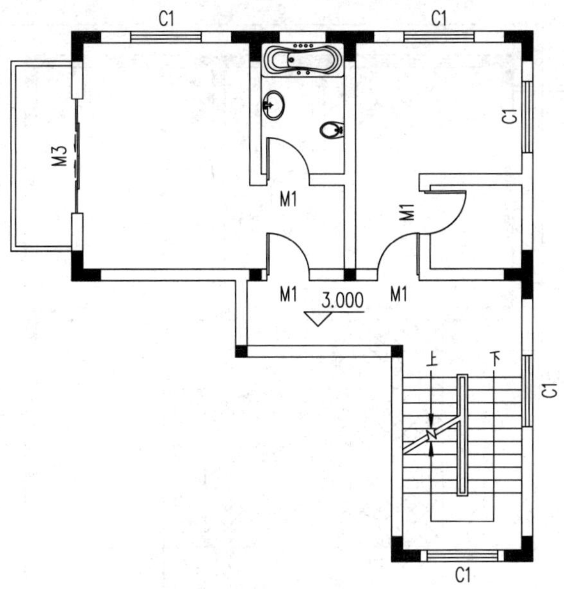

图 16-33　无露台的三层平面图

首先，创建露台楼板，用“多段线”命令绘制露台闭合的边界线。选择 “三维建模”→“造型对象”命令，选择“平板”并填充，然后修改楼梯形式，结果如图 16-34 所示。

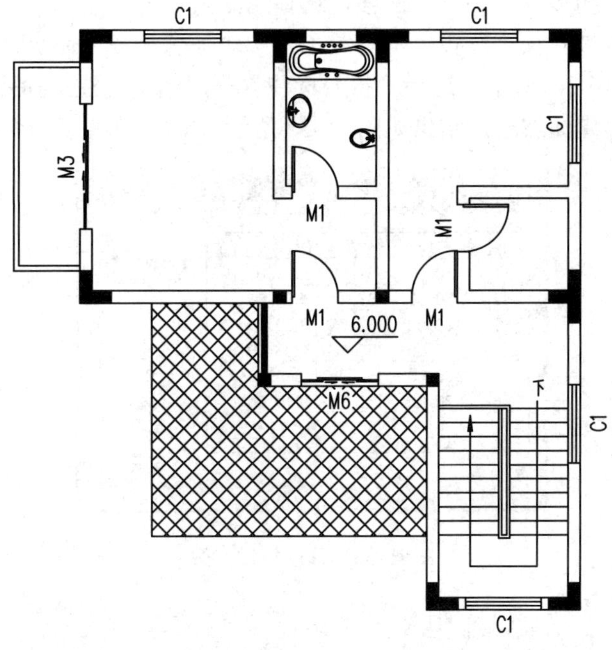

图 16-34　三层平面图

16.2.12　绘制屋顶平面图

清理平面图，生成坡屋顶边界线，选择“房间屋顶”→“搜索顶线”命令，生成坡屋顶边界线，如图 16-35 所示。

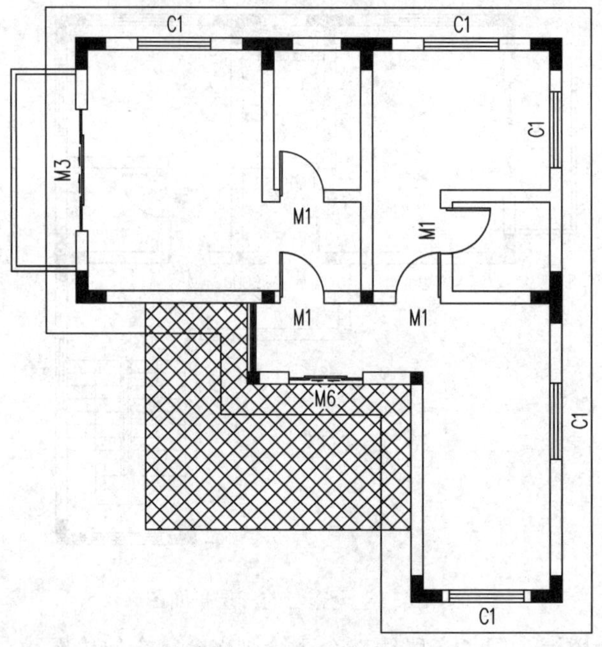

图 16-35　生成坡屋顶边界线

阳台部分形成封闭多段线并向外偏移，选择“工具”→“布尔运算”命令，将两边界线作并集运算。生成坡屋顶，选择“房间屋顶”中“任意坡顶”命令，双击屋面对象可修改坡面参数，如图 16-36 所示。选择“符号标注”→“箭头引注”命令，弹出如图 16-37 所示的对话框，标出屋面坡度，结果如图 16-38 所示。

任意坡顶

边号	坡角	坡度	边长
1	30.00	57.7%	620.00
2	30.00	57.7%	3570.00
3	30.00	57.7%	1600.00
4	30.00	57.7%	3230.00
5	30.00	57.7%	4300.00
6	30.00	57.7%	4240.00
7	30.00	57.7%	12340.00

全部等坡　应用　确定　取消

底标高：-346.410

图 16-36　修改坡面参数

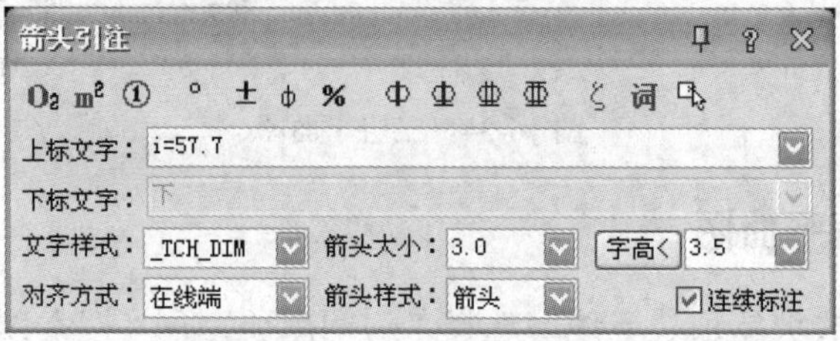

箭头引注

O₂ m² ① ° ± ϕ % Φ Φ Φ Φ ξ 词

上标文字：i=57.7

下标文字：下

文字样式：_TCH_DIM　箭头大小：3.0　字高〈 3.5

对齐方式：在线端　箭头样式：箭头　☑连续标注

图 16-37　箭头标注

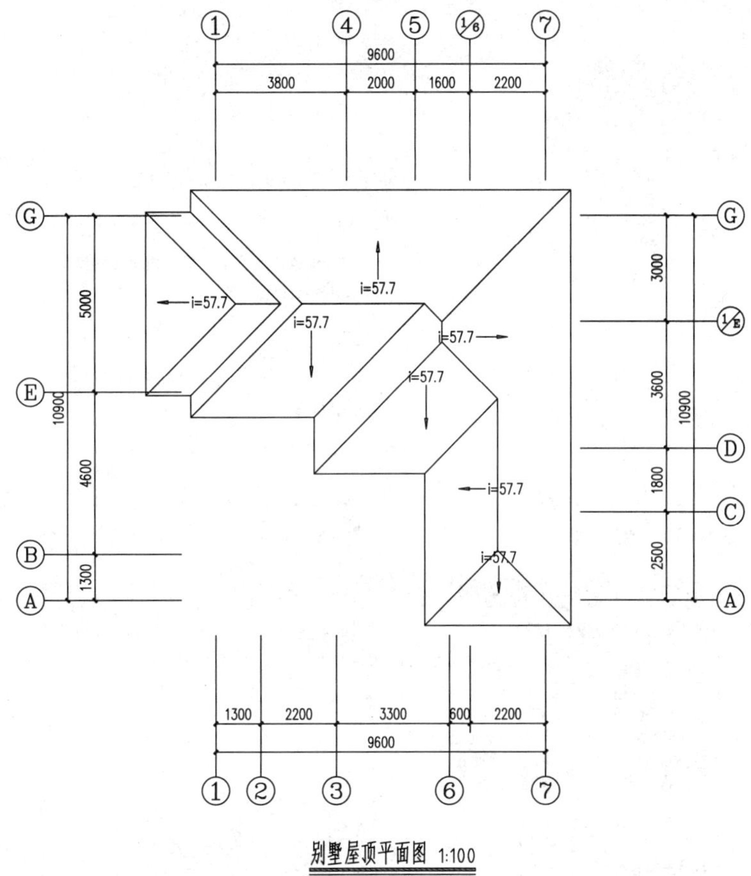

图 16-38　屋顶平面图

16.3　使用天正建筑软件绘制建筑立面图

立面图是通过平面图构件中的三维信息进行消隐获得的纯粹的二维图形，除了符号与尺寸标注对象以及门窗阳台是天正自定义对象外，其他图形构成元素都是 AutoCAD 的基本对象。

在完成了各层平面图的绘制后，可直接绘制立面图。打开二层平面图，选择 “立面”→“建筑立面”菜单命令，新建一个工程项目，建立一个楼层表。

展开“楼层”卷展栏，在“层号”列输入编号，“层高”列输入相应的高度，“文件”列选择相应的文件，如图 16-39 所示。

操作步骤如下：

命令行提示：请输入立面方向或 [正立面(F)/背立面(B)/左立面(L)/右立面(R)]<退出>。

指出生成建筑立面的方向，然后选择合适的轴线，在出现的“立面生成设置”对话框中将室内外高差设为 0.60，如图 16-40 所示。单击“生成立面”选项，在出现的“输入要生成的文件”对话框中输入文件名，如图 16-41 所示，单击“保存”按钮，自动生成立面图，结果如图 16-42 所示。

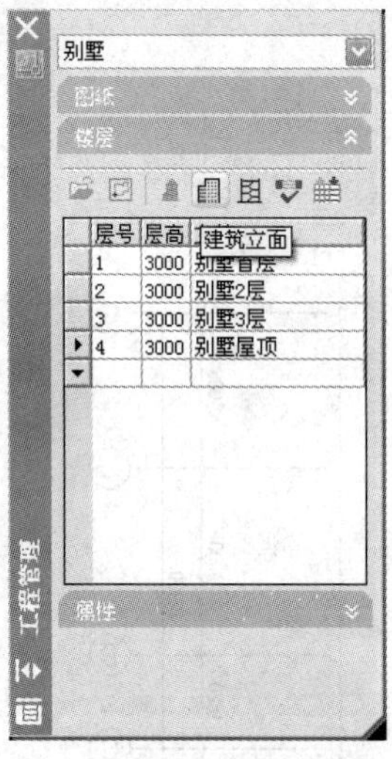

图 16-39　楼层表

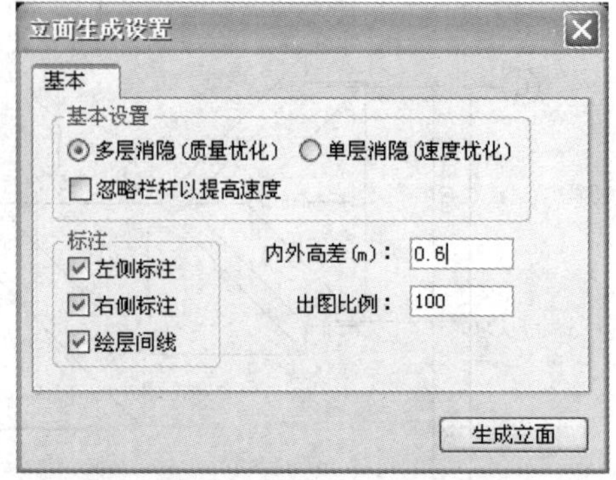

图 16-40　“立面生成设置”对话框

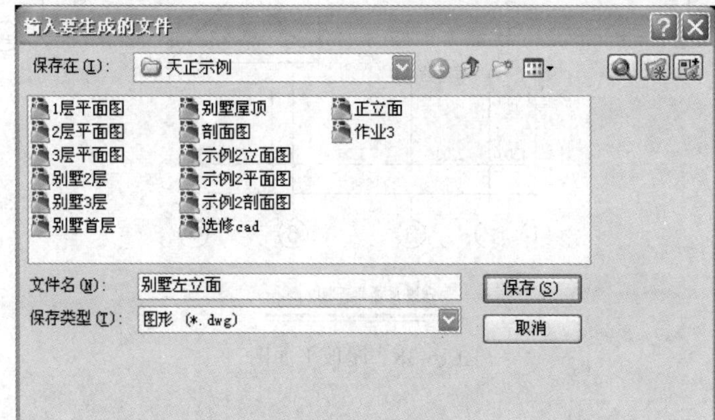

图 16-41　“输入要生成的文件”对话框

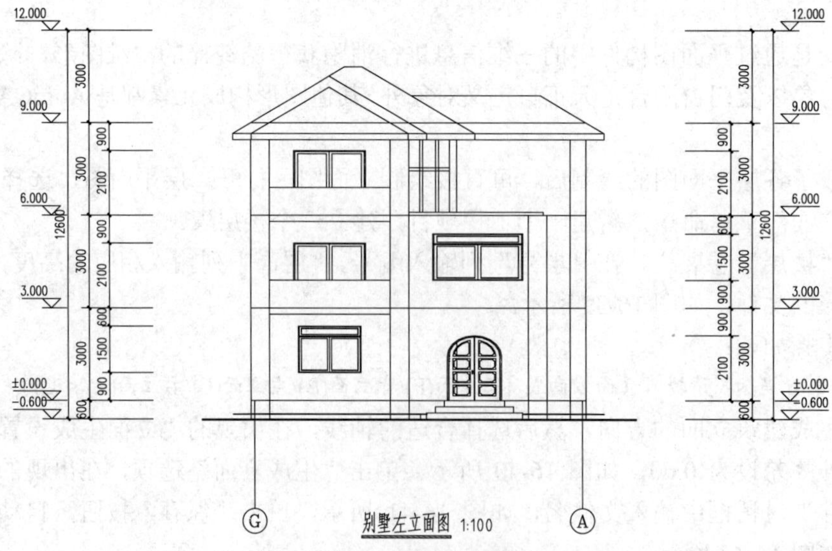

图 16-42　别墅左立面图

16.4 上 机 实 训

实训　绘制建筑平面图。

实训内容：

绘制图 16-43 所示的建筑平面图。

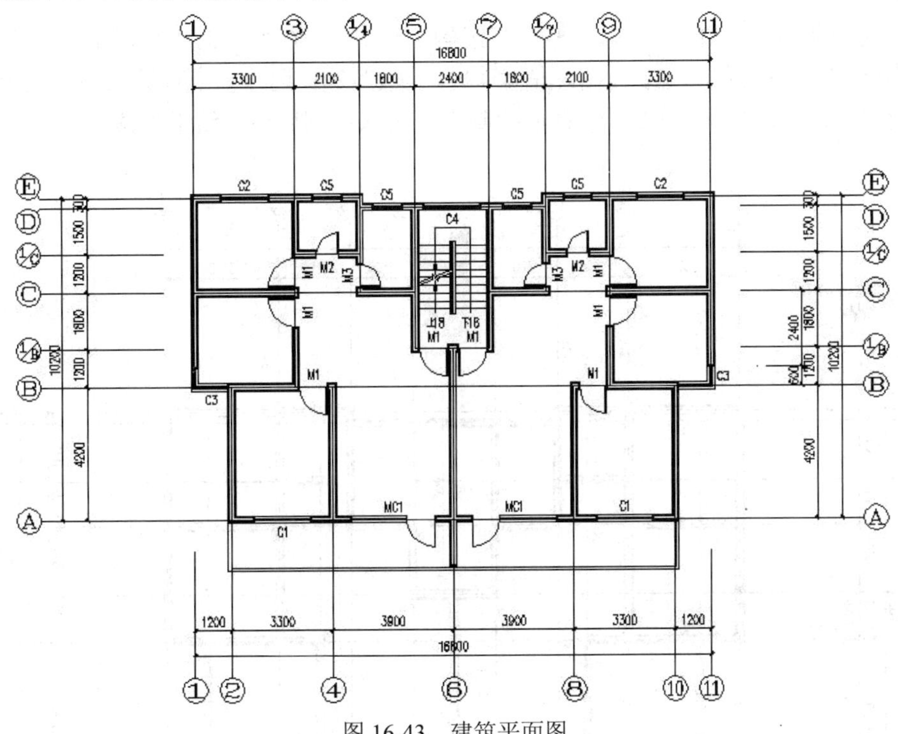

图 16-43　建筑平面图

操作步骤：

(1) 建立柱网。选择“轴网柱子”→“绘制轴网”命令后，显示“绘制轴网”对话框，在对话框右侧选择数据，输入开间间距、进深间距，如图 16-44 所示。如果数据不一致，

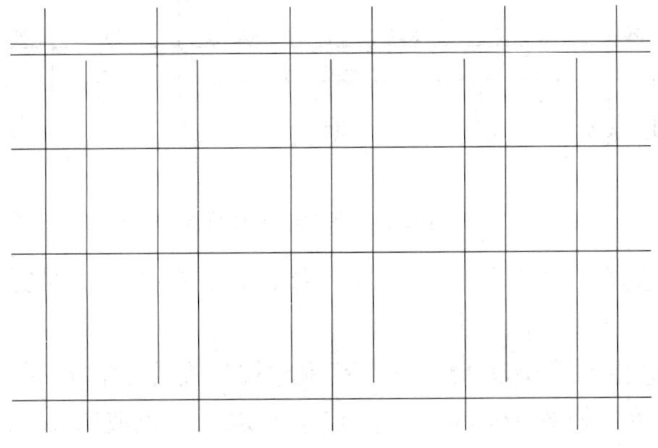

图 16-44　轴网图

可以点击电子表格“轴间距”或“键入”栏中的数据进行修改。修改完成后单击“确定”按钮，在绘图区单击鼠标左键，生成轴网。

(2) 标注轴网。选择“两点轴标”菜单命令后，在绘图区域选择起始轴线的位置，显示“绘制轴网”对话框，在对话框中选择“标注双侧尺寸”，然后单击“确定”按钮。

(3) 添加附加轴线。单击“添加轴线”命令后，点击③轴作为参考轴线，然后选 Y 确定新增轴线为附加轴线，点击③轴右边的区域确定偏移方向，附加轴线距参考轴线的距离为 2100。

(4) 绘制墙体。选择“墙体”→“绘制墙体”命令，在弹出的“绘制墙体”对话框中选取要绘制墙体的左右墙宽组数据，左宽 120、右宽 120；选择一个合适的墙基线方向，然后单击下方的工具栏图标，点击“直墙绘制”后进入绘制墙体。结果如图 16-45 所示。

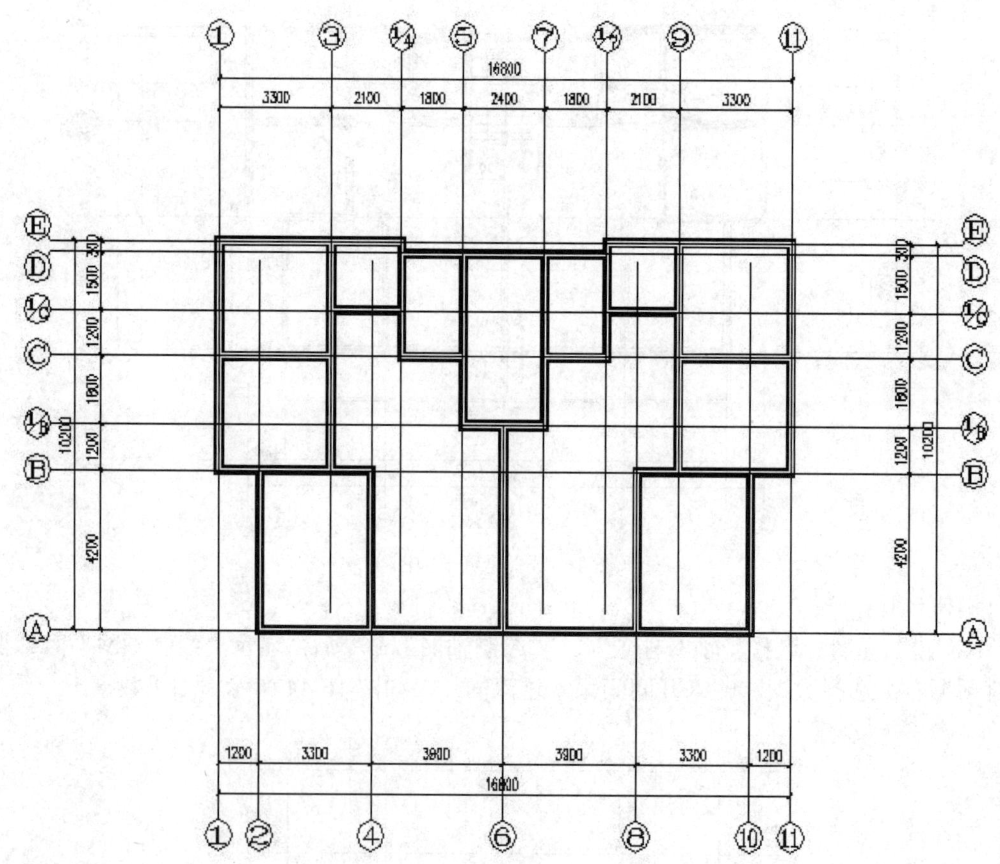

图 16-45　绘制后的墙体

(5) 绘制门窗。选择“门窗”→“门窗”命令后，在弹出的对话框中输入窗的参数，再选择轴线插入。

(6) 绘制楼梯。选择“楼梯其他”→“双跑楼梯”命令后，在弹出的“矩形双跑楼梯”对话框中输入楼梯参数，如图 16-46 所示，点击确定后再点取图 16-45 所示的 E 和 5 轴交点的内墙角，双击“上”，改为“上 18”；双击“下”，改为“下 18”，如图 16-47 所示。最终结果见图 16-43 所示。

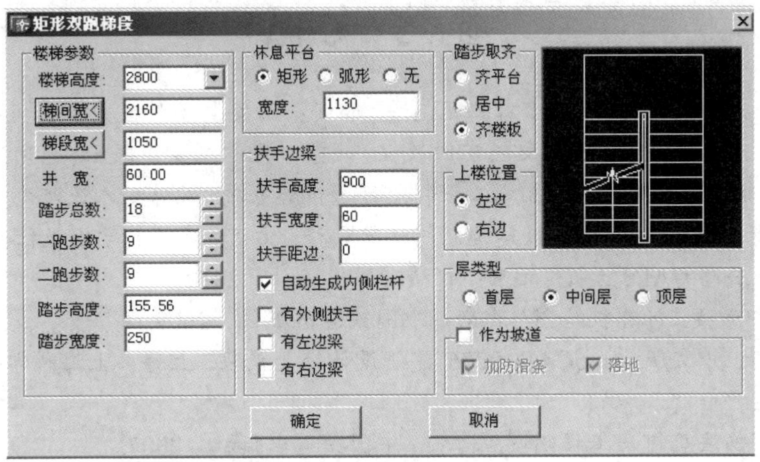

图 16-46 矩形双跑楼梯对话框

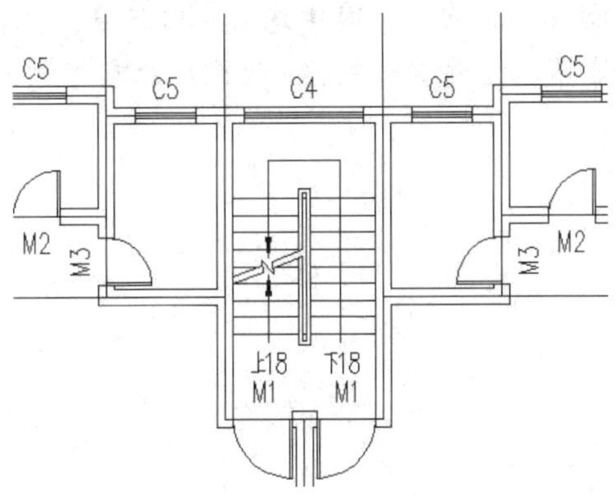

图 16-47 楼梯图

参 考 文 献

[1] 高恒聚. AutoCAD 建筑与土木工程制图. 西安：西安电子科技大学出版社，2011.
[2] 杨雨松. AutoCAD 2008 中文版实用教程. 北京：化学工业出版社，2008.
[3] 刘培晨. AutoCAD 建筑与土木工程制图习题精解基础. 北京：人民邮电出版社，2002.
[4] 郝相林等. AutoCAD 中文版建筑制图标准教程. 北京：清华大学出版社，2010.
[5] 张部生. 公路 CAD. 2 版. 北京：机械工业出版社，2010.
[6] 唐广，邱荣茂. 计算机绘图. 北京：中国铁道出版社，2009.
[7] 苏风华等. 中文版 AutoCAD 2006 建筑设计经典教程. 上海：上海科学普及出版社，2006.
[8] 宋兆全. 画法几何及工程制图. 北京：中国铁道出版社，2007.
[9] 贺振通，刘进，高恒聚. 中望 CAD 软件及使用教程. 北京：金版电子出版公司，2002.
[10] 张渝生. 土建 CAD 教程. 北京：中国建筑工业出版社，2010.
[11] 张文明. AutoCAD 计算机绘图实训教程. 北京：北京邮电大学出版社，2015.